植物医科学叢書 No.3

樹木医ことはじめ

―樹木の文化・健康と保護、そして樹木医の多様な活動―

編集　堀江　博道

法政大学 植物医科学センター
一般財団法人 農林産業研究所

大誠社

I-1　樹木に関わる文化、天然記念物（1）　〔本文 p 060-068〕

図1.1　国指定の天然記念物（1）　（本文 p 062）
①屋久島スギ原始林（"縄文杉"；特別天然記念物；鹿児島県屋久島町）　②大島のサクラ株（特別天然記念物；東京都大島町）
③飛騨国分寺の大イチョウ（天然記念物、以下同；岐阜県高山市）　④堂形のシイノキ（石川県金沢市）
⑤吉見のサキシマスオウノキ群落（沖縄県竹富町）　⑥盛岡石割ザクラ（岩手県盛岡市）
⑦角館のシダレザクラ（秋田県仙北市）　⑧伊佐沢の久保ザクラ（山形県長井市）　⑨草岡の大明神ザクラ（同）
〔①②⑤⑦・⑨和田博幸　③④⑥堀江博道〕

Ⅰ-1 樹木に関わる文化、天然記念物（2）

図 1.2 国指定の天然記念物（2） (本文 p 062)
①三春滝ザクラ（天然記念物，以下同；福島県三春町） ②三波川（サクラ）（群馬県藤岡市）
③石戸蒲ザクラ（埼玉県北本市） ④梅護寺の数珠掛ザクラ（新潟県阿賀野市；クローン株）
⑤山高神代ザクラ（山梨県北杜市） ⑥根尾谷淡墨ザクラ（岐阜県本巣市） ⑦根古屋神社の大ケヤキ・畑木（山梨県北杜市）
⑧蓮着寺のヤマモモ（静岡県伊東市） ⑨三島神社のキンモクセイ（静岡県三島市）　〔①・⑦和田博幸　⑧⑨堀江博道〕

I-2 造園の世界（1） 〔本文 p 071-088〕

図 1.6 庭園と公園 (本文 p 072)
①ヴェルサイユ宮殿の庭園　②③毛越寺（②浄土式庭園　③鑓水(やりみず)）　④⑤兼六園の季節風情（④春　⑤冬）　⑥栗林公園
⑦⑧洋風近代公園の代表・日比谷公園　（⑦雲形池と鶴の噴水　⑧首賭けイチョウ）　⑨尾瀬ヶ原と至仏山（尾瀬国立公園）
⑩・⑫国営昭和記念公園（⑩カナール　⑪「みんなの原っぱ」とシンボルツリーの大ケヤキ　⑫日本庭園）
〔①④・⑥⑧⑩⑪福成敬三　②③⑦⑫堀江博道　⑨下村彰男〕

I-2 造園の世界（2）

住環境

屋上緑化
テーマパーク

公園

街路樹

壁面緑化

庭園

花壇

水景

自然環境

図1.7 造園の多様な領域（本文 p 078）
〔(一社) 日本造園建設業協会の資料を組み換え〕

図1.8 造園の実際　　　　　　　　　　　　　（本文 p 077）
①複合商業施設のインナーガーデン
②③自動車道パーキングエリア（②設計の添付図　③完成後の様子）
④国定公園内の植栽例　⑤⑥仙台市のイチョウ街路樹
⑦ケンポナシの立曳きの様子　　　　　〔①・⑥福成敬三　⑦(株) 富士植木〕

I-3　樹木医から見た造園と庭園　　〔本文 p 089 – 095〕

図 1.11　樹木医から見た造園　　（本文 p 092）
① "笹川流れ" の多様な姿勢を象る岩（新潟県村上市）　②陣馬山から望む遠景の富士山（東京都八王子市）
③東日本大震災被災地での祈り　④宇治上神社境内の御神体のケヤキ樹（京都市）
⑤北野天満宮境内；枯死した杉の幹に祀られた社（京都市）　⑥梅雨期の桂離宮庭園；池と橋（京都市）
⑦桂離宮の池に観られるすき先形の州浜と岬灯籠　⑧修学院離宮上の茶屋付近からの眺望（京都市）
⑨北野天満宮土塁のもみじ園（京都市）　⑩正伝寺の方丈庭園（京都市）　⑪龍安寺の方丈庭園；斜め横からの眺め（京都市）
⑫室内用の寄せ植え（埼玉県川口市）　⑬秋草を意匠した陶芸品　⑭山灯籠風の置き灯籠と数種の植物（埼玉県川口市）
⑮坪庭風の小区画　　〔①③・⑩⑫⑭⑮横山奉三郎　②濱田真穂子　⑪中村恒雄　⑬島田恭子〕

Ⅱ-1　樹木の形態と分類の基礎

〔本文 p 100-106〕

図2.3　植物の多様な形態と分類　　　　　　　　　　　　　　　　　　　　　　　　　　　　　　　（本文 p 102）
①トクサ（トクサ科トクサ属）　②ソテツ（ソテツ科ソテツ属）
③イチョウ（イチョウ科イチョウ属）　④メタセコイア（別名アケボノスギ；ヒノキ科メタセコイア属）
⑤ドラセナ（キジカクシ科ドラセナ属）　⑥シラカシ（ブナ科コナラ属）　⑦ケヤキ（ニレ科ケヤキ属）
⑧アセビ（ツツジ科アセビ属）　⑨セイヨウシャクナゲ（ツツジ科ツツジ属）　⑩フジ（マメ科フジ属）
⑪ヒマラヤスギ（マツ科ヒマラヤスギ属）　⑫パパイア（パパイア科パパイア属）　⑬バショウ（バショウ科バショウ属）
⑭シナレンギョウ（モクセイ科レンギョウ属）　　　　　　　　　　　　　　　　　　　　　〔①・⑭堀江博道〕

Ⅱ-2　樹木の生理・生態の特性

〔本文 p 115–129〕

図 2.19　明治神宮の林冠　　　　（本文 p 124）
スダジイ（中央；暗い），クスノキ（左；明るい），
中間のシラカシ（右；中間の明るさ）

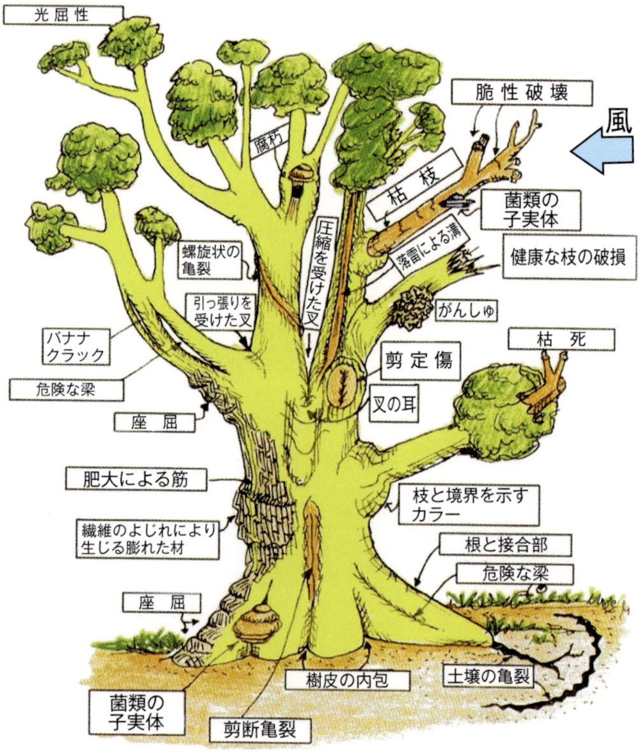

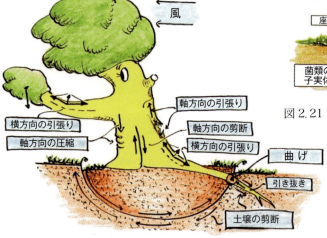

図 2.21　VTA 法による「徴候」の一覧図　（本文 p 126）

図 2.20　風によって樹木が受ける応力　　（本文 p 125）

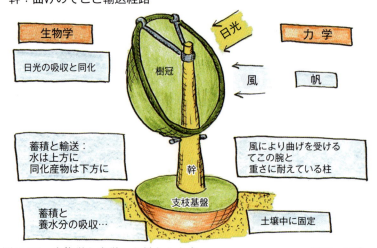

図 2.22　生物学と力学から見たかたち　　（本文 p 128）

〔図 2.19〜2.22：三戸久美子〕

Ⅲ-1　森林・緑地における菌類の生態（1）　〔本文 p 132-141〕

図3.1　培地上に形成されたナラタケの根状菌糸束　（本文 p 134）

図3.2　ナラタケ（左）とヤワナラタケ（右）の子実体　（本文 p 134, 137）

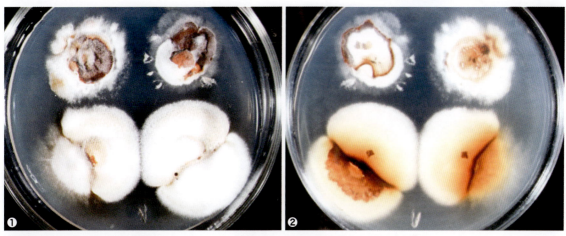

図3.3　ナラタケ属菌の種内および種間の単相菌糸同士の対峙培養後の菌叢　（本文 p 134）
①培養菌叢の表側（上の2つは同種間，下の2つは異種間の対峙培養　②同：裏側

図3.4　無葉緑素ラン　（本文 p 137）
①オニノヤガラ　②ツチアケビ

図3.5　モモ樹皮下に形成されたナラタケモドキの白色菌糸膜　（本文 p 138）

〔図3.1～3.5：松下範久〕

Ⅲ-1 森林・緑地における菌類の生態（2）

図3.6 クロマツに形成されたコツブタケの外生菌根と外生菌根から伸長する根外菌糸　（本文 p139）
右下は菌根の拡大写真　〔呉 炳雲〕

図3.7 アーバスキュラー菌根菌（*Rhizophagus* 属菌）の胞子　（本文 p140）
〔佐藤 拓〕

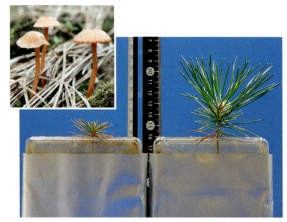

図3.9 種子から6か月間栽培したクロマツ苗　（本文 p140）
右のクロマツには，栽培1か月後にキツネタケの胞子を接種．左上は胞子を採取したキツネタケの子実体　〔松下範久〕

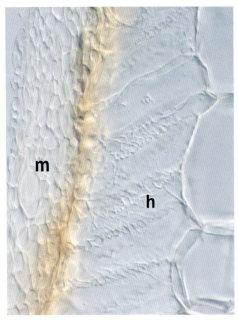

図3.8 コナラに形成されたタマゴタケの外生菌根の菌鞘（m）とハルティッヒネット（h）　（本文 p140）
〔遠藤直樹〕

図3.10 マツタケの子実体　（本文 p141）
〔松下範久〕

Ⅲ-3 樹木の腐朽病

〔本文 p171–181〕

図 3.14　木材腐朽病と病原菌　　　（本文 p172）
①マツ辺材部の青変被害　②サクラ心材の褐色腐朽　③孔状白色腐朽（左）と立方状褐色腐朽（右）
④根系を介した感染例（モクマオウの南根腐病：左から右の樹木に感染して被害が拡大）
⑤ケヤキ地際部に発生したベッコウタケの幼菌　⑥ウメの幹に発生したヒイロタケ　⑦地際部の樹洞
⑧地際部の異常肥大（クスノキの根株腐朽被害）　⑨強風で倒伏した根株腐朽被害木（ユリノキ；ベッコウタケによる被害）
⑩ベッコウタケ　⑪シマサルノコシカケ　⑫コフキタケ　⑬トウネズミモチの幹に発生したカワラタケ
⑭サクラ枯枝に発生したチャカイガラタケ　⑮スダジイの幹に発生したシイサルノコシカケ

〔①・④⑥・⑮阿部恭久　⑤堀江博道〕

Ⅲ-4 庭木・緑化樹木の病害と診断・対策（1）

〔本文 p 185-218〕

図3.23　庭木・緑化樹木のウイルス・ウイロイド・ファイトプラズマ・細菌・線虫・ダニによる症状　（本文 p 187）
①ジンチョウゲモザイク病　②ナンテンモザイク病（糸葉・へら葉症状）
③カンキツエクソコーティス病（台木の幹樹皮の亀裂・剥離）　④カンキツモザイク病（果実表皮の斑紋）
⑤カンキツステムピッティング病（枝幹に溝を生じる）　⑥ホルトノキ萎黄病（葉の黄化，落葉，樹勢衰退）
⑦アジサイ葉化病（萼の葉化，小型化，奇形）　⑧トウカエデ首垂細菌病（葉脈に沿って水浸状に褐変）
⑨フジこぶ病（枝幹に瘤を生じる）　⑩モモせん孔細菌病（不整小円斑が脱落する）
⑪⑫コクチナシ根こぶ線虫病（地上部の黄葉と落葉，根の瘤）　⑬ブドウ毛せん病（フシダニ類による）
⑭⑮ケヤキの葉の叢生・小型奇形化（同上）　　　〔①②⑥⑧⑨⑪⑫⑭⑮堀江博道　⑦鍵和田聡　③・⑤⑩⑬牛山欽司〕

Ⅲ-4　庭木・緑化樹木の病害と診断・対策（2）

図3.24　病原菌類の器官の特徴　　　　　　　　　　　　　　　　　　　　　　　　　　　　（本文 p188）
①-③疫病菌（①カナメモチ疫病の症状　②遊走子嚢　③造卵器と内部の卵胞子）
④-⑥うどんこ病菌（④クヌギうどんこ病菌の閉子嚢殻　⑤同；周囲に透明な付属糸　⑥子嚢と子嚢胞子）
⑦-⑪さび病菌（⑦ビャクシン類さび病の症状：冬胞子堆　⑧冬胞子　⑨冬胞子の発芽；担子器，担子柄，担子胞子
　⑩ボケ赤星病の症状；さび胞子堆　⑪突起内のさび胞子）
⑫-⑳不完全世代（⑫アセビ褐斑病の標徴（微小黒粒は分生子殻）　⑬同・分生子殻の断面；内部の小球体は分生子
　⑭カナメモチごま色斑点病の標徴（黒色の隆起物は分生子層）　⑮ごま色斑点病菌；分生子層の断面　⑯同；分生子
　⑰イチョウすす病の標徴（すす点は子座と分生子柄）　⑱同・子座の断面と分生子柄
　⑲カリン白かび斑点病の標徴（白色部は分生子の集塊）　⑳同・菌体の断面；子座と分生子）　　〔①-⑳堀江博道・研究室〕

Ⅲ-4 庭木・緑化樹木の病害と診断・対策（3）

図3.25 庭木・緑化樹木の主要病害（1） （本文 p191）
①②根頭がんしゅ病（①バラ茎地際の癌腫　②ボケ根部の癌腫）
③・⑤白紋羽病（③ハナミズキの被害症状；萎凋・葉の小型化・褪色　④ジンチョウゲ；茎地際部の白色菌糸膜
　⑤ナシ罹病部の樹皮下の鳥の羽状の菌糸束）
⑥⑦紫紋羽病（⑥ハイビスカスの被害症状　⑦同・茎地際部の赤紫色の菌糸束）
⑧セイヨウグリ胴枯病（罹病部の分生子殻と滲出する黄橙色の分生子塊）
⑨⑩モモ胴枯病（⑨樹皮下の分生子殻子座　⑩樹皮組織の腐敗）
⑪・⑬環紋葉枯病（⑪ウメの病葉　⑫ヤマブキの病葉　⑬ナツボダイジュ病斑上の糸屑状の菌体）
⑭・⑯輪紋葉枯病（⑭ハナミズキの病葉　⑮ツバキの病葉　⑯ハナミズキ病斑上の平盤状の菌体＝分散体）
⑰アラカシ紫かび病の症状　⑱シラカシうどんこ病の症状　⑲ハナミズキうどんこ病の症状
⑳サルスベリうどんこ病の症状　　　　　　　　　　　　　〔①近岡一郎　②・⑧⑪・⑳堀江博道・研究室　⑨⑩近藤賢一〕

Ⅲ-4 庭木・緑化樹木の病害と診断・対策（4）

図 3.26 庭木・緑化樹木の主要病害（2） (本文 p 196)
①②エノキうどんこ病（①閉子嚢殻を群生　②閉子嚢殻と付属糸）
③④クワ裏うどんこ病（③葉裏全面に閉子嚢殻を形成　④閉子嚢殻と針状の付属糸）
⑤・⑦エノキ裏うどんこ病（⑤葉裏に発生　⑥分生子と分生子柄を叢生　⑦閉子嚢殻と冠状に密生する付属糸）
⑧⑨ウメうどんこ病（⑧葉の症状　⑨閉子嚢殻と先端の付属糸）
⑩⑪ノルウェーカエデうどんこ病（⑩葉の白色菌叢と閉子嚢殻　⑪閉子嚢殻と冠状に密生する付属糸）
⑫ヒメリンゴ赤星病（葉裏の銹子毛）　⑬ヒペリカムさび病（夏胞子堆）
⑭⑮チャンチンさび病（⑭夏胞子堆　⑮冬胞子堆）　⑯ブドウさび病（夏胞子堆）
⑰⑱ハマナスさび病（⑰冬胞子堆　⑱夏胞子堆（黄橙色）と冬胞子堆（黒色）＝冬胞子が林立している）
⑲⑳ササ類さび病（夏胞子堆と冬胞子堆　㉑拡大：夏胞子堆（黄橙色），冬胞子堆（暗褐色）＝大型）

〔①・⑮⑰・⑳堀江博道・研究室　⑯柿嶌 眞〕

Ⅲ-4 庭木・緑化樹木の病害と診断・対策(5)

図 3.27　庭木・緑化樹木の主要病害(3)　　　　　　　　　　　　　　　　　　　　　　　　　　　　（本文 p 197）
①ウツギさび病（さび胞子堆）
②③ヤダケ赤衣病（②稈上の夏胞子堆　③冬胞子堆の下から夏胞子堆が現れる）
④⑤ミヤギノハギさび病（④夏胞子堆（黄橙色）と冬胞子堆（黒色）の混生　⑤冬胞子堆）　⑥エンジュさび病（冬胞子堆）
⑦ウメ褐色こうやく病　⑧コナラすす病　⑨カラコギカエデ小黒紋病
⑩・⑫トウカエデ首垂細菌病（⑩水浸状小斑が葉脈に沿って拡大　⑪新梢の枯死　⑫樹冠全体に激しい被害）
⑬ツツジもち病　⑭⑮ツツジ花腐菌核病（⑭花蕾の枯死　⑮腐敗花蕾上の菌核）　⑯オオムラサキツツジ褐斑病
⑰サクラ（ソメイヨシノ）てんぐ巣病（小枝の叢生）　⑱サクラ（シダレザクラ）せん孔褐斑病（病斑部の脱落）
〔①・⑥⑧・⑱堀江博道　⑦牛山欽司〕

Ⅲ-4 庭木・緑化樹木の病害と診断・対策（6）

図3.28 庭木・緑化樹木の主要病害（4） （本文 p202）
①バラうどんこ病　②③バラ黒斑病　④⑤ナシ赤星病（④黄橙色の斑点を多数形成　⑤病斑裏面のさび胞子堆）
⑥⑦ビャクシン類 さび病（⑥冬胞子堆　⑦冬胞子堆の膨潤）
⑧⑨カナメモチ類 ごま色斑点病（⑧葉に多数の小円斑を形成　⑨若枝の越冬病斑上に形成された白色の分生子塊）
⑩シャリンバイごま色斑点病　⑪セイヨウサンザシごま色斑点病（初期症状）　⑫ザイフリボクごま色斑点病
⑬テマリシモツケ類 褐斑病　⑭ユキヤナギすすかび病　⑮コトネアスター類 褐斑病
⑯⑰シャリンバイ紫斑病（⑯葉表　⑰葉裏）　　　　　　　　　　　　　　　　　　　〔①・⑰堀江博道〕

Ⅲ-4 庭木・緑化樹木の病害と診断・対策（7）

図3.29 庭木・緑化樹木の主要病害（5） （本文 p205）
①ピラカンサ（タチバナモドキ）褐斑病 ②③ヤマモモこぶ病（②細枝の瘤症状 ③瘤の断面）
④アジサイ炭疽病 ⑤⑥ツタ褐色円斑病（⑤多数の小円斑を形成 ⑥病斑上に小黒点を環状に生じる）
⑦・⑨ジンチョウゲ黒点病（⑦葉の症状 ⑧緑枝の症状 ⑨花蕾の症状）
⑩⑪ヤツデそうか病（⑩蔓延期の症状 ⑪古くなった病斑は脱落・破れを生じる）
⑫⑬セイヨウシャクナゲ葉斑病（⑫葉の症状 ⑬病斑上に分生子塊を密生する）
⑭-⑰マンサク類 葉枯病（⑭⑮顕著な葉枯れを起こす ⑯小円斑を多数形成する ⑰病斑上の分生子殻） 〔①・⑰堀江博道〕

ノート3.3　マツ類に発生する主な病害虫およびその対策（1）　〔本文 p 219–225〕

図3.30　マツ類の病害　（本文 p 219）

①・③褐斑葉枯病（クロマツ；①庭園樹の被害　②針葉の病斑部より上部が枯れる　③病葉上の菌体）
④・⑦こぶ病（④アカマツの枝に瘤が形成　⑤瘤表面の亀裂から黄粉（さび胞子の集塊）が現れ飛散する　⑥中間宿主ナラ類〈毛さび病〉葉裏の夏胞子堆　⑦同・毛状の冬胞子堆）
⑧・⑩すす葉枯病（⑧⑨新梢・新葉の先から黄褐変～赤褐変する　⑩枯死部にすす状の菌体を形成；ゴヨウマツ）
⑪・⑬赤斑葉枯病（クロマツ；⑪中央の樹が激しく発病：系統間の差異がある　⑫越冬病葉は赤褐色となる　⑬葉上の菌体）
⑭・⑯葉さび病（⑭葉上に黄色のさび胞子堆を多数形成　⑮同・拡大　⑯中間宿主キハダ〈さび病〉葉上の夏胞子堆）
⑰⑱葉枯病（⑰アカマツ苗畑の被害　⑱クロマツ葉上に密生する分生子の集塊）
⑲⑳葉ふるい病（⑲罹病葉の症状　⑳罹病部の黒色菌体）
㉑㉒ペスタロチア葉枯病（㉑新梢の発病　㉒罹病部の黒点から，分生子の黒色粘塊が毛状に溢出する）
〔①・④⑥⑪・⑭⑰⑱周藤靖雄　⑤柿嶌眞　⑦金子繁　⑧・⑩小林享夫　⑲㉑近岡一郎　⑮⑯堀江博道　⑳㉒牛山欽司〕

ノート 3.3　マツ類に発生する主な病害虫およびその対策（2）

図 3.31　マツ類の害虫　　　　　　　　　　　　　　　　　　　　　　　　　　　　　　　　　　　　　（本文 p 222）
①・③トドマツノハダニ（クロマツ；①吸汁により黄化した葉の被害　②雌成虫（右は孵化後の卵殻）　③越冬卵（赤色）と孵化後の卵殻）
④⑤マツオオアブラムシ（④有翅虫　⑤新梢部に寄生する春先の無翅虫コロニー）
⑥⑦マツカサアブラムシ類（⑥被害の様子　⑦成虫および卵；5月）　⑧⑨マツカキカイガラムシ（⑧幼虫　⑨成長した幼虫）
⑩⑪マツアワフキ（⑩白い泡状の巣内に潜む幼虫　⑪成虫）　⑫⑬マツカレハ（クロマツ；⑫雌成虫　⑬幼虫）
⑭⑮マツツマアカシンムシ（⑭被害の様子　⑮幼虫）
⑯⑰ウスイロサルハムシ（別名スギハムシ；⑯摂食中の成虫　⑰成虫による被害＝食害部位から先が褐変枯死）
⑱マツノマダラカミキリの雌成虫　　　　　　　　　　〔①・⑤⑧⑨⑫⑬⑯・⑱竹内浩二　⑥⑦⑩⑭⑮近岡一郎　⑪牛山欽司〕

ノート3.4　グラウンドカバープランツの病害　〔本文 p 226-227〕

図3.32　グラウンドカバープランツの病害　　　　　　　　　　　　　　　　　　　　　　（本文 p 226）
①セイヨウキヅタ（ヘデラ）の生産圃場　②コトネアスターくもの巣かび病　③ガザニア葉腐病　④サルココッカ白絹病
⑤ギボウシ白絹病　⑥メランポジウム白絹病　⑦マリーゴールド灰色かび病　⑧同；罹病部上の灰色かび病菌
⑨セイヨウキヅタ疫病　⑩同・炭疽病　⑪オオバギボウシ炭疽病　⑫ジャノヒゲ炭疽病　⑬ヤブラン炭疽病（分生子層と剛毛）
⑭・⑰フッキソウ紅粒茎枯病（⑭植栽での被害状況　⑮罹病茎上の分生子層　⑯同・子嚢殻　⑰葉の症状）
⑱セイヨウキヅタ斑点細菌病　⑲⑳ヒペリカムさび病（⑲葉裏の夏胞子堆　⑳茎葉の激しい枯れ）
㉑ハイビャクシン白紋羽病　　　　　　　　　　　　　〔②④⑨⑭・⑯竹内 純　①③⑤・⑧⑩・⑬⑰・㉑堀江博道〕

ノート 3.5　ブナ科樹木の萎凋病

〔本文 p 228–229〕

図 3.34　ブナ科樹木萎凋病とカシノナガキクイムシ　　　　　　　　　　　　　　　　　　　　　　　（本文 p 228）
①②ミズナラの被害症状（樹全体の赤褐変・枯れ）　③スダジイの被害症状（葉枯れ）
④⑤カシノナガキクイムシ（④雌成虫　⑤同・拡大；前胸背板の菌嚢）　⑥病原菌 Raffaelea quercivora の菌叢
⑦ Raffaelea quercivora の菌糸と分生子　⑧孔道内のカシノナガキクイムシの幼虫
⑨導管の中や放射柔細胞の細胞間隙を伸長する菌糸（矢印）
⑩ミズナラ被害木の横断面（カシノナガキクイムシの孔道が縦横に見られる）
⑪スダジイの幹表面の多数の穿入孔から多量のフラスを排出　⑫同・拡大　⑬ミズナラ被害木の周囲に堆積したフラス
〔①②④・⑦⑩⑫⑬松下範久　③⑧⑪竹内 純　⑨高橋由紀子〕

ノート 3.6　ウメ輪紋ウイルス(PPV)の国内初発生と根絶に向けた技術者たちの取り組み

〔本文 p 230-235〕

図 3.35　ウメ輪紋ウイルス（PPV）感染による *Prunus* 属果樹・庭木の発症例およびアブラムシ類の動態

〔本文 p 230〕

①②ウメ花弁の斑入り症状（①白梅種　②紅梅種）
③・⑤ウメ感染葉の症状（③展葉直後のモザイク症状　④成葉の黄色輪紋　⑤年輪状の白色輪紋）
⑥⑦ウメ感染果実の症状（⑥やや陥没した白色輪紋斑　⑦赤褐色を帯びた陥没輪紋斑）
⑧ハナモモ花弁の症状　⑨同・葉の症状　⑩アンズ葉の症状　⑪プルーン葉の症状　⑫ユスラウメ葉の症状
⑬・⑱ウメコブアブラムシ（秋季：⑬有翅雄と産卵雌の交尾　⑭産卵雌の産卵行動　⑮幹母（矢印）の孵化
　⑯幹子（矢印）の産仔，春季：⑰多寄生によるウメ葉の奇形　⑱有翅成虫と有翅型幼虫）〔①・⑱星 秀男〕

Ⅲ-5　庭木・緑化樹木の害虫と診断・対策（1）　　〔本文 p 244–265〕

図 3.39　庭木・緑化樹木の害虫（1）　　　　　　　　　　　　　　　　　　　　　　　　　　　　（本文 p 249）
①②アメリカシロヒトリ（モミジバスズカケノキ；①巣網　②雌成虫と卵塊）
③・⑥チャドクガ（ツバキ；③若齢幼虫　④老齢幼虫　⑤成虫　⑥卵塊）
⑦⑧マイマイガ（ソメイヨシノ；⑦中齢幼虫　⑧雌成虫）　⑨⑩モンクロシャチホコ（サクラ類；⑨成虫；交尾　⑩中齢幼虫）
⑪⑫オビカレハ（⑪サクラ類での巣網　⑫ベニカナメモチ葉上の中齢幼虫の集団）
⑬・⑮チャノコカクモンハマキ（⑬ツバキの新芽を綴る　⑭幼虫　⑮雄成虫）　⑯モッコクヒメハマキ（幼虫；モッコクの被害）
⑰⑱クロテンオオメンコガ（⑰ドラセナの被害　⑱幼虫）　⑲⑳アカスジチュウレンジ（バラ；⑲幼虫の食害　⑳成虫）
　　　〔①・⑳竹内浩二〕

Ⅲ-5 庭木・緑化樹木の害虫と診断・対策（2）

図3.40　庭木・緑化樹木の害虫（2）　　　　　　　　　　　　　　　　　　　　　　　　　　　　　　（本文 p253）
①②ルリチュウレンジ（ツツジ類；①幼虫と被害状況　②雌成虫の産卵の様子）
③アオドウガネ（成虫とシナノキの被害）　④⑤サンゴジュハムシ（④幼虫とサンゴジュの被害　⑤ガマズミ属葉上の成虫）
⑥・⑧ヘリグロテントウノミハムシ（ヒイラギモクセイ；⑥被害症状　⑦幼虫の食害　⑧成虫の食害）
⑨カシワクチブトゾウムシ（成虫によるサクラ類の被害）
⑩ワタアブラムシ（ムクゲに寄生）　⑪モモアカアブラムシ（ベニカナメモチ葉上のコロニー）
⑫ユキヤナギアブラムシ（シャリンバイ葉上のコロニー）　⑬ナシミドリオオアブラムシ（シャリンバイ葉上のコロニー）
⑭キョウチクトウアブラムシ（キョウチクトウ枝上のコロニー）
⑮⑯ユリノキアブラムシ（⑮ユリノキの寄生被害；吸汁害とすす病の発生　⑯成虫と幼虫）
⑰ミカンコナカイガラムシ（ハイビスカス上の幼虫・成虫のコロニー）
⑱⑲モミジワタカイガラムシ（⑱カエデ類に寄生　⑲雌成虫）　　　　　　〔①・⑰竹内浩二　⑱⑲近岡一郎〕

Ⅲ-5　庭木・緑化樹木の害虫と診断・対策（3）

図 3.41　庭木・緑化樹木の害虫（3）　　　　　　　　　　　　　　　　　　　　　　　　　　（本文 p258）
①②ナシマルカイガラムシ（ウメ枝葉上のコロニー）
③④ルビーロウムシ（③すす病を併発したモチノキ　④ゲッケイジュ小枝の寄生の様子）
⑤⑥ミカンワタカイガラムシ（トベラ；すす病を併発）　⑦⑧イセリヤカイガラムシ（⑦ハギ　⑧トベラ）
⑨タマカタカイガラムシ（ウメに寄生）　⑩⑪トベラキジラミ（トベラに寄生；⑩幼虫　⑪成虫）
⑫⑬サツマキジラミ（⑫シャリンバイ新梢内部に寄生　⑬成虫）
⑭⑮トチノキヒメヨコバイ（⑭トチノキの被害症状　⑮成虫）
⑯⑰クロトンアザミウマ（⑯メタセコイアの被害症状；すす病の併発　⑰幼虫と成虫）
⑱⑲ツツジグンバイ（⑱ツツジの被害症状　⑲幼虫と成虫）

〔①・⑲竹内浩二〕

Ⅲ-5 庭木・緑化樹木の害虫と診断・対策（4）

図3.42 庭木・緑化樹木の害虫（4）　　　　　　　　　　　　　　　　　　　　　　　　　　　　（本文 p261）
①②ツツジコナジラミ（①ツツジの被害　②幼虫と成虫）
③④アオバハゴロモ（③幼虫；ロウ物質を分泌し白粉をまとう　④成虫）
⑤⑥コウノアケハダニ（ツツジ；⑤葉に奇形を起こす　⑥成虫・幼虫・卵）
⑦⑧ゴマダラカミキリ（⑦カンキツ枝を後食する雌成虫　⑧ツバキ枝の孔道内の幼虫）
⑨⑩シイノコキクイムシ（ハナミズキ；⑨枝枯れの様子　⑩孔道内の雌成虫と幼虫）
⑪・⑬ゴマフボクトウ（⑪穿入孔から排出された淡赤色・球状の虫糞が地際部に堆積する　⑫雌成虫　⑬幼虫）
⑭⑮コウモリガ（クリ；⑭穿入孔に特徴的な袋状糞塊を形成　⑮枝内部の孔道内の幼虫）
〔①・⑦⑨⑩⑫竹内浩二　⑧⑮牛山欽司　⑪⑬⑭近岡一郎〕

ノート 3.8　侵入害虫プラタナスグンバイの発生　〔本文 p 266-267〕

図 3.43　プラタナスグンバイの虫体と被害症状
(本文 p 266)
①成虫と幼虫
②・④プラタナスの被害の様子（吸汁により葉色が黄化〜白化）
〔①・④竹内浩二〕

ノート 3.9　庭木・緑化樹木の害虫防除技術　〜IPM を目指して〜　〔本文 p 268-272〕

図 3.45　樹木害虫の IPM 用資材　(本文 p 269)
①フェロモン剤（交尾阻害剤）のディスペンサーの設置状況
②樹幹注入剤の処理状況
③フェロモントラップ（チャドクガ予察用；誘引剤）の設置状況
④粘着板に捕殺されたチャドクガ雄成虫　〔①林 直人　②・④竹内浩二〕

III-6　松枯れとマツ材線虫病（1）

〔本文 p 273-287〕

図 3.47　マツ材線虫病の症状と伝染環　　　　　　　　　　　　　　　　　　　　　　　　　　　（本文 p 275）

①・⑤症状（①当年枯れの発症初期の萎れ症状　②初期の症状　③枝ごと急激に萎れる
　④公園のシンボルツリー（矢印；アカマツ）の枯死　⑤マツ林の激しい被害枯れの状況）
⑥被害木内で越冬するマツノマダラカミキリ幼虫　⑦蛹室内の蛹　⑧後食する成虫　⑨若枝の後食痕　⑩産卵痕
⑪脱出孔（直径 6 mm）　⑫カミキリの気管から出るマツノザイセンチュウ
⑬樹脂道内のマツノザイセンチュウ　⑭樹脂道から放射組織へ移動するマツノザイセンチュウ
〔①⑤⑥⑧・⑪田畑勝洋　②・④堀江博道　⑦⑫・⑭森林総合研究所〕

Ⅲ-6 松枯れとマツ材線虫病（2）

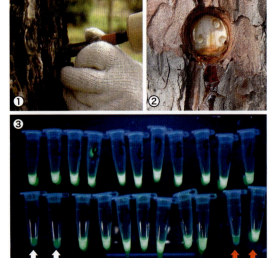

図3.49 マツ材線虫病の診断法　　　　　　　　　　　　（本文 p 277）
①②樹脂滲出量による診断
　（①コルクボーラーで樹皮を円状に剥がし取る
　②目抜き後，24時間経った樹脂滲出の状態；2月の調査；健全木と診断されたもの）
③キットによる診断
　（DNA増幅の有無を，蛍光発色液の発色の有無により診断する；赤矢印はコントロール：左は陰性，右は陽性；他は異なる検体の診断結果：白矢印のみ陰性）

図3.54 マツ材線虫病の薬剤防除　　　　　　　　　　　（本文 p 283）
①有人ヘリコプターによる空中散布　②無人ヘリコプターによる散布　③ドローンを利用した散布
④-⑦地上散布（④鉄砲ノズル方式　⑤⑥スプリンクラー方式　⑦スパウターによる散布）
⑧伐倒被害木のくん蒸処理（シートのすそは重機を使い，土や砂で密閉する場合もある）

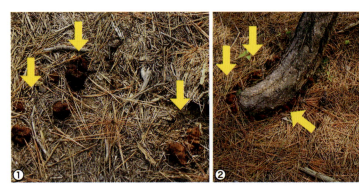

図3.57 マツつちくらげ病
　　　　　　　　（本文 p 286）
①子実体（キノコ；矢印）
②マツの地際に発生した子実体
　（矢印）

〔図3.49, 3.54, 3.57：田畑勝洋〕

III-7 農薬の基礎知識と安全・適正使用(1) 〔本文 p 290–307〕

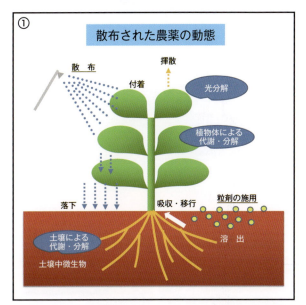
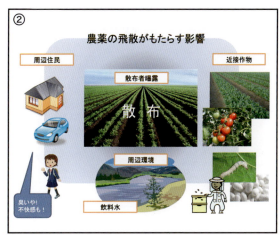
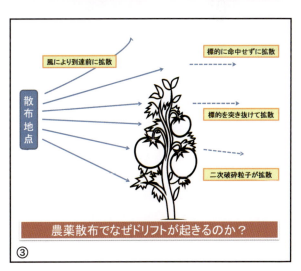
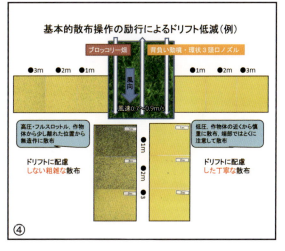
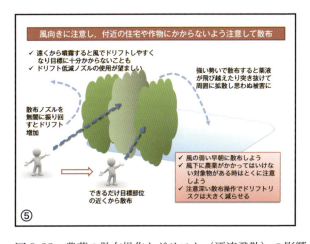
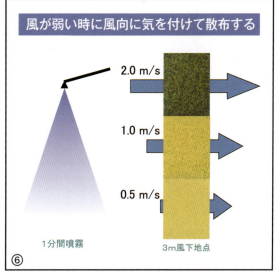

図 3.62 農薬の散布操作とドリフト(漂流飛散)の影響(1) (本文 p 295)
①散布された農薬の動態 ②農薬のドリフトと影響の範囲 ③農薬ドリフトの起こる原因
④散布法がドリフトに及ぼす影響(黄色の感応紙に薬剤粒子が付着すると,黒点となる)
⑤農薬の樹木散布とドリフト ⑥風速がドリフトに及ぼす影響(④と同じ) 〔①・⑥藤田俊一〕

Ⅲ-7　農薬の基礎知識と安全・適正使用（2）

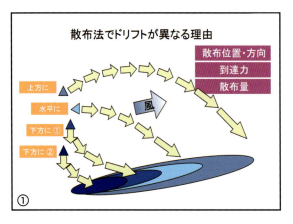

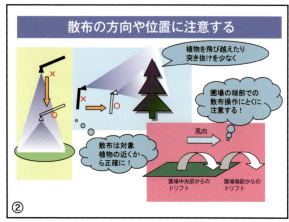

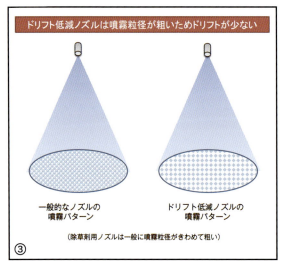

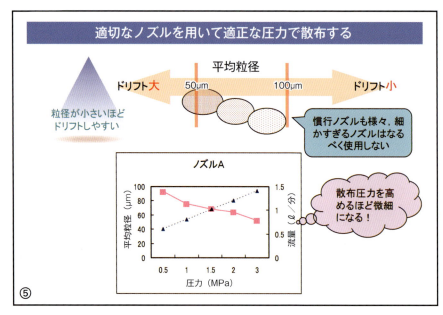

図3.63　農薬の散布操作とドリフト（漂流飛散）の影響（2）　　　　（本文 p304）
①散布法でドリフトが異なる理由　②散布方向・位置とドリフト
③ドリフト低減ノズルと一般的なノズルの噴霧パターンの違い　④圃場での散布の様子（右がドリフト低減ノズル使用）
⑤散布圧力と粒径・ドリフトの関係　　　　　　　　　　　　　　〔①・⑤藤田俊一〕

Ⅳ-1 樹木の被害度診断 〔本文 p320-331〕

図4.5 根系の調査　（本文 p323）
①圧縮空気で土をほぐし，②のポンプ吸引で土を除去し，根を傷めずに根系を調査する

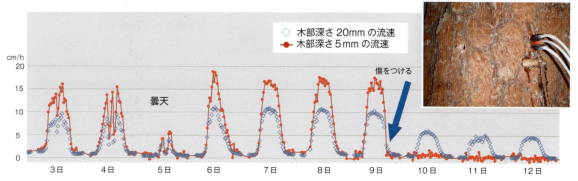

図4.6 9月前半の90年生アカマツ辺材深さ5mmと20mmにおける受傷前後の樹液流速と測定状況 （本文 p325）
右写真でのセンサー下部の傷は9日に付けた

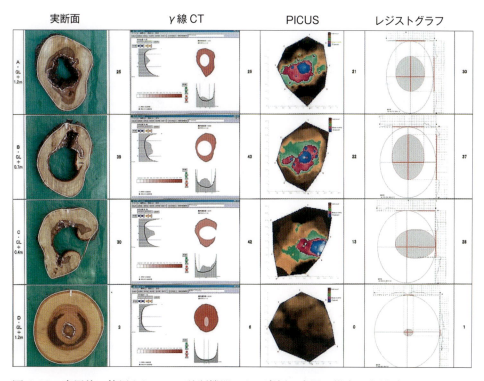

図4.12 実用的に使用されている診断機器による腐朽・空洞の推定と実断面　（本文 p331）
左から実断面，ならびにγ線CT・PICUS・レジストグラフによる推定図

〔図4.5，4.6，4.12：渡辺直明〕

Ⅳ-2 樹木の総合対策 ～外科技術の実際と樹勢回復（1）～ 〔本文 p337-347〕

図 4.15　フクロウの営巣木をどう扱うか　（本文 p337）

図 4.18　練馬白山神社の大ケヤキ　（本文 p339）
樹勢回復事業は順調に進行しているが，大枝は腐朽・空洞が大きく，枝先の葉量が増えると折損のリスクが高まる

図 4.19　幹や露出根の樹皮を守る柵　（本文 p339）
①ロンドン Green Park 内のプラタナス
②福島県夏井の爺スギ、婆スギ
（風情がある竹の囲いと木道は，現在は除去されているようである）

図 4.20　杉沢の 大スギ（福島県）（本文 p340）
樹冠より広い柵が設けられ，木道やベンチの設置で見学者を適切に誘導している

図 4.22　函南禁伐林（静岡県）のブナの木道（本文 p341）

図 4.23　松之山の大ケヤキ（新潟県）（本文 p341）
巨大なコンクリート製アンカーにワイヤロープが固定され，倒木を防いでいる

図 4.24　善養寺影向のマツ（東京都）　（本文 p341）
支柱によって，広大な樹冠を形成している．木道によって樹冠下の地面を見学者が歩かないように設計されている

〔図 4.15，4.18～4.20，4.22～4.24：渡辺直明〕

Ⅳ-2　樹木の総合対策　～外科技術の実際と樹勢回復（2）～

図4.25　日光東照宮のスギと避雷針　（本文 p342）
この大きさの木では，突針と導線が3本以上，アースをそれぞれ3つ以上に分けて，樹冠よりも外側に設置する必要がある

図4.28　練馬白山神社の大ケヤキの不定根誘導（東京都）
（本文 p345）
①1991年に囲いを設け，土壌中を伸長できるようにした
②2009年の様子：数本の細い不定根が誘導されて，劇的に大きな根として幹状になった．しかし，これらの新組織は旧組織の上から木部形成が始まり，アンカーとしての結合は弱いので，強度補強する必要がある

図4.29　群馬県生品神社の倒壊したクヌギの保存
（本文 p347）
1904（明治37）年に倒壊したクヌギ株に樹脂注入を繰り返し，最後に埋蔵文化財用の樹脂で処理された

図4.30　阿弥陀スギの一部を保存（熊本県）
（本文 p346）
台風で半壊した幹の保存．樹脂加工などは施されていないが，乾燥させるため土に触れないようにしている

図4.31　土壌内構造物で根を保護する
（秋田県仙北市）　（本文 p347）
踏圧下や道路下でも，U字溝を逆埋設した内部空間の改良土壌には根が伸長できる．U字溝が短い場合は，5cm程度の隙間を設ければ，水分は浸透するので既製品で済む
①逆埋設したU字溝　②工事の様子

〔図4.25，4.28～4.31：渡辺直明〕

V-2　樹木医の多様な活動と期待（1）

〔本文 p 366-397〕

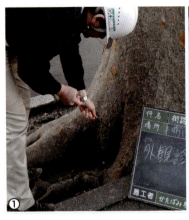

図 5.13　街路樹の診断と土壌の改善
（秋谷貴洋；本文 p 366）
①外観診断：根元の鋼棒貫入状況調査
②ファインノズル工法：植栽桝などの狭い場所でも施工が可能．圧縮空気で土壌に穴をあけるため根を傷付けにくく，土壌のほぐし効果，通気性の改善，あけた穴に土壌改良材を投入が可能

図 5.14　サンシティの"町山"保全活動
（有賀一郎；本文 p 368）

①竣工時（1977年）の景観　②現在の"町山"の景観（2013年）
③住民による入居記念の植樹祭
④環境教育参加者も町山の管理作業
⑤剪定枝のチップ化作業
⑥作業の合間に笑顔の絶えない団欒
⑦町山でのシイタケ栽培　⑧子供らと総合学習で炭焼き

図 5.15　インターンシップの様子
（稲山 豊；本文 p 370）
①おぼつかない様子で初めてのツツジ植栽の整姿作業　②切除した枝の整理　③ビオトープ池の管理
④池の管理作業を終えて，指導の先生とのひととき

V-2 樹木医の多様な活動と期待（2）

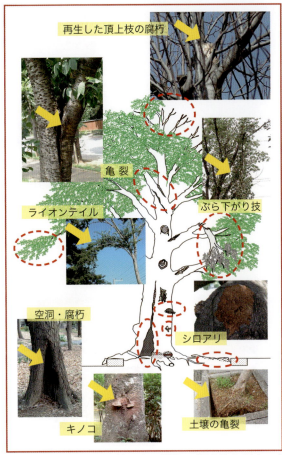

図 5.16 樹木診断で着目する樹体の構造的な弱点の例

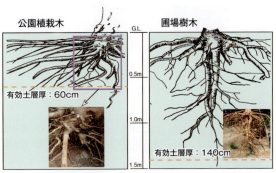

図 5.17 樹木の根系特性
フクギの植栽木と実生木の比較

図 5.18 γ線樹木腐朽診断機（機器構成・配置の例）

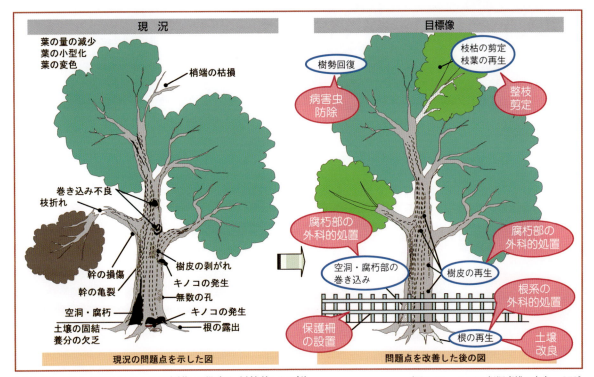

図 5.19 保全対策における目標像の設定と対策施工の例

〔図 5.16～5.19：飯塚康雄；本文 p372〕

V-2 樹木医の多様な活動と期待（3）

図5.20　サクラの開口部の施工状況　　　（宇田川健太郎；本文 p374）
幹空洞部の被覆処理範囲　縦1,200×横700mm（ラス金網を張り，表面モルタル左官仕上げ）
空洞内部の容量＝約400ℓ（内部に木炭充填）
内部の状況：腐朽部を除去し，表面に癒合剤（トップジンMペースト）を塗付，木材質強化剤（キガタメール）を注入済み
空洞内と底部の状況：地中の根株心材は腐朽によりほぼ消失しており，底部は地盤の土が露出
　＊施工断面模式図は，図5.21（p375）参照

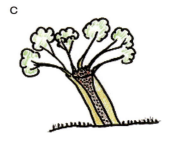

図5.22　"神着の大ザクラ"の履歴の想定図　（神庭正則；本文 p376）
a. 島の北端部に生きていたサクラ樹
b. 孤立化し，幹折れを起こす
c. 内部は腐朽するが周縁部から枝が伸びる
d. 幹折れした部位から不定根が内部の腐朽部を進み，伸長する
e. 不定根が樹を支えられるころには周辺の材は腐朽し，不定根が表面に現れた

図5.23　"神着の大ザクラ"との再会　　　　　　　　　　（神庭正則；本文 p376）
①不定根の幹（図5.22 履歴の想定図を参照）
②若葉に被われていたが，枝先には溶け込むように白い花を着けていた
③ついに満開のサクラを目の前にする

V-2　樹木医の多様な活動と期待（4）

図 5.24　樹木診断と処置　　　　　　　　（小林 明；本文 p 378）
①地元が大切にする桜並木の健康状態を説明
②ケヤキ並木のニレハムシの被害（7月に葉が茶色になる）
③幹に粘着テープを巻いて捕捉する
④樹齢 300 年と伝えられる浜離宮恩賜庭園のクロマツ

図 5.25　普及センターによる講習と診断　　　　　　　　　　　（小林俊明；本文 p 380）
①ナシの剪定講習　②茶園での生育・病害虫診断

図 5.27　東日本大震災と樹木医会の取り組み　　　　　（永石憲道；本文 p 383）
①石巻市内での調査　②浸水高さ 1.8 m（付着物・損傷等により推定）
③照徳寺の大イチョウの被害の様子（宮城県仙台市）

V-2　樹木医の多様な活動と期待（5）

図 5.28　東京港の埋立地に森を育てる　　　　　　　　　　　　　　　　　　　　　　　　　　　　（鈴木健一；本文 p 385）
①②　"かわいそうな木"の治療（①不定根の誘導前　②不定根の発達と切断痕の処理）
③④　"悪魔の森"の再生（③再生前の暗い道　④植栽管理による良好な見通し）
⑤⑥　"海の森"の創生（⑤植栽基盤調査　⑥都民との協働による植樹）
⑦・⑩シンボルツリー（⑦台場公園のオオシマザクラ　⑧同・拡大　⑨お台場海浜公園のエノキ・冬　⑩同・夏）

図 5.29　台湾での台風被害と"奉茶樹"の治療　　　　　　　　　　　　　　　　　　　　　　　　（山下得男；本文 p 386）
①台湾市内での被害状況　②大安森林公園での被害状況　③"奉茶樹"の治療を終えて

V-2　樹木医の多様な活動と期待（6）

図 5.30　庭師の樹木治療，ツリークライミング技術，そして精密機器による診断　　　　　　（原 孝昭；本文 p 388）
①②国天然記念物"小黒川のミズナラ"の保護（①クレーンを使用した支柱立て作業　②ケーブリング作業の様子）
③④黒松の移植手術（③"根回し"の様子　④移植後の黒松の全形）
⑤⑥国天然記念物"月瀬の大スギ"の樹木内部の診断（⑤"月瀬の大スギ"の全形　⑥「ドクターウッズ」による診断の様子）

図 5.32　スダジイの老樹と「生命存続」の原理　　　　　　　　　　　　　　　　　　　（横山奉三郎；本文 p 390）
①スダジイの姿（推定樹齢 300 年；埼玉県川口市 真乗院）
②スダジイ側面（青矢印＝失われた靭皮部に沿って成長する 1 本独立した幼木；黄矢印＝むき出しの腐朽した材部）
③材が失われた跡の巨大な空洞と，成長を続ける 2 本の若い幹または根（矢印）　④新生した幹または根（矢印）
⑤樹冠下部の構造（材の腐朽の進行と同時に，多数の新生された幹が上部樹冠の形成に寄与する）
⑥新生された多数の幹と根　⑦裏側での多数の根または幹新生（失われた材の替わりに樹重を支える）
⑧元の幹の替わりに新生した大枝と幹から構成され，それぞれの幹は独立した一個体（＝根・幹・枝葉をもつ）に見える

V-2　樹木医の多様な活動と期待（7）

図5.33　都市緑化植物園の活動　　　（小野文夫；本文 p393）
①林間のチューリップ　②ハーブ園の植栽状況
③里山管理：ボランティアによる「落葉かき」風景
④かえで見本園：夜間開園ライトアップ観覧風景
⑤植物園ガイドツアー：「ギンリョウソウ」団体ガイドのひと時
⑥インターンシップ：研修生の企画展示発表風景

図5.34　海外への日本庭園の紹介と国際交流　　　（小杉左岐；本文 p395）
①・④バーレーンでの作庭（①強い日差しと乾燥に耐える植物を選定して作庭　②蹲踞(つくばい)と周囲を彩る植栽
③鳥居は日本のシンボル　④現地作業員による植え付けの様子）
⑤技能五輪表彰式（金メダルを受賞）　⑥海外からの学生の研修（垣根の作製）

V-3　若手樹木医奮闘記

〔本文 p 398-401〕

図 5.35　社内研修会と講座の開催　　　　（阿部好淳；本文 p 398）
①②先輩樹木医を講師とした社内樹木医研修会
　（①レジストグラフによるプラタナスの精密診断を実施　②診断カルテの記述法の訓練）
③④「緑と水の市民カレッジ講座」の講習；都立木場公園
　（③参加者への講義　④同・樹木の説明）

図 5.37　機器による腐朽の診断　　　　　　　　　　　　（城石可奈子；本文 p 399）
①マイクロハンマーによる診断　②ピカスによる診断

図 5.38　シダレザクラの樹勢回復
　　　を目指す　（深沢麻未；本文 p 400）
①根系の探り掘りの様子
②一脚支柱設置の作業状況
③積雪に堪えるシダレザクラ

V-4　受験体験記

〔本文 p402-408〕

図5.39　日常の仕事と研修の場　　　　　　　　　　　　　　　　　　　　　　　　　　　（榎本恭子；本文 p402）
①・③ブンゲンストウヒの掘り取り　（①「しおる」作業　②掘り取り　③根巻き）
④樹木医養成研修の宿舎：手狭だが勉強にはもってこいの場所

図5.40　樹木医養成研修（現地実習）の様子　　　　　　　　　　　　　　　　　　　　　（小沢 彩；本文 p404）
①②幹の外科手術実習（過去に手術したケヤキの樹勢と手術痕の観察）　③機器による腐朽診断実習
④⑤土壌断面観察実習（地層の色と位置の観察と記録）

図5.41　取り組んでいる仕事　　　（竹内克巳；本文 p405）
①②ヒマラヤスギの移植（①掘り上げ・根巻き　②移植）
③シダレザクラの腐朽被害（抜根作業）
④-⑦クスノキの樹勢診断と対策（④⑤葉枯れ・落葉・枝枯
　れの原因究明　⑥⑦整枝後の樹勢回復の様子）

図5.42　外構設計と植栽
　　　　　　　　　　（若松美津子；本文 p407）
①工場のエントランス
②中庭の植栽状況
③屋上緑化：除草作業

編集・執筆者・写真提供者等一覧

〈編　集〉
堀江　博道　〔法政大学 植物医科学センター；元 法政大学 生命科学部教授・元 東京都病害虫専門技術員；樹木医5期〕

〈本編執筆〉
阿部　恭久　〔元 日本大学 生物資源科学部 森林資源科学科；元 法政大学兼任講師〕
加藤　哲郎　〔元 金沢学院短期大学；法政大学兼任講師〕
竹内　浩二　〔東京都農林総合研究センター；法政大学兼任講師〕
田畑　勝洋　〔岐阜県立国際園芸アカデミー非常勤講師；NPO法人 森林調査 杣の会〕
橋本　光司　〔法政大学 植物医科学センター；元 埼玉県病害虫専門技術員〕
福田　健二　〔東京大学大学院 農学生命科学研究科；法政大学兼任講師〕
福成　敬三　〔株式会社 フォーサイト；法政大学兼任講師；樹木医10期〕
堀　　大才　〔NPO法人 樹木生態研究会；法政大学兼任講師〕
堀江　博道　〔前出〕
松下　範久　〔東京大学大学院 農学生命科学研究科；法政大学兼任講師〕
三戸　久美子〔NPO法人 樹木生態研究会；東京農業大学非常勤講師；樹木医14期〕
横山　奉三郎〔横山植物クリニック；法政大学植物医科学センター客員所員；樹木医11期〕
和田　博幸　〔公益財団法人 日本花の会 花と緑の研究所；法政大学兼任講師；樹木医10期〕
渡辺　直明　〔東京農工大学 農学部 附属広域都市圏フィールドサイエンス教育研究センター；法政大学兼任講師〕

〈ノート執筆〉(本編執筆者を除く)
太田　祐子　〔日本大学 生物資源科学部 森林資源科学科；法政大学兼任講師〕
加藤　綾奈　〔東京都八丈支庁；前 東京都農林総合研究センター〕
神庭　正則　〔株式会社 エコル；元 法政大学兼任講師；樹木医1期〕
周藤　靖雄　〔元 島根県林業技術センター〕
竹内　　純　〔東京都農林総合研究センター〕
近岡　一郎　〔元 神奈川県病害虫専門技術員〕
廣岡　裕吏　〔法政大学生命科学部応用植物科学科〕
福原　博篤　〔株式会社 エーアール；法政大学兼任講師〕
星　　秀男　〔東京都農林総合研究センター〕

〈コラム執筆〉(本編・ノート執筆者を除く)
秋谷　貴洋　〔かたばみ興業株式会社；樹木医15期〕
阿部　好淳　〔公益財団法人 東京都公園協会；樹木医21期〕
新井　孝次朗〔緑のナイト；樹木医7期〕
有賀　一郎　〔サンコーコンサルタント株式会社；東京農業大学客員教授；樹木医6期〕
飯塚　康雄　〔国土技術政策総合研究所；樹木医8期〕
稲山　　豊　〔株式会社 富士植木；樹木医13期〕
宇田川　健太郎〔箱根植木株式会社；樹木医9期〕
榎本　恭子　〔榎本園；樹木医21期〕
小沢　　彩　〔株式会社 ツムラ 生薬研究所；樹木医23期〕
小野　文夫　〔西武緑化管理株式会社；元 国営武蔵丘陵森林公園都市緑化植物園〕
小杉　左岐　〔小杉造園株式会社〕
小林　　明　〔公益財団法人 東京都公園協会；樹木医9期〕
小林　俊明　〔東京都農業振興事務所；元 東京都中央農業改良普及センター；樹木医8期〕
城石　可奈子〔イビデングリーンテック株式会社；樹木医22期〕
鈴木　健一　〔東京港埠頭株式会社；樹木医14期〕
竹内　克巳　〔株式会社 植三造園；樹木医22期〕
永石　憲道　〔ジェイアール東日本コンサルタンツ株式会社；東京農工大学非常勤講師；樹木医12期〕
原　　孝昭　〔文吾林造園株式会社；樹木医8期〕
深沢　麻未　〔株式会社 葉守；樹木医21期〕
山下　得男　〔株式会社 富士植木；樹木医13期〕
若松　美津男〔株式会社 ウリプカス；樹木医23期〕

〈中扉図製作〉
太田　智子　〔法政大学 生命科学部応用植物科学科〕（p 053, 059, 099, 131, 319, 353, 409）

〈写真・図提供〉(執筆者を除く)
牛山　欽司　　遠藤　直樹　　柿嶌　眞　　鍵和田 聡　　金子　繁　　呉　炳雲　　小林　享夫　　近藤　賢一　　佐藤　拓　　島田　恭子
下村　彰男　　髙橋　由紀子　　中村　恒雄　　濱田　真穂子　　林　直人　　溝口　正弘　　藤田　俊一　　青空計画研究所
一般財団法人 日本緑化センター　　一般社団法人 日本植物防疫協会　　株式会社 エコル　　株式会社 富士植木
国立研究開発法人 森林総合研究所　　樹木医学会　　法政大学 生命科学部植物医科学専修・研究室

〈書籍編集・カバーデザイン〉
森田　浩之（株式会社 大誠社）　　豊嶋　正己（有限会社 モノリス）

(氏名・所属・樹木医認定の期；敬称略；各項目の五十音順；2016年6月現在)

はじめに

　樹木医制度は当初は農林水産省林野庁の補助事業として開始されたが、その後、資格認定の規制緩和等により、日本緑化センターが認定機関として資格・試験業務を担い、「樹木医」は同センターに所属する商標となっている。いわば、樹木医は「国（公）」から「民」の資格になったわけである。しかし、一般には「国」資格のほうが上位にみられがちであるが、「樹木医」は、資格取得者の努力もさることながら、認定機関をはじめ、樹木医で組織している日本樹木医会、同・都道府県の各支部、会員の約半数が樹木医である樹木医学会、国・自治体の協力、その他関連組織の地道な努力が、地域や依頼主・顧客（クライアント）、それにマスメディアに好意的に受け入れられてきた。いまや「樹木医」の名称は全国に広く浸透したといってよいであろう。

　法政大学生命科学部生命機能学科植物医科学専修は2008年4月に創設され、国内では初めての本格的な「植物医科学」の教育が開始された。その教育には「診断教育」などいくつかの柱があるが、そのなかに「キャリア教育」がある。技術士（技術士法を根拠法令とする国家資格）と樹木医の二つの資格（現在は「自然再生士」資格を含め、三つの資格）はキャリア教育の中でも、目に見える資格として学生たちの目標となっている。前者はまず技術士一次試験合格（合格者は、申請により「技術士補」資格を取得できる）を目標とした「植物保護士演習」を一年次前期（春学期）の基幹科目とし、一年次からの受験を推奨し、その結果、多い年には50名を超える合格者を輩出している。一方、本専修（現 応用植物科学科）は設立当初から、「樹木医補」養成機関に認定された。これは指定された科目履修により、卒業後に申請し、審査に合格すれば「樹木医補」資格を取得できるものである。これも毎年10〜20名ほどが樹木医補資格を取得している。この樹木医補教育カリキュラムの中心として設置された科目が「樹木医演習」であり、実技の目玉として、樹木医学に関する卒業論文あるいは造園企業でのインターンシップ科目のどちらかを履修し、その単位を修得することが必須である。

　本学の「樹木医演習」は14回の講義と、まとめとしての筆記試験からなる。各回の講義は、異なる分野ごとの完結型である。植物医科学専修の専任教員が全体をアレンジし、うち12回が外部の樹木医を含む有識者を講師として招聘している。当初の陣容は、筑波で実施される樹木医養成研修の講師も4名含み、また、樹木医の仕事が都市の緑地・街路樹保存にもシフトしていることから、病害・虫害・土壌肥料の分野には緑化樹木分野に造詣の深い講師陣を配置した。また、樹木医の活動を学習するために、現役のベテラン樹木医に3回にわたる事例紹介など実践的な講義を担当していただいている。これらの陣容は、先発の他大学からみてもとても贅沢な講師陣と映ったようで、実際にかなりうらやましがられたものである。これも東京という地の利、法政大学という文系のイメージの強い大学での「樹木医補養成」という珍しさと興味、そしてなによりも講師の先生方の強い熱意の賜物として、選択科目にもかかわらず、毎年学年の8割前後の学生が履修している。その結果、2012年にはじめて卒業生を輩出して以来、2015年12月現在、合計67名（うち女性38名）が樹木医補資格を取得している。さらに、本資格取得後、大学院での樹木医学研究、あるいは造園系など関連企業に就職後に樹木医の補助的な業務、いずれかを1年間以上従事することにより、樹木医研修会への選抜試験受験の資格を得ることができる。合否の倍率は4〜5倍といわれている。幸い、2013年度に本学の一期生1名（当時、他大学修士課程2年次在席）、2015年度には

一期生と二期生各1名（うち、一期生は造園企業に就職、二期生は造園職の地方公務員として従事）が樹木医資格を取得した。この結果、彼・彼女等は同期の学生たち、あるいは後輩たちの身近な目標となっており、良い循環が確立しつつあるものと考えている。

　本書の構成は、「樹木医演習」の講義録の形式をとっている。実際の講義では90分という時間の制約から、講師の先生も話したりない、学生ももっと聴きたいというところであるが、本書によって、それも補えると思われる。

　本書は、法政大学植物医科学センターの担う社会貢献「教育研究の成果還元」のひとつである「植物医科学叢書」No.3として企画され、広く「樹木医」に関わる教科書・参考書として編まれたものである。従って、本学の学生のみではなく、本学同様の学生教育を実践しておられる、大学教員や学生の参考書としてお使いいただけるものと考えている。また、樹木医を目指して励んでいる方々、現役の樹木医さんたち、都道府県や企業の緑化・環境保全を担っている技術者・研究者の皆さんの実務の参考書として、あるいは中学高校の生物学ご担当の教職員の皆さんの学習・指導用参考書としてもご利用いただける内容である。さらに、庭園鑑賞や自宅の庭作りや植木に興味のある方々にも、植物を健康に育てることの基礎的な、あるいは臨床的な知見が吸収できるものと思われ、身近に置きたい本となることを期待している。

謝　辞：

　本書の執筆にあたり、本編は13名、ノートは14名、コラムは23名、合計42名の方々にお願いし、お忙しい中、快く受諾いただきました。また、貴重な写真や図も多数お借りしました。お陰様をもちまして、本書に素晴らしい内容が盛り込めたと思っています。西尾 健博士（法政大学植物医科学センター長；同・生命科学部教授）には常に激励・ご助言を頂戴し、橋本光司博士（同・植物医科学センター客員所員）には原稿の閲読や編集にあたり的確な助言をいただき、同・応用植物科学科（植物医科学専修）の教職員各位には様々なご援助をいただきました。太田智子さんには、本叢書No.1、No.2に引き続き、中扉に素晴らしい挿絵を提供いただきました。皆様のご厚意に衷心より感謝申し上げます。

　本叢書シリーズの刊行は一般財団法人 農林産業研究所の出版助成により実現したものです。本叢書刊行にご理解とご援助をいただいた、同財団理事長 島田和夫氏に深甚の御礼を申し上げます。本書の編集・印刷・出版に際し、株式会社 誠晃印刷社長 島田和幸氏、株式会社 大誠社 柏木浩樹氏には、いつも温かい激励とご助言、ご便宜をいただきました。本書の編集を担当いただいた大誠社 森田浩之氏には、無理な注文にも根気強く丁寧に対応いただき、すばらしい書籍を作り上げていただきました。皆様に厚く感謝申し上げます。

2016年8月

堀江　博道

（法政大学植物医科学センター；樹木医）

ガイダンス ～概要説明～

1 樹木医とその役割

　「樹木医」制度は1991年に発足した。その制度の詳細は第Ⅵ編に記述したが、当初は毎年80名、近年では120名の樹木医が誕生し、2015年12月現在、総計2,350名（うち女性218名）の樹木医が全国各地で活躍している。そして、樹木医の活躍場面の一端は第Ⅴ編のコラムの中にも窺い知ることができよう。

　さて、樹木医とは、「樹木の調査・研究、診断・治療、公園緑地の計画・設計・設計監理などを通して、樹木の保護・育成・管理や、落枝・倒木などによる人的・物損被害の抑制、後継樹の育成、樹木に関する知識の普及・指導などを行う専門家」（日本緑化センターのホームページより）であり、樹木医資格を取得するには、同センターが実施する樹木医資格審査（筆記試験、養成研修、口頭試問、審査）に合格し、樹木医として名簿に登録される必要がある。

　樹木医の役割として、当初は、「特別な価値をもつ樹木個体の管理、衰退した天然記念物の治療、後継樹の育成」などが、メインに挙げられていたが、樹木医資格取得者の所属が、官公庁・公設研究所・造園緑化管理系企業など幅広く、樹木や緑地に対する社会的ニーズの変化もあり、近年は活躍の場が上述のように大きく拡がってきている。樹木医は「緑を守り、自然を再生・創生する医者」であると考えれば、人が関わる緑の保全にシフトしていくのは至極自然の流れであり、樹木医資格を有する専門家としての位置づけや役割は、今後も重要度を増すに違いない。

2 樹木医を目指して学ぶこと

　「樹木医学」あるいは「樹木医科学」という分野がある。その対象を「樹木」に特化した学問領域と考えがちだが、「植物医科学」が農作物の安定生産や、植物を中心に置いた環境保護を中心とするも、農作物の作り手や消費者に関わる事項、農薬の安全性確保、世界的な流通に伴う植物検疫、関連の領域（園芸学、土壌肥料学、育種学、経営・経済学等）をも包含した広義の領域であるように、樹木医学も植物医科学とオーバーラップするように幅広く、様々な専門領域横断型の学問分野といえよう。

　例えば、病害虫一つとっても、樹木と野菜や草花の共通的な病害虫は多数存在する。緑地管理の対象は樹木のみでなく、地被植物類や花壇の草花などにも目を配る必要がある。また、農薬を適正・安全に使用するためには、各分野を跨ぐ知識が不可欠であろうし、土壌環境の調査にも、農業分野の研究蓄積が応用されているのである。

　樹木医は樹木を主対象とするが、樹木と直接・間接に関与する様々な事象を、その立地、そして周辺植物の生理生態的特徴、樹木を含めた土壌・気象・植生などの環境条件、さらに突き詰めれば、クライアント（依頼者）やその周辺の多くの人たち、仕事関係など、学問・知識、人との関わりにおいての広い連携が必要になり、それらを着実に身に付けてこそ、初めて真の樹木医といえるのであろう。しかし、それは経験を積んだ先の目標とすることとして、まず手始めに何を学ぶべきか、自らも考えてみよう。

3 本書の構成と学び方

　本書は法政大学生命科学部応用植物科学科（植物医科学専修）の授業科目『樹木医演習』の教科書とし

て編纂された。この授業は外部講師を中心としたオムニバス形式で、毎年、最大10名の第一線の研究者や樹木医を招聘し、講義をお願いしている。そして各専門領域を1コマ90分で完結させる、密度の高い講義である。本書は講義の概要を基に、全6編に括り、さらに合計20の講（章）を設けた。それぞれの講は、主に講義担当の先生方に執筆していただき、さらに、講義内容を深め、あるいは内容を発展させるために、「ノート」「ワンポイントメモ」を配置してある。

第Ⅰ編：樹木を対象とした人々の営みには、そこに何らかの意義を見い出しているはずである。神社仏閣の御神木・巨木、名所・旧跡の庭園、緑地・公園、さらにハイキングや森林浴など、私たちの日常生活のすぐ隣には、信仰や心身の潤い・健康などの一助となるべき樹木や里山・森林がある。そこでまず、第Ⅰ編では樹木に関わる、いにしえからの文化を紐解き、天然記念物や庭園・自然の造形等を鑑賞してみよう。そして、造園を通して日本人は何を見い出し、何を創造しようとしたかを考えてみたい。庭園には先人の芸術的かつ実用的仕様が息づいており、わが国の古典的荘園にも当時の息吹を感じることができるだろう。また、造園の歴史や産業としての造園の位置づけ、建設業との関わり等を知り、解決すべき課題についても学ぶ。

第Ⅱ編：次には、樹木の調査・研究の基礎となる樹木の分類、外部・内部の形態的特徴、生理作用、生態的特徴等を学ぶ。ここで、樹木はまさに環境に適応していることが認識できよう。現在、私たちが目にする多くの種類の樹木たちも、進化の過程を経て、環境にそれぞれ適合している様子が分かる。それらを踏まえて、本編のノートでは、物言えず移動も不可能と思われる樹木が、自ら樹形を変えるほどに枝幹の姿態を変化させ、逆境に対抗する力を有していることを知る。

第Ⅲ編：樹木に関する基礎知識を学んだ、次に目指すことは、樹木を取り巻く環境とその保全・保護対策である。樹木医の日常的な活動において、もっとも重要で実際的な事項となる項目である。まず、Ⅲ-1では、森林や緑地において菌類の役割を基礎とした生態系を学び、ノートでは森林の保水力の実像に迫る。

次のⅢ-2では、樹木の生活を支える土壌の知識と、土壌改良についての実践的な知識を学ぶ。街路樹の植え枡の客土など、樹木医としての基礎であり、応用場面に有益な事項である。

Ⅲ-3では、実際場面でもっとも重要な現地問題の一つであり、かつ解決がきわめて困難であるが、樹木医として避けて通れない、木材腐朽病害およびその病原菌の基礎と臨床を学ぶ。木材腐朽菌は、自然生態系では分解者として不可欠の存在でありながら、人間社会にとっては街路樹の倒壊などに関わる"悪者"である。木材腐朽病はまさに人間が創造した病気（Man Made Diseases）といえよう。その病原である腐朽菌の見分け方を修得し、今後どのように対峙していくべきかを考えてみよう。ノートでは、遺伝子解析を活用した、腐朽菌類の最新の分類方法などに触れる。

Ⅲ-4およびⅢ-5は、木材腐朽病害を除いた、樹木（とくに庭木・緑化樹木）に発生する病害虫の診断（見分け方と対策）である。樹木は多様な種で構成されており、それを侵す病害虫も様々な種類があり、種類ごとに加害様式や発生生態も異なる。それらの主要種による被害症状・個別の

対策を学ぶ。ノートでは、世界三大樹木流行病、ブナ科樹木萎凋病、法令による「緊急防除」が発動されたウメ輪紋病（プラムポックスウイルス）の動向と対処、庭園に欠くことのできないマツ類に発生する病害虫の種類、侵入害虫プラタナスグンバイの動向などの多様な知識とともに、IPMを念頭に置いた実践的な害虫防除対策を修得する。Ⅲ-6では、未だに被害が終息しないマツ類の材線虫病について、新たな知見を含め、特集を組んだ。

　　最後にⅢ-7では、樹木医資格を取得しておそらく最初に樹木医らしい仕事となるであろう、農薬による病害虫防除対策にあたっての、農薬の基礎的な知識と実際場面での注意点などを学ぶ。また、ノートを参考に、農薬登録制度の概要、農薬ラベルの表示事項と内容、住宅地等における病害虫防除等に当たって遵守すべき事項、樹木医学会シンポジウムでの指摘事項や法令強化によって樹木医が直面している課題等を知ろう。

第Ⅳ編：近年とみに耳目を集めている、樹木の樹勢・被害度診断の意義と方法・対策について学習する。Ⅳ-1では被害度診断の方法、Ⅳ-2では総合対策として、外科手術および樹勢回復の実際を学ぶ。公園等には調査対象としてふさわしい被害樹がみられることがある。これらの樹について、健全樹木を調査の対照樹木と見立て、樹勢診断や被害度調査を自ら実施・比較をしてみよう。ノートでは、葉や枝の被害度診断法を学び、実践場面の訓練として、樹木医による対象樹木の予備調査および対策提案の妥当性について、シミュレーションをしてみよう。

　以上が授業科目としての講義内容である。では、樹木医はそれぞれの所属する組織の一員として、あるいは自らが起こした会社等でどのような活動を展開し、また、どのような社会貢献を担っているのであろうか、第一線で活躍する多くの樹木医の皆さんに、コラムの形式で自由に執筆していただき、それらを第Ⅴ編にまとめた。また、第Ⅵ編では、樹木医補・樹木医制度のあらまし、また、樹木医受験対応などを概説した。

第Ⅴ編：掲載した樹木医諸氏のコラムは、いずれも自身の体験に基づいた、多くの教訓と示唆に富む内容であろう。将来、自分が樹木医となった際の抱負や、想像される活躍の場面を胸に重ね合わせて、大いに指針としたいものである。

　　Ⅴ-1の内容は、樹木医で構成する「樹木医会」の社会貢献活動の解説であり、ノートとして、ベテラン樹木医による天然記念物のサクラの樹木診断・総合対策の事例を挙げた。Ⅴ-2は、現役のベテラン樹木医たちの活動の事例紹介である。コラム形式の端的な短い文章と提供された数葉のスナップ写真から、先輩諸氏の活動の背景を想像し、その活動経過や最終的な結果から、クライアントの反応や感謝の気持ちも垣間見えそうである。Ⅴ-3では、樹木医資格を取得して間もない方々のコラムである。数編のコラムからは、現状の仕事を通し、前向きにもがきながらも、技術の向上を目指し、仕事に真摯に向かい合っている様子が窺い知れよう。Ⅴ-4では樹木医資格を取得したての方々に、受験に至る動機や受験体験記、さらに樹木医としての今後の抱負を記事にしていただいた。きっとこれから樹木医を目指し、受験しようとする学生諸君、あるいは企業や自治体等に所属する人にとっても役立つものと思われる。

第Ⅵ編：最終編の本編では、まず、Ⅵ-1において、樹木医補養成機関に認定されている大学等で、規定の科目履修により、卒業後に資格認定を申請する制度（「樹木医補制度」）を紹介する。この制度は、樹木医補資格認定後、実務歴1年間を経過すれば、樹木医研修選抜試験の受験資格が与えられるという優遇措置もあり、きわめて優位なものといえる。次いで、Ⅵ-2では「樹木医制度」とその資格取得のための条件を記述した。

　どのような分野であっても「資格（免状）」はあくまでも資格にすぎない。樹木医補や樹木医の資格を取得しても、その重みに堪え得る実力を備えていなければ、ペーパードライバーと揶揄され、クライアントとの信頼関係を醸成することはできないだろう。少なくとも、本書に掲載されている基礎・臨床の事項と内容をマスターし、機会を自ら求めて実践の体験・経験を積み重ね、日々精進・努力し、自他ともに認め得る真の「資格」として、活用してほしいものである。

　また、樹木医資格取得を目的としない読者の方々、とりわけ樹木や植物、その保護や緑化環境を対象とする大学学生・研究者・従事者・愛好家等の人にとっては、本書はどこから読んでも期待に応えられるものと確信している。良き参考書として、是非お使いいただきたい。

＊本稿を執筆中に、集英社オレンジ文庫から「樹木医補の診療録　桜の下にきみを送る」（夕映月子著、2016年3月）が出版された。樹木補資格を取得して、造園系会社に就職間もない女性が、樹木医を目指し、研鑽していく物語である。すでに本学の卒業生の何人もがこのような道を辿っていて、この小説の主人公ともども成長が楽しみである。

・・・

【本書の記述について】

　「樹木医学」は発展途上の学問といってよいだろう。例えば、樹木の治療技術も過去から現在まで数多くの事例が知られている。しかし、その治療法がその樹にとって的を得ていたかどうかは、数年、数十年、あるいは百年を単位として観察しなければ、判断できないかもしれない。このようなことからも、樹木医学に関する定義や結論を得ることの難しさが推量される。また、植物や微生物の分類学も、従来の形態学的分類から、分子系統解析を基礎とした分類に大きくシフトしてきた。まだ過渡期であり、全体像が完成するにはしばらくの年月が必要であろう。樹木医学会誌「樹木医学研究」の論文・総説・事例紹介等の記事のいずれにも、「樹木医学会は記事中の材料および方法を個別に推奨するものではありません」という注記が為されている。編集委員会で認められて掲載された論文等に、このような断り書きがあることからも、樹木医学が置かれている現状が推察されよう。

　本書は多数の執筆者の原稿から構成されている。各執筆者の経歴や出身母体により、必ずしも相互に統一的な見解が得られていない場合もある。また、使用している用語や言い回しに関しても、例えば、林業畑と農業畑の執筆者では一致しない点が多々ある。本来は編集担当（筆者）が整理すべき事項ではあるが、上述のように、樹木医学の分野が発展途上という観点から、最小限のすり合わせに留め、各執筆者の意向を尊重した。また、編や講（章）にまたがる共通項目の記述も散見されるが、本書が講義録の意味合いをもっていることから、学際的な分野は、様々な分野から言及しても差し支えないと考えている。ただし、以下の点は可能な範囲で統一した。

(1) 病気・病原菌・害虫等の名称

　病名・病原菌・ウイルス等の名称は日本植物病名目録第2版（日本植物病理学会・農業生物資源研究所編，2012）、害虫名は農林有害動物・昆虫名鑑（日本応用昆虫動物学会編，2006）にそれぞれ準拠した。なお、菌類病・植物病原菌類の詳細については、本叢書No.1「植物病原菌類の見分け方」あるいは関連の専門書を参考にしていただきたい。

(2) 樹木等、植物の名称と分類

　植物の分類は、上述のように従来の新エングラー体系やクロンキスト体系から、1998年に公表され、逐次改良が加えられている、APG体系にシフトしてきたが、本書ではその扱いを各執筆者に任せており、統一はしていない。この理由は、例えば、日本植物病名目録は、植物の分類を従来の分類法に拠っているため、病名を新分類体系に合わせること自体、大変な作業となること等の理由である。

(3) 引用文献・参考書

　本書の執筆にあたり、多くの文献・専門書・冊子等を参考にさせていただいた。それらは巻末に講あるいはノートごとに括って、一覧として記載した。

(4) 口絵・図・写真

　関連の写真・図は可能な限り、口絵（カラー印刷）にレイアウトし、一部は誌面の関係でモノクロページのみに掲載した。また、口絵の一部の写真・図はモノクロページにも掲載した。該当記事の執筆者以外の方から拝借した写真・図については、各図の説明書き（キャプション）の末尾に氏名を明記するとともに、巻初の「提供者一覧」にも記載した。なお、口絵に提供者名を明記した場合は、モノクロページの同一の図には氏名を省略した。

　口絵では最上部の帯に、該当の講・ノートのタイトル・該当ページ番号を、図のキャプション欄には、本文の写真掲載ページ番号（複数ページにまたがる場合には初出のページ番号）を記した。

(5) 植物医科学叢書No.1、No.2との関連

　本書は植物医科学叢書No.3として編集された。No.1「植物病原菌類の見分け方」、No.2「植物医科学実験マニュアル」とは独立した書籍である。しかし、これら先行の2書にはいずれも、緑化樹木の病害虫、木材腐朽病、ブナ科樹木萎凋病、ウメ輪紋病など、本書と関連のある記事や実験手法が登載されている。また、これら2書の記載事項のうち、必要な項目については、本書にそのまま、あるいは一部改変して、引用・転載した記事・写真・図・表も多数ある。是非、これら叢書のシリーズを机上に並べ、関連の記事を相互に補っていただきたい。

　＊全体を通して、できるだけ間違いのないような記述に心掛けましたが、まだまだ多くの誤記や誤字脱字などがあるものと思われます。今後、改善の一助とさせていただきたく、皆様からの温かいご教示、ご指摘を願っています。なお、誤言の訂正については、「法政大学植物医科学センター」のホームページ「図書／出版の項」に掲載します。

〔堀江 博道・廣岡 裕吏〕

【植物医科学叢書 No.3】

樹木医ことはじめ
－樹木の文化・健康と保護、そして樹木医の多様な活動に学ぶ－

目　次

口　絵	002
編集・執筆者・図提供者一覧	045
はじめに	046
ガイダンス　～概要説明～ …………………………………(堀江博道・廣岡裕吏)	048

第Ⅰ編　樹木と文化

Ⅰ-1　樹木に関わる文化、天然記念物 ……………………………(和田博幸・福田健二)　060
　1　樹木の文化　060
　2　天然記念物とは　061
　3　天然記念物の保護制度　062
　4　天然記念物の保護対策　065
　5　天然記念物の保存計画　066
　〔ノート1.1〕特別天然記念物"大島のサクラ株"　……………………(和田博幸)　069

Ⅰ-2　造園の世界　～造園の概要と課題～ …………………………(福成敬三)　071
　1　「造園」と「ランドスケープ」という言葉　071
　2　造園小史　071
　3　造園という仕事の特徴　077
　4　建設業の中での「造園」の課題　079
　5　造園の仕事と樹木医　087

Ⅰ-3　樹木医から見た造園と庭園　～寺院や文学の庭園を訪ねて～ ……(横山奉三郎)　089
　1　はじめに；樹木医に必要な資質とは　089
　2　日本の自然と信仰　090
　3　日本庭園の原型　091
　4　日本文学にみる植物　091
　5　自然と日本庭園の事例　092
　6　樹木医と庭園および造園技術　094
　〔ノート1.2〕視聴感覚からみた"人と里山"の関係　…………………(福原博篤)　096

第Ⅱ編　樹木の基礎知識

Ⅱ-1　樹木の形態と分類の基礎 ……………………………………(堀　大才)　100
　1　樹木の定義　100
　2　樹木の形態　100
　3　樹木の分類　101
　〔ノート2.1〕"あて材"の形成とその役割　……………………………(堀　大才)　107
　〔ノート2.2〕樹木における力学的適応成長　…………………………(堀　大才)　110

Ⅱ-2　樹木の生理・生態の特性 ……………………………(三戸久美子・堀　大才)　115
　1　はじめに；樹木診断と"かたち"　115
　2　植物と樹木の特性　116
　3　植物生理学から見た樹木のかたち　120
　4　生態学から見た樹木のかたち　123
　5　生体力学から見た樹木のかたち　126
　6　知識の蓄積と科学的・合理的実践　128
　〔ワンポイントメモ・1〕お気に入りの樹木を見つけよう　130

第Ⅲ編　樹木を取り巻く環境とその保全・保護

Ⅲ-1　森林・緑地における菌類の生態　〜ナラタケ・菌根菌などの菌類の役割〜 ……（松下範久）132
1. 森林の菌類　〜腐生・寄生・共生〜 …… 132
2. ナラタケ属菌 …… 134
3. 菌根菌 …… 139
〔ノート 3.1〕森林の保水力 ……（堀 大才）142

Ⅲ-2　樹木に好適な土壌環境　〜とくに緑地土壌の特徴と土壌改良〜 ……（加藤哲郎）144
1. 土壌の基礎知識 …… 144
2. 樹木に好適な土壌環境　〜樹木の生育に関与する土壌の項目〜 …… 149
3. 都市での植木植栽地の土壌と施肥 …… 157
4. 樹木の養分吸収と施肥 …… 162
5. 苗畑の土壌管理 …… 165
6. 土壌改良に使用される主な資材 …… 165
7. 樹木に対する施肥 …… 167
〔ワンポイントメモ-2〕街路樹の植栽を観察し、課題を考えよう …… 169
〔ワンポイントメモ-3〕落ち葉堆肥を作ろう …… 170

Ⅲ-3　樹木の腐朽病　〜木材腐朽菌による被害と対策〜 ……（阿部恭久）171
1. 樹木の寄生病と腐朽病 …… 171
2. 木材の変色と腐朽 …… 172
3. 木材の腐朽機構 …… 172
4. 樹種と腐朽病 …… 173
5. 腐朽病のタイプ …… 173
6. 木材腐朽菌の生活環と感染経路 …… 174
7. 環境や管理と腐朽病の発生 …… 176
8. 腐朽病の診断と対策 …… 176
9. 木材腐朽菌の分類群 …… 178
10. 木材腐朽菌の新しい分類体系 …… 179
11. 緑化樹木に発生する主な腐朽病 …… 180
〔ノート 3.2〕木材腐朽菌類の分類動向　〜現状と課題〜 ……（太田祐子）182

Ⅲ-4　庭木・緑化樹木の病害と診断・対策 ……（堀江博道）185
1. 生育障害の原因 …… 185
2. 樹木病害の種類 …… 186
3. 病気の症状と診断のポイント …… 187
4. 庭木・緑化樹木に発生する主な病害 …… 191
5. 防除対策 …… 216
〔ノート 3.3〕マツ類に発生する主な病害虫およびその対策 ……（堀江博道・周藤靖雄；竹内浩二・近岡一郎）219
〔ノート 3.4〕グラウンドカバープランツの病害 ……（竹内 純・堀江博道）226
〔ノート 3.5〕ブナ科樹木の萎凋病 ……（松下範久）228
〔ノート 3.6〕ウメ輪紋ウイルス（PPV）の国内初発生と根絶に向けた技術者たちの取り組み ……（星 秀男・加藤綾奈）230
〔ノート 3.7〕世界三大樹木流行病 ……（廣岡裕吏）236
〔ワンポイントメモ-4〕ルーペによる観察 …… 242
〔ワンポイントメモ-5〕さび病菌の異種寄生性 …… 243

Ⅲ-5　庭木・緑化樹木の害虫と診断・対策 ……（竹内浩二）244
1. 害虫概論 …… 244
2. 主要害虫の生態、形態および対策 …… 249
3. 緑化樹木における虫害診断 …… 265
〔ノート 3.8〕侵入害虫プラタナスグンバイの発生 ……（竹内浩二）266
〔ノート 3.9〕庭木・緑化樹木の害虫防除技術　〜IPMを目指して〜 ……（竹内浩二）268

III-6　松枯れとマツ材線虫病　　　　　　　　　　　　　　　　　　　　　　　　　　　　（田畑勝洋）273
- 1　松枯れの歴史 …………………………………………………………………………… 273
- 2　マツ材線虫病の症状と伝染環 ………………………………………………………… 274
- 3　松枯れのしくみ ………………………………………………………………………… 277
- 4　根系感染とその枯損発生メカニズムに関する調査事例 …………………………… 280
- 5　防除対策 ………………………………………………………………………………… 283
- 〔ワンポイントメモ・6〕カミキリと線虫の相互関係 ………………………………… 288
- 〔ワンポイントメモ・7〕マツ材線虫病の防除対策 …………………………………… 289

III-7　農薬の基礎知識と安全・適正使用　　　　　　　　　　　　　　　　　　　　　　（橋本光司）290
- 1　農薬とは ………………………………………………………………………………… 290
- 2　農薬の種類 ……………………………………………………………………………… 291
- 3　農薬の望まれる条件 …………………………………………………………………… 294
- 4　農薬の効果発現 ………………………………………………………………………… 294
- 5　農薬の製剤化と散布方法 ……………………………………………………………… 297
- 6　農薬の安全な使用法 …………………………………………………………………… 298
- 7　ドリフトの問題点とその対策 ………………………………………………………… 301
- 8　農薬の効果的使用法 …………………………………………………………………… 306
- 〔ワンポイントメモ・8〕農薬散布後における薬効の自己判定 ……………………… 307
- 〔ノート 3.10〕農薬登録制度の概要 …………………………………………（橋本光司）308
- 〔ノート 3.11〕農薬ラベルの表示事項と内容 ………………………………（橋本光司）309
- 〔ノート 3.12〕住宅地等における病害虫防除等に当たって遵守すべき事項 …（橋本光司）311
- 〔ノート 3.13〕樹木医にとっての農薬適正使用　～「樹木医学会シンポジウム」より～ …（堀江博道）313

第IV編　被害の診断と対策

IV-1　樹木の被害度診断　　　　　　　　　　　　　　　　　　　　　　　　　　　　　（渡辺直明）320
- 1　被害度診断の意義と考え方 …………………………………………………………… 320
- 2　生物学的診断 …………………………………………………………………………… 323
- 3　力学的診断 ……………………………………………………………………………… 325
- 〔ノート 4.1〕樹木病害の調査方法とその被害度評価 ………………………（堀江博道）332

IV-2　樹木の総合対策　～樹勢回復と外科技術～　　　　　　　　　　　　　　　　　（渡辺直明）337
- 1　伐るべき？　残すべき？ ……………………………………………………………… 337
- 2　総合対策の考え方 ……………………………………………………………………… 338
- 3　どのように対策を決めるか …………………………………………………………… 338
- 4　決定内容の記録と広報 ………………………………………………………………… 339
- 5　広い意味での対策 ……………………………………………………………………… 339
- 6　外科手術についての考え方 …………………………………………………………… 342
- 7　近年の外科的治療および根域改善の課題 …………………………………………… 344
- 8　モニタリングと総合対策 ……………………………………………………………… 347
- 〔ノート 4.2〕「樹木医による現地診断および対策提案」の事例研究から …（渡辺直明・堀江博道）348

第V編　樹木医の活動　～事例を通して樹木医の活躍に学ぶ～

V-1　地域社会に貢献する樹木医　　　　　　　　　　　　　　　　　　　　　　　　　（和田博幸）354
- 1　樹木医に求められるもの　～とくに社会貢献としての役割～ …………………… 354
- 2　日本樹木医会の運営と情報発信 ……………………………………………………… 355
- 3　支部での地域活動 ……………………………………………………………………… 355
- 4　樹木医NPOの活動 …………………………………………………………………… 356
- 〔ノート 5.1〕"山高神代ザクラ"の樹勢回復 ………………………………（和田博幸）357
- 〔ノート 5.2〕"神着の大ザクラ"の活力調査と樹勢改善について …………（神庭正則）361

V-2 樹木医の多様な活動と期待 ………………………………………………………………… 366
〈樹木医の活動〉
1 樹木診断と処置方法の選択 ……………………………………………………………（秋谷貴洋）366
2 板橋サンシティ・住宅地の森"町山"の保全活動 …………………………………（有賀一郎）368
3 造園企業に所属する樹木医の役割と活動 ……………………………………………（稲山 豊）370
4 樹木保全におけるファシリテーターとしての活動 ………………………………（飯塚康雄）372
5 樹木医の仕事って何だろう？ ………………………………………………………（宇田川健太郎）374
6 "神着の大ザクラ"に魅せられて ……………………………………………………（神庭正則）376
7 自治体に属する樹木医として …………………………………………………………（小林 明）378
8 農業現場における樹木医資格取得の意義とその活動 ………………………………（小林俊明）380
9 東日本大震災と樹木医の活動 ～取り組みの意義と調査の進め方～ ……………（永石憲道）383
10 東京港の埋立地に森を育てる …………………………………………………………（鈴木健一）385
11 国際交流について ～台湾の事例～ …………………………………………………（山下得男）386
12 庭師の樹木治療、ツリークライミング技術、そして精密機器による診断
　　～海外の技術の導入・インターンシップ協力～ ………………………………（原 孝昭）388
13 樹々に見られる老いの姿 …………………………………………………………（横山奉三郎）390

〈想いと期待〉
1 樹木医を目指す皆さんへ！ …………………………………………………………（新井孝次朗）392
2 花とみどりの仕事に想いをよせて ……………………………………………………（小野文夫）393
3 日本の庭園文化を世界に拡げる ………………………………………………………（小杉左岐）395

V-3 若手樹木医奮闘記 ……………………………………………………………………………… 398
1 守る、拡げる・深める、繋げる ～都立公園の管理を通してスキルアップ～ …（阿部好淳）398
2 若手樹木医としての活動と今後の課題 ……………………………………………（城石可奈子）399
3 樹木医二人三脚 …………………………………………………………………………（深沢麻未）400

V-4 受験体験記 ……………………………………………………………………………………… 402
1 樹木医を目指して ～私の受験体験記と今後の抱負～ ……………………………（榎本恭子）402
2 受験の動機と対策、研修、そして今後 ………………………………………………（小沢 彩）404
3 受験、努力、そして資格に見合う実力を ……………………………………………（竹内克巳）405
4 樹木医の原点と受験のきっかけ …………………………………………………（若松美津子）407

第Ⅵ編 「樹木医補」「樹木医」の資格取得を目指して

Ⅵ-1 「樹木医補」の制度と資格取得 ……………………………………………………（堀江博道）410
1 樹木医補制度の概要 ………………………………………………………………………………… 410
2 資格申請に必要な科目の種類と履修単位 ………………………………………………………… 411
3 樹木医補資格の申請方法 …………………………………………………………………………… 413

Ⅵ-2 「樹木医」の制度と資格取得 ………………………………………………………（堀江博道）416
1 樹木医制度の創設と経緯 …………………………………………………………………………… 416
2 樹木医への行程 ……………………………………………………………………………………… 417
3 選択式試験問題の傾向 ……………………………………………………………………………… 420
4 論述式試験問題の傾向と対策 ……………………………………………………………………… 423
5 樹木医資格取得後のスキルアップ …………………………………（横山奉三郎・堀江博道）426
〔ノート6.1〕樹木医を目指そう ……………………………………………………（堀江博道）430

編集後記 …………………………………………………………………………………………………… 432

参考図書／引用文献 ……………………………………………………………………………………… 433

索　引　(1) ～ (8) ………………………………………………………………………………………… 439

第Ⅰ編

樹木と文化

I-1　樹木に関わる文化、天然記念物

　樹木医の果たすべき役割は、以後の講で折に触れて学んでいくが、その重要な柱のひとつには、掛け替えのない貴重な樹木の保全が挙げられる。例えば、国・都道府県等指定の天然記念物である樹木、あるいは古くから親しまれている地域の文化財といえるような、御神木、地域の公園のシンボルツリーなどであり、巨樹・古木と呼ばれるものや、樹齢を重ねているがゆえに衰退が目立つものが多い。本講では、古来からの樹木に関わる日本の文化とその現状を概観し、「天然記念物」を例として、文化財としての樹木の保護のための制度および対応策を、行政的・技術的観点から学ぶことにしよう。

◆樹木の文化　天然記念物とは　天然記念物の保護制度　天然記念物の保護対策
　天然記念物の保存計画

1　樹木の文化

　日本の温暖で降水量の多い気候は、国土に豊かな森林を育んできた。その面積を森林率で示すと68.5％（2013年）で、世界的にみても高い比率を占めている。日本人は太古の昔より身近にあった樹木を利用して、日常生活に用いる道具類や什器を作り、住居そのものにも木材と紙（ふすまや障子：原料は木材）を多用した木造の家屋を建ててきた。また、稲作や畑作が発達してくると、それらの傍にある雑木林から落ち葉を集めて田畑の土に戻し、土を肥やして実りを増高させるとともに、薪・炭などの燃料や、キノコ・山菜などの林産物を得てきた。現在、「里山（Satoyama）」と呼ばれ、世界から注目されている、こうした人と田畑と森林との有機的な結びつき、自然資源の持続可能な利用法は、日本独自の"里山文化"と呼ぶこともできよう。

　このような里山の雑木林は、日本の農業文化の中での樹木と人との関わりの例であるが、他にも照葉樹の巨木の残る社叢、寺院のスギ並木など信仰の対象としての樹木・樹林や、風砂から人家や農地を守るために人々が植栽してきた海岸林等、それぞれの地域には、多様な樹木・樹林と人との関係が築かれてきた。科学が発達する以前の人々は、人々に安らぎと実りを与え、強い雨風から身を守り、さらには季節の移ろいを教えてくれる樹木、中でも、幾年もの風雪を耐えてきた巨樹や古木に対しては、不老不死・悠久の境地を彷彿とさせたり、霊的存在を感じとったであろう。こうした樹木への信仰は、日本やアジアだけのことではなく、キリスト教伝来以前のヨーロッパなど、世界各地にみられるものであるが、気候条件に恵まれ樹木の生育に適した日本では、人と樹木の関わりがより密接であったことは確かだろう。

　樹木と日本人との密接な関係は、まさに自然と共生する生活様式の中で築かれてきたのであり、樹木文化は古代から長い年月を経て人の心に宿り、ゆっくりと醸成されて現代にまで残されてきたものである。特定の天才や宗教の出現によって大きな潮流が生み出されたり、時代ごとに流行がみられるような芸術文化とは次元を異にする、日本文化の基層ともいえよう。

　しかし、このような日本文化の骨格をなす要素である森林や樹木が、現在、健全な状態にあるかというと、必ずしもそうではない。自然林では世界的な気候変動の中にあって植生そのものが変化していたり、大規模開発により周辺の森林から分断され孤立化して生態系が変質していたり、あるいは経済のグローバル化の中で他地域から侵入した病害虫が猛威を振るって樹木が枯死・衰退するなど、森林の健全性の低下を示す現象も目に付くようになってきた。また、人工林や二次林では、かつてのような間伐や下草刈りなどの管理が行き届かず、放置され荒れた状態の森林が多く見られている。このことは、樹木と日本人の関係が以前

よりも希薄になってきたことを表しているのかもしれない。

もっとも身近な自然である里山や社寺林、都市緑地等に生育する樹木もまた、現代の厳しい社会・自然環境のもとに置かれている。身近な緑である都市林・都市緑地・街路樹等の都市樹木は、快適な都市環境の維持や、都市の生物多様性の保全、景観の保全等の多様な機能をもっており、森林や樹林地としての健全性の維持に関わる施策が強く要請される。これに加えて、巨樹や古木では信仰対象となっているなど、文化財として個体の健全性の維持が希求される。とくに、サクラ類に関しては、観桜（花見）による地域振興・観光の面からも、その保全が強く求められており、市民の関心も高い。

森林や自然環境を保全するための制度には様々なものがあり、原生林などの生態系や自然景観を保全する制度としては、自然環境保全法に基づく原生自然環境保全地域・自然環境保全地域、自然公園法に基づく国立公園や国定公園、国有林の保護林制度、世界遺産条約による世界自然遺産などがあり、良好な都市環境を形成するために都市緑地を保全する制度としては、都市緑地法に基づく緑地保全地域制度・特別緑地保全地区制度などがある。一方、文化財としての巨樹や古木などの樹木個体を保全するための制度として最も重要なのは、文化財保護法に基づく天然記念物制度である。以下の項では天然記念物指定樹木の保護・保全を中心に述べる。

2　天然記念物とは

天然記念物は、1919（大正8）年に制定された「史蹟名勝天然紀念物保存法」に基づき「学術上貴重で、わが国の自然を記念するもの」を指定し保護する制度であり、1950（昭和25）年に施行された文化財保護法に引き継がれている。また、都道府県条例や市町村条例に基づき自治体が指定するものもある。

天然記念物に指定する意義としては次の3点が挙げられる。

a. 日本の自然の成り立ちを知る上で欠かせないもの：これには多くの地学的現象、過去には広く分布していた生物が遺存種として残され日本固有となったような動植物、過去の大陸との関連を示すような動植物などが指定を受けている。
b. 日本の風土や文化を育んできた自然環境の代表的なもの：これには現在の日本の自然環境の代表として、典型的なものが指定を受けている。
c. 日本人と自然との関わりにおいて残存しているか、形成されたもの：これには地域の住民や文化的側面からの関わりが強く、人間が意図的に残したり植栽等を行って人為的に創り出したもので、日本人の心象風景を誇る上で欠かせないものが該当する。巨樹・古木・名木などの樹木個体（単木）や並木などが指定を受けている。

樹木医活動との関連でいえば、上記cに基づき指定された巨樹や老木がとくに注目される。

国指定の天然記念物の指定件数を表1.1に、こ

表 1.1　天然記念物指定件数

分　類	件　数	特別天然記念物数*
動　物	194	21
地域指定	98	
地域定めず	96	
植　物	548	30
樹木個体・並木	268	
社寺林	46	
天然林	74	
樹木自生地	70	
草本群落・特定種	73	
コケ類・藻類等	17	
地質鉱物	246	20
天然保護区域	23	4
合　計	1,011	75

注）2014年4月1日現在
　（*特別天然記念物数は内数）

のうち特別天然記念物（植物；抜粋）を表1.2に示した。

　天然記念物は動物、植物、地質鉱物と天然保護区域に分けられている。全体では1,011件が指定され、そのうち植物が550件弱と全体の半数以上を占めている。植物の中では、巨樹・名木などの樹木個体の指定件数が多く、天然記念物全体のおよそ4分の1にあたる。表1.1では「樹木個体・並木」の欄の数字が該当する。

　特別天然記念物は、天然記念物のうち「世界的に、または国家的に価値がとくに高いもの」として特別に指定（文化財保護法第109条第2項）されたものをいう。全体で75件が指定され、このうち植物は約半数の30件である（表1.2）。

　図1.1，1.2（口絵 p002，003）には国指定の特別天然記念物2件、および天然記念物16件を抜粋して示した。

3　天然記念物の保護制度

（1）沿　革

　日本における天然記念物の保護制度について大きな功績を残したのは、日本の植物学の基礎を築いた三好 学（1862～1939）である。氏は東京帝国大学理学部の大学院在学中、1891年（明治22年）にドイツに留学し、そこで欧州の自然保護運動や天然記念物保護の考えを目の当たりに経験した。帰国後、同大学の教授職に就くが、当時の明治政府が富国強兵や殖産興業の政策に沿って国内の開発を進め、江戸時代までに築き、継承されていた伝統文化や自然が破壊されつつあることを憂いていた。そこで、学術上価値のある自然のものは法律をもって保護すべきであると論じ、天然記念物保護を提唱したのである。

　帝国議会へ天然記念物の保護に関する建議書を

表1.2　国指定の特別天然記念物（植物；抜粋）

樹　　種	名　　称	所　在　地
ソテツ	都井岬ソテツ自生地	宮崎県串間市
	鹿児島県のソテツ自生地	鹿児島県指宿市・南さつま市・南大隅町・肝属郡肝付町
ス　ギ	羽黒山のスギ並木	山形県鶴岡市
	日光杉並木街道	栃木県日光市・今市市・鹿沼市
	石徹白のスギ	岐阜県郡上市
	杉の大スギ	高知県長岡郡大豊町
	屋久島スギ原始林（図1.1①）	鹿児島県熊毛郡屋久島町
イチイ	大山のダイセンキャラボク純林	鳥取県西伯郡大山町
イブキ	宝生院のシンパク	香川県小豆郡土庄町
クスノキ	加茂の大クス	徳島県東みよし町
	立花山クスノキ原始林	福岡県糟屋郡新宮町・久山町
	蒲生のクス	鹿児島県姶良郡蒲生町
サクラ	大島のサクラ株（図1.2②）	東京都大島町
	狩宿の下馬ザクラ	静岡県富士宮市
ケヤキ	東根の大ケヤキ	山形県東根市
フジ	牛島のフジ	埼玉県春日部市
アイラトビカズラ	相良のアイラトビカズラ	熊本県山鹿市
メヒルギ	喜入のリュウキュウコウガイ産地	鹿児島市
ツゲ	古処山ツゲ原始林	福岡県朝倉市
植物群落	春日山原始林	奈良市

注）他に田島ヶ原サクラソウ自生地（埼玉県さいたま市）、植物群落6件などが指定されている．図1.1は口絵 p002参照

提出するなどの働きかけの結果、1919（大正8）年に「史蹟名勝天然紀念物保存に関する法案」が提出・可決され、同年5月には施行令、施行規則が公布された。当初は植物の自生地や群落などの指定が多く、樹木の巨樹や古木が指定されるのは1922（大正11）年以降で、この時に、三春滝ザクラ（福島県；図1.2①，口絵p003）、山高神代ザクラ（山梨県；⑤）、根尾谷の淡墨ザクラ（岐阜県；⑥）等が指定を受けている。

第二次世界大戦の戦中・戦後の混乱期には、天然記念物のみならず文化財の保存も危機的な状況となり、文化財保護のための新たな法律の制定が急がれた。これまで天然記念物と文化財は別々の法律で保護されていたが、これらを一つにまとめて、「文化財保護法」として1950（昭和25）年5月30日に公布された。史跡、名勝、天然記念物は記念物として、有形・無形文化財等とともに文化財保護法で所管されることになった。その指定についても、重要文化財と同様に文化財保護委員会が行い、新たに特別史跡名勝天然記念物の制度を設け、とくに重要なものを厳選し、優先的に保護を図ることとした。

（2）指定と解除

文化財保護法では、記念物のうち重要なものを、①史跡、②名勝、③天然記念物に指定している（文化財保護法109条）。指定の適否は「特別史跡名勝天然記念物及び史跡名勝天然記念物指定基準」（表1.3）に基づき検討される。図1.3に天然記念物指定の手続きの概略を示す。

天然記念物に指定した対象物が、台風などの災害や病害虫の被害などにより、指定当時の価値が損なわれた場合には、指定解除ができる（文化財保護法112条）。一方、品種のように特定の遺伝的特性に価値を認めたものであれば、後継樹の育成などにより、同じ遺伝子の個体（クローン）を残すことができれば、指定解除にはならない（図1.2④）。これまでに指定の解除が行われた天然記念物は、ほとんどが巨樹や古木などの樹木個体で、解除された理由は枯死によるものであった。

（3）所有者と管理者（団体）

天然記念物に指定されても所有権の移転は行われない。したがって、天然記念物の所有者は、指定後も引き続き管理責任も負うことになる。

文化財を適切かつ継続的に管理するために、文化庁長官は管理団体を指定することができる（文化財保護法第113条）。通常は地方自治体がその管理団体に指定され、地方自治体の教育委員会（文化財課等）が担当する。対象地域での管理の状況などについては、都道府県教育委員会が取りまとめ、文化庁に報告される。

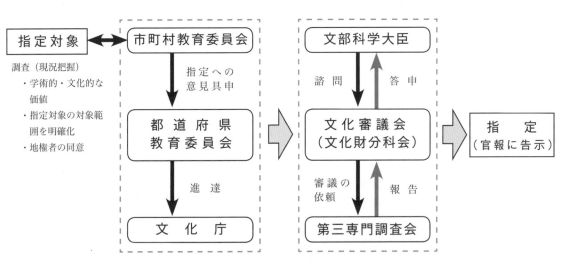

図1.3　天然記念物指定の手続き

表1.3　特別史跡名勝天然記念物及び史跡名勝天然記念物指定基準

天然記念物

(昭和26年5月10日　文化財保護委員会告示第二号)(抄)

左に掲げる動物植物及び地質鉱物のうち学術上貴重で，わが国の自然を記念するもの

一　動物
　(一)日本特有の動物で著名なもの及びその棲息地
　(二)特有の産ではないが，日本著名の動物としてその保存を必要とするもの及びその棲息地
　(三)自然環境における特有の動物又は動物群聚
　(四)日本に特有な畜養動物
　(五)家畜以外の動物で海外よりわが国に移殖され現時野生の状態にある著名なもの及びその棲息地
　(六)特に貴重な動物の標本

二　植　物
　(一)名木，巨樹，老樹，畸形，栽培植物の原木，並木，社叢
　(二)代表的原始林，稀有の森林植物相
　(三)代表的高山植物帯，特殊岩石地植物群落
　(四)代表的な原野植物群落
　(五)海岸及び沙地植物群落の代表的なもの
　(六)泥炭形成植物の発生する地域の代表的なもの
　(七)洞穴に自生する植物群落
　(八)池泉，温泉，湖沼，河，海等の珍奇な水草類，藻類，蘚苔類，微生物等の生ずる地域
　(九)着生草木の著しく発生する岩石又は樹木
　(十)著しい植物分布の限界地
　(十一)著しい栽培植物の自生地
　(十二)珍奇又は絶滅に瀕した植物の自生地

三　地質鉱物
　(一)岩石，鉱物及び化石の産出状態
　(二)地層の整合及び不整合
　(三)地層の褶曲及び衝上
　(四)生物の働きによる地質現象
　(五)地震断層など地塊運動に関する現象
　(六)洞　穴
　(七)岩石の組織
　(八)温泉並びにその沈澱物
　(九)風化及び侵蝕に関する現象
　(十)硫気孔及び火山活動によるもの
　(十一)氷雪霜の営力による現象
　(十二)特に貴重な岩石，鉱物及び化石の標本

四　保護すべき天然記念物に富んだ代表的一定の区域(天然保護区域)

(以下，略)

4 天然記念物の保護対策

(1) 保護対応

天然記念物を保護するためには、様々な規制のみならず、保護のための事業や措置が執行されている。それぞれの内容について、表1.4に簡潔にまとめた。

保護対応の基本は、指定地域内での現状を変更する行為（現状変更）や、周辺地域で行われる行為（保存に影響を及ぼす行為）に対する規制が主体となる。例えば、衰退した指定樹木の調査や樹勢回復を目的に、根系調査・土壌改良のための掘削等を行う場合は、必ず文化庁長官の許可を受けなければならない（文化財保護法第125条）。ただし、例外規定もあり、文化財を維持管理するための日常的な管理行為、非常災害時の応急的措置や、影響が軽微な保護措置の場合などが該当し、この場合は許可が不要である。

保護対策事業および活用事業については、管理団体に指定された地方自治体が行うことになる。樹木の個体などによっては、管理団体が指定されていないものもあり、その場合は所有者が事業を実施することもある。いずれの場合も国庫補助事業の対象となり、事業費の一部を国が負担し、保護対策の支援を行っている。

(2) 保護対策事業

保護対策事業は、樹木医がもっとも天然記念物（樹木）に関わることのできる保護対応の場面であろう。その主な事業内容を表1.4に示した。

保護対策事業は、まず緊急調査を実施して、対象木の現況把握や生育状況を把握しておく。これにより当面の問題点や課題が明らかになり、改善すべき項目や保護対策の検討が可能となる。調査および検討内容の結果を受けて、再生事業により樹勢回復工事等の保護対策を実施する。必要があれば、害虫等の食害対策も実施する。これに加え、状況に応じて保存整備事業も可能となる。この事業では、対象木の周辺環境の整備および施設整備なども実施できる。

保護対策事業が完了した後は、事業の成果が当初の目的および計画通りになっているかの確認も必要となり、事業後のモニタリングは不可欠であろう。したがって、これらは一連の事業計画であり、保存管理計画あるいは管理指針という形で取りまとめられ、事業完了後も計画的な保存対策が実施されることが望ましい。もちろん、保存管理計画を策定するための事業も国庫補助の対象に含まれている。

天然記念物の指定によって、土地の利用が著しく制限されることや、適切な管理・活用を行うため、管理団体である地方自治体が指定地を買い上げ、公有化することもある。天然記念物の保護と活用を保障する土地の公有化は、保護制度のうちでも重要課題と位置付けられ、公有化の経費についても、一部を国が補助できる仕組みになっているのである。

一例として、平成13年度（2001年度）から

表1.4 天然記念物の保護対応

行為規制	保護対策事業	活用事業	税制上の措置
・現状変更等規制	・緊急調査 ・保存管理計画策定 ・再生事業（保護増殖） ・食害対策 ・保存整備 ・土地公有化	・周辺整備，施設整備等（活用整備）	・普通・特別交付税の算定基準 ・所得税等税制上の特別措置

取り組まれた、国指定の天然記念物"山高神代ザクラ"（山梨県）の再生事業環境整備工事を紹介しよう。本事業は、平成13年度に緊急調査を行い、翌14年度から再生事業での樹勢回復工事を4年間実施して、平成17年度に完了した。その翌年度には、活用事業として環境整備工事も行った。足かけ6年間に及ぶ事業であったが、この事業以前（平成12年度）には、山高神代ザクラのすぐ南を通る道路を迂回させる事業も実施しており、その際に、迂回路では生育環境の維持や改善を目的とする、土地公有化事業が実施された。大規模な事業であったが、全事業が完了した後もモニタリングは継続しており、年1回の樹勢回復検討委員会も開催されている。これらの詳細は、次項およびノート5.1（p357）参照。

5　天然記念物の保存計画

（1）保存管理の考え方

　天然記念物（樹木）の保存管理は、当該樹の生育状況を把握して、その対応を応急処置的に繰り返すだけでは、真の保護・保全にはならない。植生の現状に加えて、生育・周辺環境も併せて把握し、記念物をどのように保護・保全しながら、その活用を図るべきか等について、所有者や管理団体、地域の関係者（団体）や住民、そして実際に記念物に手をかけて保護・保全する者（記念物が樹木であれば樹木医等）等が集まり、それぞれの役割と分担も含めた、長期的・総合的な対策を計画的に検討・実施する必要があるだろう。そのためには、有効で持続可能な保存管理計画の策定と、無理のない組織体制の整備が求められる。保存管理における組織と役割、対応のあり方の例を表1.5にまとめた。

　天然記念物の保存管理にあたって配慮すべき点は、当該樹木が指定される際に、何に存在価値が認められたのか（学術的な価値は何だったのか）を関係者が共有し、その状態の維持・保存を目標に作業を進めることである。樹木個体で、巨樹・名木の場合であれば、個体の大きさ、樹形などに価値を認めたものであろうから、長期にわたり、大きさや形状を確保できるような対策を講じる必要がある。それが困難な場合は、どのような状態に移行させることが適切なのか、現時点で推測可能な目標の樹姿を明確に設定しておきたい。

　繰り返しになるが、これに加え、保護対策を実

表1.5　保存管理における体制と役割の例

組織	役割	具体的対応
住民	・日常的モニタリング	チェックシートによる監視（開花、展葉、枝枯れや枝折れ、落葉、キノコ類の発生、害虫の発生、支柱のゆるみ、下草繁茂など）
	・軽微な管理作業	下草刈り、落葉マルチング、コスカシバ防除の交信撹乱剤の設置など
行政	・住民活動支援	活動助成（資金、器具・資材の調達など）
	・状況確認	チェックシートの状況確認（再確認）
	・手続き・組織運営	委員会運営（事務局）、現状変更申請、各種発注業務、各種連絡業務など
専門家（樹木医）	・現状調査	経年観察を主とした調査（カルテ作成）
	・樹勢回復検討委員会	調査結果の検討、対策の検討
	・通常管理	施肥、枯枝除去、周辺サクラの剪定、病害虫防除、支柱結束など
	・緊急対策	気象害対応（台風、降雪）、特殊病害発症時の対応

表1.6 山高神代ザクラのモニタリング用チェックシート（その1）

生育状況チェックシート

| 調査日 | 年　月　日　午前・午後 | 天候 | | 調査者 | |

活力調査については，該当する項目に○を，障害調査については該当する番号を記入して下さい

	調査項目		1	2	3	4
活力調査	樹冠上部	枝の伸長	正常	幾分少ないが，それほど目立たない	枝は短小となり，細い	枝は極端に短小で，節間が生姜状である
		枝の枯損	なし	少しあるが，目立たない	かなり多い	著しく多い
		枝葉の密度	枝・葉の均衡が取れている	普通（1に比してやや劣る）	やや疎である	枯れ枝が多く，密度が著しく疎である
		葉の形	正常	少し歪みがある	変形が中程度である	変形が著しい
		葉色	正常	やや異常である	かなり異常である	著しく異常である
		落葉状況	正常な落葉をする	正常な木に比してやや早い	不時落葉する（年2回）	不時落葉する（年3回）
		開花状況	良好	幾分少ない	わずかに咲く	咲かない
	樹冠下部	枝の伸長	正常	幾分少ないが，それほど目立たない	枝は短小となり，細い	枝は極端に短小で，節間が生姜状である
		枝の枯損	なし	少しあるが，目立たない	かなり多い	著しく多い
		枝葉の密度	枝・葉の均衡が取れている	普通（1に比してやや劣る）	やや疎である	枯れ枝が多く，密度が著しく疎である
		葉の形	正常	少し歪みがある	変形が中程度である	変形が著しい
		葉色	正常	やや異常である	かなり異常である	著しく異常である
		落葉状況	正常な落葉をする	正常な木に比してやや早い	不時落葉する（年2回）	不時落葉する（年3回）
		開花状況	良好	幾分少ない	わずかに咲く	咲かない

障害調査

障害の程度… なし：0　少ない：1　樹勢に影響しない：2　樹勢に影響する：3

障害の種類 \ 部位		根	主幹	太枝	中枝	小枝	枝端	梢端	葉	その他
腐朽（キノコの有無）特殊な病害	程度									
	症状									
虫害	程度									
	症状									

特記事項

施した後に、その効果確認のための定期的なモニタリングを実施することが大切である。これを継続することで、生育状況の変化などを素早く把握することができる。モニタリングで状況の変化や問題などが見られた場合には、再び調査などを行い、管理計画の見直しなどを行うことになろう。モニタリングの継続は、データ蓄積という面でも重要であり、モニタリング内容をチェックシートの形で定形化しておくとよい。例として、国指定天然記念物"山高神代ザクラ"のモニタリング用チェックシートを表1.6および図1.4に示した。

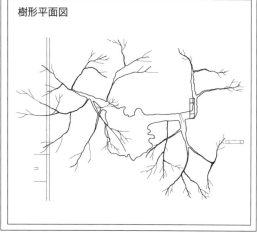

図1.4　山高神代ザクラのモニタリング用チェックシート（その2）

（2）保存管理計画の策定

　天然記念物の保存管理計画には、指定樹木の保護対策だけでなく、指定の経緯、指定理由、地域との関わり、今まで実施されてきた保護・保全対策、現状の生育状況、保存管理の目標、実施計画、管理体制と組織展開、モニタリング内容、活用方策等、天然記念物に関係するすべての事項をまとめておく。

　保存管理計画の策定にあたっては、委員会を組織して取り組むが、実務的には当該市町村の教育委員会の担当部署と、記念物が巨樹や古木の場合には、保存管理の現場で対象樹木に直接向かい合う樹木医が、共同して事務局運営に携わることが多い。

　委員会は、指定対象に関連する分野の学識経験者・研究者、複数の樹木医、文化財関係部局や関係する行政機関（都道府県や国の機関；普通はオブザーバー）、さらに地域住民や、保存会などがあれば、そのような地域の関係者等で構成される。

　天然記念物は、指定等の経緯や保存管理・規制の煩雑さなどから、地域住民にとっては手が出せないものと思われがちであるが、もとは地域の財産でもあるから、地域住民に親しまれ、愛されないと、その存在は地域にとって意味がなくなってしまう。また、行政担当者や樹木医による調査には予算の制約もあることから、地域住民による日常的な観察を生育状況や樹木治療後の効果のモニタリングに役立てる仕組みが必要であろう。この点も加味して、地域住民も保存管理に役割をもって積極的に参加でき、活用面でも地域主体の取り組みが可能な、保存管理計画の策定と体制づくりが望まれる。

〔和田　博幸・福田　健二〕

ノート1.1　特別天然記念物"大島のサクラ株"

　東京の都心部から南約120 kmの沖合にある大島（伊豆大島；東京都大島町）には、樹齢800年*と推定される国特別天然記念物"大島のサクラ株"（図1.1②，口絵 p002；図1.5）がある。国特別記念物は植物分野では植物群落・叢林・単木など全国でわずか30件が指定されているのみである（表1.2）。このサクラ株は1935年12月24日に天然記念物とされ、その後、1952年3月29日に、特別天然記念物として指定されている。太枝が倒れ、龍がのたくり横たわったような形状である。だが、このサクラは樹形を環境に合わせて変えながら、したたかに生き延びている。

　東京都では2004年から樹勢調査や環境調査を実施し、対策を講じて、このサクラの保全に努めている。本ノートでは、"大島のサクラ株"と島の人々との関わり、その生命力、そして保全について考えてみたい。

*大島のサクラ株の樹齢を正確に記したものはないが、地質図的には、1552年（天文21年）噴火の溶岩流の上にあるが、生息地の地質や地形から、その溶岩流が分岐して、溶岩流に被われずに、以前のままの土壌に残ったものと考えられている。また、役の行者（奈良時代の山岳修行者）が699年に伊豆に流され、その時のお手植えという伝説もあり、それに倣えば、樹齢は1,300年以上となる。

〔豊かな自然と地域住民が育んだ「サクラッ株」〕

　大島のサクラ株は大島の北東部、泉津地区にあり、地元では「サクラッ株」と呼ばれ、天然記念物に指定されるずっと前から地域の人たちに大切に保護されてきた。昔は、房総方面から大島に向

図1.5　特別天然記念物
　　　　"大島のサクラ株"
①1959年（昭和34年）頃のサクラ株
②横たわった太枝からは不定芽が多く伸びる
　（2009年）
③開花の状況（2007年）
④横たわった太枝から伸びる不定根

〈次ページに続く〉

ノート1.1（続）

かつて海を渡る時は、この桜を目印に航海したといわれるほどの大木だったようだ。

サクラッ株は、名前の由来とおりに株立ち状になっている。中心となる元株は主幹が朽ち、太枝が横たわり、一見するとあまり管理されていない古木の印象を受ける。しかし、この桜樹の本当の価値は、「朽ちて横たわった枝と周囲に立ち上がった3本の桜」にあることはほとんど知られていない。筆者もサクラッ株調査（2004年6月）に携わるまでは、その価値に気付いていなかった。サクラッ株は自身の生命力と地元の管理があってこそ、今のような樹形に次々と姿を変えながら生き延びてきたのだった。

〔その驚くべき生命力〕

サクラッ株は、もともとは1本のオオシマザクラの大木だったと思われる。2000年代の初めには、元株の主幹は高さ約2mから上部が枯れていたものの、太枝が北東方向に伸び、立ち上がっていた。しかし、この太枝も2004年5月29日に、強風で倒れてしまったのである。本項では、サクラッ株の生い立ちと、保護・樹勢回復について考えてみよう。

① サクラッ株は南側にあるタブノキとスダジイに被圧され、サクラッ株が空間の開いている北東側に枝葉を伸ばす。
② 大風の影響などで太枝が付け根が繋がったまま、捩れるように倒れる。
③ 太枝の付け根あたりから不定根が生じ、折れて腐った枝の中を伸びる。
④ 不定根は、地表と接した所に根を下ろし、残った地上部または根元付近から生じたヒコバエが伸び、やがて幹となる。

以上の過程は、小さな規模ながら現在でも見ることができる。たこ足状に伸びた不定根がそれである。サクラは不定根を出しやすく、不定根を地に下ろすことにより生き長らえやすい樹木だが、サクラッ株ほどに見事な生命の維持と更新を図っているものは他にはない。この生命力こそがサクラッ株の価値であり、非常に貴重なものといえる。

サクラッ株の周囲には、2007年3月に見学者用の歩道とデッキが設けられた。サクラッ株に見学客による踏み込みなどの影響を極力少なくするためである。

今もサクラッ株の観察は続いている。倒れた太枝からは不定芽が多く伸びており、これらを今後どう活かして樹勢回復につなげるか課題である。

サクラッ株は3月下旬には花を咲かせる。この時期、大島ではツバキの花も併せて見ることができる。同じ泉津地区の名所"椿のトンネル"とともに、驚異の生命力をもつサクラッ株の観賞を勧めたい。

〔和田 博幸〕

Ⅰ-2　造園の世界　～造園の概要と課題～

　造園とは、きわめて単純に表現すると、「主に植物、石材等の自然素材を生かした、安全で、快適さと美しさが感じられる緑豊かな空間作り、街づくり」ということにある。そして、その成果が長期にわたる星霜・世代を経て、のちに残る素晴らしい仕事、笑顔になってもらえる楽しい仕事である。一方、造園産業界の現状は後記するような多くの課題も抱えている。樹木医科学を専攻している学生諸君の中にも、造園界に進もうと希望している人が多いと思われる。将来性のある若い技術者の参入は非常に頼もしく、もちろん大歓迎であるが、まずはその世界を垣間見るべく、造園小史、造園の仕事と当面の課題、これからの造園技術者や樹木医に期待されることなどを、私見も交えながら述べてみたい。

　◆造園とランドスケープという言葉　造園小史　造園という仕事の特徴　建設業の中での造園の課題
　　造園の仕事と樹木医

1　「造園」と「ランドスケープ」という言葉

　「造園」という言葉を聞いた時にどのような印象をもつだろうか。庭園造りや樹木の手入れをする仕事と思う人も少なくないだろう。それも間違いなく造園の重要な仕事である。ところで「造園」に相当する英語として「ランドスケープ（landscape）」が用いられている。1925年に発足し、90年を超える歴史をもつ、公益社団法人日本造園学会の機関誌も、「造園學雑誌」「造園雑誌」を経て、1994年から「ランドスケープ研究」に改称されている。「造園」という言葉には、先に示したような限定的なイメージがある一方、造園学は後述するように、大変幅広い領域を扱っている。「ランドスケープ」は「景観」とも訳されるため、風景という意味合いから「ランドスケープ」の方が広い概念として捉えられがちであるが、実は「造園学」とは、ランドスケープも含めた奥深さをもっているのである。

　造園に関する技術・思想には、日本にも世界にも、それぞれ発達してきた長い歴史があることや、現代では造園に多様な領域を取り込んでいるため、その世界を語るのは容易ではない。本講で触れる範囲はごく限られたものであり、また、記述項目の中には、造園界として共通の認識となっていない内容（私見）も含まれるので、造園に興味があれば、ぜひとも自身でさらなる追求をしてもらいたい。

　さて、太古の人たちは風雨を逃れて快適に生活するために「住居」を作り、人・物資等の移動・流通を効率化する目的で「道」や「橋」などのインフラを整備してきた。一方で、それらの機能的必然性が明確であるものとは異なるように思われる「造園の世界」が、なぜこれほどまでに古い時代から必要とされてきたのだろうか、その意義や背景と、果たしてきた役割、将来展望についても考えてほしい。

2　造園小史

（1）海外の庭園と公園

　海外の造園としては、古くは紀元前の古代エジプトで、樹木などを対称的に配置した庭や、メソポタミアの「バビロンの空中庭園」と呼ばれるものなどが知られている。中世には、スペインにあるパティオという中庭式のイスラム庭園で、見事なグラナダのアルハンブラ宮殿やフェネラリーフェ離宮が造られた。また、イタリア式庭園といわれるものは、14世紀から16世紀にかけて、ルネサンス期の地中海貿易などにより生まれた富裕階級の人たちが、丘陵地の最上段に別荘（ヴィラ）を構え、露段状に見通し線（ヴィスタ）をもち、左右対称に噴水、カスケード（階段滝）、彫刻などを配し、見晴らしの良い風景を楽しむよう

になっている。エステ荘、ランテ荘がその代表例である。

フランスでは、平面幾何学式庭園とも呼ばれる左右対称の区画割り、ヴィスタ、毛氈花壇、彫刻などの要素をもつ、大規模なフランス式庭園が造られた。これは、斜面を生かしたイタリア式庭園が、平坦な地形の中で発展したともいえる。その例として、ヴェルサイユ宮苑[*1]（図1.6①，口絵p004）やヴォー・ル・ヴィコント城の庭園、オーストリアのシェーンブルン宮殿の庭園などが著名である。

これらの「整形式庭園」に対して、イギリスでは、古典主義の風景画がもてはやされるようになり、その理想的風景を現実のものにしようと、17世紀頃「自然風形式（イギリス式）庭園」が生まれた。なだらかな起伏、広大な芝生広場、不整形の池、曲線の園路などで構成された、キューガーデン、ストウ庭園などが代表的な作品として挙げられる。これらの様式の庭園は、様式の名称となっている国だけで造られたわけではなく、それらに魅せられた人たちが、それぞれの国で名園を現在に残している。また、中国などアジアも含めて、世界にあまたな独自の珠玉名園が創造されている。

産業革命が起こった18世紀頃から、都市が産業都市化して環境が悪化する中、人々に都市の美観や緑の価値に対する認識が広まり、公園に対する要求が高まったのであろう。それに呼応してイギリスでは、貴族層の大庭園などが市民に開放されるようになった。もともと王室の狩猟園であったハイドパーク（面積は約140 ha）を含め、ロンドンには8つのロイヤルパークと呼ばれる、王室所有の公園がある。

1776年に国家として独立し、封建的資産に頼ることができなかったアメリカでは、フレデリック・ロー・オルムステッド設計による、ニューヨーク市のセントラルパークが1873年に開園した。摩天楼のマンハッタンの中央に、4km × 0.8 km（面積は約320ha）の広大さで存在感を示し、年間利用者は3,000万人に上るとのことである。これらの動きは都市だけではなく、自然地にも向かい、1872年にイエローストーンが世界最初の国立公園に指定され、およそ90万haのエリアで自然生態系が保護され、多様な自然景観を楽しめるレクリエーションの場となっている。

[*1) ヴェルサイユ宮苑：17世紀に作られたフランス幾何学式庭園の代表例とされる。Google Earthなどで俯瞰してみると、その規模、幾何学的構成の美しさを実感できる。]

（2）日本の庭園と公園

日本文化というと、一般的に和食、平安時代に発展した能の前身の猿楽、それに安土桃山時代が発祥とされる歌舞伎などを思い浮かべる向きも多いであろうが、もちろんそれだけではない。わが国独特の様式をもつ庭園もまた、世界に冠たる日本文化の象徴的存在である。日本庭園の歴史は古く、3～4世紀の古墳時代の城之越遺跡（三重県伊賀市）では、原初的庭園跡が見つかっている。日本書紀によると、7世紀初頭の飛鳥時代に蘇我馬子が、庭に池を作り小島を配したとされている。奈良時代後期には、平安京に天皇のための庭園（禁苑）として、神泉苑（今は1/20ほどに小さく姿を変えて残存）などの大庭園が作庭され、庭園の様式も確立していった。

平安時代には、貴族の住宅様式の寝殿造り建築に付随する「寝殿造り庭園」や、極楽浄土を再現しようとした平等院、毛越寺などの「浄土式庭園」が知られている。世界遺産に登録されている岩手県平泉町の毛越寺庭園（図1.6②）では、遣

図1.6・① ヴェルサイユ宮殿の庭園　　（口絵p004）

水（③）に盃を浮かべ、十二単などの衣装を身につけた平安貴族の歌人達が、自分の前に盃が流れてくるまでに和歌を詠む「曲水の宴」という、優雅なゲームの再現が毎年初夏に行われている。想像上の龍や水鳥の鷁の彫り物を船首に飾り付けた龍頭鷁首の舟に楽人（宮廷や寺社で専門に雅楽を演奏する者）を乗せて池に遊ぶのは極楽のイメージそのものであったと想像されるのである。

室町時代になると、禅宗の影響を受けて、水を使わず、石や砂に描いた文様で水の流れを表し、龍安寺方丈庭園*2 に見られるような、「枯山水」という抽象的な庭園様式が台頭した。安土桃山時代の茶庭（露地）なども洗練された作品となっているが、日本庭園の様式として行き着いた所産として、池を中心として周遊できる「池泉回遊式庭園」が鎌倉時代から発達し、江戸時代には宮家の庭園として桂離宮・修学院離宮（図 1.11 ⑥・⑧，口絵 p006）、徳川家康の二条城二の丸庭園、大名庭園として水戸の偕楽園、金沢の兼六園*3（図 1.6 ④⑤；季節の移ろいと徽軫灯籠）、岡山の後楽園など、多くの大規模庭園が作庭された。ちなみに、高松の栗林公園*4（⑥）は約 75 ha ある。

日本庭園は心静かに拝見するものだと思われがちだが、そもそも極楽浄土を体感できる場であったり、各地の名勝を題材にしたものや、鑑識眼によって見いだせる様々な仕掛けが隠されていて、周遊することで映画でも見るように、季節ごとの風景の変化が楽しめるように設えられているのが池泉回遊式庭園だともいえる。日本庭園の景の美しさには圧倒され、しかも作庭された背景・謂われ・思惑など、たったひとつの石の中にさえ隠された謎を知ることで、その真髄の奥深さにも魅了されることだろう。明治時代以降も、いわゆる日本庭園は多数作庭されており、その中には新たな趣向が吹き込まれたものも多い。

一方、19世紀後半に至り、ヨーロッパで浮世絵が注目を浴びて収集されたジャポニスム（Japonisme）の気運が高まったように、日本庭園もまた、日本に対する憧憬の念から、海外において非常に高く評価されており、それぞれに工夫を凝らした多数のものが作庭されている。一つの例として、半世紀前に開園したアメリカ・オレゴン州にある「ポートランド日本庭園」の高評価はどのようなものか、調べてみよう。

わが国の公園制度は、1873年（明治6年）、太政官布達第16号によって、浅草・上野などが公園として指定されたのが始まりである。これらは、江戸時代から庶民が花見などで集っていた場所を、欧米の公園に見習って定めたものといわれている。1888年（明治21年）には、都市計画法の先駆といわれる東京市区改正条例が公布され、それに基づいて、わが国初の洋風近代公園として、林学博士本多静六の設計による、約16haの日比谷公園*5（⑦⑧）が開設された。土地を確保して、そこに公園施設を整備するような、営造物公園としての都市公園は、1956年（昭和31年）に「都市公園法」が成立し、「公園の設置及び管理に関する基準」等が定められたことによって、その設

図 1.6 - ② 毛越寺の浄土式庭園　　（口絵 p 004）

図 1.6 - ⑥ 栗林公園　　（口絵 p 004）

置基盤が確立されたのである。

　1931年（昭和6年）には、国等が、風景の優れた土地の保護と利用を目的に地域指定し、当該エリアの土地利用等に一定の制約をかける地域性公園の制度「国立公園法」が成立し、瀬戸内海・雲仙・霧島が最初の国立公園に指定された。また1957年（昭和32年）には同法の発展した形として、国立公園*6（⑨）・国定公園・都道府県立自然公園を包含する「自然公園法」が制定された。

*2）龍安寺方丈庭園：室町時代の禅宗の寺院で枯山水庭園が発達した。京都市にあるこの石庭は、白砂と15個の石で構成されている。（図1.11 ⑪、口絵 p006）。

*3）兼六園：17世紀に加賀藩によって作庭された池泉回遊式庭園（石川県金沢市）。岡山の後楽園、水戸の偕楽園とともに日本三名園に挙げられる。兼六園の中でも写真の霞ヶ池を背景とした徽軫灯籠が代表的な景観として知られている。「徽軫」の由来は、灯籠の脚が二股になっており、琴の糸を支える琴柱に似ていることによる。春の兼六園は桜の名所であり、この写真の撮影地点から後ろを振り返ると満開の桜が見られるが、この霞ヶ池の風景の中には桜がほとんど目にはいらないことは興味深い。一方、雪の時期は松を主体として雪釣りが行われ、まったく趣の違った眺めを見せてくれる。春夏の緑が美しく、また秋の見事な紅葉と松の緑との彩りなど、四季折々の表情の変化が訪れる人たちの大きな楽しみとなっている。

*4）栗林公園：紫雲山を含めて約75 ha ある池泉回遊式大名庭園（香川県高松市）。写真は紫雲山を背景とした飛来峰からの眺め。

*5）日比谷公園：東京都千代田区にあり、1903年開園。写真①は人気スポットの雲形池と鶴の噴水、②首賭けイチョウは日比谷見附にあったイチョウが1899年頃道路拡張で伐採されそうになった時、本多静六博士が首を賭けてでも移植させると言ったことによる。

*6）尾瀬国立公園：群馬県、福島県、新潟県、栃木県の4県に広がる。もともとは日光国立公園の一部であったが、2007年に会津駒ヶ岳など周辺地域を加えて尾瀬国立公園として独立した。主に尾瀬ヶ原などの貴重な湿原群と山岳で構成されている。写真は尾瀬ヶ原から至仏山を望む。

（3）産業としての造園概史

　産業としての造園を考えてみよう。平安時代後期から鎌倉時代にかけて活躍した僧侶のうち、高い作庭技術をもった者は石立僧と呼ばれた。これは作庭することを「石を立てる」と表現したことによるといわれる。山水河原者は中世の時期、京都の賀茂川の河原に居住して蔑まれていた下層階級の人々のうち、作庭を業とした人に対する呼び方で、中には優れた技術をもち、教養も身に付けて、将軍らに直接仕える者も現れた。庭や植物に対する施主の思い入れ、作庭の高い技術と阿吽の呼吸、洒脱な会話などが、身分を飛び超えた、当時ではあり得ないような人間関係を作り上げたといえよう。

　室町時代後半から江戸時代にかけては、今でも職名としてふつうに使われる、植木の生産・手入れ・造園を手掛ける「植木屋」があり、とくに江戸時代からは「庭師」という、庭造りの達人として敬意をもって呼ばれた。大正時代以降には、造園という言葉が新たに使われ、「造園屋」「造園家」などの呼称も用いられるようになった。

　かつて公園などの公共造園の設計・施工は、当初、自治体等の職員が直営、あるいは造園の職人等を雇う形で行われていたが、多くの植木職人達は、もっぱら民間の仕事で設計・施工・管理を一貫して行っていた。戦後には、連合国軍最高司令官総司令部（GHQ）により、都内だけでも600か所以上の接収住宅等において、庭園の改造・管

図1.6・⑧　日比谷公園の首掛けイチョウ
（口絵 p004）

理、あるいは家族用住宅建設に伴う造園工事が、総合建設業社（ゼネコン）を通して、大量に発注されるとともに、現場管理的な対応処理が必要とされた。

1946年（昭和21年）に、"ワシントンハイツ"という名で建設された、アメリカ空軍の兵舎や家族用住宅等の跡地は、現在、東京都立代々木公園、国立代々木競技場等となっている。この時期、造園施工業界は、まだ産業といえる規模ではなかったが、これらの建設が産業へと大きく前進するきっかけとなったことは確かであり、後日、各所の接収跡地は国営昭和記念公園（図1.6 ⑩・⑫）等に姿を変えることになった。その後、官工事の児童遊園（「児童福祉法」に規定されているもので、都市公園とは異なる）の整備などが外注されるようになり、さらには民間の需要も増えて、次第に企業としての造園業が確立していくこととなる。

先述のように、1956年には都市公園法が公布され、日本住宅公団（現・独立行政法人都市再生機構）、日本道路公団（現在はNEXCO等に分割民営化されている）が設立され、公共工事が拡大されるとともに、造園業界の計画・設計、施工等について、とくに技術的側面の向上に繋がった。この時期は東京オリンピック（1964年開催）に向けての整備も進められた。1960年代後半以降は、戦後の高度経済成長期の影響もあって、公害問題が大きく取り上げられ、1967年に「公害対策基本法」が公布されるなど、環境問題に関心が高まり、緑化ブーム（第二次とされる；第一次は第二次世界大戦後の林業分野の構造造林を指す）という言葉が使われたほど、環境緑化等が推進された。

1971年の建設業法改正により、造園工事業が建設業28業種（現在は29業種）の中に位置づけられ、製紙業、商社など大手企業からの参入も進み、また、多くの造園関連団体の社団法人化が進むなど、造園産業界が確固たるものになった時期といえる。1972年からは「都市公園等整備緊急措置法」が公布されたこともあって、一人あたりの都市公園面積は、1960年末の2.1 m^2 から2014年末には10.2 m^2 に増加した（105,747か所、総面積約122,885 ha；国土交通省のデータ）。1973年には「都市緑地保全法」（現「都市緑地法」）が公布されて、自治体による「緑の基本計画」の策定が進められたほか、「工場立地法」が旧法の一部改正により公布され、工場緑化が推進されることになった。

1973年には、厚生労働省所管の造園技能検定試験が始まり、「造園技能士」の資格が誕生した。また、1975年からは、建設省（現・国土交通省）所管の国家資格である、造園施工管理技士の称号認定に向けて、造園施工管理技術検定試験が行われるなど、現在では技術の平準化やレベルアップを目指し、表1.7に示すように、多くの造園関連の資格が存在している。

1990年には「国際花と緑の博覧会」が大阪府の鶴見緑地で開催された。半年間の開催期間に2,300万人を超える入場者を数えるなど、花と緑に対する関心の大きさが実感されるとともに、造園に草花が多用されるようになり、また、ガーデニングブームのきっかけともなったのである。そのようなことも契機となり、博覧会開催から間もない1995年には、造園業の「施工技術の総合性、施工技術の普及等」が広く認知され、指定建設業7業種の一つになっている。

図1.6・⑪　国営昭和記念公園　　（口絵 p 004）
「みんなの原っぱ」とシンボルツリーの大ケヤキ

表 1.7 造園関連の主な資格

名　称	認定団体・所管等	目　的・内　容　等
技術士	文部科学省	科学技術に関する21の部門に分かれている．造園に関する主な部門としては「建設部門（都市及び地方計画・建設環境）」「環境部門（環境保全計画・自然環境保全・環境影響評価）」などがある．登録した部門の技術コンサルタント業務を行うことができる国家資格
シビルコンサルティングマネージャー（RCCM）	（一社）建設コンサルタンツ協会	森林土木，造園，都市計画，地方計画などの部門があり，建設コンサルタント業務を行う
登録ランドスケープアーキテクト（RLA）	登録ランドスケープアーキテクト資格制度総合管理委員会	国土交通省により，平成26年度から「都市公園等」の計画・調査・設計業務において，管理技術者及び照査技術者に必要な知識・技術を有する者として公的に認められた．RCCMも同様
造園技能士	厚生労働省	庭に関する様々な知識と技能の検定に合格した者に与えられる国家資格
造園施工管理技士	国土交通省	発注された造園工事の施工計画の作成・工程管理・品質管理・安全管理等の施工管理を行い，主任技術者・監理技術者になることができる国家資格
造園工事基幹技能者	（一社）日本造園建設業協会，（一社）日本造園組合連合会	造園工事に熟達した作業能力と豊富な知識をもち，マネジメント能力に優れた技能者で，専門工事業団体により資格認定を受けた者
樹木医	（一財）日本緑化センター	樹木の調査・研究，診断・治療，公園緑地の計画・設計・設計監理などを通して，樹木の保護・育成・管理や，落枝・倒木等による人的・物損被害の抑制，後継樹の育成，樹木に関する知識の普及・指導等を行う．樹木医資格審査に合格し，樹木医として登録されることが必要
自然再生士	（一財）日本緑化センター	人と自然が共生する持続可能な社会の構築と，その根源である生物多様性の保全を推進するため，自然再生に係る理念の啓発とその技術の普及を目的とした資格
植栽基盤診断士	（一社）日本造園建設業協会	植栽基盤・土壌・植物・植栽に関する知識と経験があり，土壌調査・診断結果をもとにした処方能力を総合的に備え，植栽基盤整備，"植物が良好に育つ土壌環境"を整える専門家
街路樹剪定士	（一社）日本造園建設業協会	樹木の生理・生態や街路樹に関する専門知識と，伝統的な職人芸ともいえる技能を併せもったスペシャリスト
公園管理運営士	（一社）日本公園緑地協会	都市公園の管理運営を円滑かつ効果的に推進するための，マネジメント能力を備えた人材
ビオトープ管理士	（公財）日本生態系協会	自然と伝統が共存した美しく強靱な地域の創造を目指す技術者．自然の保全・再生を任すことができる技術者
自然観察指導員	日本自然保護協会	地域に根ざした自然観察会を開き，自然を自ら守り，自然を守る仲間をつくるボランティアリーダー
森林インストラクター	（一社）全国森林レクリエーション協会	森林を利用する一般の人に対して，森林や林業に関する適切な知識を伝えるとともに，森林の案内や森林内での野外活動の指導を行う者
グリーンアドバイザー	（公社）家庭園芸普及協会	植物の育て方についての正しい知識や，園芸・ガーデニングの魅力や楽しさを伝えることのできる人に与えられる資格
環境再生医	NPO法人自然環境復元協会	環境再生に取り組む実践者を育成し支援する者．既に環境関連で実務経験（2年以上）を有する者を対象とする
グリーンセイバー	NPO法人 樹木・環境ネットワーク協会	植物や生態系に関する知識を体系的に身に付けた人材

注）目的や内容は各所管団体のホームページ等を参考にした

3 造園という仕事の特徴

(1) 造園界における産学官の関わり

造園における産業分野としては、調査・計画・設計を主たる業務とするランドスケープコンサルタント業と、民間業務の場合には設計も行うが、施工・管理業務を主体とする造園建設業がある。さらには、それらに関連した業態として、樹木等の資材生産・流通業、公園施設等の製作販売業等がある。

学の分野としては、造園教育を行っている大学だけで30を数えることができる。さらには各地の園芸高校や各種専門学校のような教育機関もある。他方、官公庁としては、国立公園等の自然公園は主に環境省自然環境局と各都道府県が、また、都市公園については国土交通省都市局公園緑地・景観課と地方自治体が管轄している。

〈参考図書〉ランドスケープアーキテクト（ランドスケープデザイナー）を目指すのであれば、「ランドスケープアーキテクトになる本」（アーキテクト連盟著）、施工者を目指すのであれば、「造園施工管理技術編・法規編」（日本公園緑地協会発行）などが参考になる。

(2) 造園の対象領域

もともと造園の対象領域は広範なものであったが、近年はさらに広がりをみせている。造園が対象とする領域は、屋外のほとんどを対象としてお

図1.8-① 複合商業施設のインナーガーデン
(口絵 p 005)

表1.8 造園の主な整備対象

空 間	整 備 対 象
自然地	国立公園, 国定公園（これらの海域公園を含む）, 都道府県立自然公園
農 地	農村環境整備（農村公園, 農業用水・ため池周辺整備）
林 地	生活環境保全林整備, 多目的保安林総合整備, 里山整備
道 路	緑道, 歩行者専用道, 街路樹, 高速道路S.A.・P.A.整備, 高速道路路傍植栽, エコロード, ハイウェイオアシス, ポケットパーク, 環境施設帯, 道路緑地, 歩道橋の緑化
港 湾	港湾環境整備（港湾緑地）
河 川	リバーフロント整備（河川敷公園整備, 緑化親水堤防）, 多自然型河川整備
ダ ム	ダム周辺環境整備
工業団地等	緩衝緑地, 工場緑化
建築物	屋上（人工地盤）緑化, 壁面緑化, インテリアランドスケープ（インナーガーデン）
住宅団地	住宅団地環境整備, プレイロット, 調整池環境整備
公園等	都市公園（レクリエーション都市, 国営公園, 街区公園, 総合公園, 動物園, 植物園, 墓園等）, 国民公園, クラインガルテン, フラワーガーデン
住 宅	住宅庭園, ガーデニング
その他	迎賓館等の造園, 学校造園, 病院造園, 寺社庭園, テーマパーク, 都市緑化フェア・博覧会等の造園, ゴルフ場, リゾート環境整備, ビオトープ整備など

り、建築物についても、それに付随する屋上緑化、壁面緑化、インテリアランドスケープ（屋内緑化；図1.8①＝ミウィ橋本*7）が行われるなど、きわめて多種多様である（表1.8；図1.7, 口絵p005）。植物園はもとより、動物園や水族館も造園の領域であり、責任者の園長・館長が造園職であるケースも少なくない。また、都市公園の効用をまっとうするために設けられる公園施設（表1.9）、あるいは取り扱う資材（表1.10）からも、多彩な内容を包括していることが理解されよう。

環境省が所管している国立公園・国定公園や、県立自然公園の利用と保護の仕事も造園の領域であり、さらには自然保護・保全、ヒートアイランド現象への対応、自然生態系の再生など、地球規模で対応しなければ解決し得ない、スケールの大きな業務も待っている。

〈参考図書〉これら業務については、上記図書の他に「ランドスケープの仕事」（彰国社刊）が参考になる。

表1.9　都市公園法および政令で規定されている公園施設

分　類	法に規定する公園施設	政令に規定する公園施設
園路広場	園路，広場	
修景施設	植栽，花壇，噴水その他	植栽，芝生，花壇，生け垣，日陰棚，噴水，水流，池，滝，築山，彫像，灯籠，石組，飛石その他これらに類するもの
休憩施設	休憩所，ベンチその他	休憩所，ベンチ，野外卓，ピクニック場，キャンプ場その他これらに類するもの
遊戯施設	ブランコ，滑り台，砂場その他	ブランコ，滑り台，シーソー，ジャングルジム，ラダー，砂場，徒渉池，舟遊場，魚釣場，メリーゴーラウンド，遊戯用電車，野外ダンス場その他これらに類するもの
運動施設	野球場，陸上競技場，水泳プールその他	野球場（専らプロ野球チームの用に供されるものを除く），陸上競技場，サッカー場（専らプロサッカーチームの用に供されるものを除く），ラグビー場，テニスコート，バスケットボール場，バレーボール場，ゴルフ場，ゲートボール場，水泳プール，温水利用型健康運動施設，ボート場，スケート場，スキー場，相撲場，弓場，乗馬場，鉄棒，つり輪，リハビリテーション用運動施設その他これらに類するもの，およびこれらに附属する観覧席，更衣所，控室，運動用具倉庫，シャワーその他これらに類する工作物
教養施設	植物園，動物園，野外劇場その他	植物園，温室，分区園，動物園，動物舎，水族館，自然生態園，野鳥観察所，動植物の保護繁殖施設，野外劇場，野外音楽堂，図書館，陳列館，天体又は気象観測施設，体験学習施設，記念碑その他これらに類するもの並びに古墳，城跡，旧宅その他の遺跡，およびこれらを復原したもので歴史上または学術上価値の高いもの
便益施設	売店，駐車場，便所その他	売店，飲食店（料理店，カフェー，バー，キャバレーその他これらに類するものを除く），簡易宿泊施設（ヒュッテ，バンガロー，旅館等専ら宿泊の用に供される施設で簡素なものをいう。以下同じ），駐車場，園内移動用施設及び便所並びに荷物預り所，時計台，水飲場，手洗場その他これらに類するもの
管理施設	門，柵，管理事務所その他	門，柵，管理事務所，詰所，倉庫，車庫，材料置場，苗畑，掲示板，標識，照明施設，ごみ処理場（廃棄物の再生利用のための施設を含む，以下同じ），くず箱，水道，井戸，暗渠，水門，雨水貯留施設，水質浄化施設，護岸，擁壁，発電施設（環境への負荷の低減に資するものとして国土交通省令で定めるものに限る）。その他これらに類するもの
その他	都市公園の効用を全うする施設	展望台および集会所並びに食糧，医薬品等災害応急対策に必要な物資の備蓄倉庫その他災害応急対策に必要な施設で国土交通省令で定めるもの

*7）インナーガーデン：神奈川県相模原市にある複合施設「ミウィ橋本」の5階にある屋内緑化。広い空間に「緑」を配置して、奥行きと安らぎを醸し出している。

4 建設業の中での「造園」の課題

先に記したように、造園は1971年に造園工事業として、建設業の土木の範疇の一業種と位置づけられた。わが国の主要な公共施設を整備してきた土木技術は、世界最高水準のものであり、技術的蓄積も多いが、その中で業種としての造園には、以下に示すような特徴や配慮すべき課題がある。

(1) 造園の特徴

① 人や物などの流れを制御する機能をもった構造物や施設を建設する、いわばハード面に特化した業種が多い中で、周辺環境との調和を保ち、美しい景観とうるおいのある空間をデザイン・創造する、ソフト面への配慮も併せて重視しなければならない。

② 工業製品・規格品ばかりでなく、規格品であっても個性のある樹木*や自然石材を用い、それぞれの個性を生かしつつ、いかに組み合わせていくかが求められる。そのため、造園では図面で表現しきれない「おさまり（配置）」「取り合い」「勢い」「調和」などに留意して、施工管理を行う技術者がより良いものを目指すことが大切である。

＊樹木には「公共用緑化木等品質寸法規格基準（案）によって、主に都市緑化の用に供する樹木については200種類、その他シバ類、草花類、その他地被類について品質規格、寸法規格が示されている。

〈参考文献〉「公共用緑化樹木等品質寸法規格基準（案）の解説（日本緑化センター）

③ 品質管理については、品質維持のための日常管理以外に、材料としての品質、出来高としての寸法、数量の統計的管理が重視される業種が多い中で、よりよい空間、「おさまり」と

表1.10 造園で使用される主な資材

項　目	具体的な項目
造園樹木	主なもので400～500種
草花	園地・花壇に使われる草花，池と水辺の草花
地被植物など	芝，その他の地被植物，法面緑化用植物，壁面緑化用植物
土と土壌	盛土材料としての土，植栽用土壌
土壌改良材など	無機質系、有機質系など；植栽用土壌，下水汚泥，剪定枝葉のリサイクル材
石材	自然石材，加工石材，石造添景物
木材	木材，竹材
金属材料	鋼材，その他の金属材料
セメント	ポルトランドセメントなど
コンクリート	レディミクストコンクリート
プレキャストコンクリート製品	ヒューム管，U形側溝など
合成樹脂材料，接着剤，レンガ，タイル，陶器等，塗料	硬質ポリ塩化ビニル管，エポキシ樹脂，普通レンガなど
瀝青，カラー舗装用合成樹脂，特殊な骨材など	舗装用石油アスファルト，石油アスファルト乳剤など
その他の材料	結束材料，電気通信材，給水施設材料，その他

いった品質向上、出来映えという価値観が重要である。
④ 施工規模の割に多工種である。例えば、造園工事とくに公共工事を行う際に、理解しておく必要がある「造園施工管理技術編、法規編」（日本公園緑地協会発行）の目次概要（省略）からも、多様な技術が求められていることがわかる。
⑤ 生きものを扱う仕事であり、それらが生き生きと存在するように、それぞれの特性を踏まえ、季節性や成長の道程を見越した取り扱いが求められる。
⑥ どちらかといえば施工規模が小さく、植物（生き物）を扱う建設業であるため、人力に負う作業も多く、機械化等の近代化が困難な側面がある。
⑦ 植栽を伴う造園工事では、苗木を用いることが一般的である。このため、完工時が完成ではなく、樹木の成長の継続と適切な管理を経て、完成されることになる。この意味で、造園の管理は一般的な維持管理ではなく、終わりのない創造の過程だともいえる。

表1.11 現行実施設計図書の問題点、その改善方法の例および効果について

現行実施設計図書の問題点	改善方法の例	改善の効果
全体としての計画・設計の趣旨が伝わらないまま施工される（従来は施工者が読みとることとされてきた）	計画および設計趣旨説明書の添付	施工者に設計意図実現のための意欲が湧き、趣旨に添った新たな提案がなされる可能性もある
目的・機能が不明確なまま、形だけ施工されてしまう	機能図の添付	目的、機能に沿った施工がなされ、また的確な管理が期待できる
「おさまり」を含めた要素の相互関係や仕上がりのイメージが不明確	配置（配植）要領図の添付、イメージスケッチ・立面図・事例写真の添付、説明書き	設計者の意図する「おさまり」や要求する仕上がりレベルが理解され、施工者による出来映えのばらつきが減る
	主要視点、視線の明示	要素間の構成バランスをどの方向から取れば良いかがわかる
敷地内の図面しかない場合が多く、周辺との関係が不明確	敷地内と周辺の関係を示した周辺環境図の添付	外部要素の取り込み、遮蔽などの関係が理解できる
数量と規格中心の図面であるため、数えやすいように碁盤目状の低木植栽が行われたりする	植栽イメージ図、植え方の説明書き	造園本来の中高な植栽など、やさしく、美しい仕上がりが期待される
公共用緑化樹木品質寸法規格基準（案）に基づいた材料選択となりがちなため、景観木と樹林植栽に同じ品質のものが使われたり、片枝ものの活用などがなされない	四方見の景観木といった表現や、枝下高の指定など設計者の意図を表現する	樹木の多様な形態を活かしたメリハリのある材料選択が行われ、空間の仕上がりに見合った経費の支出が行われる
工事の完工のための図面であって、空間としての完成目標が示されていない	望むべき完成の姿・寸法等を示した目標図の添付	完工はするものの、設計者の望む空間に至るとは限らなかったが、そこへと育成管理によって導かれる
出来映えや「おさまり」、質のレベルが明確でなく、積算の対象ともなっていない	上記の改善のほか、要求する質のレベルを明示する	出来映えや「おさまり」に関する努力が費用として報われ、よりすぐれた技術や技能への向上が志向されるようになる

⑧ 造園工事では、図面に表現しきれない、ひだをもった地形や、立体的な層構造をもった植生の立地に施工する場面もあり、環境にきめ細かい配慮を必要とするなど、その特性と役割を認識した上で業務に取り組む必要がある。

(2) デザインに関すること

造園には技術的側面の他に、快適さや美しさに繋がるデザインの要素が大きい。しかし、造園は産業的には建設業として土木の範疇に入っている。土木では橋梁などにおいてデザイン要素が求められるケースを除くと、JIS（日本工業規格）などに適合した製品、および仕様書に基づいてミリ単位の図面を作成し、その通りに間違いなく施工することが最大の拠り所となっていた。極言すれば、誰がやっても同じ構造物に仕上がるのが基本的な考え方であり、結果として、匿名性が当たり前の世界でもあった。

このことは、デザイン要素の大きい建築の世界では、著名な建築家の名前が思い浮かぶのに対して、土木技術者にはそのようなことが通常はないというところにも現れている。そのこと自体は、価値観を共有して引き継がれてきた一つの文化であるといえるだろう。そもそも土木構造物には、力学に則り無駄を削ぎ取った機能美がある。一方、40年ほど前から、土木の世界でも景観に対する意識が広まり始め、当初は装飾の方向に走ったものも多く、キッチュという表現をされたものもあるが、中には化粧型枠という、決して高価ではない工法を採用しながら、自然石張りのような美しい見事なダムも造られた（図1.9，沖縄県宜野座村の漢那ダム*8)。

しかし、造園はデザインや「おさまり」に対する意識が高い世界であり、誰がやっても決して同じものにはならない。同じ条件が与えられた公園などの設計競技の場面であっても、同じ案は一つとして出てこない。近年は、総合評価方式が取り入れられるようになってきているが、基本的に低価格の業者に発注するという発想は、造園にはそぐわないと、筆者は考えている。公園の設計で低い入札価格の業者に発注するということは、十分な現地調査や検討の時間、精度の高い設計を行う余地がもてるとは限らない。このため、質的に優れているかどうかの判断もほとんどされることなく、適切だとは思わないようなものが、税金で設計・建設されてしまい、その後、数十年にわたって一定の広さの土地を、占有してしまうことにもなりかねないのである。

建設業は基本的に一品生産の構造物が多いので、並べて比較することが困難な場合が多いが、それでも、これまで繰り返し述べてきたように、工業規格品を使用して同じ仕様にすれば、業者間の完成構造物に品質の著差が生じることはあまりないだろう。これに対し、不定形の素材を使って仕上げていく造園の仕事では、設計だけでなく施工においても、全体あるいは部分構成が業者によってまったく異なる場合が少なくない。要するに、優れた業者を適切に評価して重用することが、品位のある美しい街づくり、国土づくりに繋がっていくものと考えられる。

優れた計画・設計業者を選定する方法の一つとして、建設予算等の条件を明示した上で、公募によって、応募者に負担にならない程度のA3判1枚の企画書を提出依頼し、地元住民参加の委員会なりで10案ほどにまず絞る。選択された案については、一定額の費用を支払ってA1判2枚程度のより詳細な資料を再提出してもらい、これを住民の閲覧に供し、投票などの方法で決定する方法などが考えられよう。

図1.9　漢那ダムの景観

*8) 漢那ダム：沖縄県国頭群宜野座村にある1992年竣工のダム。治水、灌漑、上水道供給を目的に建設されたが、景観にも配慮した設計となっている。

（3）成長し、大きさ・形状が変化する素材を扱う

土木、建築などの一般の建設業では、構築物が劣化することはあっても大きさ、形状が変化することは基本的にあり得ない。エイジングという価値観がないわけではないが、通常は施工が完了した時点がもっとも価値が高いと考えてよいだろう。それに対し、苗木を使うことが多い造園では、むしろ完工時がスタートラインといえるかもしれない。すなわち、完工後時間の経過とともに、樹種によっては、放任しておいても樹形が自然に整う場合もあるが、施工空間の全体構成および将来像に明確な目標がないと、逆に美観を損ねたり、周辺環境に調和しないことも当然に起こり得る。したがって、目標に向かっての適切な樹種選定や、誘導管理が不可欠との意識を継続的にもち、発注者にもそうした成長に伴う樹形の変化や、周辺環境との調和に関して、明確に理解を求めていくべきであろう。

（4）造園の品質管理

a. 日常管理と品質向上

工事における品質管理の一般的定義は、「目的とする構造物の形状や性能が、設計図および工事仕様書に定められた品質に合致するかどうかを管理すること」である。しかし、造園における施工管理の特徴は、特定の機能をもった個別の構造物を造るだけでなく、樹木や自然石など不定型な自然素材の個性を活かし、それらを組み合わせて優れた模様や配置（「おさまり」）を創出しながら、周辺の景観や環境との関係にも配慮しつつ、美しさや快適性を備えた空間として整備することにある。そのため、造園では品質管理においても、規格値を満足していること、工程が安定していることという日常管理に加えて、質の向上に着目することが大切なのである。

b. 品質の相違

造園工事では、同じ設計図書であったとしても、施工会社や現場技術者・職人の資質によって、施工結果が少なからず異なるのは避けられない。それは、規格品ではあっても個性がある樹木や、自然石材を用いるために、図面に表現しきれず、現場の裁量が大きい点と、それらを組み合わせる技やセンスによる「おさまり」の相違が大きいからである。そして、そのことが会社・個人における造園技術の力量が問われる所以でもある。

模様や配置の品質の違いは、植栽や石組、石積、石張などで顕著に現れ、それらによって構成された空間の印象にも大きな差異となって表れる。例えば、石積や石張などでは、同じ設計（断面図）、同じ設計価格で発注され施工されて検査に合格したものであっても、施工者が違うと出来映えに差が出ることが少なくない。ただし、造園の仕事は基本的に一品生産であり、施工者によって生じる差異を確認できる例はまれであるため、明確に認識できる機会は少ない。しかし、相対的な比較が難しいからと見過ごしていいことにはならない。

優れた質の仕上げのためには、高い技術、熟練した技能者が必要になり、また、丁寧な作業には時間がかかり、管理費や労務費等が高くなる。それに、良質な材料を選別した上に、丁寧な加工をするので、廃棄する材料や加工くずが生じることから、多めの材料を準備しなければならず、材料代がかかる。さらには、加工くずの処分費用も必要になってくる。

c. 品質と評価

価格という評価の物差しは、非常に単純明快ではあるが、一面的でもあろう。安さを求めて原価を下げれば、品質が下がり、工程を早めても品質が下がることは、「原価、工程、品質という三大管理の相互関係」として知られているところである。設計図（断面図）的には検査に合格していても、見栄えにおいて大きな差を生じることがある以上、出来映え等をいかに評価していくかが造園にとっては大切である。ただし、造園における価

格や寸法など計測可能な要素は別として、美しさや「おさまり」の評価にはどうしても主観的要素が入るので、複数人の目利きによる判定が必要となろう。

同じ仕様・価格でよいものができるなら、すべてにおいてよいものを作ればいいではないかとの考え方があるかもしれないが、それは工業的発想である。造園業として優れた作品が作られる背景には、長年にわたって培ってきた感性や技術力、よいものを作ろうという意気込み、コスト的なことも含めた大きな努力があると見るべきで、このことを正当に評価できるような体制や仕組みが、発注者の側にも是非あってほしいと期待されるが、どうだろうか。

公共における日本庭園を建設するような特別なときだけではなく、街区公園や個人庭園を造る場面でも、造園技術者は当然のことながら、よりよい品質を目指すべきである。一方、公共工事標準請負契約約款には、工事材料について「中等の品質」という表記があり、品質標準として少なくとも中等ではあるべきだが、とくに上質なものを求めるのであれば、適正な対価が必要となり、品質と価格を巡るその辺りの兼ね合い（せめぎ合い）が難しいところである。

d. 高い品質を目指して

造園における品質の大切さは以前から指摘されており、「おさまり」などの言葉で表現されてきたが、どうすればよいかの具体的な記述は少なく、目標・到達点は明示されていない。しかし、今後品質評価のためのシステムの構築とともに、評価のためのチェックリストの整備等が望まれるが、ここには植栽、支柱の付け方、石組、石積、石張などに関する主な技術項目の注意点をいくつか紹介してみよう。それらを含めたこと柄に配慮しようとするか否かが結果として、空間の質（見栄え）にも差をもたらすことになる。
① 場の重要性、向き、雰囲気等を考慮した個別材料の選定がなされているか
② 重要視点の把握と、そこからの景観構成の個別要素の配置、組み合わせ、および向きに留意されているか
③ 石張等においては四ツ目地、八ツ巻き目地などの禁忌とされていることをしていないか、さらにできるだけ細い目地に仕上げ、バランスの取れた美しい目地に仕上げているかなど（ときにはデザイン上、幅広の目地が求められる場合もあるのが造園の世界である）
④ 土工や低木植栽におけるラウンディング、端物の扱い、目地の入れ方、好ましくないものの遮蔽などがなされているか
⑤ メリハリが効いた植栽がなされているか
⑥ 植栽が成長を見越した配植になっているか

これらの項目を齟齬なく実現するためには、造園にとって必要な設計意図の伝達性を向上させる設計表現手法等の見直しや、設計監理等の導入を図る必要もあり、早急な検討が望まれる。

造園における品質の向上は、利用者にとってよりよい空間を提供しようとする心構えから生まれる。そして、従来のある時代のように、建設費の低減にこだわって安価に大量に施工する時代から、よいものを丁寧に造り、100年後の評価にも耐え得る、優れたものを造る時代に移行していくだろう。こうした概念は「公共工事の品質確保の促進に関する法律」（2005年）にもその方向性が見られ、納税者や発注者にとっても利点があり、高価値の資産を次世代に残していくことに繋がっていくものと考えられる。

e. 造園設計意図の施工者への伝達

造園では、先に記したように基本計画、基本設計および施工のための実施設計図書が作成される。基本計画等の段階では、現況や周辺環境調査の結果に基づく計画のコンセプト、パース、イメージスケッチ等が含まれている場合が多く、発注者との考え方のすり合わせに用いられる。しかし、施工者に渡る実施設計図書は、形状、寸法、数量主体で、誰が施工しても同じものが建設されることが望まれている。

これに対し、造園植栽の図面等は、簡単な平面図しかないので、植栽の機能や設計意図を読み取ることが求められている。しかし、美しさや快適さ、設計者としての意図をより反映すべく、「おさまり」といった価値が大切な造園だからこそ、設計意図説明書や、コメント・挿し絵なども含めて加えるなど、施工者にできるだけわかりやすく伝えるため、造園独自の図面の在り方を追求していくことが望まれる。

規格と数量中心の図面を渡され、それによる指示や検査が行われれば、施工者は規格と数量を合わせることに力を注ぐようになり、造園としての質的価値を軽んずるようになっても無理のないことである。他方、設計意図や植栽の機能などをあらかじめ知らされれば、施工者も専門家としての理解力をもって、その実現に応えようとするであろうから、造園空間としてより優れた品質に仕上がることは自明である。すなわち、利用者によりよいものを提供するための本質的な品質管理に切り替えていくべきだろう。

この設計意図伝達の改善に関する企画書の提案をすることによって、住宅・都市整備公団（現・都市再生機構）、日本道路公団（現・NEXCO）から（社）日本造園学会へ委託研究の要請があり、その結果は、日本道路公団では調査等共通仕様書（平成9年版）に反映された*。その要点は表1.11に示した。また、施工者に渡す図面に、スケッチ・コメントを加えた事例が図1.8 ②、同じ場所を完工後に撮影したものが図1.8 ③（p005）である。造園設計者の設計意図と情熱が伝達され、その設計図書を渡された施工者が、実現しようという意欲をもてる可能性に、大きな意味があるのではないだろうか。

＊設計意図伝達の改善に関する主旨については、参考文献「造園工事の建設システムの課題と実施設計図書の改善に関する考察」を参照。

（5）管理の大切さ

造園空間の管理には、いわゆる「維持管理」と、利用促進・指導・規制、ならびに都市公園のような営造物を公共行政財産として保全管理する「運営管理」に大別することができる。

維持管理の対象としての造園空間は、生き物である樹木や地被類などの植物と、遊具やベンチなどの施設によって構成されている。後者は一般的な工作物等と同様に、時間とともに劣化が進んで価値も下がり、やがて使用不能となる。そのため、維持管理を行うことによって、価値の低下を抑制するとともに、使用期間を確実に活かすことが必要になる。

一方、植物の管理も通常、維持管理といわれているが、工作物等のそれとはまったく異なる側面をもっているため、単純に維持管理という言葉を使うのは必ずしも適切とはいえないと考えてい

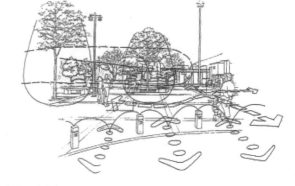

図1.8-② 自動車道パーキングエリア設計の添付イラスト図　　　　　（口絵 p005）

る。すなわち、管理は植栽工事が終わって引き渡しが完了した段階から始まることになるが、その時点では、植物はまだ確実に根付いているとはいえないだろう。コンクリートを例にすれば、強度の出ていない状態にあるともいえるわけで、活着のための管理が必要となる。さらには、施工が完了した段階で造園空間として完成しているわけではなく、その後の成長を見越して植栽されていることが一般的である。したがって、施工後の管理段階にも、よりよい造園空間に向けて、創造するプロセスが含まれていなければならない。時日の経過とともに成長し、形状、大きさを変えていく素材を扱う造園管理は、他の建設業における維持管理にはない独特のものであり、景観形成にも大きな影響を与えるものである。

　また、ある時間が経って植物が成長し、望ましい空間が完成したのちも、植物はさらに成長を続けていく。この段階からは、望ましい状態を保つという意味では、維持管理ということができよう。しかし、維持管理に入るタイミングを逃すと、当該樹木が過大・過密感のある状態になって、快適さや景観を著しく損ねる場合もあるので、望ましい状態を維持・継続するための管理作業は、造園技術として不可避かつ必須のものである。すなわち、行おうとしている管理作業は、植物管理上のどの段階にあるかを意識することが大切である。(表1.12, 図1.8④, 国定公園内の植栽例*9)。

*9) 公園内の植栽例：当地は、国定公園内の特別保護地区内で荒れていた別荘開発放棄地を、良好な状態に別用途で整備し直されたところの、ほぼ20年後の状態である。できるだけ自然植生に近い樹種を用いて植栽計画を行った。管理の良さもあるが、植物のもつ力を感じさせてくれる。ただし、現在は、このような植栽をすることは困難だと思われる。

　運営管理についてみると、造園施工管理上は、直接関係することはほとんどないと考えられるが、とくに公共的造園空間においては、時とともに変化する植栽環境に対応して、利用者により快適・安全に、楽しく利用してもらうという視点が何よりも優先されなければならないだろう。いわばソフトに関わるものであり、造園分野においても、独自性を発揮すべき、大切な管理項目である。

　植物という命あって成長するものを扱うことから、とくに管理に関しては単年度ではなく、複数年度契約が好ましいと考えられる。筆者は、団地等の緑地管理において、目標をもって管理できるように、少なくとも3年以上の複数年度契約が重要であると提案してきた。このような管理を、入札による低価格の業者に単年度契約で発注するということは、樹木何本を剪定する、何㎡を刈り込

図1.8-④　国定公園内の植栽例　　（口絵 p005）

表1.12　植物管理の段階

管理の段階		管理の内容
誘導管理	養生管理	確実な活着を促すための管理で、灌水や支柱等の養生が主体
	育成管理	設計意図としての目標状態まで育てる管理
維持管理	密度管理	適正な目標状態に向けて、あるいは過密状態を調整する管理
	抑制管理	目標状態の大きさ、形を保つ管理
	再生管理	過大となったもの、樹形の乱れたものなどを仕立て直す管理

めばいい、というような安易で単純な仕事になりかねず、目標をもって樹木や植栽を育てようとする意識が芽生えることは、到底望めないと考えたからである。なお、現在は3年継続の管理工事発注が行われている。

a. 密度管理

持続的に成長して大きさ・形状（景観）が変化する特別な素材を扱う造園では、成長段階と環境の調和を常に意識ながら管理することこそが重要なのである（表1.12）。このうち、密度管理の一例を図示して紹介しよう（図1.10：密度管理の例*10）。

*10）国営昭和記念公園水辺広場における密度管理の例：1986年植栽当時のメタセコイアの高木植栽計画図と後日間引かれたもの（×印）。当初樹高6mの規格で、基本的に6m間隔で植栽された。

b. 街路樹の管理

建設業の中で造園は土木の範疇とされているための課題が生じている。例えば、道路法では、街路樹は「並木」として、ガードレールや標識、照明などと同様に道路付属物とされている。つまり、街路樹は道路の一部なので、街路樹の管轄担当が造園技術者ではなく、土木技術者であることも少なくない。その場合、成長し続けたり、葉を大量に落とす樹木の扱いに戸惑いを感じるのは当然であり、極端に不合理な例では、一度に3年分の剪

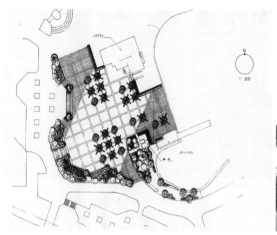

図1.10　樹木植栽の密度管理の例
　左：メタセコイアの高木植栽設計図（×は間引かれたもの）　右上：当初の植栽　中：間引き後の植栽

表1.13　東京都における街路樹ベスト5　　　　　　　　　　　　　　　　　　　　　　　　　（2015年4月）

順位	国道	都道	区道	市町村道	都内合計
1	イチョウ 7,636	イチョウ 28,429	サクラ類 22,779	ハナミズキ 21,214	ハナミズキ 62,629
2	プラタナス 2,418	ハナミズキ 19,650	ハナミズキ 20,246	サクラ類 13,406	イチョウ 61,832
3	マテバシイ 1,951	トウカエデ 17,414	イチョウ 14,576	イチョウ 11,191	サクラ類 44,704
4	ケヤキ 1,616	プラタナス 17,347	クスノキ 10,360	トウカエデ 10,294	トウカエデ 37,055
5	ハナミズキ 1,519	ケヤキ 10,961	マテバシイ 8,224	ケヤキ 9,871	プラタナス 30,786
6以下	11,933	475,650	138,792	66,689	707,160
合計	27,073	569,451	214,977	132,665	944,166

注）表中の数値は植栽本数を示す　　　　　　　　　　　　　　　　　　　　　　　　〔東京都建設局の資料から〕

定が指示されたケースもある。造園技術者や樹木医にとっては、樹木に関する、いわずもがなの常識であっても、作業内容の詳細について、発注側に理解してもらうよう論理的に説明すべきだろう。

樹木医にも仕事上の関連が深い街路樹について、2015年4月現在の東京都内の街路樹ベスト5を表1.13に示す。街路樹の御三家と称された①イチョウ、②プラタナス、③トウカエデの時代が長らく続いた。その後、早期緑化樹木として用いられてきたプラタナス、アオギリ、シダレヤナギ、ニセアカシアなどは、成長が早過ぎ、剪定・整枝等の管理費が嵩むことから、1985年頃から本数や比率が減少している。現在、街路樹ランキングのトップあるいは上位のハナミズキやサクラといった花木は、1960年代後半からのいわゆる緑化ブームの頃にも植栽は少なく、ベスト10の圏外であったことを思えば、街路樹の質や役割の変遷を窺い知ることができよう。ただし、これら花木は、美しい花や紅葉は楽しめるものの、管理上の問題、とくに腐朽病害や樹勢衰退も多く認められており、今後に多くの課題を残している。

5　造園の仕事と樹木医

筆者の私見を述べると、造園技術者には、樹木医と比べてやや価値観の異なる点があると感じている。樹木を守ろう、大切にしようという思いは両者とも変わらないが、それに加えて、造園技術者の場合には美しさや快適さに対する意識が強い。

街路樹などに関しては、樹木医と意見が異なるかもしれない。衰弱した街路樹の取り扱いを例に挙げれば、樹木医の立場としては、治療できる個体ならば既存の技術を駆使して回復させたいと考えるであろう（図1.8 ⑦，ケンポナシの立曳き*11）。伝統的移植技術である立曳きの仕事ぶりを見ていただきたい。

一方で、造園的な見方としては、その樹種にふさわしい樹姿が保たれ、街並みに統一感を与える美しさ、快適さを重視するため、樹形が大きく損なわれた個体は、本来の樹形のものに世代交代さ

せるという発想が生まれる。落葉した後も美しい姿の街路樹を見るにつけ、植栽されている環境条件、発注者、受注者の技量と熱意などの積み重ねが感じられて、高く評価したい（図1.8 ⑤⑥，仙台の街路樹*12）。一方、現存する街路樹の中に100年経過したものが出てきているが、狭い植桝等の様々な環境条件から来る樹勢の低下や、植桝からあふれんばかりになっていたり、ツリーサークルに食い込んだり根上がりを起こすなど、「街路樹100年問題」が起き始めている。

造園の仕事にはある種の粗さ感じられるかも知れない。例えば、社会的背景として大きく環境に意識が向いた1970年代後半（昭和40年代）頃は、極論すれば、そもそも草も生えないような造成地や海岸埋め立て地を緑化しようと試みていたのである。しかも、土壌そのものにお金をかけることに理解が得られないまま、植穴客土方式が取られていた。すなわち、根鉢より一回り大きい植穴を掘って、埋め戻す客土だけに良好な土を使用するも、当然の結果として、植穴以外は固結して根が伸長できないばかりか、よい土のところに水が溜まって根腐れを起こすなど、苦い失敗を経験し

図1.8・⑦　ケンポナシの立曳き
(口絵 p 005)

た。そうした反省もあり、1980年代の後半頃から植栽基盤整備という考え方が定着した。当時の建設省監修の「植栽基盤整備技術マニュアル」が1999年に発行されている。

　農業や林業の場合には、多くは単一作物、単一樹種の生産を行うことが多い。そのため、両分野の土壌学は微量要素に至るまで研究が進み、生産性向上に寄与してきた。造園業においても、当初はそれら土壌学の知見を借用してきたが、大小、そして多様な種の植物を同時に同じ場で取り扱うので、「植栽された植物が正常に生育できる共通的な基盤、すなわち、一定の深さと広がりのある土層」を整備することとしたのである。

　その有効土層の深さと広がりは、樹種や樹齢等によって異なるが、具備すべき共通条件としては、①有害物質を含まない、②透水性・排水性が良好である、③根の伸長を妨げる硬さでない、④適度な水分と養分を含むことである。なお、土壌硬度の測定には、山中式土壌硬度計も用いられるが、掘削せずに、深さ1mまでの土壌硬度を連続して測定できる、長谷川式土壌貫入計が広く用いられている。また、透水性の測定には、植穴底の透水性を比較的短時間で測定できる、長谷川式簡易現場透水試験器が広く使われている。

　さて、今でいう樹木医的な業務は、かつては造園家、あるいは林業家が行ってきた。それがより専門性をもった職種と位置づけられ、1991年に樹木医制度として独立した。樹木の調査・研究、診断・治療、公園緑地の計画・設計・設計監理などの場を通して、樹木の保護・育成・管理、あるいは落枝や倒木等による人的・物損被害の抑制、後継樹の育成、樹木に関する知識の普及・指導などを行う、樹木医という専門性を重視した仕事は、あまりに幅広い領域を扱う造園とは、若干異なっている。造園家の中にも樹木医資格取得者は多いものの、専門分野として樹木の生理、病害虫、土壌肥料などに関する知識・技術を網羅的に熟知するのは、いうまでもなく至難である。したがって、樹木医と造園の世界が相互にうまく協働すれば、様々な意味で、わが国の緑の環境を向上させることに繋がるものと期待される。

*11）ケンポナシ立曳き：千葉県松戸市で行われた。道路建設に伴う樹齢200年といわれている、洞もあるケンポナシの立曳き。移植して活着すればいいというのではなく、仕事の美しさにもこだわった、樹木医でもある造園技術者の心意気が見て取れる。

*12）仙台のイチョウ並木：宮城県仙台市は"杜の都"と呼ばれ、常禅寺通り等のケヤキ並木が著名であるが、実はイチョウ並木も大変素晴らしいものである。黄葉もさることながら、冬に葉を落としたときにも見事に管理された樹形を見せる。樹高は20mを超えるものもある。このような街路樹を育成することができたのは、管理者の意向、剪定業務受注者の技術や街路樹に対する想いに負うところが大きいと考えられる。さらに、戦災復興の際に6m幅の歩道や中央分離帯をもつ広幅員道路が整備され、植栽が進められたという要素を見逃すわけにはいかない。

〔福成　敬三〕

Ⅰ-3　樹木医から見た造園と庭園　～寺院や文学の庭園を訪ねて～

　造園学は統合的な学問領域であり、理学・農学に通じる専門分野を理論でカバーし、植物生理学・植物生態学・植物栄養学・植物保護学・土壌肥料学・植物分類学等々、広範な分野を跋渉する。一方、造園というものを遠い過去から現在に至る実践的行為として俯瞰してみれば、その有する意義・価値観の中に文化的・民俗的・景観的視点、あるいは歴史・美術史等も深く関わっている部分がある。日本人の心に刻まれてきた樹木や庭園への思いは、いにしえから現在でもそれほど変わっていないように見えるが、近年は、とくに樹木保護に関する植物生理学の内容や、緑化志向と環境保全・安全性に対する捉え方を、植栽環境・社会的要請等の変化に伴い、再構築する必要があるのではないかとも感じられるのである。そのような時代背景の中にあって、樹木医は造園の業務とどのように向き合っていけばよいのだろうか。いうまでもなく、樹木医の為すべき仕事と造園業との間には多くの共通点が認められるが、意識の違う面もあろう。その現実を踏まえ、やや精神論・観念論的な展開となる点はあるが、多年にわたり造園業務に携わってきた経験を活かし、日本庭園の過去と現在を眺めながら、樹木医の業務拡大につながる視点を模索してみたい。

◆樹木医に必要な資質とは　日本の自然と信仰　日本庭園の原型　日本文学にみる植物　自然と日本庭園の事例　樹木医と庭園および造園技術

1　はじめに；樹木医に必要な資質とは

　造園に関する入門書や解説書は、多数出版されている。しかし、樹木医の立場から書かれたものはあまりないように思える。樹木医は、これまでは大きく注目されてこなかった、樹木の健康保持と増進対策、あるいは樹木に関わる環境悪化課題の軽減等を主に取り扱う。もちろん、造園の分野においては、古くから樹木診断と樹勢回復技術も存在していた。

　上原敬二（1889～1981；造園研究家）は、造園技術に関する総合的研究を総監された偉大な先人であり、膨大な体系的著作を残されている。その中には、当然のことながら、樹木の保護に関する著書も多く含まれ、現在でも重要な参考資料になる。造園学は、上記のプロローグに示したように、様々な学問領域を統合した分野であり、きわめて奥行の深い総合技術を必要とするが、理論の集積だけで造園の業務が円滑に、うまく進むわけではない。また、職人的な経験や勘のみに頼った技術も属人的なものとなりがちで、普遍性や説得力に欠けるだろう。要するに、どちらが重要かということではなく、理論と実践・経験の両者が相まってこそ、現代の造園業が成立・発展し、その意義と価値が認められるようになるのである。ここでは、先人の業績を顧みながら、樹木医が造園とどのように関わっていくべきかを考えてみよう。

　樹木医が現在対象にしている主な業務には、樹木の健康および景観・安全を維持するための、適切な管理と育成がある。例えば、樹木の倒壊などの危険を未然に、可能な限り科学的に予知し、かつ剪定や伐採等により危険因子を取り除くことも大切な仕事であり、そのための基礎的知見の集積を図る必要がある。また、植栽土壌等の環境要因の改善や病害虫対策・肥培管理も不可欠である。さらには、立地環境に見合った造園計画などの提案についても参画が求められよう。

　都市部において緑化の重要性が再認識されている現状に鑑み、樹木医の業務は今後ますます拡大されることが予想される。その期待に答えられるか否かは、まさに樹木医各自あるいは仲間たちの努力と研鑽次第である。そのためには樹木医業務を固定化することなく、ウイングを左右、上下に拡大する必要があろう。この意味でも、樹木医と

しての、日本庭園の管理、作庭の基本を一定レベルで修得する必要を強く感じるのである。

　造園における樹木の位置付けはきわめて重く、両者を切り離して設計することはまずあり得ない。そして、造園の要に配置される樹木に対し、樹木医としては景観を重視しつつも、基本的には、いかにして健全で安全な状態に保持し続けるかが課せられた最大の使命となる。また、樹木医業務の中には庭園管理に関わるものも多くあり、このため日本庭園の有する歴史性や風土性などを、当然把握しておく必要がある。その上で、日本人の信仰心の基本には自然への畏敬と敬愛の念が心底に根強く存在することも理解しておかなければならない。この点をおろそかにすると、ときには樹木医と施主（依頼主、クライアント）との間に心理的ずれが生じ、トラブルに発展してしまうケースもあり得るだろう。

　これらのことから、樹木医のもつべき重要な資質とは、樹木の性質に見合った健全な育成ならびに保護に関する、科学的根拠に基づいた知識の理解力や技能の実践力であろう。加えて、顧客に対するより心のかよった接客態度も強く求められるのである。そこに樹木医と施主との間に、適切な信頼関係が醸成されよう。

　庭木の管理は庭師・植木職の方々が主体となって、経験的に庭木の手入れや施肥、病害虫対応などを行っている。そのことは今昔も将来も変わらないだろうが、近年の、とくに夏期の集中豪雨や異常高温（乾燥）など気象環境の激変には予想をはるかに超えるものがあり、植物管理や病害虫の発生動向にも大きな影響を及ぼしていると考えられる。したがって、これから造園業に携わる人には、従来とは異なる管理・対策上の視点が求められるかもしれない。

2　日本の自然と信仰

　日本庭園や樹木医の活動を考える前に、まず日本列島の成り立ちと置かれている地理的条件を考える必要がある。なぜならば、日本における造園のあり方や、樹木医が対象とする樹木の特徴を理解するためには、その樹木を育んできた日本列島の風土と歴史的背景を考慮すべきであり、このような国情・文化に拠り、日本人はどのような自然観と美意識を有するようになったかを認識しておく必要があるからである。

　日本列島が中国大陸から独立した島になったのは第四紀後半、２〜３万年前であり、日本列島は地史的には若い島といえる。地学の教科書には太平洋プレートとフィリピン海プレートが日本列島を圧迫していることが記されている。このことは、それだけ火山活動や地震が多発する不安定な地質の上に日本列島は存在することを意味している。歴史的にも貞観地震（869年）や安政の大地震（1855年）などは顕著な例であり、2011年3月に発生した東日本大震災の未曾有の被害と犠牲者の多さは、私たちに生々しく記憶されている。また、1959年9月の伊勢湾台風のような巨大な台風も、毎年のように襲来するようになり、その度に多大な被害と犠牲者が発生する。季節の変わり目には、集中豪雨が洪水、土石流、崖の崩落等を引き起こす。大規模な公共工事以外にも、自然災害により国土は、年々、変貌していく。

　このような過酷な自然条件を有する日本列島に、古来より日本人は生きてきた。日本人は有史以来、自然が有する巨大な破壊力に最大限の畏怖の念を抱いてきたし、自然に逆らうことなど叶うはずがないと十分に承知し、それでもなお、苦慮しながらその対処法を模索してきた。現代においても、わが国に対する自然の有する破壊力をどれほど恐れても過大にはならないであろう。日本人が年の瀬に、この１年間の自然災害を振り返り、そして、こうした過去の悲惨な歴史にも思いを寄せながら、祈りの気持ちが醸成されるのも当然のこととして受けとめられるのである。

　しかし、これら自然の有する桁違いな破壊力の反面、自然というものは多くの恵みを我々、日本人に与え続けてきたことを忘れてはならないだろう。減少したとはいえ、急峻な山腹や緩やかな斜面に続く広大な森は、現在でも豊かな水源であり、

おいしい水を自然循環系によって、無尽蔵といって良いほど、私たちに与えてくれる。それほど、日本は水にも恵まれている国である。また、平野や山添いの田圃からは食べきれないほどの米が生産される。日本列島は暖流と寒流に挟まれ、四海の海には魚介類が豊富に育っている。これらの自然からの恵みに対して、日本人は深く感謝の念を抱き続けてきた。その当然の帰結として、自然がもたらす災害と恩恵は日本人に特有な自然観と人間観を育んできたのである。日本人にとっての自然は、「自ら、然り」である。いうまでもないことだが、日本人が存在する以前にすでに豊かな自然が存在していた。日本人は、その自然に畏怖と感謝の念を、ごく自然に育んできたのも当然であろう。その証として、私たちの祖先は、自然を祀る大小の、きわめて多くの社を造営し、五穀豊穣を祝う祭りを継承し、人々の安穏と国土の安全の拠り所としてきたのであろう。

当然、樹木や山、岩なども神様が「御宿り」する信仰の対象になる。先日、筆者が参拝した京都の北野天満宮には、地上4〜5mの枯れた杉の巨木があり、幹は胴切りされ、その上に小さな社が建てられていた。いかにも日本の神を祭る神社にふさわしい計らいであった。また、全国の寺社の境内や神域には、しめ縄が巻かれた御神体的な巨樹が祀られているが、京都府宇治にある宇治上神社にも、そのようなケヤキが祀られていた。自然の岩でさえ、御神体として崇められ、「磐座」と呼ばれる。

樹木医は樹木が相手の業務であり、このような自然に対する畏怖や祈りの精神を抱くことは、決して業務遂行上の妨げとはならないだろうが、若干、心の重荷に感じるかもしれない。調査や診断を依頼する側の人たちには、自然に対する信仰心の篤い人や、樹木をわが身あるいは家族のように慕う人が多く、樹木を単なる木とは見ていない。したがって、樹木医は依頼主（クライアント）に替わり、その願いを達成する仕事を遂行する立場にもあるのではないだろうか。

3　日本庭園の原型

正月に飾られる松竹梅の寄せ植えは、日本的風土を繊細に表現したものといえる。関西風と関東風では主木が松になるか梅になるか、という点で異なるようであるが、いずれにしても、植物に寿ぎの念を託すことに変わりはない。翻って思索してみると、これらの植物は日本庭園の主景を形成する植物であり、松竹梅の間にはもちろん価値の上下は認められないのである。このように、多数のおめでたい植物が日本列島には成長しており、人々は巧みに幸・不幸を植物に託したのかもしれない。ここにも日本人の自然観が色濃く表れていよう。

「自から、然り」の環境下に生き、その上、自然体で、または運命に逆らわない生き方を選び、幸・不幸、幸運・不運を成り行きとして捉えること（縁起）によるとして、あまり自分を責めないで、または、自己を誇らない生き方は肩が凝らない、より自然な生き方になる。平穏で平和な生き方を大切にすることは、植物の名前からも窺える。南天や福寿草等は「難を転ずる」「新春（長寿）を祝う」に通じる、ありがたそうな名であり、いかにも正月を寿ぐにはふさわしく、これらの植物も正月の寄せ植えに重要な位置を担う。すなわち、四海が囲んでいる平和で豊かな日本列島を、小さな規模の寄せ植えに象徴させたものといわれており、また、それこそが日本庭園の原型でもある。

4　日本文学にみる植物

日本人の植物に対する嗜好には顕著な特徴がある。"万葉集"には、春の野に野草を摘み、一晩、野原で過ごした歌がある。この和歌からは、高位の貴族も自然の野原を愛好したことが窺われる。"源氏物語"にも、多数の野草や花木が野筋に植えられている様子が描かれている。

源氏物語の「少女の巻」には栄華を極めた光源氏の君が壮大な六条院を建造し、邸内を四分し、各邸宅には春夏秋冬の庭園を造り、それぞれに婦

人が住むことになっている。紫の上が住む春の庭園には春の花々が絢爛豪華に咲き乱れ、わずかながら秋の花なども植えられている。同様に、他の庭園にもそれぞれの婦人にふさわしい、季節を象徴する植物が巧みに配されている。物語の展開とその情景としての庭園に植えられている植物が、絶妙に適合する庭園になっている。この庭園構成と描写から、作者の紫式部は、この上なしの良質な庭園を、日常的に観賞していたことが窺われる。源氏物語絵巻には、建物付近に作られた野筋に植えられる植物が描かれている。ススキや葛の花など、秋の野草はとくに好まれていた。このように、萌え出ずる春草よりも、やがて枯れ果てる秋草を強調するところなど、いかにも遠い昔の日本的風景であり、当時の人々の心情を表現しているように見える。

ところで、絵画にも特別に必要とは思われないような場面にまで野草が描かれている。これはなぜなのだろう。日本人の国民的特性といってしまえばそれまでだが、感情の深淵部分に、農耕民族のもつ、植物に対する特別な思い入れがあるのだろうか。例えば、誰もが知っている"鳥獣戯画"（平安時代末期から鎌倉時代初期に複数の作者による作と伝わる）は、蛙やその他の動物が登場する物語であるが、ここにも多数の秋の野草が描かれている。また、絵画にはありふれた秋草、ススキや紅葉した蔦なども頻繁に画材として取り上げられるものも多い。例えば、酒井抱一（江戸時代後期の絵師・俳人・権大僧都）の"風雨草花図"（通称：夏秋草図屏風）はその好例であろう。

日本人の自然との接し方には独特な流儀がある。自然を「しぜん」と読むのは近代になってからであり、本来は「じねん」、すなわち、「自ら、然り」、である。そのため、人工的または工学的な産物であるはずの庭園も極力、自然らしさを取り入れてきた。存在するままの荒磯や砂浜、湿地等を庭園構成に重要視してきたことが、斉藤勝雄（1893〜1987：造園家）の"図解作庭記"に記されている。日本庭園では、池の小島の形や配置、野草の生え方なども、自然から得られる仕方で扱われ、石組では、岩はあたかも露頭と思われるように根深く据えられる。植木の造形も深山に自然に育つような姿に仕立てる技法が頻繁に用いられている。このことは、技術の粋を注ぎ込む盆栽において、典型的かつ究極的な形で集約されている。強風が吹きすさぶ高山の岩肌に、寄り添うように育成された、松柏や槇柏の盆栽などはまさに芸術であり、その造形も自然の活写そのものであろう。これらの技法はもちろん庭作りにも呼応し、すべてが人の手を感じさせない仕方をよしとする。そして、植木の手入れもまた、人の手を感じさせない技量が尊ばれるのかもしれない。

5　自然と日本庭園の事例

これまで述べてきた、いささか抽象的あるいは古典的な事柄について、実際の風景や写真を手掛りに、日本庭園の特徴に迫ってみたい。私たちは、日本中、どこへ行っても美しい景色や風景に出会うことができる。例えば、新潟県村上市にある"笹川流れ"はその様を彷彿させる（図1.11①；口絵 p006）。岸に沿って多くの島々や岩が点在する。筆者が訪れた季節は盛夏であり、観光船に乗ると強い日差しが容赦なく照りつけ、船縁にはカモメが乱舞し、しきりに餌をねだっていた。これは日本庭園そのままの景色であり、人と自然とが一体になれた証でもある。奈良公園の鹿と人との交わりにも共通しよう。この一体感が「共生」である。この言葉は近年でこそ「きょうせい」と読ませるが、元来は「ともいき」と読んだ

図1.11-①　樹木医から見た造園　（口絵 p006）
"笹川流れ"多様な姿勢を象る岩（新潟県村上市）

そうである。互いに助け合い、補い合い、平和に生きていくという日本人の生命哲学を言い表していると思われる。

次は、高尾山（東京都八王子市）近くの陣馬山から眺望できる、富士山の遠景である（②）。まさに一幅の日本画のようで、近くにそよぐススキの穂はいかにも秋そのものであった。これは、日本人が好む自然風景に一つであり、絵画で好まれる題材の秋草図とでもいうべきものであるうか。中間に低い山々が連なり、はるか後方には悠然として富士山が鎮座していた。その富士山は、日本庭園にもよく取り上げられている。山口市にある常栄寺の山内には、雪舟（1420〜1506？）が作庭したと伝わる、大規模な枯山水か山水画のような庭園にも富士山が見られる。雪舟はこの富士山を日本と見なし、当時の全世界を庭園に表現したいう。富士山はその他の庭園にも見られ、往時から日本の代名詞的存在であった。先の笹川流れが日本庭園の石組の基本を示すものとするならば、この富士山を取り込んだ構図は、在りのままの自然を仕立てた庭園であると解釈できよう。この写真には、日本庭園の基本構造がすべて収まっているように、山々と季節を感じさせるススキ、十分な奥行き感など、良質な箱庭のようである。

しかし、心を打つ美しさばかりが自然ではない。先の東日本大震災はマグニチュード9という想像を絶する、いまだ日本を襲ったことがない超巨大な地震であったが、これも同じ自然が引き起こした残酷な大惨事である。地上のものすべてを海へ流し、多数の人命を奪った。人々はただ、犠牲者の冥福を祈るばかりである（③）。私たちもただ、人も物も飲み込んだ海に向かって祈るしかなく、宗教心の有無に拠らず、誰もが多分、自ずと祈ったと思われる。日本ではすべてに神が宿るとされるが、この巨大地震により海の神様は何を啓示されたのだろうか。巨大地震と津波が来ないようにお願いする神様は何か。神話の世界では、イザナギの神とイザナミの神が愛し合い、天から長い棒で海をかき回して日本列島を作られたとされるが、この巨大津波も彼らの贈り物か。想像す

るといろいろ考えさせられ、庭園に託する人に思いを馳せる。怖いものは神様に祭り上げて、そのお力を縋るしかない。先述の宇治上神社にはケヤキも御神体になり、しめ縄が懸けられ、祭られる（④）。同様に、京都・北野天満宮には枯死した杉の木も祭られる（⑤）。

京都駅近くに枳殻邸渉成園がある。奇跡的に現在に残された平安時代の庭園の遺構である。おそらく、平安時代の上流貴族の邸宅には、この規模を上回る広大な庭園が築かれていたと思われる。この枳殻邸は、源氏物語の夕顔が源氏の君に誘い入れられた屋敷に設定され、謡曲の「半蔀」はこの話を扱っている。源氏物語はあくまで物語であり、現実の話ではないが、それから派生した芸術も多くあり、想像や興味は尽きない。枳殻邸は御所からは少し離れているが、当時の貴族の子弟は牛車に揺られ、この程度の距離を行き来していたのだろうか。この庭園の池の端には平たい石が埋められている。筆者は初めてこの庭園を訪れた際、この石は礼拝石で住人の貴族は毎朝、この石に乗り、四方の神に祈りを奉げた、と想像した。当然、池中の島は神域であり、祈りの対象であったろう。現在は橋が架かっており、島に渡ることができ、島から庭と建物が眺められる。

世界的に著名な桂離宮は、素晴らしい庭園と書院作りの建物から構成される。庭園は巨樹と飛石群、池には橋が架かり、池の端には多数の灯籠が置かれている。灯籠を学ぶには好都合である。夜になると舟遊びをしていたのか（⑥）、灯籠の位置も実用的に配置されている（⑦）。冬の裸木の頃と、緑で被われた梅雨の頃の、降雨による水量の多い頃とは、それぞれ異なる趣が感じられる。夏には幽玄というのか、奥深さが、冬には木々の梢に峻烈な風が吹き渡るようである。飛石は山道を表すように、大きな粗い石である。

修学院離宮は比叡山の麓付近の傾斜地に築かれている（⑧）。私たちはつい、庭園の美しさに見惚れ、厳しい立地条件を見落としてしまいがちである。庭園の池は水平な土地を造成して作られるのがふつうであるが、この離宮の場合は傾斜地に

擁壁を築かなければ造園工事はできない。このような庭園や池の立地にも注意深く観察すると、庭園の美しさとともに、当時の土木技術の水準の高さに驚く。なお、桂離宮もまた、当時は桂川の氾濫に悩まされた土地であったのである。

京都にはたくさんの紅葉の名所がある。北野天満宮もその一つである。その土塁は自然の地形を活かしたものか、土木工事で築いたものかは判然としないが、現在は見事な「もみじ園」である（⑨）。苑路を整備し、川に神橋を架けると、紅葉時には素晴しいモミジの庭園になる。この地に佇むと、管理と意匠が庭園の成立には大切であることが理解され、それらが作庭時に考慮すべき重要な点であることが分かる。また、庭園は味わうものであることも心に沁みよう。

前述の作庭記の著者は「山水」という言葉をとくに好んだようであり、この言葉で庭園を意味している。日本庭園は、山と水や池泉が大事な構成要素であることにはかわりないが、水や池のない枯山水庭園（象徴庭園）にも多くの傑作がある。その一つ、正伝寺庭園（京都市）は借景庭園としての枯山水庭園である。岩の替わりにサツキが植えられ、庭園の内と外が絶妙に一体になる（⑩）。斜め横から見た竜安寺石庭（⑪）は、正面からの印象とは異なった表情であり、雲上の釈迦三尊図を思わせる荘厳な表情になる。

庭園は屋外に創られてきた。しかし、庭園的雰囲気を屋内で味わうことも求められてきた。和歌が最高の教養であった平安時代の貴族は、自然の風景以外にも、襖や屏風に描かれた風景を和歌に詠んでいる。謡曲"桜川"にある「霞の間には樺桜」のサクラは、明らかに屏風に描かれたヤマザクラである。本歌は紀貫之の作であり、源氏物語の野分にも紫の上のこの上ない美しさに喩えられる。また、当時はヤマザクラが最高に美しい女性の称号でもあった。

図1.11⑫は室内庭園の縮小版とでも呼ぶべきものだろうか。庭園にはない趣があり、やはり盆栽的要素が取り入れられている。やや過大な表現をすれば、この小宇宙には庭園要素がぎっしりと詰まっており、日本人の自然観や人生観が凝縮しているといえなくもない。

工芸品の題材としても秋草の図柄が尊ばれている。図1.11⑬は現代の陶芸家、島田恭子氏の作品である。古典的な秋草、ススキの穂などが華麗に描かれている。このような芸術作品にも植物はしばしば用いられており、一種の室内庭園とみなすことも、あながち不当とはいえないだろう。日本庭園の構成要素は部分に分解しても、なお景を形成することができる。図1.11⑭は灯篭だけを据えた景色を撮影したものであるが、これだけで深山に迷い込み、偶然、旧跡に行き当たったような錯覚を覚えるのは、何とも不思議である。庭園を構成するそれぞれの要素は、それが一つの物語をもっているのであろう。図1.11⑮は丸石と数種の植物を配した坪庭風寄せ植えである。

6　樹木医と庭園および造園技術

以上、日本庭園をいろいろ見てきたが、ここで改めて、樹木医が接する実際的課題を考えてみよう。樹木は良好な環境作りに効果的に寄与する一方で、巨大な建造物と見なすことができるほどの重量を有し、大枝の落下や倒伏により巨大な破壊力が発生する。また、植栽基盤が脆弱な場合、地下系の支持力より地上部の枝葉の繁茂量が上回り、倒伏しやすくなる。腐朽程度が進んだ幹や大枝も強風時に折損しやすい。これらの危険要素を発見し、事前に適切な措置を講じることは、樹木医の大切な業務になる。

図1.11・⑭　樹木医から見た造園　（口絵 p 006）
山灯籠風の置き灯籠と数種の植物（埼玉県川口市）

しかも、依頼主は対象樹木を心のよりどころにしている場合が多く、対応や扱いに十分な注意を払い、作業方法や予想される結果・リスクに納得してもらう必要がある。大きな団地の住民や公園の愛好者の中には、植えられている樹木を単なる木と考えていない人も必ずといっていいほど多くいる。このような人々にとっては、樹木にも心があり、愛情の対象でもある。その心情を思考するには、京都の苔寺西芳寺の池泉にある「夜泊石」などを観賞するといいかもしれない。この地の神様が夜になると停まって、お休みするための石といわれる。やや大げさないい方をすると、樹木医も造園技術者も、ともに神様に関わる仕事といえるのかもしれない。

　また、樹木医の大きな活動分野として、文化の継続・継承作業がある。天然記念物に指定された貴重な樹木の保護なども大きな業務である。最近の急速な都市化や植栽環境の変化により、数百年間無事に生育してきた貴重な樹木も、環境の変動などにより少なからず生存の危機に瀕している。とくに、かつては農村地帯であった場所に点在している、鎮守の森や寺社の森などはほとんど崩壊してしまった。昔は清浄な水が豊富に流れていた川は三面とも舗装され、汚水の排水路に代用されているところも少なくない。畑や水田であった地面はコンクリートで覆われ、折角降った慈雨も地下に浸透しないで、下水へ直接流され、土壌は砂漠状態になり、植物たちは水にこと欠いている。

　貴重な記念物的樹々もゆっくりと、しかも、確実に衰退していく。これらの樹木は長年にわたり、地元の愛好者が手塩にかけて保護してきたものである。筆者が調査している、埼玉県北本市にある国指定天然記念物"石戸蒲ザクラ"は800年間生存し続け、最近も成長を開始した若い幹が勢い良く成長している。この樹木は、地元の人たちに大切に守られてきたからこそ、現在も生き続けているのである。このような樹木の樹勢回復作業を、単なる仕事として請け負うだけでは悲しいことであり、誇りが感じられない。このようなことがないように、樹木医・造園技術者は、文化や伝統のもつ意義をしっかりと理解すべきではないだろうか。また、誤った環境保護意識が、樹木の健全な成育を容易にするはずの、安全な処置の実施まで妨げているケースがある。例えば、十把一絡げに農薬を全否定する考え方で、もちろん、立地環境や周辺住民の感情などを熟慮する必要はあるが、何ら問題を生じないところでの、有効な登録農薬の適正使用まで制限することはないように思われる。これらの困った事柄の根底には案外、誤った自然に関する理解と自己流解釈があるのではないだろうか。これらの誤解に対して、樹木医は当面する問題の状況を適切に判断し、科学的・論理的に主張し、調整を図る必要があろう。

　他方、庭園の事情も困難を極めている。かつては屋敷には庭園や庭が不可欠あった。庭を専門職の植木職人が手入れし、清々しく気持ちのよい庭が楽しめた。しかし、戦後は家族制度の崩壊、地価の高騰など様々な要因により庭は潰ぶされ、その跡地に車庫が作られ、土地が切り売りされ、その跡地は賃貸マンションや賃貸駐車場などに変貌した。そのために美しい景観は激減した。しかし、現実を受け入れ、翻ってみると、広い庭は減少したものの、やはり日本人の自然を愛でる気持ちはあまり変わっていないようである。庭の代わりに、大型量販店や町中の花屋で購入できる生花を活ける人も多い。また、集合住宅のベランダや家の中にいながら自然が味わえる、寄せ植えなどが盛んに楽しまれている。さらには、名園の観賞なども盛んに行われ、多くの庭園は人々で溢れており、桜の開花時期になると人々がこぞって桜の下に集う。このようなささやかな自然に、心のやすらぎを感じるという意識や慣習は、今も日本人には健在なのである。

　自然に親しむことは、先祖代々、日本人に引き継がれてきた基本的な遺伝子かもしれない。そうした中で樹木医は、今の日本に合うように樹木をアレンジしながらも、いにしえからの自然の息吹や伝統を、私たちの日常に根付かせてくれる働きをすることも大きな仕事なのであろう。

〔横山 奉三郎〕

ノート 1.2　　視聴感覚からみた"人と里山"の関係

〔"里山"の役割とその変遷〕

　里山とは集落や人里に隣接した樹林帯で、人間の営みの影響を受けた生態系が混在する領域であり、1759年6月に尾張藩の作成した文書「木曽御材木方」* に「村里家居近き山をさして里山と申候」という文があり、初めて"里山"という言葉が現れたとされている。

＊江戸期　宝暦9年（1759年）；徳川林政史研究所蔵。

　つまり、里山は地域の人々が日常の生活に必要な場所として大切に保管されてきた。日常生活になくてはならない里山は、燃料としていた薪（たきぎ）を確保する場所でもあった。食用のための果実やタケノコなどの収穫、椎茸栽培やキノコの収穫も可能なように落葉広葉樹、常緑樹、杉、ヒノキや松などの針葉樹、さらには竹などが混在したり、樹種ごとにある程度分離して生育していることが多い。季節によっては防風林になったり、西日の影響を避ける役割も果たしていた。また飲料水や洗濯の用水としての湧き水もある。

　わが国においては、縄文時代にはすでに人の手が継続的に入る森が出現していたようで、同時代の人が近隣の森に栗や漆（うるし）の木を植えていたことも明らかにされている。しかしながら、天武天皇の時代（670年代）から800年を経過した時には、日本列島全体で約25％の森林が失われたといわれている。

　このような危機的状況から脱却するために、1666年以降徳川幕府は森林保護政策を施し、森林の回復、伐採規制、流通規制を行った。その結果、わが国の森林資源は回復の方向に、里山の持続可能な利用が実現に向かった。

　ところが近代明治維新前後に木材の盗伐、乱伐が横行した。その後社会の安定により一時期森林の回復傾向が見られたものの、太平洋戦争で物資の不足による大木の供出で再び禿山（はげやま）が出現した。

　1960年代になると、経済価値のなくなった里山は、多摩ニュータウン、千里ニュータウン等に代表されるように、次々と宅地化され、消滅していった。その頃から人口の都市への集中化、近代化により、その地域に住む人の人間性の阻害化傾向が進み、ストレスを内包した社会構造が形成されるようになった。

　環境保全と人間性回復の両立が叫ばれ始めた昨今、里山は私たちの生活には、五感の再調整を図る上で間接、直接に必要不可欠な存在であると気づかされる。再度里山の見直しを行い、管理を充実させるべきであろう。

〔視聴感覚から里山を評価する〕

　ここでは、人の視覚、嗅覚、聴覚、触覚と里山との関わりについて概説する。

　里山は一年中変化に富んでいる。同じ場所であっても1日の中でも、春夏秋冬でも環境がダイナミックに変化し、それが我々に心地よい刺激と安らぎの場を提供してくれている。

　ある谷戸の環境音調査結果の一部を示す。梅雨期（6月）午前8時頃、太陽の光が差し始め、日中は強い日差しになるような梅雨の合間、餌を啄ばんだ鳥たちも休息時に入ろうとしているのか、

あまり声がしなくなっている。音のレベルは38～41dB・Aと割合低いレベルである。

夏の盛り（8月）午前8時頃、すでに真夏の太陽は樹々にまぶしい光を当て、蝉の声以外は生きている物すべてが樹陰に身を隠すような雰囲気。音のレベルは52～54dB・Aである。

晩秋（11月下旬）午前8時頃、鳥の声、人々の生活音（自動車）が混在し、音のレベルは35～38dB・Aの小さなレベルである。

同一場所でも時間経過あるいは季節により実際に聞こえる音の種類、音量等が異なる。また、視覚や嗅覚情報との相互作用により音の印象も変わる。

元来、里山は人が暮らすために必要な多種多様な樹々（き）が混在している。それらの樹木が風によりそよぎ、揺れ、視刺激のみでなく、快い音も発生し、やさしい自然の音楽を奏でてくれる。音は風の強さにより変化するが、樹種によって発生する音色は異なる。風の強弱、自然のリズムに合わせてピアニッシモ（45dB・A）からフォルテ（63dB・A）まで音のレベルが変化し、葉の形状、硬さ、肉厚などで微妙な音質の違いを耳で受け取ることができるのである。

四季のある日本では落葉樹や草は春に芽吹き、柔らかな葉を広げ、柔らかな緑色となる。夏には緑の濃さが増し、葉も硬くなる。秋にはそれらが紅葉し、冬には落葉する。草においても春の柔らかな風になびく状態から冬場にはそれらが枯れ、硬い感じで残っている。

それらに対し、常緑広葉樹は常に緑の濃さが同じであり、それぞれの樹木により一部落葉しつつ、芽吹く、それを繰り返している。針葉樹も色合いとしては四季を通じてほとんど変わらず、竹林についても同じである。これらの樹木や草が風によりざわめき、その発生する音の質が異なってくる。落葉樹や草では春の柔らかい状態と、夏、秋、冬の季節により、微妙に音質が異なる。

次に示す図1.12は、風により樹木で発生する音のゆらぎ特性を示したものである。落葉樹や草、稲等、春から初夏にかけてそれらが柔らかい時に発生する音は人に優しい音として捉えられる$1/f$に近い特性を持っているが、晩秋から冬には$1/f^0$に近い特性に変化する傾向がある。常緑広葉樹は1年を通じてほぼ$1/f$に近い特性を示すものの、耳で受け取る印象はやや大きな音に感じる。

針葉樹の類は葉の一つ一つが細く硬いことから、割合高い周波数の音を発生しつつも全体としては

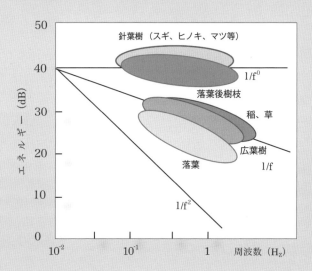

図1.12　風による樹木・葉・草等で発生する音のゆらぎ特性
f：周波数（Hz）
$1/f^0$：でたらめな変化
$1/f$：心地よい変化
$1/f^2$：単調な変化

〈次ページに続く〉

ノート 1.2 (続)

$1/f^0$ に近いような特性である。しかしながら松類の発生する音は「松籟（しょうらい）」といわれるように独特の音として耳に入る。それに対し杉やヒノキの類の音は強風時、時と場合によっては恐怖を感じるような「ゴーッ」というような音にも聞こえる。

多様な樹木が混在、涵養されている里山は落ち葉も堆積し、腐葉土となる。樹木や土が雨や雪の水分を多量に含み、綺麗な湧水、流れとなり、せせらぎとして我々の眼や耳を楽しませてくれる。流水の発する音をゆらぎ特性で見ると、せせらぎや近自然工法による用水の流れる音は心地よさを感じる $1/f$ ゆらぎ特性を多く含んでいるのに対し、コンクリートやブロックで作られた用水の音はやや異なる特性を示している。

このように、私たちは里山と共に生活をしており、動物や植物、水の流れ等四季折々微妙に異なった音を発生していることを耳で感じ、目で見ていることから、実質的な活用資源に加え、大切な環境要素としても捉えるべきではなかろうか。

・・

里山の原風景 "田染荘"
　　～世界農業遺産「クヌギ林とため池がつなぐ国東半島・宇佐の農林水産循環」～

八幡宮の総社である宇佐神宮の支配下にあった国東半島は六郷満山文化が開花した神仏混交の場所であり、その一部である田染荘（たしぶのしょう）は平安時代の地形、田園開墾風景がそのまま残っている日本でもまれな地域である。江戸時代に描かれた「豊後國田染組小崎村繪圖」（豊後高田市教育委員会所蔵）には溜池を含めた灌漑システム、田圃（たんぼ）や集落の名前等、現在に続く空間の記録が残されている。この村は周辺の山々に豊富にあるクヌギを主体とした広葉樹林の利用、その一部を循環的にシイタケ栽培に利用しており、保水力豊かな森とリンクさせた限られた水を効率よく中世から活用してきた。このように田染荘は人と里山、開墾した水田が一体になり700年の時を経て現在に至っている（図1.13）。この荘園を含む国東半島宇佐地域一帯は 2013 年 5 月に国際連合食料農業機関（FAO）より世界農業遺産に認定された。この地域は人と物理的、生理的、心理的に強い絆で結ばれ、構成されている地域であることが世界に認められたのである。

〔福原 博篤〕

図 1.13　里山の原風景 "田染荘"

第Ⅱ編

樹木の基礎知識

II-1　樹木の形態と分類の基礎

　樹木医は文字通り、樹木を対象として、その健康を把握し、樹勢の維持増進を図ることを生業とする。そのためには、樹木に関する基礎を知らなければならない。本講では、まず、樹木とは何か、樹木をどのような要素から定義づけたらよいかを考え、その基準となる、樹木の形態的特徴を把握しよう。そして、その特徴をもとに、樹木の分類の考え方と実例を学ぶ。

　◆樹木の定義　樹木の形態　樹木の分類

1　樹木の定義

　"樹木"を厳密に定義することはかなり困難であるが、生態学的には「その植物の生育不適期（乾燥期・寒冷期など）に地表よりいくらか高いところに芽があるもの」と定義され、これに対して、生育不適期に地表近くあるいは地中に芽があるものが"草"とされている。この定義では、地上に芽を持って越冬する多年生草本類も"木"ということになる。

　植物形態学では一般に、①茎に形成層があって2年以上にわたって肥大成長をすること、②茎および根において肥大成長により多量の木部を形成し、その細胞壁の多くが木化（リグニン化）して強固になっていること、これらの二つの条件を満たす植物を樹木と定義していることが多い。この定義によると、根は枯れずに年輪成長をするとともに、細胞壁が木化して硬くなっても、茎（地上部）が毎年枯れる多年生植物は、樹木とはみなされず、草本となる。

　本講では、上述の定義よりも樹木をかなり狭義にとらえ、次の四つの条件をすべて満たす植物を樹木と考えることにする。
① 茎の頂端が年々上長成長をする
② 維管束形成層あるいはそれに代わる組織をもち、茎が年々二次肥大成長をする
③ 茎の導管、仮導管、繊維細胞等の死細胞の細胞壁が木質化（リグニン化）、茎が硬くなる
④ 地上部が数年以上生き続ける（少なくとも5年以上）

　この定義では、ヤシ類やタケ類は丈高く材質も硬くなるものの、維管束形成層がなく、二次肥大成長をしないので、樹木とはみなされない。ヤシはヤシ、タケはタケであり、木と草のどちらでもないこととなる。ユッカ類（*Yucca*）やコルディリネ類（*Cordyline*）のように、一部の単子葉類は特殊な形成層を有し、肥大成長をして幹も少しは硬くなるので、一応樹木とみなされる。ヨモギ類やハギ類のように、地上部はいくらか肥大成長をするが、維管束形成層が不十分にしか形成されずに数年で枯死し、根株からの萌芽更新を繰り返す植物は、草と木の中間的な存在とみなされる。シダ類のヘゴ類は形成層による肥大成長をせず、不定根が絡みついて太くなるので、樹木とは認められない。また、サボテン類のような多肉植物は年々上長、肥大成長のいずれも行って大きくなるが、内部組織が木化せずに木部が"材"にはならないので、樹木とはいえないであろう。

2　樹木の形態

　一般的に、樹木の体は幹（茎）と根に分けられ、茎は茎から分岐した数多くの枝と葉と芽（シュート）を有し、根も無数に分岐してそれぞれの先端に養水分吸収機能のある細根がある。伸長中の若い茎の断面は図2.1のようになっており、この構造は基本的には双子葉植物の草本と同じであるが、乾期あるいは寒冷期（休眠期）のある地域における樹木の、維管束形成層による二次肥大成長を開始した2年目以降の茎の断面は、図2.2のよ

うになっている。また、仮導管細胞、繊維細胞の各細胞壁も、微小繊維（セルロースミクロフィブリル）の間にリグニンが沈積（木化現象）して硬くなっている。

3 樹木の分類

上述のように、木と草の境界は曖昧で、系統分類学的には木本、草本という分け方に意味はなく、同様に蔓、匍匐（ほふく）という分け方にも意味はない。しかし、生態学的、環境保全的、あるいは人の資源や素材としての利用という実用的な面からは大きな意味をもっている。以下に、最近の分子系統学的な植物分類の大枠を示したが、現生の樹木は、種子植物以降の植物群に含まれる。

（1）維管束植物の大分類

維管束植物の大分類は以下に示す（Mabberley（2008）および大場秀章（2009）による分類を一部改変したものである）。

- 小葉植物門
    - ヒカゲノカズラ綱
- 真葉植物門（大葉植物）
    - シダ植物
        - マツバラン綱
        - トクサ綱
        - リュウビンタイ綱
        - ウラボシ綱（シダ綱）
    - 種子植物
        - 裸子植物
            - ソテツ綱（ソテツ類）
            - イチョウ綱（イチョウ）
            - マツ綱（針葉樹類、グネツム類を含む）
        - 被子植物
            - 原始的双子葉類（モクレン類、クスノキ類等）
            - 単子葉植物類（ヤシ類、タケ・ササ類、ユッカ類等）
            - 真正双子葉類（ヤナギ類、ニレ類、ナラ・カシ類等）

（2）古代から現代までの維管束植物で、一般的に樹木とみなされている植物

維管束植物は古生代後期シルル紀（約4億年前）に発生したと考えられている。維管束とは植物体の通導組織であり、根から葉や梢端に至る水

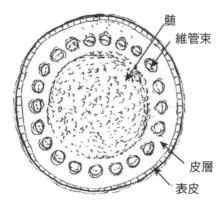

図2.1 木本性双子葉植物の当年生の茎の断面構造

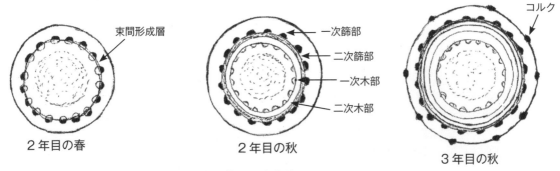

図2.2 木本性双子葉植物の2年目以降の茎の肥大成長

分・ミネラル等の輸送を担う木部（導管や仮導管）と葉から根端に至る同化産物の輸送を担う篩部がセットになっている器官である。前裸子植物以降の樹木には、単子葉植物を除き、木部と篩部の間に維管束形成層（束内形成層）が介在しており、維管束と維管束の間に束間形成層が形成されて二次肥大成長を行っていく。

1）鱗木

鱗木（りんぼく）は古生代石炭紀（3億4千年前）の化石植物である。現生のヒカゲノカズラ類に近いと考えられている。高さ40 m、直径2 mに達したものもあったとされる。原生中心柱による二次肥大成長を行っていたらしいが、頂端分裂組織が盛んに肥大成長をして最初から大きな茎頂を有し、かなり太い茎となってから上長成長をして、二次肥大成長はわずかであったと考えられている。茎の細胞壁の木質化はほとんどなく、硬い表皮で支えられていた。したがって、鱗木を巨大な草とみなす研究者もいる。近縁の種として、同じく石炭紀の化石植物である封印木（ふういんぼく）がある。

2）蘆木（カラミテス）

蘆木（ろぼく）は古生代石炭紀の化石植物である。高さ10 m以上に達した。現生のトクサ類に近いと考えられている。形成層を有し、二次肥大成長をしていたが、この形成層は内側に木部をつくるものの、外側には篩部（樹皮）をつくらなかった。現在のトクサ類（図2.3①，口絵 p007）と同様、茎の内部は中空であった。地下茎（ランナー）で無性的に増殖することもできたらしい。

3）木性シダ類

現生の植物で、高さ7 mほどになる。ヘゴ、ヒカゲヘゴ、マルハチ等がある。茎の内部は硬くなく、二次肥大成長をしない。多数の不定根（気根）が茎の上を厚く覆って体を支えており、年々太くなるように見えるのは、この不定根のためである。

4）前裸子植物

原始的なシダ植物から分岐した一群で、現生の裸子植物の祖先であり、現生の種子植物の形成層とほぼ同じ形の維管束形成層をもつ最初の植物と考えられている。古生代デボン紀（3億7千万年前）から石炭紀にかけて栄えたアルカエオプテリス（*Archaeopteris*）は高さ10 m以上、太さ1.5 mほどにもなったらしい。その表皮を覆うクチクラ層はほとんど発達していなかったので、乾燥には弱かったらしい。

5）裸子植物

現生の植物で、束内形成層と束間形成層からなる維管束形成層を有し、二次肥大成長をする。ほとんどすべての種類が木本である。胚珠がむき出しで、通導機能として仮導管と篩細胞をもつが、通導組織としてより発達した形態である導管と篩管はない。ただし、グネツム類は原始的な導管をもち、水分通導を仮導管と導管が行っている。

a. ソテツ類

常緑低木で、材は硬くならない（図2.3②）。

b. イチョウ

中国の安徽省原産と考えられている、落葉高木であるが、天然木の自生地はすでに絶滅してお

図2.3・① トクサ （口絵 p007）

り、現在ある個体はすべて人間が植栽したものである。このため、イチョウ（図2.3③）は"野生絶滅種"に指定されている。

c. 針葉樹

大部分は常緑高木性で、巨大に成長する樹種がある。世界最高の樹高を誇るセコイア（*Sequoia sempervirens*）や、世界最大の幹材積を誇るジャイアントセコイア（*Sequoiadendron giganteum*）がある。少数ながらカラマツ類、ラクウショウ類、生きた化石といわれるメタセコイア（*Metasequoia glytostroboides*；図2.3④）、スイショウ等の落葉性樹種もあり、世界最大の太さを誇る樹種はメキシコラクウショウ（*Taxodium mucronatum*）である。

d. グネツム類

大部分は低木性あるいは蔓性であるが、一部に高木性もあるとされている。ウェルウィッチア（サバクオモト；*Welwitschia mirabilis*）の茎は肥大成長をするが、茎頂の頂端分裂組織はほとんど成長しないので、高さは1m程度にしかならない。葉は2枚で、葉の基部に成長点があって細胞分裂して次第に長くなる。一部の原始的な種類を除き、木部に導管をもつが、被子植物の導管とは形態的にかなり異なっている。

6）被子植物

約2億年前の中生代ジュラ紀に出現したとされている。胚珠が子房に包まれる。木部には仮導管よりも通導機能が発達した導管をもち、篩部には篩管をもつが、ごく一部の樹種は導管をもたない。

a. 単子葉類

不整中心柱で維管束は茎断面に散在し、束内形成層、束間形成層のいずれもなく、したがって、維管束形成層は形成されないので年輪成長をしない。大部分は草本であるが、一部に茎が木質化し巨大に成長するものがあり、また、皮層組織から発達した二次的な形成層によって肥大成長をする種類もある。

タコノキ類：常緑多年生植物で二次肥大成長をするが、あまり太くならない。茎を蛸足状に発達した不定根が支えている。一般的には樹木とみなされている。

ヤシ類：常緑端年生植物できわめて丈が高く（高さ30m近く）なるものもある。頂端分裂組織による最初の肥大成長だけで、二次肥大成長をしない。成長点が最上部にある。一部に二次肥大成長をするものもある。根系は太くならず、ひげ根のような不定根が無数に生じて樹体を支えている。

ユッカ類・ドラセナ類（図2.3⑤）・コルディリネ類：常緑で上長成長をする低木あるいは大低木である。裸子植物や広葉樹類と起源の異なる特殊な形成層による肥大成長をする。この形成層は内側に木部をつくるが、外側への篩部形成はほとんどなく、材もあまり硬くならない。

タケ・ササ類：地下茎で増殖するものが多いが、中には地下茎がほとんど発達しない種類もある。稈の各節が一斉に細胞伸長して急速に上長成長するが、二次肥大成長をしない。

b. 双子葉類

草本と木本のいずれもあるが、木本類の大部分はいわゆる"広葉樹"で、針葉樹類と同様の年輪成長をする。原始的双子葉類と真正双子葉類に大

図2.3・②④　ソテツ（左）とメタセコイア（右）
(口絵 p007)

きく二分される。種類はきわめて多様である。モクマオウ類のように外観的には針葉樹のように見える樹種もある。常緑性、落葉性のいずれもあり、高木性、低木性、蔓性、匍匐性と形態的にも多様である。維管束形成層は外側に篩部、内側に木部を盛んにつくる。

（3）生態的・形態的・実用的な分類
1）大きさと茎の形状による分類
　大きさに厳密な区分はないが、概ね以下のように分類される。

a. 大高木
　おおむね樹高15m以上になる樹木をいう。本邦産ではスギ、ヒノキ、マツ、モミ、トウヒ、ブナ、ナラ類、カシ類（図2.3⑥）、クスノキ、ケヤキ（⑦）等がある。

b. 高　木
　おおむね樹高8m以上、15m程度までになる樹木をいう。イロハモミジ、シロダモ等がある。

c. 大低木
　おおむね樹高3m以上8m程度までの樹高になる樹木をいう。ヤブデマリ、アセビ（図2.3⑧）、シャクナゲ類（⑨）等がある。

d. 低　木
　樹高約3m以下の樹木をいう。ジンチョウゲ、サツキ、クチナシ、オオカメノキ、オトコヨウゾメ等がある。

e. 蔓
　独立せずに他の植物に絡まって上長成長をするもので、ブドウ、フジ（図2.3⑩）、ヤマフジ、キヅタ、ツルウメモドキ、ツタウルシ、ツルマサキ、ツルアジサイ等がある。

f. 匍　匐
　匍匐茎（ランナー）を土壌表面や地中を這わせる性質をもつ植物をいう。タケ類、ササ類、ハマゴウ等がある。

2）常緑性・落葉性による区分
a. 常緑樹
常緑針葉樹：針葉樹の大部分は常緑である。マツ類、ヒマラヤスギ（図2.3⑪）、モミ類、トウヒ類、スギ、ヒノキ、サワラ等がある。
常緑広葉樹：シイ類、カシ類、クスノキ、タブノキ、モチノキ類等、きわめて多数存在する。

b. 落葉樹
落葉針葉樹：カラマツ類、メタセコイア、ラクウショウ類、スイショウ等がある。
落葉広葉樹：ブナ、ヤナギ類、ケヤキ（図2.3⑦）、ムクノキ、ニレ類、ナラ類等がある。
　イチョウ（図2.3③）は裸子植物で分類学的に

図2.3-⑦⑧　ケヤキ並木（左）とアセビ（右）

（口絵 p007）

は針葉樹に近いので、落葉針葉樹の中に入れられることがあるが、葉が幅広なので、造園分野では落葉広葉樹として扱われることがある。

c. 半常緑樹

イボタノキやヤマツツジは厳冬期でも完全に落葉せずに、葉が着いた状態で越冬することが多い。

3) 立地環境や栽培条件によって草のようになる樹種

ある種の植物は温暖地では立派な木となり、寒冷地では地上部が枯れて多年草となる。例えばフヨウ等がそれに該当する。また、ユーカリ類の耐寒性試験では、寒冷地に植栽したユーカリは地上部が越冬できずに、毎年根株からの萌芽を繰り返し、まるで多年草のようであった。

4) 木と草の中間的な植物

パパイア（図2.3⑫）、ベンケイソウ類、ラベンダー、ハギ類（ミヤギノハギ・ヤマハギ等）、アジサイ類、ヨモギ類、キク類、トマト、ナス等は多年生で肥大成長するが、明確な年輪形成をしなかったり、材が柔らかかったりするので、木本と草本のどちらともいえない状態であり、樹木扱いされることも、草扱いされることもある。

5) 一般的には木と混同されるが明確に草である植物

バナナ、バショウ（図2.3⑬）等がある。

6) 木と草のどちらでもない植物

a. タケ・ササ類

ふつうは常緑の高木あるいは低木とみなされることが多いが、硬くなった草という人もいる。最初は頂端分裂組織による肥大成長と節の形成を行い、次に節間の伸びによる上長成長を盛んに行うが、伸び切った後は上長成長も肥大成長もしない。ただし、地下茎は頂端分裂組織による伸長成長を長く続ける。維管束形成層がない。樹皮を形成せず、竹の皮は葉鞘の変化したものである。材の硬さは細胞壁にリグニンと珪酸を蓄積させた厚壁細胞による。竹博士として有名な上田弘一郎博士は「竹は竹であり、木でも草でもない」と述べている。

b. ヤシ類

ふつうは常緑の樹木とみなされているが、維管束形成層がなく二次肥大成長をしないので、厳密には木とはいえない。タケ・ササ類と異なり、頂端分裂組織による上長成長は長く続き、ココヤシのように背丈が高くなるものもあるが、シュロチクのように丈の低いものもある。樹皮を形成しない。上田博士の言を真似れば「ヤシはヤシであり、木でも草でもない」ということになろうか。

c. サボテン類

多年生植物で上長成長、肥大成長のいずれも盛んに行う。柱サボテンの中には、茎が枝分かれしながら巨大に育ち、樹木のように見えるものもある。内部組織は硬くなく、樹皮も形成しない。

7) 主幹の明瞭さによる区分

a. 喬木

明確な主幹が一本あり、そこから多くの枝が四方に発生する性質を有し、丈高くなるものを喬木（tree）という。主幹が明確で、基本的に単幹形状となるものは針葉樹に多いが、これは頂芽優勢という性質が強いからである。頂芽優勢は、頂芽

図2.3-⑬　バショウ　　（口絵 p 007）

で生産されて篩部を下方に移動するオーキシンが、側枝が新たな幹になることを抑制することによって生じる。

b. 灌木

ツツジ類やレンギョウ類（図2.3⑭）のように主幹がはっきりせず、数本の幹が根元から発生して丈が低いものを灌木（shrub）という。

8）広葉樹における導管配列による区分

針葉樹材の死細胞は仮導管のみで導管をもたない。仮導管とは、繊維状の長い細胞と接続する細胞との間に多数の穴があいて、水分が通りやすくなっている状態で、通導機能と機械的な支持機能を兼ねた細胞である。広葉樹材の死細胞は、導管要素、仮導管、木繊維の三つに大別される。その中で、導管とは太く短いチューブ状の細胞（導管要素）が連続して長い管状になった状態で、被子植物で見られる。主に水分通導を担う器官であり、その配列から以下のように区分される（図2.4）。なお、グネツム類は裸子植物であるが、被子植物の導管とは形態が異なる導管をもつ。

a. 無導管材（無孔材）

ヤマグルマ科のヤマグルマおよびスイセイジュ（*Tetracentron sinense*）は導管をもたず、仮導管で水分通導を行っている。材断面を見る限り、針葉樹と見分けがつきにくい。図2.4 e参照。

b. 散孔材

サクラ、トチノキ等、広葉樹の多くは散孔材樹種である。図2.4 a参照。

c. 環孔材

ケヤキ、ナラ類、クリ、トネリコ類、センノキ（ハリギリ）、ニセアカシア・エンジュ等のマメ科樹木等がある。なお、環孔材樹種はすべて落葉性である。図2.4 b参照。

d. 放射孔材

カシ類・シイ類・マテバシイ類・ウバメガシ等、常緑性のブナ科樹木はすべて放射孔材（図2.4 c）である。興味深いのは、コナラ亜属に属するウバメガシが、他の落葉性コナラ亜属と異なり放射孔材であることである。

e. 紋様孔材

ヒイラギ・キンモクセイ・ギンモクセイ等は紋様孔材（図2.4 d）である。

〔堀　大才〕

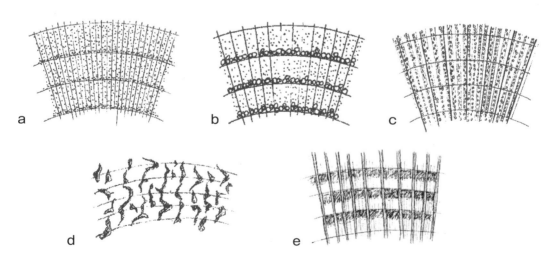

図2.4　導管配列による区分
a. 散孔材の年輪内の導管配列（導管が分散している）　b. 環孔材の年輪内の導管配列　c. 放射孔材の年輪内の導管配列
d. 紋様孔材の年輪内の導管配列　e. 無導管材の年輪

ノート2.1　"あて材"とその役割

　ほとんどの植物の茎は上方に向かって成長し、他の植物と高さを競いながら光を少しでも多く得ようとする性質がある。樹木では、維管束形成層によって形成される木部二次組織は、原形質の消失した死細胞である仮導管細胞や繊維細胞が主であり、それらの細胞の軸方向の伸長成長は停止している。また、これらの死細胞は細胞壁を厚くしてリグニンを沈積させ、大きく重い樹体が潰れないようにしているので、細胞壁が硬くなっている。そこで、何らかの理由で主軸が傾いたとき、樹木は通常の木部いわゆる正常材とは異なる木部組織を新たに形成して幹を屈曲させ、幹の上方が鉛直になるように努力する。樹木は幹が傾斜したり、著しい片枝だったりして、地上部の重心が根元の幹芯の真上から大きくずれると、"あて材"（reaction wood）を形成して体を起こす。あて材は枝にも形成されるが、枝の場合は幹よりも複雑な状態で発現する。

〔幹での"あて材"の形成と年輪成長・根系発達〕
　あて材の形成は年輪成長に大きな影響を与える。図2.5に、針葉樹と広葉樹それぞれに形成されるあて材の位置を示すが、あて材が形成されている湾曲した部分を切って断面形状を見ると、針葉樹では傾斜した幹の下向き側の年輪幅が広い楕円形になり、広葉樹では上向き側が飛び出て洋ナシ形になることが多い（図2.6）。

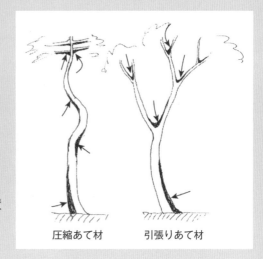

図2.5　樹木におけるあて材の位置
左は針葉樹、右は広葉樹

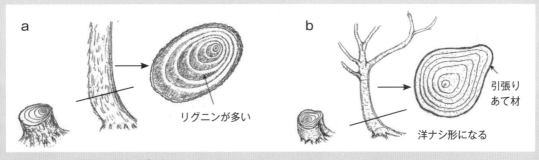

図2.6　あて材部分の偏心成長
a. 針葉樹の圧縮あて材の偏心成長　b. 広葉樹の引張りあて材の偏心成長（洋ナシ形の断面）

〈次ページに続く〉

ノート 2.1（続）

　幹下部のあて材形成には根系の状態が大きく影響し、あて材を支えるのに必要な方向や部分に根系が発達していないときは、あて材を形成できない。模式的に描くが、針葉樹の場合、幹下部に圧縮あて材が形成されるためには、図 2.7 a のような根系の発達が必要であり、広葉樹の幹下部に「引張りあて材」が形成されるには、図 2.7 b のような根系の発達が必要である。根系は純粋に応力分布に従って材を形成して年輪の偏りを生じるので、根元近くの太い根では極端な偏心成長が生じることが多い。しかし、根系ではあて材は形成されないとされており、このような偏心成長材はあて材とは認められていない。

　樹木があて材を支える根系を発達させられない条件で成長しているとき、本来のあて材の位置と反対側の年輪幅が広くなって幹を屈曲させ、本来のあて材はその上部に形成される。本来のあて材の位置と反対側に形成される変則的材を、ドイツのマテック（Mattheck）らは reaction wood と区別して"保持材"（support wood）と呼んでいる。

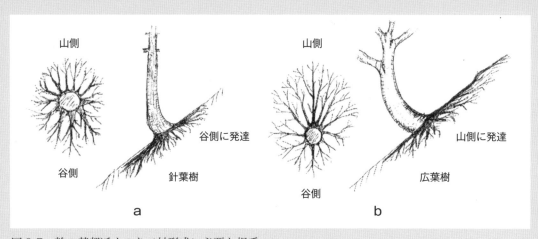

図 2.7　幹の基部近くのあて材形成に必要な根系
a. 針葉樹の圧縮あて材に対応する根　b. 広葉樹の引張りあて材に対応する根

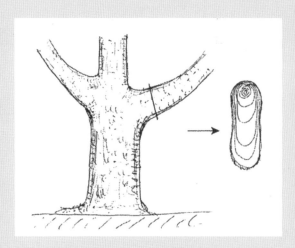

図 2.8　針葉樹の太く成長した下枝での著しい偏心成長

〔枝での"あて材"の形成〕

　あて材は枝でも形成され、とくに針葉樹の横に長く伸びた大枝では、極端な圧縮あて材の形成が時折見られ、その断面形状は長楕円形を描くことがある（図2.8）。広葉樹の横に長く伸びた太い下枝は、自重と"てこ"の原理により枝先が次第に下がり、枝の叉の角度が徐々に開いていることがある。この場合、枝の基部では引張りあて材を形成することができず、下側の年輪のほうが広くなる保持材が形成され、引張りあて材はその先の上方への湾曲部に形成される（図2.9）。また、引張りあて材と保持材が同時に形成されていることもある。これらのことから、遺伝的に規定されているあて材の形成遺伝子が発現するには、一定の条件が必要であることがわかる。

〔"あて材"の性質〕

　幹が直立する針葉樹の正常材では、1年分の年輪内の早材と晩材は比較的明瞭に分かれている。しかし、圧縮あて材を形成した針葉樹における幹断面のあて材部分では、早材と晩材の区別が不明瞭になっている。その原因は早材部分の仮導管細胞壁が、晩材の仮導管細胞壁と変わらないほどに厚くなり、リグニンが多く沈積して褐色を呈しているからである。

　一方、引張りあて材を形成した広葉樹の幹や枝では、生材の場合に鋸断や鉋削をすると、毛羽立ちやすくなっており、その後に気乾状態にさせると、絹のような光沢が現われやすくなっている。しかし、乾燥材を鋸断したり、鉋削したりしても、絹光沢は現れないことが多い。また、あて材部分を切り取ると、圧縮あて材部分は軸方向に伸びようとし、引張りあて材部分は逆に縮もうとする性質がある。

〔堀　大才〕

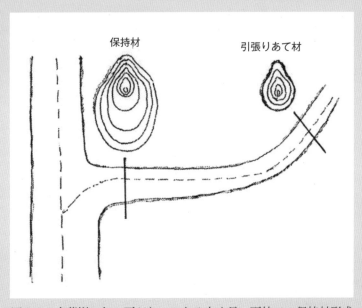

図2.9　広葉樹の年々下がりつつある太く長い下枝での保持材形成

ノート 2.2　樹木における力学的適応成長

〔重力屈性・光屈性・水分屈性〕

　種子から発生した幼根は、重力に従って下方に伸びて行く（重力屈性）。それに対して、幼根から分岐する側根は、水分を求めて主に水平方向に伸びて行く（水分屈性）。しかし、吸収しようとする水分に十分な酸素が含まれていない場合は、地表近くに上がったり曲がったりする。故に、水分屈性といっても酸素の十分に含まれている水分を求めて伸びて行くのである。種子から発芽した胚軸は真っ直ぐ上に伸びて行こうとする（マイナスの重力屈性）。それに対して、胚軸から発生した茎は、光に向かって伸びる光屈性と、マイナスの重力屈性の合わさった伸び方をする。

　多くの針葉樹の幹は、上方に真っ直ぐ伸びて行こうとする。例えば、スギは自分の上方に他の木の樹冠が被さっているか否かに関係なく、真っ直ぐに伸びようとする。多くの広葉樹とアカマツ、クロマツなどの一部の針葉樹類の幹は、マイナスの重力屈性と光屈性の合わさった成長を示し、基本的にはマイナスの重力屈性に従って真っ直ぐ上方に伸びようとするが、その上に他の枝が被さったりして十分な光合成が行えない状態になると、光屈性の方を強く示し、より多くの光の来る方向に主軸の向きを変える。しかし、樹木の示す光屈性は直射日光ではなく、全天からの散乱光に反応している。直射日光はほとんどの植物にとって強過ぎる光である。したがって、空からの散乱光の量が四方八方いずれも十分であれば、どの方向にも偏らない樹冠を形成する。枝は基本的に光屈性を示すので、光合成に有利な光量があれば水平方向、場合によっては斜め下方向にも伸びて行く。

〔樹冠の形と働き〕

　樹冠の形、すなわち枝振りは、力学的にきわめて大きな意味をもっている。野原などで孤立していて、上方からばかりでなく水平方向からも十分な光を受けられるような、日照条件の良い状態にある木は、大きな樹冠をもっており、逆に、林内のように上方からの光だけで、水平方向からの光がほとんど来ないところでは、下枝は皆枯れて幹の上方に小さな樹冠が着いている。

　孤立木の下枝は光が十分に当たるので枯れずに生き残る。しかし、下枝は上枝が被さってくるので、光合成をするためには水平方向に長く伸びる必要がある。そして水平方向に長く伸びれば、自分の重さと"てこ"の原理で枝先は下がり、ときには地面に接するほどになる。

　強風に対して樹木が立ち続けるには、幹や枝の力学的な強さばかりでなく、個々の枝の動きが重要である。斜め上方に向いている上段の枝でも、風上側の枝と風下側の枝とでは揺れるのに時間差が生じ、風方向に対して直角に向いている中段の枝も、わずかな角度の差で揺れる時間がずれてくる。枝はある方向に曲げられると、その反動で次の瞬間には反対方向に曲がる。これらの揺れ方の時間的な差により、枝にかかる風荷重と、それによって生じる応力を枝同士の動きで打ち消し合う。さらに、風上側の斜め下に向いた下枝は、樹木全体が大きく風下側に振られたときに、根が浮き上がるのを押さえつける働きをし、風下側の斜め下方向に向いた枝は、樹木全体が倒れかかるのを抑える働きをする。風向に対してほぼ直角に伸びている横枝も、わずかな角度の違いで、風に対してまったく正反対の揺れ方をして、互いに揺れの力を消し合っている。

〔樹幹や大枝の形と働き〕

　幹や枝は基本的に先が細く元部が太くなっている。先端と基部が同じ太さの長い樹幹がもしあったとすれば、てこの原理で根元にもっとも大きな曲げ応力が発生し、地際で折れてしまうであろう。樹幹や枝の基本形が、基部に近くなるほど太くなる「円錐形」を呈しているのは、曲げ応力を均等化させるのに役立っている。さらに、幹の根元は湾曲しながら拡大する「ナイロイド形」（図2.10）を呈しており、根元に生じる曲げ応力を限りなく小さくしている。

　幹や枝の先端はわずかな風でもすぐに揺れるが、揺れの周期は短く、いわゆる"風の息"とは同調しにくく、揺れてもすぐに収まる。このことは、基部と先端の太さの差が大きければ大きいほど顕著になる。

　樹木の幹の肥大成長は、枝から送られてくる光合成産物を使って行われ、その枝を支えている部分でもっとも旺盛である。例えば、林内木は下枝が枯れているために樹冠の位置が高く、もっとも盛んに肥大成長する部分は、樹冠を構成する枝の直下であり、幹基部の肥大成長は小さい。その結果、根元付近と先端付近の太さの差は小さくなる。孤立木は低い枝も枯れずに盛んに光合成を行っているので、幹下部も旺盛な肥大成長を行い、根元と先端付近の太さの差が大きい。したがって、下枝が上がり重心の高い林内木ほどゆっくりと大きく揺れ、孤立木ほど速く揺れる。

〔傾斜木の枝振り〕

　樹木は幹が傾斜すると幹を湾曲させ、頂端がまっすぐ上を向くように体勢を立て直そうとするが、それと同時に枝振りも変える。針葉樹の場合、幹がひどく傾斜すると傾きの下向き側に着いていた枝は枯れ、上向き側の枝のみが生き残り、それらの枝は垂直に伸びて、丁度竪琴の弦のようになる。多くの広葉樹は、幹がひどく傾いた場合、傾きの下向き側の枝が枯れ、上向き側の枝は傾きと反対側に傾斜して成長し、根元の真上に地上部の重心がくるように努力する。

〔内部に欠陥をもった幹や大枝の力学的適応〕

（1）断面にかかる応力の均等化と偏り

　樹木は風の力を葉や小枝で受け、その力は大枝、幹、根と伝わり、最終的に土壌に吸収される。力の流れが小枝から根まで伝わる間に、局部的に材強度を越える力が加わると、樹木はその部分で破壊されてしまうかもしれない。そこで、樹木はどの部分でも力の流れの密度が均等となるように努力する。ところが実際にはなかなか均等とはならない。樹幹や大枝は樹冠の重さを支え、また横からの風荷重に対しても耐えなければならないが、直立した樹幹をもつ樹

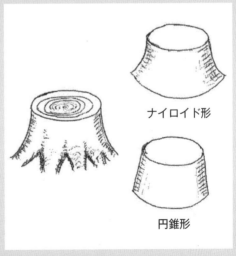

図2.10　曲げ応力に対抗する根元の形状

〈次ページに続く〉

ノート 2.2（続）

木が風荷重を受けると、幹は風下側が圧縮されて風上側が引っ張られるように曲がる。揺り戻しのときは風上側が圧縮されて風下側が引っ張られる。幹の中心は曲げによる剪断力が生じるが、引張りも圧縮も受けない。この関係はどの方向から風が吹いても同じなので、幹断面の外側部分は圧縮、引張りの強い力を常に受け、それに応じて高い応力が発生するが、内側の中心部分は自重以外の圧縮力や張力をほとんど受けない。しかし、幹が曲がると幹の中心を横断するような強い剪断力が作用するので、しばしば幹の年輪中心を通る軸方向にずれが生じて剪断亀裂が発生する。

幹内部が腐朽すると力の流れは迂回し、力の流れの密度が局部的に高くなるが、これによって部分的に高い応力が発生して破壊の可能性が生じる。樹木は破壊を避けるために、図2.11のようにその部分の形成層の細胞分裂を促進し、局部的な肥大成長をして力の流れの単位面積当たりの密度を低くしようとする。

（2）亀裂に対する形態的反応

材に亀裂が生じると、亀裂の先端部分に力の流れの集中が起きるので、亀裂の先端に高い切り欠き応力が発生し、その先で局部的な肥大成長が盛んに行われる。亀裂が軸方向に沿って長く続いている場合、"蛇下がり"といわれるような隆起が生じる（図2.12）。亀裂が断面に対して平行の場合、竹の節のような隆起が生じる（図2.13）。また、断面方向の亀裂が一方の幹表面まで達して、半分

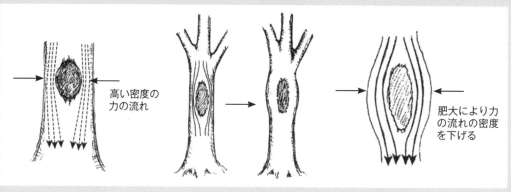

図2.11　幹内部の腐朽・空洞によって生じる力の流れの密度変化と局部的肥大

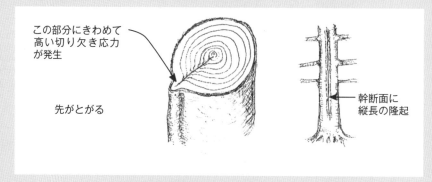

図2.12　幹の軸方向の亀裂と幹表面の"蛇下がり"といわれる隆起

折れかかっている場合には、その上を覆う修復成長ができず、亀裂の反対側が旺盛な肥大成長を示すことがある。枝の側面に生じる"唇が裂けたような亀裂"（図2.14）は、途中から曲がっている枝で生じやすい傾向がある。曲がった枝が急激に曲げ伸ばされると、側面に亀裂が生じ、唇を開けたような形になる。これと同じ類の亀裂は、曲がった幹の下部の側面でも生じやすい。この亀裂は幹の軸方向に生じる剪断亀裂と異なり、曲がった部分で止まり、それ以上拡大することはない。そして、その後の巻き込み成長によって割れた部分が丸くなり、まるで枝が分岐して再び癒合したように見えることがある。

（3）"もめ"に対する形態的反応

　樹木が瞬間的に捩じられたりした場合、材繊維が細かく断裂する"もめ"が発生する。もめは局部的なことが多いが、幹全体に及ぶこともある。ベルトを巻くような肥大（図2.15）は、幹が瞬間的に強く捩じられ、ある一定の幅で幹を一周するような繊維の断裂が生じた場合に起こり、広葉樹ではプラタナスやユリノキで時折観察されるが、針葉樹ではまず見られない。浅いかまぼこ状の隆起が一定間隔で列をなして生じている場合（図2.16）は、重い冠雪や強風によって幹が強く曲げられたときであるが、これは針葉樹、広葉樹のいずれでも見られる。

　もめの部分では、横方向に細い線状の割れが生じ、横断方向の切断面では面的な剥離状態となっている。もめがひどいケースでは幹折れを誘発するが、たとえそこまで進行しなくとも、横方向の亀裂に発展したり腐朽が生じたり"やに壺"が生じたりして材の劣化に結び付く。スギやヒノキのように、繊維質のコルクが軸方向に長く伸びて、幾層にも重なっている樹皮をもつ樹種で、もめが局部的な場合は、樹皮表面に横方向の直線的な切断が集中して生じる。もめが一定幅で生じた場合

図2.13　幹の放射方向に広がる亀裂によって生じる竹の節のような隆起

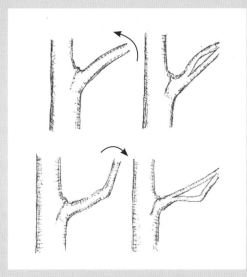

図2.14　唇が裂けたような枝の側面の亀裂

〈次ページに続く〉

ノート 2.2 (続)

は、横方向の切断もある幅をもって生じる。もめによる変則的な肥大が幹上部から根元近くまで全身に及んでいる場合は、過去に冠雪や強風によって幹全体が激しく湾曲したか、捩れを受けたことを示している。

(4) "座屈"に対する形態的反応

"座屈"は幹材の空洞化や腐朽が進み、残された壁の厚みが薄くなったところで生じやすい。壁の薄い部分に強い圧縮力が加わると、繊維が曲げられて断裂し、局部的な亀裂が生じる。その反対側は、それによって繊維が急激に軸方向に引っ張られ、ときには断裂して幹折れが生じることもある。

幹が開口空洞状態の場合では、開口部の側面の"窓枠材"(図2.17) が十分に発達していると、座屈はほとんど起こらないが、窓枠材が発達していない場合は、座屈破壊が生じることがある。

〔堀 大才〕

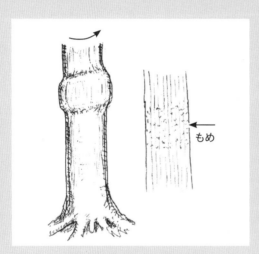

図2.15 ベルトを巻くような幹の肥大

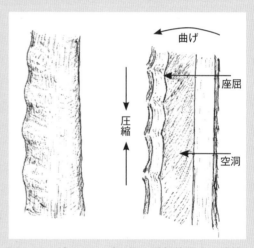

図2.16 浅いかまぼこ状の局部的肥大の連続

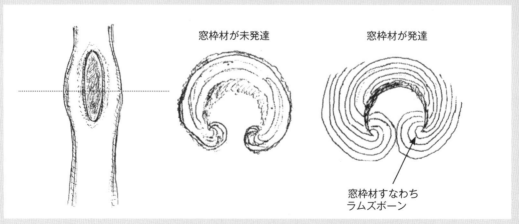

図2.17 窓枠材 (ラムズボーン)

II-2 樹木の生理・生態の特性

　樹木の健康を診断し、各種の障害に対処するためには、まず、樹木の"かたち"に着目することが最初のステップではないだろうか。なぜなら、樹木の形状というものは、長期間営んできたその樹木（個体）そのものの生理的な状態や、配置された立地・環境条件を如実に表現している結果にほかならないからである。また、樹木の生態的な特徴も、形状（樹形）や健康状態に大きく関わっている。したがって、樹木医は対象とする樹木の実相・様態を正確に把握し、そして適切な対策を講じるために、樹木の生理・生態の特性を熟知し、かたちの意味を読み取る必要がある。本講では、まず樹木の形状を決定する要因として、植物生理学的、環境ストレス的、あるいは生態学的な視点から、樹木のかたちの意味を考えてみよう。

◆樹木診断と"かたち"　植物と樹木の特性　植物生理学から見た樹木のかたち
　生態学から見た樹木のかたち　生体力学から見た樹木のかたち　知識の蓄積と科学的・合理的実践

1　はじめに：樹木診断と"かたち"

　樹木医として仕事をする場合、何らかの生育障害等への対策を検討するためには、当然のことながら樹木の現状を把握する必要があり、衰退度判定（活力度判定）であっても、危険度判定であっても、まず外観を観察することになるが、その際に着目すべきポイントは樹木のかたちである。

　樹木は上長成長と根端の伸長成長、ならびに肥大成長を続けて少しずつ大きくなるが、樹木の基本的なかたちに、それほど大きな変化はないと思われがちである。しかし、樹木はその時々の環境とくに気象条件や、隣接する樹木等他の生物との競合・共存関係の影響を受け、徐々にかたちを変えながら、生活している。生物のかたちとはたらきの間には密接な関わりがあり、長年同じ場所で静的な固着生活を続けている樹木は、緩やかに変化する環境やストレス等との相互作用により、もっとも機能的なかたちが形成され、それがさらに環境条件の変動に応じてダイナミックに変化していく。したがって、樹木の多様なかたちのそれぞれに意味があり、そのかたちを丁寧に見ていくことで、樹木が置かれた環境や、樹体内で起こっている働きなど、様々な情報を得ることができる。

　樹木医学的な視点が乏しかった時代は、名木・古木に何か問題が生じた場合、樹木の状態を診断してから治療法を検討・実施する、というプロセスが踏まれることはほとんどなく、対症療法的に伝統的手法をそのまま踏襲したり、新たな資材や薬剤を試行錯誤的に利用することが多かった。現在では、樹木の状態を判断する際に、樹木医学を構成する他分野の学問で得られた最新知識を、観察や診断に利用できるようになっている。例えば植物ホルモン等に関する植物生理学の知識も飛躍的に増えており、科学技術の進歩に応じて、樹木医学において活用できる知識・技術は、今後も増え続けていくであろう。

　ドイツのマテック（Claus Mattheck）らが、樹木の観察に生体力学の知識を取り入れて以来、樹木のかたちの見方は大きく変化した。樹木のかたちは、その立地環境や力学的条件にきわめてよく適応し、あるいは適応しようとしていることから、そのかたちの変化を観察して、VTA法（ビジュアル・ツリー・アセスメント法；Visual Tree Assessment Method）などの技法を用いて読み解くことにより、樹木がどのような荷重を受ける環境条件で生活しているのか、ある程度まで理解できるようになった。また、樹木のかたちから、樹体内でどのような生理現象が生じているのかについても、かなりの部分が解明されつつある。

　樹木は、かたちの最適化を図って生存の確率を高めていると考えられており、このような知識に

基づいて樹木を理解することは、各種診断を行う際や、樹木を健全に維持管理するために、ますます重要となると思われる。なお、欧米においては、樹木が関わる事故が起きたケースなどの裁判で、VTA法の考え方を用いないで樹木を伐倒処理したり、日常管理の中でVTA法を適用せずに危険性を見逃した場合、厳しい判決を下されるケースが多くなっているという。

　樹種や個体による差異は当然あるだろうが、自らは移動できない樹木が風雨や病虫害に耐え、大きく重量のある樹体を支えながら、長年生き続けるしくみについて理解するために、基本的に必要と考えられる知識を整理してみよう。

　もちろん、植物（樹木）にあっても生育する環境によって実に様々な種が存在しており、それらの種群の中で、固有種のそれぞれの形態は多様性に富み、また、たとえ同一種であっても、樹齢・立地環境によっては形状等に多様な変化が見られるのがふつうである。なお、紙面の関係から、ここではごく一般化して述べているので、実際には樹種やその生育ステージ、あるいは立地場所等に応じながら、個別の検討が必要であることをあらかじめお断りしておきたい。

2　植物と樹木の特性

　植物とは、また樹木とはどのような存在であるかについて、まずは、それぞれの生理・生態的性質を簡潔に解説してみよう。

（1）植物全般

　植物の有する基本的特性は、動物の特性との比較から、以下のような項目が挙げられる。①固着生活（一部は浮遊生活）、②独立栄養、③細胞に細胞壁をもつ、④分裂組織を先端（外側）にもつため、無限成長できる、⑤組織は細胞が比較的単純に集積したもの、⑥器官の種類は少ないが、それぞれの数が多い、⑦生体内の情報伝達は主に植物ホルモンが作用する、⑧環境の影響からは逃れられない、⑨体細胞が分化全能性をもつ（高い）、⑩二次代謝産物を生産し、病害虫などのアタックに対しては、過敏感反応を起こすことによって被害を最小限に食い止める、ことなどである。

　これらの性質により、植物は生態系の中で、有機物の生産者としての役割を果たしており、植食者である昆虫等に餌を供給したり、その他の動物や、植物・微生物（有機物の分解者）にも直接・間接に栄養や住処を提供している。要するに、植物は地球上の全生物における生命活動の根源なのである。しかし、生産者として他の生物に餌資源を提供する（奪われる）立場であっても、生きた植物組織を無制限かつ再生産の方途なしに奪取されれば、生態系は存続し得なくなるに違いない。そのため、植物は、他の生物と共通する一次代謝に加えて、アルカロイドなどの防御物質となる有毒物質を生産する二次代謝機能をもち、被害を抑制しているのである。このことは、生態系を維持するための重要な要素といえるだろう。

（2）樹　木

　上記した植物の性質はいずれも樹木にもあてはまるが、樹木は長年生き、大きく成長するものが多いので、さらに以下のような性質も付け加えられる。①固い細胞壁をもち、水不足でも幹（茎）は萎れにくい（樹木の場合、かたちを維持するのは、細胞の膨圧ではなく、細胞壁に沈積したリグニンの固さによる）、②細胞壁が堅固であることから折れにくくなっており、地上高く成長することができる、③発達した形成層をもち、肥大成長を行う、④物理的にも化学的にも高度で長期的に有効な防御システムをもつ、などである。

　樹木は、土壌中に根系を発達させることにより、重量のある樹体を物理的に支えながら、生活に必要な養水分を細根により吸収する。一方、同じ場所で長年生活し、その場の環境条件からは逃れられないので、ストレスに対しては耐えるか、または回避しなければならない。そのような状況で、樹木が長年生き続けるには、"からだ"（樹体）のかたちを必要に応じて、柔軟に作り変えることができる「可塑性」が重要となってくる。それを可

能としているのは、種類（枝・葉など）は少ないものの、数量が圧倒的に多い、それらの器官を、必要に応じて適切な場所に新たに配置する働きにより、シンプルな体制でありながらも、環境に適応していくことで、かたちの最適化を図っているからである。

また、通常の樹木は高い再生能力をもち、大枝・幹の折損等が生じた場合、急いで枝や幹の潜伏芽を萌芽させてシュートを伸長させたり、地上部（幹）からも不定根を発生させる現象などは、長年同じ場所で生き続けるために備わった重要な能力である。

（3）樹木のかたちづくり
1）各器官の果たす役割

樹木のからだは、大別すると、地上部（shoot）と地下部（root）からなり、さらに地上部は樹冠と幹に分けられる。それらの生理・生態的機能および役割などについて、紹介しよう。

a．樹　冠

樹冠は枝葉の着いている部分であり、樹種ごとにおおよそのかたちは決まっているが、孤立木か樹林内の樹木かによって大きく変化し、樹齢や樹勢によっても異なる。枝は、葉が生活に必要な光合成を行えるよう、葉を支えながら、光の獲得の可能性の高い方向に、年々伸びていこうとする。順調に成長している場合には、枝の長さが年ごとに長くなり、全体として、樹冠も上方と側方に大きくなっていく。樹冠を構成しているのは、葉（芽）と茎で構成されるシュートであり、シュートの集団を樹冠と表現することもできる。枝の伸長には植物ホルモンが密接に関わり、頂芽優勢の発現にはオーキシンとサイトカイニンが大きく関与している。また、枝が風で揺すぶられることによりエチレンが発生すると、上長成長が抑制される反面、肥大成長は促進される。

樹冠のうち、おおよそ半分以下に位置する下枝は、葉の耐陰性と獲得できる光の量により、生存し続けられるか否かが決まるので、耐陰性の高い樹種や、明るく光の得やすい場所に生育する個体は、地面に着くほど低い位置まで枝が伸びて、生存し続けることもある。通常、林内に生育する耐陰性の低い種の個体では、下方の枝は次第に枯れて、枝下高、つまり樹冠の下端は年々上方に移動していく。

樹冠は物質生産の場であり、この部分が充実かつ機能していなければ、樹木は健全性を維持することができない。また、先述のように、枝の分枝様式や葉の着き方の違いから、その樹種らしさを表すのも樹冠であり、緑陰効果、景観、生態的機能、環境浄化機能などは、すべて樹冠が果たしているといってよいだろう。ただし、詳しくは後で触れるが、光を受けやすいかたちの樹冠は、同時に、風や積雪等で、大きな荷重を直接受けるという側面ももっている。

樹木は、同一種であっても、樹齢や樹勢によって、かたちが変化する。例えば、若木や壮齢木の場合は、明確な頂芽優勢により、比較的梢端部が尖っていたものが、樹冠の枝葉の密度が薄くなっている個体や老齢木になると、水ストレスと頂芽優勢の不明確化によって上端が丸くなったり、平らな様相になりやすい。このようなかたちの変化は神社や仏閣に見られるような、スギの巨木林においてしばしば観察される。なお、樹勢不良の樹木は梢端部分が丸くなったり、平たくなるだけでなく、枝枯れが進んで樹高が低くなる場合が多い。これは、何らかの原因に基づく水ストレスによって、一定以上の高さに枝を伸長できなくなっていることを示すものと考えられる。

また、樹冠の形状がもたらす印象に大きな違いを与える要因として、大枝の伸びる角度も挙げられる。一般的に、若木は枝先が斜め上方に向いて伸長するが、老齢木では水平、あるいは斜め下方に枝垂れるように伸長することも少なくない。ただし、池などの水面に近接していたり、孤立木で光が側面からも得られるような場所では、樹齢にかかわらず、大枝は地面や水面に接するほど下方に伸長していき、幹の下部がほとんど見えないこともある。

b. 幹および枝

　幹は樹冠を物理的に支えており、同時に土壌から吸収した養水分と、葉での光合成により転流される糖や植物ホルモンなどの通導を行い、樹冠と根系を繋いでいる部分でもある。樹木の場合、形成層が分裂する二次肥大成長により、年々、内側に木部、外側に篩部が作られ、形成層は外側に移動していく。このため生活機能を果たしている部分は、幹の外側に位置していることになる。

　針葉樹では仮導管、ほとんどの広葉樹では導管が、養水分の通導を担っている。木部のうち、養水分の通導機能を果たしているのは、辺材の一部である。広葉樹は導管の配列が多様であり、導管径の大きな環孔材では、ほぼ最新の年輪のみが水分通導機能を有しているが、導管径の小さい散孔材では、樹種により幅があり、中には数年から数十年にわたって、この機能を維持しているものがある。また、物理的な支持構造としては、針葉樹の場合は晩材の厚壁仮導管が、広葉樹の場合は主に繊維細胞が、それぞれ受け持っている。これらにより、自重や風などの荷重で曲げられたりしても、容易には折れることなく、樹形を維持し続けられるのである。

　枝は様々な角度で着生し、幹もまた傾斜することがあり、それぞれにかかる荷重が変わってくる。そして、そのような形状の変化が枝幹の安定・維持に支障が起きないよう、樹木は、自ら"あて材"を発達させて、傾いた幹や枝を立て直したり、保持しているのである。針葉樹の場合は傾きの下側に圧縮あて材を、広葉樹の場合は傾きの上側に引張りあて材を形成する。あて材は、細胞壁のミクロフィブリルの繊維の配向が正常な細胞とは異なっており、針葉樹では、あて材を構成する細胞が縦方向に伸びようとする作用により、圧縮の力に耐え、広葉樹では、細胞が縮もうとすることで引張りの力が生じる。"あて材"についてはノート2.1（p107）参照。

　針葉樹の幹のかたちは、樹冠の状態、つまり枝葉量の多さと、樹冠の大きさ（分布範囲）によって、林業分野でいうところの、"うらごけ"（幹の下部が太く末広がりのかたち）となるか、"完満"（上下とも太さがほとんど変わらないかたち）となるかが異なってくる。一旦、肥大成長して太くなった幹は、削られたり腐朽しない限り細くならないので、樹高と幹の太さの間には必ずしも相関が認められない。また、幹の部分の樹皮は、幼齢や壮齢の木と老齢木とでは、コルク形成層によるコルクの形成様式が変化するため、外観がかなり異なってくるのがふつうである。多くの樹林を観察し、見慣れてくると、葉のない時期でも幹の樹皮から樹種を判別できる場合もある。

c. 根（根系）

　根は養水分の吸収および力学的な樹体の支持という、重要な機能を果たす器官であるが、土壌中にあり、その機能を損なわずに観察・実験・実証することが難しいため、未知の部分が多い。さらに、ひと言で根といっても、その働きは根の部位によって違いがあり、表面がコルク化し、養水分の吸収を行わずに、もっぱら樹体の支持と養水分の通導のみを受け持つ部分と、根の先端にあり、さかんに伸長しつつ養水分を吸収している部分とに分けられる。

　根にはあて材が形成されないので、力学的には地上部と異なり、引張りと圧縮、あるいは捻れの

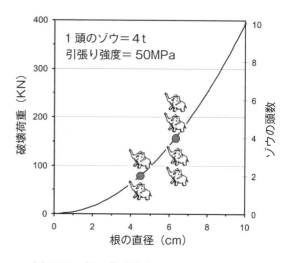

図2.18　根の荷重能力

荷重を受ける部分の成長を速めて、年輪幅を厚くすることにより、圧縮や引張りの荷重に抵抗している。ちなみに、マテックらは、直径4cmの根は2頭のゾウを真上に持ち上げるだけの引張り荷重に耐えられる（図2.18）とした上で、そのような根をむやみに切断したり、樹木のそばに溝や穴を掘らないことが望ましいと述べている。

なお、緑化樹木の根系について、「この樹種は深根性（あるいは浅根性）」といわれることが多いが、これは必ずしも樹種ごとに決まった普遍的な属性ではない。樹種により根の呼吸に必要な酸素要求量が違っていることは事実であるが、加えて、土壌条件や地形、地下水位の高さなどに応じて、土壌中で根が生活できる深さは異なってくる。通気透水性が高く、深い層まで酸素が供給されるような土壌条件であれば、通常は呼吸量が大きくて、浅い層に根系を発達させる樹種であっても、比較的深い層まで伸長することは可能であろう。一方、深根性と考えられている樹種であっても、通気・透水性が不良であったり、粘土質の重い土壌に植栽されていれば、深い層にまで根を伸長させることは困難である。また、マツのように、養水分の吸収は浅い層に水平に伸びる水平根が受け持ち、樹体の物理的支持は深い層に伸長する垂下根が主に担うタイプの樹種もある。

いずれにしても、樹木は地上部における枝葉の成長だけでなく、地下部もまた環境（土壌）条件の影響を受けながら、必要な根を発達させるのである。すなわち、いかなる場合にも当てはまるような、不変の法則があるわけではないことも知っておきたい。

街路樹や公園において樹木が大きくなりすぎたという理由で、"梢端切除"や"強剪定"が行われる場面が少なくない。しかし、この作業によって根系が極度のエネルギー不足に陥り、壊死し腐朽が進行して、将来的に根返り倒伏の原因をつくってしまっているケースが散見されることにも留意する必要がある。土中に存在する根は、当然のことながら自ら光合成を行って糖を生産することができず、地上部のシュートから新たな栄養供給が得られなければ、蓄積養分を使い果たした段階では、まともな成長が続けられなくなるだろう。根は、地上部における剪定等の管理の影響を予想以上に強く受けていることを忘れてはならない。

2）かたちの可塑性

いうまでもないが、植物がある場所で成長を始めると、人為的に移植されない限り、そこから移動することはなく、その場で生活を継続しなければならない宿命にある。環境と樹種にもよるが、日本産の高木性樹種は、短くても100年程度、長ければ1,000年以上の長い年月を同じ場所で、しかも条件的には変化し続ける環境において、生活を維持していくことになる。そのためには、周囲の環境条件を敏感に感じ取り、それに応じて速やかに体をつくっていく（つくり変える）能力が求められる。そして、そのような能力を高いレベルで発揮し続けられる樹種や個体の子孫だけが、現在まで生き延びたのであろう。

植物は、光を情報として"光形態形成"といわれる反応を行うが、これには光合成のためのクロロフィルやカロチノイド以外の色素を用いている。光合成と情報収集のシステムを分けているのは、非常に合理的な仕組みといえる。というのも、光合成は高温や乾燥、雨天などの天候、強すぎる光などの条件により変動するので、光合成に関与する色素を用いると、悪条件下では環境のモニタリングが行えなくなって、情報収集に支障をきたすからである。

光をモニタリングするには、赤色光を感じ取るフィトクロム、青色光のクリプトクロムや、フォトトロピン等の色素タンパク質が用いられる。例えば、"避陰反応"の場合、周囲の植物により日陰になってしまうと、植物が光合成に用いている赤色光が相対的に減り、遠赤色光が増加するため、葉に存在するフィトクロムがそれを感知し、茎を長く伸長させて背を高くすることにより日向に出ようとする反応が生じる。

可塑性が高いということは、環境に応じて変化する幅が大きい、と言い換えることもできるだろ

う。すなわち、根を発達させる深さや範囲の例でもわかるとおり、樹木というものは他の生物と同様、種の維持・保存を完遂させる絶対命題として、環境適応能力を授かっているのである。

3）資源獲得

樹木のかたちを評価する際、樹木の安全性にばかり捉われていると、物理的な状態にのみ関心が集中しがちである。しかし、樹木が生存し続けるには、十分な光合成を行う必要があることも忘れてはならない。そのために樹木は、資源を効率よく獲得できる空間に枝を伸長させ、そのシュートの中でも、光を得るのに有利な位置に葉を配置することにより、与えられた環境条件下で、最大限の光合成を行おうとしているのである。したがって、安全性や景観を確保しつつ、生産性を高めるかたちづくりはどうあるべきか、を常に念頭に置きながら管理すべきであろう。

しかし、受光効率を上げる手段として樹高を高くするにも、樹冠を横に広く発達させるにも、成長のための材料とエネルギーが必要となり、しかも、それを力学的に支持するための材料とエネルギーも必要となる。そこで、樹種によっては新たな空間へと伸長する長枝と、短い節間で沢山の葉をつけて葉面積を増やす短枝とで、明確に役割分担を行っている。また、短枝の分化が明確でない樹種でも、長いシュートと短いシュートが同様の役割分担することで、支持に必要とするコストを少なくできると考えられている。

樹木にとって、シュートはさらなる資源を獲得していくための投資先である。そのためにシュートは条件のよい空間を選び、伸びていく。しかし、それが人間にとっては必ずしも都合のよい空間ではなく、邪魔な存在となることも多く、樹木にとっては、せっかく資源を集中的に投資した明るい位置の生産性の高い枝が切られてしまう、ということにもなりかねない。

従来は、枝は栄養的には独立性をもつと考えられており、日陰の生産性の低い枝が、明るい場所の他の生産性の高い枝から、糖などの資源をもらうことはないとされてきたが、近年の研究では、枝同士の援助関係のようなものがないばかりか、もっと戦略的に樹木全体としての枝の配置の調節を行っており、生産性の低い日陰の枝は水や資源を与えてもらえず、窒素等の貴重な資源は回収して積極的に枯らしてしまい、もっと日当たりがよく、多くの光合成量が期待できる位置に枝を出し直す、という生産活動の最適化を行い、樹木全体としての光合成量を高めているものと考えられている。光を敏感に感じ取ることのできる植物は、資源獲得の場面においても、常に最適化されたかたちを確保しようとして、シュートを枯らしたり、逆に新たに伸長させることにより、限られた資源を有効に使いながら、最適なかたちをつくり続けているのであろう。

3　植物生理学から見た樹木のかたち

（1）樹木の生活に必要なもの

植物の生活にとって必要な資源は、光合成に必要な光や水のほか、多くの無機塩類がある（Ⅲ-2を参照）。植物を構成している元素の大部分は、炭素（C）、水素（H）、酸素（O）の3つで、これらを水や大気中の二酸化炭素から得ている。さらに、生活に必要で土壌中に存在する無機塩類は、水とともにイオンの形で吸収している。樹木に不可欠な元素のうち、必要量の比較的多い多量元素と、要求量の比較的少ない微量元素とがある。これらの元素の要求量は、樹種により多少異なっており、また、多量とするか微量とするかも、研究者により多少異なるが、多量元素は窒素（N）、リン（P）、カリウム（K）、イオウ（S）、カルシウム（Ca）、マグネシウム（Mg）の6つである。この中でも、とくに肥料の三要素とされている窒素（N）、リン（P）、カリウム（K）の3つは要求量が多いので、これら3つを多量元素とし、カルシウム、マグネシウム、イオウの3元素を中量元素とする考えもある。

微量元素としては鉄（Fe）、マンガン（Mn）、亜鉛（Zn）、銅（Cu）、モリブデン（Mo）、ホ

ウ素（B）、塩素（Cl）、ニッケル（Ni）が挙げられることが多い。さらに植物の種類によっては、ケイ素（Si）、コバルト（Co）、アルミニウム（Al）が必須元素に近い働きをしており、これらを有用元素という。ナトリウム（Na）は微量元素に加える考えと、不要とする考えがある。

また、これら元素を生化学的な機能に基づいて分類すると、①炭素化合物の構成成分：窒素、硫黄、②エネルギーの保存または構造維持に重要な養分：リン、ケイ酸、ホウ素、③イオンの形、または組織内物質に結合して存在する養分：カリウム、カルシウム、マグネシウム、塩素、マンガン、ナトリウム、④酸化還元反応に関わる養分：鉄、亜鉛、銅、ニッケル、モリブデンなどがある。

環境中から取り入れている炭素、水素、酸素以外は、水に溶けたイオンの形態になっていなければ吸収することができない。また、樹木は土壌中から無機養分を吸収するためにエネルギーを必要としていて、根は盛んに呼吸している。したがって、土壌水分の中に十分な溶存酸素がなければ、土壌中に養分そのものは存在していても、樹木が吸収できないケースもある。さらに、衰退木で細胞中の溶液の濃度が低い場合には、浸透圧により、根から土壌中に水が逆方向に移動してしまうこともある。つまり、樹木の養分吸収機構には、土壌中における養分の有無や多寡だけでなく、それを吸収する側の樹木や根の状態も影響を与えていることを知っておく必要がある。

なお、無機養分の過不足により生じる、葉色・葉形等の異常症状は、生理病（生理障害）の一種である。しかし、これらの症状は、病原体による生物性の病斑など、他の要因による所見と区別が困難なケースもあるので、樹木診断の際に、判然としない何らかの生育障害が疑われる場合は、生理障害の可能性も検討する方がよいだろう。

（2）環境ストレス
a. 環境ストレスとその要因
植物が何らかの要因により、成長や働きを阻害される場合に、その有害な環境条件を"環境ストレス"（環境圧）という。環境ストレスには、非生物的な要因と生物的な要因とがあり、さらに、非生物的要因は、物理的要因と化学的要因に分けられる。

具体例として、温度、光、水分、浸透圧、栄養、pH、大気汚染、風や重力などの非生物的要因によるストレス、ならびに病害虫・鳥獣・雑草などのうち、樹木に被害を与える種類の生物的要因によるストレスがある。気温は、その種の適応範囲を超えて高すぎるのも低すぎるのもストレスになり、土壌水分の多寡や、光の強弱についても同様のことがいえる。さらに、ストレスは単独ではなく、複合的に作用するのがふつうであり、しかも気象要因は人為的な制御が叶わない場面も多いから、植栽場所においてその変動が大きければ、そのような変化にも対応し得るような樹種を選定する必要がある。

人間も酸化ストレスと紫外線や強光による光ストレスが問題とされるが、植物は移動することなく光を受けて光合成を行っているので、光はきわめて重要な資源であるものの、同時に、強すぎると有害な活性酸素を発生させてストレスの原因となる。また、紫外線が遺伝子損傷の原因となるのは人間と同様であるが、植物はダメージを軽減するために、色素生産や光呼吸などのしくみをもっている。

アメリカのシャイゴ（Alex L. Shigo）は、人間が樹木にとって大きな"ペスト"（やっかいもの）だと主張していたが、最近では、日本の植物生理学の専門書にも、現在の人類の活動は、地球温暖化、気候の異常変動や大気汚染など、植物にかつて経験したことがないような大きなストレスを与えていて、植物がこれにどこまで対応していけるのか不明である、と記述されるほど深刻である。もちろん、植物が生きていけないような環境下において、人類が繁栄することなど、絶対にあり得ないだろう。その意味で、われわれは今、植物から生存の条件を問いかけられているのかもしれない。人の活動のうち、どの要因が樹木にとって大きなストレスになっているのかを理解し、そ

の対策を今後どうしていくべきか、人類の将来にとっても決して等閑視できない、地球規模の最重要課題であると思われる。

b. 環境ストレス応答のためのしくみ
　　～耐性と回避～

　植物は、環境ストレスを低減するための手段として、"耐性"と"回避"という2つの方法をもっている。耐性とは、ストレスの原因となる因子を受け入れつつ、ストレスに対処していく機作のことであり、回避とは、ストレスの原因となる因子を受け入れないようにする、または排除するメカニズムである。植物は細胞レベルでも、組織レベルでも、ストレス応答を行っており、耐性と回避の両方の作用機作でストレスに対応している。

　例えば、乾燥に対する耐性としては、蒸散を停止したり、細胞壁のスベリン化を図って、表面からの水分の損失を防いだりし、回避としては、浸透圧を上昇させたり、脱水による休眠を誘導して対応している。

　なお、樹木がストレスに適切に応答していくためには、ストレスを感じ取り、それを樹体内で速やかに伝達して反応するしくみが必要である。そのような伝達物質は、"シグナル物質"と呼び、植物ホルモンなど様々な物質が関わっている。それらの物質により特定のストレス遺伝子が発現調節され、ストレス応答に必要とされる反応が生じることになる。

(3) 防御システム

　外観から樹木の"防御システム"を目視することは少ないが、例えば、病害虫の攻撃を受けた葉被害部位の周囲組織における褐変・硬化現象などは、防御反応の一つと考えられる。植物は、病原体による感染を受けると、被害部分の細胞が過敏感反応を起こして速やかに壊死し、被害を最小限に留めようとする戦略をもつ。また、昆虫等による食害の場合は、傷口を速やかに補修・保護する機能を働かせて、被害が拡散しないようにしている。以下、簡単に樹木の防御メカニズムの概略についてみていきたい。

　防御システムには、病原菌の侵入前からあらかじめ用意されている"静的防御機構"と、傷害や感染を受けてから生じる"動的防御機構"がある。それぞれの機構に、物理的（機械的）防御と化学的防御があるが、化学物質が沈積して物理的に固くなり、被害を受けにくくなる現象もあって、物理的防御と化学的防御を明確に区別することは困難である。

　病原体に対する化学的な反応として生じる防御物質は、樹木が損傷や感染を受ける前から準備され、感染後に増加するインヒビチン、あらかじめ用意されていた前駆体が変化して活性をもつポストインヒビチン、新たに生産されるファイトアレキシンの3種に大別される。

　昆虫や小動物による摂食によって傷を受けた植物の傷害応答には、エチレンやジャスモン酸、サリチル酸等の植物ホルモンが関わり、損傷部分が木化（リグニン化）し、さらに、コルク化が起きて、傷口が保護されることが知られている。

　損傷や腐朽による材の分解に抵抗するしくみとして、シャイゴが、CODIT（Compartmentalization of Decay in Trees）理論を提唱しており、変色や腐朽の進行には、組織的に、1から4まで想定した壁（防御層）を使って拡大に抵抗していると説明している。

　防御反応を行うには、光合成によって生産した糖の一部を使って、抗菌性の高い化学物質を生産する必要があり、被害を最少限に留めるための過敏感細胞死には、被害を受けた部位の周辺に多くのエネルギーを蓄積した、多数の健全な細胞が存在する必要のあることが知られている。また、ストレスを受けている樹木は防御反応が弱くなり、防御システムがうまく機能するかどうかは、エネルギーの蓄積状態によって大きく変わるという。

　なお、樹勢が悪くて抵抗力がすでにかなり低下し、かつ病害虫の被害を受けているような樹木の幹に穴を開け、薬液や栄養液を注入する処置がよく行われる。しかし、この処置により傷付いた部分では、通導を止めて防御反応を行わなくては

ならず、さらにエネルギーを必要とすることから、樹木の樹勢回復には繋がらず、むしろ衰退を促進する可能性が高い。

4 生態学から見た樹木のかたち

（1）葉の寿命

これまで、緑化樹木の樹種選びや維持管理などで、葉の耐陰性について議論されることが多かったが、葉の寿命まで詳細に考慮されるケースはほとんどなかったといってよいであろう。シラカシなどの常緑樹の葉の着いた枝を観察し、芽鱗痕の数を数えていけば、何年前の枝にまで葉が着いているかを確認することは可能であるが、そのような観察調査を丁寧に行っている例は比較的まれであった。それでも、、葉の寿命に関しては、以下に示した、数少ない国内外の研究成果があるので、それらを紹介しよう。このような知見もまた、当該植物の生態を理解するためのよすがとなるに違いない。

身近な例として、カエデの樹冠上部の葉が夏の終わり頃から乾燥して脱色し、クロロシス状態になったり、早々と紅葉するのをよく見かける。その理由は、日当たりがよく光合成に適した環境が、同時に強い水ストレスを受けた場合に、紫外線によるダメージの大きな過酷な環境に変わってしまい、葉の老化が早く進むためと考えられる。また、明るい場所に生育する樹木の葉寿命は、暗い場所にあるものよりも短く、暗い場所の葉は、低い光合成速度を長い葉寿命で補っているとの報告もある。

近年の研究では、森林内に生育する林床性の植物では葉寿命が長いが、明るい場所では葉寿命の短い植物が多いことが明らかになっている。また、同一の植物種が明るさの異なる場所に生育する場合には、明所において葉寿命は短くなる傾向があり、フッキソウの調査例でも、平均葉寿命は、明るいところで短く、暗いところでは長かったという。

林床と林縁にあるイボタノキの例では、暗い林床のほうが葉寿命の長いことが明らかになっている。その理由は、暗い環境では光合成速度が遅く安定していて、強光障害を受けることはなく、この環境下では、葉を長持ちさせるのに有利なのであろうと推論している。ちなみに、同様の現象は高木の樹冠内においても確認されている。

光合成能力の高い葉を長期間着生するのが理想的と思われるが、現実にはそうもいかないようであり、寿命の長い葉は光合成速度が遅いことが明らかになっている。また、葉に寿命というものが存在する理由は複数あると推察されるが、その一つとして、葉は時間の経過とともに老化して光合成能力が減退するので、効率の低い葉を長期間着けておくよりも、高い効率の葉に着け替えるほうが、個体全体の光合成速度を促進できるとするものである。また、葉を展開してからの時間が長く経過するほど、枝の成長によって光を得る条件が悪化することも、葉寿命の存在理由として考えられよう。

いずれにしても、葉の寿命と個別樹木の生態とは不可分の関係にあり、同時に個体としての樹木の形態、つまり、かたちづくりにも大きな影響を与えていることは明らかである。加えて、葉の寿命は個別樹木の物質生産にとどまらず、群落・集団としての生産性や生態系の物質生産、あるいは二酸化炭素の固定機能においても、重要な役割を担っているのである。なお、一般的には、常緑広葉樹であっても樹勢が不良になると、個々の葉の寿命が短くなることが観察されている。

（2）葉の耐陰性 〜明治神宮における事例〜

上述したように、光の条件は植物の成長にとって非常に重要であり、光合成を行うためには必須の要素である。樹種によって光ストレス耐性は異なるが、一般的には、強すぎる光はエネルギーが異常に高くなって活性酸素が発生し、害作用を及ぼす。そして、そのような環境下では葉も短命とならざるを得ない。逆に、暗すぎる環境のもとでは、光合成を行って枝葉の維持・成長を確保することが困難となる。

これまで、耐陰性の高い葉を有する陰生植物は、光合成速度は遅いが、呼吸量が小さいため光補償点が低く、葉の形態としては、柵状組織があまり発達しておらず、葉が薄いわりに葉面積は大きく、暗いところでも生活できる植物である、と理解されており、樹種により陽生であるか陰生であるかは、あらかじめ決まっていて、ほとんど変化しないと考えられていた。これはおおまかな傾向としては当てはまるが、実際の樹木類は、もう少し柔軟に対応しているようである。つまり、樹木のかたちの可塑性の大きさには、必要に応じて葉の形態・生態もある程度まで変化し得るということが含まれると考えてよいだろう。

　また、森林生態系では植生遷移にも葉の耐陰性は大きな影響をもつ。それらが身近に観察できる例として、明治神宮での常緑樹の例についてみていこう。明治神宮は、1921年に植栽工事を終えて以来、約100年が経ち、高木性の樹種は樹高20m以上に大きく育っている。中でも、シラカシとスダジイ、クスノキという、自然の極相林では混在することの少ない樹種が並んで生育している場所がたくさんあり、それらの樹木の樹冠の発達の仕方と光の透過量を比較すると、興味深い現象に気付く（図2.19；口絵p008）。

　上記の3樹種ともに緑化樹木としてよく用いられる常緑広葉樹であり、明るい広場のような場所で単木的に植栽すると、傘型の丸い樹冠を発達させるが、これらの3種が混交林を形成した場合、森の中で創り出す環境はかなり異なっている。どれも常緑広葉樹として一括りにすると、その葉のもつ性質を見逃してしまうが、樹冠を下から見上げたときの3樹種の光の透過性の違いは歴然としている。隣接して3樹種が林冠を構成している場合、もっとも高い部分では、平面的に枝葉が重なることなく棲み分けられているが、3樹種中最も葉の耐陰性の高いスダジイは、林冠最上層から下層にまで何段階にもシュートが重なり、もっとも下層にある枝葉の下はかなり暗い林床となっていて、林床には耐陰性の高い種しか生育できない状況にあった。

　一方、同じ常緑樹でも、葉の耐陰性が高くなく、性質としては広葉樹に近いと思われるクスノキは、林冠以外にはシュートがほとんど存在しない。また、暗い場所でひこばえが生じることは皆無であり、胴吹き枝も暗い場所には発生しない。

　シラカシは、スダジイよりも樹冠から透過してくる光量がかなり多いが、クスノキよりは暗く、また、下枝の発達の仕方もスダジイ程度に何段階も発達することはないものの、クスノキのように樹冠表面にしか枝葉が着かないというほどでもなく、両者の中間的な性質であると思われる。

　以上のように、クスノキは早い成長速度で、スダジイよりも上に樹冠を発達させる必要があるが、同時成長しているスダジイやシラカシに光を遮られてしまうと、クスノキの下層の枝（葉）は十分な光合成を行えず衰退し、長く生き続けられないことに加え、このような条件下では、実生による後継樹の育成も困難であることが予測される。谷本丈夫氏（元宇都宮大学）は、クスノキのような常緑広葉樹が、老齢大径木に至るまで生き残るためには、樹冠占有面積が300 m^2 以上は必要であると指摘している。これらのことから、クスノキが多数植栽されている明治神宮の森が今後どのように遷移していくのかについては、おおよその予測がつく。もし完全に放置した場合、長期的にはスダジイ林に移行していくものと考えられる。

（3）適地適木　～造園緑化への対応～

　人が何らかの目的で植栽する樹木の多くは、先祖を辿れば、どこかの地域に自生していたものであり、その樹種ごとに適応する生活環境があって、天然分布の範囲は限られているのがふつうである。林業の分野では、経済林を仕立てる場合、将来の有効利用を目指して、気候帯ごとに林木の成長速度、指標植物や林床型、地形、標高、土壌型、気象条件に基づく地位指数などが研究されており、植林する樹種がその環境に適合して健全に生育し、成長速度および材質ともに経済的優位性が確保されるか否かを検討した上で植林が行われてきた。また、林業樹種と被害を受けやすい病害

虫の組み合わせについても詳しく調べられており、ほとんどの場合は適地適木、すなわち立地環境にもっともふさわしい樹種・系統・品種を選んで植林することが優先されてきたのである。

一方、造園緑化では、景観を創造するという人的・美的価値が重視されており、たとえ生育不良を起こしても、そのことによる経済的損失は問われないので、特性のわかっていない外来の樹種・品種を導入したり、土壌・気象などの環境条件が、自生地と著しく異なる環境に植栽される場合がよくある。さらに、緑地として計画されたものの、日当たりや土壌条件、根の張れる範囲と深さ、構造物との距離など、本来、樹木を植えても順調な生育が期待できない空間を創り出し、そこに無理な植栽が行われることも少なくないように思われる。そうした不適切な緑化によって多量の枯損木を出してきたが、その原因はほとんど省みられていない。もし適地適木の考え方をもって樹木を植栽すれば、樹種の選定ばかりでなく、植栽空間の創出にあたって改善できる点はかなり多いと考えられる。

本来の植生に適していない場所に植えられた樹木が、長期にわたって生育障害や病害虫の被害を受けることなく、健全に成長するのはほとんど不可能に近い。限界を超えて機能不全に陥った樹木は、管理作業が困難となり、費用がかさみ、改善の手を加えても生理的・生態的機能を回復させることは到底期待できない。そのような緑地を創出せずにすませるには、予防に勝るものはなく、緑地の環境に応じて適切な樹種を選んで植栽する以外にない。

また、今後は生物多様性の観点から、その土地の自生種をもっと活用することが検討されるとよいと考える。一方で、バラ科果樹・緑化樹木の重要病害である、根頭がんしゅ病などのように、明治期以来、輸入品に紛れてわが国に侵入してきた病害虫も少なくない。海外からの導入樹木を利用する場合は、外国の自生地・植栽地における生育環境や病害虫の発生状況等の情報をあらかじめ吟味し、わが国においても展示・試験圃場で慎重に

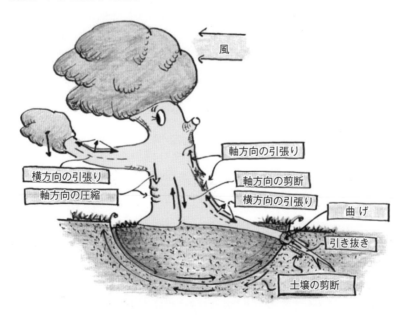

図 2.20　風によって樹木が受ける応力　　　　　(口絵 p008)

観察した上で、導入・植栽の可否を検討する必要があるのではないだろうか。

5　生体力学から見た樹木のかたち

（1）樹木の受ける応力

活力のある樹木は、葉をたくさん着けた枝を多数もち、幹は背が高くなるほど長く太くなっていくので、枝も幹も常に大きな荷重を支えて立っていることになる。しかし、そればかりでなく、樹冠の部分には光を効率的に受けるために、葉を拡げるように着けているので、風が吹けば樹冠は船の帆のように作用し、雨や雪が枝葉に付着することにより、荷重はさらに増すケースもある。そこで、樹木が受ける荷重とそれによって生じる応力について簡単に解説してみよう。

図2.20（口絵 p008）に示したように、生きた樹木が主に受けるのは、圧縮応力、引張り応力、曲げ応力、剪断応力、捻りなどである。そして、これらの応力を複合的に受けた場合、耐えきれなくなって樹木が破断現象を起こす可能性は、その形状や材の強さ・硬さなどにより変わってくる。ちなみに、材料力学的な応力とは、「材料に荷重が加わると、内部に荷重に抵抗する力が生じて材料が破壊せずにすむが、この材料内部に生じる抵抗力をいう」と定義されている。

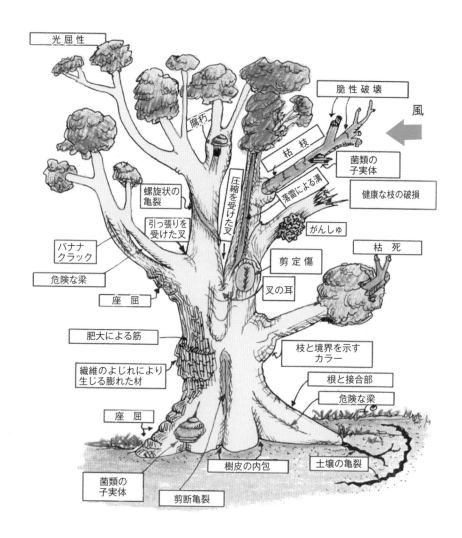

図2.21　VTA法による「徴候」の一覧図　　　（口絵 p008）

（2）VTA法

　マテックらは、生体力学や材料力学、構造力学などの知識を用いて、樹木のかたちと破断の関係性を、室内実験やコンピュータ・シミュレーションだけでなく、実際に屋外で破断した多数の樹木を観察調査した上で、明らかにしている。その結果、開発された樹木診断法がVTA法（前出）である。この方法は、幹や大枝に現れる膨らみや亀裂など、樹木のかたちの変化を外観から観察することにより、内部で起こっている現象を推察する方法である。樹木の危険度判定を行う際は、図2.21（口絵p008）に示した徴候を確認しながら、例えば、表2.1のような様式の診断票を参考に、危険の程度を判定する。

　樹木と人間が安心して共存するためには、危険度判定の技術がますます重要となってきているが、最新の測定機器を使うにしても、まずは目視で樹木のかたちを読み解く必要がある。危険な部位を予測できなければ、診断機器を用いる位置を的確に決めて使用することも無理である。また、樹木の内部を画像化して表示するような大型の機器になると、多くの位置を調べたり、高い位置で測定するのが難しいので、まずは外観から、どの位置にどのような欠陥があるのか、幹折れや根返り倒木などの危険性を予測するためには、どの位置で機械診断を行う必要があるのか、を目視により判断することが不可欠である。

　また、長年樹木の破断に関する研究を行ってきた、マテックとその共同研究者は「あらゆる樹木は、たとえ健全であっても破断する可能性がある」「いくつかの特殊な事故は、予測が不可能であり、今後も発生し続けるという認識が必要」と述べている。事故を完全に予測することは困難であるが、予測可能なものについては、科学的根拠をもって診断すべきであろう。

　なお、「被害度診断」については、Ⅳ-1を参照。

表2.1　倒状・枝折れ等危険度判定票

項　目	評　価	具　体　的　な　項　目
立地条件		人や車の通行量，隣接地への影響など
大枝折れ		大枝の枯死，亀裂，損傷，腐朽，枝の形状比（L/D），叉の部分の樹皮の内包，活力，外科手術痕，虫，キツツキ等による穴など
中小枝落下		中小枝の枯死，亀裂，損傷，腐朽など
幹折れ		もめ，腐朽，損傷，樹皮の座屈，幹の形状比（H/D），亀裂，損傷被覆材の発達，樹皮の横すじ，樹液・樹脂の漏出，虫・キツツキによる穴，外科手術痕，材のねばり強さ・脆さなど
根返り倒伏		根元土壌の亀裂や段差，根張り部の発達と活力，根株腐朽，子実体（キノコ），地下水位の高さ，太根の損傷・切断，土壌の締固め，硬盤の有無，根の近くでの工事の有無，地形，土壌の安定性など
特記事項		

0：危険の明らかな徴候は見られない　1：危険の可能性は低い　2：危険の可能性がある　3：危険の可能性が高い

支柱の必要	あり　　なし	支持方法			
診断方法 （該当するものに○をつける）	目　視	木槌等による診断	鋼　棒	機械診断	
				（使用機械名）	

(3) トレードオフ

　樹木のかたちを診断する際、生理学的に見た場合と、力学的に見た場合では、それぞれの意味合いがまったく違ってくる。すなわち、生理学的にいえば、樹冠は光合成を行う生産の場であるが、力学的な見方をすると、樹冠が風により荷重を受ける「帆」と同様の性質をもつ。両者は、いわば"トレードオフ"（一方を追求すれば他方は犠牲になるような関係）の状況にある（図2.22，口絵 p008）。具体的にはどのような選択肢を考慮すればよいのであろうか。

　マテックらの観察調査によると、樹木はかたちの最適化を図ろうとするが、ときには、光屈性の影響により、力学的な観点からは合理的でない枝の発達のさせ方をすることがあり、このような事実も、植物の生理・生態学的観点から推察してみると、かたちを最適化するには、そのための資源として十分な糖を稼ぐ必要があり、その要求量が大きいときは、たとえ力学的な安定性を犠牲にしてでも、光合成量を増やせるような枝の伸ばし方をするものだ、と結論づけている。

　力学的には、"てこ"の腕として作用する長く水平に伸びた枝は、枝抜けの危険度が高く、被害が著しい場合は、幹の組織まで損傷して短命となる可能性があるので、切除または剪定して短くする方がよい、という判断になる。しかし、生理・生態学的に解釈すると、このような樹木の場合は、力学的な安定性を犠牲にしてでも、現時点では枝を伸ばして稼ぐことを優先せざるを得ない事情があるのであり、さらに、樹木医学的な視点を加味するならば、そのような光合成に必要な枝を切除するよりも、当該枝をそのまま残し、折れないようブレーシング等で支持しておくのが、総合的な判断としては望ましいだろう。

6　知識の蓄積と科学的・合理的実践

　これまで述べてきたように、植物生理学の知識は、植物ホルモンに関するものなどをみても、近年の研究蓄積や分析・解析技術の向上などにより著しく増加し、様々な現象が解明され、整理されてきた。一方、樹木医や緑化技術者が樹木を診断

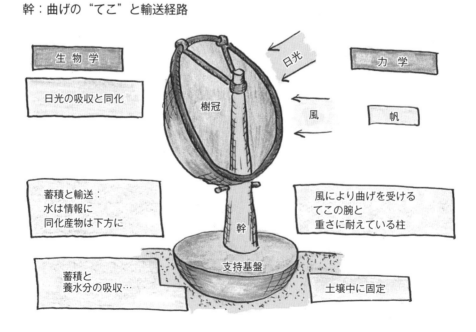

図2.22　生物学と力学から見たかたち　　　　　（口絵 p008）

したり治療する際、それらの知識が十分に活かされていない場面に出会うことがある。

例えば、造園の分野ではこれまで、幹や枝の途中から出るシュート「胴吹き枝」、幹の下部や根株から生じるシュート「ひこばえ」を伸ばすと、樹木の上部にある枝葉に水が上がらなくなり、上部が枯れたり衰退するから切除するのがよい、と主張されてきた。このようなケースの場合、葉の寿命に関する研究や、植物の生理・生態的な成果も参考にしながら考えてみると、枝は基本的に独立性であること、しかし、樹木全体として有限である資源の利用の仕方にはシビアで、稼ぎの悪い枝からは窒素等の資源を回収して、その枝を枯らし、さらに効率よく稼げる位置にシュートを出し直すという、自己保存的な作用が働いていることがわかる。また、水が上昇するメカニズムに関しては、導管や仮導管内を水が上昇する原動力となっているのは、水分子の凝集力と、気孔から大気中に水が蒸散される結果として生じる負圧である事実を考えると、高木の場合は、樹体の下方にある胴吹き枝やひこばえが水を吸収する時に生じる負圧よりも、樹冠上部の葉から蒸散されて生じる負圧の方が大きい、と考えるのが妥当であろう。そうであれば、ひこばえ等が水を利用してしまうから樹冠上部にまで届かない、という理由で切除を勧めるのは適切でないことになる。

上記の例のように、これまで生物学、植物生理学、植物生態学などの知識を用いないで、いわば非科学的に判断してきた事例がいくつもあると思われる。

地球温暖化や都市のヒートアイランド現象等により、緑化樹木の置かれた環境条件はますます厳しくなり、さらに、土地の高度利用化等により、長年その場に鎮座して大きく育った樹木の数は減り続け、立地環境の悪化から樹勢の衰退している樹木が目につく。そのような不適条件の中にあって、健全で美しく、憩いの景観をもたらす樹木の存在価値は、今後一層高まることであろう。それらの貴重な樹木を保護育成していくためには、伝承されてきた考え方や技法をそのまま継続するのではなく、それを裏付けあるいは改善する、科学的な合理性を学びつつ、現場の目の前の木々を丁寧に観察し、その実相を的確に把握して、不測の事態にも対処できるように努めなければならない。

シャイゴは、「樹木のためにと思ってやってきたにもかかわらず、肝心の樹木に関する知識が不足していたことから、かえって逆効果となってしまった例があまりにも多すぎる」と述べている。また、樹木が危険かどうか疑わしいときは除去する方がよく、安全であるという主張に対し、「樹木の撤去を考える前に、まず被害を受けそうな対象物を取り除くことを検討してみよう。もし、危険だと思われる樹木をどれもみな除去してしまうならば、われわれの周囲から樹木はほとんどなくなってしまうだろう」とも指摘し、「樹体内で起きている事象をより科学的に理解するために、倒伏や破断後の解剖記録を蓄積する必要がある」と結んでいる。国情の違いなのか、一部にわが国では実現の困難な提言も含まれているが、考えさせられる示唆として受け入れたい。

近年、樹木を取り巻く社会環境はますます厳しくなりつつあるが、多くの人々が豊かな緑に囲まれた環境で暮らし続けたいと望んでいることからも、私たちは樹木の生活の仕方、それを支えている仕組みの科学的な理解に努めつつ、現場で観察し、その記録を積み上げていく必要がある。樹木医はまさにこうした観察と記録が十分にできる立場にあり、その役割も今後ますます重要となることだろう。

〔三戸 久美子・堀 大才〕

お気に入りの樹木を見つけよう

　"大島のサクラ株"（国指定特別天然記念物；図1.1 ②, p002）は、車が行き交うこともまれな、伊豆大島・三原山の中腹の道路際に、ひっそりと横たわっています。2000年ころには周囲に木道もなく、低い木製の柵は壊れ、ほぼ自然状態でした。しかし、その存在感は誰をも圧倒するように見えたのです。

　樹木は四季折々の姿を見せます。個々の枝幹の形も樹木の生き様、そのものかも知れません。植物の天然記念物は国指定の他に、都道府県や市町村の指定のものも多数存在します。ぜひ身近の天然記念物を訪れ、その由来を知り、自然と闘い、そして調和しながら生き続けてきた姿を観賞してみませんか。また、天然記念物に指定されていない樹木の中にも素晴らしいものが多数あるに違いないでしょう。自身の琴線に触れた樹々を、いろいろな角度から眺め、写真を撮ったり、スケッチすると、さらに愛着が湧き、樹木との会話もできるかもしれません。自分の人生とともに長く付き合える、お気に入りの樹木を見つけ、永遠の友とするのも、心の豊かさをもたらしてくれるのではないかと思うのです。

　一例として、下記のシダレアカシデには、JR五日市線の終着・武蔵五日市駅から北へ数 km、鄙びた山里の神社の境内の脇を下ったところで出会えます。見上げるような巨木ではありませんが、遠景での垂れた枝に包み込まれたような樹形の美しさ、近づいての枝幹の優雅な力強さ、樹冠からのほっとするような柔らかい木漏れ日と、訪れる人々に優しい感動を与えています。

〈天然記念物訪問 - 1　幸神神社のシダレアカシデ〉

　　東京都西多摩郡日の出町大久野　　幸神神社；国指定天然記念物
　　シダレアカシデ：幹周 2.12 m，樹高 5.8 m；
　　　　　　　　　樹齢 推定 700 年以上（樹齢は現地の表示による）
　左：正面の樹形，中央：枝幹の形，右：樹冠の木漏れ日

第Ⅲ編

樹木を取り巻く環境とその保全・保護

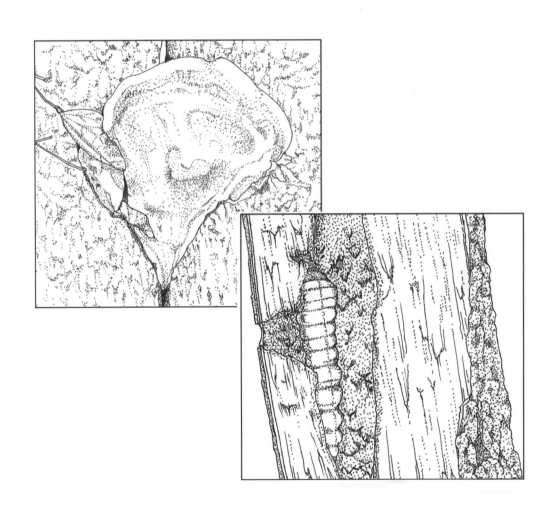

Ⅲ-1 森林・緑地における菌類の生態 ～ナラタケ・菌根菌などの菌類の役割～

　森林や緑地には多様な菌類が生息しており、樹木と密接に関わり合いながら生活を営んでいる。そのため樹木を健全に管理したり、樹木の病気を治療したりする樹木医は、森林や緑地に生息する菌類の生態を知らなければならない。本講では、まず、日本にはどのような森林があり、その中で菌類はどのような役割を担っているのかについて学ぶ。さらに、樹木に寄生して病気を引き起こすナラタケ属菌および、樹木と共生して樹木の成長を助ける菌根菌を例に挙げ、森林における菌類の生態を詳しく紹介する。

◆森林の菌類　腐生・寄生・共生　ナラタケ属菌　菌根菌

1　森林の菌類　～腐生・寄生・共生～

（1）日本の森林

　日本は、陸地面積の約3分の2が森林に覆われた森林の国である。植物の生育には水と温度が欠かせないため、世界の植生分布は主に降水量と気温で決まっている。日本は、森林を発達させるだけの十分な降水量があり、気温も樹木の生育に適しているため、人為の影響がなければ、ほとんどの地域で森林が成立する。そのため、私たちの身近には豊かな森林があり、私たちは森林から様々な恩恵を受けて生活している。

　日本列島は南北に細長く、かつ標高差が大きいため、緯度や標高により規定される温度条件に対応して、緯度や標高に沿った多様な森林帯が存在する（表3.1）。これらの森林帯の境界は、吉良（1949）が提案した「暖かさの指数」によって説明される。この指数は、植物の生育が制限されない最低温度を5℃と考えて、月平均気温が5℃以上の月について、月平均気温と5℃との差を1年間積算した値である。

　暖かさの指数が180℃・月を超える奄美群島以南の南西諸島には、スダジイ・オキナワウラジロガシ・イスノキ・イジュなどに、ガジュマル・アコウ・木生シダなどを交えた亜熱帯常緑広葉樹林が成立する。また、海岸や河口付近には、マングローブ林が見られる。

　同指数が85～180℃・月である本州から九州の暖温帯地域には、シイ・カシ類やタブノキが優占する常緑広葉樹林が成立する。この森林は、ク

表3.1　日本の主な森林帯

気候帯 （垂直区分）	森林帯	代表的な樹木	暖かさの指数 （℃・月）
亜熱帯	常緑広葉樹林	スダジイ, オキナワウラジロガシ, イスノキ, イジュ, アコウ, ガジュマル, オヒルギ	180～240
暖温帯 （低山帯）	常緑広葉樹林	スダジイ, タブノキ, アカガシ, ウラジロガシ	85～180
冷温帯 （山地帯）	落葉広葉樹林	ブナ, ミズナラ, トチノキ, カエデ類	45～85
	汎針広混交林	エゾマツ, トドマツ, ミズナラ, ウダイカンバ, シナノキ, ハリギリ, ホオノキ	45～65
亜寒帯 （亜高山帯）	常緑針葉樹林	（北海道）エゾマツ, トドマツ, アカエゾマツ （本　州）シラビソ, オオシラビソ, コメツガ, トウヒ	15～45
（高山帯）	－	ハイマツ, 矮性低木	15未満

チクラ層が発達した光沢のある葉をもつ樹木が優占するため、照葉樹林とも呼ばれる。

同指数が45〜85℃・月の北海道南西部の低地や本州の山地の冷温帯地域には、ブナ・ミズナラ・トチノキ・カエデ類などが優占する落葉広葉樹林が広く成立する。北海道の黒松内低地帯以北の冷温帯地域（同指数が45〜65℃・月の地域）にはブナは分布せず、ミズナラ・シナノキ・ハリギリ・ホオノキ・ウダイカンバなどの広葉樹と、針葉樹のエゾマツ・トドマツとの混交林が広く成立する。この森林帯は広葉樹林帯と針葉樹林帯の移行帯であり、汎針広混交林帯と呼ばれる。

同指数が15〜45℃・月の地域には、マツ科のモミ属・ツガ属・トウヒ属の樹木が優占する常緑針葉樹林が成立する。これらの地域のうち、北海道の東部や山地の亜寒帯にはエゾマツ・トドマツなどが優占する針葉樹林が、本州の亜高山帯にはシラビソ・オオシラビソ・コメツガ・トウヒなどが優占する針葉樹林が成立する。

同指数が15℃・月未満の高標高の地域（高山帯）には森林が成立せず、矮性低木や草本にハイマツなどの木本を交えた高山帯植生が成立する。

（2）森林や緑地における菌類の役割

菌類は、地球上の様々な環境の下に生息しており、世界には150万種を超える菌類が存在すると推定されている。日本で確認されている菌類は約1万7千種であり、森林や緑地にも多様な菌類が生息する。

森林において、これらの菌類が果たす重要な役割の一つが、植物遺体の分解である。森林には、枯死した根や落葉・落枝、倒木などの植物遺体が毎年、大量に供給される。その量は、常緑広葉樹林で年間約9ton／ha、常緑針葉樹林で約8ton／haにも及ぶ。植物遺体の主成分は、セルロースやリグニンなどの高分子化合物であり、これらは非常に分解されにくい。しかし、森林の中に数十cm以上の厚さに、落葉・落枝が堆積することはまれである。これは、菌類が植物遺体内に菌糸を伸ばしながら酵素を分泌し、これらの高分子化合物を分解するためである。この分解によって、樹木の成長に必要な養分が枯渇せずに循環するとともに、樹木の成長に適した土壌が形成されることで、健全な森林が維持される。

また、森林において、菌類が果たす大きな役割として、稚樹の成長に適した環境を整えることが挙げられる。林冠が閉鎖した森林内部は暗いため、林内に散布された種子が発芽しても枯れてしまうことが多い。このような森林で稚樹が成長できる場所は、風倒などにより林冠が部分的に開いてできた明るい場所である。このようにして生じた林冠の隙間を"林冠ギャップ"と呼ぶ。

この林冠ギャップの形成には、木材腐朽菌が関与している。木材腐朽菌の中には、健全な樹木の幹に侵入して、樹木が生きているときから幹内部の組織（木部）の分解を始めるものがいる。木部は、ほとんどが死んだ細胞で構成されており、樹幹に侵入した菌は、これらの死細胞を分解しながら成長する。樹木は、これらの菌類に侵入されても死細胞が分解されるだけであるため、成長が著しく阻害されることはない。しかし、木部の分解が進むと幹の強度が低下するため、多くの樹木が寿命を迎える前に風などにより倒れる。これにより林冠ギャップが形成されて、林内に稚樹が成長できる環境が整えられる。

森林は、このような小さな破壊と回復を繰り返しながら維持されており、木材腐朽菌はこのサイクルを円滑に回す役割を担っている。一方、北海道では、トドマツやエゾマツの稚樹は林内の地上でほとんど生存できず、主に腐朽した倒木上に定着する。その理由の1つとして、倒木上では、稚樹の更新を阻害する雪腐病を回避できるためと考えられている。木材腐朽菌は、稚樹の定着の場を整える役割も担っているのである。

さらに、森林において菌類が果たす重要な役割として、植物の根に共生して菌根を形成し、土壌中の水や養分を植物に供給することがある。菌根を形成する菌類は"菌根菌"と呼ばれる。日本の森林・緑地・果樹園に生育する樹木は、すべての種が菌根菌と共生しており、この共生がなければ

これらの樹木は健全に成長することができない。

以上のように、森林や緑地には多様な菌類が生息しており、様々な役割を担っている。その中から次節以降では、多様な生態的特徴をもつナラタケ属菌と、樹木の成長を地下から支えている菌根菌について詳しく紹介しよう。

2　ナラタケ属菌

（1）ナラタケ属菌の分類

日本人にとってナラタケ属菌（*Armillaria* spp.）は、「ぼりぼり」や「さもだし」などの100以上の方言で呼ばれる、おいしいキノコである。ナラタケ属菌は、国内で発行されたほとんどのキノコ図鑑に掲載されており、江戸時代に著された"菌譜"（坂本浩然，1834）や"梅園菌譜"（毛利元寿，1836）にも、ナラモタシや栗菌（クリタケ）の名で掲載されるなど、日本人には古くから親しまれている。欧米でも、ナラタケ属菌は、"honey mushroom"の英名で広く知られており、食用にされる。しかし、ナラタケ属菌が、樹木を衰弱・枯死させる病原菌であることを知る人は少ない。

分類学的にみると、ナラタケ属菌は、タマバリタケ科（Physalacriaceae）に属する担子菌類で、亜熱帯地域から亜寒帯地域まで、汎世界的に分布する。また、すべての種が、土壌中または培地上に根状菌糸束を形成する（図3.1）。ナラタケ属菌の分類は、主に子実体の形態的特徴や交配試験の結果に基づいて行われており、現在、世界に約40種が確認されている。

日本に生息するナラタケ属菌は、1980年代までは、柄につばのあるナラタケ（*A. mellea*）と、つばのないヤチヒロヒダタケ（*A. ectypa*）およびナラタケモドキ（*A. tabescens*）の3種だけであるとされてきた。しかし、1990年代以降に分類学的再検討が行われた結果、それまで1種であると考えられていたナラタケが7種に分類され、残りの2種とあわせて9種のナラタケ属菌が国内に分布することが明らかにされた（表3.2）。さらに、近年、奄美大島から新たな1種が発見された。

日本産ナラタケ属菌10種のうちの8種は、北米とヨーロッパの両地域、もしくはどちらかの地域にも分布する。残りの2種は、子実体の形態的特徴などから新種と考えられるが、分類学的な位置づけが不明であり、まだ学名も付けられていない。また、日本産のナラタケは、欧米産のナラタケと生活環が異なるため、亜種 *A. mellea* subsp. *nipponica* とされている。この亜種はアフリカにも分布するが、これは苗木などとともに、アジアからアフリカに持ち込まれたものであると推測されている。

（2）ナラタケ属菌の同定

日本産ナラタケ属菌は、子実体の形態的特徴や交配試験により、種を同定できる（表3.2，図3.2，口絵 p009）。主な種の識別点は、傘の色、

図3.1　培地上に形成されたナラタケの根状菌糸束　　　　　　（口絵 p009）

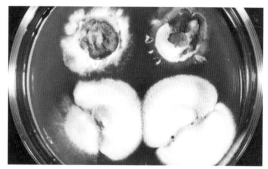

図3.3・②　ナラタケ属菌の種内および種間の単相菌糸同士の対峙培養後の菌叢　（口絵 p009）
上段は同種間，下段は異種間の対峙培養後の様子

傘と柄の鱗片の色と形状、柄の基部の形状、つばの有無と形状などである。また、担子器基部のクランプ結合の有無も、種の重要な識別点である。

交配試験による種の同定は、既知種の単相菌糸（テスター菌株）と未同定の単胞子分離菌株（単相菌糸）との対峙培養により行われる。ナラタケ属菌の培養菌叢は、単相菌糸は白色綿毛状であるのに対して、交配後の複相菌糸は気中菌糸が減少して褐色殻状になる（図3.3、口絵 p009）。対峙培養により交配が起こらなかった場合は、菌叢は白色綿毛状のまま変化せず、さらに異種間の場合は、2つの菌叢が接する部分に褐色の帯線が形成される。このような菌叢の肉眼的な形態変化に基づいて交配の有無を判定し、種を同定する。この同定方法は、テスター菌株と未同定の複相菌糸の間でも用いることができる。この場合は、テス

表3.2 日本産ナラタケ属菌の形態的特徴

和 名	学 名	形態的特徴と分布
ナラタケ	*Armillaria mellea* subsp. *nipponica*	傘は、黄色〜淡黄褐色、ときにオリーブ褐色、帯褐白色で、鱗片が中央部に存在するが不明瞭である。厚い膜質で永存性のつばがある。担子器の基部にクランプ結合がない。*A. mellea* が北米とヨーロッパに分布し、*A. mellea* subsp. *nipponica* が日本とアフリカに分布する
クロゲナラタケ	*A. cepistipes*	傘は、帯紅褐色で、黒褐色で繊維状の鱗片が全体に密生する。繊維状で消失性のつばがあり、柄の下部には白色〜帯黄色のささくれがある。担子器の基部にクランプ結合がある。北米とヨーロッパにも分布する
ヤチヒロヒダタケ	*A. ectypa*	傘は、飴色〜黄土色で、微細な繊維状の鱗片が中央部に密生する。柄の表面は平滑で、つばがない。担子器の基部にクランプ結合がない。ヨーロッパにも分布する
ヤワナラタケ（ワタゲナラタケ）	*A. gallica*	傘は、淡橙褐色〜茶褐色で、柔らかい綿毛状〜繊維状の鱗片が全体に散在するが脱落しやすい。繊維状〜多少膜質で消失性のつばがある。担子器の基部にクランプ結合がある。北米とヨーロッパにも分布する
ヤチナラタケ	*A. nabsnona*	傘は、黄色〜明黄褐色で中央部が突出し、微細な繊維状の鱗片が中央部のみに存在する。薄い膜状で消失性のつばがある。北米にも分布する
オニナラタケ（ツバナラタケ）	*A. ostoyae*	傘は、帯赤淡褐色〜茶褐色で、粗いささくれ状〜とげ状の鱗片が全体に密生する。厚い膜質で永存性のつばがあり、つばの縁には暗褐色の小鱗片がある。つばより下方の柄の表面には、褐色〜暗褐色の鱗片がある。担子器の基部にクランプ結合がある。北米とヨーロッパにも分布する
ホテイナラタケ	*A. sinapina*	傘は、淡褐色〜赤褐色で、小さなささくれ状の鱗片が中央部に密生する。薄い膜質でやや永存性のつばがある。柄の基部が球根状に膨らむ。担子器の基部にクランプ結合がある。北米にも分布する
ナラタケモドキ	*A. tabescens*	傘は、黄色〜蜜色で、微細な繊維状の鱗片が中央部に密生する。柄の表面は平滑で、つばはない。担子器の基部にクランプ結合がある。北米とヨーロッパにも分布する
キツブナラタケ	*Armillaria* sp. (Nag. E)	傘は、黄色〜山吹色で、細かな粒状〜とげ状の鱗片が全体に密生する。薄い膜質で永存性のつばがあり、柄の表面には細かい褐色の鱗片がある。担子器の基部にクランプ結合がある。日本以外における分布は確認されていない
（和名なし）	*Armillaria* sp.	傘は、淡黄色で、柄にはつばがある。柄の下部は黒褐色、上部はより淡色で、表面には繊維状の鱗片がある。奄美大島で発見された種であり、分布や生態は不明である

ター菌株の菌叢の形態変化に基づいて交配の有無を判定する。

近年では、DNA解析によって種を同定する方法も確立されている。この方法を用いることにより、交配試験よりも迅速に菌種を同定することができ、また、罹病組織中の菌種を直接同定することも可能になった。

(3) ナラタケ属菌の生態

ナラタケ属菌の生態は、腐生・寄生・共生と、非常に多様である。このように、多様な生態的特徴をもつ菌種はまれであるため、ナラタケ属菌は"謎に包まれた菌類"として世界中の研究者に注目され、活発な研究が行われてきた。その結果、ナラタケ属菌の謎が次第に明らかにされている。

森林において、ナラタケ属菌は、枯死した樹木を分解する腐生菌としてあるいは被圧された樹木や老齢木などの衰弱した樹木に感染し、これらの樹木を枯死させる寄生菌として生活している。そのため、ナラタケ属菌は、森林の物質循環や林冠ギャップの形成に関与する重要な生物の1つであると考えられる。しかし一方で、健全な樹木に侵入して、その個体を衰弱・枯死させることで、森林に甚大な被害を与えることもある。

樹木に病気を起こさせる力(病原力)は菌種により異なっており、日本産ナラタケ属菌のうち、ナラタケ、オニナラタケ、ナラタケモドキの3種は病原力が強く、残りの7種は病原力が弱いか、病原力の強弱が不明である。

ナラタケは、北海道南部から九州の冷温帯〜暖温帯地域に分布する。天然林の樹木を枯死させることはまれであるが、人工林に植栽されたヒノキや、緑地に植栽されたサクラ類などの広葉樹を衰弱・枯死させる被害が各地で発生している。欧米では、主に広葉樹を加害する病原力の強い種として知られており、果樹園にも深刻な被害を及ぼしている。

オニナラタケは、北海道から本州中部地域以北の冷温帯〜亜高山帯地域に分布する。主に針葉樹を加害し、天然林ではトドマツ・シラビソ・オオシラビソなどに感染する。また、これらの針葉樹林内に生育する広葉樹にも感染することがある。

一方、人工林では、アカマツ・カラマツ・ヒノキの造林地で被害が発生しており、青森県では600ヘクタールを超えるアカマツ人工林の被害も報告されている。欧米でも、針葉樹の主要な病原菌である。

ナラタケモドキは、青森県から沖縄県までの冷温帯〜亜熱帯地域に分布する。天然林の樹木を枯死させることはまれであるが、緑地に植栽されたサクラ類・ケヤキ・クスノキなどの広葉樹や、ヒマラヤスギなどの針葉樹、核果類・クリなどの果樹を衰弱・枯死させる被害が発生している。

クロゲナラタケは、北海道から本州の冷温帯地域に広く分布する。子実体は、枯死した広葉樹や針葉樹の材上や地上に発生する。

ヤチヒロヒダタケは、青森県、群馬県(尾瀬ヶ原)、京都府にのみ分布が確認されている。他の種と異なり、森林ではなく、ミズゴケ類・スゲ類・ヨシなどからなる湿地や、休耕田に生息する。ヨーロッパでは、アルプスの高山帯や高緯度地域の泥炭地に生息する稀少種である。

ヤワナラタケは、北海道から九州の冷温帯〜暖温帯地域に広く分布し、子実体は枯死した広葉樹材上や地上に発生する。また、土壌中に根状菌糸束を旺盛に伸長させ、健全木の根の表面に根状菌糸束が付着していることもよくあるが、樹体内に侵入することはまれである。しかし、老齢木や生育に不適な場所に植栽された樹木では、本種による衰弱・枯死被害が発生する。

ヤチナラタケは、北海道南部から本州の冷温帯地域に分布し、子実体は枯死した広葉樹材上や地上に発生する。また、本州では、水辺などの湿気の多い場所に子実体が発生することが多い。

ホテイナラタケは、北海道の冷温帯地域と本州の冷温帯〜亜高山帯地域に分布する。子実体は、北海道では広葉樹や地上から、本州ではシラビソ・オオシラビソ・カラマツなどから発生する。また、北海道では、広葉樹林や針広混交林に生育する針葉樹からも、子実体が発生する。北米では、

針葉樹に対して弱い病原力をもつ種であるとされている。

キツブナラタケは、北海道から九州の冷温帯地域に分布し、日本以外での分布は確認されていない。子実体は枯死した広葉樹材上から発生する。子実体は秋季だけでなく、初夏にも発生する。

残りの1種は、奄美大島からのみ発見されており、詳細な分布や生態は不明である。他の日本産の種と異なり、欧米産の種よりも、オーストラリアやニュージーランド産の種と近縁である。

一方、ナラタケ属菌は、無葉緑素ランのオニノヤガラやツチアケビ（図3.4、口絵 p009）の根に感染して菌根を形成する共生菌でもある。これらのランは、光合成を行わないため、ナラタケ属菌から供給される有機物を利用して生活している。これまでに、オニノヤガラにはクロゲナラタケ、ヤワナラタケ、オニナラタケ、ホテイナラタケが、ツチアケビにはナラタケ、ヤワナラタケ、ナラタケモドキ、キツブナラタケが菌根を形成することが確認されている。

さらに、ナラタケ属菌は、担子菌類のタマウラベニタケ（*Entoloma abortivum*）に寄生されることが知られている。その場合、タマウラベニタケは、正常な子実体のほかにも、球形の異常な子実体（carpophoroid）を形成する。この子実体の奇形は、ナラタケ属菌の感染によるものと考えられていたが、実際は、ナラタケ属菌の子実体にタマウラベニタケが侵入して形成されたものであることが明らかにされた。国内では、タマウラベニタケの奇形の子実体内から、キツブナラタケが分離されている。タマウラベニタケは、正常な子実体と奇形の子実体のどちらも食用になる。

また、ナラタケ属菌は、子嚢菌類のミミブサタケ（*Wynnea gigantea*）とオオミノミミブサタケ（*W. americana*）の菌核内にも観察される。ナラタケ属菌とこれらの菌種との関係は不明であるが、国内では、ミミブサタケの菌核からナラタケが、オオミノミミブサタケの菌核からクロゲナラタケが分離されている。

（4）ナラタケ属菌の繁殖様式

森林や緑地において、ナラタケ属菌は、子実体を発生させて担子胞子を散布したり、土壌中に根状菌糸束を伸ばしながら分布を拡大する。また、根と根の接触部などを介して隣接する樹木に侵入しながら、分布を拡大することもある。

ナラタケ属菌の子実体は、国内では主に秋季に発生する。発生時期は菌種により少しずつ異なっており、例えば、東京都の低地では、ナラタケモドキが7月～9月上旬、ヤワナラタケが9月下旬～10月中旬、ナラタケが10月下旬～12月上旬に発生する。日本のような湿潤な地域では、毎年大量の子実体が発生して、大量の担子胞子が放出される。しかし、新たな基質に定着できる担子胞子はごくわずかであり、担子胞子による樹木への感染は確認されていない。

根状菌糸束の土壌中での形成量は、菌種により異なる。病原力が弱い種であるヤワナラタケやクロゲナラタケは、根状菌糸束を旺盛に形成する。一方、病原力が強い種であるナラタケやオニナラタケは、根状菌糸束をあまり形成しない。また、ナラタケモドキは、培地上では根状菌糸束を形成するが、土壌中にはまれにしか形成しない。根状菌糸束をあまり形成しない種は、根と根の接触部を介して分布を広げていると考えられている。

アメリカ・ミシガン州の広葉樹林では、1個体が15ヘクタールにわたって菌糸を広げていたヤワナラタケ（図3.2）が見つかり、"世界最大の

図3.2　ナラタケ（左）とヤワナラタケ（右）の子実体　　（p134にも引用；口絵 p009）

生物"として話題となった。この個体は、乾燥重量が10トン、年齢が1,500年と推定された。その後、同・オレゴン州の針葉樹林では、965ヘクタールに菌糸を広げ、年齢が1,900年を超えると推定されたオニナラタケも見つかっている。他の調査からも、ナラタケ属菌は、主に根状菌糸束や菌糸の伸長により無性的に分布を拡大することが示唆されている。これらのことから、ナラタケ属菌は、担子胞子によりまれに新たな場所に定着した後、無性的に分布を拡大しながら、長期間にわたって生存すると考えられている。

（5）ならたけ病の診断

ならたけ病は、ナラタケ属菌により、樹木の根や根株が侵される病気である。ナラタケ属菌は宿主範囲が広く、木本のみならず、草本やシダ類を含む600種以上の植物が宿主として報告されている。

ならたけ病の被害は、世界各地で認められており、とくに針葉樹人工林に甚大な被害を及ぼしている。欧米では、ナラタケ属菌は、マツノネクチタケ属菌（*Heterobasidion* spp.）や、エゾノサビイロアナタケ（*Phellinus weirii*）と並ぶ、重要な根株腐朽病の病原菌である。また、ならたけ病は柑橘類・クルミ・リンゴ・モモ・ブドウなどの果樹園にも大きな被害をもたらしており、営農面からも重要な病気として知られている。

日本のならたけ病被害は、第二次世界大戦後の拡大造林計画により、大面積に及ぶ針葉樹の植栽が行われたときに多発した。とくに北海道・岩手県・長野県では、カラマツ植栽地で大規模な被害が発生し、造林上の大きな問題となった。1970年代以降は、ヒノキ植栽地での被害が増加し、現在もヒノキ人工林の重要病害の1つとなっている。また、近年は各地の街路樹や緑化樹、巨樹・古木にならたけ病の被害が頻発して、大きな問題となっている。とくにサクラ類での被害が多く、植栽後50年以上を経過した桜並木で、胸高直径が50cmを超えるような大きな個体が、集団的に枯死する被害も発生している。ならたけ病の被害は、人工林では植栽直後から始まり、十数年後までに沈静化することが多い。一方、街路樹や緑化樹では被害が長期間継続する傾向があり、改植した個体が枯死することも多い。

ナラタケ属菌が感染した樹木に見られる主な病徴は、シュート成長の減少、着葉量の減少、葉の小型化、開芽・展葉の遅れ、早期落葉、萎凋などである。これらの病徴は、他の生物的あるいは非生物的要因により、根や根株が損傷を受けた場合にも見られる。そのため、ならたけ病と診断するためには、標徴の確認が不可欠である。菌種や宿主樹木に関わらず、ならたけ病の罹病木に共通する標徴は、樹皮内や樹皮下（形成層）に存在する菌糸膜である（図3.5，口絵p009）。病徴が見られた樹木の樹皮を剥いだときに、キノコ臭がする白色の菌糸膜が見られた場合は、ならたけ病である可能性が高い。さらに正確な診断をするためには、この菌糸膜がナラタケ属菌のものであることを、組織分離や遺伝子解析などにより確認する必要がある。ただし、ナラタケ属菌は、他の原因により枯死した樹木に侵入して菌糸膜を形成することがあるため、枯死した樹木を診断する際には注意が必要である。

罹病木の地際部や根からの子実体の発生や、根への根状菌糸束の付着も、ならたけ病特有の標徴である。しかし、子実体の発生時期は短く、環境条件によっては子実体が発生しないこともあるため、診断に利用できないことが多い。また、ナラタケモドキのように根状菌糸束をまれにしか形成しない種や、ヤワナラタケのように樹体内には侵入せず、大量の根状菌糸束を根表面に絡まらせている菌種があるため、根状菌糸束の有無のみで、ならたけ病の診断をすることは避けるべきである。

（6）ならたけ病の防除

ならたけ病などの根株腐朽病では、ひとたび土壌中に病原菌が蔓延してしまうと、その病原菌を撲滅することは非常に困難である。そのため、ならたけ病が発生した場合には、速やかに罹病木を除去することが重要である。ナラタケ属菌は、枯

死した根や根株の中に長期間生存するため、罹病木の伐根や根も除去する必要がある。さらに、罹病木を除去した後に土壌を深耕して、土壌中に残された根を細かく破壊することも有効である。

海外の果樹園において、ならたけ病の被害地からの根状菌糸束や根の侵入を防ぐために、未被害地の周囲に深さ1m程度の溝を掘り、その溝にプラスチック板などを埋めて遮断する処置が行われている。この方法は、被害の拡大防止に非常に有効である。しかし、これらの作業を、急峻な地形の日本の森林で行うことはきわめて難しい。また、公園などの平地で行う場合も、多大な労力と費用が必要であるため、ほとんど実行されていないようである。

ならたけ病の薬剤による防除は、海外の果樹園では行われている。わが国では、核果類やブドウなどの果樹園に被害が発生することがあるが、本病を対象とした登録薬剤がなく、薬剤防除は実施されていない。

以上のように、現在、ならたけ病の有効な防除法は確立されていない。そのため、ならたけ病の発生を未然に防ぐことがもっとも重要である。天然林においては、ナラタケ属菌は、主に腐生的な生活を営んでおり、健全な樹木に感染して、ならたけ病を引き起こすことはまれである。したがって、新たに樹木を植栽する場合には、植栽地の環境条件に適した樹種を選び、樹木がストレスを受けやすい過湿な場所や、過度に乾燥する場所を避け、樹木を健全に生育させることが、もっとも重要である。

3　菌根菌

(1) 菌根の種類

菌根とは、植物の根に菌類（菌根菌）が侵入して、植物と菌類が恒常的に共生生活を営む場合に形成される構造である。植物と菌根菌は、菌根を介して物質を交換しながら共生する。植物と菌根菌との共生は、砂漠から森林まで、ほぼすべての陸上生態系に見られ、約25万種の植物と約5万種の菌類が菌根を形成すると推定されている。

菌根は、形態的特徴や機能、宿主植物と菌根菌との組み合わせに基づいて、
アーバスキュラー菌根（arbuscular mycorrhiza）
外生菌根（ectomycorrhiza）
内外生菌根（ectendomycorrhiza）
ツツジ型菌根（ericoid mycorrhiza）
イチヤクソウ型菌根（arbutoid mycorrhiza）
シャクジョウソウ型菌根
　　　（monotropoid mycorrhiza）
ラン型菌根（orchid mycorrhiza）
の7タイプに分けられる。いずれの菌根でも、菌根菌は、根の内部に侵入するとともに、根の表面や周辺の土壌に菌糸を伸長させる（図3.6，口絵p010）。これらの7タイプの菌根のうち、森林や緑地にもっともふつうに見られる、アーバスキュラー菌根と外生菌根について、以下で概説する。

a. アーバスキュラー菌根

アーバスキュラー菌根は、菌糸が根の皮層細胞に侵入して、原形質膜の外側に、"樹枝状体"（arbuscule）と呼ばれる構造物を形成する菌根である。植物と菌根菌とは、樹枝状体を介して、物質の交換を行う。また、アーバスキュラー菌根菌は、皮層の細胞内や細胞間隙などに、"囊状体"（vesicule）と呼ばれる養分貯蔵構造物を形成することが多い。そのため、この菌根はVA菌根（Vesicle-Arbuscule菌根）とも呼ばれる。

アーバスキュラー菌根は、シダ植物・裸子植物・被子植物といった様々な維管束植物の根に形成される菌根であり、全植物種のうちの約74％の種（約20万種）がこの菌根を形成する。森林ではスギ・ヒノキなどが、緑地や街路樹ではイチョウ・ケヤキ・クスノキ・カエデ類・サクラ類などが、この菌根を形成する。また、アーバスキュラー菌根は、コムギ・トウモロコシ・ジャガイモ・ダイズなどの多くの作物や、柑橘類・リンゴ・カキ・ブドウなどの多くの果樹にも形成されるため、農業上も重要な菌根である。

アーバスキュラー菌根を形成する菌根菌は、グ

ロムス菌門に属する。宿主特異性の非常に低い種が多く、1種の菌根菌が多種の植物に菌根を形成する。そのため、森林や緑地では、林冠を構成する高木と林床に生育する草本植物が、同じアーバスキュラー菌根菌と共生することもある。アーバスキュラー菌根菌の推定種数は300～1,600種であり、宿主植物の種数に比べて非常に少ない。いずれの菌種も植物から供給される有機物を利用しないと増殖できないため、人工培地で培養することができない。また、有性生殖が確認されておらず、直径50～500μmの大型の無性胞子を土壌中に形成する（図3.7，口絵p010）。

アーバスキュラー菌根は、植物に最初に形成された菌根と考えられている。分子系統学的解析から、グロムス菌門の菌類は、約4億年前に出現したと推測されており、実際に、約4億年前の植物の化石から樹枝状体に似た構造物が見つかっている。現在知られているもっとも古い陸上植物の化石は、古生代シルル紀（約4億2500万年前）のものであることから、植物とアーバスキュラー菌根菌との共生は、植物の陸上進出とほぼ同じ時期に始まったと推測されている。植物は、アーバスキュラー菌根菌と共生することで、陸上に進出することができたのかもしれない。

b. 外生菌根

外生菌根は、根の表面を菌糸が鞘状に覆った"菌鞘"（mantleまたはfungal sheath）と呼ばれる構造物と、根に侵入した菌糸が、表皮または皮層の細胞間隙を、迷路状に分岐しながら伸長した"ハルティッヒネット"（Hartig net）と呼ばれる構造物を形成する種類の菌根である（図3.8，口絵p010）。アーバスキュラー菌根と異なり、菌根菌の菌糸は、植物細胞の中には侵入しない。宿主植物と菌根菌とは、ハルティッヒネットを介して、物質を交換する。

全世界の植物のうちの約2％の種（約6千種）が、外生菌根を形成すると推定されている。この中には、マツ科・ブナ科・カバノキ科・ヤナギ科・フトモモ科・フタバガキ科など、熱帯から亜寒帯までの森林や緑地を構成する主要な木本が含まれる。また、カバノキ科やヤナギ科のように、アーバスキュラー菌根と外生菌根の両方の菌根を形成する植物もある。

外生菌根を形成する菌根菌は、担子菌門や、子嚢菌門、あるいは接合菌門（アツギケカビ目）に属する。推定種数は約2万種であり、アーバスキュラー菌根菌よりも多い。大型の子実体を形成する種が多く、マツタケ、トリュフ、ヤマドリタケ（ポルチーニ）などの食用キノコも外生菌根菌の一種である。

森林や緑地では、非常に多様な外生菌根菌が樹木と共生している。通常、1本の樹木には多種の外生菌根菌が共生しており、1か所の森林で数百種の外生菌根菌が共生していた例もある。外生菌根菌の宿主特異性は様々であり、キツネタケ（図3.9，口絵p010）のように、針葉樹および広葉樹の多くの樹種と菌根を形成するものから、ハナイグチのように、カラマツ属樹木にのみ菌根を形成するものなどがある。外生菌根菌には腐生能力をもつ種が多く、これらの種は人工培地で培養することができる。しかし、これらの種もリグニンやセルロースを分解する能力は低いため、野外では宿主植物から供給される有機物に依存して生活している。

（2）植物と菌根菌との共生関係

アーバスキュラー菌根菌や外生菌根菌と、それらの菌根菌により菌根が形成される植物とは、密

図3.7　アーバスキュラー菌根菌
　　　（*Rhizophagus*属菌）の胞子　　　（口絵p010）

接な相利共生関係にある。この共生で、菌根菌が植物から受ける大きな利益は、光合成産物（有機物）の供給であり、菌根菌は、植物が合成した有機物の10〜20％を受け取っていると見積もられている。

このような大量の有機物の供給に対して、植物が菌根菌から受ける大きな利益は、リンの供給である。リンは、すべての生物の生存や成長に欠かせない必須元素であるが、土壌中では、多くのリンが水に溶けにくい不溶性塩の状態で存在する。そのため、植物や菌根菌は、根や菌糸からリン酸分解酵素や有機酸などを分泌して、周辺にある不溶性のリンを可溶化して吸収する。しかし、植物の根が侵入できる土壌中の隙間は限られているため、植物が吸収できるリンの量は少ない。一方、菌根菌の菌糸は根よりも細いため、根の入り込めないような土壌中の隙間にも菌糸を伸ばして、植物よりも多量のリンを吸収することができる。菌根菌は、吸収したリンの一部を、菌根を介して植物に供給する。植物は、リン吸収のほとんどを菌根菌に依存しており、植物体中の8割〜9割のリンが、菌根菌から供給されていたと見積もられた例もある。

菌根菌は、リン以外にも、窒素・カリウム・鉄などの養分や土壌中の水を効率的に吸収して、その一部を植物に供給する。このような養水分の供給を通じて、菌根菌は、植物の健全な成長を地下で支えているのである（図3.9, 口絵 p010）。

(3) マツタケ人工栽培の試み

マツタケ（*Tricholoma matsutake*；図3.10）は、日本人が万葉の時代から親しんできた食用キノコである。マツタケは人工栽培ができないため、私たちは、アカマツ林などに発生したものを食してきた。しかし、近年、国内のマツタケ生産量は激減しており、私たちの食卓に上る95％以上のマツタケは、中国などから輸入されたものである。生産量が減少した主な原因は、マツタケの発生するアカマツ林の管理が放棄され、マツタケの生育に適さないアカマツ林が増えたことや、マツ材線虫病によりアカマツ林が減少したことにあると考えられている。

現在、シイタケやエリンギなど、人工栽培されたキノコが多く販売されている。これらの食用キノコは腐生菌であり、植物遺体などを分解して栄養を得ることができるため、ほだ木やおが屑などを用いて栽培することができる。一方、マツタケは外生菌根菌であるため、生きたアカマツから供給される有機物を利用しなければ、増殖することができず、現在栽培されているキノコと同じ方法では、マツタケの栽培はできない。

どうすれば、マツタケを人工栽培することができるのだろうか。マツタケは、アカマツの根に感染して外生菌根を形成し、さらに"シロ"と呼ばれる外生菌根と菌糸の集合体を発達させた後に子実体（キノコ）を発生させる。そのため、この過程を自由に制御できれば、マツタケの人工栽培が可能になると考えられる。すでに、実験室レベルでは、アカマツの苗木に、マツタケの菌根と小さなシロを形成させることに成功している。外生菌根菌であるトリュフは、菌根が形成された苗木を野外に植えることで人工栽培することができる。しかし、マツタケでは、小さなシロが形成された苗木を野外に移植しても、菌根やシロが数年でなくなってしまう。現在、多くの研究者が、マツタケのシロを発達させる方法の開発に取り組んでいる。人工栽培された国産マツタケが、私たちの食卓に上る日は近いかもしれない。

〔松下 範久〕

図3.10　マツタケの子実体　　　（口絵 p010）

ノート 3.1　森林の保水力

　森林の保水力とは：樹木が生活するには水が不可欠であるが、日本のように雨の多い地域でも、樹木は多大な努力をして水を集めている。とくに傾斜地では雨はすぐに流れ去ってしまうので、傾斜地に生育する樹木にとっては、どんなに雨が多く降っても、それだけでは足りないのがふつうである。土壌表面に降った雨水が土壌表面を流れずに土中に浸み込み、浸み込んだ雨水が土中に保たれ、あるいは地下深くに浸透して地下水を涵養し、地下水面から毛管現象で上昇して樹木に供給され続けなければ、降水量が十分にある地域でも、樹木は満足に水を得ることができない。そこで問題になるのが森林の保水力、正確には"土壌と岩盤"の保水力である。

〔森林の保水力を考える〕

　森林の保水力を考える場合、まず森林土壌が雨や雪解けの水を速やかに下方の地下水脈まで浸透させることができるか、ということが問題になる。土壌表面に降った水がそのまま斜面を流れ下ってしまったのでは、植物は水を十分に利用できず、地下水も涵養されず、また、河川に一度に雨水が集中して洪水が発生する。雨水が速やかに土壌中に浸透していくためには、土壌表面が落枝落葉の堆積物と、それらが微生物によって分解されてできる腐植によって覆われ、大粒の雨滴でも土壌粒子が跳ね上がって浸食が進むことがなく、また、水をすぐに吸い込むことのできるスポンジ状になっていることが必要である。山の斜面では、林床に生育する多様な草本類・灌木類の茎や根、あるいは菌類の菌糸層が、スポンジの働きをする落枝・落葉等の堆積物の流去を抑制している。

　次に、土壌中を水が速やかに下方に移動するための大きな隙間が、連続して地下水面まで続いていなければならない。通常、樹木の枝葉からの盛んな蒸散によって、森林土壌の孔隙はかなり乾いているが、それによって大雨の時にも、水を速やかに地中に浸透させることができる。もし土壌が乾いていなければ、水をたっぷりと含んだスポンジのように、それ以上水を吸収することができないであろう。長雨の後の土砂崩れの発生は、大孔隙にも水が満たされ、土壌が雨水をそれ以上吸収できず、さらに地下水位が上昇して表層土壌に大きな浮力が生じ、不透水層と根系分布層との間に滑り面が生じた時に発生しやすい。

〔針葉樹と広葉樹の保水力の差〕

　しばしば、ブナ林などの広葉樹林をスギ林等の針葉樹林と比べて「広葉樹林の方が保水力が大きい」といわれている。広葉樹林と針葉樹林の形態的な違いは沢山あるが、保水力に関わる要因の一つは斜面における根の形である。広葉樹は斜面の山側（その木より上側）に、広く扇型に樹体を引張り起こすような根を発達させるのに対し、針葉樹は谷側（その木より下側）に、下から支える根を発達させる。丁度、樹木を支える丸太支柱は、土壌に突き刺さっているだけでよいのに対し、ワイヤーロープはしっかりとした大きなアンカーと結びついていなければ、抜けてしまうのと同じである。この根系の形の違いが、斜面の表層土壌をつかむ機能の差として現れ、ひいては崩壊を防ぐ機能の差として現れ、「広葉樹林の方が土壌表面の崩壊が少ない」といわれる理由になっていると考えられる。しかし、たとえ針葉樹人工林であっても、適正な密度が保たれて樹冠がよく発達し、個々の樹木が盛んに光合成を行っていれば、根に供給される栄養物も多く、また風で木も適度に揺れるので、樹体を

支えようとする根系もかなり広く深く張る。しかも他の個体の根と接触した根は、同種であれば簡単に癒合して、林分全体で大きな根系ネットワークを形成するので、広葉樹林より表面の石礫が崩れやすいということはない。広葉樹林においても、管理状況によっては表層土壌の流出や崩落が生じており、この根の形の違いは、森林の保水力の決定的な差とはなっていない。

　森林水文学などにおける科学的調査の結果を総合すると、たとえスギやヒノキの人工林であっても、良く管理されて立木密度が適正に保たれ、林床植生が豊かな状態であれば、天然生広葉樹林に劣らない土壌浸透能があることが証明されている。スギ・ヒノキ人工林で問題になるのは、林業が経済的にほとんど成り立たないために放置され、間伐や枝打ちがなされずに過密状態になり、林床が暗くなり過ぎて林床の灌木や草本が消滅し、表層土壌のスポンジ効果もなくなってしまい、表面流去水によって土壌が流され、植林木の根が露出して風倒しやすくなったり、石礫が落下しやすくなることである。そのことが山地における水収支の悪化や洪水発生に大きな影響を与えている。

〔岩盤と保水〕

　乾燥が続く盛夏期、山道を歩いていると、崖の所々から水が湧き出しているのを見かける。渓流の水は雪解け時期や梅雨期よりは少ないものの、かなりの量が流れている。夏季の森林土壌はかなり乾いていて、そこを掘っても水が湧き出すことはないので、これまで述べてきた森林土壌の保水力だけでは説明できない。実は、これらの水は、岩盤の亀裂に貯留された地下水が徐々に流れ出しているのである。岩盤に亀裂があると、そこに水が浸み込んでいく。そして、水を透さない不透水層があると、その上部に滞留する。これが地下水である。湧き出る地下水が豊富か否かは地形、不透水層の位置と傾斜度、傾斜方向、供給される水の量、岩盤の亀裂の多さと深さ、流れ出る速さ等によって決まる。図3.11に山の斜面の基本的な形を示したが、水を集めやすい地形と水を集めにくい地形がある。また、ある沢では水が豊富に湧き出しているのに、同じような地形の別の沢では湧き出していない、ということがしばしば見られる。この違いには、不透水層を形成している地層の傾斜方向が深く関係している。不透水層を成す地層が傾いている場合、ある沢では豊富に水が湧き出し、同じ山の反対側斜面の沢では、水は豪雨の際にしか流れない、ということがある。森林の保水力は地形、地質、風化度、樹木、林床植生等が複雑に絡み合って決まるものであり、どれか一つが変わっても大きな影響が出るものなのである。

〔堀　大才〕

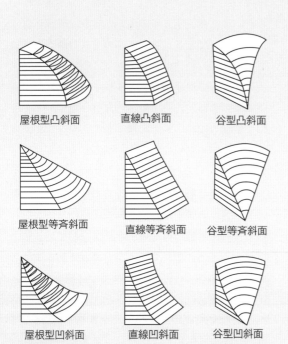

図3.11　山の斜面の基本形

Ⅲ-2　樹木に好適な土壌環境　～とくに緑地土壌の特徴と土壌改良～

　樹木にとって、土壌はなくてはならないものである。樹木は根によって大容量・大重量の樹体を支えているが、地下部に注目すると、根は樹種特有の展開を見せ、土壌中の根域に縦横に進展しているのがわかる。また、土壌には多様な有機物が含まれており、それが微生物等により無機養分に分解され、根から吸収され、樹木の栄養となり、樹木の生命は維持される。一方で、都市の街路樹などは植枡(うえます)が小さく浅いことから根圏が制限され、また、植栽周辺の舗装などの影響で土壌がアルカリ化したり、水分供給が不十分となったり、樹木に悪影響を起こしている事例も多々見られる。このように、樹木や植栽植込みの健康状態は土壌の性質や土壌を取り巻く環境により大きく異なることになる。本項では、土壌の基礎知識、緑地土壌の特徴等を修得するとともに、土壌改良の初歩的な技術についても理解を深めてもらいたい。

◆土壌の基礎知識　樹木に好適な土壌環境　都市での植木植栽地の土壌と施肥
　樹木の養分吸収と施肥　苗畑の土壌管理　土壌改良に使用される主な資材

1　土壌の基礎知識

（1）土壌とは何か

　土壌とは、「地球の最表面を覆っている自然物質」であり、長い時間を経て岩石や火山灰が細かくなるなどの「物理的風化」や、粘土鉱物の生成などといった化学的な変化である「化学的風化」を受けて、さらには植物残渣などの有機物が蓄積し、各種生物が生息するなどしてできあがったものである。また、土壌は植物の生育には欠かせない養水分を提供するものでもある。このため、土壌の良し悪しが、植物の生育に大きく影響する。いかに栽培管理や病害虫防除が適切に行われたとしても、基となる土壌の状態が植生に適合しなければ、当該植物の良好な生育や生産は到底望めないだろう。良好な土壌の存在こそが、植物の旺盛な生育を実現するものであり、土壌は地球上のすべての植物（全生物ともいえる）の生育における根源的な、そして、基盤的物質なのである。

a. 土壌の生成

　土壌の基となる岩石や火山灰等を母材といい、とくに岩石が母材の場合は母岩と呼ぶ。土壌の生成過程では、母岩はまず物理的に細かくなり、小さい礫、砂、細砂へと風化が進む。さらに、化学的な作用も加わり細かい粘土へと変化していく。母岩を一次鉱物と称するのに対して、粘土まで変化したものは二次鉱物と呼ぶ。粘土鉱物はさらに浸食作用による風化や腐植、各種の土壌生物の働きによって「土壌」へとできあがっていく。一方で、浸食作用を受けながら、水で運搬・移動・堆積などを繰り返しながら、土壌粒子の大きさが変わり、それら粒径分布の違いにより、異なった土性が出現してくる。また、腐植や易分解性有機物などの土壌有機物の質や含有量の違いにより、団粒構造などの形成の仕方も変化する。そして、最終的にできあがった土壌の物理的・化学的・生物的な要素の総和としての状態が、結果として樹木や農作物等の生育にも大きく関与することになるのである。

　地表面には数cmから数mの土壌しかなく、そこで生育する植物や栽培される農作物に、人をはじめすべての動物はその生命を依存していることになる。また、それらの土壌ができあがるまでには、何百年から何万年もの時間が必要とされる。土壌がなければ、今日のような地球規模での生態系は決して形成されなかったであろう。「母なる大地」という表現がよく用いられるが、土壌はまさに生命の基であり、奇跡の物質といっても過言ではない。

b. 土壌の堆積様式

　土壌は，生成の過程で水や風，重力，地形などによって他の場所に移動して土壌化する場合や，その場所を動かずに土壌化する場合がある。運搬の有無や堆積の仕方によって，できあがる土壌の性質が異なっている。いくつかの堆積様式とその特徴を表3.3に示した。

（2）土壌の分化
a. 土壌断面の構造

　土壌を1mほど掘ってその断面を見ると，断面は上から下まで同じような状態が続くことは少ない。色調や硬さ，土性，礫含量，斑紋などの現れ方が異なる，いくつもの土層が重なり合って存在するケースが一般的である。このような土層のことを「土壌層位」というが，これは土壌が生成される過程や環境状態を示すものである。この土壌層位の違いで土壌の種類が分類され，さらに，樹木や農作物等の植物の生育にも関係してくる。「作土が厚い」「有機物含量が多い」「礫が少ない」「土性が適正である」などが良好な土壌と考えられる。土壌断面の例を図3.12に示した。

表3.3　堆積様式とその特徴（例）

堆積様式	堆積物および堆積様式の特徴
残　積	変成岩や固結火成岩，非固結火成岩等が移動せずにその場で土壌化したもの
崩　積	斜面などで風化母材が崩壊・移動して堆積したもので，各種の粒径が混在する
水　積	沖積世に水の働きで運搬・堆積したもので，水の違いで海成・河成・湖成に区分される
風　積	風の働きで運搬・堆積したもので，火山性（火山灰）と，砂丘等の非火山性がある
集　積	低温・過湿の条件下で植物遺体が堆積したもので，植物遺体が確認できる泥炭土と，それが確認できない黒泥土などに区分される。泥炭土は高位，中間，低位の各泥炭に分類される

L層：落葉が積もった層
　　　雨による土壌流出を防ぐ機能をもつ

F・H層：落葉が小動物や微生物に分解され，腐熟している層

A層：落葉が分解してできた腐植と土壌が混ざった層
　　　腐植のため黒色に見える．軟らかく根も伸びやすい．微生物や小動物も多い．養水分を蓄え，根に供給する．耕耘すると，L・F・H層はA層の中に混合される

B層：腐植が少ない層
　　　褐色や灰色等に見える粘土分の生成が進み，A層からの塩基分等が溜まる

C層：岩石がある程度物理風化し，土壌になる途中の層
　　　岩石はごろごろした状態，火山灰は赤褐色化している状態

D層：物理風化の及ばない層
　　　岩石状態

図3.12　土壌断面（例）
注）L・F・H層は耕地ではみられない（A層が通常，作土層）

a. 植物を支える土壌の性質

土壌の有する性質は、土壌が多様な物質の複合体であることに由来する。すなわち、土壌は、無機質の固形分のほかに、腐植、易分解性の有機物、微生物、小動物など、様々なものから構成されている。無機の固形分は、土壌の本質部分であり、「粘土、シルト、砂、礫」など、いろいろな大きさからなっている。土壌を形成している複合体のうち、とくに「粘土」と「腐植」の存在が土壌のもつ特殊性を作り上げている。主にこの二つを中心に多くの物質が集まり、組み合わさって団粒構造を形成している。この団粒の構造が、「透水性」や「通気性」のほか、「保水力」や「保肥力」「空気の保持」等に関与している。また、土壌の特殊な性質は、「透水性」と「保水力」にみられるように、相反するような機能を、一定のバランスのもとに有している。そして、これらの土壌がもつ特殊な性質（土壌の種類によって大きく異なる）が、植物の生育に功罪両面の作用を及ぼすこ

b. 植物生育における土層の種類と意味

図3.12の土壌層位の名称には、A層・B層・C層という名のほか、植物栽培時にはいろいろな名称が使われる。すなわち、A層は主に作土層となり、B層以下は下層土や心土層などといわれる。これら各層の状態や深さなどが植物生育と密接な関係がある。主な土層の概要を表3.4に示す。

（3）植物生育と土壌の働き

植物が継続的に成長し、あるいは世代を全うする営みには様々な要素が関与しているが、その多くは当該植物の根（根系・根群・根圏）が、土壌のもつ機能や働きを利用していることにほかならない。また、植物を栽培する上でも土壌のもつ各種の特性は、植生の良否を決定的に支配するほど重要なものである。したがって、土壌の違いにより、樹木や農作物の生育にも大きな差異が生じるという実態を、しっかりと理解しておかなければならない。

表3.4　土壌断面の主な土層とその特性（例）

土層の種類	土層の概要・特徴
有効土層	植物根が比較的自由に伸長できる土層のことで、礫などが少なく、山中式硬度計で29mm以下であれば「有効土層」となる。岩盤や礫層の上部に見られる
作土層（耕土層）	A層など土壌層位のもっとも上層にあり、農地では耕耘や施肥などが行われる層
心土層（下層土）	作土層より下層の部分。一般に緻密で有機物や養分などが乏しい
耕盤（すき床層）	作土層下の硬い層で、農地では農業機械等の踏圧により緻密化し、根が伸長しにくい
礫土の層	直径2mm以上の礫含量が50％以上の層で、耕耘しにくく農作物の栽培は不適

表3.5　土壌のもつ能力とその概要（例）

土壌のもつ能力	土壌機能の概要
① 肥料分の保持能力	粘土や腐植、団粒構造によって養分を蓄えることができる
② 肥料分の放出能力	土壌の養分保持力は適度な強さをもち、必要により供給する
③ 水分保持能力	土壌中の毛管孔隙などに水分を蓄えることができる
④ 水分の放出能力	土壌の水分は様々な力で保持され、必要に応じて供給する
⑤ 空気を蓄える能力	団粒間の粗孔隙や団粒内の細孔隙に空気を蓄え、根に供給する
⑥ 有機物の分解能力	落葉や動物遺体などの物質を分解して浄化する

注）「③と④」「③と⑤」は互いに矛盾する性質である

とになるのである。土壌のもつ特殊な性質とその意味について、表3.5に示した。

b. 植物生育上の土壌の働き

植物が生育する上での土壌の働きは、多くは上記の土壌のもつ特殊な性質（能力）によるものである。栽培する場合も、植物の種類を問わず、これらの働きが必要であり、その働きの程度や良否が植物生育を規定することになる。そのため、これらの働きを高めるような土壌にすることが、栽培時には求められることになるだろう。植物に対する土壌の主な働き（役割）については、表3.6に示した。

(4) 土壌の分類・種類

a. 土壌の分類

土壌の種類は、「母材」「堆積様式」「土性」「有機物含量」などを基準にして分類される。

母材：流紋岩、玄武岩、石英斑岩、はんれい岩、非固結火成岩（火山灰、火山砂）、非固結堆積岩（礫、砂、泥、土石硫堆積物等）などがある。

堆積様式：残積、崩積、水積、風積、集積（泥炭、黒泥土）などがある。

土壌の土性：土壌粒子の大きさとしてもっとも小さい「粘土分」の割合によって分類する。粘土含量の少ないものから砂土、砂壌土、壌土、埴壌土、埴土の順で粘土分が多くなる。これらの土性は土壌の特性や種類を作り上げる上で大きな影響をもつものの一つである。

その他、構造（単粒、粒状、壁状、柱状等）、や有機物含量（頗る富む、富む、含む、あり、なしの5段階）などいろいろな項目によって土壌の種類は分かれてくる。これらの組み合わせにより「土壌の種類」ができあがっており、その種類により特性や生産力が変わってくる。これらの項目のうち、いくつかについては後述する。

表3.6 植物に対する土壌の主な働き

主な項目	土壌が果たす役割
場所の提供	土壌の存在する空間そのものが植物の生命を育む場所となる
根の保護	土壌が根を包み、外的な阻害要因から保護する
植物体を支える	土壌中の空隙に根を張らせることで植物体を支える
水分の供給	土壌に保持された水分を放出することで供給する
養分供給	土壌に保持された養分（窒素，リン酸，カリ等）を放出して供給する
空気の供給	土壌の空隙に保持された空気（酸素）が植物に利用される

注)「③と④」「③と⑤」は互いに矛盾する性質である

表3.7 土粒の大きさによる分類

名　称	粒径の大きさ(mm)	特　性
礫	2.00 以上	植物生育上は礫は少ない方がよい．多いと耕耘しにくい
粗　砂	2.00～0.20	一般的にいわれる「砂」は，この粗砂と細砂を合わせたもの．透水性や通気性はよいが，保水力や保肥力は小さい
細　砂	0.20～0.02	保水力・保肥力・透水性・通気性等が適度に良好
微　砂（シルト）	0.02～0.002	埴土に近い性質だが，透水性・通気性は多少ある
粘　土	0.002 以下	保水力・保肥力は大きいが，透水性・通気性不良

注）粘土に関しては，粒径だけでなく，化学風化により「二次鉱物」になっていることが必要であるとする考え方もある

b. 土粒の大きさで分けた場合の分類

土壌は様々な「粒子」によって構成されており、その大きさ（粒径）で分類すると表3.7のようになる。土壌中に含まれる粒の大きさや、その割合によって、土壌の「保肥力」「保水力」「透水性」「通気性」が異なり、これらは土壌の特性を形成する大きな要因の一つとなっている。

c. 土壌群とその特性

土壌群とは、農林水産省農蚕園芸局による土壌保全調査事業において、いろいろな土壌をいくつかの基準によって区分したもので、大きく16のパターンに分けている。ある土壌がそこに存在するとき、土壌を区分して統一的な評価をすることで、誰が見ても「何という土壌であるか」がわかるようにしたものである。さらに、どのような特性をもち、農業利用や土壌生産力がどの程度あるか、などの目安となるものである。この土壌群を細分化したものが「土壌統群」である。土壌統群をさらに細分化したものが「土壌統」であり、

表3.8 土壌群別の土壌の特徴と農業等の利用場面

土壌群名	土壌の特性	農業等の利用場面
岩屑土	各種固結岩を母材の残積土で山地等の斜面地に分布．土層が薄く，地表下30cm以内から礫層で，その下層は礫層	少面積．果樹園や普通畑で利用
砂丘未熟土	海岸線の砂丘地等に分布する砂質土で，風で運ばれ堆積	少面積．普通畑
黒ボク土	火山灰土で全国に分布．腐植層の厚さと腐植含量で5タイプに区分される．保水，透水，通気，保肥が良好で，軽い	9割が普通畑．他に樹園地に利用
多湿黒ボク土	台地上の窪地や谷等に分布する多湿の火山灰土	大半が水田利用
黒ボクグライ土	火山灰台地の中で地下水位の高い湿地に分布の火山灰土で，グライ層（青灰色の還元層）ができている	水田に利用．排水対策が有効
褐色森林土	山麓や丘陵等に分布．褐色の表層は比較的腐植を含む	普通畑，樹園地
灰色台地土	台地に分布．褐色森林土よりやや湿潤．表土が浅く，腐植は少ない	水田，普通畑
グライ台地土	台地上のグライ土．人為的に湛水してグライ化．粘質土	水田に利用．排水対策が有効
赤色土	西南日本に分布の赤色の土壌．腐植少なく，粘質・強粘質．緻密で透水性不良．塩基類少なく酸性が強い．地力は低い	少面積．普通畑と樹園地
黄色土	明黄色を呈し，特性は赤色土に似て地力が低い．本州の関東以南の太平洋側，四国，九州に分布．比較的面積は多い	水田，普通畑，樹園地に多い
暗赤色土	暗い赤味の土壌．強粘質で礫が混入する場合が多く，耕土は浅い．塩基類を富むものと，少なく酸性のものがある	少面積で，普通畑と樹園地でわずか
褐色低地土	水の影響を受けて堆積した褐色の土壌．土性で性質が異なる．細粒は比較的肥沃で，中粗粒では保肥力・保水力が低い	普通畑で多く，次いで水田，樹園地
灰色低地土	乾田土壌で，地下水位が低く灰色．土性により特性が異なる．全国的に分布し，面積は多い	多くが水田で，普通畑もある
グライ土	排水不良の低湿地に分布し，グライ層がある．全層や表層直下に出現するのが「強グライ土」で，深い下層に現れると「グライ土」と呼ぶ	日本では面積が多く，大半が水田
黒泥土	泥炭の分解が進んだ黒泥層をもつ．東北や関東に多い	少面積．水田に利用
泥炭土	湿地植物等の堆積物の分解が十分でなく，形状がわかる泥炭層をもつ．北海道に多く，東北や関東でも見られる	多くが水田で，普通畑利用もある

注）「日本の農耕地土壌の実態と対策」農林水産省農蚕園芸局監修・土壌保全調査事業全国協議会（1979）より抜粋・改変

全部で309の土壌統に分けられている。細かく分けることで、より土壌の特性や生産力等を把握しやすくしている。表3.8に土壌群別の土壌の特徴と農業等の利用基準を示した。

2 樹木に好適な土壌環境
～樹木の生育に関与する土壌の項目～

都市緑地においては、樹木が健全に生育し、庭や公園、街路などに美しい緑が溢れる生活環境こそ、住民の願いである。そのためには樹木の栄養として肥料養分の補給が必要であるが、それとともに養分や水分の貯蔵所である土壌を改善し、養分が絶えず吸収されやすい土壌条件を保つことが大切である。都市に植栽されている樹木には、樹勢衰退の目立つものが多く、その原因も、養分不足、土壌悪化のほか、コンクリート化された都市環境の総合的な悪影響が指摘されている。これらの阻害要因は、最近の試験や調査の結果から、土壌改良と施肥改善などによってかなりの程度まで改善でき、樹勢も回復できることが明らかになりつつある。これらの事例を紹介しながら、土壌改良と施肥のあり方を述べることとする。

（1）土壌条件と樹木の生育

樹木は野菜や草花類とは異なり、一定の場所で永年生育するものである。このため、植栽する前に土壌の状態をよく調べ、生育を阻害する原因があれば取り除いて、生育に適した土壌に改良する必要がある。樹木の植栽に適した土壌条件には、①根系をしっかりと張らせ、②毛根の活力を高めて養分吸収を盛んにし、③成長に必要な養分を過不足なく供給し、④外的条件の急激な変化から根を守る緩衝作用に優れていることが挙げられる。すなわち、できるだけこれらの「良い土壌」の条件に近づけることが、土壌改良の目標といえる。それぞれの土壌条件と改善の方策を具体的に見てみよう。

（2）土壌の物理性
a．有効土層

根が無理なく張れる程度の膨軟さ（山中式土壌硬度計で測定した硬度が20～23mm程度以下が望ましい）をもち、乾き過ぎたり、湿り過ぎたりしていない良質の土壌を有効土層という。しかし、あまり軟らかすぎても倒伏などのおそれがあるため、硬度が10mm以下は好ましくない。通常、樹木の根は樹冠下外縁を超えるあたりまで伸びるので、有効土層の広がりは、水平方向には幹を中心に少なくとも樹冠下外縁まで、垂直方向には地表から低木で30cm以上、中木で60cm～1m、高木で1～2m程度確保されないと、地上部の生育を支えるための十分な根圏が形成されにくい。したがって、植栽時に、将来の樹木の成長を見込んだ有効土層を確保しておく必要がある。たとえ良好な土壌であっても、表面がアスファルトなどで舗装されていては、空気や水の供給に支障を来し、有効土層とはなり得ないので、樹冠下まで舗装することは避けたい。

一般に、植枡をベルト状に連結して、有効土層を拡大した箇所における街路樹の樹勢は概して良好であり、このことは有効土層を面的に確保することの必要性を物語っている。

b．地下水位

地下水には、土壌中の孔隙を通ってその時の水の多寡によって水面が自由に上下できる「自由地下水」と、不透水層などによって動きが制限されている「被圧地下水」とがある。一般的に地下水位といった場合、地表面から自由地下水面までの深さをいう。そのため、地下水位は季節や降雨量などによって変動するが、もっとも浅くなる場合と深くなる場合をあらかじめ知っておくことが必要である。地下水位の深浅は有効土層の厚さを決める要因の一つである。地下水位が常時1mより浅い位置にある場所では、根が深くまで伸びる高木には不向きとなる。とくに地下水位面が30～40cmと浅い場合、限られた低湿地向きの樹種または低木しか植栽できないので、多様な樹種を植

栽するには排水対策、あるいは盛土を必要とする場合が多い。一方、地下水面が深い場合には、少雨期に表層の土壌水分が不足することもあり、管理面での注意が必要である。

c. 表土の厚さ

　自然土壌の表面には、腐植に富んで黒色を呈し、団粒化の進んだ表土が生成されている。養分吸収の主要な器官である毛根は地表から深さ30cmくらいまでの間に分布するので、透水通気性や保水性に優れた肥沃な表土が30cm以上堆積していれば、毛根がよく発達し、養分が十分に供給・吸収される。逆に表土が薄いと毛根の発達が悪く、養分も不足しがちになるので表土は大切に保存し、必要があれば黒ボク土などの良質な表土を客土するとよい。

d. 土壌の硬さ

　土壌が硬すぎると根の伸張を阻害するばかりでなく、透水性や通気性も悪くなるので、有効土層の項で述べたように、山中式土壌硬度計で計った硬度が20～23mm程度以下が望ましい。これは、指先で強く押したときに、わずかに凹みができるくらいの硬さである。とくに根毛の発達する部分は、硬度18mm以下の、指先で軽く押すとわずかに凹みができるくらいの膨軟さが望ましい。一方で、あまり軟らかすぎても倒伏などのおそれがあるため、硬度が10mm以下では好ましくない。

　硬く締まりやすい土質の場合は、植穴(うえあな)の部分に膨軟な土壌を客土するか、あるいはピートモスやバーク堆肥などの有機物を容積比で土量の10%くらい施用・混合して、膨軟さを保つ必要がある。

e. 土壌水分・透水性

　土壌中の水分状態や水の透り易さは、植物の生育上重要な課題であり、乾燥しすぎて水分が不足しても、逆に過湿状態であってもよくない。水分状態は土中の水の透り易さと密接に関係する。都市の公園や街路樹土壌では、客土・土盛り等を行った場所が多く、このような土壌ではもとからあった土壌との繋がりが悪く、上層と下層との間の水の動きがスムーズにいかないことがある。とくに粘質な土壌を用いて土盛りするときに、重い機械で土壌を硬く締めてしまうと透水性が不良になるため、上層の部分では雨が降ると過湿になり、乾燥した日が続くと下層からの水分補給がされにくく乾燥化が起こりやすい。

　土壌水分を適正に保つには、良質の土壌を客土・土盛りするとともに、有機物や土壌改良資材を利用して透水性を高める必要がある。一方で、透水性が良すぎる土壌では保水力の高い資材を使うとよい。さらに、もとからあった土壌が良質のものであれば、それを施行工事の際に保管して植枡の客土に再利用するなど、積極的に活用すべきだろう。

f. 保水性（保水力）

　保水性は土壌が水分を保持する能力のことであり、ある意味では「透水性」と対極の関係にある特性ともいえる。この保水力が弱いと透水性が良好なことになり、そのような場合、土壌中の水分は降雨や灌水があっても速やかに下層に移動し、植物が十分に利用できなくなる。逆に保水力が強すぎると水分は土壌に強く吸着されており、その場合も植物にとっては利用しづらい水分となる。保水性は、水が土壌に吸着・保持されている強さの程度を示す「pF」といわれる単位で表される（現在では学術論文や公式な文書では「パスカルPa」が採用されているが、従前のpFのほうがいまだに多くの人にとって一般的で分かりやすいので、本書ではpFを使用して説明する）。pFは、水柱の高さ（cm）がもつエネルギーを常用対数で表したものである。この数値が小さいほど保水力は小さく、数値が大きくなると保水力は大きくなる。一般的にpF 1.5～1.8の「圃場容水量」といわれる水よりも小さい力の水は、「重力水」または「重力流去水」といわれ、土壌に保持できない過剰な水として地下や周辺に流れ去っていく。また、pF 2.7～3.0は「毛管連絡切断点」と呼び、この値よりも大きい力で保持されている水は、植

物にとっては使いにくくなる。そのため、保水性がよいというのは、圃場容水量から毛管連絡切断点までの間の水である。これを「易効性有効水(いこうせい)」といい、植物によっては使い易い水となる。さらに、pF 4.2 を「永久しおれ点（永久萎凋点）」といい、これ以上の力で保持されているものは、植物には利用できない。土壌の保水性は、当然のことながら、土性や粘土の種類、土壌有機物含有量などで変わってくる。

g. 土 性
① 土性とは

土性とは、粘土含量による土壌区分のことである。日本農学会法では表3.9に示した5種類の土性を定めている。粘土の著しく多い「重粘土」は透水・通気性が悪く、「砂土」は保水力、保肥力が乏しいので、いずれも植栽には不適である。ただし、「埴土」でも黒ボク土のように火山灰土は膨軟で、「軽埴土」と呼ばれ、植栽に適する。例外はあるが、一般的には「砂壌土」〜「埴壌土」の範囲が植栽に好適であると考えてよいだろう。

② 土性の目安と植栽の適否

粘土含有量を基準とする土性の区分は、慣れないとなかなか分かりづらいところがあるものの、簡便に見分ける技術を修得すると植栽現場でも容易に判別でき、きわめて便利な方法である。すなわち、指先で土壌をこねた際の触感から、砂と粘土の割合を判断して土性をかなり正確に区分することができる。この感触による区分の目安とその土壌での植栽の適否について、表3.10に示した。

h. 土壌構造

土壌は、粘土やシルト、砂などの粒子が単体で存在したり、あるいは、それらに土壌有機物も加わって団粒などの集合体を形成したりする。その集合などの仕方により、土壌の固体部分と孔隙部分がつくり出す状態も異なってくる。そのような土壌の形状を「土壌構造」という。十分発達した土壌構造は、土壌調査時に肉眼でも確認すること

表3.9 土性の区分とその特性（例）

土 性	記号	粘土含有量（％）	土性の特性
砂 土（sand）	S	0 〜 12.5	保水力・保肥力が小さく、透水性・通気性は良好
砂壌土（sandy loam）	SL	12.5 〜 25	砂土に近い性質だが、保水力や保肥力は多少ある
壌 土（loam）	L	25 〜 37.5	保水力・保肥力・透水性・通気性等が適度に良好
埴壌土（clay loam）	CL	37.5 〜 50	埴土に近い性質だが、透水性・通気性は多少ある
埴 土（clay）	CL	50 〜	保水力・保肥力は大きいが、透水性・通気性不良

注）粘土の著しく多い埴土は「重粘土」、膨軟な火山灰土は「軽埴土」と呼ぶ

表3.10 土性の目安と植栽の適否（例）

土 性	記号	指先でこねた際の触感	植栽の適否
砂 土	S	砂ばかりの感触で、粘着性、可塑性はまったくない	不適
砂壌土	SL	砂と壌土の中間の感じ	適
壌 土	L	砂と粘土が半々ほどの触感で、多少粘着性がある。湿らせて指先でこねると弱い可塑性がある	適（多くの植物に良好）
埴壌土	CL	壌土と埴土の中間の感触	適
埴 土	C	ほとんど砂を感じず、粘着性が強い。湿らせて指先でこねると細く長い棒状に伸びる	軽埴土は適；重粘土は不適

ができるほど明確である。主な構造としては、団粒構造、柱状構造、塊状構造、かべ状構造などがある。構造が十分に発達していないものは、単粒構造あるいは無構造と呼ぶ。これらの構造の状態が植物の生育にも大きく関係する。表3.11に土壌の代表的な構造とその特徴について示した。

i. 土色

有機物が土壌中で分解すると、分解の進行につれて黒色味を増し、ついには真黒色の腐植酸となる。有機物が土壌に及ぼす効果は、この腐植酸を形成する過程、すなわち腐植化に伴う無機養分の放出と微生物の増殖作用、および形成された腐植酸による土壌改良作用によるものである。土壌の色はこの腐植酸の含量と密接な関係がある。すなわち、腐植酸の多い土壌ほど黒色味が強く、したがって、一般に黒色味の強い土壌は肥沃な良い土壌と考えて差し支えない。ただ、もともと黒色をしている玄武岩質の砂質土壌では、黒色でも腐植酸などの有機物が含まれないことがある。そのほか、Mnが多くても黒色となる場合もある。

一方、有機物が集積しない心土の色は、一般に赤黄色あるいは灰褐色を呈する。しかし、常時湿潤な条件では青色味を帯びることがあり、これをグライ化という。このため、心土（下層土）の色調から土壌が過湿か否かの判定が可能であり、青味が強いほど過湿状態であることを示し、乾燥を好む植物には不適となる。また、赤味が強ければ鉄分などを含むと判断される。このように、土色によって、土壌のもついくつかの情報を得ることができるので、植物栽培においては、土色について注意を払うことが重要である。表3.12に土色が示す土壌状態の例について示す。

(2) 土壌の化学性

a. 土壌のpHとは

① pHと酸度の違い

酸度とpHはよく「同義語」として用いられる

表3.11 代表的な土壌構造とその特徴

構造の種類	構造の特徴	保水性	透水性 通気性	植物生育の適否
単粒構造	構造が発達せず，土壌粒子がバラバラな状態	小	大	不適
団粒構造	土壌粒子が結合して集合体を作り，互いに接触して空隙のある状態	大	大	適
柱状構造	土壌を割った時，構造面が垂直方向に伸びて発達した状態のもの	大〜中	大〜中	中程度適
塊状構造	土壌を割った時，構造面が多面体状態のもの	大〜中	大〜中	中程度適
かべ状構造	構造は未発達であるが，土壌粒子が結びついて全体が壁のような状態なったもの	大〜中	小	不適

表3.12 土色が示す土壌状態（例）

土色	土壌の状態
黒色〜黒褐色	一般的に有機物が多く，団粒構造をつくっていることが多い．もともと黒色の玄武岩質の砂質土壌では，有機物が含まれないことがある
赤色〜赤黄色	有機物は集積していない．赤味は「鉄分」等が多く含まれることが多い
灰色〜灰褐色	有機物は集積していない．「鉄分」等はあまり多く含まれない
青色〜青灰色	土壌の環境が湿潤な状態にある

が、実際にはその概念は異なっている。単に酸度といった場合は、「有機酸や酸性物質の濃度」を指すことが多く、測定方法としては、一定濃度の水酸化ナトリウム液等で滴定してその消費量から判断する中和滴定法などを利用する。pHは「potential Hydrogen, power of Hydrogen」の略で、水素イオン指数または水素イオン濃度指数のことであり、物質の酸性や、アルカリ性の度合いを示す数値である。pHの測定は、通常pHメーターという測定機器を用いる。土壌のpHとは、本来は土壌水のpHのことであるが、通常は「乾土1に対して蒸留水（または純水）2.5の割合の懸濁液のpH」と規定されている。

土壌pHは土壌の化学性のもっとも基本的な項目の一つである。pH 7（6.6〜7.2の範囲）が中性であり、6・5・4と数値が小さくなると酸性を示し、8・9・10と数値が大きくなるとアルカリ性である。とくにpH 4.5以下を強酸性、8.0以上を強アルカリ性と呼び、一般植物の栽培には適しない値である。カルシウムやマグネシウムなどの塩基類が多いとアルカリに傾き、塩基類が少なくなると酸性になってくる。

② 酸性化はなぜ起こるか

土壌の酸性化は、石灰や苦土、カリなどが少なくなり、pHが低くなると起こる。反対に、それらが多くなってpHが高くなってくると中性・アルカリ性になる。降水量の多いわが国の場合、石灰などが流亡しやすいため、酸性に傾きやすい。

そのほか、窒素肥料を多く施すと石灰が流されやすく、また、石灰を多量に吸収する野菜類や花卉類を繰り返して栽培（連作）したり、石灰吸収量の多い植木などを長年栽培しているうちに酸性化してくる。

③ 酸性土壌は土壌状態や植物にどのような影響を与えるのか

酸性が適している植物や酸性に強い植物では、酸性土壌であってもとくに障害などは出現しにくい。一方で、弱酸性から中性を好む植物やカルシウムを好む植物では、酸性化が進むと様々な障害が現れてくる。しかし、多くの植物では、最適pHといっても、その範囲には比較的幅があり、また、土壌自体が緩衝能をもつため、多少のpH変化によってすぐに障害などが起こるわけではない。急激なpH低下や極端に低pHとなったときに、そして、植物自体の活性が低下したときに、生育障害が起こりやすくなる。表3.13には、酸性土壌による障害例を示した。

④ 都市土壌でのpHの状況と植木類の適正pH

土壌は、様々な自然的・人為的条件に干渉されて、酸性化やアルカリ化する。わが国の自然土壌や農林地土壌は概して塩基類が少なく、しかも多雨条件下にあるため酸性化しているものが多い。しかし、都市の緑地・街路や造成地など人為的要因の強いところでは、水分の循環阻害や、コンクリート化の影響などで、土壌はむしろアルカリ化

表3.13 酸性土壌の障害（例）

障害例	土壌中での変化や植物への影響
アルミニウムイオンの害	酸性土壌ではアルミニウムが溶出する．アルミニウムイオンは一般的な植物には有害で，植物に必要なリン酸を吸収できなくする
養分の欠乏	石灰や苦土の欠乏が生じる．微量要素のモリブデンは溶解度が小さくなり，植物によっては欠乏症を起こす
土壌微生物の活性低下	窒素を植物に吸収しやすい形にする，空気中の窒素を肥料分にする，などを行う土壌微生物の活性は酸性土壌で著しく低下する
土壌団粒構造の崩壊	酸性土壌では腐植質土壌の団粒構造を壊しやすい

している。また、海岸埋立地では、当初は塩分のためアルカリ性を呈した土壌が、海水に含まれる塩化ナトリウム NaCl の Cl（塩素）の影響で数か月～半年程度で強酸性土壌に変わってしまうなど、複雑な変化を示すことがある。

公園や家庭で植栽される花木・植木などの樹木類の多くは微酸性～弱酸性の土壌を好み、アルカリ性土壌を嫌う傾向にある。アルカリ性の炭酸カルシウムが主成分のコンクリートが多く利用されている都市の中の植栽地や、コンクリート片・アスファルト片などが混入している可能性のある造成地では、とくに土壌の酸性やアルカリ性の程度、すなわち土壌 pH に注意し、必要があれば、これを矯正しなければならない。表3.14には、花木・植木類の適正 pH 範囲を例示した。

⑤ 酸性土壌の簡単な見分け方

（ⅰ）植物の生育状態による見分け方
・次の植物がよく育つところは酸性土壌のことが多い
　スギナ、オオバコ、カヤツリグサ、ハハコグサ、キイチゴ
・次の植物がよく育たないところは酸性土壌のことが多い
　ホウレンソウ、タマネギ、ダイズ、アズキ、ニンジン、キュウリ
　＊野菜類には酸性土壌では良好に生育しないものが比較的多い。

（ⅱ）リトマス試験紙

リトマス試験紙を、土壌と蒸留水（1：2.5）をあわせた懸濁液の中に入れ、その色の変化で酸性であるか、アルカリ性であるかの目安を知る。酸・アルカリの程度が pH のように数値で出てくるわけではなく、赤色になれば酸性で、青色になればアルカリ性となる。

（ⅲ）pH 試験紙

pH 試験紙（テストペーパー）を、土壌と蒸留水（1：2.5）をあわせた懸濁液の中に入れ、その色の変化で1～11程度の範囲の大まかな pH 値の目安を知る。

（ⅳ）pH メーター

pH メーターは pH 値を測定する分析機器で、現在では簡易で安価な機種も多数市販されている。

⑥ 適正 pH を保つためには

目的の植物の最適 pH を知っておき、植栽地土壌がそれより酸性側の場合には、その度合いに応じて石灰を施用する。一方、アルカリ性側であれば、石灰資材の施用を控える。中性や弱酸性を好む花卉などを栽培した跡地には、次の花卉類を栽培する前に、石灰資材を適量施用するように心掛ける。また、石灰を可溶化させて流しやすい窒素肥料の多施用は控える。とくに硫安や塩安の過剰施用は好ましくない。十分に腐熟した植物質堆肥類を施用すると土壌の緩衝能を高めるので、効果的である。アルカリ化した植栽地では、ピートモスの施用により pH を低下させる効果がある。

表3.14　花木・植木類の適正 pH 範囲（例）

樹　種	適正 pH 範囲	樹　　種	適正 pH 範囲
カイドウ	5.5～6.5	サザンカ	4.5～6.5
カルミア	5～6	サワラ類	6～7
ツツジ類	4～6	セイヨウアジサイ青系	4～4.5
サクラ	5.5～6.5	セイヨウアジサイ赤系	6.5～7
ピラカンサ	6～8	タイサイボク	5～6
フジ	6～8	ツバキ	4.5～5.5
ボケ	5.5～7.5	ヒバ類	5～6

注）適正 pH 範囲は目安であり、品種や土壌状態などで変わることもある

b. 電気伝導度（EC）

　電気伝導度（electric conductivity；EC）は、植物の根に吸われやすい水溶性養分の豊否を示す数値で、mS/cm（ミリジーメンス）という単位で表され、0.1〜0.3の範囲にあれば適、0.1以下では養分欠乏、0.3以上では養分が十分に含まれるので施肥の必要はないと考えてよい。ただし、海岸埋立地などでは塩分のためECが高い数値を示すことがあり、必ずしも養分状態と比例しないが、この場合でもECが下がるまで施肥は避けた方が無難である。

c. 陽イオン交換容量（CEC）

　CECは「cation exchange capacity」の頭文字をとったもので、「陽イオン交換容量」のことである。これは塩基分などの肥料分をどれだけ保持できるかという「保肥力の目安」となる。土壌中の粘土分や腐植分などによって構成される土壌コロイド（土壌膠質）は、通常はマイナスの電荷をもっており、そこに陽イオンであるカルシウムやマグネシウム、カリウム、アンモニウム、水素などが吸着する。これらの陽イオンを吸着できる最大値をCECと呼んでいる。単位は乾土100gあたりのミリグラム当量（meq）として表される。この値が大きいほど、多くの陽イオンを吸着でき、保肥力が高い土壌とされる。CECは、一般的に粘土質土壌や腐植質土壌で高く、砂質土壌で腐植などの土壌有機物の少ない土壌では小さい。CECが大きい場合には、やや多めに施肥しても植物に障害は比較的現れにくいが、値が小さい場合には、多肥を行うと養分過剰による濃度障害のおそれもある。この場合は少量ずつ何回かに分けて施用するなどの注意が必要となる。

　CECは土壌の種類ごとにある程度の傾向があるため、土壌の種類ごとに測定しておけば、大まかな数値を知ることができる。例えば、一般的に火山灰土壌では20〜40meq程度、洪積土および沖積土では15〜30meq程度である。砂質土では15meq以下で、粘土分や有機物が含まれていない場合には10meq以下のこともある。有機物のCECは土壌より高く60meq以上あるため、有機物の多量施用土壌でのCECは高くなる。街路や公園、家庭などでは、堆肥などの有機物の補給が少なく、野菜や花卉などの施設栽培土壌は有機物が多量に施用される。そのため、同じ種類の土壌でも、肥培管理や有機質類の補給の違いによって、CECも多少変わってくることがある。CECの大きさにより、1回に施用できる肥料の量も変わってくるので、分析会社などに依頼してCECの数値を調査してもらい、その値を把握しておくことが望ましい。

d. 土壌によるリン酸の固定（リン酸吸収係数）

　土壌中に含まれる鉄、アルミニウムなどは、リン酸と結合して不溶化する作用があり、この作用を「リン酸の固定」あるいは「リン酸の吸収」という。風乾土100gが固定（吸収）するリン酸量（mg）をリン酸吸収係数（略して「リン吸」ともいう）と称し、関東ロームなど火山灰土の赤土はこの係数が著しく大（2,000以上）であり、黒ボク土も腐植の力でこの係数がやや弱められているが、やはり1,600〜2,000前後の大きい値を示す場合が多い。

　リン酸吸収係数の大きい土壌は、根によるリン酸の吸収が妨げられ、施肥してもリン酸がうまく吸収利用されないので、土壌がリン酸不足の様相を呈することになる。また、低pHにするとアルミニウムの害が現れることもある。リン酸吸収係数の大きい土壌では、有機物とリン酸肥料を混合施用したり、熔成リン肥などの緩効性リン酸肥料を施用するなどの配慮が必要である。なお、熔成リン肥はアルカリ分を多く含むので、土壌が酸性化している場合の施用に適しており、土壌がアルカリ化している場合は施用を避ける。

（3）土壌断面および表層土壌の調査

a. 採土による表層の調査

　花壇や緑地帯での植栽の際に、表層土壌の化学性等を分析するには、土壌サンプルを偏らずに採取することが大切である。ふつうは、次のように

行う。
① 土壌表面に対角線を描き、2本の線の交点1か所、交点と各線の先端との中間点それぞれ1か所、計5か所を土壌採取地点とする。
② 各地点の表層1〜2cmを剝ぎ、深さ15〜20cmの土壌を採取する。なお、採取の深さは表土の厚さや植栽する植物の種類により調整する。採取量は1か所から200〜300gとする。少ないと誤差が多くなり、多すぎると③の扱いが大変となる。
③ 5か所から採取した土壌を均一となるように丁寧に混合する。
④ 混合物のうち200〜300g程度を分析用に残し、余剰の土壌は元の場所に戻す。

表3.15 試坑断面調査の項目と等級（表土の例）

項　目	1等級	2等級	3等級	4等級
表土の厚さ	30cm以上	20〜15cm	15cm以下	無
緻密度（mm）	18以上	19〜23	23〜28	29以上
団粒化	半分以上	2〜3割	一部	無
土　色	黒色〜黒褐色	暗褐色〜褐色	赤色〜黄色	灰色〜青色
土　性	埴壌土〜壌土	砂壌土	砂土・埴土	重粘土・礫土
乾　湿	適湿	やや乾・やや湿	過乾・過湿	潤（過湿土）
礫含量	無	あり	多	礫層
細根の分布	富む	中程度	あり	無

表3.16 土壌評価のための調査方法および評価基準（例）

項　目	測定方法・評価基準
表土の厚さ	実測（折尺）
緻密度（mm）	実測（山中式硬度計）
構　造	目視（柱状亀裂，塊状亀裂，団粒状，壁状，単粒状）
土　色	標準土色帳によるマンセル方式表示
土　性[1]	重粘土…粘土細工用の粘土の状態 埴土……砂を感じない，強く粘る 埴壌土…一部砂がある感じ，やや強く粘る 壌土……粘土と砂が半々の感じ，やや粘る 砂壌土…砂の感じが強い，粘らない 砂土……砂ばかりの感じ
乾　湿[2]	過乾……湿り気を感じない やや乾…湿り気を感じるが掌は濡れる 適湿……掌に湿り気が残る 過湿……掌がじっとりと濡れる 潤………水滴が落ちる
礫含量[3]	無：5％以下　あり：5〜20％　多い：20〜50％　礫層：50％以上
細根の分布[4]	無：5％以下　あり：5〜20％　中：20〜50％　富む：50％以上
有効土層	地表から根が伸びられない層（礫層・湧水層・硬盤等）までの深さ

注1）旧日本農学会法による指定触感判定　2）土塊を握りしめた感触で判定
　3, 4）土の中の体積割合

⑤ 分析土壌は実験室に持ち帰り、土壌を浅いプラスチック製容器等で風乾したものを、分析用試料とする。
⑥ 分析を依頼する場合は分析者と十分に相談しておく。

b. 試坑断面調査

実際に図3.12（p145）に示した断面を観察してみよう。まず、1mほどの縦穴を掘る（植栽する植物の種類や調査目的により、さらに深く調査を行う）。観察や作業がしやすいように、観察する土壌の断面を平らに、反対側の作業者の背面は腰を落とせる等の利便性や掘り下げる労力等を考慮して階段状にするとよい。関東地域の平地の土壌では1mほど掘ると、ふつうはB層まで観察することができる。

試坑断面調査の項目および等級を表3.15に示す。これらの項目には土壌物理性に関与するものが多いため、調査を十分に行うと土壌分析の代用ともなる。2等級の土壌では、植栽する植物を選定すれば通常管理が可能であり、3・4等級では土壌改良を必要とする。土壌の調査項目ごとの測定方法および評価の基準を表3.16に示す。具体的な方法や意義は関連の項目の記述を参照。

3 都市での植木植栽地の土壌と施肥

植物栽培の基本は、土壌に関しては、「土壌を知ること」であり、「土壌そのものの性質や成り立ちの把握」「土壌中の養分状態の把握」「土壌中の水分状態の把握」などが重要である。また、樹木の植栽に関しては、当該樹木における生育障害の有無や樹勢の強弱など、総合的実相を知ることも重要である。例えば、①植栽されている樹木の立地環境がどのようになっているのかという「現状」、②庭や公園、街路等の樹木が健全に生育しているかどうかを判定する「診断」、③弱った樹木の樹勢の回復させるためにはどうするのかという「対策」など、いろいろな場面を想定する必要がある。

（1）都市に植栽されている樹木の現状

a. 樹勢衰退の目立つ個体が増加している

植栽された樹木の樹勢が衰退する原因としては、いくつかのケースが想定される。主なものは土壌条件の悪化と、その他の植栽環境によると考えられる。

① コンクリート化された都市環境の総合的な悪影響〔土壌の悪化〕

街路樹植栽地や緑地帯などの周囲をコンクリート化された土壌では、「土壌が密封化」された状態となりやすい。人々の通行量も多いため、土壌を踏み固めることにもなり「緻密化」された状態ともなる。このような土壌では、十分な水分を保持する容量も少なく、雨水なども十分に浸透しないため「水分不足」が起こる。また、緻密な土壌では毛管孔隙等が少なくなり、保肥力も低下する。さらに、養分は水に溶けた状態で移動したり、植物に吸収されたりするが、水の移動が悪くなると、存在するが吸収されないという「養分不足」も懸念される。

② その他の植栽環境の悪化

都市では自動車の排気ガスや多くの建物から排出される二酸化炭素、工場からの煤煙などが多いため、「大気環境の悪化」や「気象環境の変化」も起きている。これらが都市に植栽されている植物にとっては衰退の一因となる場合がある。大気環境の悪化に対しては、個々の樹木に対策を講じることが難しい事情もあるので、土壌の物理的な状態や養水分状態を良好にし、樹勢を十分に高めておくことが重要である。

b. 樹木を健全に生育させるための土壌肥料的な対策

土壌肥料の面から樹木を健全に生育させるには、根が伸びやすく、養水分を吸収しやすい土壌条件の確保が必要である。そのためには、土壌を膨軟に保ち、養分や水分の貯蔵・保持力の向上を図ることが必要である。また、樹木では野菜や花卉類の栽培と異なり、施肥がしにくかったり、施肥そのものも忘れがちであるが、落ち葉などが土壌に

還元されず、取り除かれる植栽環境にあっては、樹勢を維持するために樹木の栄養としての肥料養分の補給が欠かせない。表3.17に樹木を健全に発育させるための対策を例示した。

c．衰弱した樹木の樹勢回復は可能か

近年の試験や調査の結果からみると、樹木が全体的に弱っていても、大量の枝葉の褐変・枯死部分がなく、比較的程度の軽い場合は、土壌改良と施肥である程度まで樹勢回復させることが可能であると考えられる。また、一部の葉が黄色くなっている個体や、葉が小さく、少なくなってきた樹木なども、健全な根が残っていれば、根圏土壌を物理的・化学的に改良したり、適正な施肥を励行すれば、樹勢回復を図ることができるかもしれない。しかし、ほとんどの根や枝葉が褐変・枯死しかけている個体や、幹に多くの空洞や腐朽がある個体などは、樹勢回復が難しいことも多く、該当の樹木の樹勢や土壌、他の環境条件を詳細に検討しながら対策を講じる必要がある。

（2）都市の公園や街路樹の土壌改良の例

土壌条件と樹木の生育の間には密接な関係がある。このため、土壌中に樹木の生育を阻害する要因が含まれていれば、これを除去あるいは改善することが求められる。土壌改良は原則、全面改良を前提に計画するべきであるが、実際には経費や労力的に植穴改良しかできない場合が多いので、全面改良・植穴改良の両方の改良法や時期を想定・検討することが必要である。また、植栽後の土壌改良はきわめて困難であり、植栽する前に十分な土壌改良を施すことが大切である。

都市の公園や街路樹の土壌は、農作物を栽培する圃場とは異なり、人工的な要素が非常に強いため、様々な弊害も顕在化している。すなわち、土質が悪化し、乾燥条件が強まり、pHの上昇（アルカリ化現象）を招くことなどが挙げられる。以下にいくつかの問題土壌の改良の方法について考えてみよう。

a．自然条件に近く比較的良好な土壌の改良

土色が黒色で有機物も多く、一見良好な条件にある土壌は、一般的には特段の改善を要しないと思われがちである。しかし、ECが低く、養分がやや乏しい場合があるので、土壌診断などを実施して、土壌中の養分状態を把握することが大切である。この結果、養分が不足する場合には、施肥によってこの点を補う必要がある。

火山灰土壌は、膨軟で保水性・透水通気性ともに優れており、樹木の植栽には比較的良好である。しかし、リン酸を強く固定する作用があるためリン酸分の供給力に欠けるので、リン酸の施肥に配慮を要する。土壌検診の結果、酸性ならアルカリ分の多い熔成燐肥を、中性に近ければ重焼燐または過リン酸石灰を、それぞれ植穴の土量 1 m² に対して、3〜5 kg混和して植栽する。黒ボク土であれば有機質施用は不要であるが、赤土の場合は土量の10 %（容積比）くらいを目安に、バーク堆肥やピートモスを混和するとよい。

b．湿潤土の改良

地下水位が高い場所や、表土下に不透水層があるような土層をもつ場所では湿潤土壌となりやすい。また、谷戸や段丘下のように水が集まりやすい地形のところも湿潤化傾向にある。そのような湿潤土壌のおいては、そのままの状態ではハンノ

表3.17 樹木を健全に発育させるための対策

対　策	具体的な方法の例
膨軟な土壌の確保	適正な耕起，堆肥施用，改良材施用等
養水分の保持力向上	植物質堆肥などの有機質資材の施用による保肥力，保水力改善
肥料養分の補給	適正な肥料の種類と施肥量の把握および実際の施肥

キやヤナギ類、カツラ、ヤチダモ、アジサイなど湿潤に強い性質の適樹種を植栽する必要がある。植栽樹種の幅を拡げ、景観を多様化したい場合には、排水あるいは盛土で表層土の水分含量の適正化を図る。この際には、盛土の土質に注意し、細孔に富む膨軟な土壌、例えば、黒ボク土の表層土（黒土）や下層土（赤土）などを用いる。さらには、土壌の肥沃度やリン酸吸収力をチェックし、施肥によってバランスの取れた養分状態を保つようにするとともに、有機物類の施用が必要である。

c. 攪乱され、乾燥化傾向にある土壌の改良

砂礫やコンクリート片が混入していたり、表面が舗装されたところでは、土壌が攪乱されているだけでなく、乾燥化やアルカリ化も懸念される。とくに、舗装下の土壌では、礫が多い、乾燥しやすい、著しく硬いなどの、土壌的に欠陥が見られることも多い。そのような場合には、根は幹の回りのごく狭い範囲にしか張れず、樹勢は不良となる。都市部の公園でも、できるだけ舗装を避け、やむなく舗装する際には、舗装下の土壌を可能な限り膨軟で保水性・通気性ともに優れた状態に保つような施工が必要である。

また、樹冠下およびその周辺が露地状態のときでも、地被植物（下被植物）の有無により、土壌の乾燥化や樹勢はかなり異なるもので、裸地の場合は深さ10〜20cmの部分が乾燥の繰り返しや踏圧によって固く締まり、毛根の発達や透水が悪くなって樹勢を阻害するが、樹木の下に草が生えていたり、地被植物の植栽があると、乾燥化が緩和され、樹勢にも良い影響を与えるので、適正な地被植物を導入することが望ましい。ただし、樹木との養水分の競合を避けるため、根域の異なる植物を植栽することとし、後述する施肥の際も十分考慮する必要がある。

d. アルカリ土壌の改良

上述のように、土壌のpHは5.5〜6.5が多くの植物にとって適正範囲である。都市の公園や街路の土壌ではその範囲を超えて、一部アルカリ化傾向がみられている。アルカリ化した土壌というのは石灰や苦土、カリ等の蓄積で生育障害が起こる。しかし、その改良については、土壌中のアルカリ物質を取り出すことが難しいことから、酸性土壌の矯正よりも困難な面をもっている。もともとわが国の土壌は酸性のものが多く、酸性の改良に関しては多くの研究・試験例や実績がある。一方で、アルカリ土壌の改良についてはこれまで実際的な事例も少なく、また、土壌改良が進んでいる農業場面でも改良自体の必要性がほとんどなかったので、未知の部分も多く、改良方法や資材等の開発もあまり進まなかった。

アルカリ土壌を改良するには、アルカリ物質を土壌から取り除くか、あるいは不溶化させて植物に利用できなくすることが必要である。取り除く方法としては、アルカリ物質を土壌溶液中に溶け出させて下層に流亡させることが考えられるが、この方法は環境面で様々な問題を含んでおり、推奨できない。そこで、植物が植栽されたまま、アルカリ物質を不溶化させる方法が検討されている。具体的にpHを低下させる働きのあるものには、硫黄華や石膏に硫酸等を作用させた改良資材等がある。これらが土壌中で、例えば石灰と結びつくと硫酸カルシウム（石膏）という水に溶けにくい物質となり、pHを下げることができる。施用量は資材の種類、土壌の種類、目的のpH値等で異なり、一概にpH値とそれを改善するための施用量の目安は決定するまでには至っていない。改良資材の使用にあたっては土壌状態のチェックが常に必要である。この他、土壌にピートモスを混和施用する方法は、すぐにpHを低下させる効果は少ないが、長期的には好影響があるため、コスト面ではやや割高ではあるが、由緒ある樹木などには施用価値があると思われる。

e. 重粘土の改良

「重粘土」の欠点は水はけの悪さと通気不良にあるので、パーライトのような多孔質の土壌改良資材を用いるとよい。施用量は容積で土壌の5〜10％程度が適当量である。有機質のピートモ

スも重粘土の改良には有効である。そのほか、コストは高くなるが、高分子系土壌改良資材によって土壌を凝集させ、団粒化を図る方法もある。

f. 砂質土の改良

　砂質土に保水力と養分の吸収保持力をもたせるためには、主に植物質の有機質資材の施用が行われる。施用量は、容積比で土量の10〜30％程度施用すると、目に見えて効果が現れ、かなり保水力などが改良されてくる。さらに必要があればベントナイトやゼオライトなどの優良粘土を加えるとよい。粘土を加える量は、コストや手間などを加味すると、土量の5〜10％程度が適切と考えられる。

g. 傾斜地の土壌改良

　傾斜地では土壌の侵食を防ぐことが第一目的となるので、斜面を流れる水が土壌表面に直接触れないように地被植物を育てることが重要である。併せて、雨水等が地下に速やかに浸透するように、有機質資材や高分子系土壌改良資材を施用し、土壌孔隙を増やしたり、土壌の団粒化を図ったりする必要がある。栽植前には、植穴に対して土壌の特性に応じた土壌改良を行い、土は表面が水平になるように埋め戻す。また、斜面地を段々状にして雨水等が急激に流れ落ちないようにすることも効果的である。

h. 海岸埋立地の土壌改良

　海砂やヘドロ（海や河川・湖沼などの底に沈殿した有機物などを多く含む泥）による埋立地の土壌は、埋立後しばらく高塩分・高pHの状態にあるが、やがて次第に塩分が洗い流され、それと同時にpHも低下して、植栽が可能となる。硫黄分の多いヘドロの場合、埋立後数か月後には硫酸生成による強酸性化現象がしばしば見られるので、pH値の安定を待ち、必要があれば石灰でpHを調節した後、植栽する。

　海砂やヘドロにそのまま樹木を植栽しても順調な生育は期待できないので、原則として厚さ60cm以上の全面客土を施したい。客土しない場合は、旺盛な草生が認められるようになるまで待ってから樹木の植栽を行うが、この場合でも植穴客土は必ず実施する。

（3）都市において樹木の植栽されているケースでの土壌改良

a. 都市の公園における土壌改良

　都市の公園では広域で持続的な土壌管理が必要であるが、併せて植穴周辺の土壌を将来の土壌悪化に備えて良い状態に保つことも求められる。植栽時には、将来の樹木の成長を見込んだ十分な容積の植穴を用意し、埋め戻す土壌は礫やコンクリートなどを含まない、膨軟な土質のものとすることが大切である。

　具体的な改良としては、バーク堆肥やピートモスなどの有機質資材を、容積比で土量の10％程度混合しておく。鶏糞などの窒素に富む有機物や、テンポロンなどの濃厚腐植酸を用いる場合は、土量の2〜5％の範囲にしないと、窒素の効きすぎによる肥焼けを起こすとともに、コスト高となる。

b. 街路樹土壌の特徴

　街路樹の場合、有効土層の範囲は植枡の大きさと周辺の舗装条件によって決まる。周辺が平板舗装またはベルト状植枡なら根が良好に発達するが、アスファルト舗装では舗装下の土質が良くないと、根が舗装下まで伸びず、根系が植枡内に限定されてしまう。この状態では根張りが悪く、樹勢が不良となり、台風時に倒木の危険性も増大するので、樹高・樹冠が大きくなる種類では、できるだけ広範囲に根を張らせるように、広い植枡を確保する必要がある。

c. 大規模造成地における植栽での土壌改良

　大型機械によって大規模に切土や盛土を行ったところは、盛土部分、切土部分それぞれに欠点を生じており、そのままでは樹木の成長に支障を来すことが多い。本来緑化のための工事はできるだけ自然状態を活かして行うべきであり、自然地形

や植生を無視して、画一的に表土を剥ぎ取り、平坦化するような設計では、優良な緑地造成は望めない。設計時から土壌状態などにも十分な配慮が求められる。しかし、地域全体の造成計画の中で、切土や盛土も止むを得ない場合も多いので、人工造成地の土壌改良について考えてみよう。

① 切土部分の土壌改良

リッパーなどで固結した表面をほぐし、排水溝などを適宜配置して、雨水が移動できる状態をつくる必要がある。暗渠も排水に有効であるが、露出する心土は保水力が乏しいので、土壌を乾燥させないよう注意する。切土で露出した心土の土壌改良には、良質土壌の客土および有機質資材の施用などが必要となる。

樹木の将来の生育を考えれば、土壌改良は植栽帯全面に施すことが望ましい。客土は膨軟土壌を厚さ30cm以上とし、有機質の乏しい赤土では、土量の10％（容積比）程度の有機物を混合するとよい。客土の土質が重粘な場合は、パーライトなど多孔質の土壌改良資材が有効である。

また、切土した場所は、土質が悪く、周囲から水が流入して過湿になることがあるので、粗大な有機物を入れて孔隙を多くするなどの配慮が必要である。全面の改良が難しい場合には、植穴の土壌改良も有効である。植穴の土壌は保水力のある膨軟なものが良く、有機物の乏しい所は土量の10％（容積比）程度のバーク堆肥やピートモス等の有機質資材を混合するとよい。植穴土壌が火山灰土の場合は、リン酸肥料を多めに施用して、リン酸の不足を防ぐことも必要である。

② 盛土部分の土壌改良

盛土をする場合、その土壌の質が問題となる。土質が良好であれば、植栽材料としては好適であるが、コンクリート片やアスファルト片などを含む残土のような不良土壌を盛土してしまうと、後の植栽に支障を来すので、盛土の土質には十分に注意する必要がある。

盛土は、斜面地で切土と同時に実施されることが多く、そのような地形では水の流れや集まりに配慮しなければならない。例えば、低湿地に盛土する場合は、有機質に富む土壌はかえって湿害を起こしやすいので、赤土を用いる方がよい。また、乾燥が予測される条件では、有機質に富む土壌の方が、保水力が高くてよい。盛土の直後は土壌条件が比較的膨軟であり、土壌改良資材も混和しやすいので、この時期に植栽地帯全面の土壌改良を図ると効果的である。

盛土部分の具体的な土壌改良としては、盛土の土質が重粘あるいは砂質のときは、表層にバーク堆肥やピートモスなどの有機質資材を土量の10％程度入れ、よく混和する。このとき、過湿気味ならパーライトを下層に層状施用する。火山灰土の場合は、酸性なら熔成リン肥を、中性〜アルカリ性なら重焼リンまたは過リン酸石灰を、m^2あたり（深さ10cm）0.3〜0.5kgくらい施用し、よく混和する。盛り土の植穴改良では、植穴の土量に応じて表3.17のような対策を施すとよい。

d. 都市土壌のまとめ

以上のことから、都市の公園や街路における土壌改良は、広域かつ持続的な土壌管理の必要なことが指摘できるが、併せて植穴周辺の土壌を将来の土壌悪化に備えて、できるだけ良い状態に保つ必要がある。このためには植栽時に、将来の樹木の成長を見込んだ十分な容積の植穴を用意し、埋め戻す土壌は礫やコンクリート片などを含まない膨軟な土質のものとし、さらにバーク堆肥やピートモスなどの有機質土壌改良剤を、容積比で土壌の10％程度混合しておきたい。ただし、鶏糞などの窒素に富む有機物やテンポロンなどの濃厚腐植酸を用いる場合は、土量の2〜5％の範囲に留めておかないと、コスト高になるとともに、窒素の効き過ぎによる肥焼け（肥当たり）などの問題を起こすことがある。

次に、施肥によって養分の補給を図る対策であるが、化学肥料の施用は土壌を酸性化させるので、都市の公園のような痩せたアルカリ土壌には、化学肥料の施用は一石二鳥の効果を示す。いうまで

もないが、石灰施用はアルカリ傾向を促進するので避けなければならない。表3.18に、わが国における一般的な樹木の生育に影響の大きい土壌因子とその目安について例示した。

4　樹木の養分吸収と施肥

　土壌の主要な役目の一つは、樹木がその生育に必要とする養分を根から適切に供給することである。樹木の養分吸収は、樹種、樹齢、季節、土壌中の各養分の濃度と相互のバランスなどによって変動する。やみくもに施肥を行ったのでは、労力や経費が無駄になるだけでなく、樹木に障害を起こすことにもなりかねない。すなわち、樹種ごとの養分吸収特性を踏まえ、必要な養分を適期に適量補給する施肥と、前述の土壌改良が併せて行われてこそ、健全な樹勢が確保されるのである。

（1）樹種による養分吸収の違い

　樹種による養分吸収特性の違いには、針葉樹・広葉樹という形態的な分類とは別に、樹種をいくつかのタイプに区分できる。表3.19に、養分吸収特性区分からみた樹種の類別の例を示した。なお、この類別においても今後さらに樹種ごとにきめ細かい検討が必要と考えられる。

（2）樹齢による養分吸収の違い

　樹木の養分吸収能力は、当然のことながら樹種や樹齢により異なる。表3.20には、スギとアカマツがそれぞれ1年間に吸収蓄積する養分量を樹齢別に示してある。この表から、スギは20～30年、アカマツは30～40年と、それぞれの樹種がもっともよく成長する時期に養分吸収蓄積量のピークに達し、その量は1樹あたり年間で窒素（N）が20g以上、リン酸（P_2O_5）が2～5g、カリ（K_2O）が10～20gと考えられる。

表3.18　一般的な樹木の生育に影響の大きい土壌因子

土壌因子	内容・因子の目安例
有効土層の厚さ	低木で30cm以上，中木で60cm～1m，高木で1～2m確保
土壌の硬度	山中式硬度計で8～18mm程度．根が伸びやすい柔らかさが必要
土壌の水分	30～40％程度（樹種で異なる；湿潤な条件を好むものはさらに高い）
土壌のpH	わが国の在来樹種では5.5～6.5程度（樹種により異なる）
土壌中の肥料成分	樹木の種類で適正値は異なる．施肥量に注意する（表17・18を参照）
土性	SL～CLが適する．通常はL（壌土）が好ましい

表3.19　養分吸収特性区分からみた樹種（例）

養分吸収特性区分		代表的な樹種
痩せ地向き	少肥型	クロマツ，アカマツ，サワラ，ヤナギ，ハナズオウ，ムクノキ，サンゴジュ，アカマツ，ヤマモモ，イスノキ，イヌマキ，サザンカ，ニセアカシア
肥沃地向き	N多肥型	イチョウ，スギ，ケヤキ，アオギリ，スズカケノキ，ソメイヨシノ，キョウチクトウ，ツツジ，ナンキンハゼ，イロハモミジ
	P多肥型	サツキ
	K多肥型	シイノキ，ヤマザクラ，トチノキ，トウカエデ，トベラ，マサキ，カイヅカイブキ，クスノキ

注）東京都農業試験場（1971～1976）のデータによる

（3）季節別にみた養分吸収傾向

東京都農業試験場（現 東京都農林総合研究センター）の成績（伊達ら，1962，1973）等によると、苗木類の養分含有率の月別増加傾向は、下記4タイプに分類できる。

① Aタイプ（スギ、ヒノキ）：NとKは7〜8月に最高濃度になり、Pはやや遅れて9月に最高濃度となる。3月ごろの春先の施肥が適する。

② Bタイプ（トウカエデ、ケヤキ、プラタナス）：Kは8月、NとPは9月頃最高濃度となる。多くの広葉樹がこのタイプで、4月頃から梅雨期までの間の春〜初夏肥が適する。

③ Cタイプ（イチョウ）：Kが8〜9月、NとPは10月頃と、Bタイプよりやや遅れて最高濃度となる。梅雨期ごろの初夏肥が適する。

④ Dタイプ（マツ）：P、Kは8月頃最高濃度となるが、Nはむしろ春先の方が濃度が高い。秋肥（9〜11月）が適する。

（4）落葉による養分の放出

a. 年間の落葉量と落葉中の養分量の試算

東京都農業試験場（1971〜1972）の成績から、年間の落葉量と落葉中の養分量を試算すると、樹冠下面積 $1m^2$ あたりNが5g、P_2O_5 が1.5g、K_2O が5g前後の養分が落葉とともに放出される。これがそのまま土壌に還元されれば養分が循環されることになるが、公園植栽樹や街路樹では落葉は除去されることが多いので、この場合は落葉除去分の損失を考慮した施肥対策が必要である。

b. 施肥のねらいと肥培体系

肥培体系が明確化されている林地の場合と比して、緑地植栽や街路樹の施肥のねらいや肥培体系は確立しているとはいえない。そこで、林地の肥培体系と対比させながら、緑地肥培を体系付けてみると、おおむね表3.21のようになると考えられる。

表3.20　樹木の年間養分吸収蓄積量　　　　　　　　　　　　（g/樹あたり）

樹　種	樹　齢	窒素（N）	リン酸（P_2O_5）	カリ（K_2O）
スギ	1〜6	2	1	2
	6〜17	5	1	4
	17〜30	25	3	17
	30〜40	20	2	22
アカマツ	1〜6	2	1	1
	6〜13	7	2	5
	13〜32	6	2	4
	32〜43	24	5	10

注）表中の数値は、塘ら（1956〜1969）のデータ（「土壌肥料学大辞典」掲載）を東京都農業試験場が換算・算出したものである

表3.21　緑地植栽・街路樹における施肥のねらいと肥培体系　〜林地肥培体系との比較〜

時　期	林地肥培体系	緑地肥培体系
第1期	林分閉鎖促進（1〜2年おきに施肥）	成長，繁茂促進（毎年施肥）
第2期	間伐材の増収（数年おきに施肥）	樹姿形成（2〜3年に1回施肥）
第3期	主伐材の増収（伐採前に1〜2回施肥）	樹姿完成、樹勢維持（必要に応じて施肥）

注）東京都労働経済局農林水産部農芸緑生課（1989）「グリーンハンドブック」より引用・一部改変

(5) 緑化樹木の施肥標準量

緑化樹木の「施肥基準」については確定的な資料が策定されていなかった。そこで、これまでに述べてきた種々の要因を踏まえ、林木、果樹、クワ、茶の肥培例および東京都農業試験場が1972年以降実施してきた施肥試験結果を総括して、「緑化木施肥標準量」が試案として出されているので、表3.22、表3.23に例示する。表3.22は、自然循環系が保たれ、落葉が土壌に還元される場合の施肥標準量の例である。また、表3.23には、都市環境下にあって落葉が除去される場合の施肥標準量の例を示してある。なお、両表の数値はいずれも標準量であり、もちろん樹種、樹齢、土壌の肥沃度などによって適宜増減しなければならない。また、この試案は今後に得られるデータの積み重ねにより、逐次改訂されるべきものであり、科学的なデータを基にした積極的な修正案や、樹種別あるいは類似樹種群別の「施肥基準」の作成が期待される。

(6) 樹木に適する肥料

樹木に用いる肥料はあまり速効性でなく、3要素のバランスの良いものが望ましい。市販肥料で、樹木向きのものは以下の通りである。

① 林業用固形肥料：ふつうの大きさのもの（速効性）：ちから1号など；大粒のもの（遅効性）：まるやま1号など
② 農園芸用緩効性化成肥料：CDU化成、IB化成など
③ 棒状打込肥料：グリンパイルなど
④ ブリケット肥料：ウッドエースなど
⑤ 有機肥料：鶏糞、「油粕＋骨粉＋草木灰」など

表3.22 緑化樹木の施肥標準量 (1) 落葉も土壌に還元される場合

樹種		単木 (g/樹)			植込み (g/m²)		
	樹高	窒素 (N)	リン酸 (P_2O_5)	カリ (K_2O)	窒素 (N)	リン酸 (P_2O_5)	カリ (K_2O)
針葉樹	低木	10〜15	10	10	15	10	10
	高木	15〜20	15	15			
落葉広葉樹	低木	10〜20	10〜15	10〜15	10〜20	10〜15	10〜15
	高木	20〜30	15〜20	15〜20			
常緑広葉樹	低木	10〜20	10〜15	10〜15	10〜20	10〜15	10〜15
	高木	20〜30	15〜20	15〜20			

注）出典は表3.21の脚注に同じ

表3.23 緑化樹木の施肥標準量 (2) 落葉が除去される場合

樹種		単木 (g/樹)			植込み (g/m²)		
	樹高	窒素 (N)	リン酸 (P_2O_5)	カリ (K_2O)	窒素 (N)	リン酸 (P_2O_5)	カリ (K_2O)
針葉樹	低木	10〜15	10	10	10〜20	15	15
	高木	20〜30	20	20			
落葉広葉樹	低木	10〜20	10〜15	10〜15	20〜30	20	20
	高木	30〜50	20〜30	20〜30			
常緑広葉樹	低木	10〜20	10〜15	10〜15	20〜30	20	20
	高木	30〜50	20〜30	20〜30			

注）出典は表3.21の脚注に同じ

5 苗畑の土壌管理

苗畑土壌は、水分変動に対し安定で、有効土層すなわち根の伸張に支障のない膨軟な土層の厚さが少なくとも30cm以上あることが望ましい。このため、苗畑の土づくりは、有機質資材の多施用と深耕を主体に、根の良く張れる状態をつくるよう心掛けなければならない。

苗木の施肥量は、塘（1951）の試算によれば、幼苗でm^2あたり40～60本の植栽密度として、窒素（N）が10～15g/m^2、リン酸（P_2O_5）が6～14g/m^2、カリ（K_2O）が5～8g/m^2とされている。苗が大きければその分だけ植栽本数が少なくなるので、低木の場合には上記の施肥量は苗木の大きさにかかわらずほぼ一定と考えて差し支えない。

根群に富む苗木づくりにはリン酸が重要であり、また、輸送中や植栽後の寒凍害に対し抵抗性が強く、活着の良い苗木づくりにはカリが大きな役割を果たすので、出荷前の施肥量は、上記P_2O_5、K_2Oの量をそれぞれ5割増とする。

苗木向き肥料は、肥焼けを起こしにくい製品を選ぶ必要がある。例えばIB化成やCDU化成等の緩効性肥料は苗木に適するものの一つである。

6 土壌改良に使用される主な資材

上述したように、土壌改良には場面により異なる様々なケースがあるが、要は土壌の物理的・化学的・生物的性質を、樹木の生育に適する方向に改善することであり、そのために種々の土壌改良資材が用いられる。土壌改良資材のうち、有機質のものは広汎かつ確実な効果を有するので、土壌改良の基本は有機物の投与が担っているといって

表3.24 緑地植栽・街路樹における施肥のねらいと肥培体系 ～林地肥培体系との比較～

分類	土壌改良資材の種類（例）		機能・特徴
有機質	泥炭・若年炭（亜炭）類		
		①草炭類：ピートモス，ピート	保水性・保肥力・膨軟性の改良
		②泥炭加工品：リグノセルロースフミン酸質資材	保肥力・生物性の改良
		③亜炭加工品：ニトロフミン酸質資材	保肥力・生物性の改良
	樹皮堆肥：バーク堆肥，オガクズ堆肥		膨軟性・生物性の改良
	コンポスト類：都市ゴミコンポスト，汚泥堆肥		保水性・保肥力・膨軟性の改良
	堆肥類：ワラ堆肥，落ち葉堆肥		保水性・保肥力・膨軟性の改良
	家畜糞堆肥：牛糞堆肥，豚糞堆肥		養分補給，理化学性の改良
	有機質肥料：油かす，魚かす，米ぬか		養分補給，理化学性の改良改良
	炭化資材：オガ炭，クンタン，活性炭		物理性・生物性の改良
無機質	天然岩石・鉱物・粘土類：ゼオライト，ベントナイト		保水性・保肥力の改良
	焼成岩石類：パーライト，バーミキュライト		通気性・保水性の改良
	石こう（硫酸カルシウム）：天然石こう		アルカリ性の改良
普通肥料	石灰肥料：炭カル，消石灰，生石灰		酸性改良
	リン酸肥料：熔燐，重焼燐，過リン酸石灰		リン酸富化
	珪酸肥料：鉱滓珪酸質肥料		活性アルミナ抑制
	苦土肥料：硫酸苦土肥料		塩基の補給
高分子化合物	合成高分子系資材：ポリビニールアルコール系資材，ポリアクリル酸塩系資材，メラミン樹脂系資材		土壌団粒化促進

注）物理性：保水性・膨軟性・通気性等の改良；理化学性：物理性と保肥力・養分補給等の改良

も過言ではない。しかし、強酸性土壌のように、有機質資材と併せて石灰の施用を必要とする場合や、低湿地では有機質資材の施用がかえって根腐れを起こす場合があり、また、未熟有機物の多施用は白紋羽病・リゾクトニア病・白絹病や、コガネムシ類などの発生を助長するおそれもあるので、それぞれの資材の特性を活かして、適切に使用することが肝要であろう。

本項では土壌改良に使用される資材について概説することとする。表3.24に土壌改良に使用される主な資材について示した。

(1) 有機質の土壌改良剤
a. 泥炭・若年炭類

ピートやピートモスなどの草灰類：土壌の保水性、膨軟性、保肥力などを高める作用があり、赤土や重粘土向きであるが、施用量が多すぎると土壌を乾燥させてしまうので、容積比で土量の10～20％以下の施用量にとどめ、土壌と良く混合する。元来、強酸性を呈するので、使用に際してはm^2あたり3g内外の石灰（炭カル、消石灰など）を混入する必要があるが、最近はpH値の調節や肥料分の添加など、加工されたものが市販されているから、加工内容をよく確かめて使用する。
① 泥炭を加工したもの（例：テンポロン）：リグノセルローズフミン酸を主成分とし、土壌の保肥力を高め、リン酸の肥効を促進し、さらに微生物活性を増加するなど、主として化学的性質、生物的活性を改善する。リン燐酸吸収力の高い火山灰土（赤土）や保肥力の乏しい砂質土などに向く資材である。使用量は土量の2～5％（容積比）程度である。
② 亜炭（若年炭）の加工製品（例：アゾミン）：ニトロフミン酸あるいは、フミン酸を主成分とするが、作用および適応土壌は、泥炭の場合と同様である。

b. 樹皮堆肥（バーク堆肥）

樹皮堆肥は、樹皮に発酵菌を加えて長期間腐熟させたもの（例：キノックス）で、土壌を膨軟化し、土壌に生息する微生物の活動を盛んにする。広範囲の土壌に適するが、ときに未熟な粗悪品が販売されていることがあるので、製品の熟度（外観で十分判別できる）をよく確かめて使用する。粗粒のものと細粒のものとがあり、いずれも赤土や砂質土に向く。粗粒のものは、植栽後のマルチングにも用いられる。使用量は土量の10～20％程度である。

c. コンポスト類

コンポスト類は、都市ごみや屎尿汚泥、下水汚泥などを堆肥化装置によって発酵させたものである。熟度が概して不十分で、1～3か月の二次発酵を要するものが多いが、都市化や生活様式の変化に伴い、今後多量に産出される見込みであり、成分や熟度、安全性等が向上すれば有力な有機質資材として活用できるものと思われる。

(2) 無機質の土壌改良資材
a. 肥料であるが、併せて土壌改良効果の優れているもの
① 石灰質肥料（例：炭カル、苦土石灰、消石灰等）：石灰質肥料は、酸性土壌の中和、リン酸の有効化、微生物の活発化など、広汎な土壌改良効果をもつが、土壌のpH値によっては施用量に限界があり、樹木の場合はpH（KCl）が5.5以上の土壌には施用しない方がよい。このため、都市公園や街路樹などにおけるアルカリ化土壌には施用を控える。
② リン酸肥料（例：熔リン、重焼リン、過リン酸石灰等）：リン酸肥料は、土壌中の有効リン酸量を富化し、併せて土壌のリン酸吸収（固定）力を弱めるので、リン酸吸収力の強い火山灰土の改良に有効である。酸性土壌にはアルカリ度の高い熔燐を、中性に近い土壌にはアルカリ度の低い重焼燐あるいは過リン酸石灰を、それぞれ土壌m^2あたり3～5kg混和する。リン酸肥料を用いる場合は、石灰と併用するとpHが上がりすぎてアルカリ化するので、石灰とは併用しないように注意する。

b. 天然岩石やそれらを焼成加工した土壌改良資材
① 天然岩石、鉱物、良質の粘土（例：ベントナイト、ゼオライト等）：天然岩石や粘土等は、土壌に保肥力、保水力を与える。膨潤性のあるベントナイトは砂質土向き、膨潤性のないゼオライトは重粘土向きで、土量の5～10％程度（容積比）を施し、混和する。
② 多孔質の焼成岩石（例：パーライト、バーミキュライト等）：焼成岩石は透水通気性、保水性の両面で土壌を改良する。乾燥条件のときは全面混和して保水を、低湿条件のときは下層に層状施用して排水を図る。

（3）合成された高分子系土壌改良資材

高分子系土壌改良資材は土壌粒子を団粒化させたり、土壌粒子の表面を疎水性にして透水通気性を高める、重粘土向きの土壌改良剤である。最近はカチオン系の強力なもの（例：EB-a）が主として使用されており、水で薄めて地表に散布するだけで、ある程度の深さまで効果を波及させることができる。

7 樹木に対する施肥

樹木に対する施肥方法は、樹齢や樹種、その樹木が植栽されている場所や周辺環境などの条件により異なる。各樹種（個体）の植栽条件や、植生環境に見合った施肥法を実行すれば、施用した成分が無駄なく、しかも効率的に利用されるに違いない。以下、いくつかの状況に類別して、それぞれの施肥法の概略を説明する。

（1）苗木畑の施肥

苗木の栽培は、発芽直後のものや1年生程度の小さい場合には、野菜や作物などと同様の栽培や施肥が行われることが多い。植え付け前に苗圃場全体のpH調整・有機物施用などの土壌改良、あるいは施肥管理が必要である。pH調整のための石灰肥料の施用や、堆肥類の施用では、圃場の土壌全体を対象に行うため、全面全層施肥が基本となる。小さな苗木を圃場全面に植え付ける場合には、ふつうは三要素施肥も植え付け前に全面全層施肥を行う。成長して大きくなった苗木や、もともと大きな樹種を苗圃場に植え付ける場合には、pH調整のための石灰施用や有機物施用は全面全層に行う。しかし、三要素の施用は、その状況により、畝上に施用（条施用）し、さらに大きな樹木の場合には植え穴に施用する。三要素の追肥は、苗の主幹に触れないようにしながら周辺の土壌表面に施用し、可能であれば土壌と混和するように混ぜ合わせるようにする。

樹木は必ずしも中性や弱酸性を好むものばかりではないので、石灰施用は土壌のpHとその樹種の適正pHを考慮しながら行う。また、有機物施用にあたっても、未熟な木質堆肥は好ましくないので、十分に腐熟したものを利用する。

（2）成木の施肥

広い公園や庭などに植えられており、樹木の周辺の土場が露出している場合では、施肥や土壌改良も比較的行いやすい。このような条件下での樹木は、固形肥料、粒状肥料、液肥などいろいろな種類のものが利用可能である。

サツキやツツジなどの低木では、植え込みや寄せ植えなどが行われ、多くの本数が狭い場所に植えられていることが多い。そのため、樹木1本ずつの周囲に施肥することが難しいので、根元にばら撒くことになる（撒播施肥）。

高木の場合多くの本数を密植状態で植えることはほとんどなく、樹木間の距離がある程度とられているのが一般的である。そのように樹木の周辺に余裕があり、さらに土壌表面が露出している場合は、比較的施肥はしやすい。主な施肥法としては、環状施肥（輪状施肥）や、つぼ状施肥（点状の施肥）、放射状施肥などがある。

a. 環状施肥（輪状施肥）

樹木の周辺に深さ20～30cm程度の溝を円形に掘り、その中に肥料を施用する方法である。溝を掘る位置は、その樹木の枝が伸びている先端部分の下から内側に向かうところあたりを目安とす

る。幅は樹木の枝の伸び方によって異なるが、可能であれば20〜30cm程度はほしい。

b. つぼ状施肥

　樹木間が狭いときに行う施肥法として有効である。樹木の周囲にスポット的に深さ30〜40cm程度、直径20〜30cm程度の穴を掘り肥料を施用する。できれば土壌と混ぜ合わせながら埋め戻していくようにする。

c. 放射状施肥

　根の浅い樹木などで、根と根の間の土壌に放射状に溝を掘り、肥料を施用する方法である。樹種によっても異なるが、主幹から外に向かって幅10〜20cm程度の溝を掘り、その中に施用する。深さは、浅根性の樹木ではあまり深く掘らず、場合によっては表面の土壌と混ぜ合わせる程度とする。狭い限られた面積に植えられた樹木（樹木の周辺に土壌面が出ていない場合など）、非常に狭い場所・コンクリートの枠で覆われた街路樹や、踏圧防止板や踏圧防止サークルなどが設置された樹木では、施肥もしにくいことが多い。とくに粒状肥料などを土壌と混ぜ合わせることができない場合の施肥では、いろいろと工夫が必要となる。主な施肥法としては、液肥利用やパイルなどの棒状打込肥料などが効果的である。打込肥料は、筒状の中に肥料分を入れたもので、先端が尖っていて土壌中に打ち込めるようになっている。直径3〜4cmで、長さは20〜30cm程度と細長い形をしており、狭い場所でも容易に施肥ができる。筒の材質は、比較的水に溶けやすい紙などからできている。

（3）施肥の種類と施用時期

　樹木への施肥を効果的にするためには、時期を選んだり、目的に合った施肥が求められる。施肥の種類と目的、時期等を以下に説明する。

a. 元肥（基肥）

　樹木を最初に植える時に植え穴等に施用する肥料のことである。樹木の元肥としては、長期間効果の持続する「緩効性肥料」が向いている。植え穴に施用した肥料は、根と直接触れないようにするため、周辺の土壌と混ぜ合わせ、さらに根との間に土壌を挟むように一部埋め戻してから植え付けるようにする。

b. 礼肥（お礼肥）

　樹木の中でも花をつける花木が対象となる。花が終わったあとに樹勢を回復させるために施用する肥料のことである。実をつける樹木では、実をとったあとに施用する。通常、水に溶けやすく効果がすぐに出る速効性肥料が向いている。

c. 追　肥

　元肥を施用しても月日が経てば吸収されたり、下層に流れて不足してくる。そのようなときに補給のために定期的に施肥する必要がある。また、元肥で一度に多量の施肥を行っても雨で流亡するか、場合によっては過剰となって障害を起こすこともある。そのため、施肥は少しずつ何回かに分けて行う必要がある。以上のような施肥を追肥という。

d. 寒　肥

　春先など、樹木の生育が活発になる時期に肥料の効果が出るように、冬の間に施用する肥料のことである。1〜2月頃が目安であり、効果の長い緩効性肥料が向いている。

e. 芽だし肥（春肥）

　春の萌芽期に根の活動が旺盛になる時期に、萌芽や枝の伸長を進めるため施用する肥料のことである。施用の時期は、樹種によっても多少異なるが、3〜4月頃である。また、種類としては、水に溶けやすくすぐに効果の出る速い速効性肥料が向いている。

f. 秋　肥

　林木の耐寒性を高めたり、花木では花芽が出やすいように9〜10月頃に施用する肥料のことで

ある。肥料の種類としては、窒素分が比較的少なく、リン酸やカリ分がやや多目の緩効性肥料が適している。

ての土壌面での問題点や改善点を学んだ。今後は実際に土壌構造を観察したり、緑地帯や街路樹の健康状況を調査してみよう。例えば、ツツジの植栽・植込みでは葉が白化〜黄化して入り現象が容易に確認できる。この原因が何であるか、今回学んだ中に答えを探してみよう。

以上、土壌の基礎知識を修得し、応用編として、主に都市公園の植栽や街路樹の施行・管理に際し

〔加藤 哲郎〕

街路樹等の植栽を観察し、課題を考えよう

街路樹・緑地帯の植栽数や面積は、折りしも、わが国が高度成長期に入って、公害問題が世間を騒がせ始めた頃、環境保全・自然回帰の志向が高まり、飛躍的に増大しましたが、一方で、50年を経過して、多くの課題も顕在化しています。身近の例を実際に観察し、どのような問題点があるのか調べてみましょう。さらに、Ⅰ-2、Ⅲ-2を参考に、取り上げた課題ごとに、今後の改善方策を考えてみましょう。以下の図は参考例です。

〈問題のある事例〉

上段・左から；植枡が小さく、根が敷石をもち上げている；
　狭い歩道・小さな植枡と樹の大きさとのバランスの悪さ；
　礫の多い土壌と生育不良
下右：周辺土壌の踏圧により、根が地上部に露出している

〔図：加藤哲郎〕

落ち葉堆肥を作ろう

　落ち葉などの堆肥材料を集めて、自前の堆肥を作り、菜園や花壇、あるいは庭木の施肥・土壌改良に利用してみましょう。

　堆肥を積む場所は直射日光の当たらない北西の木陰が適します。下は踏み固めるか、トタンやビニルシート（使い古したもので可）などを敷くとよいでしょう。積む大きさや構造は図を参考にし、準備できる堆肥材料の量や、自分でどこまでできるかを考えて決めます。

　本格的な堆肥は家畜ふんを混合して作りますが、一般には入手が困難なので、小規模な堆肥作りでは、生の野菜（調理前のもの）や落ち葉だけを利用します。落ち葉堆肥の材料には、落葉樹のケヤキやブナ科樹木（コナラ、クヌギ、クリなど）のものが適します。針葉樹や常緑樹、落葉樹でもイチョウやサクラの葉は発酵・分解（腐れ）が遅いので、あまり使いません。積み方は、落葉を高さ20cm程度に積み、その上に過リン酸石灰・米ぬか・石灰窒素等を撒き、ついで落葉の層と、交互に積み重ねていき、高さ60cm以上、できれば1〜1.5m程度にします。重量は、落ち葉100に対し、米ぬかなど0.5〜1の割合です。なお、落ち葉の層を重ねるごとにたっぷりと灌水しましょう。そして、全体を積み終わったらビニルシートを掛け、表層の乾燥を防ぎます。

　堆肥が熟成する課程で発酵熱が発生し、発酵が順調ならば60〜70℃に達し、この熱により植物に有害な病原菌が死滅します。発酵熱が下がり始めた頃に、積んだ材料を上下逆さにしたり、混ぜ合わせる（乾いていたら灌水する）などの「切り返し」を丁寧に行うことがポイントの一つです（通常は2回程度）。切り返しにより、全体が均一な堆肥を作ることができます。完熟までの期間は夏で3〜4か月、発酵の遅い冬でも半年くらいです。もとの材料（落ち葉等）が原型を留めない、あるいはもろくなっており、簡単にちぎれたり、こなごなになれば完熟とみてよいでしょう。堆肥中にミミズが棲息することも、堆肥が完熟したことを示す指標の一つです。

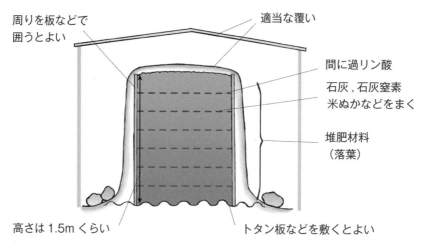

〔図は「緑の総合病院ハンドブック7（2011秋号）」（エコル）から転載〕

III-3 樹木の腐朽病 〜木材腐朽菌による被害と対策〜

　腐朽病は、樹木が生きているうちに、幹や根などの死んだ組織「木部」が分解される、樹木特有の被害である。ただし、後述するように腐朽病を起こす菌には寄生性をもつ種も存在し、このような種は形成層などの生きた組織にも侵入して樹勢を衰退させることがある。腐朽病は一般に樹齢が高くなると被害が大きくなるため、名木・古木や巨樹・記念樹などの貴重な文化的遺産を保存する上で、しばしば大きな障害となる。また、腐朽病が進展すると幹折れや根倒れが起こりやすくなるため、とくに市民生活に関わる緑化樹木では、景観を損なうだけでなく、危機管理上の問題ともなっている。本講では、腐朽病の特徴、感染と腐朽発生機構、診断と被害対策、ならびに原因となる主な木材腐朽菌について概説する。

◆樹木の寄生病と腐朽病　木材の変色と腐朽　木材の腐朽機構　樹種と腐朽病　腐朽病のタイプ　木材腐朽菌の生活環と感染経路　環境や管理と腐朽病の発生　腐朽病の診断と対策　木材腐朽菌の分類群　木材腐朽菌の新しい分類体系　緑化樹木に発生する主な腐朽病

1　樹木の寄生病と腐朽病

　「腐朽病（腐朽病害）」は樹木病害の一種として扱われるが、一般的な病害である「寄生病」とは、被害部位や発生機構がかなり異なっている。寄生病においては、病原体は樹木の生きている組織である葉、幹や枝、根の樹皮組織、形成層や柔組織などに侵入し、生きた細胞から直接、あるいは細胞を壊死させて養分を吸収する。一方、腐朽病は木材腐朽菌と呼ばれる一群の菌類により起きるが、これらの菌類の大半は生きた組織には侵入せず、死んだ組織である木部（木材）を分解することにより養分を摂取している。すなわち、腐朽病は樹木が生きているうちに、内部の死んだ組織が分解される現象である。したがって、腐朽病に罹病しても樹勢が衰退したり株が枯死することは少ない。ただし、木材腐朽菌の中にはベッコウタケ、ナラタケ、シマサルノコシカケのように、寄生性（病原性）を有する種（条件的寄生菌と呼ばれる）が存在する。これらの菌類は木部だけでなく、形成層などの生きている組織も侵すため、症状が進行すると樹勢が衰退したり枯死することがある。

　多年生の植物である樹木は、幹・枝や根が肥大成長し、形成層の内側に木部組織を蓄積する（図3.13）。木部は、広葉樹では主に導管、木部繊維と柔組織から、針葉樹では主に仮導管と柔組織から構成されている。木部は心材と辺材に分けられ、心材は死んだ木部細胞の細胞壁により構成されているが、辺材には死滅した組織の間に、柔細胞と呼ばれる、生きた細胞からなる柔組織が存在する。辺材の柔組織は、病原体が侵入した際に防御反応を起こすことが知られている。また、心材は樹木を支える機能に特化して、水分通導を行っていないため含水率が低く、辺材は水分通導を行っているため含水率が高い。木材腐朽菌の大多数は腐生性であり、生きた細胞が存在する組織に侵入する

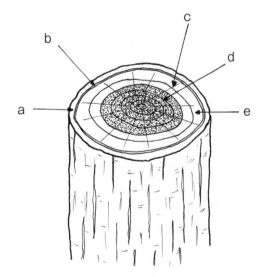

図3.13　樹木の幹の構造
a. 樹皮　b. 形成層　c. 射柔組織　d. 心材　e. 辺材

ことは難しい。また、菌糸の生育には酸素を必要とするため、水分で飽和した状態の健全な辺材部で生存することも困難である。このため、樹木の腐朽病においては、心材部の腐朽被害が圧倒的に多く、辺材部の腐朽被害は少ない。

2　木材の変色と腐朽

樹木の腐朽病は、樹木の死んだ組織である木部が腐朽する被害で、基本的には枯死木や用材の腐朽と同じ現象である。そして、木材の"腐朽"とは、木部細胞の細胞壁が微生物により分解されて強度が低下する現象である。木部に微生物が侵入しても、木材の色が変化するだけで強度低下が起こらない場合は"変色"と呼び、腐朽とは区別する。樹木に木部まで達する外傷が生ずると、しばしば材に変色が発生する。木材の変色には表面のみが変色する場合と、材内部まで深く変色する場合がある。前者を"表面汚染"と呼ぶが、表面汚染には細菌や不完全菌類(子嚢菌類の不完全世代)など、多くの微生物が関わっている。後者を"内部変色"と呼ぶが、変色は材深くまで進展し、しばしば通水阻害を起こすので被害は大きい。内部変色の代表的な例が"青変現象"である(図3.14①；口絵 p011)。青変は辺材が初めは青色に、後に黒色に変色する現象で、辺材部の木口面では放射状に、柾目面では上下に長く変色が発生する。青変を起こす菌類は青変菌と呼ばれ、分類学的には、子嚢菌類の *Ophiostoma* 属やその近縁属に所属するため、*Ophiostoma* 様菌類とも呼ばれる。青変は柔細胞中の栄養物を菌が摂取して、辺材内を濃色の菌糸が生育するために起こり、とくにマツ科やブナ科の樹木に多く発生する。青変菌の胞子は風によっても飛散するが、樹皮下キクイムシと呼ばれるキクイムシ類に運ばれることも多い。青変菌自体は、辺材の柔組織に蓄えられた可溶性成分を栄養源として生育するため、木材の腐朽には直接関わらないが、青変が発生した木材には、のちに腐朽菌が侵入して腐朽に移行することが多い。

3　木材の腐朽機構

木材を多少なりとも分解する微生物は多く、一部の細菌も木材を分解することが知られている。しかし、細菌の木材分解力は小さく、長く水中に浸かっているような特殊な環境で発生し、被害部位も導管や仮導管の壁孔部などに限られる場合が多い。一般的な環境下で多く発生し、大きな分解力を発揮するのは、木材腐朽菌と呼ばれる一群の菌類のみである。木材腐朽菌のほとんどは、担子菌類の仲間で、そのうち菌蕈類(きんじん)と呼ばれる大形の子実体(キノコ)を形成するグループに属している。また、子嚢菌類の一部も、木材腐朽を起こすことが知られている。これらの木材腐朽菌の菌糸は、はじめに木部細胞の内腔に侵入し、菌体外酵素等を生産して木部細胞の細胞壁を分解し、エネルギー源として摂取する。

木部細胞の細胞壁、すなわち木材はセルロース、ヘミセルロースとリグニンにより構成されている。木材中のセルロース、ヘミセルロースやリグニンの割合は樹種によって異なるが、針葉樹ではそれぞれ40～50%、25～30%、25～35%程度で、広葉樹ではそれぞれ40～50%、25～40%、20～25%程度である。セルロースは、D-グルコース(ブドウ糖)が直鎖状に結合した高分子の多糖類であり、ヘミセルロースはグルコース、キシロース、マンノース、アラビノースなどの糖が結合した高分子の多糖類で、セルロースよりも分子量は小さい。リグニンはきわめて複雑な構造をもつ難分解性の芳香族の高分子化合物で、木材中でセルロース、ヘミセルロースと絡み合って三次元網目構造を形成している。木材を構成するリグニンには、グアイアシルリグニンとシリンギルリグニンの2種類があり、グアイアシルリグニンはシリンギルリグニンよりも難分解性である。針葉樹材に含まれるリグニンは、グアイアシルリグニンのみであるが、広葉樹材には、シリンギルリグニンとグアイアシルリグニンの2種のリグニンが含まれている。このため、針葉樹の木材は広葉樹に比べ、一般に腐朽しにくい。

セルロースやヘミセルロースを分解する微生物は多いが、リグニンと強固に結合したセルロースやヘミセルロースを分解できる微生物は限られ、その代表的存在が木材腐朽菌である。木材の腐朽はその分解様式により、白色腐朽、褐色腐朽、軟腐朽の3タイプに類別される。"白色腐朽"は木材中のセルロース、ヘミセルロース、リグニンのすべての構成要素が同時並行的に分解されるタイプの腐朽で、腐朽が進むと木材は白く繊維状になる。このタイプの腐朽を起こす菌を白色腐朽菌と呼ぶ。白色腐朽菌は、セルロース分解酵素とリグニン分解酵素の両方をもつことが特徴である。また、"褐色腐朽"を起こす菌を褐色腐朽菌と呼ぶ。褐色腐朽菌は木材中のセルロースとヘミセルロースを分解するが、リグニンはほとんど分解せず、腐朽が進むと木材は褐色になり、縦横にひび割れが生じる（図3.14②）。褐色腐朽菌はリグニン分解酵素をもたないが、低分子の水酸化ラディカルやセルロース分解酵素により、木材中のセルロースやヘミセルロースを選択的に分解すると考えられている。

"軟腐朽"は、褐色腐朽と同様、木材中のセルロースとヘミセルロースは分解されるが、リグニンはあまり分解されないタイプの腐朽である。軟腐朽は白色腐朽や褐色腐朽と異なり、含水率のきわめて高い水浸状態の木材の表面に発生する腐朽で、雨水の溜まった樹洞など、特殊な場合を除けば、生きた樹木にはほとんど見られない。このため、樹木の腐朽病は白色腐朽か褐色腐朽かのどちらかと考えてよい。一般に、広葉樹には白色腐朽が圧倒的に多く、針葉樹には白色腐朽も発生するが、広葉樹に比べ褐色腐朽の出現頻度が高い。

4　樹種と腐朽病

腐朽病は樹種により、腐朽を起こす木材腐朽菌の種類、腐朽の起こりやすさや被害形態が異なっている。一般的に、針葉樹は広葉樹に比べ腐朽病が発生しにくく、樹体内における腐朽の進展も遅い。腐朽病の起こりやすさは、主に木材の耐朽性の違いによるが、樹木の他の特性による場合もある。木材の耐朽性は、主に木材の構造的特徴と、木材に含まれる抗菌性物質によって決定される。繊維密度が高く比重が大きい木材や、抗菌性物質を多く含む木材は耐朽性が高い。成長が遅い樹木では、一般に繊維密度が高くなるため、木材は腐りにくい。熱帯に分布するウリン（鉄木）は成長が遅く、木材の比重はきわめて大きいため、もっとも腐りにくい木材として知られている。逆に、緑化樹木に利用されるユリノキは成長が早く、材の密度も低いため、腐朽病が発生しやすい。また、ヒノキ属樹木は、心材部にヒノキチオール等の抗菌性物質を含有するため耐朽性が高く、腐朽病が発生しにくい。クスノキも腐朽病の発生の少ない樹種であるが、これは材に含まれる樟脳の抗菌性によるものと考えられる。

一方、カラマツ材は針葉樹材の中で耐朽性の比較的高い材であるが、カラマツ生立木には腐朽病が多く発生する。また、ブナ材は木材の中でもっとも耐朽性が低いが、生立木には腐朽病があまり発生しない。このような一見矛盾するような現象が起こる理由としては、カラマツの根が酸欠状態に弱く枯死しやすいことや、枯枝が発生しやすいこと、ブナは辺材部の含水率がきわめて高いため、腐朽菌が侵入しにくいなど、樹種の生理的特性が影響していると考えられる。"ソメイヨシノ"は緑化樹木として、もっとも多く植栽されているサクラの品種であるが、腐朽病が多く発生する。これは成長が早く木材はあまり緻密ではないこと、病虫害に弱く枝枯れが発生しやすいことなどが影響していると考えられる。

5　腐朽病のタイプ

腐朽病は腐朽の発生する部位によりタイプ分けができる。樹木において腐朽がもっとも多く発生する部位は幹や枝で、とくに幹の比較的高い部分に発生する腐朽を"幹腐朽"と呼ぶ。これに対し、幹の地際部や根が腐朽する場合も多く、このような腐朽を"根株腐朽"と呼ぶ。また、腐朽病のほ

とんどは心材部に発生する"心材腐朽"であるが、辺材部が腐朽する"辺材腐朽"も存在する。そこで、これらの用語を組み合わせて、樹木の腐朽を、幹心材腐朽、幹辺材腐朽、根株心材腐朽、根株辺材腐朽と4タイプに区分している（図3.15）。しかし、実際には、根株辺材腐朽はほとんど見られない。

前述のように、樹木の腐朽病の腐朽型は、多くは白色腐朽か褐色腐朽のいずれかである。白色腐朽や褐色腐朽は、さらに腐朽形態によりいくつかのタイプに分けられる。白色腐朽では、均一に腐朽が進み腐朽材が繊維状になる"海綿状白色腐朽"が多いが、腐朽が一様ではなく斑になる"斑入り状白色腐朽"、年輪に沿って春材部が主に腐朽する"輪状白色腐朽"、紡錘形の小さな孔が多数形成される"孔状白色腐朽"などがある（図3.14③左）。これらの腐朽型は、原因となる木材腐朽菌の性質の違いによるものである。海綿状白色腐朽を起こすのはベッコウタケやカイメンタケなど多種で、斑入り状白色腐朽を起こすのはコフキタケ、輪状白色腐朽を起こすのはキンイロアナタケ、孔状白色腐朽を起こすのは、針葉樹ではマツノカタワタケやエゾサビイロアナタケ、広葉樹ではカタウロコタケなどが知られている。褐色腐朽の多くは、腐朽材が縦横にひび割れる"立方状褐色腐朽"（図3.14③右）が大半を占めるが、腐朽部が孔状になる"孔状褐色腐朽"も存在する。立方状褐色腐朽を起こすのは、針葉樹ではカイメンタケやハナビラタケなど、広葉樹ではマスタケやカンゾウタケなどで、孔状褐色腐朽を起こす腐朽菌にはマツノウロコタケやカサウロコタケがある。このように腐朽材の形態には違いがあり、腐朽材の特徴から、ある程度は原因となる腐朽菌を絞り込むことができる。

6　木材腐朽菌の生活環と感染経路

前述のように、木材腐朽菌のほとんどは担子菌類であるが、一部は子嚢菌類に所属する。木材腐朽性の担子菌類の生活環を図3.16に示す。これらの菌類は、樹木の内部である程度腐朽が進行すると、比較的大型の子実体（キノコ、担子器果）を形成し、担子胞子を放出する。放出された担子胞子の多くは風により飛散するが、雨滴や霧によ

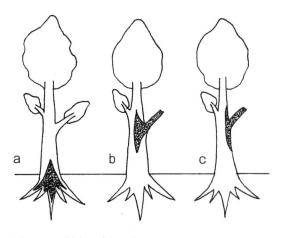

図3.15　樹木の腐朽部位
a. 根株心材腐朽　b. 幹心材腐朽　c. 幹辺材腐朽

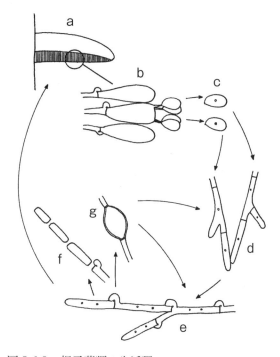

図3.16　担子菌類の生活環
a. 子実体　b. 担子器　c. 担子胞子　d. 一核菌糸体と交配
e. 二核菌糸体　f. 分節胞子の形成　g. 厚壁胞子の形成

り飛散することもある。また、まれに昆虫により胞子や菌糸が伝播される種もあり、例えば、ミダレアミタケはキバチによって、菌糸断片が運ばれることが知られている。

　子実体から放出された大量の担子胞子のうち、たまたま枯枝や幹・枝の外傷部に付着した胞子が、発芽に適した環境下にあった場合に発芽し、菌糸となって木部に侵入する。腐朽菌の胞子は健全な樹木に付着しても、外傷や枯枝などの侵入口が存在しなければ木部に侵入できない。木材腐朽菌の担子胞子の発芽生理には、未解明の部分が多く残されているが、水分が供給されれば容易に発芽し、木材の滲出液などの養分が存在すると、発芽が促進される種が多い。また、コフキタケなど一部の耐久性のある担子胞子を除き、多くの腐朽菌の担子胞子の発芽力は、野外では数日程度で失われると考えられている。

　ほとんどの担子菌類は1個の担子胞子から発芽した菌糸（一核菌糸体）だけでは、子実体を形成することができず、同じ種の性の異なる菌糸と交配して、初めて子実体の形成が可能となる。担子菌類の場合、交配の完了した菌糸（二核菌糸体）の隔壁部分には、"かすがい連結"と呼ばれる突起が存在する種が多い。腐朽材から木材腐朽菌を分離培養すると、かすがい連結を有する種では、かすがい連結のある菌糸のみが分離されるため、交配は胞子が発芽した直後の早い段階で起きていると考えられる。

　腐朽病害の感染経路を図3.17に示した。胞子による感染は、ほとんどが有性胞子である担子胞子や子嚢胞子によって起こるが、無性胞子である分生子や厚壁胞子により感染する場合もある。例えば、ベッコウタケの厚壁胞子は、子実体の傘肉や腐朽材中の菌糸から直接形成され、子実体が崩壊する際などに周囲に飛散し、感染に関与すると考えられている。幹腐朽を起こすオオヒラタケは、子実体の基部などに分生子柄束を形成し、黒色・液状の大量の分生子を生産する。また、欧米のマツノネクチタケは、伐根上などに分生子を形成して感染源になることが知られている。

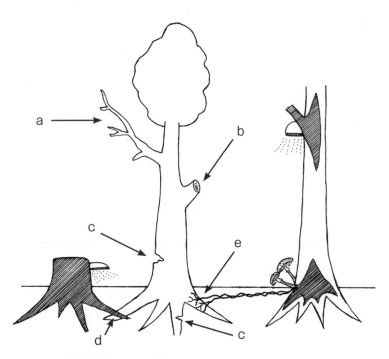

図3.17　腐朽病害の感染経路
　　a. 枯枝　b. 剪定痕　c. 傷　d. 根系の接触部　e. 根状菌糸束

腐朽病は菌糸によって感染することもある。菌糸による感染はほとんどが土壌中で起こるため、この感染方法がみられるのは根株腐朽菌にほぼ限られる。菌糸による感染は、ナラタケのように土壌中に菌糸束を形成して隣接木に感染する場合と、シマサルノコシカケ（南根腐病）、キンイロアナタケ、欧米のマツノネクチタケのように樹木の根系の接触部を介して腐朽木から隣接木に感染する場合がある（図3.14④）。この他にも、根株腐朽においては菌糸による感染がある程度は起きていると考えられるが、実際に確認された例は少ない。

7　環境や管理と腐朽病の発生

　腐朽病の発生は、樹木の立地条件などの影響を受けることが知られている。とくに、根株腐朽は土壌環境の影響を強く受ける。ナラタケやカイメンタケなどによる根株腐朽は、含水率が高い土壌や水はけの悪い土壌、礫の多い土壌、冬季に凍結する土壌などで多発することが知られている。これらの土壌では菌糸の生育が盛んになり、また、根が損傷したり枯死するため、腐朽菌の侵入が助長されると推察されている。同じ理由から、地形的には、斜面の下部や凹型地形で根株腐朽が発生しやすい。一方、幹腐朽や枝腐朽は、乾燥気味の土壌、風の強い場所、空中湿度の高い場所、霧が多い地域などに植栽されている樹木に発生しやすい。このような環境下では枝枯れや枝幹の損傷が恒常的に起こり、かつ腐朽菌の胞子が飛散・発芽しやすくなるためと考えられる。

　都市部に植栽されている樹木には人為的な影響も大きい。とくに街路樹は定期的に枝や幹の剪定が行われるため、腐朽病が発生しやすい。以前は、樹木の剪定は樹木の成長の停止した冬季に多く行われていたが、近年は落葉や台風による樹木の損傷を避けるため、夏季〜初秋に行われることが多くなった。しかし、この季節は腐朽菌の担子胞子が多く飛散する時季であり、剪定による傷口から腐朽病の感染が起こりやすい。

　また、近年は公園や都市部の緑化のため、大きな樹木の移植がしばしば行われるようになっている。高さが5mを超えるような樹木を移植する場合、"根回し"のために、太い主根や側根が切断される。このような根の傷口から腐朽菌が侵入して根株腐朽が進行し、強風によって倒伏する被害も発生している。

8　腐朽病の診断と対策

　腐朽病の発生や被害拡大を防ぐには、樹木の外観を注意深く観察することが必要である。樹木の外観に異常がある場合、必要に応じて、内部の腐朽状態を明らかにするために、機器診断を行うことになる。外観の異常でもっとも分かりやすいのは、腐朽菌の子実体である（図3.14⑤⑥）。幹や枝に腐朽菌の子実体が発生していれば、内部に腐朽が存在すると判断される。しかし、子実体の発生状態から、内部の腐朽を正確に診断することは難しいが、大型の子実体が発生したり、小さい子実体でも多数が発生している場合には、内部にかなりの腐朽が存在すると考えてよい。腐朽菌の子実体が存在しない場合でも、枯枝、樹洞、樹木の外傷、剪定痕の腐朽、幹の陥没等があれば、内部に腐朽が存在することが疑われる（図3.14⑦）。

　一般に、広葉樹は針葉樹に比べ腐朽が発生しやすく、枯枝が発生すると枝腐朽や幹腐朽に進展する。枯枝が発生したり、枝に腐朽菌の子実体が出現した場合、枝の付け根、すなわち、ブランチカラーの部分で剪定し、薬剤を塗布して剪定痕が早期に巻き込まれるようにする。「切り口および傷口の癒合促進」を使用目的に農薬登録されているチオファネートメチル剤を塗布して被膜を作り、腐朽菌の胞子の発芽や菌糸の生育を抑制して、木部への侵入を防ぐ。剪定は枝が細いうちに行い、太枝の剪定は避け、やむをえず行う場合は、枝の途中では剪定しないことが重要である。また、枝の剪定作業は、腐朽菌の胞子が飛散しない冬季に行うことが望ましい。

　根株腐朽被害においては、子実体の発生とともに、地際部が変形することが、内部腐朽の判断材

料となる。広葉樹に根株腐朽が発生すると、地際部が異常に肥大したり（図3.14⑧）、部分的に陥没することがある。しかし、針葉樹の根株腐朽では、腐朽菌の子実体が形成されなければ、外見からは内部の腐朽がまったく分からないことが多い。また、ベッコウタケやコフキタケのように比較的硬い子実体は長期間残存するが、カンゾウタケ、ハナビラタケ、マスタケなどの子実体は、発生しても短期間で腐敗消失するので、子実体の形成時季を逃すと被害を見落とすことになる。根株腐朽では、地際部の傷から腐朽菌が侵入することが多いため、樹木の根系が傷付かないように保護することが重要である。

　腐朽病が進行すると、枝折れ・幹折れや根返り（倒伏；図 3.14⑨）が発生する危険性が増大するので、危険な樹木は伐採除去することが必要となる。倒伏の危険性を予測するのは難しいが、幹の心材部が半径（直径）では 7 割以上、断面積では 50％以上が腐朽すると、幹折れしやすくなることが知られている。この値は、レジストグラフなどの測定器を用いて、精密診断する場合の目安となる。

　一旦、樹木に腐朽病が発生し内部が腐朽すると、回復することは難しい。30年ほど前までは、腐朽した樹木の被害部を切除し、殺菌剤を塗布した後に、コンクリートや石材を充填する方法がしばしば用いられた。このような治療法は樹木の外科手術と呼ばれるが、現在は美観を保つ必要がある場合にのみ行われる。その場合も、充填剤には軽量骨材やウレタンを用い、コンクリートを使うことはないので、腐朽によって損なわれた幹の強度を回復することはできない。また、腐朽部を切削し殺菌剤を塗布しても、材内の腐朽菌の菌糸を完全に除去したり、死滅させることは困難である。外科手術は、腐朽材を切除することにより被害部を乾燥させ、腐朽の進行を遅くする効果がある。しかし、切除後の空洞に充填剤を詰めると湿度が高くなるため、かえって腐朽の進行を早めるおそれがある。

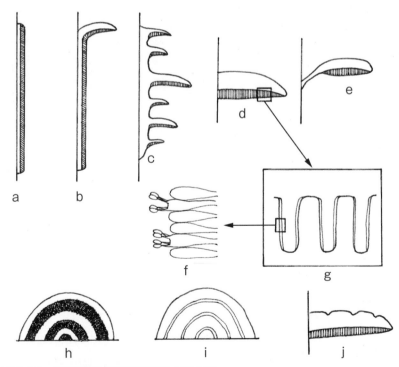

図 3.18　硬質菌類の形態的特徴の概念図
　a. 背着　b. 半背着　c. 畳生（重生）　d. 坐生　e. 有柄　f. 子実層の担子器　g. 子実層托
　h. 傘面の環紋　i. 傘面の環溝　j. 環溝（断面）

9　木材腐朽菌の分類群

　樹木の腐朽病を起こす木材腐朽菌はほとんどが担子菌類で、一部が子嚢菌類である。木材腐朽を起こす担子菌類の中では、いわゆる"硬質菌類"に所属する種が大半を占め、軟質菌類（ハラタケ目）はむしろ少ない。硬質菌類とは従来ヒダナシタケ目（Aphyllophorales）と呼ばれてきた分類群の菌類である。近年、分子系統解析に基づく菌類の分類体系の見直しにより、ヒダナシタケ目という分類群は消滅し、所属していた菌類は多くの小さな「目」に再編されることになった。しかし、ヒダナシタケ目は木材腐朽菌類の大半が所属し、理解しやすい分類群であった。このため、本項では、これらの菌類を表現する用語として、"硬質菌類"を用いる。また、硬質菌類の形態的特徴の概念図を図3.18に示した。

　木材腐朽菌類、その中心をなす硬質菌類は、当初は外部形態の特徴により分類されてきたが、研究が進むにつれて、顕微鏡的形態がより安定した形質であることが判明し、さらに生化学的性質も重要な意味をもつことが確認された。近年の分子系統解析の研究により、これまでとは異なる新たな分類体系が構築されつつあるが、この新しい菌類の分類体系については、外部形態、顕微鏡的形態と生化学的性質の3つの要素を組み合わせることにより、それぞれの分類群の特徴を説明できる。

　硬質菌類の1番目の分類基準は子実体の形態である。子実体の形態はさまざまであるが、傘と柄を有する、いわゆる「キノコ型」ではない種がほとんどで、樹木の幹や枝にこうやく状に広がる"背着生"、上部が反転して傘となる"半背着生"、いわゆるサルノコシカケ型で棚状となる"坐生"、小さな傘が多数発生して重なる"畳生（重生）"、はっきりした柄をもつ有柄など様々である。また、担子胞子を形成する部分（子実層托）の形状は、平滑、疣状、針状、管孔状、迷路状、歯牙状、ヒダ状など、変異に富んでいる。

　硬質菌類の2番目の分類基準は顕微鏡的特徴である。顕微鏡的特徴では、子実体を構成する菌糸、子実層に存在する特殊な細胞（異形細胞）、担子胞子の形態が重要な形質となる。子実体を構成する菌糸は3種類あり、すなわち、細胞壁が薄く隔壁が存在し枝分かれする"原菌糸"、細胞壁が厚く隔壁を欠き枝分かれする"結合菌糸"、細胞壁が厚く隔壁を欠きほとんど枝分かれしない"骨格菌糸"に分かれる（図3.19）。子実体の組織が、3種類の菌糸のうち1種の菌糸のみで構成される場合を1菌糸型、原菌糸と骨格菌糸、あるいは原菌糸と結合菌糸の2種の菌糸で構成される場合を2菌糸型、3種の菌糸すべてにより構成される場合を3菌糸型と呼ぶ。この"菌糸型"は硬質菌類を分類同定するのに重要な形質であり、とくに属レベルの分類に役立つ。一般に、1菌糸型の子実体は柔らかく、3菌糸型の子実体は強固である。また、原菌糸は隔壁部分に"かすがい連結"（クランプ）と呼ばれる突起を有する場合と、隔壁部分に特別な構造がない"単純隔壁"に分かれ、このかすがい連結の有無は分類上重要な形質となる。

　子実層に存在する特殊な細胞としては、シスチジアや剛毛体等の"異形細胞"がある。シスチジアは多くの種に存在し、さまざまな形態を呈するが、剛毛体はタバコウロコタケ科菌類だけが有する褐色・厚壁の細胞である。担子胞子も種により異なり、胞子の形や色、大きさ、表面構造、細胞壁の構造や厚さなどが分類の基準となる。

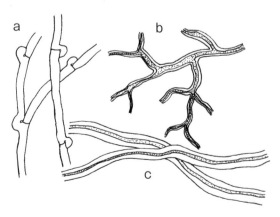

図3.19　硬質菌類の子実体を構成する菌糸
a. 原菌糸　b. 結合菌糸　c. 骨格菌糸

硬質菌類の3番目の分類基準は生化学的性質である。生化学的性質の代表的な例としては、木材の腐朽型と"アミロイド反応"がある。担子菌による木材の腐朽は、先述のように白色腐朽と褐色腐朽に大別される。白色腐朽を起こす白色腐朽菌はリグニン分解酵素をもつが、褐色腐朽菌を起こす褐色腐朽菌はリグニン分解酵素をもたない。そのため、腐朽材を観察するだけではなく、リグニン分解酵素に反応する試薬を用いることによっても、白色腐朽菌と褐色腐朽菌を区別できる。木材腐朽菌が白色腐朽を起こすか褐色腐朽を起こすかは、分類上重要な性質である。新たな分類体系においても、これらの性質は「科」以上の分類基準と位置づけられており、白色腐朽菌と褐色腐朽菌は同じ科に所属しない。

一方、アミロイド反応とは、メルツァー試薬（ヨウ素液）中で、菌糸や胞子が変色するか否かを確認する試験である。ヨウ素液中で青色〜黒色に染まることをアミロイド（図3.20）、褐色に染まることを偽アミロイド、変化がみられないことを非アミロイドと呼ぶ。とくにベニタケ目の菌類は、担子胞子がアミロイドという特徴がある。

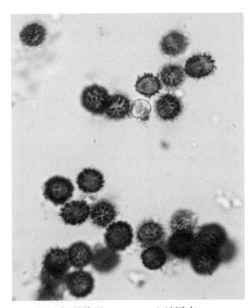

図3.20 担子胞子のアミロイド反応

10 木材腐朽菌の新しい分類体系

分子系統解析の結果を基にして、現在提案されている菌類の新たな分類体系について、木材腐朽菌が所属する代表的な分類群（目、科、属）を以下に示す。

Tremellales（シロキクラゲ目）：子実体は白色〜淡色のゼラチン質．担子器は縦の隔壁で4室に分かれる．担子胞子は発芽すると酵母状の分生子を形成する

　Tremellaceae（シロキクラゲ科）：担子胞子は出芽胞子を形成する

　　Tremella（シロキクラゲ属）等

Auriculariales（キクラゲ目）：子実体は濃色のゼラチン質〜軟骨質．担子器は横の隔壁で4室に分かれるか，縦の隔壁で分かれる

　Auriculariaceae（キクラゲ科）：担子器は細長い円柱形，横の隔壁で4室に分かれる

　　Auricularia（キクラゲ属）等

　Exidiaceae（ヒメキクラゲ科）：担子器は類球形，縦の隔壁で4室に分かれる

　　Exidia（ヒメキクラゲ属）等

Hymenochaetales（タバコウロコタケ目）：白色腐朽を起こすが，目の基準となる形態的特徴は見い出されていない

　Hymenochaetaceae（タバコウロコタケ科）：菌糸は無色〜黄褐色，かすがい連結を欠く．子実層にしばしば剛毛体や剛毛状菌糸が存在する．木材の白色腐朽を起こす

　　Hymenochaete（タバコウロコタケ属）

　　Inonotus（カワウソタケ属）

　　Phellinus（キコブタケ属）等

Polyporales（多孔菌目）：子実層托は管孔状〜迷路状，薄歯状，あるいはヒダ状

　Fomitopsidaceae（ツガサルノコシカケ科）：木材の褐色腐朽を起こす

　　Fomitopsis（ツガサルノコシカケ属）

　　Laetiporus（アイカワタケ属）

　　Phaeolus（カイメンタケ属）

Postia（オオオシロイタケ属）等
　Ganodermataceae（マンネンタケ科）：担子胞子は二重壁で，壁間に細刺がある．木材の白色腐朽を起こす
　　　Ganoderma（マンネンタケ属）等
　Polyporaceae（多孔菌科，サルノコシカケ科）：担子胞子は一重壁，無色．木材の白色腐朽を起こす
　　　Daedaleopsis（チャミダレアミタケ属）
　　　Fomes（ツリガネタケ属）
　　　Perenniporia（キンイロアナタケ属）
　　　Pycnoporus（シュタケ属）
　　　Trametes（シロアミタケ属）等
Russulales（ベニタケ目）：担子胞子はアミロイド，表面に細刺や突起がある種が多い
　Bondarzewiaceae（ミヤマトンビマイ科）：大形の子実体を形成，子実層托は管孔状
　　　Bondarzewia（ミヤマトンビマイ属）
　　　Heterobasidion（マツノネクチタケ属）
　Stereaceae（ウロコタケ科）：子実体は背着生〜半背着生，子実層托は平滑
　　　Stereum（ウロコタケ属）
　　　Xylobolus（カタウロコタケ属）等
Agaricales（ハラタケ目）：傘と柄のあるキノコ型の子実体が多い．子実層托はヒダ状
　Physalacriaceae（タマバリタケ科）：柄は中心生，胞子紋は白色
　　　Armillaria（ナラタケ属）
　　　Flammulina（エノキタケ属）等
　Pleurotaceae（ヒラタケ科）：傘は半円形，柄が側生，子実層托はヒダ状
　　　Pleurotus（ヒラタケ属）等
　Strophariaceae（モエギタケ科）：担子胞子は楕円形，黄褐色，発芽孔を有する
　　　Agrocybe（フミヅキタケ属）
　　　Hypholoma（ニガクリタケ属）
　　　Pholiota（スギタケ属）等

11　緑化樹木に発生する主な腐朽病

　緑化樹木にはさまざまな腐朽菌が侵入・繁殖して腐朽病を起こすが、出現頻度の高い腐朽菌は限られる。以下に、緑化樹木に発生する主な腐朽病と、その原因となる腐朽菌の形態的特徴について述べる。なお、各腐朽病の対策についてはほぼ共通しており、前述したので省略した。

a．べっこうたけ病

　腐朽菌：ベッコウタケ、*Perenniporia fraxinea*（Bull.：Fr.）Ryvarden（図3.14 ⑤⑩, p011）
　発生樹種と被害：各種広葉樹の根株心材の白色腐朽を起こす。都市部の緑化樹木、とくにサクラ・ケヤキ・ニセアカシア・ユリノキなどに発生が多い。在来の樹木では、腐朽が発生しても樹勢にほとんど影響しないが、ニセアカシア・ユリノキ等の外来樹種は感受性が高く、腐朽の進行とともに形成層も侵されるため、樹勢が衰退し枯死することがある。
　子実体の特徴：子実体は一年生、革質、初夏〜初秋に樹木の地際部に形成される。当初は鮮やかな黄色（卵の黄身色）、丸いこぶ状を呈し、次第に傘が成長して半円形となる。直径5〜20 cm、厚さ0.5〜2 cm程度の傘が単独に、あるいは小形の傘が多数重なって形成される。傘の表面は琥珀色〜褐色〜黒色で、中心部が濃色、不明瞭な環紋を形成する。子実層托は管孔状、白色〜クリーム色。担子胞子は一端が尖った類球形、無色、大きさ5〜7×4.5〜5.5 μm。傘肉や腐朽材上に類球形の厚壁胞子を形成する。

b．南根腐病

　腐朽菌：シマサルノコシカケ、*Phellinus noxius*（Corner）G. Cunn.（図3.14 ⑪）
　発生樹種と被害：奄美大島以南の南西諸島、小笠原諸島に分布する。ヤブニッケイ・テリハボク・フクギ等の多種の広葉樹、およびイヌマキやリュウキュウマツ等の針葉樹の根株心材の白色腐朽を起こす。腐朽材には褐色、網目状の帯線が形

成される。本菌は条件的寄生菌で強い病原性を有するため、罹病木はしばしば枯死する。被害木から根系の接触部を通して周囲の樹木に感染し、被害が拡大する。

子実体の特徴：子実体は多年生、半背着生〜坐生、半円形〜棚状、材質。傘は幅5〜25cm、厚さ1〜5cm、傘の表面は茶色〜黒褐色。子実層托は管孔状。孔口は円形で微細、1mm間に8〜10個。子実層に剛毛体を欠くが、先端が丸い、幅7〜12μm、褐色の剛毛状菌糸が突出する。担子胞子は広楕円形、無色、3.5〜4.5×3〜3.5μm。

c. こふきたけ病

腐朽菌：コフキタケ、*Ganoderma applanatum* (Pers.) Pat.（図3.14⑫）

発生樹種と被害：多種の広葉樹、まれに針葉樹（イチョウ等）の幹心材の白色腐朽を起こす。幹腐朽に区分されるが、腐朽は地際部から枝までさまざまな部位に発生する。

子実体の特徴：子実体は多年生、坐生、扁平な半円形〜丸山型、当年生の子実体は幅10〜20cm、厚さは2〜4cm程度であるが、多年生の子実体は幅50cm以上、厚さ30cm以上に成長する。傘の表面は灰白色〜褐色、環溝があり、しばしば大量の胞子が傘の上に積もるため、ココアの粉をまぶしたようになる。子実層托は管孔状、はじめ白色であるが、傷を付けると内部の菌糸が露出して、チョコレート色となる。孔口は円形、1mm間に4〜5個。担子胞子は一端が欠けた卵形、琥珀色、二重壁を有し、大きさ8〜10×5〜7.5μm。

d. かわらたけ病

腐朽菌：カワラタケ、*Trametes versicolor* (L.:Fr.) Pilat（図3.14⑬）

発生樹種と被害：多種の広葉樹、ときには針葉樹にも幹や枝心材の白色腐朽を起こす。サクラ・ナラ類等の枯枝や幹にしばしば発生する。

子実体の特徴：子実体は一年生、坐生、半円形、幅2〜7cm、厚さ1〜2mm、多数の傘が重なって形成される。傘の色は変化に富み、灰色、薄茶色、褐色、黒色の環紋を形成し、短毛が密生する。子実層托は管孔状、白色〜灰色。孔口は円形、1mm間に3〜5個。担子胞子はやや湾曲した円筒形、無色、大きさ5〜7×1.5〜2.5μm。木材腐朽菌の中でもっとも多くみられる種である。

e. チャカイガラタケによる幹辺材腐朽病

腐朽菌：チャカイガラタケ、*Daedaleopsis tricolor* (Bull.:Fr.) Bond. & Singer（図3.14⑭）

発生樹種と被害：広葉樹の幹や枝辺材の白色腐朽を起こすが、とくにサクラやウメの枝に多く発生する。

子実体の特徴：子実体は一年生、坐生、半円形、幅2〜8cm、厚さ0.5〜1cm。しばしば多数の子実体が重なって発生する。傘の表面には白色、褐色、黒褐色からなる明瞭な環紋がある。子実層托は硬いヒダ状、ヒダははじめ白色、のちに褐色となる。担子胞子は円筒形〜ソーセージ形、無色、大きさ7〜9×2〜3μm。

f. シイサルノコシカケによる幹心材腐朽病

腐朽菌：シイサルノコシカケ、*Loweporus tephroporus* (Mont.) Ryvarden（図3.14⑮）

発生樹種と被害：広葉樹の枝や幹心材の白色腐朽を起こす。とくにスダジイやコジイの枯枝や幹に多く発生する。

子実体の特徴：子実体は多年生、材質、背着生〜半背着生、幹や枝上に不定型に広がり、狭い傘を形成する。傘の表面はこげ茶色〜黒茶色、環溝を有する。子実層托は管孔状、はじめ灰白色、のちに茶鼠色〜こげ茶色になる。担子胞子は一端が欠けた広楕円形、無色〜淡黄色、大きさ4.5〜6×3.5〜4.5μm。

〔阿部 恭久〕

ノート 3.2　木材腐朽菌類の分類動向　～現状と課題～

　木材腐朽菌の名前は、「和名（標準和名）」、あるいは「学名」の片方あるいは両方で記されることが多い。例えば、ナラタケの場合、和名は「ナラタケ」（英語の一般名は honey mushroom ＝傘の色が蜂蜜色であることに由来する）、学名は *Armillaria mellea* (Vahl) P. Kumm. となる。学名は属名と種小名と著者名の組み合わせで構成され、ナラタケの場合、*Armillaria* が属名、*mellea* が種小名、(Vahl) P. Kumm. が著者名である。標準和名についてはとくに決まりはないが、慣例として発表の古い名前を使うことになっている。さて、10年以上前の図鑑と最近の図鑑を見比べると、学名、とくに「属」名がだいぶ変わっていることに気が付くだろう。属名だけでなく、さらに上位の「科」や「目」の名前から変わっているものもある。

〔分類体系の変遷〕

　腐朽菌の所属が再編されてきた大きな理由として、ここ10年で菌類の分類体系が大きく変わったことが挙げられる。2007年に、19世紀末から営々と築き上げられてきた、形態的特徴に基づく古典的な分類体系（代表的なものはAinsworth（1971）による分類体系）を大きく塗り替える、新たな分類体系が提唱された（Hibbett *et al.*, 2007）。すなわち、DNAの塩基配列情報を用いた系統解析に基づく「分子系統学的」分類体系である。DNAはアデニン（A）、チミン（T）、シトシン（C）、グアニン（G）という全生物共通の4つの塩基が連なったものであるので、生物間でこれらの配列がどれだけ似ているか、違っているかを比較することによって、生物間の系統を推定することが可能である。古典的分類体系で重視された「形態」も、遺伝情報を反映した形質であるのだが、その類似性から系統を正確に推定するのは困難であった。収斂進化の結果、全く系統の違うものが、似たような形態を示す場合もあるためである。新分類体系が古典的分類体系と決定的に異なるのは、科学的に推測された「系統」が分類に導入されたことである。これまで分類形質として重要視されていた形態的特徴が、必ずしも系統を反映していないことが明らかとなり、逆にどの形態形質が、各レベルの分類に有用であるかを確認することができるようになった。

　実はこの新体系もまだ完全なものではない。DNAに基づく分子系統学的分類も日々進化している。2000年代の前半までは、菌類の系統解析には、核リボソームDNA（nrDNA）領域の千塩基程度の長さの配列が用いられていたが、このレベルでは、高次分類群は、系統樹上で異なるクレード（枝）に分かれることはわかっても、互いのクレード間の関係については、十分な情報が得られなかった。2000年代後半になって、nrDNAに加え、複数のタンパク質コード領域（RNAポリメラーゼⅡユニット1および2、ミトコンドリア ATPase subunit 6, translation elongation factor 1-α など）を組み合わせた、数千塩基のデータセットに基づく系統樹が作成され、より精度の高い、高次分類群間の関係までがはっきりとわかるようになった。例えば、nrRNAだけの系統樹では高い支持が得られなかった、サルノコシカケ目クレードの単系統性が確認されるようになったのは、6領域のデータセットを用いてからであった。しかし、それでも系統的な位置がはっきりしない分類群が残

されている。

　ここ数年、全ゲノムをベースとした系統分析（Phylogenomic analyses）が行われている。菌類ゲノムの大きさは3千万塩基対（30 Mbp）程度であり、動植物（たとえばマウスで約26億塩基対、ヒトで31億塩基対、針葉樹のオウシュウトウヒでは200億塩基対）に比較すると非常に小さく、全ゲノムデータが得やすい。The Department of Energy Joint Genome Institute（DOE JGI）による「1000 Fungal Genomes」プロジェクトは、600を超える科から、少なくとも２種ずつの全ゲノムを読もうというプロジェクトであり、2011年に開始以来、すでに698科, 1,250以上の全ゲノムが解読され（2015年９月現在）、その後も日々新たなデータが公開されている。

〔木材腐朽菌ハラタケ綱の新分類体系〕
　さて、木材腐朽菌の多くが含まれる担子菌門（Basidiomycota）ハラタケ亜門（Agaricomycotina）ハラタケ綱（Agaricomycetes）についての分類の現状をみてみよう。ちなみに、以前の分類体系で

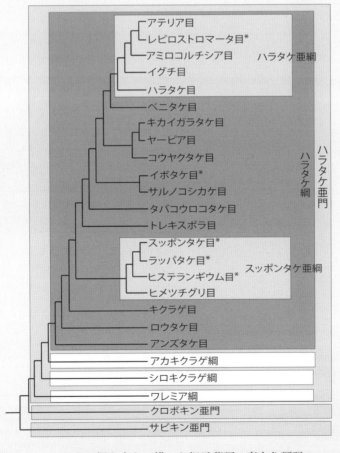

図3.21　ハラタケ綱を中心に描いた担子菌類の高次分類群の
　　　　全ゲノムデータに基づくコンセンサス系統樹
　＊ゲノムデータを用いていないクレード　　　〔Hibbett et al. (2014) を改変〕

〈次ページに続く〉

ノート 3.2（続）

は担子菌亜門、菌蕈綱、単室担子菌亜綱、ハラタケ目であった。新分類体系でのハラタケ綱は報告された全菌類の記載種数の5分の1に相当し、約21,000種の記載種を含む（Kirk *et al.*, 2008）、非常に大きなグループである。

図3.21はハラタケ綱を中心として、担子菌類の高次系統関係を示した、コンセンサス系統樹である（Hibbett *et al.*, 2014を改変）。2007年に同氏らが提唱した系統樹に新たに3つの「目」が加えられ、合計20目からなる系統樹となっている。そのうち、15目から得られた40種以上の全ゲノムデータを解析して描かれたもので、＊の付いたクレード以外は、すべて全ゲノムデータを用いた解析が行われている。

今後、全ゲノムデータに基づく系統解析はますます加速し、現在、所属不明となっている多数の種や属の系統学的な位置付けが明らかにされるだろう。併せて分類体系もより精緻なものになるに違いない。とはいえ、腐朽菌類の同定および識別においては、まずは現物を手にとって、眼で見て、そして必要に応じて顕微鏡で見るという、古典的な形態観察が重要であることには変わりがないものと考えられる。

〔太田 祐子〕

〈木材腐朽菌類三態〉

上右：ナラタケ（タブノキ切り株上）
下左：ベッコウタケ（カジカエデ）
下右：コフキタケ（モクゲンジ）

〔上右：竹内 純〕

Ⅲ-4　庭木・緑化樹木の病害と診断・対策

　街路・公園・公共的施設の庭園・家庭の庭など、いずれの植栽場所においても、緑化樹木を配置する目的の一つは、たとえささやかであっても自然に接して、心の憩いとやすらぎの場を提供することなのであろう。また、緑地の構成には、その下地となるグラウンドカバープランツや、花壇の草花も重要な役割を担っており、全体が相まって景観を形成しているのである。そのような緑地空間の景観を損ねる最大の理由が、当該植物の生育障害であることは間違いない。もちろん、植物障害を引き起こす背景・原因は下記のように様々であるが、多くの場合は単独の要因ではなく、複数の要因が複雑に絡み合いながら、外観的な異常を起こす。本講では、植物の中でも庭木・緑化樹木と、グラウンドカバープランツについて、その伝染性病害に焦点を絞り、診断のポイントを学ぶとともに、対処法を考えてみよう。

◆生育障害の原因　樹木病害の種類　病気の症状と診断のポイント
　庭木・緑化樹木に発生する主な病害　防除対策

1　生育障害の原因

　植物の病気とは、植物が「ある種の連続的な刺激が原因となって、形態的または生理的に正常（健康）でない状態となること、あるいはその状態が続くこと」、と定義される。そして、病気の原因となるものを病原、病因などと呼ぶ。

　植物の生育障害は「伝染病」と「非伝染病」に区別されるが、それらを原因別に分類する際は、「生物的要因」と「非生物的要因」に大別される（表3.25）。生物的要因には菌類・細菌等の病原微生物（ウイルス・ウイロイドも伝染性であることから微生物に含めることが多い）、昆虫・ダニ・センチュウなどの害虫のほか、鳥獣（鳥類、野鼠、サル、シカなど）、雑草・寄生植物など、広範囲の種類が含まれる。また、植物の個体に生じる突

表3.25　植物の病気（生育障害）に関与する要因の事例

区分		要因・障害の代表例
生物的要因	伝染性病害	菌類，細菌・ファイトプラズマ・放線菌，ウイルス・ウイロイド
	虫害	昆虫，ダニ，線虫
	鳥獣害	ハト，ムクドリ，カラス，スズメ，野鼠，モグラ，ハクビシン，サル，イノシシ
	雑草害	水田雑草，畑地雑草，寄生植物（雑草）
	遺伝的障害	栄養繁殖植物・F_1種子における突然変異，栄養繁殖植物の培養変異
非生物的要因	物理的要因	気象災害（障害），温度障害（施設栽培），土壌の物理性不適条件による障害　水管理・人為的損傷による障害，光障害，種子の保存不適条件による障害
	化学的要因	土壌の化学性不適条件による障害，肥料・農薬の不適切使用による障害　煙害・ガス障害，光化学オキシダント障害，酸性雨障害

然変異などの遺伝的障害も、非伝染性ではあるが、生物的要因のひとつに挙げられる。他方、非伝染性でかつ非生物的要因による生育障害は、一般に「生理障害」(生理病)と総称される。

生物的要因のうち、病原微生物に加えて、線虫やフシダニなども一般的に「病原体」と呼ぶ。本講では、これらの病原体による緑化樹木の病気を中心に、その診断のポイントおよび防除対策について解説する。

2　樹木病害の種類

植物の病気は、日本植物病理学会から刊行されている「日本植物病名目録」(以下、病名目録という)に、樹種別あるいは所属する「属」を単位として、それぞれに登載されている。個別の病名は「植物名＋病名」で表す。単に「こぶ病」だけでは植物名や病原体も特定できない。例えば、マツ類こぶ病はさび病菌(菌類；担子菌類)の一種であり、属名と種小名は *Cronartium orientale* である。一方、ヤマモモこぶ病は細菌の一種 *Pseudomonas syringae* pv. *myricae* による病気である。さらには、病名の表記も病名目録に従う必要がある。例えば、「こぶ病」「うどんこ病」「さび病」は「瘤病」「ウドンコ病」「錆病・サビ病」とは表記しないことになっている。

病名目録に登載されている植物ごとの病気は、総計1万数千ほどにも及ぶ。このうち樹木・木本植物類には、4千近くの病気が登録されている。病原別では菌類病が圧倒的に多く、80％を超える(図3.22)。全植物の病気に対する菌類病の割合が68％ほどなので、樹木でのそれはかなり高い数値となっている。樹木類での他の病害は、ウイルス病が1％、ファイトプラズマ病が0.2％、細菌・放線菌による病気が2％、線虫病が12％、生理病(生理障害)およびその他が3％程度である。菌類病の中では、うどんこ病とさび病が大きなグループを占めており、それぞれ、樹木類の全病害の10％、8％近くである。ただし、全病害に占めるウイルス病・細菌病の比率が低いからといって、それらに起因する樹木被害が少ないわけではなく、樹種によっては著しい生育不良や衰退、枝枯れ・株枯れを生じることもある。

樹種別の病気の登録数が比較的多いツツジ類には、菌類病29種類、線虫病2種類、生理障害1種類等、クロマツ・アカマツを含むマツ類には、菌類病53種類(他に病名未定案など13種類)、線虫病4種類、生理障害・遺伝的障害等7種類が記録されている。当然であるが、樹木類の全病害4千近く、あるいはクロマツ・アカマツの菌類病53種類をすべて覚えるのはほとんど不可能に近い。しかも、これらの中には、記録された文献のみで確認されているものや、きわめて特殊な条件下で発生するものも多数含まれている。このように、樹種ごとにみると、年間を通してふつうに発生する病気の数は、多い場合でも4〜5種類であり、それらの症状や生態などの概略および対処法をしっかりと抑えておけば、栽培管理にはさほどの問題はなく、見慣れない病気が発生したら、その都度、図鑑等で確認すればよい。この基本的スタンスを踏まえ、次に診断のポイントを学ぼう。

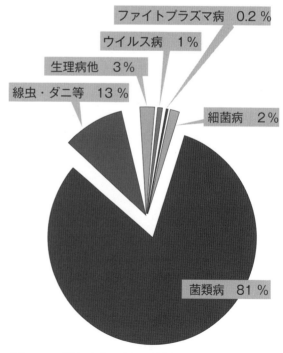

図3.22　樹木病害の病因別割合

3　病気の症状と診断のポイント

いずれの植物においても同様であるが、診断作業は防除・対策の成否を決定的に左右するものであるから、科学的裏付けをもって慎重に行わなければならない。樹木障害の場合は、当該サンプルを実験室に持ち帰って検鏡観察したり、病原体を分離・同定する際などに、草本植物にはない難しさを伴う場合も多い。そこで、とくに樹木既知病害の診断にあたっては、現場での目視観察を注意深く行うことにより、病気の症状を的確に把握するとともに、発生経過や周囲の植栽環境、さらには類似症状を引き起こす諸要因を考慮するなど、総合的に判断することが大切である。以下に、病原体別あるいは部位別に、症状を見る一般的なポイントや留意点、病気の例を挙げる。

（1）病原体別の症状の特徴と診断のポイント

a. ウイルス病

樹木でのウイルス病の症状は葉に顕著に現れることが多く、主な症状として、①モザイク症状（葉にまだら状に濃淡が現れる、葉面が波打ったり、捩れることも多い）、②壊疽斑・条斑（葉脈に沿って黒色の壊死を起こす）、③へら葉・糸葉（葉が細くなり、モザイク症状を伴うことが多い）、④黄色斑紋・黄色環紋症状（葉に黄色の斑紋や輪環が現れる）などがある。

ジンチョウゲモザイク病（図3.23 ①、口絵 p012）では、葉色に濃緑部分と退緑部分が入り交じったモザイク症状を呈し、壊疽斑点や壊疽条斑を生じることもある。激しいと葉の黄化や捩れを生じ、株全体の生育がきわめて不良となり、やがて樹勢の衰退や株枯れを起こす。植栽されたジンチョウゲでは、ほとんどの株がウイルスに感染しているといわれている。ナンテンモザイク病（②）では葉が小型化し、モザイクを生じるとともに、へら葉や糸葉症状が顕著である。ウメ輪紋病では、葉や果実に黄色の斑紋や輪環が現れる（ノート3.6, p230、口絵 p023）。なお、果樹ではウイルスより微小な病原体であるウイロイドによるエクソコーティス病（図3.23 ③）などが問題となる。

ウイルスの伝染方法は、病原ウイルスの種類により異なる。一般に、樹木類、とくに果樹では接ぎ木伝染するものが多いが、挿し木繁殖する植物は、母樹・親株がウイルス感染または保毒していれば、その子苗は同じウイルスに汚染している可能性が高い。また、カンキツモザイク病（④）のウイルスなどでは土壌伝搬、ウメ輪紋病やカンキツ類ステムピッティング病（⑤）などのウイルスではアブラムシ伝搬することが知られている。樹木類の病原ウイルスの中には、少数ながら、野菜・花卉などと共通のものがあり、その一つであるキュウリモザイクウイルス（CMV）は、アブラムシ類が媒介する。他方で、樹木特有のウイルス病も多く知られているが、それらウイルス病の特徴や発生生態、伝搬方法などは十分には解明されていない。

b. ファイトプラズマ病

樹木にファイトプラズマ病は少ないが、発生すると被害は大きい。症状は、①小枝の叢生、②葉の小型化・黄化、③花器の奇形・緑化、④樹冠容量の減少、⑤枝枯れ・株枯れ、⑥樹勢の衰退、などである。

キリてんぐ巣病やホルトノキ萎黄病（図3.23 ⑥）では、枝の叢生、落葉や、樹勢の衰退を起こす。アジサイ葉化病（⑦）はアジサイの花器を構

図3.23 - ⑦　アジサイ葉化病　　　　（口絵 p012）

成する萼・花弁・雄蘂・雌蘂などが着色せず、緑色のままとなり、花器の奇形を伴うのが特徴で、徐々に株が衰弱し、著しい場合には枯死に至る。ファイトプラズマは、挿し木伝染や虫媒伝染（ほとんどがヨコバイ類）するので、対策が困難であり、健全樹からの増殖が必須である。

　小枝が叢生する"てんぐ巣症状"は、サクラ類てんぐ巣病の症状と類似しているが、サクラ類のそれは菌類（子嚢菌類 *Taphrina wiesneri*）による病気であり、ほうき状の小枝に着生する葉の裏面には、薄く白色の菌体が見られることがある。一方、ファイトプラズマ病は、病原体を肉眼で植物表面に見ることはできない。なお、ファイトプラズマは細菌類に含まれ、難培養細菌類に区分されている。しかし、虫媒伝染であることなど、種々の性質が他の細菌類（一般細菌と呼ぶ）と異なるため、区別して扱われることが多い。

c. 細菌病

　細菌病の症状として、①葉の染み状・水浸状の斑点（不規則な角状病斑を生じる）、②瘤症状（枝や幹、根冠に表面が粗い瘤が現れる）、③枯死・腐敗症状（葉先から腐敗するように枯れる）、などの症状がある。

　セイヨウキヅタ斑点細菌病（図3.32 ⑱；口絵 p021）は植栽で梅雨期などに普通に発生し、不整円形の病斑の周囲が油浸状に滲む。ヤマモモこぶ病（図3.29 ②③、口絵 p018）、フジこぶ病（図3.23 ⑨）、カシ類こぶ病では、枝や幹に瘤が発生する。カシ類 枝枯細菌病、トウカエデ首垂細菌病（図3.23 ⑧；後出）では、先端の枝葉からの激しい枯れと腐敗が起こる。

　細菌病では、病斑部から滲み出た菌泥が病斑上で乾いて、染み状に残ったものが見られることもある。また、新鮮な水浸状の病斑組織を剥ぎ取り、あるいはカミソリで切断し、プレパラートを作製して検鏡すると、細菌が大量に溢れ出るのを観察できる。この場合、細菌粒子の形状は小型で均一であることから、流出する細胞の内容物とは区別できる。

d. 菌類病

　菌類病の症状の特徴として、病原菌の器官（胞子、菌糸、分生子柄、分生子殻、分生子層、子嚢殻など）が、病患部の表面にしばしば現れる。これを「標徴」といい、診断の重要なポイントとなる。慣れてくれば、標徴の観察により、病名をほぼ特定できることも多い。例えば、標徴が顕著なうどんこ病では一般に白色、粉状の菌体（菌糸や分生子などの集塊）に被われ、さび病では胞子堆が葉裏などに明瞭に発生する。主な病原菌類の器官の名称を以下に示し、図3.24（口絵 p013）に標徴と顕微鏡像を例示した。

① 卵菌類

　造卵器、卵胞子、遊走子嚢、遊走子などを形成する（図3.24 ①・③）。

② 子嚢菌類

　子嚢殻（④⑤）：内部に子嚢を生じる。形態から細分化され、うどんこ病菌のように開口部がない種類は「閉子嚢殻」と呼ぶ。

　子嚢（⑥）：子嚢殻内に生じ、内部に子嚢胞子、を形成する。

　子嚢胞子（⑥）：有性胞子で、子嚢内に生じる。

③ 担子菌類

　胞子堆：胞子の集合体で、さび病菌では胞子の種類により、夏胞子堆・冬胞子堆（⑦）・さび胞子堆（形態により銹子毛などの名称がある；⑩）という。

　胞子：さび病菌では夏胞子、冬胞子（⑧）、さび胞子（⑪）など、黒穂病菌では黒穂胞子などがあり、それぞれ機能が異なる。

　担子器（⑨）：担子柄を生じる。

　担子胞子（⑨）：有性胞子であり、担子柄の先端に形成される。

④ 不完全菌類（不完全世代）

　便宜的な分類であり、完全世代が確認されていない種類を総括的に含める。多くは子嚢菌類の不完全世代であるが、一部は担子菌類に所属する。

　分生子果：分生子の容器を意味し、分生子殻と分生子層に大別される。

分生子殻（図 3.24 ⑫⑬）：球形、亜球形、不整形など、種類により形態が異なる。殻壁に分生子形成細胞が有り、分生子を形成し、殻内に分生子を充満することが多い。

分生子層（⑭⑮）：皿状あるいはレンズ状で子座上に分生子柄や分生子形成細胞が有り、分生子を並立的に形成する。

子座（⑰・⑳）：厚壁細胞の集合体で、分生子柄を形成し、その先端部に分生子を生じる。

分生子（⑬⑮⑯・⑳）：無性胞子の総称である。

　一方で、標徴の認められない菌類病も多く、これらの中には、細菌病・線虫病・生理障害などの症状と類似するものがあるので注意したい。

　樹種によっては同一部位に複数の病気が発生するので、病斑の特徴や標徴を把握しておくと、病名の特定や、病原菌の観察・検討が容易となる。

e. 線虫病

　線虫病は、病原となる線虫の種類によって、寄生部位が、根、葉、材部などと決まり、症状も種類により特徴がある。しかし、他の病因による障害と紛らわしいものも多い。

　樹木類に発生する線虫病の症状には、①根の褐変腐敗（根腐線虫病）、②根に表面が平滑なこぶを数珠状に形成（根こぶ線虫病；図 3.23 ⑪⑫）、③根にシストを形成（シスト線虫病；現在のところ、マダケ類を除き、樹木類には本病の命名記録はないが、マツやリンゴなどに寄生が確認されている）、④枝幹および樹全体の萎凋、枯死（材線虫病）などがある。ただし、根腐線虫病や根こぶ線虫病などは、地上部の被害症状は葉の萎凋・黄変・小型化、落葉、生育不良を伴い、他の伝染性病害（白紋羽病、紫紋羽病など）や、生理病（微量要素欠乏症など）と類似した症状を発現することが多い。そこで、地上部のみによる目視診断は避け、根部の異常の有無を観察するとともに、病患部の分解観察や病原の観察・分離を行う必要がある。なお、根部の線虫寄生痕から、土壌伝染性病害を起因する病原菌が感染しやすくなる現象（相乗作用）が知られている。

f. その他

　サビダニ・フシダニ類の寄生によって生じる「虫瘤（こぶ）」や他の症状に、病名が付けられていることがある。その例としては、カシ類 ビロード病、ブドウ毛せん病（図 3.23 ⑬）などがよく観察される。また、フシダニ類により、ケヤキやカシ類の芽が叢生し、伸展が止まる症状が確認されている（⑭⑮）。

(2) 部位による症状類別ポイントと病例

　樹木の発病部位や症状は、病気の種類によってほぼ決まっている。各部位での代表的な症例と当該の病気を以下に示す（*はウイルス病、**は細菌病、***はファイトプラズマ病；線虫病は病名に「線虫病」と明示される；線虫病以外の無印は菌類病；植物名を付していない病名は「共通的な病害」を示す）。なお、樹種や観察時期、生育ステージ、環境条件などにより、当然のことながら、症状の所見や発病程度が異なり、あるいは変化する場合があるので、類似障害と見誤まらないよう、十分に注意しなければならない。

図 3.23 - ⑫　コクチナシ根こぶ線虫病
（口絵 p012）

1）樹全体の異常

　樹全体の枝葉がほぼ一様に生気が失せて、天気のよい日には葉や若い枝が萎凋し、やがて、葉の黄変、小型化、葉縁や葉脈の間からの枯れ、落葉などを生じることがある。このような全身の症状は、以下のように根や幹の基部の異常により起こることが多い。

① 白色菌糸体が、根および幹の地際部の表面や樹皮の下に拡がり、樹皮を剥がすと鳥の羽、または掌のような白色の菌糸束が見られる（白紋羽病）。
② 地際部や周辺の地表面に、光沢のある白色で、絹糸のような菌糸束、直径1〜2mm大の淡褐色、ナタネ種子状の小菌核が多数見られる（白絹病）。
③ 紫赤色〜紫褐色の菌糸束が、根や地際部の幹を縦横に這い、やがて同色の菌糸膜となり、ビロード状に厚く取り巻く（紫紋羽病）。
④ 地際部の茎や根に、淡褐色〜褐色で、表面が粗く、亀裂が入る瘤が多数形成される（根頭がんしゅ病**）。
⑤ 地際部の幹の皮を剥がすと、白色の菌糸膜が豊富に見られ、キノコ臭を放ち、季節限定で地際に子実体（キノコ）が発生する（ならたけ病など）。
⑥ 剪定痕などから枯れが進展し、幹が枯れる（各種の胴枯病・枝枯病）。
⑦ 根に、表面が平滑な小型の瘤が数珠状に多数生じる（根こぶ線虫病）。

〔類似症状〕病原体による病気ではないが、次のような原因で類似の症状が発生することがある：害虫による根部、樹皮や維管束の食害；土壌中の養水分の多寡や、土壌pHの不適などによる生理的な原因による異常；殺虫剤や殺菌剤・除草剤施用による薬害（とくに土壌施用した除草剤による根の障害や、樹全体の枝葉の奇形）など。

2）花・果実の異常

　病気の種類により、花弁や果実のみに限定して発生するもの、葉や枝幹と同一病原菌によるもの等がある。花弁や果実の障害は観賞価値や商品価値を著しく減じる。

① 変色腐敗部に灰色〜淡褐色、粉状の菌体（分生子の集塊）が生じる（各種の灰色かび病）。
② 果実変色腐敗部に無色の菌糸が薄く蔓延する（ピラカンサ疫病など）。
③ 果実に染み状の円斑を生じる（ウメ黒星病）。
④ 果実の黒色に凹みに橙色の分生子塊を生じる（カキ炭疽病）。
⑤ 果実表面にかさぶた状の小斑を多数形成する（カンキツ類 そうか病）。
⑥ 花弁の腐敗・枯死部に黒色、扁平状の塊（菌核）が形成される（ツツジ類 花腐菌核病）。

〔類似症状〕カルシウム・ホウ素などの養分欠乏症；過湿や連続降雨など水分過多による生理障害；害虫による食害痕や刺傷周辺からの生理的な腐敗など。

3）葉の異常

　葉に現れる症状は病気と植物の組み合わせにより、奇形・斑点・縁枯れを生じるなど、様々である。診断のポイントは、発生部位、斑点の形状・色調、病患部に現れる標徴（病原菌の菌体）などである。

① 斑点を生じる（各種の斑点病など）。症状の観察ポイント・区別点を以下に示す。
   ・斑点（病斑）の色調、大きさ、形態、輪紋の有無など
   ・斑点が葉全体に散在、葉の縁から扇状、波状、くさび状に拡大など
   ・斑点が葉脈に囲まれる；斑点周辺が明瞭か不明瞭、周辺の黄化・紅化など
② 斑点上に菌体が見られる。
   ・斑点の表面に病原菌の小点が発生；小点（分生子殻や分生子層）の形態、大きさ、色調など（アセビ褐斑病、コブシ斑点病、ツタ褐色円斑病など）
   ・斑点上または葉全面に粉や、すすのような菌体が豊富に発生；色調、粉状か堅牢かなど（さび

病、うどんこ病、黒穂病、イチョウすす斑病、すす病など）
③ 葉が肥大化・膨大化する（ツツジ・サザンカもち病、モモ縮葉病など）
④ 奇形化や縮れ、葉色の濃淡が見られる（ジンチョウゲモザイク病*、ツバキ斑葉病*など）。
〔類似症状〕養分欠乏症；日焼け、風害、凍霜害などの生理障害；害虫による食害痕や吸汁痕；農薬による薬害など。

4）枝・幹の異常

枝幹の病気は罹病部から上方の萎凋や枯死を伴うことが多い。このため病患部を特定して、標徴を見極めることが大切である。

① 枝幹に瘤が形成される（各種のこぶ病、がんしゅ病；こぶ病の病原は樹種により細菌類または菌類）。
② 剪定痕や食害痕からの枯れ、変色、罹病部に病原菌の小点が見られる（各種の胴枯病、枝枯病など）。
③ 材部に腐れが入り、空洞化する（各種の木材腐朽病）。

〔類似症状〕強風による枝幹の折損（枝幹性病害があると助長される）；機械等による物理的損傷；害虫による被害など。

4 庭木・緑化樹木に発生する主な病害

病原体の中には、同一種が多くの樹種に病気を起こす種類があり（根頭がんしゅ病、白紋羽病など多数）、致命的な被害を及ぼすものも少なくない。また、同一種ではないが、所属する「属」や「科」あるいは「目」を同一とする、近縁の病原体による病気には、共通的な病名が付けられている（うどんこ病、さび病など）。これらは一括して「共通の病気」と表記されることが多い。本項では、これら共通の病気と樹種特有の病害について、診断のポイントとなる症状、宿主範囲、発生生態、ならびに対処法を概説する。

*以下に記載した農薬（商品名；一般名）は、2015年12月現在、登録されているもの（抜粋）を示す。使用の際には必ず登録の有無を確認すること。

（1）共通の病害

a. 根頭がんしゅ病

症状と診断ポイント（図3.25①②，口絵p014）：主に幹の地際部や根の各所（主として傷口）に瘤（癌腫）を生ずる。接ぎ木苗では接合部から発病することが多い。はじめ乳白色～淡褐色の小さな瘤を生じ、これは徐々に肥大して、褐色、球状の堅い瘤となる。瘤の表面は、はじめは滑らかであるが、のちに粗くなり亀裂が入る。後出のネコブセンチュウによっても根に瘤が形成される（根こぶ線虫病）が、これは表面が滑らか、小型で多数が数珠状に形成されることが多いので、本病と目視により区別できる。

主な被害樹種：本病は、明治時代の中期に、オウトウの苗木とともに日本に侵入したとされ、現在では、各種の緑化樹木、果樹等に広く発生している。とくに、アンズ・ウメ・カイドウ・カナメモチ・サクラ類・ボケ・バラ類など、バラ科の緑化樹木・果樹類に被害が大きい。アオギリ・オウバイ・カエデ類・カシ類・キョウチクトウ・キリ・クリ・シイノキ・フジ・ポプラ類・マサキ・ヤナギ類・ユーカリなどにも被害が報告されている。

病原細菌：*Rhizobium* spp.
〔異名 *Agrobacterium* spp.〕

図3.25-① バラ根頭がん種病 （口絵p014）

生態：細菌の一種で、主に傷口から感染する。感染した病原細菌はやがて消失するが、本菌はTiプラスミドを有し、この一部分が植物のDNAに組み込まれるため、病原細菌が消失した後もこぶの増殖が進行し、肥大する。被害残渣や若い瘤の中で病原細菌で越冬し、これが伝染源となる。

対処法：
① 発病株や根の残渣は丁寧に除去・処分する。
② 発病跡地も、病原細菌に汚染されているため、薬剤で土壌消毒するか、汚染されていない土を客土する。
③ 健全苗木を植栽する。発生地では、本病にかかりやすい樹種の植栽は避ける。
④ 移植・定植時や接ぎ木作業時などに使用する刃物類や、手指に付着した病汁液によって伝染するので、消毒または洗浄する。
⑤ 病原細菌と近縁の *Agrobacterium radiobacter* の1系統（非病原性）を用いた製剤（商品名：バクテローズ）が果樹類・バラなどで農薬登録されている。本剤を無感染苗（感染苗には無効）に浸根処理すると、干渉作用により病原細菌の感染を防ぐことができる。なお、カナメモチでも本剤による有効試験例がある。

b. 白紋羽病

症状と診断ポイント（図3.25③・⑤）：根や幹の地際部の表面に白色、木綿糸状の菌糸の束が貼り付くように蔓延する。地際部では白色の菌糸が膜状に幹の表面を被う。この菌糸膜は5月頃から梅雨期に多く見られる。樹皮下には白色で、鳥の羽状〜掌状の太い菌糸束が認められ、これらの所見は診断の重要なポイントとなる。樹皮は褐変腐敗し、維管束部が侵されるため、地上部にも症状が現われ、葉は小型で生気がなくなり、やがて萎凋し、黄変・落葉を起こす。若木では著しい生育不良をもたらす。やがて苗木、成木とも株全体が枯死する。主根の先端部や細根は腐敗消失するため、病株は根張りが悪く、強風等により根返り・株の倒伏を起こしやすい。病根には二次的に細菌などが繁殖して異臭を放つことがある。

主な被害樹種：緑化樹木では、ウメ・カイドウ・カナメモチ・サクラ類・シャリンバイ・バラ・ピラカンサ・ボケなどのバラ科樹木、ジンチョウゲ・ツツジ類・ムクゲ・ハナミズキなどで被害が大きい。他にアオキ・アジサイ・イチョウ・ウツギ・エゴノキ・カシ類・ガマズミ・カラマツ・キンモクセイ・クチナシ・ケヤキ・コデマリ・コブシ・スギ・センリョウ・トベラ・ナラ類・ハゼノキ・ヒュウガミズキ・ブナ・ポプラ類・マンサク・ムラサキシキブ・ヤツデ・ライラックなど、きわめて多くの樹種に発生する。また、本病は果樹のナシ・リンゴなどでも被害が大きい。

病原菌：*Rosellinia necatrix* Prillieux

生態：病原菌は子嚢菌類の一種で、病根などの残渣や、土中の未分解の有機物などに寄生、潜伏しながら長期間生存し、健全根との接触により伝染する。本病の発生は熟畑や庭園で多く、開墾初期の圃場では発生は少ない傾向にある。

対処法：①病株や根の残渣は丁寧に除去・処分する。②発病跡地も病原菌に汚染されているため、無病の土を客土するか、薬剤による土壌消毒を行う。③軽症樹で、根の一部が侵されている場合には病根部を切除し、薬剤を処理してから埋め戻す。また、地際の病患部はナイフで削り取り、癒合促進剤（ペースト剤）を塗布する。④健全苗木を植栽する。発生地では本病にかかりやすい樹種の植栽は避ける。⑤ウメにはフロンサイドSC（フ

図3.25-⑤　白紋羽病菌の菌糸束　　（口絵p014）

ルアジナム剤；土壌灌注）とフジワン粒剤（イソプロチオラン剤；土壌混和）が登録されている。なお、リンゴ・ナシ等の成木または苗木には、上記薬剤のほか、トップジンM水和剤（チオファネートメチル剤）や、ベンレート水和剤（ベノミル剤）が使用できるものがある。

c. 紫紋羽病

症状と診断ポイント（図3.25 ⑥⑦）：根や幹の地際部の表面が紫赤色〜紫褐色、フェルト状の厚い菌糸膜に覆われる。湿潤状態が続くと、菌糸膜は幹の表面を数十cmの高さにまで達する。発病部の樹皮は褐変腐敗し、細根は消失し、葉色の悪化、葉の小型化、黄化、葉枯れ、落葉を起こし、やがて株全体が萎凋・枯死する。発病から枯死まで数年を要することもあるが、降雨の続く年は蔓延が早く、被害も大きい。紫色の菌糸膜が診断ポイントである。

主な被害樹種：緑化樹木では、アオキ・アベリア・イチイ・イチョウ・イボタノキ・ウメ・カエデ類・カシ類・カナメモチ・キョウチクトウ・ケヤキ・サクラ類・シイノキ・シャリンバイ・スギ・トベラ・ナラ類・ネズミモチ・ハギ類・ハナミズキ・ハンノキ・ヒサカキ・ヒュウガミズキ・ポプラ類・マサキ・マツ類・ユリノキ・レンギョウなど多くの樹種に発生する。また、リンゴなど開墾直後の果樹園でも被害が大きい。なお、ボタン・ハイビスカスでも激しい発病を観察している。

病原菌：*Helicobasidium mompa* Nobuj. Tanaka

生態：病原菌は担子菌類の一種で、主に菌糸で蔓延する。被害根など罹病残渣や、土中の未分解の有機物などに寄生したり、菌糸塊として長期間生存し、健全根との接触により発病をもたらす。

対処法：白紋羽病に準ずる。ただし、樹木類には登録農薬はない。

d. 枝枯れ・胴枯れを起こす病気

症状と診断ポイント：樹木の枝や幹の維管束部を侵し、材部にも進展し、ついには枝幹を枯死させる病気を枝枯れ性病害あるいは胴枯れ性病害と総称する。病名は、枝枯病、胴枯病、がんしゅ病、腐らん病など、病原菌の種類と樹種の組合せにより様々な名が付けられている。症状と病原菌から以下の2つに大別される。

① 枝や幹に永年性の瘤（癌腫）を形成し、慢性的に徐々に癌が進展するグループ。各種広葉樹紅粒がんしゅ病、各種樹木がんしゅ病、ゴヨウマツ・モミ類黒粒がんしゅ病など。

② 樹皮に病斑を形成し、病斑が急性的に拡大して枝幹を巻き、枯死させるグループ。樹皮内部に菌体を形成し、その頂部が盛り上がって表皮に現われ、疣状、さめ肌状となる。やがて菌体の頂部から、胞子塊が糸状となって押し出される。各種樹木 枝枯病・胴枯病・腐らん病など。

主な被害樹種と病名：紅粒がんしゅ病＝カエデ類・ケヤキ・サクラ類・シナノキ・トネリコ類・ナラ類・カシ類・ニセアカシア・ニレ・ネムノキ・ポプラ類・ヤナギ類など；黒粒枝枯病＝エノキ・カンバ類・サワグルミ・ハンノキ類・ポプラ類など；その他＝カエデ胴枯病、キリ胴枯病・腐らん病、クリ胴枯病・白点胴枯病、サクラ胴枯病、スギ暗色枝枯病、トドマツ枝枯病・がんしゅ病、ヒノキ暗色枝枯病、ポプラ腐らん病、マツ類皮目枝枯病；果樹ではリンゴ腐らん病など。

主な病原菌：*Cryphonectria parasitica*（Murrill）M.E. Barr〔アナモルフ *Endothiella parasitica* Roane〕＝クリ胴枯病（図3.25 ⑧）

Diaporthe medusaea Nitschke
〔アナモルフ *Phomopsis rudis*（Fries）Höhnel〕
＝カンキツ類小黒点病、ナシ胴枯病

Leucostoma persoonii（Nitschke）Höhnel
〔アナモルフ *Leucocytospora leucostoma*（Saccardo）Höhnel〕
＝アンズ・オウトウ・モモ胴枯病（⑨⑩）

Valsa ceratosperma（Tode）Maire
〔アナモルフ *Cytospora rosarum* Greville〕
＝ナシ・リンゴ腐らん病

生態：病原菌は子嚢菌類に属するが、完全世代が未確認のものもある。発生生態は共通的な種類

が多い。病原菌の伝搬は5～10月と長期にわたる。病原菌の多くは、生きている樹木の体表面や枯死部位に定着し、枝幹が何らかの損傷を受けたり、樹木の活力が外界の環境によって衰弱して、体内の生理代謝に異常が発生した場合に乗じて病気が進展し、病斑を形成する。いわゆる傷痍性病原菌に含まれる種類が多数存在する。発病に影響する環境には、寒暖の温度差、根雪期間、乾燥、風（付傷や蒸散の異常をもたらす）、土壌の化学性、害虫の加害などがある。人為的な原因としては、機械等による物理的な付傷や、剪定時期の間違いにより、傷口の癒合に不具合が生じたり、耐寒性の備えができずに、病原菌の侵入や活性化を起因することがある。

対処法：①健全木を植栽する。②排水をよくする土壌改良、適正な施肥、病枝の剪定、枯れ枝や残渣の処理など、植栽環境の改善および病原菌密度の低下を図る。③病枝は早期に剪定除去する。

なお、樹木類には、切り口および傷口の癒合促進に、トップジンMペースト（チオファネートメチル剤：塗布）などの登録があるが、通常の液剤散布用登録農薬はないことに加え、病原菌の伝搬が5～10月と長期にわたることや、発病が環境条件に大きく左右されることから、果樹においても薬剤防除は困難である。

e. 木材腐朽病（材質腐朽病）

症状と診断ポイント：菌類によって枝・幹や根株の材が腐敗する被害を総称して「木材腐朽病」または「材質腐朽病」と呼び、侵害・腐朽部位や材の色調により、次のように大別される。
① 侵害部位による区分：根株腐れ、幹腐れ
② 腐朽部位による区分：心材腐朽、辺材腐朽
③ 腐朽部の材の色調による区分：褐色腐朽、白色腐朽

病気が進展すると、維管束が侵害される種類では樹勢が徐々に衰弱し、罹病部は枯死する。心材部が侵される種類では、外観的な異常が認められずに経過し、子実体（キノコ）の発生により初めて異常に気付くことが多い。とくに根株が侵されると、強風に対する根の支えが効かず、"根返り"を起こし、倒伏などの大きな被害を生じる。本病の詳細は「Ⅲ-3」（p171）を参照。

f. 環紋葉枯病

症状と診断ポイント（図3.25 ⑪・⑬）：葉に輪紋状の斑点を生じる。病斑の色調は黄褐色、灰褐色、褐色など樹種により異なる。湿潤状態が続くと病斑は拡大融合する。病斑部が脱落して穴があいたり、葉腐れを起こし、落葉が著しい。ウメでは、梅雨後期には枝先端の葉だけを残して激しく落葉する。病斑の裏面に白色～淡黄色で微小な糸くず状～毛状の菌体（病原菌の分生子）が一様に、または疎らに林生する。これはルーペで容易に確認でき、本病診断のポイントとなる。

病原菌と主な被害樹種：病原菌は子嚢菌類に所属し、次の2種が記録されている。① *Grovesinia pyramidalis* M.N. Cline, J.L. Crane & S.D. Cline（アナモルフ *Cristulariella moricola*（I.Hino）Redhead］：宿主範囲が広く、カエデ類・サルスベリ・エノキ・クスノキ・ヤマブキ・ブドウなどの緑化樹

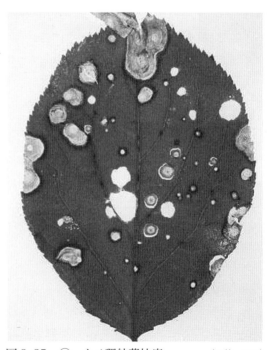

図3.25・⑪　ウメ環紋葉枯病　　　（口絵 p014）

木、果樹、野菜など、40以上の科に発生が確認されている。② *Grovesinia pruni* Y. Harada & Noro（*Hinomyces pruni*（Y. Harada & Noro）Narumi-Saito & Y. Harada）：アンズ・ウメ・モモなど核果類に発生する。

生態：本病は年により発生程度が異なり、とくに夏季の気温が低く、降雨日数が多い年には発生が顕著である。病落葉上に生じる菌核で越冬し、これが翌年の伝染源となる。本病は1980年代初めに全国的に大発生したが、その後はほぼ終息し、現在は散見できる程度である。

対処法：病葉や落葉は丁寧に処分する。

g. 輪紋葉枯病

症状と診断ポイント（図3.25⑭・⑯）：5月頃から葉に褐色で、ゆるやかな輪紋状の不整円斑を数個〜多数生じ、湿潤状態が続くと、病斑は拡大融合して葉枯れを起こす。マメザクラなどでは病斑が小型で、病斑の周縁に離層が発達し、病斑が脱落して穴があく。サザンカ・ヤブツバキ・ミズキなど本病に罹りやすい樹種では、発病後まもなくから激しく落葉することが多い。ハナミズキも感受性が高いが、枯死した病葉は落葉せずに長く着生する特徴がある。その後、病斑の表面には直径0.5mm、淡褐色、扁平な円盤状菌体（分散体という）が認められる。症状は環紋葉枯病と似るが、病斑上の菌体の相違から、両者を目視あるいはルーペによる観察で容易に識別できる。1980年代初めに、上記の環紋葉枯病とともに全国的に大発生した。現在は、ハナミズキやサザンカでは毎年発生を繰り返しているが、全体的には終息傾向にあるようである。

主な被害樹種：多数の木本・草本植物に記録されている。とくに、サザンカ・ツバキ・ミズキ類（ハナミズキ、ミズキ）では被害が大きい。他には、アオハダ・アベリア・エゴノキ・エノキ・ウメモドキ・ガマズミ・ケヤキ・チャノキ・マメザクラなどに発生する。

病原菌：*Haradamyces foliicola* Masuya, Kusunoki, Kosaka & Aikawa

生態：病原菌は菌類の一種。分類上の所属は、長い間未定であったが、小型分生子が確認され、不完全菌類の新属 *Haradamyces* 属として記載された。越冬後に、罹病枯枝先端に分散体が形成されて伝染源となり、生育期では分散体が直接飛散し感染する。本病は春先から夏にかけて、雨の多い年に発生が多い。

対処法：①病葉や落葉は丁寧に処分する、②周辺の雑草は伝染源となることがあるので、発生地では除草を行う。③樹木類を対象にベンレート水和剤（ベノミル剤）、Zボルドー水和剤（銅剤）が登録されている。

h. うどんこ病

症状と診断ポイント：うどんこ病菌のグループによる病気を総称して「うどんこ病」という。うどん粉をまぶしたように白く見える種類が多いことから、この名が付けられた。トウカエデやサルスベリうどんこ病では、葉、緑枝などの表面に胞子（分生子）を豊富に形成し、遠目でも白く見える。一方で、モクレンやガマズミなどでは菌体の形成が少なく、うっすらと白くなる。樹種によっては、病葉や病枝に縮みや捩れなどの奇形を生じる。また、蕾に発生すると開花不良となる。病斑（寄生痕）が赤紫色（カナメモチなど）や灰紫色（コデマリなど）となる種類もある。病名は、多くの樹種では、うどんこ病と名付けられているが、樹種や病原菌によっては発生部位により区別して、表うどんこ病、裏うどんこ病などの病名が付けられている。なお、菌体が紫色あるいは淡褐色の種類では、紫かび病と命名されている。

病名と主な被害樹種：うどんこ病菌は子嚢菌類の一種であり、病原菌の種数がきわめて多い。また、宿主が限定的な種が多く、同一種でも寄生性の分化が認められる。病名ごとの主な被害樹種を以下に示す。①うどんこ病＝アオキ・アジサイ・ウメ・カエデ類・カシ類・ナラ類・カナメモチ・カンバ類・ケヤキ・コデマリ・サルスベリ・バラ・ホソバヒイラギナンテン・マサキ・マテバシイ・ミズキ類（ハナミズキ・ヤマボウシ）・モクレン・

ユキヤナギ・ライラックなど。②表うどんこ病＝カエデ類・クワ。③裏うどんこ病＝エノキ・クリ・クルミ・クワ・コウゾ・コブシ・サンシュユなど。④紫かび病：カシ類・ナラ類。

　主な病原菌：*Cystotheca wrightii* Berk. & M.A. Curtis ＝カシ類 紫かび病（図3.25 ⑰）

Erysiphe gracilis R.Y. Zheng & G.Q. Chen var. *gracilis*
　（*Erysiphe* 節；従来分類の *Erysiphe* 属）
　　＝アラカシ・シラカシうどんこ病（⑱）

E. pulchra（Cooke & Peck）U. Braun & S.Takam.
　〔異名 *Microsphaera pulchra* Cooke & Peck〕
　（*Microsphaera* 節）
　　＝ハナミズキ・ヤマボウシうどんこ病（⑲）

E. australiana（McAl.）U. Braun & S. Takam.
　〔異名 *Uncinuliella australiana*（McAlp.）（R.Y. Zheng & G.Q. Chen〕（*Uncinula* 節；従来分類の *Uncinuliella* 属）＝サルスベリうどんこ病（⑳）

E. kusanoi（Syd.）U. Braun & S. Takam.（*Uncinula* 節；従来分類の *Uncinula* 属）
　　＝エノキうどんこ病（図3.26 ①②，p015）

Phyllactinia moricola（Henn.）Homma
　　＝クワ裏うどんこ病（③④）

Pleochaeta shiraiana（Henn.）Kimbr. & Kolf
　　＝エノキ・ムクノキ裏うどんこ病（⑤・⑦）

Podosphaera tridactyla（Wallr.）de Bary var. *tridactyla*
　（*Podosphaera* 節；従来分類の *Podosphaera* 属）
　　＝アンズ・ウメ・スモモ・モモ・サクラ類うどんこ病（⑧⑨）

Sawadaea polyfida（C.T. Wei）R.Y. Zheng & G.Q. Chen
　　＝イロハモミジ・ヤマモミジうどんこ病

S. tulasnei（Fuckel）Homma ＝イタヤカエデ・ノムラカエデ・ヤマモミジうどんこ病

　生態：うどんこ病の発生時期は属種により異なるが、多くの種類では、春季から罹病部に白色菌叢が見られ、菌叢上に形成される胞子（分生子）が飛散して蔓延を繰り返す。種類によっては、秋期に黒色小粒の菌体（子嚢殻）を形成し、越冬する。また、越冬芽に菌糸の形態で潜伏するものもある。したがって、分生子などのアナモルフ器官の観察には、菌糸が増殖し、分生子の形成が盛んな春季から初夏まで、および初秋が適期であり、盛夏期や冬期（常緑樹の場合）には菌叢生育が停滞する。閉子嚢殻（未熟時には黄褐色で、成熟すると黒色を呈する種類が多い）の形成を確認できる時期は、近年とくに遅れる傾向にあり、10月中旬から11月上旬以降に形成し始める種類が多くなっている。なお、閉子嚢殻を形成しないか、あるいは確認されていない菌種もかなりある。

　ハナミズキうどんこ病は、開花期終了後間もなくから葉に菌叢を生じ、盛夏期には病勢が一旦衰えるが、秋季に再び活発に生育する。そして、閉子嚢殻は11月上旬以降、秋季発生した枝先端の葉で、白色菌叢が厚く被い、奇形化して十分に展開できない部位に高率に形成される。クワ裏うどんこ病は、初夏から、葉裏に粉状の菌叢を円状に生じ、秋口には菌叢がややベージュ色を帯び、やがて葉裏全面を被い、10月下旬頃から閉子嚢殻を多数形成する。*Sawadaea* 属はカエデ類に特有のうどんこ病菌で、秋口に菌叢を発達させ、10月下旬から11月にかけて閉子嚢殻を散生あるいは部分的に群生する（⑩⑪＝ *Sawadaea* sp.）。なお、カエデ類には他の属のうどんこ病菌も発生する。これらの宿主に形成された閉子嚢殻は、実体顕微鏡で付属糸の発生部位や、先端の形状を観察して慣れておくと、野外でルーペにより、属の違いを見分けることができる。

　対処法：①発病が少ない樹種や系統を植栽する。バラなどでは品種間に発病の差異が大きい。②病落葉の除去や病枝の剪定により、病原菌の密度を下げる。③薬剤散布の効果が高い。なお、うどんこ病菌は薬剤耐性が発達しやすい種類なので、同一系統の薬剤の連用は避ける。「樹木類」（作物群登録）にはトリフミン水和剤（トリフルミゾール水和剤）、パッチコロン水和剤（シメコナゾール水和剤）、マネージ水和剤（イミベンコナゾール水和剤）、フルピカフロアブル水和剤（メパニピリム水和剤）、サンヨール乳剤（有機銅剤）、トップジンM水和剤（チオファネートメチル水和剤）、ペンコゼブ水和剤（マンゼブ水和剤）などの登録がある。

i. さび病

症状・診断ポイント・主な被害樹種：さび病菌のグループによる病気を総称して「さび病」という。病名は、植物体表面に形成される黄色〜褐色の胞子塊が、鉄錆の色調や様子とよく似ているために名付けられた。なお樹種によっては、症状や発生部位から、赤星病、こぶ病、葉さび病、毛さび病、変葉病などと命名されている。胞子塊の色は、病原菌の種類や胞子の種類によって、黒色、褐色、赤褐色、黄色、淡黄色、灰黄色、ベージュ色、白色など様々である。また、症状も宿主および病原菌の組み合わせによって、次のように異なる。①葉に黄色〜褐色で粉状の胞子塊が発生する（エンジュさび病、シャリンバイさび病、ハギさび病、マツ葉さび病、ヤナギさび病など）。②小枝を生じ、てんぐ巣状となる（アスナロ・ヒバてんぐ巣病など）。③枝幹にこぶをつくる（マツこぶ病、エンジュさび病など）。④針葉上に寒天状のふくらみを生じる（サワラさび病、ビャクシンさび病など）。⑤毛状の突起を生じる（カイドウ赤星病、ナラ・カシ毛さび病、ヒメリンゴ赤星病、ボケ赤星病など）。

主な病原菌：*Cronartium orientale* S. Kaneko
　＝マツ類 こぶ病、クヌギ・クリ・コナラ・シラカシなどナラ・カシ類毛さび病（表3.26）

Gymnosporangium asiaticum Miyabe ex G. Yamada
　＝ビャクシン類 さび病、カリン・ナシ・マルメロ・ボケ赤星病（表3.26）

G. yamadae Miyabe ex G. Yamada ＝リンゴ・カイドウ・ヒメリンゴ赤星病（図3.26⑫）、ビャクシン類 さび病（表3.26）

Melampsora hypericorum (de Candolle) J. Schröter
　＝セイヨウキンシバイ・ビョウヤナギさび病（図3.26⑬）

Nyssopsora cedrelae (Hori) Tranzschel
　＝チャンチンさび病（⑭⑮）

Phakopsora euvitis Y. Ono
　＝ブドウさび病（⑯；表3.26）

Phragmidium montivagum Arthur
　＝ハマナスさび病（⑰⑱）

Puccinia kusanoi Dietel ＝ササ類・ウツギさび病（図3.26⑲⑳；図3.27①，口絵p016）

Stereostratum corticioides (Berkeley & Broome) H. Magnusson
　＝タケ・ササ類 赤衣病（図3.27②③）

Uromyces lespedezae-procumbentis (Schweinitz) Curtis var. *lespedezae-procumbentis*
　＝ハギ類 さび病（④⑤）

U. truncicola Hennings & S. Ito
　＝エンジュさび病（⑥）

病原菌と生態：さび病菌は担子菌類の一種で、絶対寄生菌である。形態と機能の異なる胞子（種により異なるが、最大で、精子、さび胞子、夏胞子、冬胞子、担子胞子の5種類）を形成する。

このうち、夏胞子は生育期に伝搬する。色調や形態は種により決まり、淡燈色〜橙色など。冬胞子は一般には、越冬用の胞子で、春期に発芽して担子胞子を形成し、これが飛散して、当年の発病を起こす。色調は黒色や褐色、白色（無色）、橙色など、形態は多様である。さび胞子は精子の交雑によって形成され、一般に球形〜卵形で、淡黄

図3.26-⑫　ヒメリンゴ赤星病　　　（口絵p015）

色〜黄色である。
　さび病の生態は、病原菌の種類、樹種の違いにより異なっているが、寄生性の違いにより以下のように大別できる。
① 同一または近縁の植物上のみで生活できる種類（同種寄生種；病原菌が同一でも植物ごとに病名が付けられている）：シャリンバイさび病、ハギさび病など。
② 所属が大きく隔たる植物の間を行き来して、それぞれに異なる胞子を形成して生活する種類（異種寄生種）で、寄生する植物により、病名が異なることが多い（表3.26）。
　対処法：①異種寄生種のさび病菌の場合は、中間宿主（一般に経済性の低い方の植物をいう）を伐採したり、両者を近くに植栽しないことが有力な防除手段となる。②防除薬剤は、病原菌の種類とその胞子の種類により効果が異なるので、登録内容に注意して使用する。セイヨウキンシバイさび病にマネージ乳剤（イミベンコナゾール剤；EBI剤）、ストロビードライフロアブル（クレソキシムメチル剤）、バシタック水和剤75（メプロニル剤）など、ビャクシン類さび病にバシタック水和剤75などが登録されている。

j．サーコスポラ病
　症状と診断ポイント：*Cercospora* 属菌およびその関連属菌（以下、「*Cercospora* 属菌」という）による病気は、多くの緑化樹木の葉に、斑点性病害あるいは葉枯れ性病害を起こす。病気と樹種の組み合わせにより、慢性的な症状に留まる場合と早期落葉を起こす場合がある。斑点の形状は円形、角形、不整形など様々で、サクラせん孔褐斑病のように病斑が脱落して穴があくこともある。斑点の色調は褐色、黄色、灰紫色など樹類により特徴がある。ルーペを用いて病斑をよく観察すると、斑点上にすす伏の小黒点が多数確認できたり、ま

表3.26　樹木・果樹類に寄生する異種寄生性さび病菌の各胞子世代の宿主植物（例）

さび病菌（種名）	精子・さび胞子世代の宿主（病名）	夏胞子・冬胞子・担子胞子世代の宿主（病名）
Blastospora betulae	アスナロ・ネズコ（てんぐ巣病）	シラカンバ・ダテカンバ（さび病）
Blastospora smilacis	ウメ（変葉病）	ヤマカシュウ（さび病）
Coleosporium asterum	アカマツ（葉さび病）	ノコンギク・ヨメナ（さび病）
Coleosporium phellodendri	マツ類（葉さび病）	キハダ（さび病）
Cronartium orientale	マツ類（こぶ病）	カシ・ナラ類（毛さび病）
Gymnosporangium asiaticum	ナシ・カリン・ボケ・マルメロ（赤星病）	ビャクシン類*（さび病）
Gymnosporangium miyabei	ズミ・アズキナシ・ナナカマド（赤星病）	サワラ・シノブヒバ*（さび病）
Gymnosporangium yamadae	リンゴ・ヒメリンゴ・カイドウ（赤星病）	ビャクシン類*（さび病）
Phakopsora euvitis	アワブキ（さび病）	ブドウ（さび病）
Puccinia kusanoi, P. longicornis	ウツギ（さび病）	ササ類（さび病）
Puccinia mitriformis	マンサク（さび病）	スズダケ（さび病）
Puccinia sasicola	トサミズキ（さび病）	スズダケ（さび病）
Puccinia suzutake	ヤマアジサイ・アマチャ（さび病）	スズダケ（さび病）
Sorataea pruni-persicae	モモ（白さび病）	ヒメウズ（さび病）

注）*夏胞子世代を欠く

た、オリーブ色で、すすかび状の菌体（病原菌の分生子の集塊）が病斑を被っていることが多い。この特徴は、Cercospora 属菌による病害診断の目安となる。ほとんどの種類は、枝や株の枯死に至る病気ではないが、葉に明瞭な斑点を生じるため、被害が目立ち、観賞的価値が損なわれる。苗木など幼木では、多発生すると樹勢にも影響することがある。また、スギ溝腐病では幹に縦溝が生じ、幹の強度や材の品質を損なう。

主な被害樹種と病名：アベリア斑点病、エゴノキ褐斑病、カキノキ角斑落葉病、カナメモチ褐斑病、カルミア褐斑病、キョウチクトウ雲紋病、ケヤキ褐斑病、コトネアスター褐斑病、サクラせん孔褐斑病・斑点病、ザクロ斑点病、サルスベリ褐斑病、シャクナゲ・セイヨウシャクナゲ・ツツジ類葉斑病、シャリンバイ紫斑病、スギ赤枯病・溝腐病、ナナカマドすすかび病、ハナズオウ角斑病、バラ斑点病、ピラカンサ褐斑病、ボケ斑点病、ミズキ類（ハナミズキ・サンシュユ・ヤマボウシ・ミズキ）斑点病、マツ葉枯病、ユーカリ角斑病、ユズリハ褐斑病、ライラック褐斑病など。

病原菌と生態：Cercospora 属は不完全菌類であるが、一部は完全世代（子嚢菌類）が確認されている。病原菌の種は、ほとんどが植物の属ごとに記載されている。分生子は雨風により飛散して、伝染する。緑化樹木に発生する Cercospora 属菌の越冬形態については、解明が進んでいないが、セイヨウシャクナゲなどの常緑樹では、着生病葉上に越冬する分生子、あるいは春に越冬病斑上に再生される分生子が、最初の伝染源として重要と考えられる。すなわち、5〜6月の葉替わりの頃が、越冬葉病斑上における菌体形成の最盛期である。また、落葉樹では越冬病落葉上で春に完全世代を完熟させ、その胞子（子嚢胞子）が伝染源となる例（サクラ類せん孔褐斑病など）が報告されている。

対処法：①防除には、伝染源となる病葉および落葉を除去することが基本となる。②バラ斑点病（TPN剤・マンゼブ剤など）やスギ赤枯病（マンネブ剤）には登録農薬がある。また、「シュードサーコスポラ菌による斑点症」を対象として、トップジンM水和剤（チオファネートメチル剤；ベンソイミダゾール系）などが、樹木類に登録適用拡大されている。

k. こうやく病

症状と診断ポイント：こうやく病菌による病気を「こうやく病」という（図3.27⑦）。病名は菌糸の膜が枝や幹を厚く被い、膏薬（湿布薬）を貼ったように見えることに由来する。菌糸膜の色と病原菌の種類により、褐色こうやく病などの病名が、それぞれ付けられている。罹病樹は次第に衰弱するが、これはカイガラムシの寄生による被害や、カイガラムシが発生しやすいような環境の悪化、こうやく病による被害などが相乗したものと考えられる。

主な被害樹種と病名：ウメ褐色こうやく病・灰色こうやく病、サクラ類暗褐色こうやく病・褐色こうやく病・灰色こうやく病、ケヤキ灰色こうやく病

病原菌と生態：病原菌はいずれも担子菌類の Septobasidium 属に所属する。病原菌が、はじめ樹木に寄生しているカイガラムシ類に着生し、カイガラムシの体内に侵入して養分を摂取したり、カイガラムシの分泌物を栄養源として生活する。やがて周囲に菌糸膜をのばし、樹皮からも栄養を摂取して成長する。

対処法：①カイガラムシ類の防除が基本となる。②剪定などを行い、通風をよくする。

l. すす病

症状と診断ポイント：植物体表面が黒色のすす状のカビで被われる。症状から「すす（煤）病」と総称される。はじめ葉や枝に黒色すす状の菌叢を散生するが、やがて全面を被う。本病の発生により、観賞的価値が著しく減じ、ときに樹勢の衰えも見られる。

病原菌の生態と主な被害樹種：病原菌の多くは子嚢菌類である。生育期には、胞子が風や雨により伝搬される。越冬は菌糸や子嚢殻などによる。

病原菌の生態から次の2種類に大別できる。①アブラムシ類、カイガラムシ類、キジラミ類などの排泄物や分泌物、植物体に付着した有機物を栄養源として繁殖する種類：クチナシすす病、コナラすす病（図3.27⑧）、コブシすす病、サカキすす病、サザンカすす病、シイノキすす病、ナラ類すす病、ポプラ類すす病、ヤナギすす病など。②葉の組織の中にも侵入して、植物細胞から直接養分を摂取することができる種類：アオキ星形（ほしがた）すす病、ウメモドキすす病、サンゴジュすす病、シイノキ星形すす病、シャリンバイすす病、シラカシすす病、ツバキすす病、トベラ星形すす病、ネズミモチすす病、モチノキ星形すす病、ヤツデすす病、ユズリハすす病など。

対処法：①アブラムシ類やカイガラムシ類など、発病と関連する害虫の防除が基本となる。②剪定などを行い、通風をよくする。

（2）樹種別の主要病害

表3.27に主な緑化樹木について、科と樹種の五十音順に並べ、各樹種で比較的発生が多く、問題となる病気を掲載した。それぞれの病気について、病名、病原体（病原菌種名）を挙げ、診断に便利なように、発生部位、主な症状、表面に現われる病原体の特徴（標徴）、発生時期など、ポイントとなる事項を簡潔に記した。これにより、街路や公園・庭園・緑地・家庭等で、一般的に植栽されている緑化樹木に発生する病気をおおよそ検索できる。

以下に主要病害について解説する。

1）マツ類の病害

ノート3.3「マツ類の病害虫」（p219）を参照。

2）カエデ類の病害

a. うどんこ病

症状：5月頃から発生する。葉、新梢に白い粉をまぶしたようなカビ（病原菌の分生子柄および分生子）を生じる。葉や枝の捩れや奇形がみられたり、落葉や枝枯れを生じることもある。

病原菌：Sawadaea属、Erysiphe属など

生態：病原菌はうどんこ病菌（子嚢菌類）と呼ばれる。Sawadaea属は、カエデ類に特有の病原菌で、他属の植物へは伝搬しない（図3.26⑩⑪）。秋に小黒点（子嚢殻）を形成する種類は、これが翌春の伝染源となる。また、発生状況の観察から、越冬芽に潜んでいる可能性もある。生育期は分生子が主に風で伝搬する。

対処法：①品種や系統により、発病程度に差異があるので、発病しにくい種類を植栽する。トウカエデやヤマモミジなどは発病が多い。②病落葉の除去や剪定により、病原菌の密度を下げる。③トリフミン水和剤（EBI剤）やトップジンM水和剤（チオファネートメチル剤）などが登録されている〈共通の病害「うどんこ病」の項参照〉。

b. 黒紋病（くろもん）・小黒紋病（しょうこくもん）

症状：8月頃から、葉表に黒色で光沢のある、かさぶた状の菌体が形成される。この菌体は黒紋病では径10mm程度に拡大し、ふつうは1斑点上に1個形成され、また小黒紋病では菌体は径1〜2mmと小さいが、10〜20個集まって形成される（図3.27⑨）。本病は樹勢には影響しないが、黒色の菌体が目につきやすく、病斑周辺は緑色を残し、紅葉が進まない。

病原菌：Rhytisima（Melasmia）属

生態：病原菌は子嚢菌類の一種である。落葉上の黒色の菌体内に、春に形成される胞子（子嚢胞子）が最初の伝染源となる。黒紋病は、イタヤカエデ・ウリハダカエデ・ヤマモミジなどに発生し、小黒紋病は、イタヤカエデ・ハウチワカエデ・ヤマモミジなどに発生する。

対処法：病落葉を集めて、処分する。

c. トウカエデ首垂細菌病（くびたれ）

症状：4〜6月に発生が多い。はじめ新葉の葉脈に沿って、半透明で、湿潤状の小斑点が連続して生じる（図3.27⑩）。これはただちに葉全体に拡がり、褐変、枯死し、新梢は弓なりに垂れ下がる（⑪）。病名はこの症状から付けられた。

発病の激しい樹では、葉はほとんど落ち、枝枯れが著しい（⑫）。本病はトウカエデだけに被害を起こす。とくに街路樹として強剪定に管理される場合に発生が多く、緑地などで自然樹形で管理されるケースでは、発病が少ない傾向にある。

病原菌：*Erwinia* sp.

生態：細菌の一種である。生態の詳細は不明であるが、枝芽に潜伏越冬し、新葉展開時に増殖、発病させるものと思われる。本病は、1923年と1935〜37年に東京都（当時東京市）で激しい被害が発生した。その後、発生の記録が途絶え、"幻の病気"と考えられていたが、1980年から数年にわたって、日本各地のトウカエデの街路樹に本病が大発生し、被害が目立つことと、防除対策がなかったことから大きな問題となった。しかし、最近は発生が大幅に減少している。

対処法：①本病の防除は困難であるが、病枝を剪定し、春先に発病前から銅水和剤やストレプトマイシン剤を数回散布して、発病を遅延させた試験例がある。一方で、剪定の結果、罹病しやすい新梢が多数発生することにもなり、剪定と防除の兼ね合いが難しい。

3）ツツジ類の病害

a. もち病

症状：「もち病」という名前は、芽、葉、花弁がもちのように膨らむことから付けられた。主に5〜6月、ときに9月にも発生する。罹病部ははじめ淡緑色〜淡紅色を呈するが、成熟すると表面は白い粉をまぶしたようになる（図3.27⑬）。やがて表面は汚れたような褐色となり、のち萎れて乾燥し、落下する。本病は目につく病気であるが、発生期間が短く、樹勢にもほとんど影響しない。しかし、毎年発病する株では、開花が不良となることがある。

病原菌：*Exobasidium japonicum* Shirai など

生態：病原菌は担子菌類の一種で、膨らみの表面に胞子（担子胞子）が形成される。この胞子が伝染源となり、若い芽や葉に感染、潜伏する。新芽が発育する段階で、病原菌の産出する物質が植物の細胞に刺激を与え、細胞の数が増えるとともに大型化して、病患部が膨れる。

対処法：①日陰で水はけや風通しが悪いと発病が多いので、植栽環境を改善する。②伝染源となる分生子が生じる前に、病患部を剪定して処分する。③常発地では銅水和剤、銅・有機銅水和剤、メプロニル水和剤などを散布する。

b. 花腐菌核病（はなぐされきんかく）

症状：6月、つぼみや花弁に発生する。赤色系の花では白色〜褐色、白色系の花では淡褐色の染みのような小斑点が多数見られ、これは次第に花全体に拡大し、ついには褐変枯死する。罹病した花や蕾は着生したまま長い間垂れ下り、無残な様相となる（図3.27⑭⑮）。枯死した花弁の表面には、直径3〜5mmの黒色、扁平な菌体（菌核）が形成される。菌核は本病診断の決め手となる。

病原菌：*Ovulinia azaleae* F.A. Weiss

生態：病原菌は子嚢菌類の一種である。落下した菌核は土中で越冬し、春に菌核から径2〜5mmの微小なキノコ状の菌体（子嚢盤）を形成し、そこに生じる胞子（子嚢胞子）が飛散し、病気の最初の伝染源となる。菌核は室内で数年間生存するので、土中でも長期にわたり病気を起こす能力を保持しているものと思われる。開花期に降雨が多いと、子嚢盤の形成や胞子の飛散が活発となり、

図3.27・⑬　ツツジもち病　　　（口絵 p016）

発病が多くなる。

対処法：①盆栽などでは、開花期に雨除けを行う。②病花を早目に摘み取り、処分する。その際、菌核を地上に落とさないように注意する。

c. 褐斑病

症状：5月以降、葉に暗褐色で、葉脈にはっきり区切られた、径3～5 mm の小角斑が多数発生する（図3.27 ⑯）。1葉に多数の病斑を生じるために、黄化、落葉が激しく、樹勢にも影響が見られる。本病はオオムラサキツツジの系統に発生が多い。

病原菌：*Septoria azaleae* Voglino

生態：病原菌は不完全菌類の一種で、着生病葉の病斑上の小黒点内に胞子（分生子）の形態で越冬し、春季に新葉に伝搬する。

対処法：①病葉や落葉はできるだけ除去する。②Zボルドー水和剤（銅剤）、バシタック水和剤75 がツツジ類に登録されている。

4) サクラ類の病害

a. てんぐ巣病

症状：近年、各地のサクラの名所で本病の発生が多く、大きな問題となっている。枝が瘤状に膨らみ、ここから小枝が竹ぼうきの穂のように発生し、鳥の巣のようになる（図3.27 ⑰）。病名は、この症状に由来する。小枝にはほとんど花芽が着かない。とくに本病の発生が多いソメイヨシノのように、開花後に葉の生じる系統では、健全枝の開花時期に、同じ樹の病枝では葉が展開してしまうので非常に目につく。また、病枝はやがて枯れるか折損し、枯死部から材質腐朽菌や胴枯病菌などが侵入するため、樹勢は徐々に衰える。4月中旬から5月上中旬に病枝の葉が縮れて褐変し、葉裏に白粉のような菌体が発生する。

病原菌：*Taphrina wiesneri* (Ráthay) Mix

生態：病原菌は子嚢菌類の一種で、サクラ類にのみ、てんぐ巣病を起こす。葉裏の菌体（子嚢胞子）が飛散して、伝搬する。病原菌の詳しい生態は分かっていない。

対処法：①罹病枝は葉裏に白粉を生じる前に切除すると有効である。②剪定痕の癒合促進の塗布剤として、トップジンMペースト（チオファネートメチル）剤が登録されている。

b. せん孔褐斑病

症状：展葉後間もなくの5月頃から発生する。葉に、径2～5 mm、淡褐色～褐色の小円斑を多数生じる。やがて病斑周囲に離層が発達し、病斑部は脱落し小孔があく（図3.27 ⑱）。病葉は黄化し、長く着生するため目につくが、樹勢には影響がない。小孔があくので、害虫による食害と見誤ることがあるが、本病は病斑上にすすかび状の胞子（分生子）塊を多数生じるので区別できる。なお、同属関連菌による斑点病との、病名および病原菌の異同について再検討されているが、ここでは従来の記述に従った。

病原菌：*Pseudocercospora circumscissa* (Saccardo) Y.L. Guo & X.J. Liu

生態：病原菌は子嚢菌類一種で、サクラ類の他に、モモ・ウメなどのサクラ属樹木に同様の症状を起こす。生育期には、病斑上の分生子が雨滴とともに飛散し、伝染する。

対処法：①病落葉を丁寧に処分すると病原菌密度が低下するが、成木では一般に対策を講じる必要はない。②薬剤防除には、トップジンM水和剤など「シュードサーコスポラ菌による斑点症」に登録されている薬剤が使用できる。

サクラ類には、この他に、白紋羽病、材質腐朽病や胴枯病などが発生し、しばしば致命的な被害を起こす（「共通の病害」の項参照）。

5) バラ類の病害

a. うどんこ病

症状：葉、緑枝、花柄、萼、蕾などに発生する。白い粉状の胞子（分生子）が豊富に表面を覆う（図3.28 ①，口絵 p017）。植物の成長期に発病すると、捩れなどの奇形や開花不良を起こす。

病原菌：*Sphaerotheca pannosa* (Wallroth) Léveillé

生態：バラ類には2種のうどんこ病菌（子嚢

菌類）が知られている。生育期には分生子により蔓延する。病原菌は病落葉上や芽の内部で越冬し、春に発芽とともに活動を始めて病気を起こす。

対処法：①発病に顕著な品種間差異があるので、薬剤防除が難しい場合は、病気に強い品種を選択する。②バラにはアンビルフロアブル（ヘキサコナゾール；EBI剤）、モレスタン水和剤（キノキサリン系水和剤）など、多くの薬剤が登録されている。なお、登録薬剤であっても散布時期（とくに開花期）、あるいは品種・環境条件によっては、薬害が発生するおそれがあるので、十分に注意する。「共通の病害（うどんこ病）」の項参照。

b. 黒星病

症状：5月頃から秋まで長期間発生する。葉に淡褐色〜灰褐色の染み状の小斑点が現われ、拡大すると径1 cm以上となる（図3.28②）。品種や生育ステージによっては小斑点を多数生じる（③）。病斑周辺から黄化し、すぐに落葉する。防除を怠ると、梅雨明けまでにはほとんどの葉をふるい、生育や開花にも影響する。病斑上には小黒点（分生子層）が多数形成され、降雨に遭うと分生子が表面に現れて灰色に見える。発病には品種間差異が大きい。

病原菌：*Diplocarpon rosae* F.A. Wolf

生態：病原菌は子嚢菌類の一種で、バラ類にのみに病気を起こす。雨風により胞子（分生子）が飛散し、次々と伝染する。病原菌は病落葉上で越冬する。

対処法：①品種間に発病の差異があるので、耐病性の高い品種を植栽する。②病落葉は集めて処分する。③多発すると防除が難しいので、常発品種には4月から予防的に薬剤散布を行う。本病にはダコニール1000フロアブル（TPN剤）、ビスダイセン水和剤（ポリカーバメート剤）、マネージ水和剤（イミベンコナゾール剤；EBI剤）など、多数の薬剤が登録されている。

6）バラ科樹木の病害

サクラ・バラ類を除くバラ科樹木の中には、以下の病害が多発して大きな問題となる樹種がある。

a. 赤星病

発生樹種と症状：本病は、カイドウ・ヒメリンゴ・ボケなどのほか、果樹のカリン・ナシ・リンゴなどにも発生する。5月上旬頃、葉に橙色〜黄色で径2〜5 mmの小円斑を生じる。病斑周辺は紅色〜橙色のハローとなることが多く、この特徴が病名の由来になっている。やがて病斑はやや凹み、暗色を帯びるようになり、病斑表面には小黒点が多数形成される。その後、病斑裏面に淡褐色〜灰褐色の毛状物（さび胞子堆・銹子毛）が10〜20本程度発生する。毛状物は伸長して5 mm前後となるが、成熟すると内部のさび胞子が飛散し、外壁は風雨により先端部から崩壊する。病葉はしばらく着生しているが、病斑数が多い場合には落葉が見られる。また、中間宿主のビャクシン類からの小生子飛散と感染が、果実の形成時期にずれ込むと、幼果にも発病して同様の症状を現すとともに、奇形果となる。

病原菌：*Gymnosporangium asiaticum* Miyabe ex G. Yamada、*Gymnosporangium yamadae* Miyabe ex G. Yamada

生態：病原菌はさび病菌（担子菌類）の仲間であり、ボケ・カリン・ナシ・マルメロ赤星病（図3.28④）は *Gymnosporangium asiaticum*、カイドウ・ヒメリンゴ・リンゴ赤星病（図3.26⑫）は *Gymnosporangium yamadae* によって起こる。両病原菌ともバラ科樹木とビャクシン類の間を行き来して生活する「異種寄生種」のさび病菌である。例えば、ナシの病斑裏面に形成されるさび胞子堆（図3.28⑤）内のさび胞子は、ナシに病気を起こさないが、ビャクシン類（とくにカイズカイブキ）の当年針葉には侵入感染できる。ビャクシン類に感染後、すぐには症状を現さず、翌年3月下旬から4月にかけて、針葉に数mm大の楔型の菌体（冬胞子堆；⑥）が形成される。4月中下旬にまとまった降雨があると、成熟した冬胞子堆は橙黄色、寒天状に膨らむ（⑦）。これは冬胞子の発芽した状態で、発芽後まもなく担子胞子が形成される。この担子胞子が雨風によりナシなどに飛散、

伝染して赤星病を起こす。なお、同一菌に起因するビャクシン類の病名は「さび病」と付けられている。ワンポイントメモ・5（p243）参照。

対処法：①本病の場合、ビャクシン類が近くになければ実害は少ないので、植栽樹種の種類と植栽場所の選択に注意する。②薬剤による防除は、各胞子の飛散時期を考慮する必要がある。ナシやリンゴでは登録農薬が多い。EBI剤は予防・治病効果（治療効果）がともに高く、病斑発生直後に散布しても、さび胞子の形成を阻害する。

b. ごま色斑点病

発生樹種と症状：本病はバラ科ナシ亜科に所属する樹木に特異的に発生する。緑化樹木ではカナメモチ（ベニカナメ；図3.28 ⑧⑨）・シャリンバイ（⑩）・セイヨウサンザシ（⑪）・ザイフリボク（⑫）、果樹ではビワ苗・マルメロなどに被害が大きい。葉、幼枝、果実に発生する。葉では、径数mmの小円斑を多数生じ、病斑周辺は紫紅色に縁どられる。カナメモチやシャリンバイでは病葉は紅化し、セイヨウサンザシでは黄化することが多い。発病すると葉柄に離層が発達し、次々と落葉する。幼枝には黒色〜紫紅色で紡錘形の病斑を生じる。病斑上には小黒点（分生子層）を生じ、内部の分生子が成熟すると、連続降雨時に分生子が溢出して灰色〜灰白色に見える。常緑樹では、当年葉が展開する3月下旬〜4月上旬頃から発生しはじめ、発病後間もなくから落葉する。秋に罹病した病葉の一部は越年し、春に当年葉の展開を待って、一斉に落葉する。落葉樹では、5月頃から発病するが、7月頃には枝先端の新葉を残すだけで、ほとんどの葉を振るう。感受性の高い樹では2度吹き、3度吹きの葉も、発病、落葉を繰り返すため、葉は年間を通して少なく、樹勢の衰退も著しい。このため幼木や緑地の植栽などで、枝枯れ・株枯れが目立つ。

病原菌：*Entomosporium mespili* (de Candolle) Saccardo

生態：病原菌は不完全菌類の一種である。秋に形成される分生子は、落病葉や着生病葉・病枝の病斑上で越冬して春の伝染源となる。また、春には越冬した病斑上に新しい分生子も形成される（図3.28 ⑨）。成熟した分生子は降雨により伝搬されるため、梅雨や秋雨の頃に病気が蔓延する。

対処法：①樹種は異なっても相互に伝染源となるので、発病する樹種を考慮して植栽する。②病葉や病枝は伝染源となるので、剪定・除去し、病落葉も集めて処分する。③樹木類にトップジンM水和剤（チオファネートメチル剤；ベンゾイミダゾール系）、ベンレート水和剤（ベノミル剤；同）が登録されている。

c. *Pseudocercospora* 属菌による病気

① テマリシモツケ類 褐斑病

Pseudocercospora spiraeicola (A.S. Muller & Chupp) X.J. Liu & Y.L. Guo；図3.28 ⑬；7月頃から葉に褐色〜暗褐色角状斑点を生じる。病斑上に、すすかび（子座・分生子等）を多数形成する。品種間差異が大きい。

② ユキヤナギすすかび病

Pseudocercospora spiraeicola (A.S. Muller & Chupp) X.J. Liu & Y.L. Guo；図3.28 ⑭；病斑上の菌

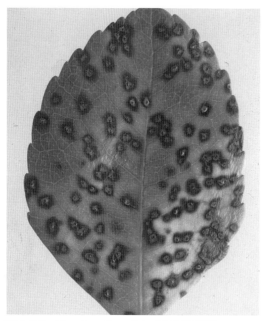

図3.28・⑩　シャリンバイごま色斑点病
（口絵 p017）

体の特徴、病原菌の生態、防除対策などについては「共通の病害（サーコスポラ病）」の項（p198）参照。

③ コトネアスター類 褐斑病

Pseudocercospora cotoneastri (Katsuki & Tak. Kobayashi) Deighton；図3.28 ⑮）；秋に発生が多い。葉に径5〜10 mm、褐色、不整角斑を数個〜多数形成する。やがて病葉は紅化〜黄化が早まり、落葉する。p198参照。

④ シャリンバイ紫斑病

Pseudocercospora violamaculans (Fukui) Tak. Kobayashi & C. Nakashima；図3.28 ⑯⑰；当年葉では7月頃より発生し、秋に被害が目立つ。葉に径10〜20 mm、灰褐色〜灰色、不整形の斑点を数個生じる。周囲は暗褐色に縁どられ、その周辺は紫褐色に変わる。病葉は徐々に落葉するが、着生したままの越冬病葉は、春季の当年葉展開後に振るう。p198参照。

⑤ ピラカンサ類 褐斑病

Pseudocercospora pyracanthae (Katsuki) C. Nakashima & Tak. Kobayashi；図3.29 ①、口絵p018；7月頃から葉に褐色〜暗褐色角状斑点を生じる。病斑上には、すすかび（子座・分生子等）を多数形成する。p198参照。

＊この他、バラ科の緑化樹木には、根頭がんしゅ病や白紋羽病などが、カイドウ、カナメモチ、サクラ類、ボケなどに発生し、苗木や緑地の植栽で被害が大きい「共通の病害」の項（p191）参照。

d. ウメ輪紋病（りんもん）

ノート3.6（p230）参照。

7）その他の樹木の葉・枝幹に発生する病害

a. ヤマモモこぶ病

症状：枝や幹に表面が粗い瘤を生じる（図3.29 ②）。断面から植物組織が異常増殖していることが分かる（③）。瘤が枝幹を取り巻くと、瘤より先端は萎凋・枯死することが多い。苗木や幼木に発生すると、とくに奇形や株枯れを起こすために被害が大きい。

病原菌：*Pseudomonas syringae* pv. *myricae* Ogimi & Higuchi 1981

生態：細菌の一種で、ヤマモモのみに病気を起こす。伝染方法などの生態はよく分かっていない。本病は初め四国、九州、沖縄などの暖地で発生が認められ、その後、罹病苗木の広域的な移動とともに、拡大したと思われる。

対処法：①病株からの採種や採穂は行わない。②健全株を植栽する。③瘤の発生している枝を除去し、処分する。

b. フジこぶ病

症状：梅雨頃から、蔓に淡緑色の瘤が発生する。瘤は年々肥大し、表面が粗い癌腫状となる（図3.23 ⑨）。古い瘤は亀裂を生じたり、腐敗して空洞化し、枝枯れや幹枯れを起こす。主要な蔓や全身に瘤が発生すると、樹勢が衰える。

病原菌：*Pantoea agglomerans* pv. *millettiae* (Kawakami & Yoshida 1929) Young, Saddler, Takikawa, DeBoer, Vauterin, Gardan, Gvozdyak & Stead 1996

生態：細菌の一種で、フジとヤマフジだけに病気を起こす。詳しい生態は分かっていない。

図3.29・③　ヤマモモこぶ病罹病部の断面
（口絵p018）

対処法：①健全株を植栽する。②瘤の発生している蔓は剪定し、処分する。

c. アジサイ炭疽病

症状：本病は6月頃より、葉、緑色茎枝、花（顎片）に発生する。葉でははじめ淡褐色水浸状の小点が現れ、これは径2〜5mm、灰褐色、周縁紫褐色のやや陥没した小斑となる（図3.29④）。1葉に100以上の病斑を生じることも稀ではない。発生が多いと病葉は黄化し、落葉が早まる。

病原菌：*Glomerella cingulata*（Stoneman）Spaulding & H. Schrenk など

生態：病原菌は炭疽病菌の一種である。病落葉上で胞子（分生子、子嚢胞子）の形態で越冬し、さらに植物体内で潜伏して伝染源となる。生育期には分生子が雨風によって飛散し、蔓延する。また、本病菌は多くの草本・大本植物に炭疽病を起こし、相互に伝染源となると思われる。

対処法：①病落葉は丁寧に集めて処分する。病茎枝は剪定除去する。②「樹木類炭疽病」に登録されている農薬を散布する。アンビル水和剤（ヘキサコナゾール剤；EBI剤）、トップジンM水和剤（チオファネートメチル剤）、ペンコゼブ水和剤（マンゼブ剤）、ベルクート水和剤（イミノタクジン剤）が樹木類に登録されている。

d. ツタ褐色円斑病

症状：5月頃から葉に明褐色、周縁が褐色で径3〜5mmの円斑を多数生じる（図3.29⑤）。1葉に数10個の病斑偏軒が形成されることも稀ではなく、とくに展葉中に罹病すると、病斑部を中心に葉の捩れや萎縮を生じ、奇形となる。病葉はやがて枯死、落葉する。葉柄や蔓にも発生する。病斑上には小黒点（分生子殻）を環状に多数生ずる（⑥）。

病原菌：*Phyllosticta ampelicida*（Engelmann）Aa

生態：病原菌は不完全菌類である。病原菌の生態はよく分かっていないが、病落葉や蔓上の病斑で病原菌が越冬し伝染源となると思われる。

対処法：①健全株を植栽する。②病落葉や病茎枝を剪定除去し、伝染源を取り除く。

e. ジンチョウゲ黒点病

症状：本病は緑地の植栽だけではなく、切り枝生産でも問題となる病気である。春早く、花蕾期から発生し、葉、葉柄、緑枝でははじめ淡黄緑色のぼかし状の小斑を生じ、のち中央部は径2〜5mmの小黒斑となり、病斑上には黒褐色で、やや盛り上がった小点を多数形成する（図3.29⑦-⑨）。湿潤が続くと灰色の胞子塊が表面に現れる。発病後間もなく激しく落葉し、新葉も次々に罹病を繰り返すため、5月頃までには着葉が著しく少なくなり、樹勢も弱まり、しばしば株枯れを起こす。花弁にははじめ水浸状の小汚斑を生じ、のち黒褐色の菌体を形成し、やがて褐変枯死する。花蕾が罹病すると開花せずに枯死する。気温が高くなると病勢は衰えるが、夏でも低温と降雨が連続すると発病する。

病原菌：*Marssonina daphnes*（Desmazières & Roberge）Magnus

生態：病原菌は不完全菌類の一種で、ジンチョウゲのみに発生が知られている。着生病葉や茎枝上で胞子（分生子）が越冬し、最初の伝染源となる。また、越冬した病斑上にも春に分生子が新生される。

図3.29・⑥　ツタ褐色円斑病　　（口絵 p018）

対処法：①健全株を植栽する。②落病葉の処分や病枝の剪定を行う。③発生が多い場合には、病枝を剪定後、発生初期から薬剤を散布する。④本病にはマネージ乳剤（イミベンコナゾール剤）、ストロビードライフロアブル（クレソキシムメチル剤）、トップジンM水和剤（チオファネートメチル剤）などが登録されている。

f. ヤツデそうか病

症状：葉身、葉柄、茎枝に発生する（図2.29⑩）。病斑ははじめ黄緑色～淡褐色、のち灰褐色～灰白色、かさぶた状、径数mmで、凹凸がある。末期には病斑部が破れて穴があく（⑪）。多数の病斑が生じると融合拡大し、縮れなどの奇形や葉枯れを起こす。とくに苗木や新葉展開時に発生すると被害が激しい。

病原菌：*Sphaceloma araliae* Jenkins

生態：病原菌は不完全菌類の一種で、ヤツデの他に、タラノキなどウコギ科植物にも激しい被害を起こす。病葉は着生したまま越冬して、伝染源となる。

対処法：病葉、病茎枝は処分する。

g. シャクナゲ類 葉斑病

症状：当年葉には7月頃から褐色～暗褐色で、数mm大の小葉脈に囲まれた角斑を多数生じる（⑫）。これは拡大融合し、大型不整斑となる。やがて病斑表面に微小黒点が密生し、さらに灰緑色の菌体（分生子の集塊）に被われる（⑬）。発病が多いと、樹勢にも影響があり、とくに子苗では落葉により、生育が遅延する。

病原菌：*Pseudocercospora handelii* (Bubák) Deighton

生態：病葉は長く着生しているが、越冬病葉は5月頃、病斑上に分生子集塊を再生し、のち落葉する。この時期には当年葉が展開し始め、越冬病斑上に形成された分生子が、降雨の飛沫によって病斑部から分離・飛散し、新展開葉に感染すると考えられる。

対処法：①品種により発病の多少が顕著なので、植栽品種を選択する。②苗に本病が多発している株は除去する。③着生している発病葉や落葉は、当年葉が展葉する前に取り除く。④薬剤はトップジンM水和剤（チオファネートメチル剤）などの「シュードサーコスポラ菌による斑点症」に登録されているものを散布する。

h. ブナ科樹木 萎凋病（いちょう）

ノート3.5（p228）参照。

i. マンサク類 葉枯病

症状：5月頃から新梢の葉が急激に褐変し、枯死する。遠目で枝枯れを生じているように見えるほど、症状は顕著である（図3.29⑭⑮）。ときに小円斑が多数形成されることがあるが、病斑はほとんど拡大しない（⑯）。褐変枯死した葉の表裏には、一面に微小な黒色の粒点（分生子殻）が形成される（⑰）。マンサク・シナマンサクおよびそれらの交配種、園芸品種に被害が認められる。従来は見られなかった症状であるが、現在では、マンサク類の植栽された公園・庭等で、かなりの頻度で発病が確認される。多発すると開花にも影響し、"マンサクの花祭り"が中止になった事例が複数ある。

病原菌：*Phyllosticta hamamelidis* Peck

生態：本菌の発生生態は明らかにされていない。新葉の展開時に急激に葉の褐変が起こることから、越冬芽に病原菌が潜伏している可能性が示唆されるが、証明されていない。ときに小円斑が多数形成される葉が混在することから、二次的な伝染の可能性もあるが、これも実証はない。

対処法：生態が不明なので、的確な対策は講じられないが、病葉・病枝の除去、適正な剪定、落葉の清掃除去などは、一般的な共通防除法として必要であろう。登録薬剤はない。

表 3.27 庭木・緑化植物の主な病気と診断のポイント (1)

樹　　種	病　名 (病原体)	診断のポイント (発生部位；症状・標徴；発生時期)
〔アカネ科〕クチナシ	褐色円星病 (Phyllosticta gardeniicola)	葉；淡褐色で周縁が明瞭な小円斑上に小黒点 (分生子殻)* を形成；7月～
〔アケビ科〕アケビ	うどんこ病 (Erysiphe〈Microsphaera〉akebiae 他)	葉, 蔓；白粉 (菌糸・分生子等)* を生じ, 罹病痕が灰紫色となる；6月～
	そうか病 (Sphaceloma akebiae)	葉, 蔓；黒褐色～淡褐色, あばた状小斑点が多数拡がる；6月～
ムベ	うどんこ病 (Oidium sp.)*3	葉, 蔓；白粉 (菌糸・分生子等)* が拡がり, 罹病痕は灰紫色となる；6月～
〔イチョウ科〕イチョウ	すす斑病 (Gonatobotryum apiculatum)	葉；淡褐色病斑が葉縁から進展, すす状菌体 (子座・分生子柄等)*；7月～
	ペスタロチア病 (Pestalotiopsis spp.)	葉；葉縁の扇状褐色斑上に小黒点 (分生子層)*；9月～
〔イネ科〕タケ・ササ類	赤衣病 (Stereostratum corticioides)	稈；橙褐色, ビロード状の菌体 (胞子堆)*, 枯死
	さび病 (Puccinia kusanoi, P. longicornis, P. phyllostachydis 他)	葉；葉裏に橙褐色や黒色の粉状物 (夏胞子堆・冬胞子堆)*；7月～；中間宿主ウツギなど
	てんぐ巣病 (Aciculosporium sasicola, Epichloë sasae)	枝, 節；短節の小葉を着生した徒長枝が叢生, 鳥の巣状
〔ウコギ科〕カクレミノ	こぶ病 (Pseudomonas syringae pv. dendropanacis)*2	枝幹；こぶ状に肥大, 表面は亀裂・凹凸, 枝枯れ
セイヨウキヅタ (ヘデラ)	疫病 (Phytophthora nicotianae 他)	茎葉；暗緑色～褐色, 水浸状に茎葉が軟腐枯死；6月～
	立枯病 (Rhizoctonia solani)	茎；地際茎に病斑を生じ, 萎凋, 暗褐色に立枯れ；夏期
	炭疽病 (Colletotrichum trichellum)	葉；灰褐色の不整状斑点が拡大し, 小黒点 (分生子層)* を形成；9月～
	斑点細菌病 (Xanthomonas hortorum pv. hederae)*2	葉；暗褐色, 不整円状の斑点, 周辺は水浸状；5月～
ヤツデ	そうか病 (Sphaceloma araliae)	葉, 葉柄；淡褐色, あばた状小斑点を多数生じ, 捩れや奇形；5月～
	炭疽病 (Glomerella cingulata 他)	葉；褐色不整斑上に多数の小黒点 (分生子層)* を形成し, 葉枯れ；7月～
〔ウルシ科〕スモークツリー (ハグマノキ)	うどんこ病 (Erysiphe〈Uncinula〉verniciferae)	葉；白粉* を全面に生じる (6月～), 菌叢上に多数の小黒点 (閉子嚢殻)* (10月～)
	斑点病 (Pseudocercospora cotini)	葉；淡褐色～褐色斑点, すすかび (子座・分生子等)*；7月～
〔エゴノキ科〕エゴノキ	褐斑病 (Pseudocercospora fukuokaensis)	葉；褐色角状の小斑点, すすかび (子座・分生子等)*, 早期落葉；7月～
	さび病 (Pucciniastrum styracinum)	葉；褐色小斑点上に黄粉* (夏胞子堆), 早期落葉；7月～
〔オトギリソウ科〕セイヨウキンシバイ (ヒペリカム)	さび病 (Melampsora hypericorum)	葉；淡黄緑色～赤褐色小斑点, 葉裏に黄粉 (夏胞子堆)*, 早期落葉, 茎葉枯れ；5月～
〔カエデ科〕カエデ類	うどんこ病 (Sawadaea spp. 他)	葉；円状～全面に白粉 (菌糸・分生子等)* (5月～), 小黒粒 (閉子嚢殻)* (10月～)
	褐色円星病 (Phyllosticta tambowiensis)	葉；淡褐色の小円斑, 斑点上に小黒点 (分生子殻)*；7月～
	環紋葉枯病	〈共通の病気〉参照
	首垂細菌病 (Erwinia sp.)*2	葉, 新梢；萎れ, 黒変, 落葉, 枝枯れ；4～6月；トウカエデのみに被害
	黒紋病 (Rhytisma acerinum)	葉；黒色かさぶた状～円盤状物 (分生子層)* を形成, 周囲淡緑色；7月～
	小黒紋病 (Rhytisma punctatum)	葉；黒色かさぶた状～小円盤状物 (分生子層)* が集合, 周囲淡緑色；7月～
	白紋羽病	〈共通の病気〉参照
	炭疽病 (Colletotrichum gloeosporioides)	葉；不整円斑～不整斑上に多数の小黒点 (分生子層)* を形成
	胴枯病 (Diaporthe spp.)	枝, 幹；変色病斑上に多数の小黒点 (分生子殻)*, 辺材部に黒色病変, 枝枯れ・株枯れ
〔カキノキ科〕カキノキ (カキ)	うどんこ病 (Phyllactinia kakicola)	葉；葉表に墨状斑点, 葉裏に白粉 (菌糸・分生子等)* (6月～), 小黒点 (閉子嚢殻)* (10月～)
	角斑落葉病 (Pseudocercospora kaki)	葉；淡褐色～暗褐色の不整角斑, 表面に灰緑色すす状物* (子座・分生子等)；7月～

〈次ページに続く〉

表3.27 庭木・緑化植物の主な病気と診断のポイント (2)

樹　種	病　名(病原体)	診断のポイント (発生部位；症状・標徴；発生時期)
〔カキノキ科〕カキノキ (カキ)	炭疽病 (*Glomerella cingulata*)	葉柄, 枝, 果実；黒色, 凹んだ病斑, 鮭肉色の粘質物 (分生子の粘塊)*；6月〜
	円星落葉病 (*Mycosphaerella nawae*)	葉；赤褐色で円形斑点, 早期落葉；9月〜
〔カバノキ科〕イヌシデ	すす紋病 (*Cylindrosporella carpini*)	葉；灰褐色円斑, かさぶた状の小黒点 (分生子層)*を輪状に形成；9月〜
クマシデ	葉枯病 (*Monostichella robergei*)	葉；灰褐色の不整円斑, かさぶた状の小黒点 (分生子層)*を多数形成；9月〜
シラカンバ	さび病 (*Blastospora betulae, Melampsoridium betulinum* 他)	葉；淡黄色〜黄緑色小斑点, 葉裏斑上に黄粉物 (夏胞子堆)*；7月〜
	灰斑病 (*Monostichella* sp.)	葉；灰褐色扇状の縁枯れ, 不整円斑, 多数の小黒点 (分生子層)*を形成；9月〜
〔キョウチクトウ科〕キョウチクトウ	雲紋病 (*Pseudocercospora neriella*)	葉；褐色角状斑点, すすかび (子座・分生子等)*, 黄化, 落葉；7月〜
	炭疽病 (*Glomerella cingulata*)	葉；灰褐色, 不整円状斑点, 小黒点 (分生子層)*；7月〜
〔クスノキ科〕クスノキ	炭疽病 (*Glomerella cingulata*)	葉枝；不整形, 水浸状の小黒斑, 小黒点 (分生子層)*；7月〜
タブノキ・ホソバタブノキ	さび病 (*Monosporidium machili*)	葉, 幼枝；黄色斑点, 黄粉 (冬胞子堆)*, 奇形
	白粉病 (*Asteroconium saccardoi*)	葉, 幼枝；黄色で水膨状斑点を形成, 白粉の集塊 (分生子塊)*を溢出, 奇形
〔ゴマノハグサ科〕キリ	てんぐ巣病 (ファイトプラズマ)	枝葉；小枝の叢生, 葉の小型化, 奇形, 枝枯れ, 株枯れ
〔ザクロ科〕ザクロ	褐斑病 (*Sphaeropsis* sp.)	葉；淡褐色, 輪紋状斑点, 病斑上に小黒点 (分生子殻)*を輪紋状に形成, 7月〜
	斑点病 (*Pseudocercospora punicae*)	葉；褐色, 角状斑点, 黄化落葉, 暗灰色すすかび (子座・分生子等)*, 落葉；7月〜
〔ジンチョウゲ科〕ジンチョウゲ	ウイルス病 (CMVなどのウイルス類)	葉；葉色濃淡のモザイク, 黒色壊疽斑・条線, 捩れ, 生育不良；5月〜
	黒点病 (*Marssonina daphnes*)	葉, 枝, 花；黄色小斑, 黄変, かさぶた状灰黒点 (分生子層)*, 落葉, 株枯れ；3月〜
	白絹病	〈共通の病気〉参照
	白紋羽病	〈共通の病気〉参照
〔スイカズラ科〕アベリア	斑点病 (*Pseudocercospora abeliae*)	葉；褐色, 角状斑点, 病斑上にすすかび (子座・分生子等)*；7月〜
ウグイスカグラ	黄褐斑病 (*Pseudocercospora lonicericola*)	葉；褐色角斑〜不整円斑, 病斑上にすすかび (子座・分生子等)*；7月〜
ガマズミ類	うどんこ病 (*Erysiphe* 〈*Microsphaera*〉 *viburni* 他)	葉；薄い白粉 (菌糸・分生子等)* (7月〜), 小黒粒 (閉子嚢殻)* (10月〜)
	褐斑病 (*Stigmina tinea*)	葉；褐色, 角状斑点, すすかび (子座・分生子等)*；7月〜
スイカズラ	黄褐斑病 (*Pseudocercospora lonicericola*)	葉；褐色角状〜不整円状斑点, すすかび (子座・分生子等)*；7月〜
ニワトコ	うどんこ病 (*Erysiphe* 〈*Microsphaera*〉 *vanbruntiana* var. *sambuci-racemosae*)	葉, 枝；白粉 (菌糸・分生子等)*；6月〜
	斑点病 (*Pseudocercospora depazeoides*)	葉；灰白色〜淡褐色の角状斑点, すすかび (子座・分生子等)*；7月〜
ハコネウツギ	うどんこ病 (*Erysiphe diervillae* 他)	葉, 新梢；白粉 (菌糸・分生子等)*；7月〜
	灰斑病 (*Pseudocercospora weigeliae*)	葉；褐色〜灰褐色, 不整角斑〜不整円斑, すすかび (子座・分生子等)*；7月〜
〔スギ科〕スギ	赤枯病 (*Passalora sequoiae*)	葉；針葉赤褐変〜褐変, 暗緑色のすすかび (子座・分生子等)*；6月〜
	溝腐病 (同上)	枝, 幹；褐色紡錘〜長円斑, 陥没, 癌腫状；赤枯病から進展・移行
センペルセコイア	葉枯病 (*Pseudocercospora exosporioides*)	葉；淡黄色〜黄緑色小斑点, 褐変, 葉枯れ, 暗緑色すすかび (子座・分生子等)*；6月〜
〔スズカケノキ科〕スズカケノキ類	うどんこ病 (*Oidium* sp.)*[3]	葉, 新梢；捩れ, 奇形, 白粉 (菌糸・分生子等)*, 早期落葉；7月〜
	褐点病 (*Mycosphaerella platanifolia*)	葉；褐色 10mm 大の斑点, 葉枯れ状, すすかび (子座・分生子等)*, 早期落葉；6月〜

〈次ページに続く〉

表 3.27　庭木・緑化植物の主な病気と診断のポイント (3)

樹　種	病　名 (病原体)	診断のポイント (発生部位；症状・標徴；発生時期)
〔スズカケノキ科〕スズカケノキ類	木材腐朽病	〈共通の病気〉参照
〔センダン科〕チャンチン	うどんこ病 (Erysiphe〈Uncinula〉cedrelae)	葉・葉柄；白粉（菌糸・分生子等）*（7月〜），小黒点（閉子嚢殻）* 10月〜
	さび病 (Nyssopsora cedrelae)	葉・葉柄；黄橙色のち黒褐色の粉状物*を豊富に形成；7月〜
〔タカトウダイ科〕ヒメユズリハ	裏すす病 (Trochophora simplex)	葉；黄緑色角斑，裏面にすすかび（子座・分生子柄等）*；6月〜
ユズリハ	褐斑病 (Pseudocercospora daphniphylli)	葉；褐色斑点，すすかび（子座・分生子等）*；7月〜
	炭疽病 (Colletotrichum gloeosporioides)	葉；褐色不整斑上に小黒点（分生子層）*を形成；7月〜
〔ツツジ科〕アセビ	褐斑病 (Phyllosticta sp.)	葉；葉縁から褐色扇状斑点を進展，病斑上に小黒点（分生子殻）*を散生；7月〜
アメリカイワナンテン	紫斑病 (Pseudocercospora leucothoës)	葉；裏は紫褐色，表は淡褐色〜灰色，角状斑点，すすかび（子座・分生子等）*を発生；7月〜
カルミア	褐斑病 (Pseudocercospora kalmiae)	葉；褐色角状〜円状斑点上に豊富なすすかび（子座・分生子等）*；7月〜
サツキ・ツツジ類	うどんこ病 (Erysiphe〈Microsphaera〉izuensis他)	葉；円状〜全面に白粉（菌糸・分生子等）*（7月〜），小黒粒（閉子嚢殻）*（10月〜）
	褐斑病 (Septoria azaleae)	葉；褐色の小角斑が連続的に形成，黒色微小点（分生子殻）*；7月〜
	黒紋病 (Rhytisma shiraianum他)	葉；円形斑点，黒色かさぶた状小円盤（分生子層）*；7月〜
	さび病 (Chrysomyxa ledi var. rhododendri)	葉；黄色斑点，葉裏に黄粉（夏胞子堆）*，黄化落葉；7月〜
	花腐菌核病 (Ovulinia azaleae)	花，蕾；白色〜淡褐色小斑，褐変腐敗，扁平・かまぼこ状の黒色菌核*；花期
	ペスタロチア病 (Pestalotiopsis maculans他)	葉；葉縁から褐色大形斑点，葉枯れ，輪状に小黒点（分生子層）*を鎖生；9月〜
	もち病 (Exobasidium japonicum 他)	葉，花；膨大，白粉（担子器・担子胞子）*；5〜6月，9〜10月
	白紋羽病	〈共通の病気〉参照
シャクナゲ類	炭疽病 (Colletotrichum gloeosporioides)	葉；褐色〜灰褐色斑点，小黒点（分生子層）*；7月〜
	葉斑病 (Pseudocercospora handelii)	葉；褐色，角状〜不整円状斑点，表面にすすかび（子座・分生子等）*；7月
〔ツバキ科〕サザンカ	もち病 (Exobasidium gracile)	葉；肥大，淡緑色，葉裏に白粉（担子器・担子胞子）*；5〜6月
	輪紋葉枯病	〈共通の病気〉参照
チャノキ	赤焼病 (Psedomonas syringae pv. theae) *2	葉，枝；褐色斑点，中肋に沿って拡大，落葉；3〜4月，9〜10月
	赤葉枯病 (Glomerella cingulata)	葉，枝；古葉の周縁から赤褐色不整斑，淡い輪紋を形成，枝枯れ，小黒点（分生子層）*
	輪斑病 (Pestalotiopsis spp.)	葉，枝；茶褐色の輪紋斑，小黒点（分生子層）*，新梢枯死，；5〜9月
ツバキ	炭疽病 (Glomerella cingulata)	葉，枝；暗褐色〜灰色大形斑点，小黒点（分生子層）*；9月〜
	もち病 (Exobasidium camelliae)	葉，果実；肥大，奇形，淡緑色，白粉（担子器・担子胞子）*；5〜6月
	輪紋葉枯病 (Haradamyces foliicola)	〈共通の病気〉参照
	白藻病 (藻類)	葉；灰白色の放射状斑紋*
〔ナス科〕クコ	うどんこ病 (Oidium sp.) *3	葉，枝；白色粉状（菌糸・分生子等）*，早期落葉；6月〜
〔ツゲ科〕フッキソウ	紅粒茎枯病 (Pseudonectria pachysandricola)	葉，茎；茎葉枯れ，枯死茎上に黄色の粘塊（分生子塊；6〜9月），鮮紅色の球状物（子嚢殻；10月〜）を列状に形成；葉には不整円斑，腐敗枯死
〔ニシキギ科〕ツルウメモドキ	うどんこ病 (Erysiphe〈Uncinula〉sengokui)	葉；白粉（菌糸・分生子等）*（7月〜），小黒粒（閉子嚢殻）*（11月〜）
マサキ	モザイク病 (ウイルス)	葉；モザイク状，葉脈透明；5月〜
	うどんこ病 (Oidium euonymi-japonicae) *3	葉，緑枝；白粉（菌糸・分生子等）*；5月〜
	褐斑病 (Pseudocercospora destructiva)	葉；淡褐色〜灰褐色不整斑，すすかび（子座・分生子）*，落葉；7月〜
〔ニレ科〕エノキ 〈次ページに続く〉	うどんこ病 (Erisiphe〈Uncinula〉kusanoi)	葉；白粉（菌糸・分生子等）*（6月〜），小黒粒（閉子嚢殻）*が輪生（10月〜）

表 3.27 庭木・緑化植物の主な病気と診断のポイント (4)

樹　種	病　名 (病原体)	診断のポイント (発生部位；症状・標徴；発生時期)
[ニレ科] エノキ	裏うどんこ病 (*Pleochaeta shiraiana*)	葉；葉裏に厚い白粉 (菌糸・分生子等)* (6月〜)，小黒粒 (閉子嚢殻)* (10月〜)
	環紋葉枯病	〈共通の病気〉参照
ケヤキ	白星病 (*Septoria abeliceae*)	葉；褐色小斑点，中央灰白色，小黒点 (分生子殻)*；7月〜
	とうそう病 (*Spahceloma zelkowae*)	葉；淡灰褐色，あばた状小斑点，奇形；新葉展開期
ニレ類	うどんこ病 (*Erysiphe*〈*Uncinula*〉*ulmi* var. *ulmi*)	葉；円状〜全面に白粉 (菌糸・分生子)* (7月〜)，小黒粒 (閉子嚢殻)* (10月〜)
	黒斑病 (*Hypospilina oharana*)	葉；黒色小かさぶた状物 (分生子層)*が集合；7月〜
[バラ科] テマリシモツケ	褐斑病 (*Pseudocercospora spiraeicola*)	葉；褐色角状斑点，すすかび (子座・分生子等)*；7月〜
シモツケ類	うどんこ病 (*Podosphaera*〈*Sphaerotheca*〉*spiraea*)	葉，枝；灰紫色斑点，白色粉状 (菌糸・分生子等)*；6月〜
	炭疽病 (*Colletotrichum gloeosporioides*)	葉；淡褐色〜褐色，不整円斑上に小黒点 (分生子層)*を形成；9月〜
ユキヤナギ	うどんこ病 (*Podosphaera*〈*Sphaerotheca*〉*spiraea*)	葉，枝；白粉 (菌糸・分生子等)*，新梢の奇形；5月〜
	褐点病 (*Cylindrosporium spiraeae-thunbergii*)	葉；褐色小斑点，白色粘塊 (分生子塊)*，黄変，激しい落葉；5月〜
	すすかび病 (*Pseudocercospoa spiraeicola*)	葉；褐色不整小斑，黄変，落葉，すすかび (子座・分生子等)*；6月〜
ウメ	うどんこ病 (*Podosphaera*〈*Podosphaera*〉*tridactyla* var. *tridactyla*)	葉，果実；白粉状 (菌糸・分生子等)* (6月〜)，小黒粒 (閉子嚢殻)* (10月〜)
	かいよう病 (*Pseudomonas syringae* pv. *morsprunorum*)*2	葉，枝，果実；褐色，水浸状病斑，穿孔，亀裂；春〜
	環紋葉枯病	〈共通の病気〉参照
	黒星病 (*Cladosporium carpophilum*)	果実；薄墨色の円状斑紋 (分生子等)*を生じ，果肉はコルク状；緑枝では紫褐色の凹斑
	白紋羽病	〈共通の病気〉参照
	炭疽病 (*Glomerella cingulata*他)	葉；縁から灰白色〜灰褐色扇状斑点，同心円状に小黒点 (分生子層)*を形成；7月〜
カイドウ	変葉病 (*Blastospora smilacis*)	花芽，葉芽，幼枝；奇形，黄橙色粉状菌体 (さび胞子堆)*；6月〜
	赤星病 (*Gymnosporangium yamadae*)	葉；黄色円斑，葉裏に淡黄色ひげ状突起 (さび胞子堆)*；5〜6月
	白紋羽病	〈共通の病気〉参照
リンゴ・ヒメリンゴ	赤星病 (*Gymnosporangium yamadae*)	葉；黄色円斑，葉裏に淡黄色ひげ状突起 (さび胞子堆)*；5〜6月
	褐斑病 (*Diplocarpon mali*)	葉；暗褐色小斑点〜褐色大形斑点，かさぶた状黒点 (分生子層)*，落葉；5月
	黒星病 (*Venturia inaequalis*)	葉，枝，果実；オリーブ色〜褐色小円斑，果実・枝に黒色の亀裂；5月〜
	白紋羽病	〈共通の病気〉参照
	斑点落葉病 (*Alternaria mali*)	葉，枝，果実；褐色小斑点，すす状物 (子座・分生子等)*；5月〜
	紫紋羽病	〈共通の病気〉参照
カナメモチ	褐斑病 (*Pseudocercospora photiniae*)	葉；褐色大形斑点，すすかび (子座・分生子等)*；7月〜
	ごま色斑点病 (*Entomosporium mespili*)	葉，枝；黒色小斑点，周囲紅色，小黒点 (分生子層)*，激しい落葉；4月〜
	根頭がんしゅ病*2	〈共通の病気〉参照
カリン	赤星病 (*Gymnosporangium asiaticum*)	葉；黄色円斑，葉裏に淡黄色ひげ状突起 (さび胞子堆)*；5〜6月
	白かび斑点病 (*Mycosphaerella chaenomelis*)	葉；角状褐色斑点，白色粘塊 (分生子塊)*；7月〜
コトネアスター	褐斑病 (*Pseudocercospora cotoneastri*)	葉；角状褐色斑点，すすかび (子座・分生子等)*；7月〜
	くもの巣病 (*Rhizoctonia solani*)	葉，枝，下枝から黒褐色腐敗，くもの巣状かび (菌糸)*，枝枯れ；梅雨期，秋雨期
ザイフリボク類	うどんこ病 (*Podosphaera*〈*Podosphaera*〉*clandestina*)	葉；薄い白粉* (菌糸・分生子等)を生じる；6月〜
〈次ページに続く〉		

表3.27 庭木・緑化植物の主な病気と診断のポイント (5)

樹　種	病　名(病原体)	診断のポイント (発生部位；症状・標徴；発生時期)
ザイフリボク類	ごま色斑点病 (Entomosporium mespili)	葉, 枝, 果実；黒色小斑点, 周囲紅色, かさぶた状小黒粒 (分生子層)*, 激しい落葉；5月～
	すすかび病 (Cercospora sp.)	葉；褐色角状～不整形斑点, 落葉, すすかび (子座・分生子等)*；7月～
シャリンバイ	ごま色斑点病 (Entomosporium mespili)	葉, 枝；黒色小斑点, 周囲紅色, 小黒点 (分生子)*；4月～
	さび病 (Aecidium rhaphiolepidis 他)	葉, 枝；赤橙色不整斑, 黄色～黄橙色粉状物 (さび胞子)*；5月～
	紫斑病 (Pseudocercospora violamaculans)	葉；紫褐色角状～不整形小斑, すすかび (子座・分生子等)*；7月～
セイヨウサンザシ	ごま色斑点病 (Entomosporium mespili)	葉, 枝, 果実；黒色小斑点, 周囲紅色, かさぶた状小黒点 (分生子層)*, 激しい落葉；5月～
	すすかび病 (Pseudocercospora crataegi)	葉；褐色角状～不整形斑点, 落葉, すすかび (子座・分生子等)*；7月～
ナナカマド類	すすかび病 (Cercospora sp.)	葉；褐色角状不整形斑点, すすかび (子座・分生子等)*；7月～
ボケ、クサボケ	赤星病 (Gymnosporangium asiaticum)	葉；黄色円形斑点, 葉裏に淡黄色ひげ状突起 (さび胞子堆)*；5～6月
	褐斑病 (Diplocarpon mali)	葉；暗褐色小斑点～褐色大形斑点, かさぶた状黒点 (分生子層)*, 落葉；5月～
	根頭がんしゅ病*2	〈共通の病気〉参照
	白紋羽病	〈共通の病気〉参照
	斑点病 (Pseudocercospora cydoniae)	葉；褐色不整形斑点, すすかび (子座・分生子等)*；7月～
ピラカンサ類	疫病 (Phytophthora cactorum)	葉, 枝, 果実；褐変, 腐敗；梅雨期
	褐斑病 (Pseudocercospora pyracanthae)	葉；褐色～暗褐色角状斑点, すすかび (子座・分生子等)*；7月～
シロヤマブキ	円斑病 (Septoria rhodotypi)	葉；淡褐色円斑～不整形, すす点 (分生子殻)*；7月～
バラ類	うどんこ病 (Podosphaera〈Sphaerotheca〉pannosa)	葉, 幼茎；白粉 (菌糸・分生子等)*, 落葉；5月～
	黒星病 (Diplocarpon rosae)	葉, 幼茎；暗褐色～黒色染み状の斑点, 黄化, かさぶた状黒点 (分生子等)*, 激しい落葉；5月～
	根頭がんしゅ病*2	〈共通の病気〉参照
	灰色かび病 (Botrytis cinerea)	花, 葉；染み状の斑点, 退色, 腐敗, 灰褐色粉状のかび (分生子柄・分生子)；梅雨期, 秋雨期
サクラ類	うどんこ病 (Podosphaera spp.)	葉, 新梢；灰紫色斑点, 白粉* (6月～), 小黒粒* (10月～)
	根頭がんしゅ病*2	〈共通の病気〉参照
	白紋羽病	〈共通の病気〉参照
	せん孔褐斑病 (Pseudocercospora circumscissa)	葉；淡褐色角状小円斑, すすかび (子座・分生子等)*, 病斑脱落；5月～
	てんぐ巣病 (Taphrina wiesneri)	葉枝；小枝叢生, 葉裏に白粉 (子嚢)*；開花・落葉期に見分け易い
	胴枯病 (Valsa ambiens)	枝, 幹；変色陥没, 灰白色小点 (分生子殻)*, 内部腐敗, 枝幹枯れ；生育期～
	ならたけ病 (Armillaria mellea, ナラタケ)	〈共通の病気〉参照
	木材腐朽病	〈共通の病気〉参照
	幼果菌核病 (Monilinia kusanoi)	花, 新梢, 果実；褐変, 腐敗, 白色～淡い桃色粉状物 (分生子等)*；開花・展葉期
〔ヒノキ科〕アスナロ	てんぐ巣病 (Blastospora betulae)	葉, 枝；異常不定芽, 釘状の円筒形突起叢生, 橙黄色粉 (さび胞子堆)*, 枝枯れ；10月～
サワラ	くもの巣病 (Rhizoctonia solani)	葉, 枝；下枝から黒褐色腐敗, くもの巣状かび (菌糸が蔓延)*；梅雨期, 秋雨期
	さび病 (Gymnosporangium miyabei)	枝, 幹；淡橙色ゼリー状膨潤 (冬胞子の発芽と担子胞子形成)*, 樹皮の剥がれ, がん腫, 枝枯れ；4月
ヒノキ	樹脂胴枯病 (Seiridium unicorne)	枝, 幹；樹脂の流出, 枝枯れ, 小黒点 (分生子層)*；生育期
ビャクシン	くもの巣病 (Rhizoctonia solani)	葉, 枝；下枝から黒褐色腐敗, くもの巣状かび (菌糸)*；梅雨・秋雨期
	さび病 (Gymnosporangium asiaticum, G. yamadae 他)	枝, 葉；褐変, 肥大, 暗褐色三角錐状の突起 (冬胞子堆)*, 淡橙色ゼリー状膨潤 (冬胞子の発芽と担子胞子の形成)*；3～4月

〈次ページに続く〉

表3.27 庭木・緑化植物の主な病気と診断のポイント (6)

樹　種	病　名(病原体)	診断のポイント (発生部位；症状・標徴；発生時期)
〔ヒノキ科〕ビャクシン	樹脂胴枯病 (Seiridium unicorne)	枝，幹；樹脂の流出，枝枯れ，小黒点*；生育期
〔ブドウ科〕ツタ	さび病 (Phakopsora vitis)	葉；葉裏に黄粉〜橙色粉状物 (夏胞子堆)*；7月〜
	褐色円斑病 (Phyllosticta ampelicida)	葉；褐色小斑点，小黒点*が輪生；6月〜
ブドウ	黒とう病 (Elsinoë ampelina)	葉，蔓，果実；黒褐色，凹んだ小斑点，奇形，果実の割れ；5月〜
	さび病 (Phakopsora euvitis)	葉；黄色小斑点，葉裏に橙黄色粉状物 (夏胞子堆)*；7月〜
	べと病 (Plasmopara viticola)	葉，花，果房；淡黄色〜褐色斑，葉裏に白色粉状物 (分生子柄・胞子嚢)*；5月〜
〔フトモモ科〕ユーカリ類	角斑病 (Pseudocercospora eucalyptorum)	葉；褐色角状斑点，すすかび* (子座・分生子等)；6月〜
	黒粉斑点病 (Kirramyces epicoccoides)	葉；褐色斑点，黒粉 (分生子の集塊)*，葉枯れ，落葉；6月〜
〔ブナ科〕カシ類	うどんこ病 (Erysiphe gracilis var. gracilis)	葉；白粉 (分生子等)* (5月〜)，小黒粒 (閉子嚢殻)* (10月〜)
	枝枯細菌病 (Xanthomonas campestris)**	枝葉；濃褐色〜黒色に枯死，枝元では癌腫状，樹形の悪化；6月〜
	毛さび病 (Cronaritium orientale)	葉；黄粉 (夏胞子堆)*，黒褐色毛状突起 (冬胞子堆)*；8月〜
	すす葉枯病 (Tubakia subglobosa 他)	葉；褐色斑点，かさぶた状小黒点 (分生子殻)*；9月〜
	白斑病 (Phomatospora albomaculans)	葉；多数の淡灰褐色角状斑点，小黒点 (閉子嚢殻)*；6月〜
	紫かび病 (Cystotheca spp.)	葉；葉表は黄緑色斑点，葉裏は紫色菌叢 (菌糸・閉子嚢殻)*；6月〜
ナラ類	萎凋病 (Raffaelea quercivora)	枝葉，幹；萎凋，葉枯れ，株枯れ，フラス (木屑+虫糞) を排出；生育期
	うどんこ病 (Erysiphe 〈Microsphaera〉 alphitoides)	葉；白粉 (菌糸・分生子等)* (5月〜)，小黒粒 (閉子嚢殻)* (10月〜)
	裏うどんこ病 (Phyllactinia roboris, Erysiphe 〈Typhulochaeta〉 japonica)	葉；葉裏に白粉 (菌糸・分生子等)* (5月〜)，小黒粒 (閉子嚢殻)* (10月〜)
	毛さび病 (Cronaritium orientale)	葉；葉裏に黄粉 (夏胞子堆)*・黒褐色毛状突起 (冬胞子堆)*；7月〜
	すす葉枯病 (Tubakia dryina)	葉；褐色斑点，かさぶた状小黒点 (分生子殻)*；9月〜
	円斑病 (Apiocarpella quercicola)	葉；明褐色小斑，小黒点 (分生子殻)*；8月〜；コナラに発生
	円星病 (Macrophoma quercicola)	葉；灰褐色小円斑，小黒点 (分生子殻)*；9月〜；コナラに発生
	紫かび病 (Cystotheca lanestris)	葉；表面は黄緑色斑点，裏面は淡褐色の菌叢 (菌糸・閉子嚢殻)*；6月〜
〔ホルトノキ科〕ホルトノキ	萎黄病 (ファイトプラズマ)	枝葉・株；葉の黄化・小型化，衰弱枯死
〔マツ科〕アカマツ，クロマツ	褐斑葉枯病 (Lecanosticta acicola)	葉；黄褐色斑点，黒色菌体 (分生子層)*，葉先枯れ；8月〜
	こぶ病 (Cronartium orientale)	枝，幹；瘤状の肥大，黄粉 (さび胞子)*；夏〜
	材線虫病 (線虫)	枝，葉，樹全体；生育不良，葉の変化，萎れ，枝枯れ；6月〜
	すす葉枯病 (Rhizosphaera kalkhoffii)	葉；赤褐色，葉枯れ，すす状小黒点 (分生子殻)*；5月〜
	赤斑葉枯病 (Dothistroma septosporum)	葉；葉先端部に帯状褐斑，のち基部まで褐変，黒色小点 (分生子殻)*，落葉；秋季〜
	葉枯病 (Pseudocercospora pini-densiflorae)	葉；縞状斑，微小黒点 (子座)*，すすかび (分生子柄・分生子等)*；夏季〜
	葉さび病 (Coleosporium spp.)	葉；葉枯れ，黄粉 (さび胞子)*；夏季〜
	葉ふるい病 (Lophodermium pinastri 他)	葉；黄斑 (11月頃)，褐変落葉 (5月〜)，小黒点 (子嚢盤・分生子殻)*
	皮目枝枯病 (Cenangium ferruginosum)	枝，幹；葉先の萎れ，枝枯れ，黄褐色小球体 (子嚢盤)*；生育期
	ペスタロチア葉枯病 (Pestalotiopsis spp.)	葉；黄色〜淡褐色，黒色かさぶた状の点 (分生子層)*，黒色粘塊 (分生子塊)*；秋季〜
カラマツ	先枯病 (Botryosphaeria larieina)	新梢；萎れ，小黒点 (分生子殻)*；6月〜
	落葉病 (Mycosphaerella larici-leptoplepis)	葉；赤褐色小斑点，小黒点 (子嚢殻)*；8月〜
〔マメ科〕エンジュ	さび病 (Uromyces truncicola)	葉，枝，幹；葉裏に黄褐色粉状物 (夏胞子堆)*，暗褐色〜黒色粉状物 (冬胞子堆)*，枝幹にこぶ状肥大，生育不良；葉では夏胞子堆は6月〜
キングサリ	褐斑病 (Pseudocercospora laburni)	葉；褐色斑点，すすかび (子座・分生子等)*；7月〜
ハギ類 〈次ページに続く〉	うどんこ病 (Erysiphe 〈Erysiphe〉 lespedezae)	葉；白粉 (分生子等)* (7月〜)，小黒粒 (閉子嚢殻)* (10月〜)

表3.27 庭木・緑化植物の主な病気と診断のポイント (7)

樹　種	病　名 (病原体)	診断のポイント (発生部位；症状・標徴；発生時期)
〔マメ科〕ハギ類	さび病 (*Uromyces lespedezae-procumbentis* var. *lespedezae-procumbentis*)	葉；黄色小斑点，葉裏に黄褐色粉状（夏胞子堆）*（7～10月），黒褐色毛羽・ビロード状（冬胞子堆）*（10月～）
ハナズオウ	角斑病 (*Pseudocercospora chionea*)	葉；褐色角状斑点，すすかび（子座・分生子等）*，落葉；7月～
フジ	こぶ病 (*Pantoea agglomerans* pv. *millettiae*)*²	蔓，枝，幹；こぶ状肥大，枯死；生育期
	さび病 (*Ochropsora kraunhiae*)	葉；淡褐色小斑点，葉裏に淡黄褐色粉状物（夏胞子堆）*；7月～
〔マンサク科〕トサミズキ	斑点病 (*Pseudocercospora colylopsidis*)	葉；角状小褐斑，すすかび（子座・分生子等）*；7月～
マンサク	葉枯病 (*Phyllosticta hamamelidis*)	葉，枝；急激な褐変，小円斑，小黒点（分生子殻）*，枝枯れ；5月～
ヒュウガミズキ	うどんこ病 (*Erysiphe* 〈*Microsphaera*〉 sp.)	葉；薄い菌叢（菌糸・分生子等）*（7月～）；小黒点（閉子嚢殻）*（10月～）
	斑点病 (*Pseudocercospora colylopsidis*)	葉；角状小褐斑，すすかび状物（子座・分生子等）*；7月～
〔ミカン科〕カンキツ類	かいよう病 (*Xanthomonas campestris* pv. *citri*)*²	葉，枝，果実；淡黄色小斑点，コルク状，落葉；春季～
	そうか病 (*Elsnoë fawcetti*)	葉，枝，果実；灰黄色～淡橙黄色，小斑点，コルク状；春季～
〔ミズキ科〕アオキ	うどんこ病 (*Oidium* sp.)	葉；葉裏に灰白粉（菌糸・分生子等）*，葉表黄色斑点，奇形；6月～
	炭疽病 (*Glomerella cingulata*)	葉；暗褐色～灰色不整形，小黒点（分生子層）*；7月～
	円星病 (*Phomatospora aucubae*)	葉；褐色円斑，小黒点（子嚢殻）*；9月～
ミズキ類	うどんこ病 (*Erysiphe* 〈*Microsphaera*〉 *pulchra*)	葉，枝；新梢の奇形，白粉（菌糸・分生子等）*（6月），小黒粒（閉子嚢殻）*（10月～）
	うどんこ病 (*Phyllactinia corni*)	葉；葉裏に白色菌叢（菌糸・分生子等）（9月～），小黒粒（閉子嚢殻）*（10月～）；サンシュユに発生
	さび病 (*Pucciniastrum corni*)	葉；裏面に黄粉（夏胞子堆）*；9月～
	白紋羽病	〈共通の病気〉参照
	斑点病 (*Pseudocercospora cornicola*)	葉；褐色角状～不整円状斑点，すすかび（子座・分生子等）*；7月～
	輪紋葉枯病	〈共通の病気〉参照
〔ミソハギ科〕サルスベリ	うどんこ病 (*Erysiphe* 〈*Uncinuliella*〉 *australiana*)	葉，花蕾，萼；白粉（菌糸・分生子等）*（6月～），小黒粒（閉子嚢殻）*（10月～）
	褐斑病 (*Pseudocercospora lythracearum*)	葉；褐色不整形斑点，すすかび状物（子座・分生子等）*；7月～
〔メギ科〕ナンテン	モザイク病 (CMVなどのウイルス類)	葉；葉色濃淡のモザイク，糸葉～へら形葉，奇形，生育不良；5月～
ヒイラギナンテン	炭疽病 (*Glomerella cingulata*)	葉；灰白色～淡褐色斑点，小黒点（分生子層）*；9月～
	うどんこ病 (*Erysiphe* 〈*Microsphaera*〉 *berberidicola*)	葉，幼枝；白粉（菌糸・分生子等）*；6月～；ホソバヒイラギナンテンに発生
メギ類	うどんこ病 (*Microsphaera* spp.)	葉，幼枝；白粉（菌糸・分生子等）*，罹病痕は灰紫色斑点；6月～
〔モクセイ科〕キンモクセイ	先葉枯病 (*Phomopsis* sp.)	葉；葉先の枯れ，小黒点（分生子殻）*；9月～
トネリコ類	うどんこ病 (*Erysiphe* 〈*Uncinula*〉 *fraxinicola*)	葉；白粉（菌糸・分生子等）*，小黒粒（閉子嚢殻）*；7月～
	褐斑病 (*Pseudocercospora fraxinites*)	葉；淡褐色，不整円状斑点，すすかび（子座・分生子等）*；7月～
ライラック（ムラサキハシドイ）	うどんこ病 (*Erysiphe* 〈*Microsphaera*〉 *syringae-japonicae*)	葉；白粉（分生子等）*（7月），小黒粒（閉子嚢殻）*（10月～）
	褐斑病 (*Pseudocercospora lilacis*)	葉；褐色角形～不整円状斑点，すすかび*；7月～
〔モクレン科〕コブシ	うどんこ病 (*Erysiphe* 〈*Microsphaera*〉 *magnifica*)	葉；薄い菌叢・白粉（分生子等）*（7月～），小黒粒（閉子嚢殻）*（10月），新葉の奇形・萎縮
	裏うどんこ病 (*Phyllactinia magnoliae*)	葉；裏面に白粉（菌糸・分生子等）*（7月～），小黒粒（閉子嚢殻）*（10月～）
	斑点病 (*Phyllosticta concentrica*)	葉；黒色～褐色小斑，黒点（分生子殻）*，落葉；7月～
モクレン類	うどんこ病 (*Erysiphe* 〈*Microsphaera*〉 *magnifica*)	葉；薄白粉（菌糸・分生子等）*（7月～），小黒粒（閉子嚢殻）*（10月～），新葉の奇形，萎縮
〔モチノキ科〕ウメモドキ	黒紋病 (*Rhytisma prini*)	葉；黒色かさぶた状*；6月～
モチノキ	黒紋病 (*Rhytisma ilicis-latifoliae*)	葉；黒色かさぶた状物（精子器）*，病斑脱落；6月～
〔ヤシノキ科〕シュロ，フェニクス類〈次ページに続く〉	黒つぼ病 (*Graphiora phoenicis* var. *phoenicis*)	葉；黒色～明灰色小筒状突起（胞子堆）*
	眼点病 (*Stigmina palmivora*)	葉；褐色輪紋斑点，すすかび状物（子座・分生子等）*

表 3.27 庭木・緑化植物の主な病気と診断のポイント (8)

樹　種	病　名(病原体)	診断のポイント (発生部位；症状・標徴；発生時期)
〔ヤシノキ科〕シュロ, フェニクス類	炭疽病 (Glomerella cingulata)	葉；褐色不整円斑, 葉枯れ, 小黒点*(分生子層)；7月〜
〔ヤナギ科〕ポプラ類	セプトチス葉枯病 (Septotinia populiperda)	葉；淡灰褐色輪紋斑, 白色粉塊 (子座・分生子等)*；9月〜
	葉さび病 (Melampsora spp.)	葉；葉裏に黄粉 (夏胞子堆)*, 落葉；5月〜
	マルゾニナ落葉病 (Marssonina brunnea)	葉, 緑枝；小黒点 (分生子層)*, 白色粘塊 (分生子塊)*, 激しい落葉；6月〜
ヤナギ類	黒紋病 (Rhytisma salicinum)	葉；黒色かさぶた状物 (分生子層)*；6月〜
	葉さび病 (Melampsora spp.)	葉；葉裏に黄粉 (夏胞子堆)*, 落葉；5月〜
〔ヤブコウジ科〕ヤブコウジ類	褐斑病 (Guignardia ardisiae)	葉；褐色円状斑点, 黒点 (分生子殻・子嚢殻)*；9月〜
〔ヤマモモ科〕ヤマモモ	こぶ病 (Pseudomonas syringae pv. myricae)*2	枝；こぶ状肥大, 表面亀裂, 枝枯れ
〔ユキノシタ科〕アジサイ	うどんこ病 (Oidium sp.)*3	葉, 幼枝；薄白粉 (菌糸・分生子等)*, 灰紫斑点, 奇形, 落葉；6月〜
	炭疽病 (Glomerella cingulata)	葉；褐色〜中心淡褐色の小円斑多数, ときに黒点 (分生子層)*；6月〜
	葉腐病 (Rhizoctonia solani)	花, 葉, 茎；褐色軟化腐敗, くもの巣状かび (菌糸)*；梅雨期
	斑点病 (Phyllosticta hydrangeae)	葉；褐色円形輪紋斑, 小黒点 (分生子殻)*；7月〜
	モザイク病 (キュウリモザイクウイルス)	葉；モザイク状, 生育不良, 奇形；春季〜
	葉化病 (ファイトプラズマ)	花；着色せず, 奇形, 壊疽；開花期
	輪斑病 (Cercospora hydrangeae)	葉；褐色円状輪紋斑, すすかび (子座・分生子等)*；7月〜
〔ユリ科〕ユッカ類	眼点病 (Stigmina concentrica)	葉；褐色輪紋斑, 葉枯れ, すすかび (子座・分生子等)*；7月〜
〈共通の病気〉	環紋葉枯病 (Grovesinia pruni, G. pyramidalis)	葉；褐色〜灰褐色の大形輪紋斑, 白色糸くず状 (分生子)*；7月〜
	くもの巣病 (Thanatephorus cucumeris =Rhizoctonia solani)	葉, 枝；下枝から黒褐色腐敗, くもの巣状かび (菌糸)*；梅雨期, 秋雨期
	こうやく病 (褐色こうやく病, 黒色こうやく病など) (Septobasidium spp.)	枝；灰色・暗褐色・黒色等のビロード状の菌膜*が被う；生育期
	根頭がんしゅ病 (Rhizobium spp.)*2	根, 地際幹；癌腫, 生育不良, 葉枝の萎れ, 黄化落葉, 株枯れ
	白絹病 (Sclerotium rolfsii)	根, 地際, 幹全体；白色かび (菌糸)*, 褐色粟粒状菌核*,
	白紋羽病	根, 地際幹；白色の菌糸膜*, 生育不良, 葉枝の萎れ, 黄化落葉, 株枯れ
	すす病 (各種)	葉, 枝；すす状〜すす膜状 (菌糸・分生子・子嚢果)*
	胴枯病・枝枯病 (Diaporthe spp. 他)	枝幹；変色病斑, 小黒点 (分生子果・子嚢果)*, 黄色・橙色等の粘質物 (分生子塊)*, 材に黒色病変, 枝幹の枯れ
	ならたけ病 (Armillaria mellea, ナラタケ)	根, 幹；白色膜* (キノコ臭), 子実体 (キノコ)*, 生育不良, 葉枝の萎れ, 黄化落葉, 株枯れ
	根腐線虫病 (線虫)	根；根の褐変腐敗, 生育不良, 葉枝の萎れ, 黄化落葉, 枝枯れ
	根こぶ線虫病 (線虫)	根；根に数珠状の小こぶ, 生育不良, 葉枝の萎れ, 黄化落葉, 株枯れ
	紫紋羽病 (Helicobasidium mompa)	根, 地際幹；紫褐色フェルト状菌糸膜*, 生育不良, 葉枝の萎れ, 黄化落葉, 枝枯れ
	木材腐朽病 (コフキタケ, ベッコウタケなどの腐朽菌類)	枝, 幹；材部のひび割れ, 腐朽, 樹皮の浮き, 枝幹の枯れ, キノコ (子実体)*
	輪紋葉枯病 (Haradamyces foliicola)	葉；褐色の大形輪紋斑, 褐色小菌体 (分散体)*, 葉枯れ, 枝枯れ, 落葉；6月〜

注) 1. 共通の項には多くの樹種に発生する病気をまとめた. 樹種により, とくに被害が大きい場合は各樹種の項にも記録した
2. *は病患部に生ずる病原菌の特徴 (標徴) を示す；*2 は細菌類・細菌病 (無印の学名は菌類・菌類病)
3. 発生部位：病斑や病原体が認められる主な部位に限った白紋羽病などの地下部の病気では, 発生部位は「根, 地際幹」などとし, 地上部の萎れなどは症状の項に記した範囲を限定していない発生時期は「初発生時期〜」を示す
4. 木本性のグラウンドカバープランツの一部を含む
5. 病原体の学名は, 日本植物病名目録 (2版), Kobayashi, T. (2008) に基づき, 一部は最新の分類による学名を用いた. うどんこ病菌の学名は Braun and Cook (2012) および高松 (2012) に従い, 従来の属名 (新分類では「節」) は 〈　〉で括った. なお, *3 を付した学名は従来の分類によるもので, いずれも不完全世代名である

5　防除対策

（1）病害防除の基本

　緑化樹木の栽培管理は、食用作物や野菜・花卉・果樹類などのようには、詳細に検討されていない。発生する病気の生態についても、調査が進んでいるものはごくわずかである。また、登録農薬や防除試験例も非常に少ない。永年性植物ということもあり、樹木病害を防除するには、農薬だけに頼った防除では限界がある。

　上述したように、病気の発生には、病原体の密度や生態、当該植物の属性、環境条件などが複雑に関係している。病原体が植栽地に存在していても、必ず病気が発生するわけではなく、また、病気が発生しても、被害に結びつかないことも多い。したがって、樹木病害の防除の基本は、病気の発生に好適な条件を可能な限り取り除くことであり、3者の関わりをできるだけ少なくすることにある。植物の条件としては、立地や環境に適した樹種や、病気に耐性が高い樹種・系統を植栽する。そして、各樹種の生理的特性を考慮して、健全な樹体を育成する。もちろん、罹病苗木を植栽しないことも留意すべき重要な点である。

　環境の条件としては、適正な土壌管理を施すとともに、防風対策や低地の排水対策を行うなどの栽培管理に努める。とくに幼木では、発病すると成木よりも被害が大きくなることが多いので、保護対策を十分に行わなければならない。

　病原体の条件としては、病原体の密度をできるだけ低く抑えることを重点とする。病気の中には、伝染源を除去することにより、被害軽減あるいは回避できる種類が多い。そのためには、剪定切除した枝葉や落葉は、集めて土中に埋める。とくに罹病枝葉や罹病根などの残渣は、伝染源としての重みが高いので、丁寧に処分する。なお、ボケ赤星病菌のように異種寄生種のさび病菌では、ビャクシン類などの中間宿主となる植物が、近接して植栽されていなければ発病が抑えられる。また、広範囲の樹種・作物や雑草にも病気を起こすような病原体が蔓延すると、被害がより増幅するので、多犯性の主な病気と、発生する樹種や植物の範囲を認識し、植栽計画を立てることも必要である。

　害虫は樹体を直接加害するだけではなく、しばしば病気を誘発する。枝枯れや胴枯れを起こす病原菌にとって、食害痕は剪定痕とともに侵入口となる。葉枯れを起こす病原菌も食害痕から侵入しやすい。また、すす病・こうやく病はアブラムシ類やカイガラムシ類の発生と密接な関係をもつ。こうしたことから、ある種の害虫防除が特定病害の防除にも有効となる場合がある。すなわち、上記したような病害の防除手段の一つとして、これらの害虫を防除することが挙げられよう。

（2）植栽地での病害対策

　緑地植栽や植物管理にあたり、当初の植栽計画や管理計画の場面で、病害対策が不十分な場合があり、しばしば病気が発生したり、他の原因と複合して被害を生じることがある。したがって、植栽場所を植物が生育しやすいように整備し、その場所に適合した植物を植えるとともに、適切な管理を行う必要がある。

a. 植栽地の整備

　新しい植栽場所は土壌を入れ換えたり、盛土をするために、もとの土壌環境とは異なる場合が多い。この際、植栽は計画段階から、その場所に適した植物を選択するとともに、該当の樹種や草花に適合した土壌環境を整備することが原則である。また、植栽場所には縁石や枠組などを設ける場合が多い。この場合、病害防除の面からみると、一番の問題点は水の流れである。土壌が客土されているので、縦方向の水の流れがしばしば断ち切られているため、少しの降雨があっても土壌水分が過剰となる。逆に降雨が少ない場合には、すぐに過乾燥状態となりやすい。湿潤と乾燥の繰り返しの結果、植物の根が痛み、病気が発生しやすくなる。したがって、植栽地の整備に際しては、土壌の物理化学性の改善はもとより、排水対策を施すとともに、管理上重要な植栽場所では、乾燥時の撒水対策を講じることが必要である。

　植替えの場合は、前の植物の残渣を丁寧に除去

する。もし、多犯性の土壌病害が発生し、かつ植替え樹種にも感染を起こし得る場合は、土壌の入替えや土壌消毒などの防除対策を講じなければならない。一方、同一樹種の植替えの際は、たとえ地上部の病気であっても、罹病植物の残渣（病落葉や枯枝など）には病原菌が存在している可能性があるので、それらの残渣を取り除いておく。

一般開放している場所では、くん蒸剤による土壌消毒は安全性の面から不可能であり、粉剤・粒剤の登録がある樹種病害については、これを使用するようにしたい。また、地上部病害に対する農薬の液剤散布も、ドリフト等の問題があって、相当な困難を伴うことは間違いない。しかし、管理が行き届き、休園日や夜間は閉鎖するような公園などでは、液剤散布が実施できるかもしれない。農薬の使用にあたっては、それぞれの場所の状況に応じて、安全対策を考慮する必要があるだろう。

（3）植物の植栽にあたって
a. 環境に適した植物を選択する

場所により環境条件が様々である。とくに植物に影響が大きい日照や気温、地温、乾燥・湿潤、土壌などの環境や、大気汚染の程度などが著しく異なっている。したがって、計画段階で植栽地に適した植物を選択しておくことが何を措いても必要である。例えば、日照が不足がちな場所では陰樹を植栽し、風通しの悪い場所では、うどんこ病やすす病が発生しにくい植物を選ぶ。水はけの悪い場所には、水湿に弱い植物は避ける。

b. 健全な植物を植える

新たな植栽地において、周辺に同一樹種・病害がないにもかかわらず、ある病害が発生する場合のほとんどは、罹病した樹木（保菌・感染・発病株）による持ち込みであろう。当然のことながら、植栽する苗木・成木は無病で、しかも健全に成長している株を選ぶことが原則である。そして、植栽間隔はその場所の目的に則したものにせざるを得ないが、将来の樹姿を見越して、できる限り過度の密植を避け、通風や採光を適度にする。不良苗を植えると定植後の活着や生育が極端に悪く、下葉から枯れ上がり、病気の巣となることがある。樹木では、とくに白紋羽病や胴枯病、根頭がんしゅ病など、治癒の不可能な病気が発生している株は絶対に植栽してはならない。

（4）植栽後の管理
a. 日常の管理下での防除

都市環境下では、植栽地における薬剤防除は頻繁には行えないのがふつうである。そのため、日常的な管理の中で、可能な範囲で以下に示すような耕種的な防除を行っておく。

過乾燥や過湿の繰り返しは病気の発生を助長するため、植栽地の排水をよくするとともに、乾燥時には灌水設備を活用する。街路樹などの整枝剪定の際に、枯れ枝や罹病枝を整理する。公園の植栽などのように、自然樹形がある程度保てる場合は、極端な剪定は避ける。一般に、街路樹などのように強い整枝・剪定が行われる場合は、軟弱な新梢が多く生じたり、剪定痕から病原菌が侵入しやすい。一方、自然樹形を保った公園樹では、病気の発生が比較的少なく、また、罹病しても軽微なことが多い。例えば、トウカエデ首垂細菌病・うどんこ病、サクラ胴枯病などは、植栽場所や剪定の有無により、しばしば発病に顕著な差異が認められている。

罹病樹の落葉や剪定枝については、しばしばそのものが伝染源となるので、その場に放置せずに運び出し、処分する。

薬剤防除を実施する場合は、周辺に薬液が飛散しないように十分に注意する。必要に応じて防薬ネット・シートなどを用いる。家庭などでの防除の場合は、近隣の安全に十分注意する。薬剤の選択は、人や環境への安全性を第一とし、また、臭いや薬斑の生じにくいものがよい。

b. 倒伏による危害の防止

べっこうたけ病などの罹患により、樹体内部の腐朽が進行している場合は、外観診断が非常に難しい上に、倒伏による事故の危険性がある。この

ため、幹の地際部や傷痕からのキノコの発生などに十分注意する。また、高木の場合は、根が侵されると樹が傾くことがあるので、日常的によく観察しておくことも大切である。樹が傾いた場合は、ワイヤーなどで牽引したり、支柱で補強するが、さらに腐朽が進み、危険が認められれば伐採する必要がある。近年、台風などの強風で街路樹が倒伏し、自動車の破損などの被害も生じているので、安全上からも注意深く管理しなければならない。腐朽病害の診断と対策については「Ⅲ-3」（p171）を参照。

街路樹は過酷な環境の中で生存している。極度の整枝・剪定や、太い根が路面工事の掘削により切断されることも多く、いつでも腐朽菌の侵入の門戸が開いている。大きな事故に繋がらないように、緑化樹木、とくに街路樹の日常的な調査、管理が望まれる。なお、今後は街路樹の管理を、道路埋設の掘削工事などと関係者の連携を図り、総合的な道路管理の面から位置付けていくことが、病害防除の観点からも必要であろう。

(5) 薬剤による防除

病害の防除には、一般的には殺菌剤が使用されるが、病原体の種類によってはダニ剤や殺線虫剤などを選択する。農薬は系統や種類により、有効な病原体の種類、遅効性と即効性、予防効果と治療効果、剤型（水和剤、乳剤など形状の別）などが異なるので、病気の種類と農薬の特質に合わせて、使用する農薬を選択する。また、農薬は病原体だけではなく、植物や使用者、周辺の環境などに対しても影響を与えることがある。したがって、各農薬の特性を十分に認識するとともに、過度の施用を避け、適正に使用しなければならない。

食用とする果樹などの場合は、農薬の使用基準が整備されている。この使用基準は農薬取締法などに基づき、病害虫防除の効果試験、作物への農薬残留試験・薬害試験や、各種の毒性試験などのデータをもとに、作物の種類ごとに使用できる農薬の種類と対象病害虫、稀釈濃度、収穫前の日数および使用できる回数、処理方法などが設定されたものである。それらの要点は農薬のラベルに記載されている。使用基準や適用病害虫は、追加・訂正が毎年のようにあるので、ラベルをよく読み、適正に使用したいものである。都道府県からは「農作物病害虫（雑草）防除指針」が毎年刊行されており、各県の植物防疫協会などから市販されているので、入手しておくと便利である。農薬の基礎的な知識については「Ⅲ-7」（p290）およびノート3.10～3.12（p308～312）を、また、農薬登録の状況や樹木医が留意すべきことなどはノート3.13（p313）を参照のこと。

〔堀江 博道〕

ノート3.3　マツ類に発生する主な病害虫およびその対策

　"松"は日本庭園や、住居の門冠り、海岸の防風林などに欠かせない樹木であり、正月の門松、"松竹梅"に始まるように、私たちの古来からの生活にもきわめて密接に関わっている樹木といえる。それを裏付ける事実として、実際の樹木植栽現場における病害虫・生育障害問題では、マツ類の診断依頼件数が圧倒的に多いのである。

　マツ類に発生する病害は、明治期から丹念に調べられており、日本植物病名目録（第2版；日本植物病理学会・農業生物資源研究所編）のマツ類の項には、76種類の病害のリストが掲載されている。これは樹木では突出した数であり、食用作物で最重要品目のイネにおける148病害等に匹敵するといえよう。その内訳は、菌類病53種類（他に病名未提案など13種類）、養分欠乏症4、遺伝的芽条変異1、薬害1、芽状てんぐ巣症状（フシダニの可能性が指摘）1、材線虫病など線虫病3である。

　害虫に関しても、農林有害動物・昆虫名鑑（増補改訂版；日本応用動物昆虫学会編）のマツ類の項に107種と、多くの種類が掲載されている。葉、芽、枝・幹、松ぼっくり・種子、根部など、あらゆる部位に多様な害虫が発生する。中でも、マツノザイセンチュウやキクイムシ類など、"松枯れ"に関わる研究成果として、多くの種類が記録されている。

　本ノートでは、これらのうち、主要な病害虫を取り上げ、被害症状、発生生態、防除対策などを紹介する。

　　＊記載した農薬（商品名；一般名）は2015年12月現在、登録されているもの（抜粋）を示す。使用の際には必ず登録の有無を確認すること。

〈病　害〉
（1）褐斑葉枯病

　病原菌：*Lecanosticta acicola* (Thümen) H. Sydow

◇クロマツの葉に発生する。8月中旬から針葉上に黄褐色の斑点が生じ、やがて最初の斑点部から葉先にかけ灰褐色の枯れが発生する。病葉は褐変や病葉の落葉のため、被害が激しいと樹全体が枯れたように見える。本病の被害は越年後の3～4月頃がもっとも目立つ。発病が毎年連続すると枝枯れが発生し、やがて樹全体が枯れることがある。病葉の表皮下に黒色の菌体（分生子堆）が透けて見え、やがて表皮を破り、盛り上がるように現れる。図3.30①・③（口絵p019）参照。

◇本病は1996年、島根県の庭園のクロマツではじめて発生が確認されたが、分布は九州から関東まで拡がっている。前年発病した針葉上に形成された分生子によって6～9月頃伝染するが、降雨が多く、多湿状態が続く梅雨時期に伝染しやすい。類似病害の赤斑葉枯病は、病斑が赤色であること、伝染は6月を中心とする梅雨時期に限られること、また、当年葉は11月頃の晩秋期から発病することなどから区別できる。

◇枝葉が混み合って過湿にならないように適切な整枝・剪定を行う。罹病葉は伝染源となるので除去する。

〈次ページに続く〉

ノート 3.3（続）

（2）こぶ病

病原菌：*Cronartium orientale* S. Kaneko

◇幹や枝に瘤を形成する。若い枝や苗木の枝幹に感染し、はじめは小さい瘤のように膨らみ、年々肥大して直径 20〜30 cm に達する。瘤が成熟すると、冬期（12月から1月ころ）に黄褐色の粘質物（病原菌の精子）が流出し、4〜5月には、黄色で粉状の胞子がこぶ表面の割れ目から溢れ出し、風に乗り飛散する。枝の瘤が肥大するとその先が枯死したり、瘤の部分がもろくなり、折れる場合がある。図3.30 ④⑤参照。

◇病原菌は異種寄生種で、マツ類に生じた胞子（さび胞子）は、コナラ、クヌギ、カシワなどナラ類やカシ類に飛散・感染して「毛さび病」を生じ（⑥⑦）、葉裏に形成される夏胞子により、ナラ・カシ類に蔓延する。9〜10月には毛状の冬胞子堆が形成され、冬胞子が発芽して形成される担子胞子がマツ類に飛散・感染し、「こぶ病」を発生する。

◇中間宿主となるナラ・カシ類を、マツ類の近くに植栽しない。野生のナラ・カシ類は、伐採・除去する。なお、ナラ・カシ類上の担子胞子によるマツ類への感染はきわめて低率であることが接種試験により確認されている。

図 3.30・⑤　マツ葉こぶ病　（口絵 p019）

（3）すす葉枯病

病原菌：*Rhizosphaera kalkhoffii* Bubák

◇葉に発生する。晩春から初夏に、当年葉の先端から中頃あるいは基部近くまでが黄化し、すぐに赤褐変する。病患部の褐変と健全部の緑色の境は明瞭である。やがて葉全体が褐変する。また、新梢の先端部が枯死することがある。病患部の気孔の埋まった、小黒点（分生子殻）をすす状に生じるのが特徴である。図3.30 ⑧・⑩参照。

◇アカマツに発生が多い。樹齢では苗や若木が発生しやすいが、本菌は病原性が弱く、都市部では著しい大気汚染や気象変動などによる成木の樹勢衰退に伴い、発生が見られる。とくに乾燥や過湿の繰り返しによる根の痛みや腐れがあると発病が多い。かつては大気汚染の指標病害とされた。

◇予防には植栽地の排水管理、土壌改善等を行い、樹勢の維持・回復に努める。

（4）赤斑葉枯病

病原菌：*Dothistroma septospora*（Doroguine）M. Morelet

◇11月頃の晩秋期に当年葉の先端部に幅 1〜2 mm の帯状に取り巻く褐色斑が生じる。やがて翌年2〜3月には鮮やかな赤褐色に変わり、徐々に、針葉の基部まで褐変して落葉する。病斑の中

央には表皮を破って黒色の菌体（分生子堆）が隆起する。図3.30 ⑪・⑬参照。
◇クロマツで発生が多い。病葉上の菌体には6月に多数の分生子が形成され、これは雨の飛沫とともに飛散し、感染する。
◇予防には冬期に病葉を摘み取る。

（5）葉さび病

病原菌：*Coleosporium asterum*（Dietel）Sydow & P. Sydow など14種が記録されている。

◇4〜5月に針葉に赤褐色の小斑点（病原菌の精子器）が生じる。やがて、白色の小膜状物が現れ、すぐに表皮が破れて黄粉（さび胞子）が飛散する。針葉に多数発生すると病斑が連続し、葉枯れを起こし、樹冠全体に生気がなくなる。苗木に激しく発生すると生育が遅延したり、枯死することがある。激発すると、遠目で樹冠全体が黄色に見える。図3.30 ⑭⑮参照。
◇病原菌の多くは異種寄生種で、中間宿主は種によって異なり、シラヤマギクなどの草本植物、キハダ（⑯）などの木本植物と多岐にわたる。マツに生じたさび胞子は初夏に中間宿主に飛散・感染して「さび病」を起こし、9〜10月には中間宿主からマツ類に伝染し、「葉さび病」が発生する。
◇マツ類の周辺に中間宿主を植栽しない。また、中間宿主は伐採・除去する。

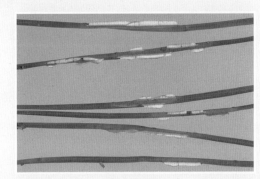

図3.30・⑮　マツ葉さび病　　　（口絵 p 019）

（6）葉枯病

病原菌：*Pseudocercospora pini-densiflorae*（Hori & Nambu）Deighton

◇7月頃から針葉に黄色の病斑が生じ、拡大しながら褐変して、5〜15mm間隔で灰色と暗緑色の帯が交互に生じる。暗緑色部には、灰緑色の毛羽立った菌体（分生子の集塊）が現れる。病葉は白色化して、長期間、枝に付着しているが、やがて脱落する。発病した樹や苗の生育は抑制され、枝枯れや苗の枯死を起こすことがある。図3.30 ⑰⑱参照。
◇アカマツやクロマツでは、発病はふつう1〜2年生苗に限られるが、盆栽では高樹齢でも発病する。一方、外国産マツ（ラジアタマツ、フランスカイガンショウなど）では、高樹齢でも激しく発病するものがある。病原菌は発病葉や、ときに健全葉に潜伏して、菌糸の形で越冬する。生育期に病葉上の分生子が雨滴によって伝染する。
◇盆栽では罹病株を隣接して置かない。濡れや高湿度の時間を短くして、感染を防ぐ。病葉は除去して、その場に放置せず、処分する。トップジンM水和剤（チオファネートメチル剤）など、樹木類「シュードサーコスポラ菌による斑点症」に登録された薬剤は使用できる。

〈次ページに続く〉

ノート 3.3（続）

（7）葉ふるい病

病原菌：*Lophodermium pinastri*（Schrader）Chevallier など4種が記録されている。

◇8月から当年針葉の先半分に黄褐色の病斑が生じる。翌年の2～3月には葉基部まで全体が褐変して、激しく落葉する。病落葉には隆起した長径1～2.5 mmの楕円形で縦に裂け目の生じた黒色の菌体が生じる。濃褐色の細線が針葉を横断している。図3.30 ⑲⑳参照。

◇病落葉上の菌体から胞子が当年葉に飛散し、感染、発病する。樹勢の衰えた株で発病しやすい傾向にあり、樹勢衰退の指標ともなる病害である。

◇乾湿調整や施肥などの適正な土壌管理を行い、樹勢の維持・回復に努める。病葉・落葉は除去・処分する。キノンドー水和剤40・ドウグリン水和剤（有機銅剤）が登録されている。

（8）ペスタロチア葉枯病

病原菌：*Pestalotiopsis disseminata*（Thümen）Steyaert など5種が記録されている。

◇針葉の先端部、中間部、あるいは先端から基部まで黄色～淡褐色に枯死する。針葉の基部から折れる。罹病部には黒色かさぶた状の菌体が多数形成され、高湿状態が続くと菌体から黒色粘質物（分生子の集塊）が滲みでる。図3.30 ㉑㉒参照。

◇本病の発生生態の詳細は不明であるが、病原菌の性質から、害虫による吸汁などの摂食痕、旱魃、強風などによる傷痕などから感染すると考えられる。

◇若齢樹では負傷しないように防風対策を施す。病葉は早めに除去し、落葉も丁寧に処分する。

〈害　虫〉

（1）トドマツノハダニ　*Oligonychus ununguis*　英名 common conifer spider mite

◇マツなど針葉樹では被害を受けた部分が吸汁により退緑し、やがて黄化、灰白色となり落葉する。緑色の健全部分と加害部分がまだら状になることが多い。多発時には糸を張って、枝先がクモの巣状になることもある。クロマツ・トドマツ・モミ・トウヒ・ヒノキなどの針葉樹だけでなく、クリ・ナラ・カシワなどの広葉樹でも発生が見られる。北海道～九州に分布。雌成虫は0.5 mm前後になるが、雄はひとまわり小さい。雌雄とも緑色～赤色。卵は白色であるが、休眠卵は濃赤色になる。図3.31 ①・③（口絵 p020）参照。

◇秋には枝のくぼみや分岐部などに越冬卵を産み付け、これが5月ごろに孵化する。年に6～7世代発生を繰り返すが、盛夏期に個体数は最大となる。高温乾燥条件が繁殖に適している。苗など若木では、多発により株の全体枯死に至ることもある。

◇観葉植物、スギに発生するハダニ類に対して、発生初期にテデオン乳剤（テトラジホン乳剤）が利用できる。また、樹木類に発生するハダニ類に対してバロックフロアブル（エトキサゾール水和剤）の登録があり、発生初期に使用できるが、ハダニ類は薬剤耐性が付きやすいので年に1度の使用にとどめる。

（2）マツオオアブラムシ　*Cinara piniformosana*
◇アカマツ・クロマツに寄生し、わが国でマツ類にもっともふつうに見られるアブラムシである。世界に広く分布し、全国で発生する。無翅・有翅雌虫とも体長3mm前後、赤褐〜黒褐色で、ロウ状の白色粉を薄くまとう。図3.31 ④⑤参照。
◇晩秋期に雄が発生して、有性産卵雌虫が越冬卵を産卵するが、関東以南では成虫なども越冬するようである。3月には卵が孵化し、4月には新梢などに幼虫の小コロニーが見られ始める。吸汁加害により葉の伸長が抑制され、生育が悪くなる。排泄物にすす病が発生し、美観を著しく損なう。
◇発生の初期に薬剤散布を行う。樹木類に発生するアブラムシ類に対しては、モスピラン顆粒水溶剤（アセタミプリド剤；ネオニコチノイド系）、マツグリーン液剤2（アセタミプリド剤；ネオニコチノイド系）、スミチオン乳剤（MEP剤；有機リン系）などが登録されており、発生初期に散布することができる。

（3）マツカサアブラムシ類
◇ゴヨウマツ類に寄生するトウアマツカサアブラムシ（*Pineus harukawai*）、キタマツカサアブラムシ（*Pineus cembrae*）や、クロマツに寄生するマツノカサアブラムシ（*Pineus laevis*）などがある。その他、カサアブラムシ科のエゾマツカサアブラムシ（*Adelges japonicus*）、ヒメカサアブラムシ（*Aphrastasia pectinatae*）がトドマツ・トウヒなどに寄生し、吸汁や虫こぶなどの被害が発生する。ゴヨウマツ類ではきわめてふつうに発生し、多発すると新芽の発育が阻害され、樹勢が衰える。枝幹に寄生して吸汁加害するが、幼虫、成虫とも体表は白色の綿状分泌物に覆わるので、コナカイガラムシと混同しやすい。発生が多いときは葉枯れを起こすことがある。図3.31 ⑥⑦参照。
◇年数回発生を繰り返すが、5〜6月の産卵期〜幼虫発生期がもっとも密度が高まる時期である。
◇綿状分泌物を見つけ、早めにかき取る。なお、綿状物質があると薬剤散布の効果が減ずる。薬剤についてはマツオオアブラムシの項を参照。

図3.31 - ⑦　マツカサアブラムシ
（口絵 p 020）

（4）マツカキイガラムシ　*Lepidosaphes pini*
◇クロマツ・アカマツ・リュウキュウマツなどに寄生し、しばしば多発生して大きな被害となることがある。北海道〜奄美大島などに分布する。牡蛎（かき）のような殻で長細く、一方が尖った楕円形のカイガラ部分は茶褐〜紫褐色、虫体そのものは乳白色〜淡黄色。体長は3mm内外。図3.31 ⑧⑨参照。
◇5〜6月と8〜9月の年2回発生が見られ、越冬は主に成虫態で行われる。葉鞘の下や葉の内側

〈次ページに続く〉

ノート3.3（続）

などに寄生していることが多い。成・幼虫による吸汁被害のため葉が黄化、落葉するだけでなく、排泄物にすす病が発生するため、多発すると著しく美観も損なう。

◇風通しが悪く、日の当たらない部分で発生しやすいので、適切な剪定等の管理作業を行う。薬剤散布が有効であるが、虫体被覆物の発達が進まない孵化直後〜若齢期を逃さないようにすることが重要で、本種の場合5月、8月頃が防除適期となる。樹木類でカイガラムシ類に登録のある薬剤としてはカルホス乳剤（イソキサチオン剤；有機リン系）、スプラサイド乳剤（DMTP剤；有機リン系）、マツグリーン液剤2（アセタミプリド剤；ネオニコチノイド系）、アプロードフロアブル（ブプロフェジン剤；IGR系）がある。

 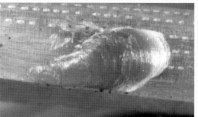

図3.31・⑧⑨　マツカキカイガラムシ　　　　　　　　　　　（口絵 p 020）

（5）マツアワフキ　*Aphrophora flavipes*

◇クロマツ・アカマツの新梢部に幼虫が泡状物質を出し、数頭がその中で吸汁加害しながら成長する。北海道〜九州などに分布する。成虫の体長は10mm内外。図3.31⑩⑪参照。

◇新梢部に発生するため、多発すると目立ち、著しく美観を損なうが、吸汁による影響は少ない。

◇登録薬剤はないので、泡ごと取り去るか、剪定処分する。

（6）マツカレハ　*Dendrolimus spectabilis*　英名 pine caterpillar

◇アカマツ・クロマツ・カラマツ・ヒマラヤシーダなどの葉を食害する。若齢幼虫で越冬し、6月頃蛹化する。通常年1回の発生であるが、2回発生する場合もある。中齢幼虫以降は食害量が大きく、短期間で大きな被害となることが多い。図3.31⑫⑬参照。

◇幼虫（図幼虫、クロマツ）の体長は70mm以上になる。背面は銀〜金色で、胸部背面に黒色の長毛があり、針状の毒毛も密生している。成虫（図成虫）は淡褐色〜暗褐色、前翅長は雄25〜31mm、雌27〜47mm、雌の開長は90mmを超える。

◇越冬に入る幼虫を誘き寄せて捕殺するために、菰巻きが古くから行われてきたが、コモを処分する際にサシガメやクモなど天敵類を放すなど、同時に処分しないように注意する。散布できる登録薬剤は樹木類に発生するケムシ類を対象にエスマルクDF（BT剤）やマトリックフロアブル（IGR系）、マツグリーン液剤2（アセタミプリド剤；ネオニコチノイド系）など、多数ある。また、樹幹注入剤のマツグリーン液剤2（アセタミプリド剤；ネオニコチノイド系）、アトラック液剤（チアメトキサム剤；ネオニコチノイド系）など、樹幹打ち込み剤のオルトランカプセル

（アセフェート剤；有機リン系）が登録されており、使用により比較的長期間発生を抑制できる。

（7）マツツマアカシンムシ　*Rhyacionia simulata*
◇ハマキガ科ヒメハマキガ亜科に属する小蛾で、アカマツ・クロマツ・ゴヨウマツなどの新梢に幼虫が食入する。幼虫の体長は約9mm、胴部は橙色、頭部は赤褐色である。年に1回の発生で、食入部の中で蛹化、越冬、早春に羽化する。図3.31⑭⑮参照。
◇4月頃から幼虫の食害が始まり、新梢先端部が黄化してくる。多発すると著しく美観も損なう。なお、新梢部に食入加害するマツノシンマダラメイガ、マツズアカシンムシも似たような被害となるが、これらは球果にも穿入加害し、種子の結実にも影響を及ぼす。
◇被害部は内部の虫ごと切除する。発生が認められれば、5月までには登録薬剤の散布を行う。スミパイン乳剤（MEP剤；有機リン系）がマツのシンクイムシ類に対して登録されている。

（8）ウスイロサルハムシ（スギハムシ）　*Basilepta pallidula*
◇1960年前後など、過去には西日本を中心に各地でしばしば大発生し、スギ・ヒノキ・アカマツ・クロマツ林に大きな被害を生じたが、最近では散発的な発生である。その理由はスギの植林が減ってきたことによるものと考えられている。本州、四国、九州などに分布。成虫は体長約3～4mmで、光沢を有する黄褐色である。大発生時には針葉樹以外に、広葉樹でも食害が認められている。図3.31⑯⑰参照。
◇成虫が葉を食害（後食）し、褐変や落葉を起こす。その被害は苗木および幼齢樹で大きい。成虫の摂食活動は夕方から夜間に多い。成虫は6～7月に羽化し、落葉などに卵を産み付ける。孵化した幼虫は地中で根を食害して成長し、2年を経過して蛹化したのち成虫となる。
◇登録薬剤はないので、成虫を捕殺する。

（9）マツノマダラカミキリ　*Monochamus alternatus*
◇クロマツ・アカマツ・リュウキュウマツなどの衰弱木に幼虫が発生し、材内を穿入食害する。直接害よりはマツノザイセンチュウの運搬者として大きな被害をもたらす。本州～九州、沖縄にかけて分布する。成虫の体長は20～30mm、体色は暗赤褐色に白斑をまだら状に散らす。図3.31⑱参照。
◇通常年1回の発生で、5～7月に成虫が羽化する。羽化した成虫は若い枝を表皮の後食（摂食）するが、このときにマツノザイセンチュウの伝搬（移動）が起こる。
◇防除対策として、成虫の防除を目的とした樹冠部への薬剤散布（スミパイン乳剤（MEP剤）、エコファイター（チアクロプリド剤）など）ほか、マツノザイセンチュウの侵入と増殖を抑える樹幹注入剤（グリーンガード（酒石酸モランテル剤）など）、天敵微生物（バイオリサ・マダラ；昆虫病原性糸状菌）の利用などがある。

〔病害：堀江 博道・周藤 靖雄；害虫：竹内 浩二・近岡 一郎〕

ノート 3.4　　グラウンドカバープランツの病害

　"グラウンドカバープランツ"は、一般的には緑地帯などの地被に利用する植物を指す。その種類は、矮性や匍匐性の針葉樹・広葉樹、ササ・タケ類、芝草、草花、シダ類など、きわめて広範囲にわたり、ツツジ類のような低木を含めることもある。本ノートでは、多犯性病害に留意するために、庭園や緑地の花壇に植栽される草本も合わせて例示してみよう。

〔植物の増殖と栽培環境〕

　グラウンドカバープランツのポット苗生産は、同一の植物を一度に数千～数万鉢を増殖し、短期間の株養成（例：土壌を充填した直径10cmビニルポットに3本の穂木を挿し、数か月管理）後、そのまま出荷、植栽されることが多い。ポットによる増殖の場合、生産圃場での管理作業の中心は灌水であるが、水分不足による活着不良や乾燥枯死を警戒して、過灌水となりやすい（図3.32①，口絵p021）。また、スペースの関係で植物（ポット）が過密に置かれ、枝葉が重なり合い、蒸れることが多い。このような環境は病害の発生を誘起しがちであり、ときには病害が急激に蔓延する場合がある。また、栄養繁殖される品目では、母樹・親株が感染・罹病していると、それらからの挿し木や株分け等の繁殖により、多数の病苗を生じることになる。このようにして、生産圃場で発生した病気がやがて植栽地に持ち込まれ、しばしば被害が拡大するのである。

〔主な病害と対策〕

　グラウンドカバープランツの生産圃場や植栽地で発生する主な病害のうち、多犯性菌類による病害および樹種ごとに発生する病害について概略を紹介する。いずれも密植・過湿条件で発生が多い病害である。なお、木本のグラウンドカバープランツにおける主な病害は、表3.27「庭木・緑化植物の主な病気と診断のポイント」の中に登載した。

a. くもの巣病（病原菌 *Rhizoctonia solani*）：過密管理の生産圃場でもっとも問題となる病害である。病原菌は多犯性で、多湿時には、くもの巣状の菌糸が茎葉の表面をきわめて速く蔓延し、隣接株に伝染する。ハイビャクシンやセイヨウネズなどの針葉樹、コトネアスター類（図3.32②）・ヒペリカム類（セイヨウキンシバイ）などの矮性または匍匐性の広葉樹で被害が大きい。草花類では「葉腐病」などの病名が付けられることが多く、ガザニア葉腐病（③）、マツバギク立枯病、シバザクラ株腐病などの発生が目立つ。

b. 白絹病（*Sclerotium rolfsii*）：病原菌は多犯性で、高温多湿時に発生が多く、罹病株の地際部や周辺の地表面に、光沢のある白色菌糸とナタネ種子状の菌核を生じるのが特徴である。草本植物では進展がきわめて速く、坪枯れ状となり、永年性植物では株全体が枯死して再生しないことが多い。木本植物ではサルココッカ（④）・フッキソウなどに株枯れを起こす。草本植物ではアジュガ・ギボウシ類（⑤）・ジャノヒゲ・メランポジウム（⑥）・シバザクラなどで被害を生じる。

c. 灰色かび病（*Botrytis cinerea*）：病原菌は多犯性で、はじめ花からなどに腐生的に発生し、これが葉や茎に接して腐敗させることが多い。とくに軟弱徒長した苗では、スポット状あるいは全面に

枯死株が発生するほど蔓延することがある。木本植物では、ヘデラ類・ヒペリカム類などの植栽や、苗生産圃場で被害が出る。草本植物では、花壇植栽の草花類に常発する病害で、メランポジウム・マリーゴールド（図3.32⑦）・パンジー・ニチニチソウなどに多発し、被害が著しい。いずれも罹病部には灰色の分生子の集塊を粉のように生じる特徴がある（⑧）。

d. その他：疫病はセイヨウキヅタ（ヘデラ；⑨）などの植栽地で、梅雨期のように湿潤状態が続く時期に発生するが、一過性の場合が多く、常発はしない傾向である。炭疽病は各種の植物に長期にわたって発生するが、セイヨウキヅタ・ギボウシなどでは、とくに梅雨期に常発しやすい（⑩⑪）。なお、ジャノヒゲ（⑫）・ヤブラン・ノシラン等では、剪定・作業痕や害虫の食害痕、踏圧による傷み、日焼け痕から発病することが多い。炭疽病の罹患部には、特徴的な菌体（分生子層）を多数形成する（⑬）。また、特定の植物に発生する病気では、フッキソウ紅粒茎枯病（⑭・⑰）、セイヨウキヅタ斑点細菌病（⑱）などの被害が大きい。ヒペリカム・カリシナムさび病（⑲⑳）は、苗養成圃場および植栽場所で壊滅的な被害を生じたため、生産および新規植栽がみられなくなった。一方、木本植物では多犯性の土壌病害、白紋羽病が発生することもある（㉑）。

〔対処法〕

①生産施設（図3.33）では換気、室温、圃場衛生に留意する。②灌水を適正にする；頭上からの灌水は控え、ポットごとのドリップ灌注や底面灌水とする（ただし、底面灌水は、土壌伝染性の病害発生時は水を介して病原菌が伝搬し、被害が拡大するので注意が必要）。③罹病株・ポットや罹病残渣は早めに除去する。④窒素質肥料を抑え、軟弱徒長させない。⑤未熟有機物の施用を控える。⑥適宜に農薬を施用する。⑦鉢土は未使用か土壌消毒済みのものを使用する。

〔竹内　純・堀江 博道〕

図3.33　グラウンドカバープランツの生産圃場
①施設内にはビニルポット植えの植物が育成されている　②露地の圃場；灌水装置が設置されている

ノート3.5　ブナ科樹木の萎凋病

　ブナ科樹木は、日本の森林を構成する主要な樹木であり、幹は用材や薪炭、シイタケ栽培のほだ木として、落ち葉は堆肥として、種子は食料としてなど、様々な用途で人々に利用されてきた。ブナ科樹木の萎凋病は、日本に分布する5属（ブナ属・コナラ属・クリ属・シイ属・マテバシイ属）22種のブナ科樹木のうち、ブナ属を除く4属15種に発生している（図3.34 ①・③，口絵p022）。とくに、落葉樹であるミズナラやコナラの枯死率は高く、集団的な枯死被害が発生している。本病は、被害樹種や病徴から、「ブナ科樹木萎凋病」や「ナラ枯れ」と呼ばれている。

〔ブナ科樹木萎凋病の原因菌とキクイムシ〕
　ブナ科樹木萎凋病は、7月後半〜8月頃に葉が赤褐色に変色し始め、その後、急速に枯死する病気である。本病は、カシノナガキクイムシ（*Platypus quercivorus*）の成虫（④⑤）が、子嚢菌類の *Raffaelea quercivora*（以下ラファエレア菌；⑥⑦）を伝播することにより発生する。

　カシノナガキクイムシの成虫は、ブナ科樹木の幹に穿入した後、辺材内に孔道を掘り産卵する。さらに、孵化した幼虫も辺材内に孔道を掘り進める（⑧）。このように、カシノナガキクイムシは、成虫も幼虫も材を齧りながら辺材内で生活しているが、どちらも材は摂食しておらず、孔道内に菌類（酵母類）を繁殖させて、それを摂食している。カシノナガキクイムシのように、孔道内に繁殖させた菌類を摂食するキクイムシのグループは「養菌性キクイムシ」と呼ばれ、世界に約3,400種が知られている。

　養菌性キクイムシが摂食する菌類は、「アンブロシア菌」と総称される。「アンブロシア」とはギリシア神話に登場する神々の食べ物で、香りが良くて蜜よりも甘く、それを食べた者は不老不死となり、傷に塗ればたちまち治るといわれるものである。多くの養菌性キクイムシの成虫の体には、菌嚢（マイカンギア）と呼ばれる袋があり、この中にアンブロシア菌を入れて、木から木へと運んでいる。カシノナガキクイムシにも、雌成虫の背中（前胸背板）の中央部に5〜10個の菌嚢がある（④⑤）。

図3.34・④⑤　カシノナガキクイムシ　　（口絵p022）
左：雌成虫，右：菌嚢

図3.34・⑧　孔道内のカシノナガキクイムシの幼虫　　（口絵p022）

ラファエレア菌は、カシノナガキクイムシの餌となるアンブロシア菌ではないが、アンブロシア菌とともに菌嚢に入れられて孔道内に運ばれる。その後、ラファエレア菌は、孔道壁から導管内や放射柔細胞の細胞間隙を通って樹体内に菌糸を伸ばす（⑨）。菌糸が侵入した辺材部では、導管が機能不全となり通水が阻害される。ラファエレア菌の侵入に対して、樹木は様々な防御反応により菌糸を孔道周辺の組織に封じ込める。そのため、1本の孔道からラファエレア菌が侵入するだけでは、樹木が枯死することはない。しかし、最初に幹に穿入したカシノナガキクイムシは集合フェロモンを放出し、それに反応した多数の成虫がその幹に集まって穿入する。このような多数個体による穿入は、マスアタックと呼ばれる。マスアタックにより多数のカシノナガキクイムシが1本の幹に穿入して、それぞれの孔道からラファエレア菌が樹体内に侵入すると、多数の導管が同時に機能不全となり、その樹木は萎凋・枯死する。このような樹木の地際には大量のフラス（木屑とカシノナガキクイムシの排泄物の混合物）が堆積し（⑪・⑬）、樹幹の辺材は、褐色〜黒褐色に変色している（⑩）。

[被害拡大の背景と森林の管理]

　ブナ科樹木萎凋病は、江戸時代から発生していたようであるが、1980年頃までは被害地域が限られており、被害も数年で終息していた。しかし、1980年代後半に、本州の日本海側地域に発生したブナ科樹木萎凋病は、被害が終息しないまま被害地域が拡大し、2010年には本州と九州の30都府県に被害が広がった。その後、被害は減少傾向にあるものの、被害量が増加している地域や、周辺からの被害の拡大が懸念されている地域がある。このような被害を招いた大きな要因として、カシノナガキクイムシの繁殖に適した大径木が、全国的に増えたことが挙げられている。ブナ科樹木には、切株から萌芽する能力の高い樹種が多いため、人々は10〜30年程度の周期でブナ科樹木を伐採して、薪や炭として利用してきた。そのため、人里に近い森林には、ブナ科樹木の大径木はほとんど存在しなかった。しかし、1960年代の燃料革命以降、薪や炭の利用が激減したため、ブナ科樹木は伐採されることなく大径木に成長した。現在、ブナ科樹木萎凋病の防除対策として、被害木のくん蒸や焼却によるカシノナガキクイムシの駆除、健全木への粘着剤の塗布、あるいはビニルシート被覆による本虫の侵入予防などが実施されているが、被害を根本的に減らすためには、このような大径木を利用しながら、森林を若返らせていくことが有効であるとされている。森林の樹木を伐ることは、自然を破壊する行為と考えられがちであるが、人々が利用しながら維持されてきた森林を護るためには、適度な樹木の伐採が必要なのである。

〔松下 範久〕

図3.34・⑩　ミズナラ被害木の横断面
（口絵 p022）

ノート3.6　ウメ輪紋ウイルス（PPV）の国内初発生と根絶に向けた技術者たちの取り組み

　2009年4月、東京都青梅市で栽培されているウメ（*Prunus mume*）が、以前からわが国への侵入が警戒されていたウメ輪紋ウイルス（*plum pox virus*：以下、PPVと表記）に感染していることが確認された。PPVは世界各国で*Prunus*属果樹に甚大な被害を生じている植物病原ウイルスであり、発生国ではその根絶のために莫大な費用と労力が掛けられている。

　本ウイルスの感染が明らかとなったとき、農林水産省や東京都の植物防疫関係者はもちろんであるが、大学や公的研究機関などの植物病理学研究者にも大きな衝撃が走った。PPVに対して、わが国の高レベルの植物検疫網が突破され、世界で初事例となるウメでの発生であったからである。

　本ノートでは、わが国の農業生産を揺るがすような重要病害虫が発生したとき、各関係機関、とくに当該地域の公設研究機関や行政部局の担当者たちがどのように対処したか、その概要を述べて今後の参考に供したい。

〔PPV感染樹の症状〕

　PPVに感染したウメでは、葉・花弁・果実に病徴が発現する（図3.35 ①・⑦；口絵p023）。葉での症状は激しく、4月の展葉直後からモザイク症状を生じ、5～6月にかけて、特徴的な黄色輪紋、主脈に沿った退緑斑などの明瞭な病徴を示す。ときに、銀白色、年輪状の大型輪紋を生じる。花弁には、白色種では脈がピンク色となり、紅色種では明瞭な色抜け（color breaking）を生じるが、筆者らの観察では、2009年の初発時に観察された以外、花弁ではほとんど無病徴である。果実での発症はさらに稀であり、大半の樹では果実には発症しない。最大でも、果実数百個に1個程度である。果実の症状は、果肉表面がやや陥没する白色斑や、淡い赤紫色を帯びて、やや陥没する輪紋斑、または果実全体の軽微な奇形であるが、症状が観察できるのは着果50～60日後の若い果実のみである。海外で、プラム等に報告されているような、早期落果や収量低下は現在のところ確認されていない。また、3年間のPPV感染による果実品質調査でも、感染樹の生果実に外観上の異常や加工品（梅干し）での果肉の品質低下は認められなかった。

　なお、東京都における調査の中で、ウメ以外に、ハナモモ（*P. persica*；⑧⑨）の花弁と葉、アンズ（*P. armeniaca*；⑩）・スモモ（*P. salicina*）・プルーン（*Prunus* sp.；⑪）・ユスラウメ（*P. tomentosa*；⑫）の葉にも、それぞれPPV感染による発症が確認されている。

図3.35・①④
ウメ輪紋病の症状　（口絵p023）
花弁の斑入り（左）と
葉の輪紋症状（右）

〔PPV発生を受けての緊急対応〕

　国内初となるPPV発生確認の報告を受け、東京都および農林水産省の関係部局と植物ウイルスに関する有識者からなる対策会議が発足し、感染樹の調査方法、感染植物のリスク評価、緊急防除区域の指定など、PPVの拡散防止と根絶に向けた具体的な手法と工程表が策定された。それを踏まえ、農林水産省植物防疫所防疫官主導の元に、発生範囲の特定・規制対象地区の絞り込みが開始された（図3.36）。

　まず、青梅市における感染樹の分布と周辺市町村を含めたPPVの発生地域境界調査が実施された。調査対象樹はウメに限らず、PPVの宿主となりうる*Prunus*属果樹を含み、対象園地は感染樹発生園地を中心とした半径1km（2016年3月から半径500mに改定）の園内に存在する全園地および、それ以外の地域については、1辺500m平方のマスに存在する、もっとも植栽本数の多い園地1か所とされた。当初、PPV感染はごく一部の園地に限定され、広域的な発生はないものと予想されていた。しかし、調査開始初年の2009年に、青梅市とその周辺の2市2町で、感染樹園・樹数は104園地、520本に達した。

　このようなPPVの広域的な発生実態を踏まえ、2010年2月に、農林水産省より植物防疫法に基づく「プラムポックスウイルスの緊急防除に関する省令」が告示され、東京都において「緊急防除」が実施されることとなった。緊急防除区域では、PPVに感染した植物の伐根・焼却（伐根後は原則3年間の再植樹自粛）、宿主植物の移動禁止、PPVを媒介するアブラムシ類の徹底防除が実施され、同年度内には、感染樹および感染のおそれがある*Prunus*属樹木の計1,119本が処分された（図3.37）。

図3.36　感染樹分布調査の記録作業
現地調査前後に、地図上で果樹園地を1つずつ塗りつぶし、植栽樹種、植栽本数、感染樹の有無などの詳細を調査、記録する

図3.37　感染樹の処分の様子
①枝・幹をチェーンソーで切り落とし、バックホーで根部まで完全に処分する　②抜き取られた根株

〈次ページに続く〉

ノート 3.6（続）

〔東京都における PPV の発生実態および調査の経緯〕

（1）"梅の公園"の全伐と膨大な処分本数

　発生地域の中心部に位置する"梅の公園"（青梅市梅郷；1972年整備）は、120品種、1,500本のウメが花を競い、毎年10万人以上が来園する青梅市における観梅の中心であるが、同公園においても毎年新たな感染樹が確認された。梅の公園は、観光の最重要拠点であることから、当初、処分は感染樹とその周辺樹に限り、園内のウメを極力温存する方策がとられていた。しかし、このような部分伐ではPPVの拡大を抑えられないとの判断から、2014年に公園内のウメを全伐することに踏み切った。いち早い産地の再興を図るため、一旦宿主そのものをリセットするというPPVの根絶にはきわめて有効な判断といえるものの、青梅市や関係団体にとってはまさに苦渋の決断であり、観光面においても被害は甚大なものであった。

　さらに、発生確認の翌2010年以降も全域で発生調査と感染樹伐採が続けられたが、感染樹の分布は拡大の一途をたどり、2015年（速報値）までには、東京都西部のほぼ全域に相当する6市2町の延べ約3800園地で、感染樹数は約10,000本、感染樹の周囲および該当園のウメ樹の処分本数は40,000本弱に達している。

（2）樹木医の調査参加

　発生確認調査において、生産園地の場合には、事前に地図上で果樹園の地図記号をマークし、ある程度計画的にウメの植栽状況と感染の有無を調査することができた。しかし、調査が生産園地から公園、街路樹、学校など公共的な場所、さらに個別の住宅地にまで及ぶこととなり、これらの場所ではまずウメが植栽されているかどうかを確認することから始めなくてはならない。とくに住宅地の調査は困難をきわめ、市街地図を片手に道路を隈無く歩きながらウメの植栽を確認し、植栽があればアポなしで住人を訪ね、事情を説明してから病徴の確認を行うといった状況であった。PPV発生の認識が薄い地域では、立ち入りを拒否されることも少なくなかった。当初、植物防疫官と東京都職員が3〜4名を1班として調査を行っていたが、調査対象範囲が拡がるにつれ、人員不足が顕著となり、住宅地の個別調査は民間に委託することが検討された。PPV感染の病徴は特徴的であるが、うどんこ病や白粉病による葉表の色抜けと類似する場合があること、また、8月中旬以降は病徴が不明瞭になることから、調査には一定程度の専門知識と観察・識別能力が求められた。そこで、調査を委託する企業は、樹木医が必ず1名以上所属していること、技術支援が必要な場合には、調査員からの相談などに迅速に対応できることが条件とされた。樹木医が調査に参加することで、調査効率は飛躍的に向上し、今まで感染樹の分布調査に追われていた植物防疫官や東京都職員は、ウイルス感染の検定や伐採に向けた、専門的・具体的な業務に専念できるようになった。

〔全国での発生状況〕

　東京都での発生確認とほぼ同時に、農林水産省は*Prunus*属果樹全般を対象とした全国的な発生調査を開始した。果樹園地の他に、苗木生産地や公園などを対象に各都道府県の30〜50か所を

対象とし、PPV 感染の有無が調査された。その結果、2009 年には東京都以外にも、茨城県と神奈川県で、翌 2010 年には埼玉県、大阪府、滋賀県および奈良県、2012 年には兵庫県、2013 年には三重県と和歌山県、2014 年には愛知県における発生が相次いで明らかとなった。このうち、茨城県、神奈川県、埼玉県、滋賀県、奈良県、三重県および和歌山県における発生は小規模であり、感染樹は発見次第、即時伐採され、その後の新たな感染樹は発見されていないことから、これらの県での「緊急防除」の地域指定は見送られている。しかし、大阪府、兵庫県および愛知県では発生が広範であったため、東京都と同様に緊急防除区域が設定され、植物防疫法に基づく対策が実施されている。とくに兵庫県は、苗木・植木（盆栽）生産地での発生であり、流通による PPV 拡散の危険性の高さから、発生園地では、感染樹の比率に関係なく、すべての宿主植物を処分する措置が行われた。この結果、同県では 2013 年までに 33 万本を超える本数が処分されたという。

〔PPV 研究プロジェクトの発足と新しい防除法の開発〕

(1) 研究課題と実施の意義

　行政的な対策の実施と平行して、研究機関・大学等による研究プロジェクトが立ち上がった。参画機関は、果樹研究所を中核として、国立法人の研究機関 3、大学 2、発生地の研究機関（筆者らの所属する東京都農林総合研究センター；以下、東京農総研）の計 6 機関である。対象の課題は、①日本産 PPV の主要核果類への感染性と病徴、②アブラムシ類によるウイルス媒介の実態、③わが国への侵入経路とゲノム生態およびウメに最適化された簡易迅速診断技術、④ PPV の自然感染宿主、⑤根絶に向けた調査における数理的手法、⑥現地におけるアブラムシ類の生態解明と防除対策の確立など、いずれも基礎的かつ応急的な対策が研究課題として取り上げられた。

　東京農総研の分担課題は「アブラムシ類の生態解明と防除対策」であった。ウメにおけるアブラムシ類の大まかな発生消長などは、教科書や図鑑にも掲載されており、また、防除についても、生産者は慣行的に実施しているため、今さら研究課題として取り上げるべき課題ではないように思える。しかし、「PPV 拡散防止のための」というカッコ書きが頭につくと、事態はまったく異なってくる。なぜなら、ウイルスを媒介・拡散させるのは「有翅アブラムシ」だからである。普段のアブラムシは翅がなく、移動性に乏しい形態（無翅虫）で生活しているが、生存環境の悪化や寄主転換など、移動する必要が生じた場合に、翅を持ったアブラムシ（有翅アブラムシ）が出現する。つまり、PPV を伝搬するのは有翅アブラムシであることから、現地での、種類と発生消長、有翅虫の出現と分散・飛来の時期、周辺地域のアブラムシの種類、PPV 媒介能力を有する種類と主要種、PPV 保毒量など、「PPV 拡散防止のためのアブラムシ防除」に関する知見が重要であるにもかかわらず、これらの情報は皆無であったのである。

(2) アブラムシの発生実態

　3 年にわたり、年間を通じて週 2 回、現地での黄色粘着板によるアブラムシ類有翅虫のトラップ調査と、ウメに寄生する有翅・無翅虫の発生消長を調査した結果、秋季（10 月中旬頃）に二次寄

〈次ページに続く〉

> **ノート 3.6（続）**

主（寄主植物は不明）に分散していた本虫に有翅虫が発生、一次寄主であるウメに戻り、無翅産卵雌を産仔する。産卵雌はウメ樹上で生育し、成虫となった頃（11月上中旬）、今度は有翅雄が飛来し、産卵雌との交尾を行い（図3.35 ⑬，口絵 p023）、産卵雌は花芽の基部に産卵する（⑭）。卵の形態で越冬後、2月中旬から第1世代（幹母；卵から生まれる雌）の孵化（⑮）がダラダラと約1か月続く。3月下旬には、幹母から産仔された第2世代（幹子）が産仔される（⑯）。その後は単為生殖により爆発的に増加する（⑰）。6月初旬に有翅虫（⑱）が出現して2次寄生へ分散する。生産者にとっては、果実生産は7月には終了するため、秋季に有翅アブラムシが飛来することはほとんど認知されていなかったが、この秋季の寄生こそが翌春の発生源となっていたのである。

このように、ウメにおける周年を通じたアブラムシの発生生態が明らかとなった。また、ウメに寄生するアブラムシの種類も解明され、秋季に産卵のために飛来する種類は、ウメコブアブラムシを主要種として、オカボアカアブラムシおよびムギワラギクオマルアブラムシの3種である。このうちムギワラギクオマルアブラムシは、5月上旬から6月上旬にも、幹母由来ではない有翅雌が飛来して、ウメに顕著な葉巻き症状を起こすことが観察されている。

（3）新防除体系の提案・実用化

以上の発生生態調査を踏まえて、第1のターゲットは幹母、次の対象が5月上旬に飛来・寄生するムギワラギクオマルアブラムシ、そして、秋季に飛来する有翅虫とそこから産仔される産卵雌を対象として、アブラムシ類の新防除体系が考案された。この体系の考え方は、①増殖前に防除する、②飛来種（有翅虫）に対応する、③秋季の産卵を完全に防止する、の3点である。同時に、有効薬剤の選択が重要である。幹母を対象に薬剤散布を行う時期は、受粉期に相当するため、訪花昆虫の保護、とくに養蜂に対する配慮が必要となる。したがって、ミツバチに影響の少ない薬剤を選抜してその防除効果を検討した。5月の葉巻きを起こす種に対しては、10種薬剤の中から、葉巻き内部に寄生するアブラムシに対しても有効な2剤を選抜した。また、秋季の防除に関しては、ウイルス保毒の有翅虫が対象となるため、主に吸汁阻害機作を有する薬剤（有翅虫の場合は秋季防除に限らないが、PPVを保毒したアブラムシがウメに着生・吸汁し、ウイルスを媒介したのちに死滅したのでは、あまり防除上の意味がない）を供試したが、意外にもネオニコチノイド系の1剤のみが実用的な防除効果を示した。

ところで、アブラムシ伝搬性（とくに非永続伝搬型）のウイルスに共通する注意事項として、当該植物において定着・繁殖行動をしない有翅アブラムシ種，いわゆる「行きずり」種もまた、ウイルス媒介能力を有し、実際にウイルス媒介に関与する場合がある。もちろん、この場合の行きずり種も、感染樹からウイルスを獲得吸汁しなければ、媒介することはあり得ず、また、仮に感染樹が残存していたとしても、速効性の薬剤が散布されていれば、獲得吸汁した有翅アブラムシが飛翔移動して、健全なウメ樹へ伝搬する前に死滅する確率はきわめて高い。したがって、上記の新防除体系は、個々の感染園地だけの実施に留めず、周辺に点在する*Prunus*属果樹園を含め、地域全体で導入することにより、より確実で広域的なウイルス感染を防止できるだろう。

以上の予備試験の積み重ねから、この新防除体系は、緊急防除区域における薬剤防除に取り入れられ、実践されている（図3.38）。このような有効な薬剤防除法の開発以外にも、PPV 感染による果実品質について調査を行い、少なくともPPV 感染と果実品質には因果関係が認められないこと、法政大学との共同研究による、*Prunus* 属植物以外での PPV 自然感染の有無、現地圃場周辺に生息するアブラムシ種と PPV 媒介能力、また、中央農業総合研究センターとの共同による、有翅アブラムシの PPV 保毒虫率など、防除に関連した幅広い調査研究を実施しており、結論の得られた課題もあるが、一部は現在も進行中である。

　現場の課題を解決する：現場の最前線に立つ技術者は、常に、予期せぬ重要病害虫が発生した時に、「何をすべきか？」ということに直面する。答えは、「有効な防除対策の確立」がすべてである。それを完遂させるためには、様々な知見を収集・実証することが何よりも重要であり、その要諦は徹底的な圃場観察につきるといっても過言ではない。筆者らは、PPV 対応で7年間、現地に週2回出向き、アブラムシの動向を徹底的に観察することを繰り返してきたが、そうした業務を通して、圃場観察の本質と意義を改めて認識した。例えば、秋季に産卵雌と有翅雄が交尾をする瞬間、産卵雌が産卵する瞬間、越冬卵から幹母が孵化する瞬間、そして幹母から幹子が産仔される瞬間などを実際に目撃し、画像に記録することにも成功している。このような実際の現場で展開される病害虫の営みを直接観察することによって、的確な防除法がイメージされ、試験研究課題として具現化されていく。病害虫のもっとも有効な防除対策は、その対象病害虫が教えてくれるのだと実感している。このことは、PPV 問題に限ったことではなく、他の病害虫のケースで、職種や対象が異なっても、また、樹木医の仕事とも共通すると思われる。

　東京都において、PPV の根絶にはまだまだ時間と労力を要するが、2015 年になって、一部地域で防除区域の指定が解除される（当該地域で3年間発症事例が認められない場合、ウメ等の再植が可能）など、明るい兆しも見え始めている。関係全部署は一丸となり、必ずや産地を再興するという強い意志をもって、PPVの根絶に向かっている。

〔星　秀男・加藤　綾奈〕

図3.38　緊急防除区域内における一斉薬剤防除　媒介虫（アブラムシ類）の防除の様子

ノート 3.7　世界三大樹木流行病

　わが国の林業分野の病害でもっとも被害が甚大であったスギ赤枯病は、1912年（明治45年）に初めて文献上に記録されたが、のちの研究により、この病原菌は、セコイアに寄生する菌と同一であり、アメリカから日本に侵入したことが判明した。このように大陸を跨いで病原体が移動して発生する樹木・森林の病害は、ときには新たな地域で甚大な被害を起こす場合がある。その中でも世界的規模で流行し、大きな経済的・社会的損失を与えている樹木病害として、ニレ立枯病（Dutch Elm Disease）、クリ胴枯病（Chestnut Blight）、ゴヨウマツ類 発疹さび病（White Pine Blister Rust）がよく知られており、これらを"世界三大樹木流行病"と呼んでいる。本ノートでは、これら流行病について、歴史的経緯とともに最近の知見も加えながら紹介する。

〔ニレ立枯病〕
（1）発生の経緯、被害と現状
　ニレ類は、世界各地に分布する落葉広葉樹で、とくにヨーロッパや北米では、その樹形の美しさから、庭園樹や街路樹などに広く利用されてきた。ところが、1900年頃、イギリスやオランダのヨーロッパニレ（*Ulmus minor*）に未知の立枯病が発生した。本病は、ヨハンナ・ヴェシュタディーク（Johanna Westerdijk；オランダの植物病理学者で、同国での初の女性教授として著名）や女性の教え子たちを中心に、病原菌が青変菌の一種である *Ophiostoma ulmi* であり、それがキクイムシ類によって媒介されることなどが解明された。一方で、本病の被害は、急速にヨーロッパ全土に拡大し、オランダでは1950年代初頭までに95％が枯死したといわれている。

　本病は、ヨーロッパに留まらず、1928年に、セスジキクイムシ（*Scolytus multistriatus*）の食入したニレ丸太とともに、アメリカ東部のオハイオ州クリーブランドに上陸し、アメリカニレ（*Ulmus americana*）に被害を起こした。そして、約40年かけて、本病はアメリカ大陸を横断、太平洋岸に到達した。さらに、1944年には、カナダにも侵入した。カナダでは、寒冷地に分布する北米土着のキクイムシの一種（*Hylurgopinus rufipes*）が本菌を媒介して分布を拡大、全土に蔓延した。1960年代後半、カナダ経由でヨーロッパ（イギリス）に侵入した病原菌 *Ophiostoma novo-ulmi* が、オランダで選抜されていた抵抗性ニレも侵す病原性の強い菌であり、最終的にはイギリス南部のニレの70％、約1,540万本が枯死したと記録されている。

　その後、中東地域でも本病の被害が報告され、また、ニュージーランドでは1989年に本病が発見されて以降、撲滅のための対策が実施されているが、現在も被害は深刻である。隣国のオーストラリアでは、媒介虫が侵入した記録があるのもの、被害についてはまだ確認されていない。

　ところで、一説によると、本菌はアジアを起源とするのではないかとの見解がある。その理由は、アジア系ニレのほとんどは、本病に対して抵抗性が強いためである。東アジアにおける本病の発生は、中国では比較的早い時期から発見されていたとの記述はあるが、日本での病原菌分布の報告は最近である（Masuya *et al.*, 2009；プレスリリース「ニレ類立枯病菌の分布について」森林総合研究所，2010年1月）。この報告によると、北海道のハルニレ（*Ulmus davidiana* var. *japonica*）お

よびオヒョウ（*Ulmus laciniata*）の倒木や、シカによる剥皮被害木に穿孔していたニレノオオキクイムシ（*Scolytus esuriens*）から、*Ophiostoma ulmi* および *O. novo-ulmi* の両種が、わが国で初めて検出された。しかし、発見された当時、そして現在も、国内のニレ類において、立枯れ被害は報告されていない。

　発生国ではいずれも対策に苦慮しているが、本病に抵抗性のあるニレ類の造林や植栽が有効であるとされ、例えば、アメリカでは、アジア産で本病抵抗性を有する *U. pumila* とアメリカ産で感受性のある *U. rubra* を交配した抵抗性雑種を利用している。

（2）症状および病原菌
a. 症　状
　本病の病徴は、晩春から夏にかけて若い芽や葉が萎れ、のち急激に全身の枝葉が萎凋する。病原菌の伝播には、樹皮下の腐生性キクイムシ類が大きく関係しており、感染樹の樹皮を剥がすと、ギャラリー（Gallery）といわれる、キクイムシの掘った無数の孔道が観察される。キクイムシの成虫は、外に脱出する際、病原菌の胞子が多数形成された孔道を通るため、体全体に胞子を付着させる。その後、胞子を付着させた成虫は、枯死した樹木の幹や枝、丸太に穿孔して増殖する前に、ニレの若い枝の分岐の部分の樹皮を齧る（後食（こうしょく）と呼ばれる）。このとき、体表に付着させた胞子が、露出した樹皮の内部や材部に接触することで、感染が起こる。菌はやがて導管部に侵入し、樹木の他の部分に蔓延することで、樹幹部の通水阻害を引き起こす。

b. 病原菌
　本病の病原菌は、子嚢菌類の *Ophiostoma* 属に所属する2種が存在し、1960年前半までヨーロッパや北米で被害をもたらした種は *Ophiostoma ulmi* であり、1960年代後半に新発見された強病原性を有する種は *O. novo-ulmi* である。これら2種は、生理的・生化学的性質、ならびに交配試験結果から別種として扱われている。また、近年の分子系統解析の結果を基に、*O. novo-ulmi* は、ヨーロッパと北米産の系統に別れることが明らかとなり、それぞれ、*O. novo-ulmi* subsp. *novo-ulmi* と *O. novo-ulmi* subsp. *americana* と同定されている。

〔クリ胴枯病〕
（1）発生の経緯、被害と現状
　クリは、果実を食用とするだけでなく、家具材などの優良な用材樹種として、歴史的にも古くから利用されてきた。ところが、1904年、アメリカ・ニューヨーク州でアメリカグリ（*Castanea dentata*）が急激に枯死する病害が発生した。当時、アメリカグリは、アメリカ東部の広葉樹の4分の1ほどの割合を占めていた重要種であり、被害が発見されてから、莫大な国費を投じて本病害の防除研究が行われた。しかし、被害は瞬く間に拡大し、1930年頃には大陸を横断し、太平洋側でも確認されるようになった。そして、40年間にアメリカ中東部を中心に分布していたアメリカグリ

〈次ページに続く〉

ノート 3.7（続）

はほぼ全滅した。一説には35億本以上のアメリカグリが枯死したといわれる。1938年には、本病は輸入材に潜んだ媒介昆虫によりアメリカからヨーロッパに侵入し、ヨーロッパグリ（*C. sativa*）でも被害が発見され、現在でもその被害は拡大している。このように、欧州および北米で急激に被害が拡大した理由は、アメリカグリとヨーロッパグリが、本病に対して感受性が高いためであると考えられている。

クリ胴枯病菌は、日本からアメリカに持ち込まれたのではないかとの大論争が、日米の研究者を中心に大正期からはじまった。これは、北カロライナ州で、輸入されたニホングリ（*Castanea crenata*）に本病菌が発見され、その場所から周辺のアメリカグリ苗畑に拡大しているのが確認されたことが発端である。昭和期に入り、わが国でも本病に関する多くの研究が行なわれるようになり、アジア産の病原菌の同定や病害防除など様々な報告がなされたが、現在も日本産とアメリカ産の胴枯病菌が同一種か否かついての議論が続いている。なお、本病菌は、日本をはじめ、東アジアに普遍的に観察されるものの、顕著な発病・被害は認められていない。これは、ニホングリおよびアジアのクリが、本病に対して抵抗性を有するためと考えられている。

本病は、一度発生すると回復が期待できず、また、病原菌の伝播期間が長く、薬剤による予防は困難である。近年、とくにヨーロッパや北米では、弱毒ウイルスを用いた生物防除が注目されている。これは、マイコウイルス（菌に寄生するウイルス）を本病原菌に感染させることにより、弱毒型の菌株を作成し、それを野外に撒くことで、その弱毒型が優先して強毒型からの感染を防ぐ方法である。この研究は、ヨーロッパにおいて圃場レベルの試験でも効果を発揮しており、現在は被害の大きかったアメリカでも試験が行われている。また、小麦などの植物遺伝子をクリに導入することで、病原菌に対する抵抗性をもたせる取り組みも進んでいる。この中で、もっとも成果を挙げている防除法は、耐病性育種による品種開発と、それを使用しての植栽・造林である。耐病性を有する日本および朝鮮半島南部原産のニホングリ、中国大陸原産のシナグリ（*Castanea mollissima*）は、育種素材として欧米における本病の防除対策に大きく貢献している。

(2) 症状および病原菌

a. 症　状

枝や幹に、はじめ褐色の斑点が鮫肌状に生じ、それが拡大すると同時に、その斑点に明瞭な淡黄色からオレンジ色の小隆起物（子座）が観察される。その後、太い枝や幹には亀裂や潰瘍が生じ、徐々に枯死が始まる。罹患した枝や幹の小隆起物からは、ときに淡黄色から黄金色の分生子の粘塊が巻き髭状に押し出され、その分生子は雨水による跳ね返りや、まれに鳥や昆虫の体表に付着することで伝播する。

本病の発生および被害拡大は、気温が高く、乾燥した時期に顕著である。2010年は8月の東京の月平均気温は29.6℃（平年値よりも＋2.2℃）、降雨日数は3日、合計27mmと少雨であったが、公園に植栽された30年生のクリ樹が本病により枯死した例がある。

b. 病原菌

　本病は、子嚢菌類に属する *Cryphonectria parasitica* に起因する。本菌は、宿主の主に裂傷部位から侵入し、樹皮組織の壊疽を伴う潰瘍、さらには師部や分裂組織である形成層の機能障害により、最終的に枯死を起こす。病患部には、本菌の子嚢殻が多数形成され、子嚢内の子嚢胞子が、気温15℃以上の時期を中心として、降雨などにより伝播される。また、不完全世代である分生子殻は、年間を通して形成され、冬時期でも多湿であれば分生子を飛散する。これら胞子の生存期間は、子嚢胞子が約1か月、分生子では約半月である。

〔ゴヨウマツ類 発疹さび病〕

（1）発生の経緯、被害と現状

　ゴヨウマツ類（五葉松類；*Pinus* 属）は、北半球において広範囲に分布する代表的な針葉樹であり、用材樹や繊維用樹として利用されるだけでなく、その美しい外見から景観樹としても需要が高い。わが国では高山に自生するハイマツ（*Pinus pumila*；*Strobus* 亜属）等がゴヨウマツ類に含まれる。園芸品種も多く育成され、盆栽や庭園樹として需要が高い。ゴヨウマツ類に発生する発疹さび病が世界的流行病として認知される経緯は以下のとおりである。

　14～18世紀に、用材生産を目的として優良な材となるストローブマツ（*Pinus strobus*）の苗がアメリカ大陸からヨーロッパに盛んに持ち込まれた。1865年、北ヨーロッパのバルト海沿岸に造林されたストローブマツに発疹さび病が初めて確認され、その後30年という短い間に、ヨーロッパ全土へ拡大し、ストローブマツの造林地は壊滅的な被害を受けた。本病が19世紀になってなぜ急に広がったかは、様々な意見があるが、本病は、もともと東部ロシア（シベリア）やアルプス山脈のゴヨウマツ類（ストローブマツの近縁種と考えられている）等に風土病的に発生していたものが、その菌に感受性の高い北米産ストローブマツが広範囲に造林され、両者の出会う機会が人為的に設定されたこと、さらに、病原菌は異種寄生種であるが、中間宿主となるスグリ類（*Ribes* spp.）が、ヨーロッパでは食用として広く栽培されていたことから、被害が顕在化し、19世紀末にはヨーロッパ全土に拡大したと考えられる。

　一方、20世紀に入ると、アメリカでは優良なストローブマツが伐採や開発で枯渇してきたため、大規模造林を進めるにあたり、もともとアメリカ産であったストローブマツの苗をヨーロッパから逆輸入した。その際、本病が感染した苗がストローブマツの原産地であるアメリカに持ち込まれる結果となった。アメリカでは、1912年にストローブマツの苗木の輸入禁止措置がとられたが、すでに時遅く、わすか20年の間に、アメリカのストローブマツは壊滅状態になったといわれる。

　わが国の調査では、1905年にフサスグリ（*Ribes rubrum*）で病原菌の夏胞子と冬胞子世代が採集され、のち網走・礼文島のエゾスグリ（*Ribes latifolium*）にも本菌の存在が確認された。その後、1969年にストローブマツ造林地で、初めて発疹さび病の被害が確認されたが、現在のところ、深刻な問題にはなっていない。

〈次ページに続く〉

ノート 3.7（続）

　対策として、本病は、はじめ若く細い枝に感染するため、その発病を早期に発見し、早い段階で枝打ちを行うことが重要である。また、本病原菌は生活環を完成するために、中間宿主であるスグリ類（木本）やシオガマギク類（*Pedicularis* spp.；草本多年草）を経由するので、それら植物を周辺から除去ことも有効である。しかし、これら中間宿主は抜き取っても、残った茎や地下の根茎から萌芽・再生しやすく、現実的な対策とはなっていない。他に、抵抗性系統の選抜などが試みられている。

（2）症状および病原菌

a. 症　状

　はじめ罹病葉には、明瞭な淡黄色から黄色の斑点が生じる。そして、その周辺の若枝に瘤ができ、その先の葉や枝が枯死する。数年後、瘤の周りには発疹状に、オレンジ色のさび胞子堆が多数隆起する。これが本病名"発疹"の由来である。なお、病原菌の中間宿主であるスグリ類やシオガマギク類の葉上には、淡黄色からオレンジ色の夏胞子や冬胞子などが形成されるが、葉を枯死させるほどの被害はない。

b. 病原菌

　病原菌 *Cronartium ribicola* は、担子菌類のさび病菌の一種であり、これまでのところ、主に欧米型とアジア型の2つの生活環が知られている。欧米型は、まずマツ葉が枯れ上がるとその近くの樹皮に精子器と精子が、さらにその周りにさび胞子堆とさび胞子が形成される。その後、さび胞子は中間宿主のスグリ類に感染し、そこで夏胞子が形成され、さらに冬胞子と担子胞子が形成される。そして、担子胞子がマツ葉に感染することで生活環を完了する。アジア型は、欧米型とほぼ同じ生活環を繰り返すが、若干宿主範囲が広い。精子器・精子およびさび胞子堆・さび胞子は、ストローブマツ・ハイマツ（*Pinus pumila*）・チョウセンゴヨウ（*Pinus koraiensis*）の枯死葉に形成される。その後、さび胞子は中間宿主のスグリ類やシオガマギク類にも感染する。

〔共通項と"世界四大樹木流行病"〕

　上記の"三大樹木流行病"の共通項は何であろうか（表3.28）。①原産地や発生地から宿主植物とともに侵入（ニレ立枯病・ストローブマツ発疹さび病はヨーロッパからアメリカへ；クリ胴枯病は日本からアメリカへの説）、②媒介虫の関与（ニレ立枯病・クリ胴枯病はキクイムシ類等の昆虫が流行に関与）、③宿主の感受性の違い（ニレ立枯病ではアジア系ニレ類は抵抗性が強い；クリ胴枯病ではアジア系のクリは抵抗性が強く、アメリカグリは感受性が高い；ストローブマツは発疹さび病に感受性が高い）、④流行時に病原菌の生態や宿主の感受性が十分に把握できておらず、原因や生活環の究明から始める必要があった等が挙げられよう。これら3病害の流行が深刻となったのは、19世紀後半から20世紀初頭であることも共通項であり、この年代は、植物病理学が、"アイルランドの大飢饉"におけるジャガイモ疫病の病原究明が端緒となって勃興してきた時期とも重なる。

当時は、政治・社会的な混乱期で、国や大陸を超えての情報共有もままならない時期でもあり、そして、植物防疫や植物検疫の思想がやっと芽生え始めたころでもあった。現在では、植物検疫体制も各段に強化され、世界の病害虫発生動向を把握しながら対策を打てる時代となっている。しかし、それでも、ウメ輪紋ウイルスの例（ノート3.6，p230）を見ると、侵入してきた病害（病原体）を撲滅するには、多大の労力と予算支出を必要とすること、さらに、対策を全うすることがいかに困難であるかが分かるだろう。

　なお、本書を読み解くと、上記の「共通項」の多くに当てはまるのが、"マツ材線虫病"（Ⅲ-6，p273）であることに気付くであろう。この病原体であるマツノザイセンチュウは、アメリカ原産であると考えられている。当初はアメリカ東海岸の感受性のマツ類を壊滅状態にし、現在のアメリカでは、ほぼ終息しているようであるが、それが日本や朝鮮半島等、さらにはヨーロッパに侵入し、感受性のマツである、アカマツ（*Pinus densiflora*）やクロマツ（*P. thunbergii*）、ヨーロッパクロマツ（*P. nigra*）等に大きな被害を起こしているのである。また、本病の媒介にマツノマダラカミキリ等のカミキリムシ類が関わっていることも、流行を加速させた大きな原因とされる。マツ材線虫病の被害の大きさや、流行の経緯から、この病気をニレ立枯病などの3病害に加え、"世界四大樹木流行病"と称することもある。

〔廣岡 裕吏〕

表3.28　世界三大流行病の比較

事　項	ニレ立枯病	クリ胴枯病	ゴヨウマツ類 発疹さび病
病　原	*Ophiostoma* 属菌	*Cryphonectria parasitica*	*Cronartium ribicola*
初期の被害樹種	ヨーロッパニレ	アメリカグリ	ストローブマツ
主な媒介・伝染	キクイムシ類 輸入材（被害材木）	キクイムシ類，鳥類 輸入材（被害材木）	輸入苗木（罹病苗木） 中間宿主
被害の初発年	1900年ころ	1904年	1865年
初期の被害地	イギリス，オランダ	アメリカ	北ヨーロッパ
初発後の蔓延の状況	ヨーロッパ全土に蔓延 アメリカ（1928年） カナダ（1944年） 1960年代後半，強病原性の菌がカナダからイギリスへ（抵抗性ニレが被害） ニュージーランド（1989年） 日本（2009年；菌の分布確認）	アメリカ全土に蔓延 北米から被害材木によりヨーロッパへ（1938年）	ヨーロッパ全土に蔓延 1900年代初頭ヨーロッパから北米にストローブマツ苗（罹病苗含む）が逆輸入され，感受性の高い北米産ストローブマツは壊滅的となった． 日本では，1969年にストローブマツ造林地で発生確認
備　考	アジア系ニレは抵抗性が強い	ニホングリやアジア系のクリは抵抗性が強い	病原菌は異種寄生種でスグリ類を媒介者として被害が拡大

ルーペによる観察

　野外観察やサンプルの採集には、その目的に応じた特別の準備が必要です。携帯必需品の中でも、とくに病斑上の菌体（菌叢、分生子殻、胞子塊など）を観察する場合には、ルーペが威力を発揮します。また、病気と見間違えやすい、微小害虫（ダニ類、アザミウマ類など）の被害を見分けるにもルーペは最適です。

　はじめてルーペを使用する場合は、10倍程度の低倍率のものが使いでしょう。レンズを3枚重ねできるルーペの場合は、目的に応じて、倍率の異なるレンズを組み合わせて使用できます。

　ルーペの使い方は自分で工夫しながら「自分の型」を身に付けましょう。以下に使い方を例で紹介しておきます。

① ルーペと目との間隔をいつも一定に保つ。左目で観察する場合は、右手にルーペを持ち、右の手指で鼻とルーペの間の距離を固定するとよい。
② 左手でサンプルを上下させることにより、焦点を合わせて観察する。
③ 病斑上の菌体は真正面（真上）だけではなく、斜めや横から観察すると、菌体が立体的になり、より明瞭に見える。

〈ルーペで観察する〉
上段・左：ルーペの使い方　右：ルーペ（3枚重ね）
下段：フィールド調査では，まず，ルーペ観察から

さび病菌の異種寄生性

さび病菌は、生きた植物だけに寄生して、生活をしています。

さび病菌の中には分類学的に遠縁の植物の間を行き来して、1年間のライフサイクルを全うしている種類があります。この性質を"異種寄生性"と呼び、表3.26（p198）のように、農林業上、重要な種類も多数知られています。

ここでは、ナシやボケなどに赤星病を起こす、さび病菌 *Gymnosoporangium asiaticum* を取り上げます。この菌について、図と説明、それに、本書の記述や口絵等を参考にして、胞子型の数、その種類と機能を調べ、異種寄生性の実態とこの性質を利用した防除対策を考えてみましょう。

春先、注意して観察すると、庭や公園に植栽されているボケにも黄橙色の小斑点が見られます。定点を決めて、数日～1週間おきに継続的に観察すると、さび病菌の旺盛な生活力を感じ取ることができるでしょう。

〈ボケ赤星病〉

〈ナシ赤星病菌の伝染環図〉

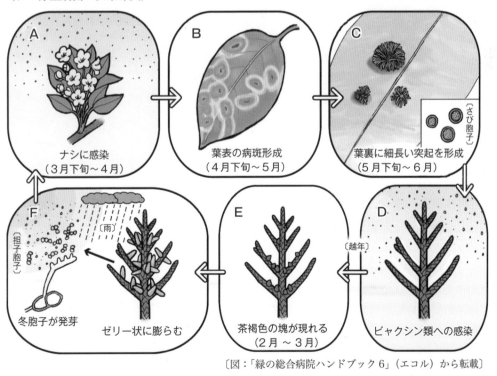

A ナシに感染（3月下旬～4月）
B 葉表の病斑形成（4月下旬～5月）
C 葉裏に細長い突起を形成（5月下旬～6月）〈さび胞子〉
D ビャクシン類への感染〔越年〕
E 茶褐色の塊が現れる（2月～3月）
F ゼリー状に膨らむ〔雨〕／冬胞子が発芽〈担子胞子〉

〔図：「緑の総合病院ハンドブック6」（エコル）から転載〕

Ⅲ-5　庭木・緑化樹木の害虫と診断・対策

　本講では、緑化樹木を食餌としたり、生息場所として利用する営みによって、当該樹種および人などに直接または間接の被害を生じさせる害虫（有害動物）の形態や診断法、生理・生態的特徴などに関し、まずは基礎的知識を深めることを目標にする。また、代表的な樹木害虫種の対策についても簡単に記述したが、食用作物を対象とした、一般的な農業害虫防除とは、様々な点で異なることを考えながら学んでほしい。もちろん、樹木害虫についても、診断と対策は一体でなければならないだろう。その意味で、害虫種を食葉性・吸汁性および穿孔性など、植物への加害の様相から分けて診断すると整理しやすく、防除対策にも類似性があって、相互に参考になる。

◆害虫概論　主要害虫の生態、形態および対策　緑化樹木における虫害診断

1　害虫概論

（1）害虫とは

　害虫（pest）とは「人間や家畜、農畜産物、財産などにとって有害な作用、すなわち被害をもたらす動物」を総称する。害虫の中で、農業に関わる有害動物は世界におよそ3,500種が存在するものと推測されていた（現在はさらに増加していると思われる）が、これらは「農業害虫（agricultural pest）」と呼ばれる。そのうち3,000種、約8割が昆虫である実態からみても、昆虫以外の動物群（ダニ類、ナメクジ・カタツムリ類、脊椎動物など）が含まれるにもかかわらず、有害動物を統括して害虫と呼ぶのは自然のことかもしれない。

　昆虫は多様性に富む生物群で、現存動物種数の7割以上を占めており、地球環境にもっとも適応して分化し、もっとも繁栄している生物群ということができよう。昆虫の既知種はおよそ80万種ともいわれるが、推計ではその何倍もの種が現存しているとの見解もある。これらの昆虫群は30の「目」に分類されるが、最大の種数を有するコウチュウ目が30万種以上で、全昆虫種の4割以上を占める。次いでチョウ目、ハチ目、ハエ目、カメムシ目の順に種数が多く、以上5つの分類群に昆虫種数のおよそ9割が包含されている。

　他方、日本に生息する昆虫の既知種数はおよそ3万種（日本産昆虫総目録，1989）であるが、農林害虫としては、約2,900種が記録されている（農林有害動物・昆虫名鑑，2006）。害虫種数に占める割合で見ると、チョウ目（885種）、カメムシ目（813種）、コウチュウ目（689種）、ハエ目（258種）、ハチ目（104種）、バッタ目（66種）、アザミウマ目（44種）が大きいグループである。

　害虫を植物に対する加害の様相から見たときは「食葉性害虫」と「吸汁性害虫」に大別して扱う場合が多いが、とくに樹木の場合には、加えて「穿孔性害虫」（ほとんどが食葉性害虫でもある）をもう一つの別グループとして考えたほうが、診断・防除上も便利である。そこで、次項では樹木害虫種を食葉性害虫、吸汁性害虫および穿孔性害虫に分けて、それぞれのグループの概要を述べることにしよう。

（2）加害様相による区分とその特徴

1）食葉性害虫

　食葉性害虫は、植物の柔組織である葉茎部等を摂食により加害することで、植物の光合成など代謝能力を減退させ、生育不良など直接的な被害を生じさせる。また、食害により美観を損ねることに加え、排泄物による汚損被害も起こすことがある。代表的な食葉性害虫のグループはチョウ目の幼虫類であり、次いで、コウチュウ目の幼虫・成虫、ハバチ類、ナメクジ・カタツムリなどが挙げられる。以下の類別項目は、目の和名（括弧内は

従来の目の和名)、目の学名の順に記した。

a. チョウ目（鱗翅目）*Lepidoptera*

　チョウ目の昆虫は、卵、幼虫、蛹、成虫の各形態を経過する「完全変態」を行う。幼虫は円筒形の柔らかな体にある足を使って、植物上などを移動する。植物食性の種がほとんどである。成虫は薄くて折りたためない翅を4枚有し、飛翔することができ、花の蜜や樹液など水分のみを摂取するものが多い。また、小型チョウ目類の幼虫は果実、蕾、茎、枝、葉などへの潜行性（表皮内部の葉肉部などに潜り込む）の種類が多く、ハモグリガ類、ハマキガ類、メイガ類、ホソガ類などが該当する。大型チョウ目類の幼虫は植物依存性（食餌が特定の植物種に限られる程度）が強く、葉を外部から摂食する種類が多い。ヨトウガ、キリガなどで知られるヤガ類や、スズメガ類、シャチホコガ類、ドクガ類など、大型種では食害量が多くなり被害も大きい。

b. コウチュウ目（甲虫目・鞘翅目）*Coleoptera*

　コウチュウ目の昆虫も完全変態を行い、成虫は全体に強固な外骨格に覆われる。基本的に前翅は硬く、腹部背面を包み、膜状の後翅を折りたたんで収納している。飛翔時には、後翅が羽ばたいて推進力となる。2つのグループに大別され、一つは幼虫、成虫とも動物質を食餌とするオサムシ亜目（食肉亜目）、もう一つは幼虫と成虫が動物質や植物質を摂食するカブトムシ亜目（多食亜目）である。

　オサムシ亜目には、オサムシ類、地上徘徊性の種類が多いゴミムシ類、ハンミョウ類などが含まれる。幼虫と成虫とも動物質を摂食し、害虫を捕食する天敵であることも多い。

　カブトムシ亜目はコウチュウ目最大のグループで、コウチュウ目の約9割がここに含まれる。グループの代表はコガネムシの仲間であり、カブトムシ、クワガタムシ、コガネムシなどに代表される。これらの幼虫は地中で腐植物や植物の根を摂食し、成虫が花蜜や花粉、植物の葉を摂食する。また、ハムシ類とゾウムシ類の多くは、成虫と幼虫が同一の植物を摂食する。テントウムシ類は幼虫と成虫が植物の葉を摂食するグループ、菌を摂食するグループ、アブラムシやカイガラムシを摂食するグループがある。その他、タマムシ類、コメツキムシ類、キクイムシ類など多様である。カブトムシ亜目の中では、幼虫や成虫が植物の根や葉、枝・茎を摂食するハムシ類、コガネムシ類、食葉性テントウムシ類、ゾウムシ類、カミキリムシ類、タマムシ類、キクイムシ類が主要な作物害虫となっている。また、ハネカクシ類や多くのテントウムシ類は、幼虫と成虫が捕食性であることから、作物加害性昆虫の天敵としての価値が高い。

c. ハチ目（膜翅目）*Hymenoptera*

　ハバチ亜目（広腰亜目）*Symphyta*

　ハチ目ハバチ亜目に含まれるほとんどの種の幼虫は植物食性で、かつ食草が限られる単食性や狭食性のものが多い。また、幼虫は胸脚や腹脚があるイモムシ形の種が多く、チョウ目幼虫によく似ているが、胸脚がしっかりしていたり、腹脚が5対以上と多かったり、尾脚が発達していないなどの点で、チョウ目の幼虫と見分けることができる。バラに発生するチュウレンジハバチ類、ツツジに発生するルリチュウレンジ、サクラやバラに寄生するクシヒゲハバチ、アジサイのアジサイハバチなどがある。

d. 軟体動物門腹足綱　*Mollusca Gastropoda*
　原始紐舌目および有肺目
　　Architaenioglossa & Pulmonata

　軟体動物は無脊椎動物の中でも、節足動物に次ぐ大きな動物群で、多くは貝殻をもつ貝類であるが、二次的に貝殻の消失したイカ、タコ、ウミウシ、ナメクジなどを含む。開放血管系と集中神経系を有し、水中生活する種は鰓を、陸生の種は肺をもつ。日本では軟体動物のうち30数種が害虫種として知られるが、すべて腹足綱の原始紐舌目と有肺目に含まれる種である。原始紐舌目は淡水あるいは陸生の貝を含み、貝殻に蓋を有し、雌雄異体であることが多い。有肺目の種はほとんどが

陸生で、肺呼吸を行う。殻口に蓋をもたず、雌雄同体である。有肺目の中の柄眼類は、すべて陸生の種からなる大きなグループで、いわゆるカタツムリとナメクジを含む。その多くの種は乾燥に弱く、湿度の高い場所に生息する。植物食性で、菌類、藻類なども餌とする種が多いが、他のカタツムリなどを捕食する肉食種もいる。

ナメクジはナメクジ科、コウラナメクジ科などに含まれるが、陸生貝の殻が退化して消失または小さくなった種である。陸生のアフリカマイマイ科のアフリカマイマイは、「世界の侵略的外来種ワースト100」に選ばれていて、殻高15cm以上にも達する最大級の陸生貝類である。雑食性で、きわめて強い繁殖力、環境適応力をもつ。わが国では植物防疫法で移動規制対象病害虫に指定されており、環境省も要注意外来生物に指定している。オナジマイマイ科のウスカワマイマイ、オナジマイマイなどは、人家近くの農耕地周辺に生息し、もっとも身近で目にする機会の多いカタツムリである。

日本に生息する主なナメクジは、ナメクジ科のナメクジやヤマナメクジ、コウラナメクジ科のチャコウラナメクジ、ノハラナメクジなどである。このうち、外来種チャコウラナメクジは、もっともふつうに見られる種で、人家近くに生息し、さまざまな農作物を食害する。なお、アフリカマイマイ、スクミリンゴガイなどの貝や、数種のナメクジなどは、広東住血線虫の中間宿主で、衛生害虫としても注意が必要である。

e. その他の食葉性害虫および鳥獣種

バッタ目（直翅目、Orthoptera）の幼虫、成虫は、ともに同じ食性で、オンブバッタやイナゴなど、バッタ亜目のほとんどは植物食性であるが、コオロギやキリギリスなどを含むキリギリス亜目には、雑食や肉食のものも多い。また、ハエ目（双翅目、Diptera）ハモグリバエ科に属する幼虫は、植物の葉の内部に食入（潜行）し組織を食害する。野菜・花卉類の重要害虫であるが、緑化樹木で知られる種類は少なく、チャノハモグリバエ、エゴノキハモグリバエなどが特定樹種で確認されているにすぎない。

シカ、サル、イノシシや、カラスなどの鳥獣類、とくにニホンジカ、カモシカ、ネズミ、クマ、イノシシは林業に深刻な被害をもたらすことがある。なお、野生鳥獣の駆除については、保護および管理の両面の観点から、地域住民の生活の維持や関連法規の遵守など、特段の配慮をもって対策を講ずる必要がある。

2）吸汁性害虫

吸汁性害虫とは、植物の葉や茎などの組織に針状の口器を挿し、汁液を吸収したり、葉の表面などの柔組織に口器を挿したり噛み砕き、染み出た汁液を吸汁する害虫群である。代表的な害虫種としては、カメムシ目のアブラムシ類やカメムシ類、アザミウマ目のアザミウマ類、ダニ目のダニ類が挙げられる。

a. カメムシ目（半翅目）　Hemiptera

基本的には卵、幼虫および成虫の形態からなり、蛹の形態を経ずに、幼虫が直接成虫に変態する「不完全変態」の昆虫で、針状の口針（口吻）を有し、植物や動物の組織内に差し込んでその体液を吸汁する種群である。幼虫は成虫とあまり変わらない生活を過ごす。2つのグループに大別され、カメムシ亜目（異翅亜目）は、基部半分が厚く不透明な前翅で、膜状の後翅を覆っている。もう一つのヨコバイ亜目（同翅亜目）は、前翅・後翅とも膜状である。しかしながら、ヨコバイ亜目は近年では側系統とされ、分類群としては使われなくなっている。現在、カメムシ目は3〜5の亜目に分けられている。なお、ヨコバイ亜目は頸吻亜目（セミ・ヨコバイ・ウンカなど）と、腹吻亜目（キジラミ・アブラムシ・カイガラムシ）の2つの亜目をまとめたものであった。

カメムシ亜目は細長い口吻を有し、植物を吸汁加害する多くの種類を含むほか、肉食性カメムシ類もこの範疇で、アザミウマやアブラムシ、チョウ目の幼虫など、多くの昆虫の体液を吸うハナカメムシ類、サシガメ類、クチブトカメムシ類など

がある。植物吸汁性の成虫は、植物の果実や子実を求めて移動を繰り返しながら吸汁することが多い。加害された果実や豆類などの子実は、生育・肥大とともに、変形、変色する。一方、昆虫捕食性のヒメハナカメムシ類の一部は、難防除害虫であるアザミウマ類、アブラムシ類、ダニ類などの有力な天敵で、生物農薬として市販され実用化されている。

ヨコバイ亜目の多くは、植物の維管束から吸汁し、必要な栄養分を濾過するため、大量の液状排泄物を出す。排泄物は甘露と呼ばれることがあるが、糖分やアミノ酸がわずかに含まれ、植物の葉上などに留まると「すす病菌」が繁殖し、美観を損ねたり、光合成が阻害されて生育不良を起因するなどの二次的な被害も発生する。セミ類、ウンカ・ヨコバイ類、キジラミ類、アブラムシ類、カイガラムシ類などを含む。これら害虫の特定種は、その特徴として、直接的な吸汁被害だけでなく、とくに野菜・花卉類では、ウイルス病等の媒介という、間接的な被害をもたらすことにも注意する必要がある。つまり、植物ウイルスやファイトプラズマのかなりの種類が、ウンカ・ヨコバイ類やアブラムシ類、コナジラミ類などによって特異的に媒介されるのである。ただし、樹木類において虫媒伝染が確認されているウイルス種は、きわめて限定的である。

b. アザミウマ目（総翅目）　Thysanoptera

微小で細長い、翅は棒状の基部に細かい房状の毛が密生する。英名からスリップス（Thrips）とも呼ばれる。不完全変態と完全変態昆虫の中間的な位置にある種類と考えられ、成虫になる前に外観的な形態変化は伴わないものの、ほとんど動かず、摂食もしない蛹のような時期を1回ないし2回経過する。この期間は浅い土中や葉の裏で過ごすことが多い。長い口吻はないが、カメムシ目と同様に吸収型の口器を有し、植物組織に突き刺して汁液や破壊した組織などを吸汁する。また、菌類の胞子や菌糸だけを摂食する種や、他のアザミウマ、カイガラムシ、ダニなどを摂食する捕食性種も存在する。なお、アザミウマ類は野菜・花卉類を中心とした特定植物ウイルスの重要な媒介者でもある。

c. ダニ目　Acari

ダニ目に属する動物は、体長0.1～4mm程度と微小で、肉眼では確認すらできない種類もある。そして、その食性は吸血性、植物食性、捕食性、菌食性など様々である。ダニ類はクモ類と同じクモ綱に属するが、系統学的にはクモよりサソリやカニムシに近い動物である。ダニの中で農作物・樹木の害虫として問題になる種類は、ハダニ類、フシダニ（サビダニ）類、ホコリダニ類、コナダニ類である。ダニ類は繁殖率が高く、急激に増加するうえ、短期間で世代を繰り返すことから、薬剤抵抗性を獲得しやすい。一方、カブリダニ類の中には、ハダニやフシダニなどの植物寄生性ダニ類や、アザミウマなどの微小害虫の捕食者として優れているものが多く、生物防除資材として農薬登録されている。

3）穿孔性害虫

樹木における穿孔性害虫は、幼虫や成虫が枝幹の木質部などを穿孔する虫である。コウチュウ目のカミキリムシ類・キクイムシ類、チョウ目のボクトウガ類・コウモリガ類、ハチ目のキバチ類などが主要な種群である。健全な木を加害できる種から、衰弱あるいは枯死した木しか加害できない種まであり、前者を一次的害虫、後者を二次的害虫と呼ぶ。食入加害だけで成木全体を枯損させることはそれほど多くないが、苗木の幹や枝で、外環の維管束部を食害することにより食害部の上方を枯死させたり、穿入孔から腐朽菌が侵入して材質腐朽を起こす現象はしばしば観察される。

a. コウチュウ目　Coleoptera

カミキリムシ類、タマムシ類、ゾウムシ類、キクイムシ類が主要な種群である。カミキリムシ類の幼虫はテッポウムシと呼ばれ、木質部などを食害しながら穿孔し、成長して坑道内で蛹化、羽化

する。代表的な種には、アカマツ・クロマツなどに寄生するマツノマダラカミキリ（マツノザイセンチュウの運搬者）、スギ・ヒノキの一次的害虫で材質劣化害虫のスギカミキリ、様々な広葉樹に広く寄生し、幼虫・成虫とも生木を加害するゴマダラカミキリなどが挙げられる。ヤマトタマムシはエノキ・サクラ・ケヤキなどの内部で、幼虫が2～3年を経て蛹化し成虫となる。ゾウムシ類では、マツに寄生するマツノシラホシホシゾウムシ、マツやヒマラヤスギなどを加害するキボシゾウムシ、クスの幼木に寄生するクスアナアキゾウムシ、ポプラ・ヤナギ・ハンノキなどを加害するヤナギシリジロゾウムシなどがある。

キクイムシ類は、材中に穿入するほとんどが養菌性キクイムシ（アンブロシアキクイムシ）類と呼ばれる種群で、成虫が材部に孔道をつくり、この中で幼虫の餌となるアンブロシア菌を培養するが、この他、材部を食べる種群もある。養菌性キクイムシではブナ科のナラ・カシ・シイ類などを加害するカシノナガキクイムシ、クリ・ハンノキ・ブナ・ナシ・リンゴなどに寄生するハンノキキクイムシ、サクセスキクイムシなどがある。いずれの被害樹と加害種の組み合わせにおいても、穿孔によって樹皮に開いた穿入孔から、細かな木屑と虫糞（排泄物）の混ざった「フラス」が排出される。

b. チョウ目　Lepidoptera

幼虫が主幹や枝に食入加害する種として、コウモリガやボクトウガ類、スカシバガ類などが知られる。コウモリガは雌成虫が空中で卵を産下し、孵化した幼虫はヨモギ、イタドリなど雑草の茎に食入して成長し、その後樹木に穿孔し1～2年を経過する。加害樹種はきわめて広範で、スギ・ヒノキ・ハンノキ・サクラ・クリ・ブドウなど。苗木など幼木に食入されると枯死に至ることも多い。糞を糸で綴るなどして侵入口に糞塊を形成する。また、侵入口に糞が付着せずに下方に落ちている場合は、ボクトウガの食害であり、幼虫が主幹や枝に食入するものの木屑や虫糞を貯めず、外に排出する。このため、株元など地上に排出された木屑などが溜まるのである。ボクトウガ類には、ナシやリンゴ・クリなどの害虫とされるボクトウガおよびヒメボクトウ、ツツジやツバキ・チャ害虫のゴマフボクトウなどが含まれる。

スカシバガ類の幼虫は、樹皮のすぐ内側の形成層を好んで食害し、幹や枝から糞とともにヤニが出るため、美観も著しく損ねる。コスカシバはウメ・モモ・スモモなど核果類の果樹やサクラなどを加害する。皮下で蛹化するが、羽化が近づくと円形の脱出孔から上半身を出して羽化するため、蛹の殻が残る。コスカシバ類には、ブドウの重要害虫であるブドウスカシバやクビアカスカシバが含まれる。ブドウスカシバは主に1年生枝など細枝に食入するが、クビアカスカシバは幹や主枝を加害する。さらに、小蛾類であるカワモグリガ（カワムグリガ）類の幼虫も、枝や幹に穿入して内樹皮を食害するが、食害部の変色なども引き起こすことから、材質劣化害虫として知られ、その代表種にはスギ・ヒノキを加害するヒノキカワモグリガがある。

c. ハチ目　Hymenoptera

キバチ科などに属するキバチ類の幼虫は、衰弱木や伐倒木に加害する二次的害虫であるが、産卵孔から材の内部に変色域が広がり、スギ・ヒノキ材に大きな被害を与えることがある。ニホンキバチおよびニトベキバチは、主としてマツ・スギ・ヒノキなどの針葉樹に発生する。

d. 線虫類

線形動物門綱（線虫）　Namatode

植物寄生性線虫は、主に土壌中に生息し、根に潜って根の内部組織を摂食するほか、外部から毛根を摂食するネグサレセンチュウ類（プラティレンクス科）、ならびに根の内部に侵入し周辺細胞を異常分裂、根瘤状に肥大・奇形化させ、自らは運動性を失い摂食、成長するネコブセンチュウ類（メロイドギネ科）が代表的な種群である。樹木類ではイシュクセンチュウ、ラセンセンチュウ、

ユミハリセンチュウ、ハリセンチュウ、ピンセンチュウなどの被害もある。

　ネグサレセンチュウ類の寄生範囲はきわめて広く、日本では20種ほど確認されている。ネコブセンチュウ類も著しく広食性で、とくにサツマイモネコブセンチュウはほとんどの科の植物に寄生できる。一方、シストセンチュウ類（ヘテロデラ科）の種は寄生範囲がごく狭い。また、、アフェレンコイデス科には植物の芯や芽、葉など地上部組織に寄生するイネシンガレセンチュウ、イチゴセンチュウ、ハガレセンチュウや、松枯れの原因線虫であるマツノザイセンチュウなど、農林業・園芸上の重要種が含まれる。

2　主要害虫の生態、形態および対策

　本項では、主な緑化樹木に発生が多い害虫について、被害の視点から「食葉性害虫」「吸汁性害虫」「穿孔性害虫」に大別し、それぞれに重要な害虫種の生態および形態の特徴について解説する。なお、マツ類の病害虫はノート3.3（p219）、マツ材線虫病関連はⅢ·6（p273）に解説した。また、個別害虫の防除対策や被害軽減対処法を「対策」として記述した。なお、一般的な防除対策および総合防除技術（IPM）はノート3.9（p268）、を参照のこと。

　＊記載した農薬（商品名；一般名；主要な系統名）は2015年12月現在、登録されているもの(抜粋)を示す。使用の際には必ず登録の有無を再確認すること。

（1）食葉性害虫
〈チョウ目〉

a．アメリカシロヒトリ

　　Hyphantria cunea　英名：fall webworm

　日本では1945年、東京都ではじめて確認された、北米からの侵入害虫で、外来種であり帰化種の代表的な害虫である。現在は、鹿児島・沖縄両県を除いて、ほとんどの地域に分布している。1975年頃までは年2回発生（2化性）であることが知られていたが、現在では関東南部から西日本にかけて3化性の個体群が分布しており、化性変化が認められている。蛹で越冬し、関東地方では4月下旬頃から羽化がはじまる。幼虫は3〜4齢頃まで集団で糸を張って巣網の中に生息・摂食し（図3.39①, p024；モミジバスズカケノキ）、その後、分散して単独で行動するようになり、脱皮を繰り返し通常7齢を経過して蛹となる。きわめて広食性で、サクラ類・プラタナス・ヤナギ・ハナミズキ・トウカエデなどで被害が激しい。そのほか、クワ・クルミ・キリ・カキ・ケヤキなど、300種以上の寄主植物が記録されている。

　形態：成虫の前翅長は14〜16mmで雌の方がやや大きい（②；雌成虫）、雄は櫛歯状の触角を有し、雌もやや短い櫛歯状触角をもつ。前・後翅とも白色、雄は個体によって前翅に数個から多数の黒点が現れ、第1世代にとくに多い。脚は黄色である。翅を屋根型にたたんでとまる。卵は薄緑色の直径約1mm、ほぼ球型で、葉（裏側に多い）に約100〜800個の卵塊（②）で産み付けられる。卵の表面には雌の尾端の毛が薄く付く。幼虫の体長は約30mm、白色長毛に覆われる。頭部は黒色、体色は淡黄色で、背面は灰黒色〜黒色。蛹は14mm前後で赤褐色〜黒褐色、薄い繭に包まれる。

　対策：卵塊で産下されることから、若齢期の集団を補殺、除去することがもっとも望ましく効率的であり、そのためには発生を予測して早期に巣網を見つけることが必須要件となる。薬剤防除を行う場合も、若齢期散布（スポット散布）がとくに省力・経済的かつ効果的である。また、性フェロモン剤による雄成虫の誘殺トラップ、予察用のフェロモントラップが市販され、発生時期や薬剤散布適期の把握にも活用できる。樹木類における登録薬剤はBT剤、IGR剤など多数あり、樹幹注入剤や打ち込み剤など、高木でも利用可能な非散布型の薬剤も利用できる。

b．チャドクガ

　　Arna pseudoconspersa　英名：tea tussock moth

　公園、街路樹、一般家庭に植樹されているサザンカ・ツバキ・チャに発生する。年2回の発生で、

5〜6月と10月頃に幼虫が現れ、葉上に産み付けられた卵塊で越冬する。孵化した幼虫は葉縁に頭を並べて一斉に摂食する（図3.39③若齢幼虫集団；ツバキ）。6〜7齢まで経過するが、それほど移動しないので終齢期までは、ほぼ集団で活動する（④老齢幼虫）。蛹化は薄い繭（まゆ）の中で行う。成虫は灯火に集まるので、外灯に近いツバキなどに産卵が集中し、激しい被害を受けることがある。毒針毛に触れると皮膚がかぶれるなど、衛生害虫としても代表的な重要種である。人によっては複数回の接触で、アレルギー症状を引き起こす場合もある。毒針毛は微細で、幼虫、繭、成虫、卵塊のすべてのステージに存在し、幼虫の脱皮殻、薬剤防除後の死骸にも残ることから、剪定作業者や通行人、子供への注意が必要である。本州・四国・九州に分布する。

形態：成熟幼虫は体長20mm、黄褐色で縦筋（すじ）があり、体表に長毛と毒針毛をもつ。雌成虫（⑤）は前翅長12mmで黄色、雄は褐色で雌より小型。卵は100〜150個程度で、直径10mm内外の卵塊（⑥）として、ツバキ・サザンカ葉の裏に産み付けられることが多い。雌成虫は卵塊を尾端などの毒針を含む体毛で被う。

対策：分散前の幼虫集団を枝ごと切り取り処分する。また、葉裏に産み付けられた孵化前の越冬卵塊も直接触れないよう注意し、葉ごと処分する方法も効果的である。幼虫を対象にフルペンジアミド剤、各種有機リン剤・合成ピレスロイド剤・BT剤などを散布する。第1世代幼虫の発生時期は、地域によって例年ほぼ同時期であり、予測できるので、若齢集団期を逃さず、対応することが重要である。第2世代幼虫の発生時期は、第1世代に比べると、斉一ではないので、防除のタイミングが難しくなる。

c. マイマイガ

Lymantria dispar 英名：gypsy moth

リンゴ・ナシ・核果類などのバラ科果樹、サクラ類などの広葉樹で発生が多いが、針葉樹や草本も摂食するきわめて広食性な種である。卵塊で産卵されるため、被害も集中的に発生することが多く、部分的に葉が食い尽くされることがある。ときに大発生することが知られ、餌がなくなると付近の畑に移動して、本来は餌としていない農作物まで加害する。幼虫（図3.39⑦；サクラ類）は刺激を受けると吐糸して葉などにぶら下がる。その様子から"ブランコケムシ"とも呼ばれ、この状態で風により広く分散する。年1回発生で、成虫は北海道では8月、関東で7月頃に現れ、卵塊で越冬する。日本全国に分布する。

形態：雌成虫（⑧）の開長は60〜85mmで、体色は黄白色で毛に覆われ、全体が白色〜灰白色であるが、雄成虫は茶褐色である。雌成虫は数百卵からなる長円形の卵塊を産み付け、腹部の体毛を卵塊にこすり付ける。終齢幼虫の体長は約60mmで、老熟すると葉などを寄せ、幹の窪みに粗い繭をつくって蛹化する。孵化直後の幼虫だけが毒刺毛を有し、成長した幼虫や成虫にはない。

図3.39-③ チャドクガの若齢幼虫 （口絵 p 024）

図3.39-⑦ マイマイガの中齢幼虫 （口絵 p 024）

対策：越冬卵塊を処分する。多発が予想される場合には薬剤防除（ノーモルト乳剤＝テフルベンズロン剤；昆虫成長制御剤）を行ってもよいが、分散前の若齢期に実施すると効率的で、しかも被害が少なくて済む。

d. モンクロシャチホコ

　　Phalera flavescens　英名：cherry caterpillar

サクラ類・スモモ・ピラカンサ・ビワなどのバラ科植物に発生し、年1世代を経過する。地中の蛹で越冬し、7〜8月に羽化し、雌成虫が葉裏に卵塊を産み付ける（図3.39 ⑨交尾中の雌雄成虫；サクラ類）。孵化幼虫は集団で摂食し始め、終齢近くなると分散し、9〜10月に成熟した幼虫は幹を降り、地中で蛹化する。中齢〜老齢幼虫期（⑩中齢幼虫）には体のサイズも大きくなり、樹全体の葉が食い尽くされることもあり、樹下に大量の糞が落ちることも問題となる。しかしながら、幼虫の発生時期が遅く、サクラなどの樹木に限っては、食葉による影響は小さいと考えられる。日本では九州以北に分布する。

形態：成熟幼虫は体長55mm、チョコレート色、体表の黄色毛が目立つ。頭と尾端を枝から離して静止する習性がある。毒刺毛などはない。成虫は前翅長20mm、白色の地に黒紫色紋がある。

対策：幼虫が分散する前に葉ごと処分する。登録薬剤も各種あり、カプセルを樹幹に打ち込む剤もある。サクラ類にはBT剤など多数が登録されている。

e. オビカレハ

　　Malacosoma neustrium　英名：tent caterpillar

ウメケムシ、テンマクケムシとも呼ばれる。ウメなどの核果類・ナシ・リンゴ・サクラ類・バラ・ベニカナメモチなど、バラ科植物に発生が多い。クリ・コナラなどにも寄生する。枝などに帯状に産み付けられた200〜300粒の卵塊で越冬する。年1回の発生で、幼虫は3〜4月に孵化し、6〜7月に成虫が羽化する。孵化幼虫は、灰色の糸で枝間にテント状の巣網（図3.39 ⑪；サクラ類）をつくり、その中で群生して食葉しながら成長する。終齢幼虫は巣から分散し、枝や葉を綴って黄白色の繭の中で蛹化する。全国に分布する。

形態：成虫の前翅長は12〜21mm。全体に茶褐色で、前翅中央部に太い帯状の線をもつ。老齢幼虫の体長約55mm。幼虫（⑫；ベニカナメモチ）は頭部が青灰色で、胴部背面の橙褐色線や側部の鮮青色の斑点が目立つ。柔らかな毛も特徴的であるが、毒刺毛はもたない。

対策：剪定の際に卵塊を見つけて切除する。また、幼虫の発生初期に巣網場所を探し、幼虫を巣ごと取り除く。薬剤は「樹木類」を対象として各種BT剤など、多数の登録がある。

f. チャノコカクモンハマキ

　　Adoxophyes honmai　英名：smaller tea tortrix

幼虫はチャノキ・ツバキ・柑橘類・リンゴ・ナシ・モモ・ブドウ・バラ・イヌマキなど、多種の常緑樹や落葉樹の葉を綴り、内部に潜みながら食害して成長する。柔らかな葉を好むため、新葉展開部を綴る（図3.39 ⑬；ツバキの被害）ことが多い。年4〜5回発生を繰り返し、幼虫で越冬する。関東以西に分布する。

形態：成熟幼虫（⑭）の体長は20mm。頭部が黄褐色で胴部は緑色。雌成虫の前翅長は8mm、雄成虫（⑮）はやや小さい。

対策：薬剤散布のほか、果樹類やチャノキでは

図3.39・⑩　モンクロシャチホコ中齢幼虫
（口絵 p024）

性フェロモンによる交信攪乱効果を利用した防除法がある。また、発生予察用の性フェロモン剤を用いて発生消長を把握し、効率的な防除のタイミングを計ることができる。果樹類にはBT剤、ウメやカキ、チャノキにはBT剤、IGR剤（昆虫成長制御剤剤）などの登録薬剤が多数あるが、これらはその他の樹木類には登録されていない。

g. モッコクヒメハマキ

　Eucoenogenes ancyrota　英名：three-spotted plusia

　幼虫はツバキ科のモッコクを食樹とし、新葉を好んで数枚綴り、その中に潜みながら食害し、蛹化する。綴られた部分は、やがて褐変して枯死する。これら被害部位は、拡大・累積していくために、直接の摂食被害に留まらず、著しく美観を損ねることになる。蛹で樹上越冬するため、放置すると毎年同じ樹で発生をみる。年3～4回発生を繰り返し、蛹で越冬する。成虫は灯火に飛来することも多い。本州（関東以西）・四国・九州・対馬・伊豆諸島・屋久島・沖縄等に分布する。

　形態：成虫の前翅長は約10mm、赤褐色の頭部、翅は灰色で黒点を散らす。静止時は円筒形の状態に翅をたたむ。幼虫（図3.39⑯；モッコク）は15mm前後で、頭部は黄褐色、胴部は赤紫色、透明の刺毛がやや長い。

　対策：新梢部の葉が綴られる症状を見たら早めに薬剤散布を行うか、幼虫をつぶしたり、除去する。モッコクにはカルホス乳剤（イソキサチオン剤；有機リン系）が登録されている。

h. クロテンオオメンコガ

　Opogona sacchari　英名：banana moth

　欧州、米国、アフリカなど世界中に分布し、海外では観賞用植物・バナナ・サツマイモ・トウモロコシなどの害虫として知られている。日本でも本州、八丈島、四国、九州、小笠原、沖縄など広く分布していることが確認され、ドラセナ・ユッカやパキラ・ベンジャミンなど多くの観葉植物の幹に幼虫が食入し、激しく食害する（図3.39⑰；ドラセナの被害）。樹皮と木質部の間で形成層や皮層を食害するため、外見による被害の確認が遅れることが多い。ストレリチアやバナナなどでは地際部に食入され、株の枯死に至る場合がある。なお、施設栽培植物には周年発生している。また、植物だけでなく、家畜飼料や栽培用培養土などにも発生し、きわめて幅広い食性をもつ。幹の内部で蛹化した蛹から成虫が羽化すると、幹から半分飛び出したような位置に、蛹の抜け殻がそのまま残ることが多い。

　形態：幼虫（⑱）は30mmに達し、頭部は茶褐色、胴部は透明感のある乳白色で、透明の刺毛がやや目立ち、刺毛基板は大きめの褐色斑となる。成虫は前翅長10mm前後、全身が暗灰色で、前翅中央に和名の由来になった黒い点をもつ。

　対策：幼虫の食入部位から排泄物や木クズが出ている場合が多いので、それを早期に発見し、加害初期に圧殺したり除去することが肝要である。なお、成虫は光に集まるので、ライトトラップによる発生確認、予察が可能とされる。

〈ハチ目ハバチ科〉

a. アカスジチュウレンジ

　Arge nigrinodosa

　英名：rose argid sawfly, red-striped sawfly

　バラに寄生する。幼虫（図3.39⑲；バラ）が食葉、成虫が茎に産卵（⑳；同）して、被害を起こす。茎の産卵部位は、幼虫が羽化するときに縦に裂けて生育に影響し、美観を損ね、病害の原因となることもある。土中で越冬した幼虫が4月下旬頃から成虫となり、雌成虫が30～40卵を

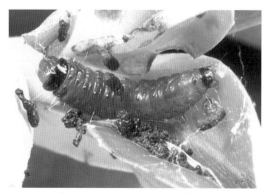

図3.39-⑯　モッコクヒメハマキ幼虫（口絵 p024）

バラの茎に産み込む。年3〜4回、発生する。

形態：成虫の体長約8mm、腹部はオレンジ色で胸部の色彩には変異があり、黄緑色〜黄褐色である。近縁種のチュウレンジハバチは胸部が黒色である。幼虫は20mm前後になり、若〜中齢期の頭部は黒く、老熟するとオレンジ色になる。胴部は黄緑色で、老齢になると各体節に黒い小斑点が現れる。

対策：産卵中の成虫は逃げないので捕殺する。幼虫は発生初期の集団で食害しているときに葉ごと処分する。バラを対象に、オルトラン液剤（アセフェート剤；有機リン系）、マツグリーン液剤2（アセタミプリド剤；ネオニコチノイド系）などが登録されている。

b．ルリチュウレンジ

Arge similis　英名：azalea argid sawftly

幼虫が群棲し、ツツジ類の葉を食害する（図3.40①，口絵p025）。幼虫は集団で発生するため、ツツジの葉が集中的に食害される。雌成虫はツツジの葉縁から組織内に産卵管を刺して30〜40卵産卵する（②）。孵化した幼虫は一列に並んで食害するが、徐々に分散する。土中の繭内で蛹となり、越冬する。5月頃から年3回発生する。

形態：幼虫は約15mm、成虫は、体長約9mmで、全体が青藍色で光沢がある。翅は黒色で半透明。幼虫の頭部は黒褐色、腹部は黄緑色で、各環節に多数の小黒点を散らし、体長は25mm前後になる。

対策：発生初期の集団で食害して幼虫を葉ごと処分する。また、樹下での越冬を防止するため、発生した樹下の落葉などを放置しない。ツツジ類を対象に、マツグリーン液剤2（アセタミプリド剤；ネオニコチノイド系）が登録されており、幼虫の発生初期に散布することが可能である。

〈コウチュウ目〉

a．アオドウガネ

Anomala albopilosa

年1回の発生。幼虫が地中で越冬し、翌年初夏に蛹化する。成虫の出現は5〜9月と長期にわたる。交尾後、雌成虫は地下に潜って産卵する。幼虫は土中で様々な植物の根を摂食し、3齢幼虫で越冬に入る。成虫による葉の食害もきわめて多くの植物で認められる（図3.40③；シナノキの被害）。南方系の種で関東地方以南に分布する。

形態：成虫は体長22mm、光沢のある緑色。成熟幼虫は体長50mm、3対の脚をもち、体色は乳白色である。

対策：緑化樹木の生産圃場などで苗木生産を行う場合、雌成虫が地際部などに潜って産卵するので、防草シートなどの資材を活用して産卵を防止することが重要になる。また、夏期の若齢幼虫期の粒剤施用など薬剤防除も有効である。「樹木類」のコガネムシ類を対象に、アドマイヤー1粒剤（イミダクロプリド剤；ネオニコチノイド系）、ダイアジノンSLゾル（ダイアジノン剤；有機リン系）が登録されている。

b．サンゴジュハムシ

Pyrrhalta humeralis　英名：vibrunum leaf beetle

4月には越冬卵から幼虫（図3.40④；サンゴジュの被害）が孵化し、新葉を食害し、小穴を開けながら成長する。幼虫、成虫ともサンゴジュ・ガマズミなどの葉を食害する。老熟すると幼虫は地上に降りて土中で蛹化し、6月には新成虫が羽化する。年1回の発生。全国に分布。

形態：成虫（図3.40⑤；ガマズミ属のビブル

図3.40‒③　アオドウガネの成虫　　（口絵p025）

ナムダビディー）は体長7mm前後、全体が淡褐色で、頭部に1個、胸部に3個の黒紋がある。幼虫は約10mm、全体が黄褐色〜暗褐色で、黒い斑点を多数もつ。

対策：幼虫の発生初期には薬剤散布が有効で、サンゴジュには、オルトラン液剤（アセフェート剤；有機リン系）、マツグリーン液剤2（アセタミプリド剤；ネオニコチノイド系）が登録されている。

c. ヘリグロテントウノミハムシ
　　Argopistes coccinelliformis

年1回の発生で、成虫は越冬後早春から産卵をはじめる。幼虫は3齢を経過して土中で蛹化、初夏に新成虫が現れ、越冬成虫と新成虫が混棲する。卵は葉裏に産み込まれ、表面が分泌物で覆われている。成虫、幼虫がヒイラギ・ヒイラギモクセイなど、常緑モクセイ科植物の芽、若葉を摂食する（図3.40⑥⑦；ヒイラギモクセイの被害）が、幼虫は若い葉の葉肉内に潜入して摂食する。また、成虫は発達した大腿部をもっていて跳躍する。日本各地に分布する。

形態：成虫（⑧）は体長3.5mm、光沢のある黒色の地に赤い1対の斑紋があり、テントウシ類に似る。成熟幼虫は体長5mm、黄白色で頭部は黒い。

対策：幼虫の発生初期には薬剤散布が有効で、ヒイラギモクセイにマツグリーン液剤2（アセタミプリド剤；ネオニコチノイド系）が登録されている。また、越冬は地面におりた成虫が行うため、樹下の落葉などを清掃することによって越冬量を少なくできる可能性がある。

d. カシワクチブトゾウムシ
　　Nothomyllocerus griseus

成虫はカシワ・クヌギ・コナラ・ハンノキ・サクラ類・ツバキ等の広葉樹の葉を食害する（図3.40⑨）。幼虫は地下部で広葉樹の根を摂食して成長する。発生は年1回で、越冬成虫が4〜6月、新成虫は7月〜10月に見られる。成虫は新葉を好んで食害する。食害は葉縁から細い線状に進む。茎部や果実を食害することはない。北海道、本州、九州、対馬、伊豆諸島などに分布。普通種で個体数も多い。

形態：成虫は体長約4〜5mmで、灰白色の鱗片に覆われて灰褐色〜淡褐色に見える。太く短い口吻をもち、前胸背板後縁の中央部は小楯板に向かって張り出す。

対策：多発時には成虫を捕殺して密度を下げる。施設などでは成虫の飛来を防虫網などにより防止することができる。

（2）吸汁性害虫
〈カメムシ目〉
a. アブラムシ類

ヨコバイ亜目に属し、日本には700種以上分布する。体長は1〜4mm程度で、体色は濃〜淡緑、赤、黒、茶、黄色など様々で、体は柔らかく、跳躍するための脚部筋肉の発達もないので、ゆっくりとしか移動しない。有翅虫は膜状の翅を有して飛翔することができる。幼虫および成虫が口針を植物組織へ挿入し、維管束から汁液を吸汁する。直接的な吸汁害により茎葉部の萎凋や黄変が発生する。間接害として植物病原ウイルスを媒介することが知られ、感染した植物の汁液を吸った有翅虫が健全な植物に移動して汁液を吸う際にウイル

図3.40・⑦⑧　ヘリグロテントウノミハムシ
　　　　　　　　　　　　　　　　（口絵 p 025）
左：幼虫，右：成虫

スが侵入して感染する。排泄物は植物の通導組織成分である糖分やアミノ酸を含み、甘露とも呼ばれ、黒い色素を含む菌糸等（すす病菌）が発生し、症状から「すす病」と呼ばれ、光合成の阻害や美観を損ねるなど二次的な被害も生じる。単為生殖世代では雌成虫は単独で産仔することにより短期間で爆発的にその数を増やし、大きなコロニーを形成することができる。晩秋に雄が出現し卵生有性生殖世代は卵を産み、これが越冬態となることが多い。アリとの共生関係が知られ、アリマキと呼ばれることがある。

対策：増殖力が高いため、発生初期の対策が重要である。有翅虫の飛来により分散することから物理的に侵入を阻止する防虫網などは有効である。また、施設周辺などの地表面にシルバーマルチを設置すると、飛翔している有翅虫が落下し、施設などへの侵入を減らすことができる。太陽光線の角度により体を定位している虫が、光の乱反射に影響されるためである。薬剤に対する感受性も比較的高く、有機リン系、合成ピレスロイド系、ネオニコチノイド系、カーバメート系など多くの殺虫剤が有効で、樹木類にはアディオン乳剤（ペルメトリン剤；合成ピレスロイド系）、スミチオン乳剤（MEP剤；有機リン系）、マツグリーン液剤2（アセタミプリド剤；ネオニコチノイド系）が登録され、樹木別で見るとマツでは、モスピラン顆粒水溶剤（アセタミプリド剤；ネオニコチノイド系）が、サクラ・バラ・マサキ・ツバキ類ではアクテリック乳剤（ピリミホスメチル剤；有機リン剤）が登録されていて利用できる。アブラムシ類を捕食したり寄生する天敵昆虫や天敵糸状菌などは多く、ナミテントウやナナホシテントウなどのテントウムシやクサカゲロウの幼虫など土着の天敵類を温存し活動を妨げないよう注意したい。

① ワタアブラムシ

Aphis gossypii 英名：cotton aphid, melon aphid

分布、寄生範囲ともに幅広く、世界共通的な害虫種。日本全国に分布し、広範な植物に寄生する。世界中で栽培作物を含む100科以上の植物を寄主とする。成虫、幼虫が葉、茎等に寄生し、葉巻き、葉の萎縮および生育阻害等を引き起こす。葉裏に寄生することが多く、コロニーは大きい。発生は単為生殖を繰り返し、初夏～盛夏期に多くなる。盛夏期には5～7日で成虫になるなど、繁殖能力が非常に高い。単為生殖世代は胎生で、雌成虫が雌の仔虫を産生する。増殖率はきわめて高く、生息場所が高密度になると有翅型が出現し、移動分散する。晩秋には両性世代が出現し、ムクゲ・クロウメモドキなどの冬寄主植物で産卵し、卵で休眠越冬する。加えて、年間を通じて様々な寄主植物上で単為生殖を繰り返すバイオタイプも存在する。キュウリモザイクウイルス（CMV）他、多数の植物病原ウイルスを伝搬する。甘露や排植物への菌寄生による「すす病」の併発も多い。

形態：体長は1～2mmと小型で、体色は黄色、橙黄色、緑色、濃緑色、黒色と変化がある（図3.40⑩；ムクゲ花蕾上のコロニー）。

② モモアカアブラムシ

Myzus persicae 英名：green peach aphid

ワタアブラムシと並び広食種の代表で、世界的に著名な農業害虫種であり、各種ウイルス病の媒介者となる。春期と秋期の発生が多く、夏期（著しい高温期）は少ない。多発すると排泄物にすす病が発生する上に、脱皮殻などで汚れが目立つ。春～秋にかけては様々な植物上で、雌成虫が雌の仔虫を産生する単為生殖を繰り返す。増殖率はきわめて高く、高密度状態で環境が悪化すると有翅型が出現し、移動分散する。晩秋には両性世代が出現して、モモ・スモモ・ウメなどの冬寄主植物で産卵し、卵で休眠越冬する。また、年間を通じて単為生殖を繰り返すバイオタイプも存在する。

形態：体長は無翅虫で1.8～2.0mm、体色は赤色だけでなく、緑色、黄緑色、赤褐色と変化がある（図3.40⑪）。

③ ユキヤナギアブラムシ

Aphis spiraecola 英名：spiraea aphid

柑橘類・核果果樹類・カナメモチ・サンゴジュ・

シャリンバイ・ツルウメモドキ・トベラなどきわめて広範囲な植物に寄生する。冬寄主であるユキヤナギやコデマリなどの幹に、産み付けられた卵で越冬する。主に新梢に群生して吸汁加害するが、加害により葉が縮葉することも多い。日本をはじめ世界各国に分布する。

形態：無翅胎生雌虫は体長 1.5 mm ほどだが、個体差が大きく、洋梨形で、虫体は黄色から緑色（図 3.40 ⑫；シャリンバイ葉上のコロニー）。成虫の腹部末端中央の尾片と、その両側の角状管が黒いのが特徴。

④ ナシミドリオオアブラムシ

Nippolachnus piri

晩秋から春にかけて、シャリンバイ・ビワ等の葉裏で卵越冬する。5〜6月に、有翅成虫がナシやリンゴ・クリ・シラカバなどに移動し増殖する。コロニーを形成する無翅個体は、葉裏の葉脈に沿って、規則正しく頭を向けた状態で口針を刺して吸汁する。多発すると、排泄物によって果実や葉にすす病が発生する。葉は黄化して早期落葉する。年間 7〜10 世代を経過し、最盛期は 7〜8月。分布は北海道〜九州に及ぶ。

形態：無翅成虫の体長は 3 mm 内外。体色は透き通った淡緑色。胸、腹部の背面に 3 条の緑色の斑紋がある。脚は細長い。有翅胎生雌（成虫）は、暗褐色で頭部と胸部はやや赤く、腹部背面には白色のロウ物質で覆われた部分がある（図 3.40 ⑬；シャリンバイ）。

⑤ キョウチクトウアブラムシ

Aphis nerii　英名：oleander aphid

キョウチクトウ・フウセントウワタに発生し、吸汁加害により新梢の萎れなど、生育に影響する。多発時には花梗部への寄生も多い上に、すす病が発生して著しく美観を損ねる。新梢の茎や葉裏に寄生し、開花期は花梗にも寄生する。コロニーは大きくなる（図 3.40 ⑭；キョウチクトウ）。全国に分布する。

形態：無翅虫の体長約 2.5 mm、体は橙黄色、触角、角状管、脚部は黒色。

⑥ ユリノキヒゲナガアブラムシ

Illinoia liriodendri

きわめて大型のアブラムシでロウ質の白粉をまとう。寄主転換せずユリノキのみで生活する。葉裏に発生し、甘露や排泄物にすす病が発生して美観を著しく損ねる（図 3.40 ⑮）。多発生状態となることも多く、そのような場合は早期落葉も引き起こす。6月に個体数はもっとも多くなるが、盛夏期には少なくなり、秋期に再び増殖する。そして、晩秋になると雄個体が出現し、有性生殖ののち卵を越冬芽の基部に産み付けて越冬する。北米原産の侵入害虫で、日本には 1997 年に神奈川県横浜市で初めて確認され、関東〜西日本各地など分布は拡大している。

形態：無翅胎生雌虫の体長約 2.5 mm。虫体は緑色〜淡黄緑色を呈するが、無翅虫はロウ質白色粉をまとうので白く見える（⑯；ユリノキ葉上のコロニー）。

対策：ユリノキでは樹幹打ち込み剤であるオルトランカプセル（アセフェート剤；有機リン系）が利用できる。

b. カイガラムシ類

ヨコバイ亜目に分類され、アブラムシやキジラ

図 3.40 - ⑭　キョウチクトウアブラムシ（口絵 p 025）

ミなどに近いが、脚部が退化するなど、運動能が制限され、若齢幼虫期を除いて植物上で固着生活をする種が多いが、コナカイガラムシ類など生涯を通じて移動できる種もある。雄は成虫になると翅と脚を持つ種が多い。日本には約400種が分布し、広食性の種が多く、生息範囲もきわめて広い。幼虫および成虫が口針を植物組織へ挿入し、維管束から汁液を吸汁することにより、茎葉部の萎凋や黄変が発生する。排泄物は植物の通導組織成分である糖分やアミノ酸を含み、甘露とも呼ばれ、黒い色素を含む菌糸等（すす病菌）が発生し、この症状は「すす病」と呼ばれ、光合成の阻害や美観を損ねるなど二次的な被害が生じる。

形態的には、主に体表から分泌される虫体被覆物を持つことが特徴で、殻を有するマルカイガラムシ類やカキカイガラムシ類、ロウ物質で体表が覆われるロウムシ類やコナカイガラムシ類などがある。このような被覆物は天敵から身を守ることに有効であるが、とくにロウ物質が発達すると薬剤が虫体に届かず、効果がきわめて低くなる。

対策：風通しが悪く、日の当たらない部分で発生しやすいので、適切な剪定等の管理作業を行う。薬剤散布が有効であるが、虫体被覆物の発達が進まない孵化直後〜若齢期を逃さないようにすることが重要である。年間の世代数、幼虫の出現時期など、種によって異なるので種の同定を行い、散布時期を検討する必要がある。また、冬期には樹皮の粗皮下、割れ目などで越冬している虫に対してマシン油乳剤の散布が有効である。樹木類でカイガラムシ類に登録のある薬剤には、カルホス乳剤（イソキサチオン剤；有機リン系）、スプラサイド乳剤（DMTP剤；有機リン系）、マツグリーン液剤2（アセタミプリド剤；ネオニコチノイド系）、アプロードフロアブル（ブプロフェジン剤；IGR系）、樹木別で見るとツバキ・マサキではロウムシ類に対してマシン油A乳剤AL（アレスリン・マシン油剤；合成ピレスロイド系・マシン油）が、ツバキ類・ゲッケイジュではカイガラムシ類に対しアタックオイル（マシン油剤）などがある。また、手の届く範囲に寄生している場合はブラシなどでこすり落とすことも有効である。

① ミカンコナカイガラムシ

Planococcus citri 英名：citrus mealybug

世界中の温帯、亜熱帯に広く分布する。日本でも施設内を含めると通年発生しており、年間7〜8世代を経過する。ポインセチア・セントポーリアほか、花木・観葉植物・果樹などきわめて広食性である。主に新芽、花、葉に寄生するが、成虫および幼虫による吸汁害で生育に影響を及ぼす。発育所要日数が40〜50日と短く、世代が重なって幼虫、雌成虫が群生することが多い。多発時には大量の排泄物にすす病が発生することが多く、葉面や果実、花などが著しく汚れて美観を損ねる。雄は蛹を経て有翅虫となる。

形態：雌成虫は体長3〜4 mmで、白色粉状のロウ物質に薄く覆われ、真っ白な楕円型。虫体は橙黄色〜暗褐色（図3.40 ⑰；ハイビスカス枝上の幼虫・成虫コロニー）。

② モミジワタカイガラムシ

Pulvinaria horii 英名：cottony maple scale

雌成虫や幼虫が枝や幹に寄生して吸汁する（図3.40 ⑱；カエデ類の被害）。葉や果実には寄生しないため、吸汁による実害よりも、排泄物による

図3.40・⑲　モミジワタカイガラムシ　（口絵 p 025）

汚損や、すす病の発生が問題となる。カエデ類ほかカシ類・ケヤキ・カツラ・トチノキなど街路樹に利用される各種樹木、果樹などに広く寄生する。年1回の発生で、5月頃に成熟した雌成虫が産卵し、孵化幼虫は分散して定着する。交尾を済ませた雌が越冬する。北海道・本州・四国・九州に分布する。

形態：雌成虫（⑲）は直径1cm前後のほぼ円形、灰白色で黒斑がある。雄は蛹を経て有翅虫になる。

③ ナシマルカイガラムシ

Diaspidiotus perniciosus 英名：San Jose scale

ナシ・リンゴ・モモなどの果樹類のほか、ヤナギやサクラ類などの樹木にも寄生する。北海道・本州・四国・九州に分布する。英名からサンホーゼカイガラムシとも呼ばれる。年3世代経過することが多く、幼虫で越冬する。第1世代幼虫は6～7月に、第2世代幼虫は8月中旬を中心に、第3世代幼虫は8～11月に発生し、越冬に入る。主に枝や幹に寄生するが、多発すると葉や果実にも寄生する（図3.41①②, p026；ウメ枝・葉上のコロニー）。多発時には枝幹の表面を覆い尽くす状況になり、枝枯れなどが生じるほか、若木では枯死に至ることもある。リンゴ果実に寄生すると、寄生部位に変色が発生する。

形態：雌成虫の介殻は円形、茶褐色～暗褐色で中心部は白色、直径1.5～2.0mm。

④ ルビーロウムシ

Ceroplastes rubens

英名：red wax scale, pink wax scale

関東以南に分布。世界共通種。きわめて広食性で果樹・樹木類の害虫として著名である。幼虫と雌成虫が細い枝や新葉に寄生して吸汁加害し、樹勢に影響を及ぼす。また、排泄物にすす病が誘発されることが多く、美観が著しく損なわれるほか、光合成にも影響する（図3.41③；モチノキに寄生、すす病併発）。雌成虫で越冬し、6月には成熟し、通常単為生殖により産卵する。年1回の発生で、孵化した幼虫は、当年枝や新葉の葉脈などに移動して定着寄生する。わが国には、明治初期に移入した侵入生物である。各地に分布を拡大している中、1944年頃に天敵ルビーアカヤドリトビコバチ *Anicetus beneficus* が偶然に持ち込まれた。この天敵による密度抑制効果が高かったため、増殖・放飼が行われ、現在では本種の発生は抑えられている地域が多いが、都市部の緑化樹で局所的に発生が増加している。

形態：雌成虫は赤褐色～茶褐色（小豆色）の粘土状ロウ質分泌物で厚く覆われ、3～4mmの背面が丸い半球状になる（④；ゲッケイジュ小枝上のコロニー）。白い分泌物の線が周縁部などに見られる。雄は蛹を経て有翅の成虫となる。

⑤ ミカンワタカイガラムシ
　（カメノコカイガラムシ）

Chloropulvinaria aurantii

英名：cottony citrus scale

成虫、幼虫とも葉裏、細枝に寄生し吸汁加害するが、排泄物が多く、すす病の発生が著しい。柑橘類のほか、トベラに大発生することがしばしばある（図3.41⑤⑥；トベラへの寄生とすす病発生状況）。また、キヅタ・ヤツデ・クロガネモチなどでも多い。終齢幼虫で越冬し、5月中～下旬に短い卵嚢を形成しながら300個ほどを産卵する。年2回の発生。

図3.41-⑥　ミカンワタカイガラムシ（口絵p025）

形態：雌成虫は楕円形、体長4mm前後、背面周縁部は淡緑黄色〜緑黄褐色、中央部は光沢のあるクリーム色で、背中線に暗色線が目立つ。成熟すると、背面に軟らかい綿状の白いロウ質物を分泌する。雄は有翅虫となる。関東以南に分布する。

⑥ イセリヤカイガラムシ
　　Icerya purchase　英名：cotton-cushion scale

ナンテン・モッコク・トベラ・カンキツ類など、きわめて多種の樹木に寄生する。成虫、幼虫が吸汁加害し、すす病による生育阻害、果実の汚れなどが発生する。年2〜3世代を経過するが、越冬形態は幼虫〜成虫である。雌成虫の卵嚢内に産まれた卵から孵化した幼虫は歩行分散し、枝や葉に寄生する。2齢以降もわずかながら移動できる。関東地方以南の日本各地、ならびに世界の柑橘類栽培地帯に広く分布する。日本には明治時代に、北アメリカからカンキツ類の苗木とともに侵入したが、天敵であるベダリアテントウムシを各地に導入したことにより発生が抑制されてきた。

形態：成虫は体長5mm、レンガ色で、体周縁から繊維状のロウ物質を分泌する。成熟すると腹面に卵嚢を形成する（図3.41⑦；ハギの寄生状況、⑧；トベラの寄生状況）。

⑦ タマカタカイガラムシ
　　Eulecanium kunoense　英名：Kuno scale

ウメのほか、サクラ・スモモ・アンズ・カイドウ・リンゴ・クヌギ・クリなどに発生する。2齢（終齢）幼虫で越冬した雌個体が、春期に赤褐色〜暗褐色で球形の成虫となる。5月頃に、成熟した雌成虫が産卵を始め、5月下旬〜6月に孵化幼虫が発生する。年1回の発生。全国に分布する。幼虫、成虫による吸汁害により生育に影響を与えるほか、排泄物にすす病を誘発する。捕食性天敵であるアカホシテントウも年1化で、冬期に雌成虫は、タマカタカイガラムシの雌成虫の抜け殻や、その周囲に産卵し、孵化した幼虫はタマカタカイガラムシ幼虫を捕食しながら成長し、5月中旬頃にタマカタカイガラムシ雌成虫の生息する周囲の枝で集団的に蛹化し、6月頃に羽化する。

形態：雌成虫は直径およそ5mmのほぼ球形、成熟すると赤褐色〜暗褐色で硬く光沢をもつ（図3.41⑨；ウメ枝に寄生する雌成虫）。

対策：局所的に多発することが多いので、発生を見たら、5月頃の雌成虫の産卵前にブラシなどでこそげ落とすことが有効である。

c. トベラキジラミ
　　Cacopsylla tobirae　英名：tobira psylla

関東以南の西日本から南西諸島に分布し、年2〜3回発生し、暖地では冬期でも活動している。成虫、幼虫ともトベラの葉や葉柄に寄生し吸汁加害する。幼虫は新葉を好み、葉表に寄生し、葉縁

図3.41・⑩⑪　トベラキジラミ
左：幼虫，右：成虫

（口絵 p 026）

部から葉が巻き上がる巻葉内で成長する。多発時には奇形葉が目立ち、それに加えて排泄物にすす病が発生し、著しく美観を損ねる。

形態：幼虫は約2mmで緑色〜淡褐色、尾端より長い糸状のロウ質物を分泌する（図3.41⑩；トベラに寄生する幼虫）ことが特徴である。雌成虫は体長2.5〜3mm前後、緑色〜淡緑褐色、翅は透明（図3.41⑪；成虫）。

対策：発生初期に寄生部位を剪定するなど整理し、風通しのよい管理を行う。登録薬剤はない。

d. サツマキジラミ
Psylla satsumensis 英名：rhaphiolepis psylla

シャリンバイに発生するキジラミで、成虫、幼虫とも新葉部の茎葉部位から吸汁加害し、奇形などを起こし、発育に影響する。加えて、粘質の排泄物と脱皮殻および併発するすす病で著しく汚損し（図3.41⑫；シャリンバイ新梢部への寄生状況）、被害が甚大である。成虫、幼虫態で越冬し、新幼虫が見られはじめる5月頃に、発生量がもっとも多くなる。近年、分布域が北上していて、関東近県でも普通種となっている。本州、四国、九州、南西諸島に分布。シャリンバイの展開前の新芽部分に産卵し、幼虫は新葉部で吸汁加害しながら成長する。夏期にはシャリンバイから周囲の植物に移動し、秋期に越冬型の成虫が戻るという。

形態：雌成虫で約2.8mm、翅は茶色の半透明。全体は黄褐色〜赤褐色に見えることが多い（⑬；成虫）。幼虫は白いロウ状物質を体にまとう。

対策：発生初期に寄生部位の剪定などして、風通しのよい管理を心掛ける。登録薬剤はない。

e. トチノキヒメヨコバイ
Alnetoidea sp.

成虫、幼虫とも、トチノキ類の葉裏から吸汁する。葉表には点々とした吸汁痕が現れ、やがて白斑となって、退色する。東京周辺では梅雨明け後に急速に個体数が増加し、退色した被害葉が赤褐色に変色（図3.41⑭；トチノキ被害状況）して、早期落葉が起こることもある。成虫の形態で越冬している。

形態：雌成虫で約3.5mm、翅は黄緑色で半透明（⑮；成虫）。

対策：トチノキではマツグリーン液剤2（アセタミプリド剤；ネオニコチノイド系）の登録があり、発生初期に希釈液を散布することができる。

f. クロトンアザミウマ
Heliothrips haemorrhoidalis
英名：greenhouse thrips, glasshouse thrips

ラン類・バラ・サンゴジュ・カキ・柑橘類・クロトン・シダ植物など多種に寄生する。施設での発生が多いが、露地のイヌツゲやメタセコイアなどにも発生する。吸汁加害により退緑斑点が生じ、カスリ状に白化、褐変、落葉などが生じることに加えて、暗褐色の排泄物により著しく葉面な

図3.41-⑮ トチノキヒメヨコバイ成虫
（口絵 p026）

図3.41-⑰ クロトンアザミウマ（幼虫と成虫）
（口絵 p026）

どが汚れ、生育に影響するほか、すす病を併発する（図3.41⑯；メタセコイアへの寄生とすす病発生状況）。熱帯〜亜熱帯に広く分布し、温帯各地とくに園芸施設で発生が多い。わが国では雄個体は確認されておらず、単為生殖をしている。産卵は、1卵ずつ葉の組織内に産み込み、卵の先を排泄物で覆う。

形態：雌の体長1.6mm、体色は全体に暗褐色、または腹部のみ橙黄色の個体もいる（⑰；オオハマユウに寄生する幼虫と成虫）。脚部は黄白色で、前翅は淡色である。全体に明瞭な網目状の刻紋が体表を覆っている。幼虫は黄白色で、若齢幼虫では尾端に自身の排泄物を保持していることが多い。

対策：樹木類のアザミウマに対して、オルトラン水和剤（アセフェート剤；有機リン系）の登録があり、発生初期に散布することができる。

g. プラタナスグンバイ
　　Corythucha ciliate　英名：sycamore lace bug
　　ノート3.8参照（p266）。

h. ツツジグンバイ
　　Stephanitis pyrioides　英名：azalea lace bug
　被害植物はツツジ類で、葉裏に成虫、幼虫とも寄生。梅雨明け後から多くなり、高温・乾燥した気象条件では多発することが多い。年に数回発生を繰り返すが、卵で越冬し、4月中旬頃から孵化する。葉裏から吸汁されたところは、表面に点々と脱色した白点を呈する被害となる（図3.41⑱；ツツジの吸汁被害状況）。タール状の排泄物により茶色く汚れるうえに、すす病も発生し、美観は著しく損なわれる。全国に分布。

形態：成虫の体長約3.5mm、翅は半透明でX字状の黒色斑紋をもつ。3齢幼虫以降は腹部からタワシ状に棘状の黒色突起が発達する（⑲；ツツジ葉裏に寄生する成虫・幼虫）。

対策：発生初期、特に5月上旬〜中旬頃の幼虫発生期に薬剤散布を行う。ツツジ類のツツジグンバイに対して、オルトラン水和剤（アセフェート剤；有機リン系）、マツグリーン液剤2（アセタミプリド剤；ネオニコチノイド系）、トレボンEW（エトフェンプロックス剤；合成ピレスロイド系）など多数の登録がある。

i. ツツジコナジラミ
　　Pealius azalea　英名：azalea whitefly
　ツツジ類の葉裏に寄生し、成虫、幼虫とも吸汁加害する。排泄物に激しいすす病が発生することが多く、美観を損ね、生育も阻害される（図3.42①，口絵p027；ツツジの被害状況）。年3回程度世代を繰り返す。本州以南に分布。

形態：成虫の体長は約1mmで体色は黄色、ロウ物質の白粉をまとうため白っぽく見える。幼虫は半透明の淡黄色で0.8mm程度の後方がやや細くなった楕円形で、体周にロウ物質をわずかに分泌する（②；ツツジ葉裏に寄生する幼虫と成虫）。

対策：ツツジ類のツツジコナジラミに対してはサンヨール・サンヨール液剤AL（銅剤）が登録されている。発生初期に虫体にかかるよう葉裏に届くよう散布する。

j. アオバハゴロモ
　　Geisha distinctissima
　　英名：Green flatid planthopper
　柑橘類やアジサイほか多種類の樹木・花井類に広く寄生する。成虫・幼虫が主に枝に寄生し、吸汁する。多発すると排泄物などにすす病が発生する。幼虫は綿状のロウ物質を尾端から分泌し全身にまとう（図3.42③；マテバシイ枝に寄生する幼虫）とともに、このロウ物質が茎葉に付着するため著しく美観を損ねる。年1回の発生。枝の中に産み込まれた卵で越冬。幼虫は5月頃から出現する。風通しの悪い場所に寄生しやすい。

形態：成虫は頭から羽根の先端まで10mm、翅は青白色で桃色に縁取られる（④；成虫）。幼虫の体長は約6mm、綿状のロウ物質で覆われ、尾端は房状となる。

対策：登録薬剤はない。直接的な吸汁被害は小さいので、すす病や幼虫のロウ物質による汚損が気になる場合、成虫や幼虫をはたき落とす。

k. コウノアケハダニ
　　Eotetranychus asiaticus

本州、九州、沖縄本島に分布。春先に発生のピークがあり、夏には減少する。休眠性はもたず、幼虫や成虫のまま越冬する。柑橘類・チャノキ・ツツジ類・モッコクなどに寄生する。ツツジ類では新葉が寄生されると褐変、萎縮し奇形になる。多発すると落葉する。モッコクの新葉では加害部の中央部分から葉が内側に著しく巻き込むように変形する（図3.42⑤；寄生により、ツツジの新葉が奇形化する）。

形態：雌は淡黄緑色で体長約0.35 mm。側縁部に不規則な黒斑をもつ。雄は約0.2 mmと小さい（⑥；ツツジ葉裏の成虫・幼虫、卵）。

対策：ツツジ類のハダニ類に対してバロックフロアブル（エトキサゾール水和剤）の登録があり、発生初期に使用できるが、ハダニ類は薬剤耐性が付きやすいので年に1度の使用にとどめる。

（3）穿孔性害虫
a. ゴマダラカミキリ
　　Anoplophora malasiaca
　　英名：Japanese white-sppoted longicorn

幼虫、成虫とも生木を食害する大型のカミキリムシ。柑橘類・リンゴ・ナシ・ブルーベリーなどの果樹類のほか、ヤナギ・シラカンバ・カエデ・バラなどの樹木・花木類にも寄生する。樹内で幼虫が越冬し、通常は成虫となるのに2年かかるが、1年で羽化することもある。成虫は新梢や枝の樹皮、葉柄などをかじり食害（後食）するため、先端が枯れこむ場合がある。成虫は地際部に噛み傷を付け、そこに1卵ずつ産卵する。孵化した幼虫は幹の内部を、根部に向かって食い進むことが多い。幼虫は木屑や虫糞を寄生部から排出する。樹内で羽化した成虫の脱出孔は直径約10 mmの円形で、地際部に多い。成虫は6～7月に発生する。北海道・本州・四国・九州に分布する。

形態：成虫の体長約25～30 mm。触角は白黒のまだら模様で、その長さと体長との比により雌雄の判別がおおよそ可能で、雄個体は体長の1.7～2倍、雌個体は1.2倍（図3.42⑦；カンキツの枝で後食する雌成虫。全体に光沢のある黒色で、白斑を散らす。幼虫は成長すると体長50～60 mmに達する（⑧；ツバキ枝の孔道内幼虫）。

対策：「樹木類」にはスミパイン乳剤（MEP剤；有機リン剤）が成虫発生直前～初期あるいは抜倒・風倒直後の樹皮下および材内生息期に散布として登録されている。また、微生物農薬としてバイオリサカミキリスリム（昆虫病原性糸状菌）が果樹類、クワ、カエデにおけるカミキリムシ類成虫発生初期に使用できる。

b. シイノコキクイムシ
　　Xylosandrus compactus
　　英名：castanopsis ambrosia beetle

養菌性キクイムシの一種。日本ではチャノキの枝枯れを起こすことが知られてきたが、多食性で多くの樹木に食入する。近年、関東地域では街路樹や公園に植栽されているハナミズキの枝先が枯死する被害が発生している。枝枯れは、孔道が形成されたことにより、維管束が損傷を受けて養水分の供給が妨げられることが主因と考えられる（篩部や辺材部への菌の侵入も確認されている）。熱帯や亜熱帯に生息し、成虫で越冬し、夏期～秋期にかけて2回発生を繰り返す。ハナミズキでは幹径12 mm前後の細枝で、かつ枝の先端部から50 cmほどの部位に穿入した穴が多く見られ、穿孔部位から上の枝葉は枯死する（図3.42⑨；ハ

図3.42・⑩　シイノコキクイムシ　　（口絵 p 027）
孔道内の雌成虫と幼虫（ハナミズキ）

ナミズキの被害状況)。この穿孔口は直径約0.5～1.0mmの円形で、中に成虫がいる場合、細かい白色の木屑が出ている。食入した雌成虫は枝の中心部に孔道をつくり、アンブロシア菌の胞子を接種しながら培養し、そこに産卵を行う。ハナミズキでは一つの孔道に幼虫が10～20頭発生することが多い。孵化した幼虫は、そのアンブロシア菌の菌糸を摂食して発育する。雌成虫は幼虫が成長するまで孔道内に留まり、清掃などを行う。新成虫は食物である寄生菌を伴い、孔道から脱出する。一般に、キクイムシ類は二次性害虫で、衰弱樹に食入するといわれるが、本種のハナミズキに対する食害は、とくに樹勢の良否にかかわらず発生している。

形態：雌成虫は体長1.5～2.5mmの黒色～茶褐色で円筒形、幼虫は乳白色(⑩；ハナミズキの枝に孔道を作り幼虫を養育している雌成虫)。

対策：枯れ枝や穿孔口からの木屑に注意し、被害を受けた枝を除去し処分する。「樹木類」にはスミパイン乳剤(MEP剤；有機リン剤)が成虫発生直前～初期あるいは抜倒・風倒直後の樹皮下および材内生息期に散布として登録されている。

c. カシノナガキクイムシ

Platypus quercivorus 英名：oak ambrosia beetle

近年、暖地や北陸地方でカシ・ナラ・シイの枯死を起こしている原因(病原菌の媒介者)となるキクイムシである。成虫が媒介する*Raffaelea quercivora*(通称ナラ菌)により、ミズナラ等のブナ科樹木が集団的に枯損する「ナラ枯れ」と呼ばれる被害が多発している(ノート3.5, p 228；図3.34, 口絵 p022)。養菌性キクイムシの一種で、樹幹に掘った孔道の内壁に繁殖させた菌類を摂食して繁殖する。また、成虫は枯れた木から生きている木へと、雌の胸部背面にあるマイカンギアと呼ばれる器官に菌類を詰めて運ぶ。被害木の株元には、成虫が孔道を掘った木くずや糞などの混ざったもの(フラスと呼ぶ)が孔道から排出され、寄生密度が高まると、穿孔された樹木の下をフラスの白い粉が覆うほどになる。なお、最近では複数の系統タイプに分けられることが明らかとなっている。

形態：成虫の体長は4.0～5.2mm程度の円筒状。

対策：駆除方法として被害木の伐倒くん蒸、立木くん蒸があり、シイノキ、ナラ、カシの枯損木に対してNCS剤(カーバム剤)を使用することができる。予防策としては、幹をビニールシート等で被覆したり、コーティング剤や殺虫剤を塗布して、成虫の穿孔を阻止することが第一であるが、殺菌剤(ケルスケット(ベノミル剤)、ウッドキングSP(トリホリン剤))を幹に注入し、病原菌を樹木内に蔓延させない方法がある。また、本種の集合フェロモン(カシナガコール)も製剤化されており、成虫の大量誘引が可能で、おとり丸太などに集め、防除することが試みられている。さらに、成虫の飛来範囲の調査や脱出時の拡散防止と密度低減のために調査用粘着シート(かしながホイホイ)が市販されている。

d. ボクトウガ類

樹木類の穿孔性害虫として重要で、日本にはボクトウガ科ボクトウガ亜科に属する3種と、ゴマフボクトウ亜科に属する4種が確認されている。このうち、ボクトウガ、ヒメボクトウ、ゴマフボクトウが、樹木・果樹に被害を与えている。

対策：糞の排出に注意し、食入被害が認められた枝は早めに切除し処分する。切除が困難な場合は、食入孔から針金などで刺殺する。

① ボクトウガ

Cossus jezoensis

英名：oriental carpenter moth, goat moth

幼虫は幹を穿孔加害するが、そこから漏出した樹液に集まる小型昆虫を捕食する、肉食性の面も有する。ナラ・クヌギ・ヤナギなどに寄生し、継続的に樹液を漏出させたり、坑道周辺などをかじる。北海道、本州、四国、九州、対馬、中国に分布する。幼虫期間は不詳であるが、成虫になるまで3年を要するとの報告がある。

形態：雌成虫の開張で55～90mm、幼虫の体

長は50mm前後に達し、胴部は淡紅色〜赤褐色、短毛が生える。

② ヒメボクトウ

Cossus insularis　英名：oriental carpenter moth

近年、被害が目立って多くなっているが、ナシ・リンゴ・クリ・カキなど多くの果樹のほか、ヤナギ・ポプラなどの広葉樹にも広く寄生する。数十頭の幼虫集団が、枝や幹の内部を不規則に穿孔しながら摂食する。幼虫は木屑と虫糞を数か所から排出する。加害部から上方側が枯れ込んだり、加害部から折れて枯死に至る場合もある。雌成虫は移動性が低いため、局所的に被害が連続することが多い。北海道から九州にかけて分布する。幼虫は樹内で1〜3年間を経過する。成虫は7〜8月に発生し、樹皮下に数十から百数十卵を卵塊として産み付ける。蛹は体を幹から半分程度出して羽化するので、羽化殻が残る。

形態：成虫の前翅長は20〜30mmで暗灰色。幼虫ははじめ淡黄色、成育するに従い赤色〜赤紫色を帯び、老熟幼虫の体長は40mmになる。

対策：リンゴ・ナシに発生したヒメボクトウに対しては、天敵線虫（昆虫寄生性線虫）を有効成分とする生物農薬（バイオセーフ（スタイナーネマカーポカプサエ剤））を利用することができる。さらに、リンゴ・ナシではフェニックスフロアブル（フルベンジアミド剤）の登録があり、散布することができる。また、果樹類に発生するヒメボクトウを対象に、成虫の交尾を連続的に阻害し、次世代幼虫の発生を抑制する交信攪乱剤（ボクトウコン・H；コッシンルア剤）が市販されている。広範囲で設置することや数年にわたって設置することなどの条件を満たす場合のみ、利用することが望ましい。

③ ゴマフボクトウ

Zeuzera multistrigata leuconota

英名：carpenter worm

幼虫はチャノテッポウムシとも呼ばれ、カシ・ナラ・ヤナギ・サクラ・ツツジ等、各種広葉樹に穿孔加害する。卵は200個前後を卵塊として、樹皮下や割れ目に産み付けられる。若齢幼虫期は先端部など細枝を食害するが、老熟すると地際部に潜入し、地際近くの枝幹内で蛹化する。穿入孔から円形でバラバラの虫糞が排出され、地際部に積もる（図3.42 ⑪）。北海道・本州・四国・九州に分布する。

形態：成虫は、開長40〜70mm、白地に細かい黒点を有する翅をもつ（⑫）。幼虫は、胴部が淡赤色で、頭部は黒褐色、老齢幼虫の体長は約40〜50mm（⑬）。

e. コウモリガ類

樹木類の穿孔性害虫としては、日本にはコウモリガ科に数種いるが、コウモリガとキマダラコウモリがよく知られている。ボクトウガ類と違い、幼虫が食入孔周辺を排泄物と木くずなどを、糸で綴った大きな糞塊で覆う。

対策：幹や枝の穿入孔などから針金を入れるなどして幼虫を刺殺する。ブナやスギなどの植栽地や苗木生産ほ場周辺などでは、幼虫の発生源となる雑草を刈り取るなど、除草（下刈り）により被害を軽減することが可能である。

① コウモリガ

Endoclita excrescens

英名：oriental carpenter moth, goat moth

クヌギ・キリ・ヤナギ・スギ・ヒノキなど各種樹木類や、草本類・野菜類まで、きわめて広範囲

図3.42・⑬　ゴマフボクトウ幼虫　　（口絵 p 027）

を食害する。若齢期に草本類を食害しながら成長し、その後樹木に移動する幼虫も見られる。とくに果樹類・ツツジ・アベマキ・コナラなどの苗木生産圃場で被害が発生しやすい。樹幹内を食害された場合、食入孔周辺には上記の特徴的な糞塊が形成されるので、本虫の被害であることが確認できる（図3.42⑭；クリ食害部の糞塊）。また、都市緑化で植栽される緑化樹の幼木でも、枯死に至る被害が散見される。羽化は8〜10月。雌成虫は飛翔しながら卵を産み落とすことが知られている。卵は翌春に孵化する。

形態：成虫の開張は約50〜110mm、老熟幼虫は約60〜80mm、胴部は乳白色で、頭部は褐色〜黒褐色（⑮；クリ枝内の幼虫）。

対策：クリ、ブドウに対してはガットサイドS乳剤（MEP剤；有機リン系）が、クリに対してはサッチュウコートSセット乳剤（MEP剤；有機リン系）が登録されており、塗布または散布で利用できる。薬剤を利用する場合、糞塊をとり除くと効果がより安定する。

3　緑化樹木における虫害診断

虫害診断は、菌類等の微生物などが対象となる病害に比較すれば、はるかに目視観察しやすい対象である。被害部位やその周辺を観察して、原因生物（害虫種）が確認できる可能性は高い。もちろん例外はあるが、多くの害虫種は肉眼で可視的な大きさをもっており、微小害虫の代表種とされるハダニ類でさえも、ホコリダニ、サビダニなどを除いて、存在そのものの目視確認は可能であろう。そして、調査の際には、7〜10倍程度のポケットルーペがあると、微小種の状態確認などに効率的である（ワンポイントメモ-4、p242）。

現場調査の際には、写真撮影に加えて、野帳などを携行して必ず文字での記録も行いたい。このような記録は、その後、診断ノート（カルテ）を作成するとき、対策（処方）を検討・提示するときにも必ず役に立つものである。

しかし、原因となる害虫が特定できたとしても、それだけではとても防除上十分とはいえないだろう。したがって、現場で被害状況を記録する場合に必要な項目としては、被害樹種と部位、食葉性・吸汁性・穿孔性などの被害様相、周辺に虫糞や排泄物の痕はないか、食害痕・吸汁痕の時期的推察（新しいか古いか）、その発生・被害程度、その進行程度（とくに拡大傾向にあるのかどうか）などが挙げられる。原因となる害虫が判明していても、被害や現場の状況によって対策は必ずしも一律ではなく、それぞれの現地に適応したものでなければならない。また、原因となる害虫が特定できない場合、被害樹種の情報が解決策の重要なヒントになることも多いのである。

近年、緑化樹木においても国外から新しい種や品種が導入され、見慣れない樹種も多いが、同科・同属の樹種には共通した病害虫が発生することが多いので、植物に関する知識は病害虫診断にも大いに役立つ。また、被害樹の所有者や管理者などへの問診も重要で、栽培・管理、当該症状、病害虫の例年の発生状況などについて聞き取りができれば、有意義な情報となる。図鑑に掲載されている、害虫の発生時期や年間の発生回数（防除適期）は地域によって、あるいは標高によっても変化するという実態も理解しておくべきである。

最近では侵入害虫など、新しく発生が確認された病害虫があるかもしれない、そうした情報を常に入手しておくことも大切である。興味がある昆虫・害虫分野の学会や研究会、同好会、地域の愛好会などから発信される情報源は少なくない。また、各都道府県には必ず地域の農林業病害虫の情報を提供する、病害虫防除所や林業試験場・指導所（名称は異なることがある）が設置され、地域特有の病害虫の予察情報、発生状況などを発信しており、病害虫の同定や対策などについても相談にのってもらえる。さらには、インターネットなども活用して、情報の入手を常に心掛けるようにしたい。なお、総論的な緑化樹木の害虫防除技術については、ノート3.9（p268）に記述した。

〔竹内 浩二〕

ノート 3.8　侵入害虫プラタナスグンバイの発生

　日本におけるプラタナスグンバイ（*Corythucha ciliate*；英名：sycamore lace bug）の発生は、2001年9月に愛知県名古屋市の港湾地域のプラタナスにおいて初めて確認された。同年10月には東京都港区、神奈川県横浜市中区、静岡県清水市、愛媛県松山市、福岡県北九州市の港湾地域や周辺の市街地でも確認された。いずれも、農林水産省植物防疫所の調査で、発生密度は低かったと報告されている。東京都多摩地区の立川市では、2002年からプラタナス（モミジバスズカケノキ等）の葉が白化する現象が見られていた。翌年7月に白化現象が再び見られたため調査したところ、葉裏に多数のプラタナスグンバイの成・幼虫が、また同じ頃、都心部の文京区および中野区でも本種の発生が確認された。

　プラタナスは街路樹として、東京都内ではイチョウ、ハナミズキに次いで3番目に多く利用されていることもあって、現在では都心部～多摩地区の全域にわたり本種の分布を確認している。なお、本種の発生地域は、2015年には東北から九州まで拡大し、帰化害虫として定着している。

〔形　態〕

　体長は雌成虫約3.7 mm、雄成虫約3.5 mm。成虫は全体的に乳白色で頭部は胸部の大きな帽状部に覆われる。前胸背板は褐色、前翅のやや前方に明瞭な黒褐色紋を有する。終齢幼虫は黄褐色で頭部全体、前胸背の一部、翅芽の基部および腹部中央は暗色を呈する。頭・腹部背面に鋭い棘状の突起がある（図3.43①，口絵p028；成虫および幼虫；モミジバスズカケノキ）。

〔生態・分布〕

　北米原産。近年欧州や韓国にも侵入し、分布を拡大している。プラタナスのほかに、クルミ科・ブナ科・クワ科・マンサク科・スズカケノキ科・トウダイグサ科・カエデ科・モクセイ科で寄生記録があるが、都内では、プラタナス以外での寄生は、今のところ確認していない。

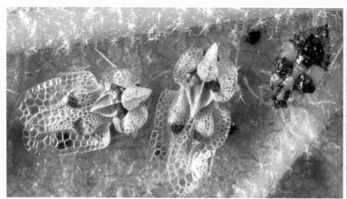

図3.43・①③　プラタナスグンバイの虫体と被害症状　　　　　　　　　　　　　　　　（口絵p028）
左：成虫と幼虫，右：吸汁により葉色が黄化～白化する

1世代に1〜2か月を要し、アメリカでは年2世代、チリやイタリアでは3世代を繰り返す。都内においても1年に3世代以上を繰り返している。成虫は粗皮下などで集団的に越冬することが知られ、立川市周辺のプラタナスでは、通常10月中旬には樹幹部の粗皮下へ成虫が移動しはじめ、落葉の始まる11月上旬にはほとんど葉裏に見られなくなる。しかし、プラタナスの剪定条件によって、11月にも新葉が展開している場合、11月下旬まで成・幼虫の寄生が見られた。

〔被　害〕
　葉裏に成虫・幼虫とも寄生し加害する。吸汁により葉の表面に脱色斑が現れ、寄生が多いと葉が白色〜黄白色に見える（図3.43 ②・④；モミジバスズカケノキの被害状況）。また、葉裏は排泄物により汚れる。寄生が著しいと樹幹全体が白味を帯び、美観が著しく損なわれる。ヨーロッパやアメリカ合衆国では、加害により早期に落葉することがあるとされるが、大発生している韓国では、早期落葉・枯死は見られないという。日本で最初に確認された名古屋市や東京都においても、早期落葉は認められていない。東京都立川市周辺のプラタナスは本種の吸汁加害により、6月下旬には葉の白化が目立ち始め、11月の落葉期まで白色〜黄白色を呈し、樹幹全体が白みを帯びる著しい被害が発生している。

〔対　策〕
　高木における薬剤散布などの対策は困難であるが、散布剤等の登録薬剤がある。樹幹注入剤処理では、比較的、長期間発生を抑制できる（図3.44）。なお、ヒメハナカメムシ類が幼虫を捕食していることが確認されている。

〔竹内　浩二〕

図3.44　樹幹注入剤（アトラック）のプラタナス幹への処理

ノート3.9　庭木・緑化樹木の害虫防除技術　〜IPMを目指して〜

〔緑化樹木類における害虫防除の特徴〕

　食用作物を生産する農地と、緑化木が植栽されている公園や住宅地では、周辺環境などの性格が大きく異なっている。農地については、水田、畑といった区切られた土地の中で水稲、野菜、果樹などの栽培を行うため、病害虫の防除に関しても、比較的単一、単純な環境で、コストをかけても収量や品質を確保するという観点から管理が行われてきた。一方で、緑化樹が植栽されている場所は公園や道路、住宅地などであり、公共の場所またはそこに隣接し、不特定多数の人々がアクセスする。緑化樹木に対する薬剤散布は、居住者や通行人など第三者に対する飛散などのリスクが高くなる。とくに化学物質への感受性が著しく高いと考えられる子供への影響について、特段の注意が必要である。さらに、高木では散布作業によるドリフトのリスクが飛躍的に高まることに加えて、植栽状況によっては害虫発生の目視確認が困難な場合も少なくないから、防除の要否や適切な薬剤散布のタイミングなどの判断に迷うケースがあるかもしれない。緑化木の害虫防除に関しては、こうした諸問題にも配慮しておく必要がある。

　また、後述するIPM（総合的病害虫・雑草管理）についても、食用作物（ここではイネ・ムギ類、野菜、果樹類など、食べる作物を意味する）では、食の安全性の観点からコスト増に対する許容度が高く、作物ごとにその手法が精力的に開発されてきた。それに対して「非食用」である緑化樹などの病害虫の管理は、植栽されている植物、発生する病害虫が多様であること、換金作物でないことからコスト増に対する許容度は低く、したがって、IPMの考え方を取り入れた効果的な病害虫の管理手法が十分には開発されていない。これまで樹木類の病害虫に対する防除手段は、化学的防除（農薬散布）への依存が食用作物に比べて高かった。それとは相反して、登録農薬が少なく、選択肢は限られ、特定の殺虫剤や殺菌剤が多用されている現状がある。非食用である樹木類の農薬登録は食用作物に比べ遅れがちであるが、新しく開発されてきた環境に負荷の少ない農薬の登録拡大が期待されるところである。とくに、樹木類では多様な種類の樹種となるので、作物群登録薬剤としての農薬登録が進むことが望ましい。

　2003年3月に農薬取締法（昭和23年法律第82号）第12条第1項の規定に基づき、定められた農薬を使用する者が遵守すべき基準を定める省令（平成15年農林水産省・環境省第5号）第6条において、農薬使用者は、住宅の用に供する土地及びこれに近接する土地において農薬を使用するときは、農薬が飛散することを防止するために必要な措置を講じるよう努めなければならないと規定された。これを受けて、農林水産省は、公共施設や住宅地に近接する場所における病害虫の防除については、極力、農薬散布以外の方法をとるべきことのほか、やむを得ず農薬を使用しなければならない場合の注意事項（散布に関する事前の周囲への周知、飛散防止のための天候や時間帯に関する配慮等）等について定め、農薬使用者等に対する遵守指導について関係者あてに要請した。すなわち、都市部での農薬の薬剤散布がかなり困難な状況になっていることは否定できない現実であろう。しかし、農薬以外に実用的な対策が見当たらず、かつその被害が等閑視できない害虫種にあっては、農薬の安全・適正使用に最大限の配慮を払った上で、使用の可否を検討すべき場面があ

るかもしれない。いずれにしろ、食用作物に比べ手の付けられてこなかった観葉植物、緑化樹木の分野においても、今後は総合的な病害虫管理IPMを進めていく必要が、益々高まってきていることは間違いない。

〔緑化樹木類の害虫防除対策〕

　害虫の防除法について、以下のように類別して考えることができる。なお、本項では対策技術内容の対象植物を緑化樹木類に限定せず、栽培作物等で実用化されているものを当該樹木に応用できるかもしれない、という観点から列挙した。たとえ同一樹種・害虫であっても、植栽環境によって望ましい対策は必ずしも一律でなく、異なるのは当然であろう。現地の実態を正確に把握し、的確な処方箋を精査・選択して提示することこそが、樹木医等の指導者に課せられた使命であろう。

a. 耕種的防除

　植生管理（輪作・混作・栽植密度・雑草管理）、栽培技術の工夫（栽培時期の調節、耕起・施肥、水管理、土づくり、病害虫抵抗性品種の導入）。など、間接的で予防的な技術ではあるが、もっとも基本的かつ重要な技術である。その中には、農薬など直接的な防除技術が発達する以前から、篤農家といわれる優れた農業技術者によって綿々と伝えられてきた技術がある。

b. 物理的防除

　熱、光、音、力学など物理的な力を利用した防除技術である。焼殺、太陽熱消毒、光反射シート、誘蛾灯、近紫外線カットフィルム、防虫網、誘引粘着テープ、袋かけ、などが挙げられる。近年、さまざまな資材が上市され、利用されてきている。背景には、昆虫など対象生物の生態、形態などの研究が進み、そうしたことを利用した防除アイデアが創出されたことに加え、工業化学の発達により防虫ネットなど様々な化学合成製品などの資材が開発され、普及したことがある。今後も、発展が期待される分野である。

c. 直接的防除

　対象となる害虫の幼虫や成虫、卵などを捕殺、採集し処分することで、直接的に被害を抑えることができる。チャドクガなど卵塊で産下され、若齢期を集団で過ごす幼虫は、葉ごと捕殺処分できればたいへん有効である。

d. 生物的防除

　天敵による害虫の捕食・寄生を利用して害虫の密度を低減させる方法、性フェロモンを用いて雌雄間の情報伝達を攪乱（かくらん）して交尾を妨げたり（図3.45①，口絵 p028）、大量に誘殺する方法などがある。さらに、チョウ目、ハエ目、コウチュウ目の幼虫に選択的効果を発現する天敵微生物（細菌）の産生する毒素や、昆虫病原性糸状菌などを利用する方法も含む。前者の細菌、バチルス・

〈次ページに続く〉

ノート 3.9（続）

チューリンゲンシス（*Bacillus thuringiensis*；BT）が産生する、結晶性タンパク質や芽胞は製剤化され広く利用されており、樹木類の害虫に対してもケムシ類、シャクトリムシ類などに登録がある。果樹類やカエデ・クワにおいては、昆虫病原性糸状菌である、ボーベリア・ブロンニアティ（*Beauveria brongniartii*）を製剤化した製品が登録、販売されている。近年、施設園芸用にダニやアブラムシなどの微小害虫に対して優秀な捕食、寄生能力をもつカブリダニやツヤコバチなどの天敵製剤の開発、利用が進んでいる。フェロモン剤においては複数の害虫の成分を混合した製剤化が進み、野菜類・果樹類・茶などで利用場面が増加している。果樹類を除くと緑化樹木での適用は少ないが、サクラではコスカシバに対する交信攪乱剤の登録があり、ある程度の面積（3ha 以上が望ましい）で設置できれば効果的である。また、アメリカシロヒトリに対する捕殺用フェロモン剤も広く利用されている。天敵などが製剤化された「生物農薬」は、施設野菜農家の約 16％、フェロモン剤は、露地の果樹農家の約 9％で利用されている。さらに、土着天敵の利用（温存）という考え方が広まり、天敵への影響の少ない化学農薬の使用や、天敵増殖維持技術としてのバンカー法による天敵温存などが、食用作物生産における露地栽培現場を中心に活用されている。

e. 化学的防除

　化学（合成）、天然由来（成分）農薬の利用による防除のことで、次のような功罪両面の特徴をもつ。①効果が即効的である、②適用範囲が広く、③複数の病害虫防除に対応できることが多い、④栽培方法や面積などの違いがあっても効果が安定している、⑤一般にコストが安い、⑥使用者、有用生物などの対象外生物、対象作物、周囲への飛散、作物残留などに対するリスクがある。農薬取締法などの関連法規において、農薬使用者には安全使用に対する責務と、表示事項の遵守が定められている。とくに混住地域において、緑化樹木に農薬を使用する場合、周囲環境、隣接地等へのドリフト（漂流飛散）リスクや制約が伴うことが多いため、散布方法の改善を図るとともに、登録薬剤は少ないが、粒剤・樹幹注入剤の積極的使用など、化学物質の飛散低減に努めなければならない。

　農薬散布を計画する場合、対象樹木の近くを利用する可能性のある人、近隣住民、関係者に対してリスクに関する正確な情報を伝え、農薬散布計画を配布物や掲示板などで近隣住民など関係者に知らせ、事前に十分な情報提供をする必要がある。告知事項としては、散布予定日時、場所および中止・延期する場合の条件、防除対象の病害虫名と発生状況、対象となる植物の種類と位置、散布する農薬の名称と散布予定量、散布する農薬の主なハザードとリスクと対処方法、散布前後の具体的な注意事項などがある。しかしながら、ただ単にリスク情報を一方的に伝えるだけでは不十分である。安全は客観的なものであり、客観的安全を確保する

図 3.45・②　樹幹注入剤の設置状況
（口絵 p 028）

ことは当然なことである。しかしながら、いくら客観的安全を一方的に伝えても安心は主観的なものであり、リスクを受ける人々が安心して安全に関する状況を理解することは容易ではない。近隣住民などのリスク受容者への一方的な客観的安全に関する情報を伝達するだけではなく、お互いがともにリスクについて情報や意見を交換し、共有し合うリスクコミュニケーションを図り、主観的安心も共有することを目指してもらいたい。

〔総合的病害虫・雑草管理；IPM〕

　総合的病害虫・雑草管理（IPM；Integrated Pest Management）の考え方は1960年代に生まれたものであるが、時代とともに、より環境に配慮した内容になってきている。2002年に国連食糧農業機関（FAO；Food and Agriculture organization of the United Nations）により以下のように定義された。「IPMとは、すべての用いることが可能な防除技術を十分検討し、それに基づき、病害虫の密度の増加を防ぎつつ、農薬その他の防除資材の使用量を経済的に正当化できる水準に抑え、かつ人および環境へのリスクを減少し、または最小とするよう、適切な防除手法を組み合わせることである。IPMは、農業生態系の撹乱を最小限とする健全な作物の生育を重視し、また自然に存在する病害虫制御機構を助長するものである」。

　日本においても、2005年3月に閣議決定された新たな「食料・農業・農村基本計画」において「環境保全を重視した施策の展開」を図ることが基本的視点として位置づけられ、IPMの推進をいっそう進めることとなっている。国が中心となって日本の実情に即したIPMの構築が進められ、IPMを雑草の管理を含め、総合的病害虫・雑草管理と定義された。また、基本的実践方法として、「予防的措置」「判断」「防除」がIPMの基本3点の取り組みであるとした。「予防的措置」とは輪作、抵抗性品種の導入や、土着天敵等の生態系が有する機能を可能な限り活用すること等により、病害虫・雑草の発生しにくい環境を整えることであり、耕種的防除を中心に、物理的防除、生物的防除などが含まれる。「判断」とは病害虫・雑草の発生状況の把握を通じて、防除の要否およびそのタ

図3.45-③　フェロモントラップの設置
（口絵 p 028）

図3.45-④　チャドクガトラップ粘着板
（口絵 p 028）

〈次ページに続く〉

ノート 3.9 (続)

イミングを可能な限り適切に判断することである。日常の対象樹木の観察や、病害虫の予察情報、天気予報、気象データなどから発生予察を行い、今後の病害虫の推移についても推察し、防除の判断に活用する。「防除」は「判断」の結果、防除が必要と判断された場合には、病害虫・雑草の発生を、経済的な被害が生じるレベル以下に抑制する多様な防除手段の中から、適切な手段を選択して講じることである。緑化樹では、予防的措置の取り得る手段も限られ、加えて非食用作物ということで、経済的被害レベルの判断が一律にできない困難さがある。最終的な防除についても取り得る手段が多いわけではなく、高木であったり、私有地に隣接したりするなど化学的防除などが実質的に不可能という場面も多い。しかしながら、化学的防除手段においては樹幹注入剤など、ドリフトリスクの低減を図るアイデアや、物理的防除においても粘着トラップ、虫を誘引しない外灯の開発など、生物的防除においては天敵、フェロモン成分などを使ったアイデアも増えていくことが期待できる。このようなことから、緑化樹木の病害虫防除においても、IPMを基本とした病害虫管理の実践に取り組んでほしい。図3.45（口絵 p028）参照。

〔防除の必要性を低減する方策〕

本講の最後に、防除の必要性を低減する方策を考えてみたい。緑化樹における病害虫防除においては、防除手段の選択肢が現状ではきわめて少ない。IPMのプロセスの中で、もっとも初期の段階である「予防的措置」について、食用作物の分野を上回るような工夫、アイデア、努力が必要ではないだろうか。

病害虫が発生してから対策を立てるのではなく、あらかじめ病害虫の発生を予察・予測し、病害虫の発生を最小限に抑制することが重要である。緑化樹木における病害虫管理の場合、環境に応じた樹種選定、多様な種類、配置アレンジ・デザイン、適切な管理（剪定等）が必要であろう。一つの樹種をまとめて植栽することは、単一の病害虫の多発など異常発生を引き起こす原因となる。

公園等管理者であれば、園内の緑化樹種によって発生する病害虫や、その時期などをあらかじめ予測し、年間の管理体制も計画することができる。病害虫の発生予察は、自らが巡回調査や定点調査を行ったり、予察用フェロモン剤が市販されている、チャドクガやアメリカシロヒトリなどは、トラップ等を設置して行うことも可能であるが、植物・病害虫種の組み合わせによっては、地域の病害虫防除所から情報を得られるかもしれない。そして、早期発見・早期対策を心掛けることで、被害と管理作業を著しく軽減することが可能となる。また、落ち葉や枯枝は成虫や幼虫の越冬場所となることが多いので、注意して管理を行っていただきたい。

病害虫は樹勢の弱くなった個体に発生が集中することが多い。また、ある程度の病害虫による加害を受けたとしても、それに耐え、いっそう旺盛な生育をしてもらえるような管理を目指してほしい。これまで、特別な病害虫対策を実行せずに、何十年も樹勢を維持してきた多くの事例を考えてみれば、その意味が容易に理解できるだろう。なぜなら、緑化樹木における病害虫防除対策の基本は「樹勢を強め、樹木を健全に育てる」ことだからである。

〔竹内 浩二〕

Ⅲ-6 松枯れとマツ材線虫病

　松枯れ現象を"松くい虫"による被害というが、「松くい虫」という昆虫がマツを枯らしているわけではない。松くい虫とは、枯れたマツの樹幹に寄生する数十種類の昆虫の総称であり、当初はこれが松枯れの原因として疑われたため、害虫名として現在も使われているのである。この松枯れ現象は1905年（明治38年）から文献に記述されている。その後の研究により、1970年に、マツノザイセンチュウが主因として松枯れが起こることが報告され、松枯れ症状を病気の一種として、「マツ材線虫病」という病名が付けられている。ここでは、主にマツ材線虫病の伝染環、発生メカニズムや根系感染、診断および防除対策について解説する。

◆松枯れの歴史　マツ材線虫病の症状と伝染環　松枯れのしくみ
　根系感染とその枯損発生メカニズムに関する調査事例　防除対策

1　松枯れの歴史

　矢野（1913）が山林公報（4）「長崎県下松樹枯損原因調査」の中で「明治38・39年（1905・1906年）頃より長崎市内における松樹秋期に至りて点々枯死するものあり。漸次その数と範囲とを増加せる・・・」と報告したのが、わが国最初の文献上の松枯れ被害の事例である（表3.29）。そして、1955年には松くい虫防除に、ヘリコプターによってBHCを空中散布している。これが、わが国農林業界が、薬剤散布に航空機を使用した最初の事例となった。当時の全国松くい虫被

表3.29　"松くい虫問題"の歴史的背景

年　次	松くい虫に関する事項
1905	長崎でマツの集団枯損
1921	兵庫県相生町でマツ枯損発生
1930～'50年代	各種"まつくい虫"の寄生性調査
1960年代	"まつくい虫"は衰弱木への二次性害虫と結論
1968	「松枯れの原因究明」のプロジェクト研究の実施
1969	マツノザイセンチュウの発見
1971	マツノザイセンチュウの病原性の確認
1972	マツノザイセンチュウに学名：*Bursaphelenchus lignicolus* Mamiya & Kiyohara と命名　マツノマダラカミキリが伝播昆虫であることを確認
1970年代	マツノザイセンチュウ，マツノマダラカミキリの生態，防除法，枯損機構の解明等の研究
1977	特別防除（予防空散）の開始
1979	アメリカでマツノザイセンチュウが検出される
1981	*B. lignicolus* はアメリカで1934年に記載されていた *B. xylophilus* と同種と結論（マツノザイセンチュウのアメリカ起源説）
1980年代	発病機構の研究、新防除法の研究
1997	3月，松くい虫防除特別措置法失効

害量（被害材積）はまだ30万m³程度と推定されている。1962年に、農薬の環境生物への影響について警鐘を鳴らした、レイチェル・カーソン（Rachel L. Carson）の"沈黙の春"（Silent Spring）が、世界的に大きな波紋を投げかけたことを契機として、わが国においては、1970年10月に農薬取締法の一部改正により、BHCやDDTの使用が全面的に禁止され、1973年から低毒性の有機リン系殺虫剤が、松くい虫被害の予防剤として使用されるようになった。同時に、農林水産省林業試験場（現・国立研究開発法人 森林総合研究所）において、特別研究「マツ類の材線虫防除に関する研究（1973～1975年）が実施され、マツノマダラカミキリ（以下、適宜「マダラカミキリ」と略記）成虫に対する予防薬剤散布、枯損木のマダラカミキリ幼虫の駆除、マダラカミキリ成虫の誘殺、マツ樹幹への殺線虫剤施用等について精力的に研究が推進された。また、1977年に「松くい虫特別措置法」が施行され、林野庁主導で被害拡大防止のためマダラカミキリ成虫の防除を狙った殺虫剤の空中散布（法令上の「特別防除」）を実施した。しかし、この結果は、全国の松くい虫被害を微細に押さえ込もうという林野庁のビジョンにはほど遠く、逆に、空中散布薬剤の人に対する健康影響や、環境ハザード問題など、多くの議論を呼ぶことになったのである。

「松くい虫防除特別措置法」は3回の改正が行われたが、この間に、被害木の破砕・焼却・くん蒸（法令上の「特別伐倒駆除」）や樹種転換、抵抗性選抜育種事業による抵抗性マツの苗木供給等が実証研究を経て、具体的な防除対策として導入された。1997年に「特別措置法」下での、20年間の松くい虫被害対策は終了した。以後は「森林病害虫等防除法」に基づき、防除対象を被害先端地域や公益的機能の高い保全マツ林に重点化した対策が実施されている。2015年現在、マツ枯れの被害は1979年のピーク時（243万m³）の約26%、63万m³にまで減少したが、発生範囲は北海道を除く全都府県に及び、未だ終息していない状況にある。

2 マツ材線虫病の症状と伝染環

マツ材線虫病の病原体である線虫が、北米から侵入してきたことが明らかになったのは1981年である。その被害が全国（北海道を除く）に蔓延拡大した原因は、マダラカミキリの飛翔能力・線虫伝播能力、夏季の高温・少雨の異常気象、空中散布の中止等も関与するといわれているが、主としては被害木の運搬・移動によるものである。以下、マツ材線虫病に関与するマダラカミキリとザイセンチュウの概要、症状のタイプ、診断法等を概説する。

（1）マダラカミキリとザイセンチュウ、およびマツ材線虫病の伝染環

a. マツノマダラカミキリ
　（*Monochamus alternatus*）

成虫の体長は18～28mm。成虫の発生期間は約2か月で生存期間は45日程度である。羽化した成虫は健全なマツの当年枝や1年枝を齧ることで栄養摂取と性成熟を図る（「後食」という）。後食期間は約20日程度で、後食により90%の雌成虫が性成熟し、衰弱したマツの枝条を齧る配偶行動シグナルにより雌雄成虫が交信し、夜間交尾産卵を繰り返す。1頭の雌成虫の産卵数は1日に約2個、生涯で50個程度である。なお、健全なマツに産卵しても、卵はマツが産生する樹脂（ヤニ）に巻かれて死亡してしまう。

b. マツノザイセンチュウ
　（*Bursaphelenchus xylophilus*）

マツノザイセンチュウは、糸状菌（菌類；カビと通称される）食性でもあり、植物寄生性線虫の一種である。植物寄生性線虫とは、主に土壌中に生息し、根に寄生して植物の地上部に萎れなどの生育障害を引き起こすという性質がある。一方、*Bursaphelenchus*属の線虫類は本来病原性をもっていないとされる。しかし、同属であるザイセンチュウはマツを枯らす原因物質となる、特殊なセルラーゼ（植物細胞の細胞壁や植物繊維の主成分で

ある、セルロースなどを加水分解する酵素の一種）を有しており、これは後述するように糸状菌から遺伝的に獲得したものである。ザイセンチュウは分子系統学的には、ココヤシセンチュウや土壌生息性の線虫グループと同一分岐群に属する。また、ザイセンチュウは主にマダラカミキリに乗り移り、生息場所を移り変えて生活する、昆虫嗜好性または昆虫便乗性の線虫である。マダラカミキリ成虫のザイセンチュウ伝播のピークは、後食14日目から1週間である。

c. マツ材線虫病の伝染環

マツノセンチュウはどのようにしてマツに侵入し、そして次々と伝搬されるのか、以下に、ザイセンチュウとマツノマダラカミキリの年間生活サイクルを通じた密接な関係をみてみよう（図3.46；図3.47，口絵 p029）。なお、各場面の詳細は後述する。

① マダラカミキリはマツの樹脂滲出が低下するなど「衰弱したマツ」に好んで産卵する。そしてマツ材線虫病の被害地域において衰弱したマツには、ザイセンチュウに感染している個体が多い。ここで、ザイセンチュウとマダラカミキリはマツを介在し、必然性をもって遭遇することになる。ザイセンチュウは主に樹脂道や放射組織で繁殖し、樹体内に蔓延増殖する。

② 秋季に孵化したマダラカミキリの幼虫は、樹皮下の内樹皮を摂食して育つ。やがて幼虫は内側の材部に侵入して蛹室をつくり、その中で越冬する。

③ 蛹室には周辺からザイセンチュウが集まり、春季にマダラカミキリが材内で蛹が羽化して成虫になると、蛹室壁周辺にいたザイセンチュウがマダラカミキリの腹部の第一気門（空気の取り入れ口）内に潜み込む。

④ ザイセンチュウを体内に抱えたマダラカミキ

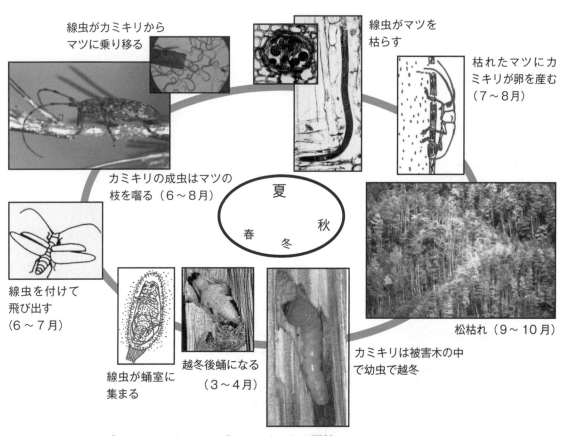

図3.46　マツノマダラカミキリとマツノザイセンチュウの関係　　〔国立研究開発法人 森林総合研究所〕

リは枯れたマツから脱出して飛翔する。
⑤ 初夏、新成虫が健全なマツの若い枝の樹皮を摂食する（後食という）。この際に、ザイセンチュウはマダラカミキリ虫体から離脱し、後食痕からマツ樹体内に侵入する。
⑥ 後食したマダラカミキリは性成熟が促され、「衰弱したマツ」に飛翔し、交尾産卵する。

（2）枯損タイプおよび診断法
1）マツ材線虫病による松枯れ・枯損のタイプ
マツ材線虫病における伝染環の概要については、上述したが、本項では松枯れのタイプ分けおよび診断法について考えてみよう。

マツ材線虫病によるマツ枯れ・枯損タイプには、①マダラカミキリが伝播するザイセンチュウによって主に8月に感染発病し、2，3年葉が退色して萎れる病徴を呈し、9〜10月に全身症状を起こして急激に枯れる"当年枯れ"（図3.47①-⑤，口絵 p029；図3.48）と、②気温の低下などにより感染時期が遅れ、年を越えて発症し枯れる"年越し枯れ"の2つのタイプが存在する。年越し枯れの発生率は、暖温帯では枯損被害の20〜30％、高標高地や寒冷地では30〜50％を占めるといわれている。

しかし、これらの枯損タイプとは異なり、上述したように、当年枯れの枯損木が発生すると、その隣接木がしばらくして枯れ、さらに年を越えてその周辺木が5〜7月に発病し、主に8月に枯れる枯損タイプ（以下、"当年枯れB"という）がある。当年枯れBの枯損木には、当年枯れや年越し枯れとは異なり、マダラカミキリの後食痕や産卵痕が、ほとんど観察されないのが特徴である。このような松枯れ現象が起きる原因は、後述する根系感染によるものと考えられる。

2）マツ材線虫病の診断とザイセンチュウの同定
マツ材線虫病に感染・発病し、衰弱・枯死したことを正しく診断するには、衰弱枯死したマツからベルマン法（木屑10gをガーゼなどに包み、これを水を張ったロートに一昼夜浸し、ザイセンチュウを検出する方法）によって線虫を分離・検出し、その線虫がザイセンチュウであると同定された場合、はじめて当該樹の枯れた原因が、「マツ材線虫病」であると診断できる。以下には、目視（症状の観察）、樹脂滲出量、キットによる診断法を概説する。

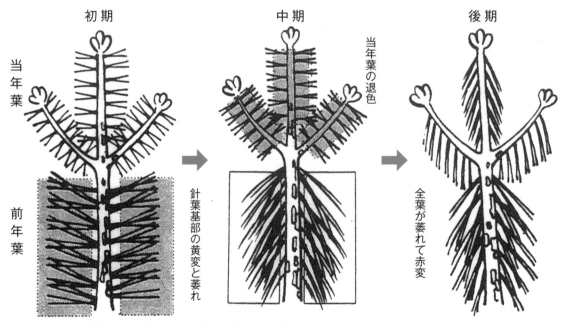

図3.48　マツ材線虫病に罹病した針葉の病徴進展（「当年枯れ」）

a. 目視による診断法

　マツ材線虫病の感染発病初期では、図3.47①-③および図3.48に示すように、前年葉（2, 3年葉）の基部が黄変する。その後、針葉は萎れて垂れ下がる。次いで当年葉が萎れ・退色して前年葉は黄変し、その後はすべての針葉が萎れたまま、ついには赤褐変する（図3.47④⑤，図3.48）。しかしながら、針葉の褐変枯死には、他の病害や虫、生理的な障害などが関与することも多いので、病徴のみで、枯れた原因がマツ材線虫病であると断定してはならない。

b. 樹脂滲出量による診断法（小田式診断法）

　この診断法は、マツが健全か、または何らかの原因によって生理的に衰弱しているかを診断する方法であり、マツ材線虫病のみを特定する診断法ではない。全体の症状や本法による診断結果からマツ材線虫病であることを推定する傍証とするものである。

　本方法は、直径2cmのコルクボーラーを樹幹の胸高部（成人の胸の高さ）に当てて、木槌で叩き、辺材部が見えるところまで樹皮を目抜きし、そこから滲出する樹脂量の多少によって診断する（図3.49①②，口絵 p030）。樹幹注入剤を施工する場合は樹脂滲出量の多い健全木を選ぶ。樹幹注入時期は樹脂滲出量が最も診断に適した11月中旬から3月で晴れた日の午前中が適切な樹幹注入剤の施工時間帯である。その理由は午前10〜12時が樹液流の上昇速度が最も速く、注入した薬剤が速やかに樹冠部に移行することによる。目抜き後、直ちにヤニが滲出する場合もあるが、一般的には3時間後に診断する。

c. マツ材線虫病診断キット

　本キットは市販されており、原理はLAMP法（遺伝子診断法の一種）を利用して、次の手順で、マツノザイセンチュウのゲノムDNAの一部を増幅し、増幅の有無からマツノザイセンチュウの存在を判定するものである（図3.49③）。この鑑定法は分子系統学的手法による同定であり、操作も比較的簡便であり、迅速で精度も高い。なお、本法ではマツノザイセンチュウの存在は確認できるが、線虫数・密度の測定はできない。

① キットに添付の抽出液を用いて、ベルマン法で分離検出した線虫および線虫懸濁液または採取した材片からザイセンチュウのDNAを抽出する。
② ①の抽出液を検査溶液に添加して63℃に60分間保温する。
③ 判定は、DNA増幅の有無を蛍光発色液の発色の有無によって目視確認する。

3　松枯れのしくみ

　マツノザイセンチュウは、分子系統学的には同属（*Bursaphelenchus*）のココヤシセンチュウ（*B.cocophilus*）や土壌生息性線虫グループと同一分岐群に属している。本来、植物寄生性線虫の多くは土壌中に生息するか、その生活環において土壌生息を経過することが知られており、根に寄生する種類は維管束などを侵し、地上部の萎れなどの生育障害を引き起こす性質をもつ。マツノザイセンチュウによって引き起こされるマツ材線虫病においても、針葉が萎れる特徴的な病徴が見られること、根部からも本線虫が高密度に分離されることなどから、本線虫も元来は土壌中に生息し、根に寄生していた可能性を推し量ることができよう。以下に、マツノザイセンチュウの病原性、根系への移動、マダラカミキリへの乗り移り、仮導管の水分通導阻害など、松枯れに至る過程の全容について、その概略を説明する。

（1）ザイセンチュウの病原性

　分類学的に、マツノザイセンチュウが所属する*Bursaphelenchus*属の線虫は、本来植物に病原性をもっていないといわれる。病原体と呼ばれるものは、その寄生によって宿主に重要な被害を与えるものを指すが、マツノザイセンチュウ（以下、適宜「ザイセンチュウ」と略記）もまた、本来はマツ林を4〜5年で壊滅的に枯死させるような病原体ではなかったと考えられる。ところが、本線虫

はペクチン質を分解する植物細胞壁分解酵素のペクティトリアーゼの他に、線虫類として世界で初めて植物細胞壁の分解に関与する酵素である、セルラーゼの遺伝子を有することが発見された。このセルラーゼはザイセンチュウの食道腺で生産され、口針から分泌される。そして、マツ樹体内の植物細胞壁を柔軟にすることで寄生しやすくしているようである。このセルラーゼは、これまで発見されている他の植物寄生線虫のセルラーゼとは、まったく異なるタイプのものであり、菌類、いわゆるカビの仲間がもつセルラーゼときわめて類似していることから、このセルラーゼの遺伝子は、進化の過程で分類群（生物界）や種の壁を乗り越えて、菌類からザイセンチュウへ水平転移したものであると考えられている。図3.47⑬⑭，図3.50～3.52に、本線虫のマツ組織内での移動の状態や、集合状態、および生活史を示した。

(2) ザイセンチュウの後食枝から根系への移動

マダラカミキリ成虫が栄養摂取と性成熟のために、マツの当年枝や1年枝などの若枝を後食することによって樹皮が破壊されると、ザイセンチュウはマダラカミキリ虫体から離脱して、後食痕（図3.47⑧⑨）からマツ樹体内に侵入し、直ちに脱皮して成虫となる。枝条や樹幹の樹脂道や放射組織に定着したザイセンチュウは、図3.51に示すような増殖型の生活環を繰り返す。ザイセンチュウが定着した組織やその周辺部では、後述する宿主の過剰な生体防御反応と同時に、ザイセンチュウの口針による、エピセリウム細胞の著しい破壊や柔細胞内容物の摂食、セルラーゼやペクテイトリアーゼの分泌による、細胞壁や形成層など柔組織への組織攻撃が起こる。一方、マツは樹体内に侵入したザイセンチュウに対して、移動増殖阻害物質の生成、放射柔細胞の過敏感細胞死、水分通導系の閉鎖、安息香酸の生成と蓄積など、様々な生体防御反応（動的抵抗性）によって、ザイセンチュウの根系への移動を阻む。ところが、宿主であるマツはザイセンチュウを"カビ"と誤認し、"区画化現象"という過敏感細胞死によって封じ込めようとするが、カビではないザイセンチュウには、宿主のこの生体防御応答は無意味で

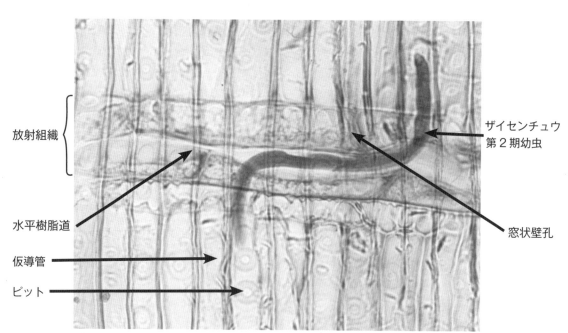

図3.50　仮導管と放射組織をジグザグ状に移動するザイセンチュウ第2期幼虫　　　　　（木部組織縦断面図）
放射組織と仮導管が交差する窓状分野壁孔を通り，放射組織を経て，再び別の窓状分野壁孔から仮導管へ入り込もうとしている第2期幼虫
〔Mamiya（2008）から転載〕

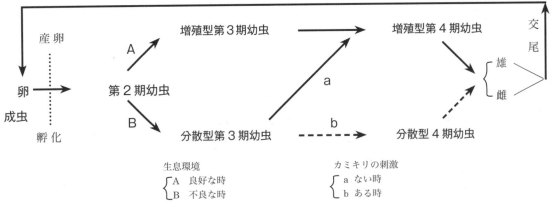

図 3.51　マツノザイセンチュウの生活史

生息環境
$\begin{cases} A & 良好な時 \\ B & 不良な時 \end{cases}$

カミキリの刺激
$\begin{cases} a & ない時 \\ b & ある時 \end{cases}$

〔近藤秀明（1983）から転載〕

あり、ついにはザイセンチュウの侵入を許し、定着場所やその周辺部では宿主の必要のない過剰な生体防御と、ザイセンチュウの局部的な激しい攻撃によって、宿主の抵抗力は著しく低下する。これがまさしく根系への移動を図るザイセンチュウの寄生戦略であり、ときに"枝枯れ"や"部分枯れ"が生ずる原因でもある。まさにザイセンチュウはその間隙を縫って根系に到達し、そこで定着し、交尾・産卵する。孵化したザイセンチュウ2期幼虫は、速やかに仮導管と放射柔組織が交差する窓状の分野壁孔を通って、仮導管と放射組織をジグザグ状に徘徊し、地上部や地下部に広範囲に移動分散し、樹体全身に分布域を広げることになる（図 3.50）。

(3) ザイセンチュウのカミキリへの乗り移り

ザイセンチュウが定着し、生息場所となった根の樹脂道や放射組織では地上部で生じた局部的な組織破壊と同じように、根の篩部や形成層などの柔組織は破壊されて通水は停止するであろう（後述）。通水が停止すると、地上部では樹体の水分状態の悪化と光合成機能の低下が起こるが、根系から地上部に移動分散していたザイセンチュウは、爆発的な増殖を開始する。そして、エピセリウム細胞・柔細胞・柔組織の破壊や、全身的な過敏感細胞死による柔組織細胞の変性・壊死によって、宿主（マツ）は衰弱枯死する。この時期を待ってマダラカミキリが飛来し、交尾・産卵する（図

3.47 ⑩、産卵痕）。地上部で爆発的に増殖したザイセンチュウは、宿主の枯死による生息環境の不良（餌不足や乾燥）に伴い、増殖型から分散型に生活環を切り替える（図 3.51）。分散型となったザイセンチュウ第3期幼虫は、マダラカミキリの蛹室すぐ側の仮導管や樹脂道に集まる（図 3.52）。そして、マダラカミキリ幼虫が蛹室内で蛹から成虫になると、分散型第3期幼虫は直ちに脱皮して、口針や消化器官がなく、体表が粘着物質で被われた"分散型第4期幼虫（耐久型幼虫）"となり、一気に、マダラカミキリの第一気門に潜りこむ。すなわち、ザイセンチュウの根株から地上部への移動分散行動と爆発的な増殖は、マダラカミキリに

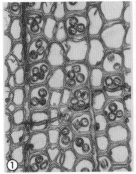 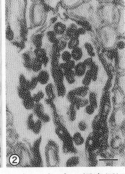

図 3.52　発病枯死した宿主（マツ）内の蛹室周辺の仮導管および樹脂道内に集合したマツノザイセンチュウ分散型第3期幼虫
①蛹室周辺の仮導管内のザイセンチュウ（bar：50μm）
②蛹室周辺の樹脂道内のザイセンチュウ（同）

〔Mamiya（2008）から転載〕

乗り移るための緻密な行動戦略であり、ザイセンチュウは、土壌から樹体組織へという、まさに種の命脈をかけた生息域の転換を成し遂げたといえるだろう。

（4）仮導管の水分通導阻害の主な原因

針葉で生産された炭水化物は脂肪やデンプンの形で幹や根株の木質部の柔組織・放射組織・皮層に貯蔵される。また、根の伸長には多量の光合成産物が使用され、光合成産物の供給量によって根の成長速度が制限される。根の機能には、水やミネラルを吸い上げる養水分吸収機能、貯蔵物質を蓄える機能、細根の再生機能および外生菌根菌との共生機能がある。一方、根の伸長停止の主な原因は、光合成産物の減少や光合成産物の篩部転流阻害、あるいは根端の成長点細胞の壊死である。

ザイセンチュウが分泌するセルラーゼ等に起因し、組織柔細胞の変性・壊死の拡大によって、篩部などの機能が低下すると、根株の柔組織・放射組織・皮層に蓄えられた貯蔵物質の根端成長点細胞への篩部転流が阻害されるとともに、セルラーゼによって誘導されたエチレンによる根端成長点の細胞分裂抑制が生ずるだろう。その結果、根の伸長が止まり、細根は消失する。細根消失はすなわち、養水分吸収機能や外生菌根菌との共生機能が失われることであり、根系の生死の判定基準でもある。

マツ材線虫病によるマツ類枯損機構の解明は1970年代から1980年代にかけて関係機関の総力を挙げて精力的に進められてきた（表3.29）。松枯れの発生メカニズムについては、これまでいくつかの説があり、ザイセンチュウによる水分通導阻害が松枯れの主原因であることに異論はないものの、未だに枯損機能を明確に説明できる定説には至っていない。それは、通水が完全に停止する真の原因が何であるのかが解明し切れていないからである。

マツ材線虫病でマツが枯れる、水分通導阻害の根本的な原因は、橋本（1981）や作田ら（1993、1994）の研究論文から、筆者は根系に移動したザイセンチュウによって根の伸長が停止すると、それに伴い細根が消失し、水分やミネラルなどの「養水分吸収機能」および「外生菌根菌との共生機能」が損壊されて、通水が完全に停止するためである（田畑、2014）とした。しかし、この結論も未だ仮説の域を脱しえない。今後の更なる解明研究や実証試験に期待したい。

4 根系感染とその枯損発生メカニズムに関する調査事例

根系感染は、根が相互に癒合しているか、または接触している場合に生じるが、根系感染による松枯れの発生メカニズムを解明するために行った、以下の実験結果を紹介する。これらの実験の設計や調査方法の考え方や組み立て方は、伝染経路や発病条件の把握など、発生生態に関する各種の実験・実証の設計にも応用できよう。

（1）根系感染

上述の"当年枯れB"が発生する原因は、以下に述べるようなザイセンチュウの"根系感染"によるものと考えられる。

図3.53に、田中・玉泉（2004）の根系感染の実験結果を示す。ザイセンチュウを接種したマツBの枯死後に、マツBと根が癒合した隣接のマツA・C・Dが枯れた。これらの隣接木は樹冠部を網で被覆してマダラカミキリの後食を防いでいたことから、隣接木が枯れた原因はマダラカミキリからザイセンチュウがマツに移動したのではなく、根系感染によるものと結論される。なお、隣接木のCとAは、Bからの距離はそれぞれほぼ同じであるが、枯れる時期は、CがAよりはるかに遅かった。その理由はA・CとBとの根の癒合密度の違いによると推定される。

このようにして、1本の"当年枯れ"のマツ（図中のB）を中心に、根系感染によって隣接木（A・C・D）が枯れて「小集団的な松枯れ」が形成される。つまり、先述の矢野が指摘する「小集団的な松枯れ」は、1本の当年枯れの根系感染

によって発生することを、田中・玉泉が見事に実証したことになる。さらに、野外のマツ林（平均樹高11.7 m）において、松枯れの発生を調べた結果では、根系感染による枯損被害は3年間にわたって続くという、興味深い結果が得られている。

（2）根系感染による枯損発生メカニズム
1）ザイセンチュウの分散と生息環境
　田畑・阿部（未公表）および阿部ら（同）によると、マダラカミキリから分離したザイセンチュウ約4,500頭を接種した7年生クロマツでは、接種2か月後の針葉基部が黄変する発病初期では、樹幹部のザイセンチュウは接種部以外にはほとんど存在しないが、すでに根株や根系に移動分散している。発病から3日目で樹体全身に移動分散していることから、樹体内でのザイセンチュウの移動分散速度は著しく速い。そして、発病10日後の枯死時点では、根株や根系のザイセンチュウ密度はきわめて高くなる。また、一例ではあるが、健全木と根が癒合した44年生のアカマツ枯損木では、枯れてから3か月経過した根株や根系に、高密度のザイセンチュウが生存することが確認されている。

　上記のように、ザイセンチュウは速やかに根株から根系へと移動分散し、発病後の病状の進展に伴い、根系（側根）のザイセンチュウ密度は高まり、枯死後は急速に低下する。しかしながら、側根によってザイセンチュウ密度にかなりの違いがある。これは、伐採後の伐根や側根におけるザイセンチュウの生息環境（餌、水分状態など）に一因があると考えられる。つまり、伐倒後間もない枯損木の伐根や側根の材部は、新鮮で白色が強く、樹脂や水分が多いと褐色がかり、青変菌により灰黒色が混じるものも多く見られる。このような材部であれば、ザイセンチュウは生存し、生活環を維持できる。一方、枯れてから日数が経過して辺材全体の劣化が進み、灰黒色〜黒色化した材部からはザイセンチュウが検出されない。すなわ

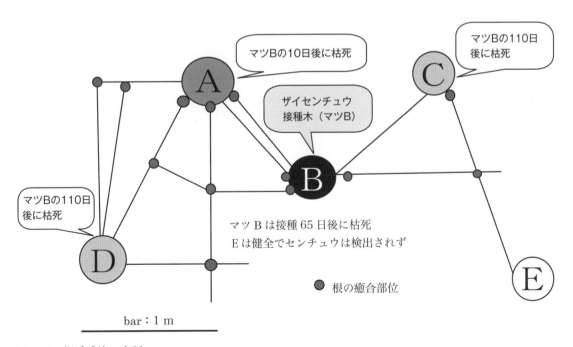

図3.53　根系感染の実証
2003年5月12日に約30年生のクロマツ調査木5本の樹冠部を網で被って，カミキリの飛来を防いだ．
6月2日にクロマツ（B)の3本の枝に，1本あたり線虫1万頭を接種し，人為的に"当年枯れ"を作製した．
マツBとA・C・D・Eの根の直接的な癒合数；Aとは3個所，Cは1個所，D・Eは0個所．ただし，間接的にはすべて根が連結している
〔田中・玉泉（2004）を一部改変〕

ち、ザイセンチュウは、新鮮な樹脂細胞、柔組織細胞や生きた菌糸を餌とするといわれており、また、発病枯死木の樹脂道や放射組織の組織解剖学的観察では、これまでに糸状菌の繁殖は確認されていないことから、樹体内でのザイセンチュウの餌は菌類ではなく主に樹脂細胞や柔組織細胞であると考えられている。そのため、抗菌性物質が蓄積した心材部や、黒色化し劣化が進んで腐朽した材部は、生存に適した生息環境ではなく、そこでのザイセンチュウの繁殖は不可能である。

しかしながら、根の癒合によって連結した個体間では、養水分の移動が生ずることから、健全木と癒合している根では、ザイセンチュウは繁殖できると考えられる。したがって、側根によるザイセンチュウ密度の違いは、必ずしも生息場所の良否だけではなく、健全木と根が相互に癒合または接触しているか否かによって生じた結果でもあると推察される。

根が相互に癒合あるいは接触した個体間におけるザイセンチュウの移動・繁殖行動を調査した結果では、ザイセンチュウは発病木と根が接触癒合した健全木に侵入・増殖して、これを発病枯死させ、さらに新たな健全木と癒合した根に移動することが判明した。"当年枯れB"が年を越えて5〜6月に発病する原因は、マツノキクイムシの穿孔によって青変菌類が樹体内に侵入した結果とも考えられるが、土壌中の温度が10℃以下となる冬季には、ザイセンチュウは発育を停止し（発育限界温度）、徐々に気温が上昇する春季に再び繁殖を開始するためであろう。"当年枯れ"や、その根系感染で枯れた"当年枯れB"の根株におけるザイセンチュウ密度が100頭未満になると、もはや根系感染能力はなく、新たに当年枯れの枯損木が発生しない限り、小集団的な枯損は発生し難いと推察される。

また、"年越し枯れ"の場合、樹体内におけるザイセンチュウの爆発的な増殖は生じないといわれている。実際、根株のザイセンチュウ密度は100頭未満と総じて低く、年越し枯れの根系感染による枯損は発生しない。したがって、年越し枯れの枯損木から、翌年にマダラカミキリ成虫が脱出したとしても、マダラカミキリ成虫のザイセンチュウ保有数は皆無か、きわめて少なく、新たに健全木を枯死させるほどの感染能力はないと考えられる。

2）伐根のザイセンチュウ

松枯れ被害対策事業においては、これまで長年にわたり被害木を伐倒駆除してきたが、枯死約3か月後も、根株や根系にザイセンチュウが高密度に生存することから、伐倒後3か月以上放置された伐根にもザイセンチュウが生存している可能性は高い。

世界文化遺産に認定されている"三保の松原"（静岡市）近くの三保グランドゴルフ場周辺にあった、伐倒後5〜10か月を経過した17個の伐根をDNA診断したところ、その97.5％からザイセンチュウが分離検出された。さらに、三保の松原の中心である"羽衣の松"付近にあった、約2年半を経過した伐根にも、ザイセンチュウが生存していたのである。これらのことから、ザイセンチュウは、ほぼ3年間は伐根で生存する可能性が示唆される。

3）根の癒合

樹木では、根が互いに伸長し、錯綜した状態となり、一部で根が癒合する。根の癒合はほとんどの樹種で起こり、当然のことではあるが、一般に同樹種の個体間の場合が多い。個体間で根の癒合が起こる林齢は10〜15年生以上で、樹種ではアカマツ、クロマツ、リギダマツでは根の癒合が多くみられる。根の癒合は、林分密度、土壌条件、根系の発達などに影響される。苅住（2014）によれば、胸高直径が15〜28cmのクロマツ成木での根の癒合は、1 m^{2}あたり1.4〜1.8個といわれ、本数密度が高いと癒合率も高い。実際に、樹高11.7mのクロマツ成木を掘り起こして根の癒合を調べた田中ら（2014）の結果では、根と根が癒合した個体は98％存在していた。

根系感染では、個体間の根の癒合密度（1 m^2

あたりの癒合数）が高いと、ザイセンチュウの移動は速く、移動数も多いと考えられる。

マダラカミキリによって、マツ樹体内に運ばれたザイセンチュウは、地上部と地下部に移動分散し、地上部では爆発的に増殖して、マダラカミキリによって新たな生息地に運ばれる。一方、地下部のザイセンチュウは根株から根系に移動分散し、接触した根株や根から、または癒合した根を通って新たな生息地に移動する。このような根系感染による枯損被害は、約3年の間に進行拡大していく。本病が有する、この複合的な感染経路が、林地において松くい虫被害対策に予防散布、樹幹注入、伐倒駆除などの防除技術を導入し、地域の被害に応じて、総合的に組み合わせて実施したとしても、新たな枯損木が必ず発生する原因であり、また、既存の松枯れ対策の落とし穴ともみられ、重大な社会・経済的問題を招いているのである。

5 防除対策

わが国における植物の病害の種類は、延べ数で12,000種以上が記録されている。また、農林害虫の種類は約2,900種が記録されており、その約1割は海外からの侵入害虫と推定される。どのような病気であってもその病原体（線虫類も含む）が判れば、的確な防除対策を講じることができよう。病原体に対して正しい診断を行うことこそが、的確かつ適正な防除の前提である。すなわち、通常の病害の場合は主因（病原体）、素因（宿主）、誘因（環境）のいずれかを除去して、病気が成立しないようにすれば、防除できる。それには、対象病害虫発生を予察し、上記3つの要因に関わる有効な防除手段を合理的に組み合わせて体系化した防除を行う必要がある。病害虫の防除は、生態的防除法（耕種的防除法も含む）、物理的防除法、生物的防除法、化学的防除法の4つに大別されるが、化学的防除による環境への負荷、天敵の減少や薬剤抵抗性の問題等に鑑み、薬剤以外の病害虫防除手段等を取り入れて、総合的に防除効果を上げるIPM（Integrated Pest Management；総合的病害虫・雑草管理）が提唱されている（「病害虫・雑草」を「病害虫」や「有害生物」に置き換えることもある；ノート3.9, p268）。

マツ材線虫病の場合、マダラカミキリの加害様態の本質はマツに対する食害ではなく、マツ材線虫病の病原体であるザイセンチュウをマツに媒介することにある。しかし、被害はマダラカミキリの密度に比例して増減しないことから、一般的な病害虫の防除法では、防除しきれない伝染性病害といえよう。

マツ材線虫病の防除戦略は、病原体のザイセンチュウや、その媒介者のマダラカミキリを絶滅させ、再び侵入・定着させないことであるが、すでに全国に蔓延拡大したザイセンチュウや、わが国土着の森林昆虫であるマダラカミキリを絶滅させることはきわめて困難であり、生物多様性の保全からも絶滅は避けねばならない。したがって、考えられるマツ材線虫病の防除戦略は、地域の被害状況に応じて、既存の防除法を組み合わせ、名勝や松林、緑地等における公益的機能を維持できる被害レベル以下に抑えることが、現在の松枯れ被害現状に即した戦略である。本項では、これまで松くい虫被害対策として実施してきた予防法や駆除法などについて概説する。

＊以下に記載した農薬（商品名；一般名）は、2015年12月現在、登録されているもの（抜粋）を示す。使用の際には必ず登録の有無を確認すること。

（1）マツ材線虫病の予防法

a. 空中散布（法令上の「特別防除」）

有人ヘリコプターによって樹冠上15mの高さから農薬を広範囲に散布する方法で、もっとも効果的な予防法である。しかし、散布適期のずれや散布むらなどで予防効果がバラつき、多少枯損木が発生するため、被害を完全に予防することはできない。散布区域は人の生活圏から200m以上離すことが必須である（図3.54①, 口絵p030）。

空中散布・無人ヘリコプター散布用にスミチオンMC（フェニトロチオン・マイクロカプセル剤）、エコワン3フロアブル（チアクロプリド剤）など

が登録されている。

b. 無人ヘリコプターによる散布

　無人ヘリコプターとは、人が乗って航空の用に供することができない、遠隔誘導式小型回転翼機のことである。無人ヘリコプターによる予防散布（図3.54②）は「空中散布等」と称し、特別防除には該当しない。樹冠上3〜4mからローターの風圧を利用して、真下（梢端部）に、きめ細かく丁寧に散布できる。また、機体が小型軽量で持ち運びが容易であり、散布薬剤の稀釈に際し、水量が少なく済むことなどから、事前の準備が容易である。梢端部に重点的な薬剤散布が可能なため薬剤の使用量が少なく、このため、周辺環境への影響を抑制できるとともに、薬剤費が安く、事業費の軽減につながる利点がある。散布区域は人の生活圏から30m以上離す。最近では、ドローンに散布装置をセットした方式が開発されつつある（図3.54③）。

c. 地上散布

　鉄砲ノズル方式では、樹冠真上に薬液を揚げて、樹冠部に万遍なく散布する（図3.54④）。地上散布には、この他、スプリンクラー方式（⑤⑥）や、樹高40mまで散布可能な、高木専用防除機（スパウター）がある（⑦）。

　地上散布用には、スミパイン乳剤（フェニトロチオン剤）、マツグリーン液剤2（アセタミプリド剤）などが登録されている。

　以上a〜cの予防散布法を実施するあたっては、農作物の農薬残留に関わるポジティブリスト制度（ノート3.13，p313）を遵守して、環境影響や人の健康影響などに十分配慮して実施しなければならない。

d. 樹幹注入

　前述した樹脂滲出量による診断法により、樹脂（ヤニ）が多く流出するマツを選び、根元から

図3.55　殺線虫剤の樹幹注入（上）と土壌処理（下）
①・③写樹幹注入（①ドリルで幹に穴を開ける　②③殺線虫剤を樹幹注入）
④殺線虫剤の土壌灌注　⑤同・薬液の土壌処理と覆土
（日本緑化センター主催　松林防除実践講座において）

見て樹幹上部まで枝や節、腐朽などのない樹幹下部（地上高 0〜30 cm）に、殺線虫剤を注入する（図 3.55 ①・③）。薬液のアンプル内や注入孔内から必ず脱気する。処理対象木における注入日時や薬剤名を記帳しておく。樹幹注入剤は、図 3.56 に示すとおり、一般的な薬剤と同じく根には移行しないが、根が癒合している場合は移行することから、可能な限り地際樹幹下部に施用した方がよい。薬剤の樹幹注入法は庭園や緑地などで保存したい樹に対して個別に対処できる、樹幹注入剤は作業者への安全性が高く、薬剤の飛散が無く、効果が数年継続するなどメリットは大きい。一方で、作業に時間がかかり、価格が高く、幹に傷が付くなどデメリットもある。最近はアンプルを使用しない方法も商品化されている。現在農薬登録されている樹幹注入剤にはグリンガード・エイト、グリーンガード・NEO（以上、酒石酸モランテル剤）、ショットワン2液剤（エマメクチン・安息香酸塩剤）、マツガード（ミルベメクチン剤）などがある。

e. 土壌灌注

マダラカミキリ成虫の羽化脱出 2〜3 か月前に土壌施用する。ネマバスター（ホスチアゼート 30％液剤）を水で希釈して、地際部の土壌に灌注・灌水する（図 3.55 ④⑤）。なお、土壌条件や根系の生育状態によって効果が得られない場合がある。施用に際しては、周辺の水質汚染など環境影響への配慮が大切である。

（2）マツ材線虫病の伐倒駆除法

マツ材線虫病で枯死したマツを放置すると、翌年にザイセンチュウを保持したマダラカミキリ成虫が多数羽化脱出して、新たな被害の発生源となる。このような枯損木のみならず、マダラカミキリの産卵対象木となる被圧木、雪害木なども同時に伐倒駆除し、地上部（樹幹や枝条）に寄生する越冬幼虫・蛹・材内成虫およびザイセンチュウを駆除する方法である。

a. 伐倒薬剤散布

枯損木を玉切りし、樹幹の表面に薬剤を散布する。農繁期を避けて冬期や春期に駆除するが、樹幹部や枝条におけるマダラカミキリ幼虫の駆除効果は約 80％で、完全な駆除効果は得られない。なお、本法ではザイセンチュウは駆除できない。

b. 伐倒くん蒸（法令上の「特別伐倒駆除」）

被害木の樹幹部を玉切りして、枝条とともに"はい積み"（隙間を空け縦横に整然とした積み重ね法）し、全体をビニルシートで被覆し完全に密閉してNCS（カーバムアンモニウム塩剤）やキルパー40（カーバムナトリウム塩剤）で 7〜14 日間くん蒸する。被覆には生分解性シートを使用する場合もあるが、これは高価であり、かつ破れ

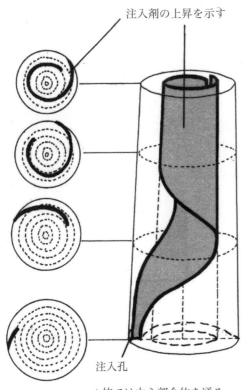

図 3.56　注入剤の上昇パターン
注入剤や水は上方に移行するが，下方には移行しない．しかし，根が癒合している場合は下方にも移行し，癒合部位を経て根が繋がった個体に移行する
〔田村弘忠の原図を改変〕

やすいのが難点である。本法のマダラカミキリとザイセンチュウの駆除効果は100％ときわめて高い（図3.54⑧）。なお、法令上の特別伐採駆除とは、国が定める「松くい虫被害対策」の中で示されている駆除法である。

c. 伐倒焼却（特別伐倒駆除）

被害木を翌春までに伐倒し、枝条とともに焼却する。皮付き丸太で5分間以上焼けば、マダラカミキリおよびザイセンチュウは100％駆除できる。山火事と"つちくらげ病"の発生に注意する（図3.57, 口絵 p030）。

* つちくらげ病は、*Rhizina undulata*（子嚢菌類チャワンタケ目の一種）の寄生による病気で、森林火災や焚き火跡等に発生しやすく、マツなど多数の樹種に枯れを起こす。

d. 伐倒破砕（特別伐倒駆除）

被害木（径28 cmまで）を現場、またはチップ工場に車またはヘリコプターで運び、破砕してチップ化する。チップ化の過程で、マダラカミキリは100％殺虫できるが、ザイセンチュウは駆除できない（図3.58）。

e. その他の伐倒駆除

上記の方法以外に、土中埋没（深さ15 cm）、水中埋没（100日間〜5か月間浸漬）、ビニル被覆などの方法がある。その他に、被害木の有効利用も兼ねて、パルプ原料（パルプ化・建築用材）、製炭、おがくず、シイタケのほだ木などにする方法が考案されている。

なお、上記のc〜eの方法は物理的防除法のカテゴリーに含まれる。

（3）生態的防除

以下の防除法を実行する際には、本病の発生源から保全松林までの距離が1 kmであれば、伝搬被害の発生する確率は11.7％、2 kmでは同1.4％、3 km離れると同0.16％という、科学的データを考慮する必要がある。

a. 樹種転換

対策の対象となる松林の、周辺に存在するマツを、広葉樹などに樹種転換して、保全松林の被害を抑制する生態的防除法である。

b. 防除帯

保全松林を守るために、その周囲のマツを伐採し防除帯を設置する被害抑制対策である。防除帯の幅は約2 km、長さは保全松林の林縁の長さに対応する。

この他に、"落葉掻き"したマツ山における松枯れの被害は、軽微であるといわれているが、効果はあまり期待できない。

図3.58　伐倒木の現地でのチップ化
①チップを蓄積し，利用する　②チップを現地で敷設する

（4）生物的防除
a. ボーベリア菌の利用

　被害木の材内のマダラカミキリ幼虫や、被害木から羽化脱出するマダラカミキリ成虫に、昆虫寄生菌ボーベリア・バシアーナ菌を感染・発病させて殺虫する（商品名：バイオリサ・マダラなど；図3.59）。

b. 天敵昆虫

　マダラカミキリ幼虫の捕食寄生者には、サビマダラオオホソカタムシ、クロアリガタバチ、キタコマユバチなどがあり、中でもサビマダラオオホソカタムシがもっとも有力と考えられる。しかし、製剤・実用化には至っていない。

c. 鳥類の利用

　主に寒冷地で実用化され、5 ha あたり、キツツキ類のアカゲラ1羽で、90％のマダラカミキリ幼虫を補食するという。そこで、キツツキ類のアカゲラのねぐら用底なし型巣箱（商品名：ベッドボックス；図3.60）を設置する。設置はアカゲラの生息地域に限られる。なお、コゲラも補食するが、捕食率は低い。

d. 誘引剤

　現在、実用化されているカミキリ類の誘引剤は、商品名ホドロン（安息香酸とオイゲノール）とマダラコール（α-ピネンとエタノール）の2種類であるが、いずれも、その主成分は産卵期のマダラカミキリ成虫を誘引する化合物である。これらの剤は、後食期のマダラカミキリ成虫には誘引効果がない。

e. 抵抗性マツの育成と利用

　育種には、激害地から比較的形質がよく、種子採取可能な個体を選木し、球果を採取して播種2年生苗を用い、島原系統の強毒性線虫1万頭を接種した後（一次検定1回目／3年目）、生存した健全個体に翌年再度接種し（一次検定2回目／4年目）、健全個体を一次検定合格個体とする。これらの個体を1〜2年間養苗し、1個体あたり10個体以上の接ぎ木クローンを作出し、各接ぎ木クローンについて、二次検定（8年目）を実施する。接ぎ木クローンの生存率に基づいて、二次検定合格個体を判定し、品種開発委員会の審査を受けて抵抗性品種として認められる。なお、これらの抵抗力のある品種には、ザイセンチュウに対抗して、細胞の壁を厚くする遺伝子が存在することが知られている。

〔田畑　勝洋〕

図3.59　ボーベリア菌の利用
ボーベリア菌を塗布した不織布を，罹病木に載せ，脱出するマツノマダラカミキリに感染させる．カミキリが飛翔しないように，全体を不織布等で被う

図3.60　ねぐら用底なし型巣箱（ベッドボックス）

カミキリと線虫の相互関係

　明治期以来、松枯れが深刻な被害を及ぼしてきました。しかし、その主因がマツノザイセンチュウであり、それを媒介しているのが、マツノマダラカミキリであることが、科学的に証明されるのは、1970年前後のことです。「線虫がマツの成木を枯死させる」との、線虫学の常識を覆した大発見は、病原体（線虫）の分離、培養・増殖、接種、症状の再現、そして接種した線虫の再分離といった、まさに地道なデータの積み重ねがあったからこそ、実証されたのでした。

　下の図は、ザイセンチュウとカミキリの関係を模式化にしたものです。この図と説明文、本書の記述や口絵写真、あるいは文献を検索して、以下のことを考えてみましょう。

① ザイセンチュウが松枯れの主因だと特定するにはどのような実験を行ったか。
② ザイセンチュウをカミキリが媒介するという証明はどのように実験するのか。
③ 松枯れの症状はいつどのように現れるのか。

　近くに本病の初期症状の現れたマツがあれば、その経過を観察してみましょう。枝の採取が可能であれば、線虫の分離も試みましょう（枝の採取にあたり、管理者の許可を得ること）。

〈マツノザイセンチュウとマツノマダラカミキリの関係〉

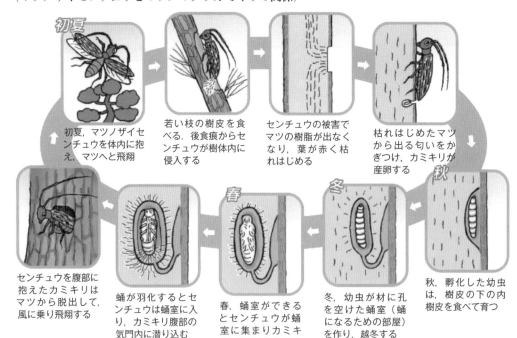

〔図：「緑の総合病院ハンドブック・6」（エコル）から転載〕

マツ材線虫病の防除対策

　マツ材線虫病の防除には多くの方法が開発されています。個別の技術としては、主因であるマツノザイセンチュウ、媒介昆虫マツノマダラカミキリ、あるいはその両者を対象としています。

　以下の模式図と本書の口絵や記述を参考に、次のことを考えてみましょう。

① 本病の防除方法を洗い出す。
② それぞれの方法の内容、直接の防除対象、活用できる地域や場所を挙げる。
③ それらのメリットやデメリットを整理してみる。その判断には、経費（機器類、運営費、人件費など）や、実際に必要なことを加味する。

　最後に考察として、現在の社会情勢や、様々な背景を考慮して、今後の防除対策はいかにあるべきか、自分の考えをまとめてみましょう。

〈マツ材線虫病の各種対策〉

●伐倒 ⇒ 粉砕，くん蒸，焼却　●樹幹注入　●抵抗性育種

1：マツ枯の林から、生き残ったマツの種子を採取する

2：採取したマツの種子を発芽させ，育てる

3：人工的に線虫を接種し，残ったマツの種子を採取し育て，かけあわせる

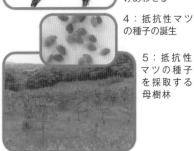

4：抵抗性マツの種子の誕生

5：抵抗性マツの種子を採取する母樹林

〔図：「緑の総合病院ハンドブック・6」（エコル）から転載〕

III - 7　農薬の基礎知識と安全・適正使用

　農薬を使用する主な目的は、当然ながら病原菌・害虫・雑草などの有害生物を省力的・経済的かつ効果的・効率的に防除して有用植物の高品質・安定生産を図り、あるいは望ましい景観を維持することにある。しかし、農薬がきわめて有効な病害虫・雑草の防除手段であることに論議の余地はないが、もちろん万能ではなく、農薬を使用すればこれらの目的が必ず達成されるというものでもない。また、病害虫・雑草と有用植物種の組み合わせによっては、農薬依存の防除が不要という判断もあり得るし、農薬をやみくもに使用したのでは、労力や経費の無駄になるばかりでなく、農薬事故、環境問題や地元住民とのトラブルを引き起こすことにもなりかねないのである。

　農薬散布によって防除効果を上げるためには、それぞれの標的に薬剤をどの程度接触させるかが主要な課題となるが、一般の病害虫防除剤は、標的を直接ねらって散布することよりも、病原菌や害虫種が生息する植物体と、生息部位を対象として薬剤を散布し、標的との接触を期待するのがふつうである。したがって、農薬の安全で実効性のある使用法を会得するには、それぞれの農薬特性だけでなく、対象植物の生理・生態的特徴や、対象病害虫の発生生態についても理解を深めておくことが欠かせないであろう。

◆農薬とは　農薬の種類　農薬の望まれる条件　農薬の効果発現　農薬の製剤化と散布方法
　農薬の安全な使用　ドリフトの問題点とその対策　農薬の効果的使用法

1　農薬とは

（1）関連法令と関係省庁

　農薬の製造や販売、使用は多数の法令により規制される。農薬に関わる法令には、農薬取締法の他に、植物防疫法、毒物及劇物取締法、消防法、食品衛生法、食品安全基本法、水質汚濁防止法、環境基本法、水道法、廃棄物処理に係わる法律などがあり、所管する省庁も、農林水産省、厚生労働省、環境省、消費者庁など、広範囲にわたる。

（2）「農薬等」「農作物等」「病害虫」の意味

　「農薬」は「農産物等を害する菌、線虫、ダニ、昆虫、ネズミその他の動植物またはウイルスの防除に用いられる殺菌剤、殺虫剤、その他の薬剤および農作物等の生理機能の増進または抑制に用いられる成長促進剤、発芽抑制剤その他の薬剤をいう」（農薬取締法第1条）と定義されている。つまり、農作物等を侵す病害虫等の防除を目的に使用する薬剤等の資材は、いずれも農薬であり、販売・使用する際には、その資材に農薬登録がないと違法行為になる。しかも、農薬の登録義務は天敵類等の生物的防除資材にも適用（生物農薬・微生物農薬という）される。ただし、特定防除資材＝通称は「特定農薬」＝として、地域の天敵、重曹、食酢が指定されており、これらは登録がなくとも病害虫等の防除に使用できる。いずれにしても、農薬登録されている資材は、農林水産省の登録番号が製品に必ず印字されているので、無登録農薬とは明確に区別できる。

　「農作物等」とは、その栽培の目的、肥培管理の程度の如何を問わず、人が栽培している植物を総称するとされる。すなわち、「農作物等」には食用作物のほかに、観賞用の目的で栽培している庭園樹、盆栽、花卉類、街路樹、ゴルフ場・公園などの芝生を含むほか、肥培管理のほとんど行われていない山林樹木もこれに該当する。自然植生の樹林、樹木医が対象とする緑化樹木、林木（野生も含む）、草花や芝生など、植物はすべて「農作物等」に含まれると解釈してよい。

　「病害虫」には病原菌、病原ウイルス、害虫、ネズミ等のほかにスズメ等の鳥類、ナメクジ、ザリガニ、さらには雑草等が含まれている。害虫には昆虫だけではなく、ダニ等も含む。ただし、農

作物等に害を与えない、不快害虫や衛生害虫等は含まない。つまり、カやゴキブリに使用する場合は、同じ成分であっても、農薬とはみなされないのである。

（3）農薬の安全性評価と登録内容の表示

　農薬は登録検査を通して安全性の評価が行われる。農薬の製造業者または輸入業者が薬効試験成績（該当の薬剤が該当の病害虫の防除に有効であるという具体的な成績）、植物に対する薬害試験成績（通常濃度で該当の植物に薬害を生じないという試験成績、および倍濃度あるいは倍量施用の試験成績）、安全性試験成績（急性毒性や慢性毒性等の試験成績）など、膨大な提出書類を揃えて農林水産大臣あてに登録申請を行う。これら成績書などは独立行政法人農林水産消費安全技術センター農薬検査部でチェックされ、その結果をもとに、農林水産省、厚生労働省、環境省が登録の是非を協議し、最終的には農林水産大臣が登録の可否を判断する。登録内容については、商品のラベルに以下の項目を具体的に明記することが義務づけられている。農薬登録の概要については、ノート3.10（p308）を参照。

　農薬ラベルの表示事項：登録番号；毒物・劇物、危険物の表示；成分、性状、内容量；適用作物・病害虫雑草名，使用方法；効果・薬害等の注意事項；安全使用上の注意事項；最終有効年月；製造場、住所 など（図3.61；ノート3.11，p309）。このように、農薬には人が使用する医薬以上に厳しい審査と表示が義務付けられているといってよい。

2　農薬の種類

（1）農薬の名称

　農薬は通常5種類の名前をもっており、法規上の命名は、「農薬の種類について」（1982年；農林水産省農蚕園芸局長通知）に基づいて実施されている。5種類の命名法は次のとおり。

a. 種類名：農林水産省に登録される際の分類名。原則として、当該農薬に含まれる有効成分の一般名に、剤型名を付して命名される。
b. 商品名：農薬を商品として販売する場合の名称で、製造業者の登録商標になっている場合は、®やTMなどを付して表示される。銘柄名（めいがらめい）ともいう。
c. 化学名：有効成分の化学構造を示した名前であり、文部科学省学術用語集による。学術用語集に記載されていない化合物は、国際命名法規則を基準として命名された英語名を、日本化学会標準化専門委員会制定に係る化合物命名法によって翻訳または字訳される。

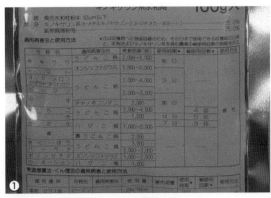
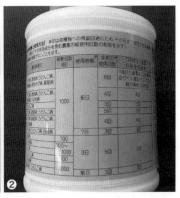

図3.61　農薬製品の表示（例）
①水和剤の袋のラベル：商品名（省略），種類名（キノキサリン水和剤），内容量，適用病害虫，使用方法等，必要な情報が記載されている
②ボトル容器のラベル：①と同様に登録内容が記載

d. 一般名：国際的に採用された名称。農薬の有効成分や構造などを簡潔に表す形で名付けられ、原則として国際標準化機構（International Organization for Standardization；ISO）が国際規格として決めている。なお、これが定められていない場合には、農林水産省の「農薬の一般名命名基準」に従って命名した名称とするが、古くから登録されている農薬にあっては、以前より種類名に用いられていた名称が一般名となる。
e. 試験名：農薬の開発試験段階で用いられる名前で、使用者には馴染みがないが、コードネームなどとも呼ばれている。

（2）農薬の分類
1）用途による分類
　一般的には、農薬取締法の定義にもでてくるように、用途別に分類されることが多い（表3.30）。農林水産省では、以下の7種類に分けて用語を使用する場面が多いようである。

a. 殺虫剤：狭義には有害な昆虫（害虫）を防除する薬剤を指すが、広義には殺ダニ剤・殺線虫剤・貯穀害虫防除や畑地くん蒸に用いられるくん蒸剤も含まれる。
b. 殺菌剤：有害な菌（病原菌菌・病原細菌）を防除する薬剤で、ウイルス病防除剤も含む。
c. 殺虫殺菌剤：殺虫剤と殺菌剤の混合製剤。
d. 除草剤：有害な雑草を防除する薬剤。
e. 殺そ剤：野鼠を駆除するための製剤。餌・液や粉などとして用いられる。

f. 植物成長調整剤：有用植物の成長を促進・抑制したり、発芽・萌芽・発根・着果・摘果、花芽形成や果実の肥大・成熟などに関与する様々な作用をもつ物質を製剤化したもの。
g. その他：展着剤（それ自体は薬効をもたず、主剤の物理性を増強して効果を高めるために用いられる薬剤の補助剤）、忌避剤（鳥獣や害虫の嫌がる臭い・味覚・色等をもとに、その化学物質を製剤化したもの）、誘引剤（主に昆虫の交尾・摂食・産卵行動などに関与して、特定の臭いに集まる化学物質を製剤化したもの）、生物農薬（病原菌や害虫防除を目的として、天敵となる微生物・昆虫・ダニ・線虫等を製剤化したもの）、農薬肥料（農薬と肥料の混合製剤）などがある。

2）剤型による分類
　大部分の農薬は、有効成分を対象植物にむらなく付着させ、効力を十分発揮させるとともに、取り扱いが便利なように、有効成分である化学物質（原体という）を各種の補助剤などで稀釈して製剤化し、市販されている。この製剤形態を「剤型」と呼んでいる。なお、農薬登録上の種類名として用いられる剤型名は、上記した「農薬の種類について」（通知）で定められているが、それ以外に、便宜的、慣用的名称も多数ある（表3.30）。

a. 粉剤：農薬原体を担体（クレーなど）に混合した粉末状（粒径が 45 μm 以下）の製剤。散布中の漂流飛散が多いので、微粉部分を除去したDL粉剤がある。固形のまま使用する。

表3.30　農薬の区分と内訳

区　分	主　な　内　訳
名　称	種類名，商品名（銘柄名），化学名，一般名，試験名（コードネーム）
用　途	殺虫剤，殺菌剤，殺虫殺菌剤，除草剤，殺そ剤，植物成長調整剤，展着剤，忌避剤，誘引剤，生物農薬，農薬肥料
剤　型	粉剤・DL粉剤，粒剤，粉粒剤，水和剤，顆粒水和剤（ドライフロアブル），フロアブル剤（懸濁剤），水溶剤，乳剤・EW剤，液剤，マイクロカプセル剤，油剤，エアゾル，くん煙剤，くん蒸剤，塗布剤，ペースト剤

b. 粒剤：農薬原体をタルクなどの固体稀釈剤に混合造粒したもの、あるいは芯剤（固体稀釈剤）に有効成分を吸着・含浸して製造される粒状の固形剤で、粒径は300～1,700μmである。固形のまま使用する。

c. 粉粒剤：細粒（粒径300～1,700μm）、微粒（同106～300μm）、粗粉（同45～106μm）、微粉（同45μm以下）のいずれかの範囲にまたがって混合されたものをいう。慣用的名称として「微粒剤」（同106～300μm）「微粒剤F」（同63～212μm）「細粒剤F」（同180～710μm）などがある。固形のまま使用する。

d. 水和剤：農薬原体（水不溶性固体）を4～5μm程度に微粉砕し、補助剤（湿潤剤、分散剤など）および微粉クレー（5μm以下）などと混合したもの。農薬原体が液体の場合は、高級油性担体に吸着させる。本剤は水に稀釈して使用するが、調製時に粉立ちが多い欠点がある（表3.31）。また、調製後10分もすると沈殿するなど、取り扱いには注意が必要である。

e. 顆粒水和剤（ドライフロアブル）：農薬原体（固体）を微粉砕し、補助剤（湿潤剤、分散剤など）と混合してスラリー状とし、これを乾燥顆粒化したもの。農薬原体が液体の場合は、高級油性担体に吸着させる。水和剤と異なり、水稀釈時に粉塵を生じない。水和剤の一種で「DF」ともいう。また、「WG」「WDG」もこれに含まれる。

f. フロアブル剤（懸濁剤）：農薬原体（水不溶性固体）を湿式微粉砕し、補助剤（湿潤剤、分散剤、凍結防止剤、増粘剤、防腐剤など）を加えて、水に分散させたスラリー状の剤。稀釈液は白濁し、不透明である（水和剤の一種）。「ゾル剤」「SC」「SE」などもこの範疇である。有効成分が沈殿しているので、使用時には容器をよく振ってから水稀釈する。

g. 水溶剤：水溶性の粉状・粒状など、固体の製剤で、水稀釈して使用する。「SG」ともいう。

h. 乳剤：水に溶けにくい農薬原体を適当な溶剤に溶かして、乳化剤を加えたもの。水に稀釈すると白濁し、不透明なエマルション（乳化液）となり、2～3時間は安定している。有機溶剤に関係した欠点もある（表3.31）。

i. EW剤（乳剤の一種）：農薬原体（水不溶性または溶液）を、補助剤（乳化剤、凍結防止剤、増粘剤、防腐剤など）および水と混合した剤で、有機溶剤の欠点を解消できる。

j. 液剤：水溶性液体の製剤で、そのまま、あるいは水に稀釈して使用する。分類上は「ME」も液剤に含まれる。

k. マイクロカプセル剤：農薬原体を高分子物質の薄膜で覆って製剤化した農薬のこと。膜の性質や厚さを変えることで薬効の持続性を高めたり、有効成分の放出を制御できる。そのまま、あるいは水に稀釈して使用する。「MC」ともいう。

l. 油剤：水に不溶の液体製剤で、そのまま、あるいは有機溶媒に稀釈して使用する。

m. エアゾル：蓄圧充填物で、内容物が容器からバルブを通じて霧状に噴出する農薬。

n. くん煙剤：通常は発熱剤・助燃剤を含めた製剤で、加熱により当該農薬の有効成分を煙状に空中に浮遊させて使用する。

表3.31 乳剤・水和剤の剤型上の問題点とその改良

剤型	問題点	原因	対処法	改良製剤の例
乳剤	毒性 薬害 危険物	有機溶剤	水性化 固形化 溶剤変更	フロアブル剤, EW剤 固形乳剤, ゲル製剤 低毒性乳剤
水和剤	粉塵 （粉立ち）	微粉体	水中分散化 粒状化 容器改良	フロアブル剤, ゾル剤 顆粒水和剤, WG剤 水溶性包装

o. くん蒸剤：当該農薬の有効成分、または有効成分に由来する活性物質を、密閉あるいはそれに相当する条件下で気化させて、土壌中または収穫物などの殺虫・殺菌に用いる製剤のこと。
p. 塗布剤：当該農薬を主として農作物などの一部に塗布し、またはこれに類似する方法で使用する製剤をいう。
q. ペースト剤：糊状の製剤であって、他の剤型に該当しないものを指す。

3　農薬の望まれる条件

農薬は、対象となる病害虫や雑草に対する効果が優れていると同時に、有用植物に薬害がないこと、人畜・魚介類・有用生物および環境のあらゆる面において安全であることが、最高レベルの重要性をもって強く要求される。また、貯蔵中の品質が一定で使いやすく、経済的にも許容できる価格でなければならない。

（1）効力が大きいこと

当然の事象として、対象となる病害虫・雑草に対する効果が大きく、確実に防除効果を発揮する必要がある。加えて、薬剤耐性（抵抗性）が病害虫・雑草に発達しにくいこと、土着天敵等の生態系に大きな影響を与えないこと、また、1種類の病害虫だけでなく、同時に発生する他の病害虫に有効作用することも、省力的・経済的見地から望ましい条件である。一方で、場面によっては特定の病害虫に特効的な剤が求められる。

（2）安全に使用できること

これも必須の条件であるが、農薬は人畜に対する毒性はもちろん、魚介類・カイコ・ミツバチなどの有用動物にも毒性が低く、加えて、適用植物にも影響を与えないものでなければならない。とくに人畜に対する急性・慢性などの毒性の低いことが、何にも優先して重要な条件であるが、さらに、施用後作物体内や土壌中に残留するおそれが少なく、生態環境中での分解が速く、生物濃縮性の低いことが要求される。また、施用量、植物の品種や生育状況、気象状況の僅かな違いによって薬害を起こすような農薬は、効果面との兼ね合いもあるが、あまり望ましくない。

（3）使用しやすいこと

農薬は必ずしもその方面の専門家でない人が使用することが多いので、簡便に使用できることが必要であり、有効成分を使いやすい形態に製剤できるものがよい。また、有効成分としては、施用の適期が多少ずれても防除効果を示すこと、ほかの有効成分と混合して使用できることも期待される要素である。製剤としては、貯蔵中に物理性が変化しないことや、調製した薬液が安定していることが挙げられる。

（4）安価であること

当然であるが、農薬はできるだけ安価であることが望ましい。しかし、若干高価な商品であっても、他剤より少ない施用量、あるいは減じた施用回数で的確な防除効果が得られるならば、労力面や経済面からも推奨されよう。

4　農薬の効果発現

農薬は、防除対象生物（病原菌・害虫・雑草など）の体内に浸透移行し、その有効成分が標的組織・器官に接触し、そこで防除効果の発現に繋がる生理活性を示す。すなわち、それぞれの農薬には防除効果発現の最初の引き金となる作用点（一次作用点という）が存在する。その流れを要約すると、①農薬が防除対象生物（有害生物）に到達し、両者が接触するまでの段階、②農薬が有害生物の体内に浸透移行し、一次作用点に至るまでの段階、③農薬が一次作用点に作用し、生理的攪乱が生じて防除効果を表す、という経過をたどることになる。

（1）農薬と防除対象生物の接点

農薬が防除対象生物に到達するまでの段階では

農薬の剤型・施用法や、気象・土壌などの環境条件が影響する。例えば、散布時の風によって農薬が栽培場所（作物）・植栽地（植物）から逸れて目的以外のところへ飛散したり、散布後（とくに直後）の降雨により流亡する。また、茎葉が繁茂していて、散布の仕方が不適切で「かけむら」を生じた場合には、防除効果が挙がらないことも多い。そして、植物体の表面に付着した農薬や、土壌施用され、あるいは地表面に落下した農薬も様々な要因によって次第に分解・減衰されて、効力を失っていく（図3.62①，口絵 p031）。

防除対象生物に到達（接触）した農薬は、その有効成分が表面から体内に取り込まれたり、餌とともに経口的（害虫の場合）に取り込まれ、体内における一次作用点に移行する。ほとんどの農薬は植物体の付着部分に留まって、植物体内を浸透移行することは少ないが、種類によっては、植物の表面に付着した農薬が植物体内を浸透移行したり、土壌に処理された農薬が根部から地上部に移行し、茎葉等を加害する有害生物に対して防除効果を発揮するものがある。とくに除草剤に関しては、茎葉部に散布された農薬が根部に移行して株全体を枯死させたり、土壌に処理された農薬が茎葉に移行して枯らすタイプのものが多いので、ドリフトおよび雨水等による土中の水平移動に起因する、有用植物への薬害には十分に注意しなければならない。

（2）農薬の作用機構と耐性（抵抗性）の発達

農薬が植物に使用されて必要な作用を発揮するまでの間には、物理・化学的性状や化合物の構造などが関係している部分と、生理・生化学的な作用機構に関係している部分がある。ただし、作用機構の解明が困難な場合もあり、農薬のすべてがこの面から解明されているわけではないが、一般に殺菌剤は代謝阻害、殺虫剤は神経機能阻害、除草剤は光合成阻害やアミノ酸合成阻害に関わっているものが多い。

a. 殺菌剤

病原菌は主に宿主植物から炭水化物を摂取し、それをエネルギー源として生活を営んでいる。銅剤・ジチオカーバメート・キャプタン・TPNなどの作用機構としては、病原菌のエネルギー代謝や、菌体成分の代謝に必要な、スルフヒドリル基をもった酵素（SH酵素）の阻害が知られている。菌体成分の生合成に際して、例えば、ポリオキシンは菌体の細胞壁構成成分であるキチンの生合成を、ジフェノコナゾール・ビテルタノール・トリフミゾールなど（EBI剤と総称）は菌体の細胞膜構成成分のエルゴステロールの生合成を特異的に阻害する。カスガマイシン・ストレプトマイシンなどの抗生物質は、病原菌のタンパク質の生合成を阻害するという。また、ベノミル・チオファネートメチルなどのベンズイミダゾール系化合物は、病原菌の核酸生合成阻害を起こす。

同じ殺菌剤を連用していると、病原菌の種類によっては、ある集団の大多数の病原菌を殺滅する薬量を与えても、生き残る能力が発達してくることがあり、これを薬剤（殺菌剤）耐性と呼ぶ。この現象は、もともと殺菌剤に弱い病原菌と強い病原菌が混在している自然界に殺菌剤が使用された結果、淘汰によって強い病原菌だけが生き残る場合と、突然変異によって遺伝的に、その殺菌剤に

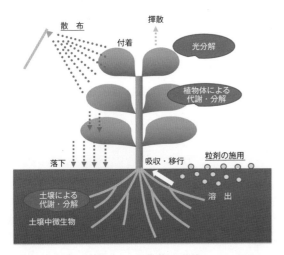

図3.62・①　散布された農薬の動態　（口絵 p031）

強い病原菌が出現して、耐性を獲得したものだけが生き残る場合が考えられる。うどんこ病・灰色かび病・さび病・細菌病類などには、作物との組み合わせにより、薬剤耐性の発達した薬剤が多数確認されている。

b. 殺虫剤

　動物の神経における興奮の刺激伝導は、細長く伸びた神経細胞（軸索）を伝わってその末端（シナプス前膜）に達すると、化学伝達物質（昆虫の場合はアセチルコリン；GABA）がそこから神経細胞との連結部分のすき間（シナプス）に放出され、神経細胞の先端（シナプス後膜）にある受容体と結合して、その細胞を興奮させ、次々に刺激が伝わる。興奮伝達後、不要になったアセチルコリンは、シナプス後膜にあるアセチルコリンエステラーゼ（AChE）という酵素が分解する。こうした正常な神経機能に対して、ピレスロイドは軸索に作用し、フィプロニルはシナプス前膜、カルタップなどはシナプス後膜にある受容体に作用して刺激伝達を阻害する。有機リン剤やカーバメート剤はAChEの活性を阻害してアセチルコリンを分解できなくする。また、クロロニコチニル系化合物（イミダクロプリド・ニテンピラム・アセタミプリドなど）にはカルタップと同様の作用や、アセチルコリン拮抗作用がある。なお、特異的な作用機構をもつ殺虫剤の例として、ブプロフェジン・ジフルベンズロン・クロルフルアズロンなどは、幼虫の表皮形成を阻害して、脱皮異常を起こすような、昆虫成長制御（IGR）剤もある。

　薬剤（殺虫剤）抵抗性は、病原菌の殺菌剤耐性と同義であり、その発生機構も基本的には殺菌剤の場合と同じと考えてよい。アブラムシ類・アザミウマ類・コナジラミ類・ハダニ類や、コナガ・ハスモンヨトウなど、枚挙にいとまがないほど多種の害虫で薬剤抵抗性が確認されている。年間の世代回数が多い害虫種で、使用頻度の高い薬剤に抵抗性が発達しやすい傾向がある。

c. 除草剤

　雑草は生物学的にみて、有用植物とまったく同じ高等植物であり、その生理機能は基本的に類似しているため、除草剤は植物種間における生理機能のわずかな差異を利用して開発されてきた。したがって、除草剤の中には、特定の範囲の雑草種のみに作用する選択的除草剤も存在するが、非選択的で、有用植物にも害作用を及ぼす種類が少なくない。

　除草剤の作用機構としては、雑草における各種の代謝阻害が知られている。例えば、高等植物特有の光合成機能の阻害作用（トリアジン系・酸アミド系・尿素系・ダイアジン系など）、植物の正常な成長を攪乱させるホルモン類の作用（フェノキシ系・安息香酸系など）、あるいはアミノ酸の生合成阻害作用（有機リン系・スルホニルウレア系など）を有するものがある。

　なお、除草剤についても、耐性を有する薬剤と草種の組み合わせが現地で認められているので、使用に際しては殺菌剤や殺虫剤と同様の注意を払う必要がある。

d. その他

　害虫誘引剤、とくにフェロモン製剤（性フェロモン・集合フェロモンなどを利用したもの）は、特定の害虫を、トラップや粘着剤を併用して誘殺したり、交尾活動を阻害して生息密度を下げるので、自然現象の中で機能している活性成分を利用した、一種の害虫防除剤とみなされるが、通常は殺虫剤に含めない。。

　植物成長調整剤は植物の多様な成長現象、例えば、休眠〜発芽・萌芽・発根〜茎葉生育〜着蕾〜開花〜着果〜種子形成〜果実肥大〜収穫〜果実の追熟などの各段階において、何らかの作用を及ぼす物質そのもの、または誘導体、あるいは同様な作用をもつ合成化合物を農薬として利用しているので、それぞれ固有の生理・生化学的な作用機構を有している。

　生物農薬（微生物農薬・天敵農薬）は、特定の病原菌・害虫や雑草に対して特異的に寄生、捕食

または拮抗的な作用を及ぼす生物種（糸状菌・細菌・ダニ・線虫・昆虫など）を製剤化したものである。

5 農薬の製剤化と散布方法

　前記したように、農薬は有効成分が防除対象に接触してはじめて効果を発揮する。ところが、農薬の有効成分の10 a あたりの施用量は、一般には数g～数百gときわめて少量であり、そのままでは均一な施用を行い、目的の防除対象に接触させることはできない。そこで、これを可能にするためには農薬の製剤化が不可欠である。通常、農薬は水和剤や乳剤などに製剤化し、水で稀釈して施用するか、または粉剤・粒剤のように、粘土鉱物などで稀釈して製剤化したものをそのまま施用する方法が行われる。このため、農薬を製剤化する目的は、使用者の利便性を考慮して、農薬の有効成分の物理化学的性質を改善するとともに、製剤化することによって防除効果を高め、薬害を軽減したり、使用者や環境に対する安全性を高めるものでなければならない。

　農薬散布の目的を要約すれば、経済的（経済性）に、効率よく（効率性）、しかも安全（安全性）に農薬の有効成分を標的に接触させ、必要な防除効果を挙げることにある。農薬散布における経済性とは、それによって得られる有用植物の量的・質的向上による経済的利益が、散布に伴う経費を上回る必要がある。また、効率性の向上は、目的部位への薬剤付着の比率を上げて、防除効果の発現効率を高め、散布の能率化や省力化を図ることである。そして、農薬散布における安全性の確保は、最も重要な課題であろう。散布作業者への安全性はもとより、周辺住民や環境への安全性にも十分な配慮がなされなければならないのは当然である。農薬散布による環境への影響には、ドリフトに起因するものが多いから、散布目的部位への薬剤の到達確率を高めるとともに、環境への放出を抑えることは、安全で効率的防除に繋がり、農薬散布に課せられた大きな命題でもある。

（1）農薬の散布（施用・処理）方法
　農薬の散布等は様々な方法で行われるが、それらを大別すると、次のように分類される。
a. 散布対象：茎葉散布・土壌施用・水面施用など
b. 製剤形態：液剤散布（この場合の「液剤」は水和剤、乳剤、フロアブル剤など水で稀釈する散布形態の総称として用いられ、農薬剤型の「液剤」とは意味が異なる）・粉剤散布・粉粒剤散布・粒剤散布など
c. 処理方式：噴霧法・散粉法・散粒法・くん煙法・くん蒸法・灌注法・浸漬法・塗抹法など

　ここでは、もっとも普遍的に行われる「液剤の茎葉散布」および「土壌施用」について略記してみよう。
a. 液剤の茎葉散布：農薬の水稀釈液を、手動噴霧器・動力噴霧機（「動噴」と略称）・スピードスプレヤー（「SS」と略称；主に果樹類に使用）などを用いて霧状に散布し、地上部病害虫や雑草を対象として、植物の茎葉など地上部全体または一部に薬液を付着させる方法である。茎葉散布における薬剤の付着効率は、薬剤の使用形態、散布方法、植物の繁茂状況などにより異なるが、実際には植物に付着しないで、地表面に落下するものも多く、また、一部は風や上昇気流によってドリフトする。さらには、植物の表面に付着した薬剤の一部は、風雨や露などとともに植物から離脱して地表面に落下する。このように、散布された農薬の損失率は意外に高く、茎葉散布での防除効果を安定させるためには、植物体表面への付着量をできるだけ多くする必要がある。
b. 土壌施用：主として土壌病害・土壌害虫・雑草などを防除するために、土壌中あるいは土面に薬剤を施用するもので、土面施用・土壌混和・土壌灌注・土壌くん蒸などの処理法がある。液剤・粉剤・粉粒剤・粒剤・油剤など様々な剤型のものが用いられるが、使用法の簡便な粒剤タイプのものが広く普及している。土壌混和では、土壌中の病原菌・害虫および雑草

の種子などに対する直接の作用が一般的であるが、浸透移行性薬剤の場合には、土壌混和より土面施用の方が効果が高いといわれている。

6　農薬の安全な使用法

　農薬の安全・適正使用はいかなる条件下においても最優先されるべき課題で、必須にして絶対命題でもある。農薬はその多くが生理活性を有する化学物質であり、その使用法によっては防除対象とする病害虫・雑草以外の植物、人および環境に何らかの悪影響を及ぼす可能性がある。農薬が植物に施用された直後からどのように拡散し、どのような生物や環境と接点を有するのか、さらにはそれぞれの経路における農薬の曝露がどのような意味をもつのかを、科学的評価に基づいて理解しておく必要がある。その上で、農薬の使用者、対象植物・収穫物および環境（周辺住宅、大気、水系、土壌、近隣の有用植物、有用生物等の生態系）のいずれにおいても問題が生じないような対策を講じなければならない。

（1）ラベルの表示事項の遵守

　実際場面で使用される農薬は、農薬取締法に基づいてわが国で登録され、容器や包装に登録番号の表示があるもの、もしくは特定農薬（特定防除資材；現在は「重曹」「食酢」「土着天敵」の3種類）に指定されたものでなければならない。また、登録のある農薬でも、各容器・包装のラベルに表示されている使用基準、注意・参考事項を遵守することは当然である（ノート3.11, p309）。

　とくに、食用農作物および飼料用農作物に対して農薬を使用（ドリフトなどにより、不本意にかかった農薬も含まれる）する場合は、次の事項に違反すると農薬取締法に抵触し、農薬使用者は同法の罰則対象となる。

a. 適用がない食用農作物・飼料用農作物に使用してはならない。

b. 定められた使用量または濃度を超えて使用してはならない。

c. 定められた使用時期（収穫前日数など）を守らなければならない。

d. 定められた総使用回数を超えて使用してはならない。

（2）使用する人の安全

a. 使用前の注意事項

① 保護衣、保護具（マスク・手袋・メガネなど）をあらかじめ、状況に応じて準備する。

② 防除器具の整備、点検を入念に行う。とくにノズルの目詰まりや、ホースの不完全な接続が事故に繋がりやすいので、前回使用の直後に洗浄を兼ねて点検するとともに、今回使用の前にもう一度チェックする。

③ 使用者の健康管理はきわめて重要である。農薬の散布は高温・多湿で、体力の消耗が激しい時期・状況下で行われる場合が多く、健康な人にとっても過酷な重労働となるから、とくに空腹、疲労、睡眠不足、飲酒後、病後、肝機能の低い人などは散布作業に従事すべきでない。また、事前に体調を整えておくことが大切で、少しでも体調不良のとき、外傷がある場合、かぶれやすい人は直接薬剤に触れる作業を控えたほうが無難である。

b. 散布液の調製時の注意事項

① 散布液は散布面積（平面×高さ；繁茂状況を考慮）に対して、過不足の生じない量を調製し、必ず使い切るようにする。

② 高濃度（水稀釈前）の液剤類や水和剤を取り扱うので、農薬に直接触れたり、吸い込んだりしないように、必ずゴム手袋・マスクを着用する。

③ 水稀釈時に高濃度の農薬が飛び散らないように注意する。水和剤を開封するときは、袋の底を軽くたたいて粉を下の方に沈め、開封部位のすぐ下を折ってから丁寧に開封すると粉立ちが少ない。また、液状の製剤を水に移すときは、タンク等の壁面に沿ってゆっくり入れると跳ね返ることがない。

④ 撹拌は棒などを用いて静かに行い、素手では絶対にかき混ぜない。
⑤ 農薬（容器・包装）を持ち運ぶときには、飲食物と一緒に包んだり、衣類のポケットに入れないようにする。
⑥ 空になった容器・包装は水ですすぎ洗いを行い、その洗い水は散布液に加える。

c. 散布時間帯・休憩等に関する注意事項
① 農薬散布は原則として暑い日中を避け、涼しい朝夕に行うのが望ましい。とくに早朝は下降気流があり、散布した細霧のドリフトが抑制されやすい。風速3m（木の葉や小枝が揺れる程度）を超えるような条件下では、粉剤や液剤の散布を控えるのが無難である。
② 散布作業は2時間くらいを限度として、交替しながら行う。長時間に及ぶ場合は、2時間の作業につき30分程度の休憩を設けたい。
③ 作業現場に冷たいおしぼり（クーラーボックスに入れる）や、汗ふきタオル（ビニル袋に入れる）などを持参すると便利である。
④ 作業中や休憩時の喫煙・飲食は、農薬が体の中に直接入るおそれがあるので避ける。やむを得ないときは手や顔を石鹸で十分に洗い、うがいをして農薬をきれいに落とし、散布場所から離れた涼しい所で休む。

d. 散布作業時に農薬を浴びない工夫
① 植物の形状や植栽環境によって、農薬の身体付着状況が異なるので、事前にどのような道程で散布していけば、農薬を浴びにくいかを考えてから散布を始める。
② 前進しながら散布した場合には、農薬が漂っている中を進むことになり、加えて農薬の付着した植物に身体が触れるので、後退しながら散布するのが原則である。
③ 前記したように、風の強い日の粉剤・液剤散布はもちろん避けなければならないが、微風条件下でも風を背にして、風上の方向に後ろ向きに進行するように（後退散布）して農薬を浴びないようにする。
④ 農薬の剤型や散布機具を選ぶことにより、散布者の被曝を少なくすることができる。例えば、液剤では噴霧粒径の大きいノズル（殺菌剤・殺虫剤の場合は、植物体への付着効率が低下し、散布量が多くなるので、ドリフトとの兼ね合いを考慮して決める）を使用するとよい。また、固体の剤型では、粉剤＞DL粉剤＞微粒剤＞粒剤の順に、散布者への付着は少なくなるが、いずれの剤も、高木などに使用可能な商品はほとんどないのが現状である。

e. 散布作業終了後の注意事項
① 散布に使用した器具類（タンク・ホース・ノズルなど）は、水を2回程度通して薬液が残らないように洗浄しておく。
② 残った液剤等は、入っていた容器のキャップ（中栓がある場合は中栓）を確実に締める。飲料などの空容器に移し替えると、誤飲事故に繋がるので絶対にしてはいけない。また、水和剤・粉剤・粒剤等は袋の口を2～3回折り曲げてから、ガムテープ等で密封して、それぞれ湿気のない定められた安全な保管場所に収納し、カギをかける。
③ 散布で残った稀釈液や器具の洗浄液は、散布むらの調整に使用して、必ずその場で使い切り、当該場所以外に散布、投棄しない。
④ 農薬の空きびんや空き袋は廃棄物処理業者に委託するなど、適切に処分を行う。処分するまでは雨水等の影響がなく、他の人が触れることのないような場所に保管しておく。
⑤ 散布作業が終わったら、できるだけ早く手や顔などの露出部を石鹸で洗うとともに、うがいや洗眼も行いたい。また、着替えた作業着等は、他の衣類とは別にして洗濯しておく。
⑥ 農薬施用後は、農薬の種類・稀釈倍率・施用量、対象の植物・病害虫などを必ず作業日誌に記帳する。
⑦ 農薬を散布した当日は飲酒を控え、早めに就寝するように心掛ける。

（3）有用植物に対する安全

a. 農作物（収穫物）の安全性確保

　農薬は食品としてのイネや野菜・果樹等の食用農作物に使用されるため、農作物に残留した農薬を摂取しても、人の健康に影響がない量として、各作物ごとに個別農薬の残留基準が定められている。この基準を超えないためには、試験で確認された一定の使用方法、すなわち、対象作物・病害虫、使用時期（収穫前日数）、使用濃度および使用回数などを遵守することが前提となっている。その内容はそれぞれの農薬の容器・包装のラベルに記載されているので、使用前に必ず確認するよう習慣づける。

　なお、散布対象が非食用植物であっても、後述するような、散布中のドリフトによって近隣の食用作物に付着するおそれがあるので、注意しなければならない。また、噴霧器等の器具類に以前使用した農薬が付着していると、次回その器具を使用した際に、古い農薬が新しい農薬に混じって作物に付着し、残留基準値を超える可能性があるので、器具の洗浄と点検を徹底する必要がある。

b. 対象植物への薬害の回避

　農薬の種類や使用量、対象植物を間違えたり、通常と異なる気象・栽培条件下で使用すると、薬害を生じる場合がある。薬害の症状としては斑点、黄化・白化、生育抑制、枯死など様々である。そして、薬害か他の要因による被害かの判断に迷うことも少なくないので、農薬の散布歴や圃場・植栽地全体の発生状況を把握して診断を行う。なお、薬害に関する注意事項が記載されている、各農薬のラベルを見落とさないことも重要である。

① 当該植物に登録された農薬を、適正な濃度で適期に使用する。
② 同一植物であっても、品種が異なると薬害を生じる場合がある。新品種等で、はじめて使用する際には、あらかじめ小面積に「試し撒き」して薬害の有無を確かめてから全体に使用するように心掛ける。
③ 同一植物・同一品種であっても、生育段階・状況の違いによって薬害を生じるケースがある。とくに幼苗期や、軟弱徒長気味に生育していたり、衰弱している株、先端葉等の柔らかい部位に発生しやすい傾向がある。
④ 極端な高温・低温条件（液剤散布）、あるいは土壌の乾燥・多湿条件（除草剤・くん蒸剤の土壌処理）での施用は、農薬の種類によって薬害が発生しやすくなる。
⑤ 畑地除草剤による有用植物への薬害事例は非常に多い。除草剤のラベルには、適用土壌を含めた詳細な注意事項が記載されており、熟読の上使用する。除草剤の薬害は主に成分の下層への浸透（大雨等による水平移動もあり得る）によるが、土壌中の粘土や腐植の含量が多いほど縦方向への浸透が少ない。なお、粘土含量は、埴土＞埴壌土＞壌土＞砂壌土＞砂土の順である。このため、一般には沖積土壌が洪積土壌より浸透が起こりやすい。
⑥ 実際の農薬使用場面では、省力のために複数の農薬を混合して用いること（混用）が多いが、中には混用や近接散布（複数の農薬を短い間隔で散布すること）によって薬害を生じる組み合わせがあるので注意しなければならない。やむを得ず混用する場合は、ラベル表示と混用事例集を確認する。
⑦ 次項7で紹介するように、農薬を散布して隣接する有用植物に、ドリフトによる薬害を起こす場合があり、十分に注意する。とくに除草剤による薬害は、殺菌剤・殺虫剤に比べてその程度が重い。なお、除草剤散布に用いる器具類（噴霧器・ホース・タンク・ノズルなど）は専用とし、殺菌剤・殺虫剤の散布には用いないようにする。
⑧ 農薬散布機具類に、以前使用した農薬が残っていると、次回その器具を使用した際に、農薬を混用したことになり、薬害を生じるおそれがある。これを防止するためにも、使用後の器具類の洗浄・点検が必須作業となる。

（4）環境に対する安全

a. 地域住民への配慮

　混住地域または市街地で農薬を使用する場合には、地域住民に理解と協力を求める努力が必要であり（ノート3.12, p311）、他人に不安をもたせたり、迷惑をかけない姿勢が優先して求められるだろう。つまり、農薬の散布計画の地域住民への事前連絡や、朝夕の散布の励行、散布中および散布直後に人が圃場・植栽場所に不用意に近づかないように案内板お設置するなど、最大限の注意を払う必要がある。

b. 魚介類に対する注意

　農薬の魚介類への毒性の強さは、農薬の種類ごとに違いがあるので、農薬のラベルの記載事項に従う必要がある。とくに危険性の大きい種類については、河川流出禁止（魚介類注意）のマークが付されており、使用にあたっては厳重に警戒しなければならない。

c. 養蚕・養蜂等に対する注意

　蚕や蜂（養蜂用ミツバチ、施設などの授粉用ミツバチ・マルハナバチなど）は農薬（とくに殺虫剤）の影響を受けやすい。したがって、野外散布する場合には近隣の養蚕家・養蜂家と情報交換を行い、飼育計画をあらかじめ知っておき、それに基づいて使用する農薬および散布時期・方法を選択するとともに、散布計画を事前に連絡する。なお、自然界に生息する土着天敵（施設の場合は導入天敵）の有用昆虫・小動物などに対し、影響が少ないような農薬を選択することも、場合によっては必要であろう。

d. 河川等への流出に対する注意

　農薬の河川等への流出による、公共用水等への影響を防止するため、農薬の使用にあたっては、地形（河川・湖沼等に近接した場所、傾斜地等での使用）、気象条件（風雨等による拡散・流出）および散布規模（大面積への一斉使用）などにも留意する必要がある。

7　ドリフトの問題点とその対策

　農薬散布に伴うドリフト（「飛散」または「漂流飛散」のこと）とは、農薬の散布粒子が目標物以外に散逸する現象をいい、農薬成分の植物体からの揮発は含まれない。農薬の植物施用においてもっとも普遍的に行われる方法が「液剤散布」であるが、散布機から噴射された霧状の散布粒子が空間を移動して標的（ほとんどは植物体）に到達するまでに、多くの場合は風の影響を受け、その強さによっては標的に届く前に散布粒子の進路を大きく歪められる。また、植物の位置まで届いた散布粒子の中には、植物体に付着せずにそのまま

表3.32　農薬のドリフトがもたらす主な問題事項

ドリフトの問題点	具体的な項目（例）
周辺住民等の危被害	住民・通行人への農薬の直接的な被曝
	農薬臭による不快感
	洗濯物等へ付着・自動車塗装等への影響
	ペット動物への被害
近隣植物へのリスク	食用作物への農薬残留
	農薬（とくに除草剤）による有用植物の薬害
環境への農薬の曝露	公共用水域への混入・大気中への拡散
	標的外生物（有用昆虫等）および生態系に対する影響
	総合的病害虫・雑草管理（IPM）体系の阻害要因
散布者自身への被曝	散布液の直接被曝による健康への影響

突き抜けてしまったり、植物に衝突した散布粒子の一部は体表面で砕け、より小さな粒子となって飛び散り、植物の空間で微細な散布粒子が漂ったままになっていれば、風によって別の場所に運ばれることもある。こうした現象によって、想定外の場所に漂流飛散した散布粒子が様々な問題を起こすのであるが、ここではドリフト問題の現状と対応策について考えてみたい。

(1) ドリフトに伴う問題点

農薬成分がドリフトした先に存在する物や、ドリフトした量によっては、いろいろな現地問題を生じる可能性がある（表3.32）。問題の有無およびその内容は個別事例ごとに相違するが、ドリフト問題を回避したり、問題発生のリスクをできるだけ小さくするために、積極的なドリフト低減策を講ずる必要がある（図3.62②、口絵p031）。

a. 地域住民等への危被害

国の省令（2003年農林水産省・環境省令第5号）において、「農薬使用者は住宅の用に供する土地及びこれに近接する土地において農薬を使用するときは、農薬が飛散することを防止するために必要な措置を講じなければならない」と定めている。また、2013年、両省の局長通知（ノート3.12, p311）で、「学校や病院、公園等の公共用施設の内外、住宅地内及び住宅地に近接した農地での農薬使用については、とりわけ飛散対策に最大限の注意を払うこと」を求めている。

実際問題として、農薬を巡る周辺住民とのトラブルは、住民や通行人への農薬の直接的な飛散よりも、農薬の臭い、洗濯物への付着、自動車塗装への害、ペットの被害などのケースが目立っており、その苦情の多くがドリフトに起因している。

b. 近隣植物への残留・薬害等のリスク

2006年から導入された「ポジティブリスト制度」では、原則として、すべての農薬に残留基準を設け、基準値を超える農薬が残留する農産物の流通・販売が禁止されることとなった。国内でまだ基準値が設定されていない作物・農薬の組み合わせについては、外国ですでに設定されていたり、基準値が提案されている国際基準を暫定値として採用されるが、一方で、暫定値も設定できない組み合わせについては、すべて「0.01 ppm」という厳しい基準（一律基準）が設けられている。この制度の導入により、全食品が基準値を超えて残留があった場合に流通の規制対象となる。

一律基準値の 0.01 ppmという濃度は、農薬を散布するために希釈した液に浸した手指で農作物に軽く触れる、あるいは、散布して霧状になった農薬液が近隣の農作物にドリフトした程度の濃度であるといわれる。つまり、公共樹木や庭木などの非食用植物であっても、病害虫防除に農薬の稀釈液を散布する際に、近隣に収穫期の農作物が栽培されていると、散布液のドリフトにより、農産物には基準値を超えた農薬が残留する可能性が否定できない。

また、散布液のドリフトが近隣作物に薬害を起こすこともあり得る。とくに除草剤散布においてドリフトが生じた場合には、近隣の植物に薬害を生じる確率はきわめて高く、致命的な損害を与える事例もしばしば起きている。

c. その他の問題

環境への農薬曝露経路に関わるひとつの要因として、ドリフトが問題視されている。公共用水域への農薬混入、大気中の農薬濃度と健康影響、あるいは標的外生物に対する影響評価などが検討項目となる。現在、推進されているIPM（総合的病害虫・雑草管理；ノート3.9, p268）では、このような環境負荷の低減が目標のひとつになっていて、その意味からも、ドリフトは避けて通れない対策課題であろう。

もちろん、散布者の健康影響についても、十分な注意が払われる必要があるが、その散布者への農薬曝露もドリフトが主因となっており、農薬による事故の多くが散布者自身への健康影響であることを踏まえて、ドリフト防止に努めなければならない。

(2) ドリフトの発生要因

農薬散布において、一般に使用されている動噴ノズルの噴霧粒子の大きさ（粒径がおよそ 40 ～ 200 μm 程度）には、ばらつきが見られるが、微細な粒子ほど少しの風でも影響を受けやすい。それに加え、植物に到達するまでの間に、噴霧された、これらの粒子が風にあおられたり、強い圧力で散布された粒子が、植物体表面や地面から跳ね返って風にあおられることが、ドリフトの主な原因である（図 3.62 ③、口絵 p031）。また、高木に「鉄砲ノズル」を使用したときなどはとくに、樹体空間を突き抜けてそのまま空中に放出される散布粒子も少なくない。ドリフトした粒子は風下方向に流されるが、大きい粒子ほど、また、風が弱いほど散布場所の近くに落下する。

ちなみに、動噴手散布で行われた 6 回の試験例における、圃場からの距離別の散布農薬検出頻度は、風下側における、5 m 地点が 5/6、同 10 m 地点が 3/5、同 20 m 地点が 1/4 であった。思いの外、遠くに飛散するのが分かるであろう。もし散布対象が高木であれば、必然的にもっと飛散距離が延びるに違いない。なお、スピードスプレーヤでは、ほとんどの試験で、風下側の 50 m 以上にドリフトすることが実証されている。

(3) ドリフト低減対策

ドリフトには、使用する散布機の種類や、取り扱い方法、散布時の風速・風向が大きく影響する。風のない時間帯を選んで散布を開始したとしても、風の条件は終始一定している訳ではない。すなわち、とくに液剤・粉剤の散布において、ドリフトを完全に制御することは事実上不可能であろう。そこで、ドリフトによって実質的な問題が生じない程度にリスクを低減し、あるいは問題発生の確率を小さくすることを目標に、低減対策を講ずる必要がある。

ドリフト低減対策の検討に際しては、まず個々の対象植物の立地条件を確認することから始めよう。ドリフトによって近隣に問題を生じるかもしれない施設や作物があるか、人の往来があるか等を確認するとともに、使用する散布法がそれらの懸念要因に対して、どの程度のリスクを及ぼす可能性があるかを考慮しなければならない。

ドリフト低減対策の要点は、技術的な見地から散布法を改善して、ドリフトの発生を少なくすること、ならびに補完的な対策を講じてドリフトによる問題の発生を少なくすることにある（図 3.62 ④、口絵 p031）。具体的な手法については以下に記述したが、散布法の改善における目標は、現在

図 3.62 - ② ドリフトと影響の範囲　　　　　　　　　　　　（口絵 p031）

使用している散布機や散布法で、いかにドリフトを少なくできるかにつきるだろう。例えば、風のない時間帯を選び、適正な圧力で適正量を対象植物だけに向けて注意深く散布することにより、ドリフトの発生をかなり抑えることができるに違いない。

また、注意が必要な施設・家屋や近隣作物が、散布場所から十分に離れている場合や、散布場所が小規模で、ドリフトがもともと大きくない散布法を用いている場合には、基本的な対策だけで十分なドリフト低減効果が期待できる。

その一方で、公園や街路樹等における高木対象の散布時には、技術的な側面だけでなく、地域住民の心情的な不安にも適切に対応しなければならないという難しさがある。このことから、状況によっては農薬散布を一切行わないという選択肢もあり得るが、IPM・減農薬による管理と無農薬による管理は、根本的に異なる方法を用いることになるので、あらかじめ、管理方法を十分に練っておく必要がある。

a. 風力と風向

ドリフト発生の最大の要因は「風」である。いかに優れた散布法を採用しても、風の強いときに散布すれば、風下側へのドリフトを減らすことは難しい。したがって、風の弱いときに風向に注意して散布することが、もっとも基本的な対策である（図3.62⑤⑥, 口絵p031；図3.63①, 口絵p032）。実際場面では、散布中に風速や風向が変化する場合もしばしばあるが、注意を要する方向に強めの風が吹き始めたら、思い切って散布を中断するような意思を働かせる必要があるのではないだろうか。

b. 散布の方向と位置

散布はできるだけ対象植物のみにかかるように行うことが望ましいが、実際には不可能なことであり、とくに高さのある樹木類等に対する散布では、水平方向や斜め上方に向けて散布することになるため、植物を飛び越えたり、植物の隙間から散布液が突き抜けやすい（図3.63②）。その場合は足場を設けて、高い位置から散布する。

散布エリアの端部での散布には一層の配慮が必要で、外側から内側に向かって散布する。また、できるだけ対象植物の近く（ノズルの届く範囲は植物体から30〜40cm程度離す）から散布すべきである。あまり接近しすぎても付着効率が低下してよくないが、ノズルの先端と植物の間が離れ

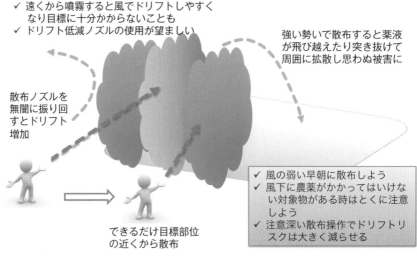

図3.62 - ⑤　農薬の樹木散布とドリフト

（口絵p031）

るほど風にあおられやすくなる。

c. ノズルの種類と散布圧力

　散布ノズルは植物への農薬の送達手段としてもっとも重要なパーツであり、その特性はドリフトの程度を大きく左右する（図3.63③④，口絵p032）。とりわけ粒径（噴霧される粒子の大きさ）はドリフトと密接に関わり、微細な粒子ほど少しの風でもドリフトしやすくなる。一般に殺菌剤・殺虫剤の散布では、微細な粒子を発生するノズルが使用されるが、そのような慣行ノズルにも多くの種類があって、粒径にはかなりの差異を生じるものである。粒径の細かいほうが付着効率は優れる（少ない散布量で済む）ので、結局は両者の兼ね合いになるが、ドリフト低減の観点からは、粒径の大きいタイプの慣行ノズルにすることが望ましい。なお、こうした粒径の大きなノズルは「飛散軽減ノズル」「霧なしノズル」などと呼ばれる（図3.63③④）。

　また、ノズルは散布圧力を高めるほど噴霧量が増すが、粒径はより細かくなって、ドリフトが起こりやすくなる（図3.63⑤）。動力噴霧機（動噴）などの場合、しばしば3 MPa（30 kgf/cm^2）以上の圧力をかけて散布する例（散布時間が短くて済む）もあるが、通常のノズル先端圧は1～1.5 MPa程度が適正とされており、圧力を高めすぎないようにすべきであろう。

　ところで、高木の液剤散布にはセット動噴との組み合わせで、鉄砲ノズルなど遠くまで到達しやすいものが使用されるケースが多いが、反面ドリフトが著しく増加するので、市街地や周辺に農作物が栽培されている場所等においては、小型噴霧器を用いた手散布とし、安定した足場を設けて、できるだけ高い位置から、低圧で散布したほうが無難である。

　なお、とくに除草剤散布では、薬害防止の観点からもドリフトに注意が必要であるが、このためにはドリフトしにくい粗大な粒子となるような除草剤専用ノズル（フォームスプレーノズルなど）を使用すべきである。当然のことながら、粒子の細かい殺菌剤・殺虫剤ノズルで除草剤と兼用することは絶対に避けたい。

d. 散布量と散布部位

　もちろん、同じ散布機を用いた同一条件のケースでは、ドリフト量は散布量にほぼ比例する。したがって、過度の散布量とならないように心掛ける。逆に、散布量が少なすぎて「かけむら」を生じるようでは、とても安定した防除効果など期待できないであろう。さらに当然の事象であるが、植物に植物に農薬を散布する場合、一定量以上は滴り落ちてしまい、それ以上は有効な付着になり得ない。植物や病害虫の種類、使用農薬の特性によっても異なるが、植物全体に散布液が適当に行き渡り、滴り落ちが生じ始める程度が適正な散布量であると考えられる。

　なお、孵化後に集団で寄生している害虫種などでは、その部位だけを狙って散布（スポット散布；図3.63②）する方法もある。いずれにしても、植物の生育状況に応じて適正量は変わってくる。やみくもに散布量を節減することは避けなければならないが、ドリフトのリスク低減および防除コスト削減の視点からも適正量の散布を励行したいものである。

e. タンク・ホース・ノズルの洗浄

　近隣作物に不慮の農薬残留をもたらす要因はドリフトだけではない。異なる作物（植物）が栽培されている圃場（植栽場所）を、同じ散布機を使用して散布する場合、前述したように、散布機のタンクやホースに前回使用した薬液が残っていたり、付着していれば、それが残留・薬害の問題に繋がることもある。とくにホースの残液は、次回の散布開始時にそのまま散布され、部分的に高濃度の残留に直結しかねない。このため、散布終了後にはその都度、タンクやホースの残液を抜き、水洗浄しておくことが大切である。

　なお、繰り返しになるが、殺菌剤・殺虫剤用の動噴やタンク・ホース・散布ノズルを、除草剤用のそれらと共用してはならない。たとえ水洗浄し

ても、機械・器具類に付着した、ごくわずかな除草剤の残液が、有用植物に薬害を起こす可能性を否定できないからである。

f. 補完的な対策

補完的な対策としては、①近隣住民や栽培農家との連携を図る、②圃場周辺とくに風下方向に緩衝地帯を設ける、③ネット（目合いの細かい素材がよい）のような物理的な遮蔽物を設置する、④問題が生じにくい農薬を使用する、ことなどが重要である。

8 農薬の効果的使用法

一般に、農薬の病害虫防除効果は普遍性が高く、誰が散布しても同じ結果が得られると考えがちであるが、実際にはそうならないケースが意外に多いのである。したがって、農薬を効果的・効率的に使用するためには、普段から農薬の防除効果を左右する諸要因と、その対策について配慮を怠らないことが肝要であろう。

登録農薬はすべて、適用病害虫に対しては有効性が実証されているが、農薬の種類によって効果やその持続性に優劣があるのは避けられない。しかも、殺菌剤・殺虫剤の効果は、有効成分だけで決まるものではない。散布された農薬が葉の表裏や枝幹等にむらなく付着しなければ、薬効は大きく減衰してしまうだろう。また、病害虫にはそれぞれの発生時期・消長がおおよそ決まっていて、いつ（時期）どのように（全体か局所か）散布すれば、最小限の使用で最大の効果が発揮できるかを判断すべきである。対象病害虫が発生しないような時期・環境条件での散布は無意味であり、逆に被害が顕在化してからの散布は、手遅れとなって効果が上がらないだけでなく、労力と経費の無駄になる。

すなわち、農薬散布の効果・効率に影響する重要なポイントは、①農薬の種類（特性；薬効、予防剤か治療剤か、残効期間、薬剤耐性・抵抗性発達の有無など）、②散布時期・間隔（防除適期の把握、病害虫の発育ステージ、複数回散布のケースではその間隔と回数など）、③散布方法（かけ

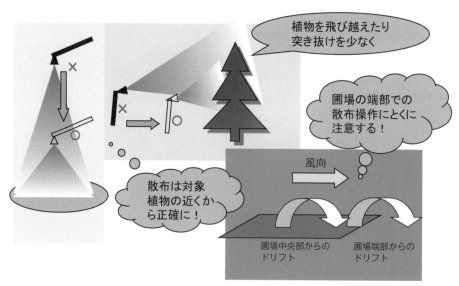

図 3.63 - ② 散布方向・位置とドリフト

（口絵 p 032）

むらを生じない散布の仕方、食葉性害虫に対するスポット散布など）に集約されよう。

そして、その農薬がもっている本来の防除効果が発揮されない場合は、①薬剤耐性菌・抵抗性害虫が出現した、②農薬のかけむらや使用濃度・量の不適切など、使用上の問題があった、③散布適期を逸し、発生がかなり目立ってから農薬散布を行った、④遅効性農薬で、効果発現までの期間（判定時期）を誤った、ことなどが要因として推察される。

同一農薬を別の担当者がそれぞれ散布しても、その防除効果に明瞭な相違を生じることがよくある。その場合、対象病害虫の発生（防除効果）に差異を生じた原因としては、①伝染源・発生源量の多少、②農薬の散布量・散布方法、③噴霧ノズルの摩耗程度・吐出圧、④農薬の植物体付着面積率、⑤散布時期・間隔、⑥圃場内の栽培環境、⑦散布後の周辺からの病原菌・害虫の飛び込み、⑧対象病害虫に対する理解度、などの違いが単独、あるいは複合して関わっている可能性が高い。

〔橋本 光司〕

農薬散布後における薬効の自己判定

　現場で農薬を使用した際にも、自身で対象病害虫にどの程度の防除効果が認められたかを、達観でよいから確かめておきたいものです。そうした習慣が、当該農薬・病害虫の特徴を知り、農薬の効果を客観的に判断し、そして次の農薬選択にも繋がることでしょう。しかし、実際のところ、使用者が農薬の効果を、過大または過少評価しているケースがしばしば見受けられます。

　当然のことながら、各農薬には長所・短所があり、例えば、安価であるが発生後の散布効果は劣る、卓効を示すが連用すると効かなくなる、速効性であるが効果の持続期間が短い、等々枚挙にいとまがありません。そうした農薬の特性は、資料で調べると同時に、自身の目でも確認したいものです。それも詳細なデータをとる必要はなく、病気の場合は、7～10日間隔で数回散布するのがふつうですから、その都度、若い葉に新しい病斑が形成されているかどうかを観察し、また、害虫の場合、速効性農薬では散布翌日に、遅効性農薬では数日～1週間程度あとに、生きている個体がいないかを確かめるのがよいでしょう。カイガラムシ類の雌成虫ように、肉眼での生死判定が難しい種類もありますが、そのときは後日、枝葉等に新しい個体が定着しているかを調べます。

　ところで、農薬の防除効果に関する誤判定は、どのような状況下で起こるのでしょうか。予想よりも明らかに効果が劣った場合、つまり過少評価しがちなケースに相当する理由は、本章に記したとおりであり、その対策もはっきりしています。これに対し、科学的根拠に基づいて高い効果が得られたときは何の問題もありませんが、病害虫の発生が停滞・減少しただけで「この農薬がよく効いた」と即断すると、過大評価という思わぬ落し穴に陥ることがあります。人の場合にも、風邪が治りかけているときには胃薬を飲んでも（もちろん、何も飲まなくても）効く、との笑い話があるように、病害虫の終息期・停滞期、あるいは発生環境の不適条件下では、農薬を散布しなくても進行が止まるものであり、その時期に散布された農薬については、有効性を判定できないとみるべきでしょう。あまり難しく考える必要はありませんが、農薬の病害虫に対する効果判定は、農薬の特性と病害虫の発生生態の両方を理解していなければ、正当性を欠くことになります。

ノート3.10　農薬登録制度の概要

　「農薬」は農業の生産性を高め、あるいは植栽植物の景観や観賞価値を保全する上で、重要な生産資材のひとつであり、今日の豊富な農産物に囲まれた食生活を可能にしたことの背景には、農薬が大きく貢献している。一方、農薬の大部分は生理活性を有する化学合成物質を主成分としており、その品質および安全性の確保が厳しく要求されるため、あらかじめ、販売・使用される農薬の品質、効果、安全性、残留性などを確認し、農作物・環境・生態系などに害を及ぼす農薬、人畜に被害を生じさせる農薬などの流通を排除して、農業生産の安定と国民の健康の保護に資するとともに、生活環境の保全に寄与することを目的として農薬登録制度などが設けられており、その制度は「農薬取締法」で規定されている。

　同法は「製造業者又は輸入業者は、その製造し若しくは加工し、又は輸入した農薬について、農林水産大臣の登録を受けなければ、これを販売してはならない」と規定し、登録検査の段階で、不良あるいは有害な農薬を厳格にチェックする体制が整備されている。農薬登録制度の概要は次のとおり。

a. 登録の申請：登録を受けようとする者は、農薬登録申請書、農薬の品質、薬効、薬害、毒性および残留性、水産動植物に対する毒性、その他（残臭・有用生物に対する影響など）に関する試験成績を記載した書類と農薬の見本、手数料を添えて農林水産大臣に申請する。

b. 登録検査および登録方法：農林水産大臣は、検査職員に、農薬の見本について検査をさせ、申請書の記載事項の訂正または品質の改良を指示する場合を除いて、当該農薬を登録し、登録票を交付する義務を負う。

c. 登録の有効期間と再登録：登録の有効期間は3年間と定められている。一度登録した農薬であっても、有効期間経過後も引き続き販売しようとする者は、改めて登録の手続きを行う必要がある。

d. 登録の失効：農薬の種類、名称、物理的化学的性状、有効成分などの種類および含有量に変更を生じたとき、あるいは登録を受けた者が農薬の製造業を廃止した旨を届け出たときなどは、登録が失効する。

e. 変更の登録および登録の取り消し：申請による変更の登録（容器または包装の種類および材質などの変更）、職権による変更の登録と登録の取り消し（適用病害虫の範囲または使用方法の変更、作物残留性農薬などの指定に伴う変更）が認められている。

f. 農薬の表示：登録された農薬は、登録番号、登録農薬の種類・名称・成分・含有量、内容量、適用病害虫の範囲・使用方法、製造場の名称・所在地、最終有効年月日などを各製品にラベル表示することが義務付けられている。

g. 外国製造農薬の登録：外国の農薬製造業者も、直接登録申請することができる。

h. その他：農薬登録にあたっての登録申請から登録の交付までに、農林水産省以外の省庁（環境省・厚生労働省・消防庁など）が関与する項目としては、毒物または劇物の指定、残留農薬の安全性評価、環境等への影響評価、発火性・引火性の危険物の取扱い、廃棄物処理などがある。

〔橋本　光司〕

ノート3.11　農薬ラベルの表示事項と内容

　農薬の容器や包装のラベルには、その農薬を効果的かつ安全に使用するために、見過ごしてはならない必要事項が表示されている（図3.61, p291）。登録された農薬であることを示す登録番号をはじめ、成分、毒物・劇物の表示、適用農作物または範囲、適用病害虫・雑草の名前、使用量、稀釈倍数、散布液量、使用時期、総使用回数、使用方法、使用上の注意、最終有効年月など、関連する法律に基づく表示が義務付けられている。なお、とくに注意しなければならない事項には、注意事項のタイトルの前に注意喚起マーク（行為の強制マークあるいは行為の禁止マーク；図3.64）が表示される。新しい農薬を使用する場合はもちろんであるが、使い慣れた農薬においても、表示事項が変更されることがあるので、使用前には必ずラベルを読むように習慣付けたいものである。以下に、一般農薬に付いているラベルの事項・内容とその解説を略記してみよう。

a. 登録番号：農林水産省に登録されている番号；登録番号のないものは、農薬として販売・使用できない。

b. 適用類別の表示：殺菌剤、殺虫剤、除草剤などの用途を示す；これを見誤ると、効果がまったくなかったり、農作物を枯らす事故に繋がることもある。

c. 名称および種類：商品名、種類名（有効成分一般名と剤型）を示す；種類名が同じでも、製造・販売元により商品名の異なるものがある。

d. 毒物・劇物の表示： 医薬用外毒物 （赤地に白抜き文字）、 医薬用外劇物 （白地に赤文字）の表示；毒物、劇物に該当する農薬の購入にあたっては、法令に従い、譲渡書に記入捺印する。また、保管等の取り扱いにはより十分に注意する。

e. 危険物の表示：危険物に該当する農薬は、 第2石油類・火気厳禁 など、消防法による表示；この表示がある農薬の保管場所は火気厳禁である。指定数量以上の貯蔵は、危険物倉庫に貯蔵する。

f. 指定農薬の表示：水質汚濁性農薬に指定の表示；水質汚濁性農薬の使用は、都道府県知事の許可が必要な場合もある。

g. 成分：有効成分の化学名と含有量、その他成分と含有量の表示；通常は含有比率（％）で示す。
　　例＝○○ホスフェート… 30.0 %　有機溶媒、乳化剤等… 70.0 %

h. 性状：製剤の物理的化学的性状（色調・形状など）；例＝類白色粉末45μm以下

i. 内容量：容器・包装の内容量を、重量または容量で表示；例＝3 kg入　500 ml入

j. 使用基準：適用作物、病害虫（雑草）名および使用方法などが表組みで示される。

　① 作物名・適用場所：使用できる作物名を示す（除草剤の一部では使用できる場所を示す）；記載以外の作物には使用しない。

　② 適用病害虫雑草名・使用目的：有効な病害虫、雑草名などを示す；（幼虫）などの有効な生育ステージを示す場合がある。

　③ 稀釈倍数・散布液量、使用量：薬効、薬害等から、使用する際の稀釈倍数・散布液量、あるいは使用量を示す；通常は稀釈倍数または10aあたりの使用量で表示される。表示以上の

〈次ページに続く〉

ノート 3.11（続）

濃度・量で使用すると、薬害の原因になったり、収穫物の残留基準を超えるおそれがある。

④ 使用時期と総使用回数：収穫物への残留農薬基準を超えないように、使用できる収穫前日数および総使用回数を示す；除草剤等で、効果や薬害の面から使用時期が制約される場合は、実際に使用できる時期が表示される。

⑤ 使用方法：散布、灌注等の使い方を示す；表の外に記載されることもある。

k. 効果・薬害等の注意：効果や薬害などの面から、使用上の注意事項を示す；この記載部分を見落とすと、効果が劣ったり、薬害を引き起こすことがある。

l. 安全使用上の注意：着用すべき防護具、蚕・魚介類などの注意、輸送・保管・廃棄上の注意、毒物・劇物では解毒法などを示す；とくに注意を要する事項には、注意喚起マーク（図3.64）が表示される。

m. 最終有効年月：品質を保証する期限を示す。

n. 製造場・住所：製造会社名、製造場と住所を示す。

o. その他の表示：ロット番号などが表示される；小さな液剤容器等で、上記のすべてを記載するため、長尺ラベルとしてびんに巻き付けてある場合は、裏面を見落とさないようにする。

〔橋本 光司〕

図 3.64 農薬ラベルの注意・警告マークの例とその意味
a. マスク着用：散布時は農業用マスク（防護マスク）を着用する
b. メガネ着用：散布液調整時は保護メガネを着用し、薬液が眼に入らぬよう注意する
c. 手袋着用：散布時は不浸透性手袋を着用する
d. 保護衣着用：散布時は不浸透性防除衣を着用する
e. 厳重保管：必ず農薬保管庫に入れカギをかけて保管する
f. 河川流出禁止（魚介類注意）：毒性・水産動物に強い影響あり、河川、湖沼、海域、養殖池に飛散・流入するおそれのある場所では使用しない
g. 桑園付近使用禁止（カイコ注意）：カイコに長期間毒性があるので、付近に桑園がある所では使用しない
h. かぶれる人使用禁止（かぶれ注意）：かぶれやすい人は散布作業はしない；施用した作物などに触れない
i. 蜂巣箱への散布禁止：ミツバチに対して毒性が強いのでミツバチおよび巣箱に絶対にかからないように、散布前に養蜂業者等と安全対策を十分協議する
j. 施設内使用禁止：ハウス内や噴霧のこもりやすい場所では使わない

〔説明は「農薬概説」（日本植物防疫協会）を参考にした〕

ノート3.12　住宅地等における病害虫防除等に当たって遵守すべき事項

　わが国において登録されている農薬は、きわめて厳格な安全性に関する審査をクリアーした、いわば「お墨付き」の商品であり、これまでにも繰り返し述べてきたように、使用法を正しく守っていれば、科学的見地から社会問題を起こす可能性はまずないとみてよいだろう。しかし、現実には地域住民との間に農薬を巡るトラブルが生じており、また、適正に使用されていることと、一般市民がもつ農薬に対する「不安感」とは別次元の話である。ことに混住地域における農業生産や、公共施設・街路樹等の植物に対する農薬使用については、科学的安全性とは異なった視点での、きめ細かな配慮が絶対に欠かせない。そこで、2013年の農林水産省消費・安全局長、環境省水・大気環境局長通知「住宅地における農薬使用について（前文）」ならびに、その別紙である「住宅地等における病害虫防除等に当たって遵守すべき事項」から一部を抜粋して紹介しよう。

〔住宅地等における農薬使用について〕
　農薬は、適正に使用されない場合、人畜及び周辺の生活環境に悪影響を及ぼすおそれがある。特に、学校、保育所、病院、公園等の公共施設内の植物、街路樹並びに住宅地に近接する農地（市民農園や家庭菜園を含む。）及び森林等（以下「住宅地等」という。）において農薬を使用するときは、農薬の飛散を原因とする住民、子ども等の健康被害が生じないよう、飛散防止対策の一層の徹底を図ることが必要である。（以下略）

〔公園、街路樹等における病害虫防除に当たっての遵守事項〕
　学校、保育所、病院、公園等の公共施設内の植物、街路樹および住宅地に近接する森林等、人が居住し、滞在し、または頻繁に訪れる土地や施設の植栽における病害虫防除等に当たっては、次の事項を遵守すること。なお、農薬の散布を他者に委託している場合にあっては、当該土地・施設等の管理者、病害虫防除等の責任者その他の農薬使用委託者は、各事項の実施を確実なものとするため、業務委託契約等により、農薬使用者の責任を明確にするとともに、適切な研修を受講した者を作業に従事させるよう努めること。

(1) 植栽の実施および更新の際には、植栽の設置目的等を踏まえ、当該地域の自然条件に適応し、農薬による防除を必要とする病害虫が発生しにくい植物および品種を選定するよう努めるとともに、多様な植栽による環境の多様性確保に努めること。
(2) 病害虫の発生や被害の有無にかかわらず定期的に農薬を散布することをやめ、日常的な観測によって病害虫被害や雑草の発生を早期に発見し、被害を受けた部分の剪定や捕殺、機械除草等の物理的防除により対応するよう最大限努めること。
(3) 病害虫の発生による植栽への影響や人への被害を防止するためやむを得ず農薬を使用する場合（森林病害虫等防除法（昭和25年法律第53号）に基づき周辺の被害状況からみて松くい虫等の防除のための予防散布を行わざるを得ない場合を含む）は、誘殺、塗布、樹幹注入等散布以外の方法を活用するとともに、やむを得ず散布する場合であっても、最小限の部位お

〈次ページに続く〉

> **ノート 3.12（続）**

および区域における農薬散布にとどめること。また、可能な限り、微生物農薬など人の健康への悪影響が小さいと考えられる農薬の使用の選択に努めること。

(4) 農薬取締法（昭和23年法律第82号）に基づいて登録された、当該植物に適用のある農薬を、ラベルに記載されている使用方法（使用回数、使用量、使用濃度等）および使用上の注意事項を守って使用すること。

(5) 病害虫の発生前に予防的に農薬を散布しようとして、いくつかの農薬を混ぜて使用するいわゆる「現地混用」が行われている事例が見られるが、公園、街路樹等における病害虫防除では、病害虫の発生による植栽への影響や人への被害を防止するためにやむを得ず農薬を使用することが原則であり、複数の病害虫に対して同時に農薬を使用することが必要となる状況はあまり想定されないことから、このような現地混用は行わないこと。なお、現に複数の病害虫が発生し現地混用をせざるを得ない場合であっても、有機リン系農薬同士の混用は、混用によって毒性影響が相加的に強まることを示唆する知見もあることから、決して行わないこと。

(6) 農薬散布は、無風または風が弱いときに行うなど、近隣に影響が少ない天候の日や時間帯を選び、農薬の飛散を抑制するノズル（以下「飛散低減ノズル」という）の使用に努めるとともに、風向き、ノズルの向き等に注意して行うこと。

(7) 農薬の散布に当たっては、事前に周辺住民に対して、農薬使用の目的、散布日時、使用農薬の種類および農薬使用者等の連絡先を十分な時間的余裕をもって幅広く周知すること。その際、過去の相談等により、近辺に化学物質に敏感な人が居住していることを把握している場合には、十分配慮すること。また、農薬散布区域の近隣に学校、通学路等がある場合には、万が一にも子どもが農薬を浴びることのないよう散布の時間帯に最大限配慮するとともに、当該学校や子どもの保護者等への周知を図ること。さらに、立て看板の表示、立入制限範囲の設定等により、散布時や散布直後に、農薬使用者以外の者が散布区域内に立ち入らないよう措置すること。

(8) 農薬を使用した年月日、場所および対象植物、使用した農薬の種類又は名称並びに使用した農薬の単位面積当たりの使用量または希釈倍数を記録し、一定期間保管すること。病害虫防除を他者に委託している場合にあっては、当該記録の写しを農薬使用委託者が保管すること。

(9) 農薬の散布後に、周辺住民等から体調不良等の相談があった場合には、農薬中毒の症状に詳しい病院また公益財団法人日本中毒情報センターの相談窓口等を紹介すること。

(10) 以上の事項の実施に当たっては、公園緑地・街路樹等における病害虫の管理に関する基本的な事項や考え方を整理した「公園・街路樹等病害虫・雑草管理マニュアル」（2010年；環境省水・大気環境局土壌環境課農薬環境管理室）に示された技術、対策等を参考とし、状況に応じて実践すること。

〔橋本 光司〕

ノート3.13　樹木医にとっての農薬適正使用　～「樹木医学会シンポジウム」より～

　2002年に、一部の農薬販売業者による無登録農薬の輸入・販売、そしてそれらを食用作物*に対して不正に使用した問題等が起こり、施用された農産物の販売自粛・廃棄等の事態を招くとともに、消費者の国産農産物への信頼を著しく損なうこととなった。この「事件」を背景に、2002年12月に農薬取締法が大改正され、2003年3月に施行された。昨今の、農薬に対する消費者・住民の見方は厳しいものがあり、それは食用作物のみならず、樹木等の非食用作物*にも厳正な農薬使用を求めている。（*注：本ノートではイネ・野菜・果樹等、食用に供する植物を総括的に「食用作物」、また、樹木・花卉・観賞植物・芝草等を「非食用作物」と表現する）

　このような情勢の中、2008年11月に、茨城県水戸市において日本樹木医学会主催の公開シンポジウム「樹木医のための防除薬剤の適正な使い方」が、約150名の参加を得て開催された（図3.65）。講演は、「樹木関係の登録農薬の現状と方向性および施用上の諸問題」（平山利隆氏；独立行政法人農林水産消費安全技術センター農薬検査部）、「樹木病害に対する農薬適用拡大に向けた共同研究」（陶山大志氏；島根県中山間地域研究センター）、「土壌伝染性病害、リンゴ紋羽病対策の現状」（雪田金助氏；青森県農林総合研究センターりんご試験場）、「農薬散布（樹木薬剤散布）の現状と課題」（中山秀一氏；株式会社水沼農園）の4演題であった（講演要旨は引用文献参照）。その後の総合討論では、講師の4氏をパネリストに、座長（司会）は筆者が務め、会場からの意見も交えて活発な論議が行われた。参加者の間には農薬に対する知識や意識の差が認められたが、樹木医学会としては初めて「農薬」を前面に出してのシンポジウムであり、樹木医に対しても多くの重要な問題提起がなされたのである。しかし、開催から幾年を経過したが、未だ解決に至っていない課題も少なからずある。このような農薬を巡る社会問題が残した教訓を、指導的立場にいる人たちは、決して忘れてはならない。それを怠ったとき、再び同じような問題を繰り返すことが確実視されるからである。そこで、本ノートでは、このシンポジウムにおける講演や総合討論の内容を整理し、樹木類に対して農薬を施用する上での重要な点を拾い出すとともに、樹木類の主要病害に対する農薬適用拡大のプロジェクトの経緯と成果を紹介し、今後の樹木医活動の参考に供したい。なお、ノート3.10～3.12に関連事項が記述されているので、それらも参照されたい。

図3.65　樹木医学会第13回大会シンポジウム
　　　　「樹木医のための防除薬剤の適正な使い方」の会場の様子
　①討議前の講演　②　会場の参加者との討議（壇上のパネリストと座長）　〔①②樹木医学会〕

〈次ページに続く〉

ノート3.13（続）

〔食品衛生法；ポジティブリスト制度の導入で樹木医が注意すべきこと〕

　食品衛生法も農薬取締法と同様に、社会の発展に伴う要請や、食品に関連する事件などを契機として、重要な改正が行われてきた。農薬の食品中への残留基準値は、1968年に果樹・野菜4品目（リンゴ、ブドウ、キュウリ、トマト）に5農薬（BHC、DDT、鉛、パラチオン、ヒ素）が初めて定められ、その後、順次、拡大されてきた。しかし、農薬の成分数が300〜400種類あるといわれる中で、限定した農薬（成分）に対して残留基準値を設定し、基準値を超えた食品の流通販売を禁止するという従来の制度（ネガティブリスト制度）では、基準値が設定されていない農産物などに残留する農薬は規制できていなかった。この問題を解決するため、2003年にはポジティブリスト制度が導入された（2006年から施行）。

　ポジティブリスト制度においては、原則としてすべての農作物に残留基準値を設け、基準値を超える農薬が残留する農産物の流通・販売が禁止される。国内でまだ基準値が設定されていない農薬については、外国ですでに設定されていたり、基準値が提案されている国際基準を暫定値として採用したり、暫定値も設定できないものにはすべて「0.01ppm」という厳しい基準（一律基準）が設けられることとなった。この制度の導入により全食品が、基準値を超えて残留があった場合には流通の規制対象となる。樹木医等が、生垣や庭木などの病害虫防除に農薬を散布する際、近隣に収穫期の農作物が栽培されていると、散布液のドリフト（漂流飛散）により、農産物には基準値を超えた農薬が残留する可能性があることが指摘されている。このため、樹木医等は、たとえ対象が非食用作物であっても、農薬を散布する場合にはポジティブリスト制度も念頭に置いて、ドリフト防止策を講ずるとともに、使用基準を遵守しなければならない。それに加えて、もしもの事故に対応するため、農薬使用に関する記帳を正確にしておくことが強く求められているのである。

〔農薬使用と樹木医の改善努力〕

　樹木医が農薬を使用する上で、遵守基準に適合させることは様々な困難を伴う。本シンポジウムにおいて樹木医中山秀一氏は、農薬使用の改善努力を積み重ねている実情を詳細に報告されたが、その基本は、樹木医としての地域住民・農地等への配慮と、クライアント（顧客）との信頼関係の醸成を図ることにあるように思える。この内容は多くの樹木医に参考になるので、講演要旨（中山、2009）の一読をお勧めするとともに、以下に、氏の改善努力と今後の方針を簡潔に紹介する（原文を要約してある）とともに、若干のコメントを加えた。

① 調整した散布液を使いきるために：樹木寸法別のデータベースを拡充し、きめ細かく使用量を推定し、散布液が残らないように調整する。
　＊散布液は現地での調製が原則であり、残液の廃棄も行うべきではない。

② 散布時の風向きについて：風の弱い早朝の散布を励行するなど、可能な限り気象および散布域の立地条件を考慮して対応する。また、強風・荒天時には日程変更すること、施行方法の選択肢等を含め、クライアントと事前に検討する。
　＊施用日程など変更が困難な状況ではあるが、当日の気象や環境を配慮した協議・契約を勧めたい。

③ 極端な高低温・乾燥下での薬害の発生防止について：樹木・薬剤別に気象条件の具体的な指標を作成し、データベース化する。
　＊農薬メーカーに資料提供などの協力を依頼したり、樹木医会とも連携して、広範囲の薬害事例を蓄積することも不可欠である。
　＊後述する「樹木類」対象としてグループ登録された農薬を使用した結果、生じた薬害は使用者の責任になる。
④ 農薬散布の事前周知について：個人宅の場合は、散布の目的等を近隣に早めに確実に伝達し、場合によっては地域の自治会等の協力も得る。
　＊農薬事故を防ぐためにも、自治会等の協力も得ながら、掲示等の励行や当日の監視体制なども十分に行うことが必須である。
⑤ その他、必要なこと：クライアントおよび施工サイドの双方とも、農薬に対する十分な理解と知識・情報を得る。
　＊地域ごとのきめ細かな農薬散布ガイドラインの作成、関係者のネットワーク等の整備、薬剤のみに頼らない防除法も取り入れることや、農薬関連の資格（農薬管理士、緑の安全管理士など）を取得するなどの努力も求められよう。

〔樹木類への殺菌剤の適用拡大について〕
1　適用拡大プロジェクト実施の背景
　平山（2009）によると樹木類の農薬登録件数は約4,300剤あり、そのうち殺虫剤は300剤、殺菌剤は100剤ある（注：数値は述べ数。同一成分でも申請者が異なると別の登録となる）。しかし、個別の樹種における特定の病害虫、例えば、ツバキ・サザンカのチャドクガ、マサキ・サルスベリのうどんこ病などには多数の農薬が登録されているが、一方、「樹木類」にグループ登録＊されている薬剤は数がきわめて少ない。とりわけ殺菌剤は、2000年代当初までは実用的には、樹木類・炭疽病に対してトップジンM水和剤（チオファネートメチル剤）、同・うどんこ病にトリフミン水和剤（トリフルミゾール剤）の2剤が使用できるだけであった。
　＊正確には「作物群登録」という。「適応作物群に属する作物またはその新品種に初めて使用する場合は、使用者の責任において事前に薬害の有無を十分に確認してから使用すること。なお、農業改良普及センター、病害虫防除所等関係機関の指導を受けることが望ましい」とラベルに注記される。

　このような状況では、樹木が非食用であるとはいえ、樹木病害に対する防除薬剤の登録数の少なさは農薬の安全・適正使用上、大きな問題であった。折りしも農薬取締法改正に伴い、使用基準が遵守義務となり、罰則が大幅に強化されたこともあって、樹木医や苗木生産者・防除業者などから、庭木・緑化樹木等の病害防除農薬の適用拡大要請が、農林水産省など関係機関に相次いで寄せられるようになった。このような社会的背景を踏まえ、緑化樹木などの病害防除農薬の適用拡大を推進するため、森林総合研究所（中核機関）、東京都農林総合研究センター、埼玉県農林総合研究センター園芸研究所、島根県中山間地域研究センター、福岡県森林林業技術センター、宮崎県林業技術センターの6機関は、農林水産技術会議の公募プロジェクト「先端技術を活用した農林水産研究高度化事業」に応募し、2003年度から4年間、「緑化樹等の樹木病害に対する防除薬剤の効率的適用化に関する研究」が採択、実施されたのである。

〈次ページに続く〉

> ノート 3.13 (続)

2 プロジェクトの成果

　プロジェクトの成果を上げるには、実現可能な計画と参加機関の連携が重要である。筆者は当時、東京都農林総合研究センターに所属し、本プロジェクト研究の課題の一つである「主要樹木病害に対する有効農薬の解明」（本成果を農薬適用拡大につなげる課題）の責任者でもあった。とくに本課題の成否には、綿密な計画が成果の70％を占めるとの思いから、プロジェクトのメンバーとともに、以下のように設計を描いた。①まず、樹木類の種類はきわめて多く、事実上、樹種別の病気ごとに適用拡大することは不可能であることから、「樹木類」でのグループによる登録適用拡大を目指した。そこで、樹木類に共通的に発生する主要病害のグループを抽出し、うどんこ病、さび病など13病害群を選定した。②次いで、各病害群に供試する薬剤について、野菜・果樹等の同一病害または類似病害に登録のある農薬の中から、薬剤の系統を考慮し、病害群ごとに３～５剤を選定した。③さらに、適用拡大を円滑に進めるために、供試薬剤の取扱いメーカー、あるいは原体メーカー（農薬成分の原体を製造または輸入しているメーカー）に対し、プロジェクトの目的主旨を周知するとともに、有効成績を提供した場合、速やかな適用拡大申請が可能かどうかの交渉を行った。④以上を踏まえ、登録対象の病害、農薬が決定したのちに、プロジェクト参加機関の役割分担と試験方法の統一化を図った。この中で、「樹木類」で登録するための樹種、農薬の分担等を調整した。なお、参考までに記すと、樹木類でのグループ登録には、広範な樹種に共通性の高い病気を対象に、植物分類上の３科以上、各科２樹種以上について、有効な防除効果を示す成績、ならびに薬害を生じないとのデータを計６例以上（最低条件として３科各２樹種計６例）、さらに、倍濃度あるいは倍量施用で薬害が発生しない成績が要求される。

　４年間にわたるプロジェクト実施において、防除薬剤の薬効・薬害に関する有効な成績を多数蓄積することができた。その成績を整理し、該当の農薬メーカーに提供するとともに、社団法人 林業薬剤協会が主催する、農薬適用拡大のための成績を審議する会合において、本プロジェクトの趣旨と成績について総括責任者から説明を行った。農薬の製造販売メーカーによる申請や、農林水産安全技術センター農薬検査部の審査も順調に進み、2008年度末までに、11病害群と個別の数病害で適用拡大が認められた。ちなみに、樹木類としてグループ登録された農薬は、うどんこ病に５剤、枝枯細菌病に４剤、くもの巣病に３剤、ごま色斑点病に２剤、白絹病に３剤、炭疽病に４剤、灰色かび病に２剤、輪紋葉枯病に３剤、その他に、シャリンバイ紫斑病・セイヨウシャクナゲ葉斑病など、シュードサーコスポラ（*Pseudocercospora*）属菌による病気「斑点症」に４剤である。今回の樹木類を対象とした農薬の適用拡大により、植栽地や生産圃場で頻発する緑化樹木等の樹木病害は、大幅にカバーできるようになったのである。

　一方で、樹木類での適用拡大を目指し、成績数は整ったものの、個別の樹種・病害への適用拡大に留まったものがある。①マルゾニナ（*Marssonia*）属菌よる病気：ジンチョウゲ黒点病、ボケ褐斑病、ポプラ・マルゾニナ落葉病、②さび病菌による病気：セイヨウキンシバイさび病、ボケ赤星病、ヤナギ葉さび病である。いずれも、病原菌は近似しているものの、病名が樹種により異なるために、一括して同一病名で表記できないとの判断のようである。また、プロジェクト進行中に試験していた農薬

が登録失効した例や、ごま色斑点病では他にも有効な薬剤が確認されたが、残念ながら申請されず、同系統の2剤のみが適用拡大された例などもあった。

3　今後の課題

今回のプロジェクトで多くの農薬（殺菌剤）が樹木類に適用拡大され、既登録分を含めるとかなり充実した。しかし、今後さらなる登録の適用拡大が望まれる。とくに、白紋羽病のように根部が侵される病気（果樹の一部には登録農薬がある）や、木材腐朽菌類による病気には、現在のところ登録農薬はなく、しかも、その前提となる防除・治療に有効な施用技術も開発されておらず、大きな問題となっている。その上、これらの試験を行うにはかなりの困難性を伴う。すなわち、防除効果試験を行う場合には、一般的に、無処理区（農薬を使用しない区）、処理区（農薬を使用する区）を設け、それぞれの区で5〜10本（厳密な規定はないが、データに信頼性が得られる本数；苗か成木かでも本数は異なる）、通常は3反復して得られたデータを比較検討し、防除効果の有無を解析する。また、試験開始時に樹齢や発病状態がほぼ均一であることが求められる。このため、試験の困難な病気では、試験樹や試験場所の確保に、樹木医が主体的に協力する場面もあるのではないだろうか。

*上記の試験設計は一般的な病害虫に関するものである。発生虫数が少ない害虫の防除成績には、数回のデータの累積による成績が容認されているが、病害のケースでは例がない。

資金面での問題もある。本来、農薬登録・適用拡大の試験は、農薬メーカーが試験費を提供し、公的機関等に委託して試験成績を収集する。しかし、上述のように、樹木類への適用拡大はメーカーにとって、必ずしも経営的なメリットを有するものでないことから、メーカーに対して多くの期待や負担をかけることは困難である。今回の農薬取締法改正に伴い、いわゆるマイナークロップ（食用）では、生産者団体や特産地のJAが、資金や圃場を提供して試験を依頼し、自主的に適用拡大を図った事例が全国で多数ある。樹木類の場合も、今後は樹木医あるいは樹木医会等が、登録適用拡大のイニシアチブをとる必要があろう。現実に樹木医資格を有する方が地域の植物防疫協会に所属し、適用拡大のための防除試験を行っている例もあるから、参考にしたいものである。

まとめに替えて

農薬について、"樹木は非食用だし、罰則がないので、どのような使い方をしてもよい"という人もいる。しかし、"住宅地における農薬使用について"（農林水産省・環境省，2013）等においても示されているように、非食用だからといって、農薬を曖昧に使用することは、法律上も倫理上も、そして科学的にも許されないことであり、とくに樹木医が農薬に関して他人事（他人任せ）では決して済まされない。樹木医は、農薬の使用にあたって、社会の規範となるべき立場にあるのは明白であろう。なぜなら、樹木医は"樹木の健康をみずから診断し、処方箋を書き、薬剤師も兼ねた樹木の医者"であるからである。

〔堀江　博道〕

〈天然記念物訪問 - 2　蓮着寺のヤマモモ〉

　神奈川県伊東市富戸　蓮着寺；国指定天然記念物
　ヤマモモ雌株：根元回り 7.2 m,
　　　　　　　　樹高 15 m,
　　　　　　　　枝張 22 m；
　　　　　　　　樹齢 推定 1,000 年
　　　　　　　　（図 1.2 ⑧, 口絵 p005 参照；
　　　　　　　　　樹齢は現地の表示による）

左：正面からの様子，右：枝幹の形

第 IV 編

被害の診断と対策

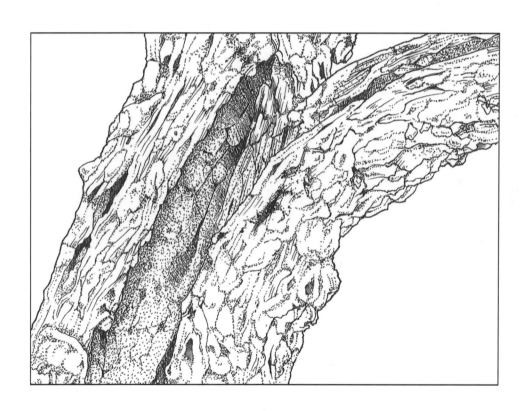

Ⅳ-1 樹木の被害度診断

　第Ⅲ編の各講では、病気や腐朽、土壌の問題など個々の診断について学んできた。作物と違って、老大木は、それぞれが異なる種であり、異なる環境において、異なる履歴を背負って生きている。さらに、長命生物のため、累積的で顕在化した被害や、認識されにくい被害を数多く抱え、数々の試練を乗り越えて傷だらけの勇姿を見せているといえよう。樹木はそれ自身にとって、快適な環境に常に置かれているわけではない。手厚く保護する管理者であっても天候までは変えられないし、隣の樹木との競争もある。地下水位の移動・変遷のように地域全体の変化もある。一つの個体でありながら、梢の葉と陰葉、支持根と吸収根、などまったく違う見方をしないと扱えない部分で構成されており、単純化して診断することは難しい。それでも、回復可能な衰退状況からは救わねばならないので、そういう老大木の様々な所見を、どのように把握すると適切な診断が可能なのかを学んでほしい。

　◆被害度診断の意義と考え方　生物学的診断（樹木の健康／健康状況の評価／健康さの機器測定）
　　力学的診断（人にとっての危険度／危険度診断の標準的方法／危険度診断に用いる機器／機器によるデータの注意）

1　被害度診断の意義と考え方

　樹木診断および被害解析の目的は、いうまでもなく、当該樹木の現状における生育異常の有無や健康度合を明らかにするとともに、障害が認められた場合には、その原因を明らかにして対処法を提示・実践し、将来にわたってその樹木の存在価値を持続させることにある。そして、対象としてとくに重要な老大木の診断では、2つの重要な留意事項がある。すなわち、①総合的な観点からの診断であること、②履歴や時間軸を視野に入れることである。前者に関しては、老大木の診断に見落としがないように、あらかじめ設けた診断項目を網羅して調査するのが一般的である。例えば、項目をAからFの因子に分けて、総合的に点検する場合、現時点ではAの因子の影響がかなり大きく、B～Fのそれは小さいと認識されても、10年後にはBやDの影響が強いこともあり得る。その場合、現時点でのBやDの項目の調査内容が10年後、50年後に改めて活かされるだろう。要するに、樹木医は自身よりも遙かに長寿の生物を扱っていることを理解した上で、長期的展望に沿って診断作業を行う必要がある。

　天然記念物などの老大木は、複数の材質腐朽病

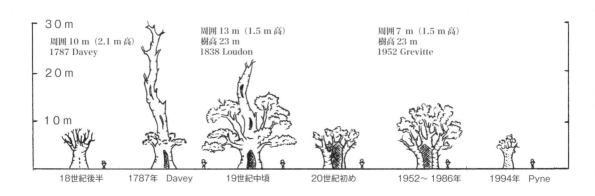

図4.1　Kevin Pyneが過去の記述や絵画から復原した The Queen's oak の成長記録　〔Pyne（1994））を改変〕

菌に侵され、あるいは葉や材が害虫の食害を受け、人や車の交通による踏圧被害や、隣接木や建物から被圧を受けているケースが多く、しかもそれらの要因は、しばしば同時多発的であったり、複合的に作用するのである。例えば、樹勢に影響を及ぼすような病害虫の発生があっても、ある病原菌・害虫という因子だけでなく、樹勢の強弱を大きく支配する、土壌（立地）・植栽・気象等の環境条件についても十分に精査する必要がある。なぜなら、相当数の病害虫は樹勢の衰えた個体に取り付きやすく、視野にある特定の病害虫のみに捉われすぎると、本命ともみられる主原因を見落とすことも多々あるからである。

もう1点の履歴については、長寿という特徴をもつ樹木の特性から、自己治癒のような現象があるため、見逃せない外見上の診断項目である。図4.1は"The Queen's oak（女王のナラ）"という木の盛衰を示したものである。この図に載せた6時点の前にも、この木は萌芽更新による成長と伐採を繰り返してきたが、大木として認識されて以降も樹勢の旺盛な状態や衰退の繰り返しがあったことが分かる。では、読者が目の前にする老大木を、衰退しつつある過程なのか、それとも過去に衰退した樹勢が盛り返している途上なのか、現在の木の状態だけから判断できるだろうか。

図4.2の上に示した木（a）が現在の状態であると仮定しよう。その場合、二つのパターン遍歴の可能性が推測される。つまり、右下（b）の過去から上（a）の状態に推移しているのであれば、現状の環境・管理条件はほぼ適正と考えられ、そのまま経過を見守ればよいが、左下（c）の過去から上（a）の状態に移行したのであれば、生育上何らかの問題があると判断されるので、直ちに原因究明を実施すべきであろう。

このように、当該樹木が辿ってきた履歴は重要な情報であり、過去の状態を様々な記録から掘り起こして整理すれば、現在の状態が衰退期か回復期かを大過なく判断できるであろう。とくに、木の前で撮影された記念行事などは年代が特定されるので、各家庭のアルバムに眠る古い時代の写真なども貴重な証拠資料である。

樹木の病気は、樹種・病原菌・環境条件の3者の相互関係で、発生の有無および発生量が決まる。発病という現象が成立するためには、①ある特定の病原菌と、②それに侵されやすい樹木（種類・個体・樹勢など）が存在し、③その病原菌が活動しやすく、かつその樹木が侵されやすい環境条件（立地・気象・植栽など）が整っていなければならない（図4.3）。また、樹木の害虫についても、ほぼ同様のことがいえる。したがって、上

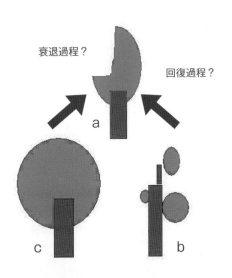

図4.2 衰退か，回復か，履歴によって変わる樹木の診断

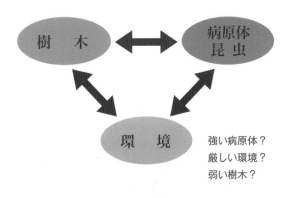

図4.3 病虫害の成立と各因子

記3者のうちどの1つが欠けても、病害虫の発生は起こらないのである。当然のことながら、あらゆる樹種に発生するような病害虫は存在しないし、逆に、いかなる病原菌・害虫にも侵されないような樹木も存在しない。

したがって、条件によっては、いかなる樹木であろうと、多少の病気の発生は避けられないといえるだろう。また、病害虫の中には、とくに防除を行わなくてもほとんど実害を生じない種類が少なくないのである。しかし、これらとて放置すれば、致命的な被害を受けるものもあるので、そのような樹種・病害虫の組み合わせを、きちんと理解した上で、景観上代替が利かない樹木や、希少価値の高い樹木には、予防措置はもちろんのこと、早期の発見・対処が必要であることは、前講までに学んだとおりである。

ここでは、個々の病気についてではなく、総括的かつ概括的な診断、例えば「この木は健康か」「どこが悪いのか」「この木は倒れないか」という観点からの現場診断について考えてみよう。

図4.4は樹木の各部位ごとの状態や症状からどんな病気が想定できるかを示している。葉の枯れが目立つときに、その枝葉の特徴や位置だけでなく、他の部位の状況をどう観察するかで正しい診断に近づけるのである。また、機器を用いた診断の方法については、以下に概説するように様々な診断機器や方法があるが、どの機器・方法も一定条件下でのみ、一定の評価を可能にすることを意

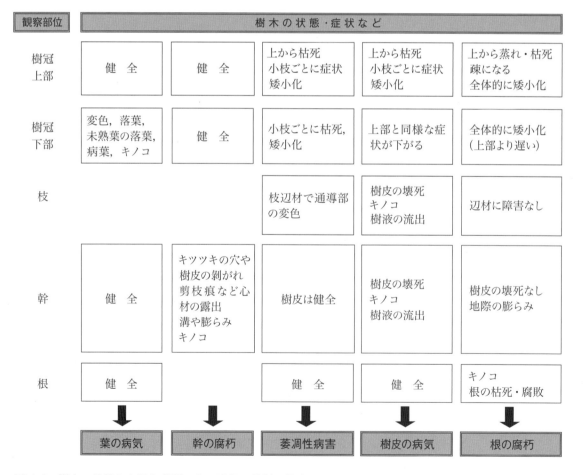

図4.4 樹木の状態から見た菌類による病気の診断の仕方

味しており、逆に、どのような場面においても万能な方法はないということでもある。当然、得られるデータの正確さとそれに要する労力や経費、樹木への機械的・生理的な影響についてもそれぞれ異なるので、診断にあたっては樹種や症状等に応じた方法を選択する必要がある。

2 生物学的診断

(1) 樹木の健康

樹木が健康かどうかは、葉の色・大きさ、新梢の伸びなどが目安になり、これらを観察し、必要があれば機器で測定する。蒸散や、光合成あるいはそれに付随する葉の機能、葉に含まれる栄養素を、非破壊的あるいは半非破壊的に機器で測定することもできる。

葉の大きさや色を健康の判断材料にする場合には、客観的なデータ解析が可能な、試料の採取数および採取部位を、樹種ごとにあらかじめ把握しておかなければならないが、既往の成績はあまり見当たらない。例えば、数十万枚もある葉について、そのうちの10枚か20枚を測定することで代表させられるのか、高さ20mを超える木について、人の届く範囲の葉でよいのか、新梢はどの枝で見ればよいのか、などサンプリングするには多くの検討課題があろう。この点については、「南向きの樹冠表面」などという設定があるかもしれないが、採取方法や測定の労力、経費、安全性から見ても現実的ではないし、老大木では枝ごとの健康が問題になることも多いのである。いずれにしても、どの方向の樹冠の、どの位置から採取したかをノートや報告書に記録しておくと、その後の比較検討の際の参考データとなる。

根系や幹の下部に障害がある場合は、葉は一般に小型化する。しかし、大木の樹冠下部の陰葉と梢先端の陽葉では、水分状態を反映して、そもそも葉の形状や大きさがまったく異なる。梢の葉は縦に着生し、小さく、厚いことが多い。一方、陰葉は水平に生じ、大型で薄いのが一般的である。例えば、ケヤキの場合、胴吹きでは葉が大きく、長さが15cm以上にもなる。一方、梢の葉は小さく、長さ1cmくらいのこともあり、面積では実に200倍も差がある。また、着果枝の葉は小さく、同じ樹冠表面でも徒長的に伸びる枝の葉は大きめである。つまり、「小型の葉」の由来はいくつもあるので、調査にあたってはその要因にも注意が必要である。

従前は地下部の健康状態を知るには困難が伴ったが、図4.5（口絵 p033）に示したように、農業用の機器が転用され、圧縮空気と吸引ポンプを利用することで、根を傷めずに丁寧な掘り取り調査ができるようになった。これらの機器の利用により、文化財樹木の土壌・根系調査は飛躍的に向上した。

樹木の健康の問題に、次の項目で述べる「安全性」が関係する場合がある。なぜなら、幹や根株の腐朽が進み、強風で折れたり、倒れれば、事実上の死を迎えることになるからである。安全に関わる因子でも、直接、健康に影響する所見が読み取れるものもあり、その例として、健全樹皮の残存率が挙げられる。とくに、地際部では昆虫の摂食（食害）、人による傷害、腐朽菌の侵入などで樹皮が死滅したり、剥がれ落ちることが頻発するので、この地際部の検査（root collar inspection）はきわめて重要であり、かつ容易にできる。同じ高さの位置で何％の樹皮が残っているかを示し、可能であれば、その原因も記録する。さらに、東西南北のどの位置にどれくらいの欠損があるかを示すと、その後の樹勢衰退を予測したり、修復作業を実施する上で役に立つことが多い。

また、腐朽菌の子実体がある場合には注意が必要である。とくに、褐色腐朽菌と白色腐朽菌では強度低下の様相が異なるので、腐朽菌の種の同定や腐朽材の観察は必須である。幹・根株内部で成長した菌糸体が樹皮の狭い隙間から出て、健全な樹皮を覆って子実体を形成することが多いので、樹皮損失を過大に評価しがちである。逆に、幹・根株の大半が腐朽していても、小さな子実体が1・2個形成されるだけのこともある。子実体

の発生頻度は樹種・腐朽菌の種類のほか、気象条件の影響なども受けるので年変動があり、初期診断にはわかりやすく有効であるが、強度を推定する場合には誤解を生じやすい。強度低下による危険性を判断するには、腐朽量や空洞率を、幹や根株の材に対して直接調べるべきである。

(2) 健康状態の評価方法

肉眼観察で所定の項目を調べた後には、データを総合化して単純な序列化が必要なことがある。例えば、候補となる100件の天然記念物に対して10件分の保護工事予算しか計上されていない場合に、健全性の違いにより緊急性の高い天然記念物を選抜する時である。それらの序列化の代表的な指標としては「活力度」が挙げられる。これは亜硫酸ガスによる大気汚染が問題となっていた頃に、科学技術庁報告書 (1972年) で提案された方法で、目視観察によって各測定項目を点数化したものである。活力度という用語の定義は、機械測定によるものや、目視タイプでも酸性雨被害の類型化の例、植物社会学での定義もあるが、樹木医学分野では、表4.1の科学技術庁の方式を指すようである。これに類する指標として、日本緑化センター提案の「衰退度」があるが、評価の仕

表4.1 活力度の項目と評価基準

測定項目	評価基準			
	1	2	3	4
樹 勢	旺盛な生育状態を示し被害がまったく見られない	幾分被害の影響を受けているが余り目立たない	異常が認められる	生育状況が劣悪で回復の見込みがない
樹 形	自然樹形を保っている	若干の乱れはあるが、自然樹形に近い	自然樹形の崩壊がかなり進んでいる	自然樹形が完全に崩壊され、奇形化している
枝の伸長量	正常	幾分少ないが、それほど目立たない	枝は短小となり、細い	枝は極度に短小、ショウガ状の節間がある
梢端の枯損	なし	少しあるが、あまり目立たない	かなり多い	著しく多い
枝葉の密度	正常。枝・葉の密度のバランスが取れている	普通。1に比してやや劣る	やや疎	枯れ枝が多く、葉の発生が少ない。密度が著しく疎
葉 形	正常	少し歪みがある	変形が中程度	変形が著しい
葉の大きさ	正常	幾分小さい	中程度に小さい	著しく小さい
葉 色	正常	やや異常	かなり異常	著しく異常
ネクロシス	なし	わずかにある	かなり多い	著しく多い
萌芽期	普通	やや遅い	著しく遅い	
落葉状況	春または秋に正常な落葉をする	正常なものに比してやや早い (年1回)	不時落葉する (年2回)	不時落葉する (年3回)
紅葉・黄葉期状況	正常	幾分色が悪い	葉が部分的に紅葉 (黄葉) するが、色が悪い	紅葉 (黄葉) せず、汚れた状態で落葉する
開花状況	良好	幾分少ない	わずかに咲く	咲かない

注) 判定対象樹種:関東南部のケヤキ, イチョウ, サクラ, プラタナス, シイ, マテバシイ, シラカシ, ヒマラヤスギ, アカマツ, クロマツ, スギ

〔科学技術庁資源調査会 (1972)〕

方や項目の改良を試みたもので、本質的には同じとみてよい。

活力度または衰退度の評価基準は、いずれも各測定項目を目視・達観によって大雑把に点検するものであり、これらは「公害」のような広い空間で樹木に被害を与える因子がある場合に、大量の樹木を評価するために使用されるべき指標といえよう。また、測定項目間に関連性があり、「樹勢」に影響される項目が多いという問題点も指摘されてきた。一方で、総合化してまとめて評価することの意義は、個体調査とくに老大木の場合には、あまりないようにも考えられる。

(3) 健全さの機器による測定

葉の健全性としては、1990年代に、蒸散能を反映した樹冠の枝葉全体の温度について、赤外線画像装置を用いて、面で測定する方法が確立した。この方法は非破壊検査でもあり、有望であるが、現在までの利用例は少ない。対象波長域を絞り、ノイズを測らない機器を用いて、曇天で微風の日に撮影する必要があるものの、設定や使用にあたり厳しい条件とはいえない。その理由は測定条件や機器の価格の問題よりは、むしろ老大木については、もともと観察データとそう変わらない判断材料の提示しか想定されていないからであろう。なお、サンプリングの問題はあるものの、簡便性や非破壊性の点では、葉緑素計（SPADメーター）が優れており、この使用例は多い。

蒸散や光合成の直接計測については、枝葉を対象に多数の計測器があるが、概して高価である。サンプリングの問題や木全体の蒸散を考えると、個々の枝葉の蒸散よりも幹での樹液流を扱うのが妥当であろう。樹液流にヒートパルスという熱を与え、その温度変化を一定距離で測定する方法がいくつか開発されているが、センサーを幹内部に差し込む必要があり、非破壊というわけにはいかない。

図4.6（口絵p033）は、HRM法というヒートパルス法の1つで、測定したアカマツ幹内部の樹液流速の変化により、深さによって樹液流速が異なること、矢印の傷をつけた日以降では幹表面に近い木部（深さ20mm）で傷の影響が大きいことが分かる。深さによって樹液流速が異なるので、単木同士で数値を比較するには注意が必要である。

他の機器でもいえることだが、幹は傷付けないことが望ましいのはもちろんである。枝葉は落ちることも前提にした組織なので、多少の採取をしても影響を与えないが、幹に対する傷害は、樹勢に長期にわたり影響を与えるので、対価として得られるデータの精度や活用方法をよく考慮しなければならない。

3 力学的診断

(1) 樹木が起こす、人にとっての危険度の診断

樹木は健全に育っていても、10年に一度のレベルの台風が直撃すれば、かなりの街路樹等が倒壊したり折損する。また、腐朽部があれば、台風や大雪などがなくても同じことが起きるので、腐朽や空洞のように強度低下をもたらす要因は、人間の安全性の観点から、きわめて重要である。

腐朽部の診断といっても、腐朽があるかないか、どのくらいの広がりか、腐朽の進行程度、腐朽部の材質強度はどれくらいかなど、様々な角度からの診断がある。立木の腐朽判定の需要は今のところ多いとはいえないが、今後、PL法（製造物責任法）の浸透、行政訴訟の増加、樹木医の地位の確立とともに、診断依頼が増えることであろう。しかし、腐朽部の診断を行う団体や会社等にすべて特別な診断機器が揃っている訳ではなく、当面は別の目的で開発されていたり、使用されている器機を部分的に利用することも検討すべき状況にある。

図4.7は、危険な木と安全な木の違いや、育て方を示した欧米の教科書の記載例である。円柱状の完満な木（幹の太り具合の良い木；A上）は枝下が低い三角錐型（A下）より風倒抵抗が弱い、U字型（B上）に比べるとV字型の株立ち（B下）は危険性が高い、曲がり幹（C上）は問題ないが、傾斜木（C下）は危険であることなどが、古くか

ら伝えられている。また、近年、根系が放射状に生育している場合（D上）と比較して、偏っている場合（D下）では、同じ面積の植え枡でも半分以下の抵抗力しか無いことや、開口部を持つ空洞の弱さ（E）が指摘されている。

　天然記念物の大半は老齢が原因で傷んだ部位も多く、測定器機を使用しなくても外部からの観察でかなりの状況が掌握できる。しかも、完全な非破壊検査の可能な機械はないに等しい状況である。逆に腐朽菌の子実体が観察される場合には、それが危険性の高い種であるかの判定など、器機使用からでは得られない情報もあり、丁寧に肉眼観察を行うことの重要性は変わらない。

　一方、街路樹や公共緑地のように植え替えが可能で、人間にとってのアメニティーが要求されている樹木では、葉が瑞々しいこと以上に、倒木・落枝の危険性を主体にした管理が求められており、車や人の交通量の多い場所では、安全上とくに重要課題となっている。この場合、樹木は景観を構成するモノ＝材料として品質管理を行うことになるだろう。実際の被害木や引き倒し試験から支持根（直径4cm以上の根）の分布範囲が倒木に関する重要な指標であることを、Mattheckは次に述べるVTAで示した。

（2）危険度診断の標準的方法

　人や家屋などに与える危険性を調べる方法としては、ヨーロッパを中心に広く利用されている

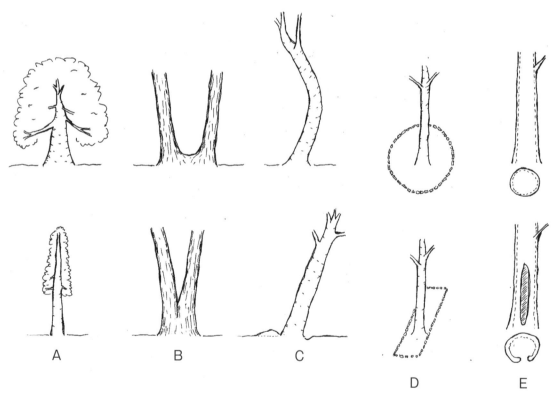

図4.7　古い時代から認識されてきた外観による危険性の判断
上段はそれぞれの下段に比べると、安全と判断される
A：下段の木の方が風圧が少ないように見えるが、形状比（幹直径と樹高の比）が高い下段の方が危険性が高い
B：V字型の連結は、U字型に比べると危険性が高い
C：上段は曲がり、下段は傾斜で、後者の倒木危険性は高い．転倒の兆しである幹周囲の土の凹凸をチェックする
D：根系の広がりが制限されると、著しく風倒の可能性が高まる
E：腐朽が同じ程度の場合、開口部があると崩壊の可能性が高まるので、腐朽程度と開口を複合で検討する

VTA（Visual tree assessment）法と、北米で利用されているISA（国際樹木医学会）危険木診断が主流である。VTAは、診断システムであって、定まった書式はないが、ISAの危険木診断は項目点検型の書式がしっかり決まっており、改訂もされている。日本では、この二つの方法を参考にして診断法が検討されている。日本緑化センターが提案している診断書式は、天然記念物など特別な樹木を丁寧に診断する形式となっており、街路や公園などの大量の樹木を扱うには別の書式が必要になろう。街路樹診断協会はVTAに則った方法を推奨している。なお、自治体では、調査業務の発注時に書式を定めることもあるので、各地域や各国の学会や団体などに照会するとよい。

マテックらが提唱したVTAは、①目視で樹木の欠陥を見抜き、②必要があれば機械を用いた診断をして、③基準値に照合する、という三段階を踏んだ診断法である。樹木は力学的に樹体を支えるために、欠陥があると、そこをいち早く修復し、応力の均一化を図る性質をもっているという考えの基に、目視で確認できる欠陥を例示している。個々の欠陥やそれの由来などは、昔から分かっていたことではあるが、理論化・体系化した点が優れている。幹表面の隆起・凹みは過去の損傷やその修復の結果なので、それらの観察により、内部腐朽の可能性などを読み取ることができる。

VTAで示される基準値の使い方には注意すべき点がある。一つは最弱部で検討する判断基準であるということ。例えば、健全な材部の残存率が30％以下は危険という基準の場合、面積では約50％に相当するが、最弱部位という観点からは同じ面積でも、円形の腐朽部と健全な材部が薄くなる楕円形の腐朽部では楕円形の長軸方向が危険ということを忘れてはならない。もう一点は、例外ケースの取り扱いである。この30％以下は危険という基準は実際の倒木事例や引き倒し試験結果を図化して得られたもので過去の研究例とも一致しているが、グラフ中に30％以下で倒木していないケースが散見している。老大木のいくつかはこの散見する例外に相当し、例えば、空洞率は80％程度でも樹冠が衰退し風圧を受けにくい木などが該当する。

公園の木や、街路樹などについて、そのままの状態で管理すれば済む木（良い状態）か（A1〜A4）、伐採や何らかの措置をとるべき木なのか（Z1〜Z12）を、どのような段階にあるかが直ぐに分かるように区分化し、Barrell Tree Consultancyが「Tree AZ」という名称で提案している。この評価は絶対的なものではなく、同じ樹形・状態の木でも、立地が変われば異なる評価となる。例えば、空洞の大きな木でも、都会にある場合と山里では違うということである。公共の樹木では、Tree AZの活用は今後増えるであろう。

老大木の場合、危険度診断であっても、VTAや記述文だけでは見落としが起きやすい。記述されない内容は、見落としたから無記載なのか、危険性がなく記述する必要がないと判断したから無記載なのかが分からない。誤解のないように無記載は避けるべきであろう。街路樹などでは、危険性把握だけに収束していればよいが、老大木では、健全な時期の様子も記載できるような形式が望ましい。

（3）危険度診断に用いる機器

a. 成長錐・ドリル

腐朽の有無や程度を調べるのは、成長錐（せいちょうすい）の本来

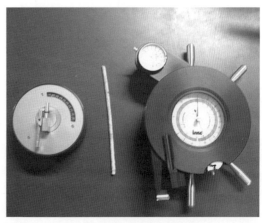

図4.8　二つのタイプのFractometer
中央の成長錐コアの強度を測る

的な使用方法ではないが、採取された試料から腐朽の存在と位置がわかることがある。Smileyは地際部の検査として直径5mm程度のキリをつけた電気ドリルで穿孔し、ドリルの抵抗（感触）と内部から現れる木屑から、腐朽の有無や規模を推定するという手法を報告している。

Mattheckは、成長錐試料の強度を測定する機器のFractometerを考案した。いくつかのタイプがあり、その原理はコアに手動で力を加え、その角度と力をバネで測るという、簡単な構造である（図4.8）。成長錐で得られるコアからは、本来の使い方として直近十数年分の年輪成長のデータが読み取れるので、健康状態の時間的な変化としての把握も可能である。

b. 内視鏡

内視鏡の直径に合わせた孔を幹に開け、内部を直接観察または写真撮影する方法で、名称や視管径は各メーカーによって異なる。視管外径が2mm以下の製品もあり、視野の方向や、画角、光源などにも様々なタイプがある。開孔径が小さい時は、とくにヤニや木屑が撮影を困難にするので、木屑除去の工夫が必要である。腐朽の程度と種類にもよるのだろうが、内視鏡を用いて観察した材から腐朽の進展を判断するには、かなりの熟練を要する。なお、クワガタムシ採取用の製品もあり、著しく低価格化が進んでいる。

c. 測量

ポケットコンパスなどの測量機器を使って、幹の外形や露出した腐朽部の位置などを図面に落とすことができる。空洞内部では、通常のコンパス測量は不可能であり、全体の精度を考えると、巻尺、長い物差しなどで測れば、ある程度信頼できる推定が可能である。

各種のCT装置では外形は重要で、多くの機器が幹断面を正円と仮定して測定しているが、樹木の場合、この仮定には無理があるため、生ずる誤差は少なくない。超音波CTの一種であるPICUSでは特殊なコンパスで多角形を測り、その内部のAE波通過を計測しているので、現実の幹断面とは多少の歪みがあるが、多角形自体は短

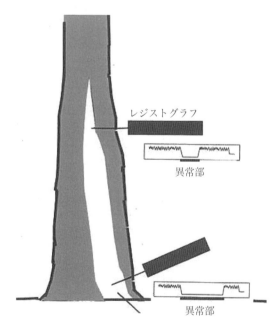

図4.9 レジストグラフ（Registograph）の測定状況
直交する4方向から測定して、内部の空洞や腐朽率を推定することが多い

時間で正確に測定できる。飯塚らによって開発されたガンマー線 CT では、精密な距離計を矩形上のレールに走らせて、正確な外形を測定している。

d. 貫入抵抗

一定の圧力で幹に釘を打ち込み、その深さが表示されるピロディンという測定器がある。ピロディンの数値と曲げ強度との相関は高く、腐朽の程度を示すことも可能である。

穿孔式では、電気ドリルなどで孔を開ける時の抵抗を測定・記録する。現在使用される器機の孔径は 1～2 mm とかなり小さい。宮崎ら（1978）が開発した木柱腐朽判定器とほぼ同じアイデアの装置が、イギリスの植物病理学者の Seaby によって開発され、Sibert 社から「DDD」、「DmP」という商品名で販売され、また、ドイツでは、別の特許を元に Frank Linn が開発し、IML 社から「Resistograph」という商品名で販売されている（図4.9）。後者は、折れ線グラフで示される抵抗の表示に、年輪の早材・晩材の位置が一致することがあるほど精度が高い。機械は精度の高いものから廉価品までいろいろなタイプがある。概ね 90 cm 位まで穿孔可能である。樹木用 X 線 CT などの解析レベルの高い装置が現れた後の開発品なので、精密さだけでなく低価格と簡便さをねらって製作されたこれらの機器は、現在の半「非破壊検査」用機械の中では優れた製品と評価され、建築材分野を含めて世界中で使用されている。

e. 放射線の利用

コンピューターと画像技術の発達で、可搬型X線断層撮影装置が誕生した。このコンピューター断層法（CT）は、ドイツの Habermehl（1978）の装置が野外測定の最初であるが、国内でも小暮ら（1983）の開発した装置は、幹を切断せずに年輪の画像化を可能にし、スギの赤芯・黒芯の判定もできるなど、完成度と応用性は高い。この装置は箱根杉並木などの天然記念物での使用例がある（鈴木，1994）。Wiebe（1995）は生立木の傷害患部内側の水分変化をX線CTで解析し、貴重木での調査手法における完全な非破壊検査の可能性を拡げた。

医療用に比べれば、X線のエネルギーは高くないが、CT は多くの角度から測定して精度を高めるので、調査者のX線被曝の問題があり、危険性は付随する。また、センサーが走査する機械部分の堅固さの必要性、振動対策、装置全体が高額になるなどの点から、使用例は増えていない。しかし、超音波 CT や MRI（磁気共鳴画像装置）に比べると、実用レベルでの開発が進み、得られる画像情報の正確さでは群を抜いているので、今後開発される様々な簡易型の腐朽診断器機の検定用装置という使い方がX線CTには期待される。

X線は発生装置の電源を切れば止まるが、γ線の場合、線源はγ線を出し続けるので、測定中以外も被曝予防措置に格段の注意を払わなければならない。飯塚らは被曝量を安全な範囲に収めたγ線 CT（「γ線腐朽診断機」）を製品化し、概ね実用レベルに達した（図4.10；図5.18，口絵 p 037）。

f. 音波伝播速度の利用

音波の可聴の範囲は約 20 Hz から 20 kHz であり、波長が著しく短い（周波数が高い）音波を超音波という。実際に腐朽検出に使われるのは超音

図4.10　γ線 CT（γ線木材腐朽診断機）の測定

波領域で、可聴域を外した特定の周波数領域を選べば、可聴音の雑音があっても拾わないので問題にならない。この点は光や温度のノイズとは異なり便利である。

AE（アコースティク・エミッション）は応力波、弾性波などと呼ばれ、現在、この三つの用語が併称されているので、承知しておきたい。「固体が変形または破壊する時、それまで蓄えられていたひずみエネルギーが開放され、弾性波（音波）となって放出される現象、またはその弾性波」というのがAEの定義であり、割箸を割る時の音や、ビンに熱湯を入れてヒビが入ったり、割れたりする時の音なども該当する。弾性波は超音波の場合もあれば、可聴音波の場合もあるが、木材では高周波領域のAEを対象とすることが多い。

上述のMatthecのVTAでは、判断基準としてインパルスハンマー（Impulse hammer；図4.11）を用いた時の健全な立木について、樹種ごとの放射方向の標準値が示されている。およそ900〜1,500m/秒の速度であるが、直径が大きくなると同一樹種でも速くなる。逆に、激しい腐朽がある場合は速度が50％以下になるという。ヨーロッパでは非破壊検査機器として販売されているが、非破壊とは言い難い。

木材への超音波を適用する際には、その伝播特性が問題になる。有田ら（1985）は木材特有の材料の不均一さによる、音波の伝播経路と減衰の様子を明らかにし、内部腐朽検知方法を考案し、まず簡易図形化のできる装置を制作した。その後、ヨーロッパで開発された超音波CT（商品名「PICUS」「ARBOTOM」）が世界で使用されている。PICUSでは、幹断面の電気抵抗を測ることで水分分布を、同じようにCT画像で示す電気抵抗CT（EIT）も付加することで、腐朽に関連する情報を、さらに詳しく得られるように工夫されている。

g. 電気抵抗値の利用

電磁波関係では、パルス電流を用いて電気抵抗値を測定する「Shigometer」が早く開発が進み、比較的よく使用されている。Shigometerは腐朽部におけるマンガンやカルシウムなどの陽イオンの集積により、電気抵抗値が下がる現象を利用した機器で、こうした検査の具体例は、食用の木材腐朽菌であるシイタケの腐朽材についても報じられている。

電気抵抗値を利用した木材水分計が多くある。しかし、電気抵抗値は水分の影響を強く受けるので、Shigometer使用の際には、測定環境や条件の把握に注意が必要である。また、探針の材に対する接触状況でも変化しやすい。また、直接腐朽部にプローブを挿入して抵抗値を計測するため、事前の穿孔が必要で、非破壊とはいえない。

腐朽診断とは違うが、同じShigometerを用いて形成層での電気抵抗値（CER）を測定し、樹木の活力・健全度の判定や、モニタリングに利用した報告例は多い。

h. 温度測定

森林や樹木全体の健全度、枝葉の一部や樹冠・樹幹の温度測定の指標として利用した事例は多く報告されている。サーミスタ・放射温度計を使用したものや、最近では赤外線画像装置での撮影例（大政, 1990）も増えている。ただし、いずれも樹木全体の代謝生理の結果としての樹体温度を健全さと結びつけており、腐朽部と局所的な温度

図4.11 音波伝播速度による腐朽診断（インパルスハンマー）

測定との関係を検討した報告は少ない。

他方、Catena（2003）は野外で使用できる携帯用赤外線画像装置を用いて、空洞や欠陥部の検査が可能とした。Catenaを除き、腐朽や空洞検査について実用レベルで言及した方法や装置はないが、温度測定は非破壊で行うことができるので、今後の展開を期待したい。なお、繰り返し曲げ負荷を受けた有節材では、応力集中部で発熱が起きるという知見から、欠陥部の検査を試みた例（増田ら、1995）もあり、温度差の発生するメカニズムや、その理由はなかなか複雑なようである。

（4）機器で得られるデータの利用上の注意

機器類で測定して得られる「精密そうな数値」の意味するところは、条件が限定された範囲を必ず有するもので、データに振り回されないよう注意して利用しなければならない。同じ値やグラフが得られても、樹種や腐朽菌の種類によって、判断・解釈が異なることもあり、的確な目視観察をおろそかにしてはならない。

どの方法にもあてはまることだが、孔を開ける診断手法は、小さな孔であっても非破壊検査とはいえず、結果として腐朽・変色を招きやすいで、細心の注意を払い、最低限の試料孔に留める。レジストグラフや成長錐では、試料は幹の中心であるピスに向かって採るのが望ましいが、外見から予想される中心と実際の樹芯は多くの場合一致しないので、理想的な材料採取や測定は容易ではない。図4.12（口絵 p033）の各種診断機器のうち、γ線木材腐朽診断機以外の機種については、小規模ながらも破壊検査であり、得られたデータの利用＝「効果」と、経済支出・傷による障害のリスク＝「費用」のどちらに重点を置くかを慎重に見極めなければならない。開口部があって内部空洞や腐朽の量的推定を直接できる場合は、このような機器の調査データの必要性の意義は少ない上に、機器の使用は「科学的らしさ」を粉飾しているのに近いといえる。「科学的」とはいかなることか、肝に銘じたいところである。

〔渡辺 直明〕

ノート 4.1　樹木病害の調査方法とその被害度評価

　樹木の生育障害の進度を表現する方法のうち、もっとも正確であるのは人間の目（目視）であるかもしれない。経験を重ねてきた熟練の客観的な観察眼は、実に正確に現状を捉えるものである。そして、目視による自分の評価（程度分け）を、他の人たちに的確に伝えられるか、レポートに信頼できるデータ（比較数値）として書き込めるかが問われよう。信頼される値とは、主観を排除しつつ、科学的な根拠を有する調査方法に基づいた数値である。ところが、多くの人はある一定の基準を設けて調査したにもかかわらず、それを数値化したデータと、目視による被害程度が一致せず、しかも大きな乖離をみせることを経験していよう。その原因として、しばしば基準値の設定を誤っていることが挙げられる。本ノートでは、樹木病害のうち、枝・葉・果実・根などに発生する病害において、被害度調査の指針となる「指数」の設定や、表記の方法を概説する。もちろん、指数およびその値はあくまでも例示であり、発病状況や該当病害の特徴に合わせて、適宜変更すべきものであろう。目視での被害度の値と調査データの値が乖離する一因は、調査マニュアルにこだわりすぎることでもあるのだ。なお、木材腐朽に関わる被害度調査法については、「Ⅳ-1」（p320）を参照されたい。

〔調査対象木と必要な株数〕

　樹木の健康診断や被害度の調査木は、単一株や特定エリア内の複数株、あるいは並木・植栽全体などの場合があり、調査対象・目的や立地環境の違いにより様々である。単一の株を毎年同時期に調査し、被害度を年次比較する調査は、私たちの毎年の健康診断と類似して、異常な事態を過去の診断履歴と比較しながら、早期に見いだせるメリットがある。

　いうまでもないが、樹木の病害調査は、生育・収量・景観上の被害が想定される場合に限定して行われるべきものであり、すべての病気を対象とする必要はなく、調査の要否を判断することも重要な要件である。そして、調査する際には、その部位・項目が被害の実態を反映させるものでなければならない。したがって、果樹栽培などの営農場面では、詳細かつ厳格な基準および調査結果が求められるが、一般の緑化樹木を対象とする場合には、客観的な調査基準を維持しながらも、当該病害の発生生態に見合った簡便な達観調査、例えば（4）の〈例1〉に示したような調査方法を選択することもあり得る。なお、高木では枝葉の調査位置が限られるので、調査可能な範囲の枝葉における発病程度を、樹全体のそれに置き換えられるかどうかについて、あらかじめ確認しておく必要があるだろう。

　また、多数の近縁種・系統・品種間の病害発生の違いを調査するには、同一の場所に植栽された株を、同一時期（同一日）に調査すれば、対象病害に対する感受性（罹病しやすさ）が比較できる。さらに、薬剤の防除効果を調べるには、近接する同一の系統・品種を供試し、発病を認めてから直ちに薬剤散布（通常は7〜10日間隔で2〜3回散布）を行ったのち、無散布区および薬剤散布区における発病状況を比較しながら調査を進める。以下に成木と苗木に区分して考えてみよう。

　成木の場合：①単木の天然記念物のように、対象が1株の場合は調査対象木が明確である。②品種間や系統間における差異の調査のように、対象が複数の異なる品種で、それぞれ複数株が植栽されている場合、同一品種の複数株の発病程度が均一である場合は、1株を選定してもよいが、ふつうは、

各品種・系統3株を調査すると数値が平準化される。③発病の年次変化を調査する場合、同一場所に複数木がある場合は3株を選び、さらに、異なる場所・環境に同一種がある場合は、比較のため同一時期に同様な調査を行いたい。④発生時期や発病の盛期・停滞期等の調査（発生消長調査）では、調査株を固定（ラベルしておく）する必要がある。②～④はそれぞれ目的が異なるが、調査の内容や方法を相互に組み入れれば、実効性のある詳細な結果が得られる。ただし、その分、手間がかかるので、その重要性、優先の度合い、必須のデータ確保、調査労力等を勘案して計画を立てる必要がある。調査設計はあらかじめ現場を想定しながら、文書化しておくべきであるが、調査時に現場での微調整は可能である。ただし、同一設計で複数回の調査を必要とする場合は、調査開始前に指数の考え方と値を固定（途中変更は不可）して、その病害の発生パターンを事前に把握しておく必要がある。

　苗木の場合：数が多い場合は、苗圃全体から無作為に3か所を選び、1区（1か所）10株の発病程度を調査する。株数が少ない場合は全株調査を行うとよい。方法は成木の場合に準じる。

〔発病率、発病度および防除価による被害度評価〕
　植物病害の評価は、発病率や発病度の数値で表現することが多い。発病率は、対象部位によって、発病株率（発病樹率）、発病枝率、発病葉率、発病果率などという。そして、それらの各発病率、ならびに発病度・防除価の諸元および算出方法を表4.2に示した。

　例えば、発病葉率は一定の調査葉数のうち、何枚の葉に対象の病気が発生しているかの割合であり、次の式による。発病率は数値が高いほど発生が多いことになり、対象の株や葉のすべてが発病していれば、発病率は100％となる。なお、この数値は、病気が樹や植栽全体にどの程度拡大しているかは把握できるが、被害の程度は明確ではない。

　　発病葉率（％）＝（発病している葉数／調査した総葉数）× 100

　発病度は調査対象個々について発病の程度を、段階ごとの指数により数値化し、全体の発病程度や被害程度を示すものであり、次式により算出される。なお、発病度は発病率と併記することが多い。

$$発病度 = \frac{\Sigma（指数 \times 程度別発病数）}{最大指数の値 \times 調査数} \times 100$$

　農薬等を用いて病気の軽減や防除効果の試験を行った際、その農薬の有効性は、防除価の数値で比較することが一般的である。その数値は、同一病害において、農薬を扱った複数の試験を総合的に評価する場合、試験の時期や方法が違っていても、防除価での相互比較がある程度可能である。防除価は次式により計算し、数値が高いほど、防除効果が高い。つまり、防除価100とは、まったく発病が認められない状態である。

　　防除価＝ 100 －（処理区の発病度／無処理区の発病度）× 100

〈次ページに続く〉

ノート4.1(続)

〔発病指数の表し方〕

(1) 葉・果実

　葉や果実の発病の程度を、病斑面積、病斑数などをもとに指数化して発病度を計算する。調査数は状況により異なるが、調査の目的に沿い、公平な数値が得られるようにサンプル抽出方法を考慮する。葉の場合は、予備的な観察で、葉位により発病に差異が見られるようであれば、葉位別の発病調査を行ったり、株ごとの葉位を揃えて調査を行う。調査目的に沿って、公平な数値が得られるようにサンプル抽出法を考慮する必要がある。いくら数値が得られても、サンプル抽出法や発病指数の設定を間違えると、そのデータは「ごみ」と同じであり、時間を掛けた調査も徒労に帰すこととなる。

　株の調査部位や調査枚数について、以下に例を示す。1株あたり、①5か所の枝を無作為に選び、各枝先の展開中の葉を除き、上位葉から20枚（合計100枚）、あるいは、②3か所、同様に各50〜100枚（合計150〜300枚）について、それぞれ発病調査を行うと、一定の信頼できるデータとなろう。なお、調査する株数の多少や調査時間の配分にもよることはいうまでもない。

　次に、指数化の例を示す。指数は「0, 1, 2, 3」または「0, 1, 2, 3, 4」が一般的であるが、状況に応じて段階を多くしたり、あるいは指数を「0, 1, 3, 5, 7」のように表記する場合もある。なお、一人で調査を行うときには、葉などを観察しながら、1枚ずつの指数を野帳に書き込むのは煩雑なので、基本的には、野外で片手に持てる5連式の数取器（度数計）を用いて、調査・記帳を行うのが効率的である。

　下記に例示の数値（指数、指標）は、発病状況や実用性を判断し、適切な数値に置き換えて構わない。ただし、調査場所や調査日時を変えて調査する必要がある場合には、上述のように、固定した基準で調査しなければ、調査回ごとの比較のデータが得られないことになる。したがって、基準値の設

表4.2　被害程度の表示

項　目	内　容	要　素	計　算　式
発病株率 発病樹率	調査株（樹）中の発病株（樹）の割合（%）	調査株（樹）数 発病株（樹）数	（発病している株数／調査した総株数）×100
発病枝率	調査枝中の発病枝の割合（%）	調査枝数 発病枝数	（発病している枝数／調査した総枝数）×100
発病葉率	調査葉中の発病葉率の割合（%）	調査葉数 発病葉数	（発病している葉数／調査した総葉数）×100
発病果率	調査果実中の発病果実の割合（%）	調査果実数 発病果実数	（発病している果実数／調査した総果実数）×100
発病度	発病の程度を示す値	発病の程度の指数と該当数	Σ（指数の値×程度別の数）×100／（最大指数の値×調査総数）
防除価	無処理区の発病を100とした場合の処理区の効果の程度を示す指数	無処理区と処理区の発病率・発病度	100−（処理区の発病度／無処理区の発病度）×100

定に際しては、あらかじめ最大被害（甚発生の程度；下記の例では指数4）の状況を知っておくことが肝要である。

〈例1〉病斑の数による指数例（各種樹木の斑点性病害；葉ごとに病斑数を調査し、指数に置き換える）
　　無（指数0）：病斑なし；　少（1）：病斑が1～3個；　中（2）：同4～10個；
　　多（3）：同11～20個；　甚（4）：同21個以上または落葉したもの
〈例2〉病斑面積による指数例（各種樹木の斑点性病害・葉枯れ性病害・うどんこ病など；葉ごとに病斑面積を調査し、指数に置き換える）
　　無（指数0）：病斑なし；　少（1）：病斑面積が葉の10％以下；　中（2）：同10～30％；
　　多（3）：同30～50％；　甚（4）：同50％以上または落葉したもの
〈例3〉病斑数と病斑面積を視覚的に指数化した例（バラ黒星病；葉ごとに病斑数と病斑面積を併用して指数化する；図4.13）
　　無（0）：発病なし；
　　少（1）：わずかに発病（やや大きな斑点が1, 2個または小さな斑点が数個認められる）；
　　中（2）：病斑面積が概ね5～15％程度；　多（3）：同15～30％程度；
　　甚（4）：同30％以上（葉全体に発生するか、または落葉したもの）
　＊なお、バラ黒星病のように、発病の早い段階ですぐに落葉を起こす病害は、着生葉だけを対象として発病度の調査を行うと、実際には病状が進行しているにもかかわらず、病葉率や発病度が低下することにもなりかねず、調査時期によっては被害の実態を見誤ってしまう可能性がある。その場合は、着生痕（落葉の痕跡）をメルクマールとして、調査葉位を上位葉に限定し、老化による自然落葉と混同しないように留意しつつ、落葉数（率）を調べるか、落葉したものを甚（4）に含める。
例1～3とも発病度は以下の式で表す。

$$発病度 = \frac{\Sigma（指数 \times 程度別病葉数）}{4 \times 調査葉数} \times 100$$

（2）枝・茎

　枝の発病程度を以下の例のように設定できるが、数値は病害の種類および被害状況等により考慮する。また、植物の種類によっては、茎枝の分岐状況が異なり、その新旧が発病にも大きく影響するので、調査茎枝の単位（枝分かれの起点から次の枝分かれ部分までとする、主枝から分岐している側枝全体とする、齢の同じ茎枝の所定の長さとするなど）、部位などを決めてから調査するなどの工夫が必要である。以下の例では、指数を「0，1，3，5」としたが、「0，1，2，3」でもよく、被害の実態に見合った指数値を用いる。

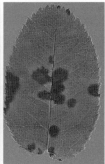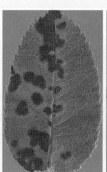

図4.13　バラ黒星病発病葉の調査基準値（指数）の例

〈次ページに続く〉

ノート 4.1（続）

〈例1〉病枝の数（各種樹木の枝枯れ性病害；太枝ごとあるいは樹ごとに病枝数を調査し、指数に置き換える）
　　無（0）：発病なし；　少（1）：調査枝の1～2本に発病が認められる；　中（3）：同3～4本；
　　多（5）：同5本以上

$$発病度 = \frac{\Sigma（指数 \times 程度別病枝数）}{5 \times 調査枝数} \times 100$$

〈例2〉病枝の被害程度の指数例（ウメかいよう病など；枝ごとに病斑長の割合を調査し、指数に置き換える）
　　無（0）：病斑なし；　少（1）：枝全体の長さの1/4以下に病斑が認められる；
　　中（3）：同1/2～1/4；　多（5）：同1/2以上
　発病度算出の式は例1と同一である。

(3) 根（地下部）

　樹ごとに根の発病程度を以下の例のように設定する。その数値は、病害の種類および被害状況等を考慮して決める。根系は主根・支根・細根などに複雑に分岐しているものが多いので、通常は1株あたりの根系全体を達観して、変色・腐敗状況、あるいは菌体形成の有無などを段階分けして調査する。なお、根部の発病状況調査は、株を抜き取って行うので、試験の最終調査時の1回のみである。

〈例1〉根部全体の被害程度の指数例（各種樹木の白紋羽病など）
　　無（0）：枯死根および菌糸付着根なし；　少（1）：根の1/3未満の枯死根・菌糸付着根がある；
　　中（2）：同1/3～1/2；　多（3）：同1/2～2/3；　甚（4）：同2/3以上

$$発病度 = \frac{\Sigma（指数 \times 程度別病樹数）}{4 \times 調査樹数} \times 100$$

(5) 株（地上部）

　株ごとに地上部全体を達観し、指数を割り当てる方法である。調査対象を明白にし、ある病害により葉の斑点性病害の発生程度、葉枯れの程度、枝枯れの程度等で評価することや、苗木の土壌伝染性病害（白紋羽病など）における地上部の萎れ状態で、株ごとに評価することなどが行われる。なお、とくに苗木の土壌伝染性病害は致命的被害を受け、発病株イコール枯死株となることが多いので、指数の分類を少なくして評価も厳しくするか、あるいはグレード分けせずに、発病（枯死）苗率だけで足りるケースもある。

〈例1〉葉の病害の株ごとの指数例（各種樹木のすす病など）
　　無（0）：発病なし；　少（1）：わずかに発病（やっと見つかる程度）；
　　中（2）：全体の25％程度までの葉に発生；　多（3）：同50％程度まで；　甚（4）：同50％程度以上

$$発病度 = \frac{\Sigma（指数 \times 程度別病樹数）}{4 \times 調査樹数} \times 100$$

〈例2〉地上部の萎れ症状の株ごとの指数例（各種樹木の白紋羽病など）
　　無（0）：発病なし；　少（1）：一部の枝にわずかに萎れが認められる；
　　中（2）：同20％程度まで；　多（3）：同20％以上

$$発病度 = \frac{\Sigma（指数 \times 程度別病樹数）}{3 \times 調査樹数} \times 100$$

〔堀江 博道〕

Ⅳ-2　樹木の総合対策　～樹勢回復と外科技術～

　前章の診断を受けて実施されるのが、樹木の総合対策－治療である。繰り返しになるが、診断の結果に基づいて実行される作業が治療であって、治療方法が先に決まるものではない。また、多数の因子からなる環境条件や複雑な履歴が、単純な要因に集約できるような樹木障害の事例は少なく、さらにいえば、もともと老大木の成立は、多くの人々の価値観や文化に支えられており、技術論だけで片付くことはむしろ稀で、具体的な対策に優先順位はあっても、唯一の方法しかないという状況は想定しにくいのである。

　そのため、樹木診断の判定結果が類似していても、異なる対策が講じられる場合があり、また、観光資源や文化財としての保存など、社会的諸事情から、生物学的には無効な対策が用いられることも珍しくない。したがって、安易に先行事例を模倣するような対処の仕方は理解を得られない可能性もあるから、個別の診断・処方箋提示への臨機応変でかつ慎重な対応が求められるだろう。

◆総合対策の考え方　どのように対策を決めるか　決定内容の記録と広報　広い意味での対策　外科手術についての考え方　近年の外科的治療と根域改善の課題　モニタリングと総合対策

1　伐るべき？　残すべき？

　まず始めに図 4.14 を見ていただきたい。このような形状の樹木に対して、どのような印象を受けただろうか。また、何らかの手当てを行うべきかどうか、対策が必要であれば、いかなる方法が考えられるのだろう。おそらく、回答にはかなりの個人差があるに違いない。そして、その相違は民族・文化と深く関わっていることから、地域や国情によっても、まったく違う判断が下されるのではないかと推察される。

図 4.14　この木は伐るべき？　残すべき？

　同様な木が、英国の English Nature という団体の発刊した、"Veteran trees" という書籍の中では、「理想的な」木として描かれている。樹木の危険度診断の観点からは枯枝、裂目、空洞、子実体と欠陥だらけで、伐採すべきとなるであろう。良い／悪いなどの価値観は、誰にとってかによって変化する。この場合、腐朽部に住むさまざまな無脊椎動物である「むし」自体や、それを餌としたり、空洞に住む鳥類（図 4.15，口絵 p034）、コウモリを中心とした野生動物にとって理想的だということである。英国のように、森林率が極めて低い国で野生動物を保護する場合には、人里の木でも、このような木の状態で保護管理する必要があっても不思議ではない。しかし、米国のように広大であれば、野生動物にとっては大きな森林や草原を面として原生自然植生として管理すべきで、人里の近くに、このような危険な状態の木を置くことは少ないであろう。英国では、樹冠の高い位置に生活する動物のために、腐朽部を持つ丸太をワイヤーで持ち上げて固定するような作業を、樹木医が行うこともある。

　天然記念物など文化財の樹木では、これまで目に見える地上部に関しては、過剰なまでの「現状変更禁止」にとらわれてきたが、地下部については見過ごされることが多く、配慮なしに掘削され

たり、構造物が埋設されたりしてきた。また、樹木は成長し、周囲の環境も変化するので、数十年間に起きた災害や施工でダメージを受けたという履歴があっても、それ以前に復帰させることが、現状の樹木に望ましいかどうかは状況による。履歴と成長を慎重に検討する必要がある。天然記念物の大半を占める人里の老大木は、その成立に必ず人手が加わっており、「禁止」ばかりの管理だけでは済まず、調和を図った解決策・治療を模索する必要がある。リスクを背負う場合もあり、簡単ではないからこそ樹木医が必要なのである。

最近では、保護すべき空間を明確にして、その木の履歴や地域事情などを考慮した保存管理計画を作成し、日常的な管理と、重大な変更を伴う管理に分けて対策を講じるようになってきた。具体的に日常的な管理を計画書に掲載し、教育委員会や文化庁などに届けてあれば、変更申請の対象にしないのが最近の考え方である。

しかし、大きな枝の切除や穴を掘るなどの行為は、文化財保護法での現状変更に相当するから、慎重に検討しなければならない。

2 総合対策の考え方

ここまでの章で、病虫害、土壌の悪化などの診断と対策について学んできた。これらを整理すると図4.16のようになる。全部の対策を実行もしくは可否の検討を行うことが望ましいが、緊急性や効果・経費などの点から、同時に施工すべき対策や優先順位をつける必要もある。例えば、クロマツで大きな腐朽・空洞が問題になっても、優先順位が高いのは、材線虫病対策であるかもしれない。すなわち、感染力が高い重篤な伝染病の発生が予想される地域・樹種では、その対策が最優先されるのである。

また、原因が単一ではない場合や、決定因子が決まらないから、総合対策をとるのであって、個別の対策はその影響をモニタリングして、直接的な効果と全体への寄与を確かめながら進める。人の医療で言う「様子を見る」ことは、樹木でも同じである。

ここでは、厳しい状況の樹木への総合対策として、どんな技術があるかを整理し、これまで、治療の柱であるように誤解されてきた樹木の外科手術について振り返りながら、樹勢回復に寄与する対策について注意すべき点を述べる。

3 どのように対策を決めるか

文化財の樹木では、図4.17のように当該樹の保護に関する検討委員会を設け、そこで総合対策を決める。委員会は自治体関係者や地元住民と樹木医、学識経験者などで構成される。自治体関係

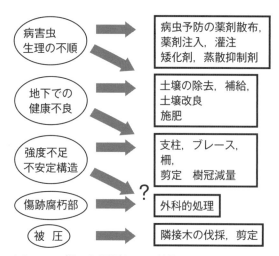

図4.16 様々な問題とその対策

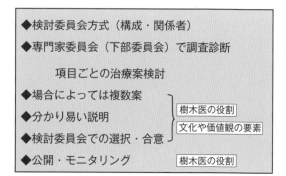

図4.17 治療法の決定プロセスと注意点

者は対策内容が自治体内の所轄の中で、それぞれの部署がどう責務を負うかを明確にするために必要で、地域住民や地元関係者の役割は、判断を下す重要な構成員というだけでなく、過去の管理などの履歴に関する情報や資料を提供し、現場での具体的な措置に協力することにある。技術的な問題を事前に整理するため、樹木医や研究者などで構成される専門委員会を設けることもある。

樹木医は一般市民に向けて平易で丁寧な説明をすることで、委員全員が適切な判断を下せるよう努めなければならない。

4 決定内容の記録と広報

決定プロセスと同時に重要なのは記録と広報である。診断や治療の記録が公開されることは当然で、積極的に見学会や説明会を開くなど住民に広報する。治療の施工記録は次の異変が見つかった時に、重要な資料となる。例えば「土壌改良を施した」というような表現ではまったく不足しており、どの場所に、どういう資材を、どれだけ施工したのかが記録されねばならない。それ以前に、診断の記録として、どの場所で調査をして、土地全体にどのような推定がなされ、どういう方向性の土壌改良を行うのかが説明されていることが前提である。

効果の早いケースでは、1～2年で違いが認識できることもあるが、それが長い眼で見たときの影響評価として、どう整理されるかは別である。例えば、腐朽や空洞といった欠陥部を持つ太枝の先の樹冠で葉量が増えるのは、樹勢回復の兆しではあるが、成長による重量や風圧の増加は、強度の弱い欠陥部での折損を招くこともある。練馬白山神社の大ケヤキ（図4.18, p034）ではそのような心配がされている。

また、盛土被害のように、悪い影響が直ぐに現れたり、10年以上経てから顕在化することもある。このため、個々の樹木の記録とそれらの集積が重要である。

5 広い意味での対策

（1）柵の設置

大事な木を柵で囲うのが保護の第一歩のように考える人が多い。しかし、目的を明確にして位置や高さを決めないと逆効果もあり得る。

柵で守るのは幹か根か？

根ならどういう機能の根か？

靴や車両で地際の幹を傷付けられることから守るのであれば、柵は幹や露出根から50cm程度離れていればよい（図4.19, p034）。この単純な保護の効果は高い。硬い底の靴は単位面積当たりの荷重が大きく、回転力が加わるとさらに傷つく。傷ついた根や幹は材質腐朽菌の侵入場所となる。また、受傷部から不定根が発生すると、ガードリングルート（自縛根）になりやすい。

水分や養分を吸収する細根は先端部に集中している。通常、ドリップラインと呼ばれる樹冠投影の外縁付近である。若い木ではこの線よりかなり外側（1.5～2倍）であろう。一方、吸収根に至る手前の支持根の上層土壌であれば、神社のように昔から人が多く集まる場所でも影響は少なく、多くの大木は踏み固められているようでも、

図4.18　練馬白山神社の大ケヤキ（口絵 p034）

細根は違う場所にある等の理由で残ってきたのであろう。もし、先端部の吸収根を守る必要性が高ければ、細根分布を大まかにでも調べて、その外側に柵を設ける必要がある（図4.20, p034）。狭小空間に多い日本の天然記念物では、このような配慮をされたものは少なく、50余件の東京都指定の天然記念物では1割以下である。

多くの場合、木から数m程度離して柵を設けてあるが、そのようなケースでは、吸収根の上に見学者などを集中的に誘導してしまう可能性もある（図4.21）。

柵の高さや素材は、その場所や見学者の状況を考慮して決める。多くの場合、50cm以下の高さでは柵を越えることへの抵抗感は少なくなり、1mを超えると拒絶されたという不満が高まる。木製や金属製の柵以外に、垣根・植え込み・庭石などを利用することもある。

（2）木道の設置

柵と同様に、根や土壌を人の通行から守る役割があり、脆弱な土壌環境や極端に見学者が多い場所などで設置される。

天然記念物などを広く住民に見てもらい、地域の自然と文化の結び付きを知ることを「活用」という。この文化財の保護と活用という観点からは、柵や木道の設置は重要で、見学者を排除するという考え方ではなく、見学者に良い状態の樹木を良い条件で見て貰うと考えて、より良い誘導を図る。設計が良ければ見学者の満足度も高く、対象樹も守られ、不適切であれば。不満が出て、保護の機能も発揮されない。

柵と木道は一体的で、老大木に接近した位置に木道の一部が通るように設けると、見学者には、より親近感がわき、同時に柵内への侵入を減らすことができる（図4.22, p034）。写真撮影者の踏み荒らしがしばしば問題になるが、大半の撮影者はマナーを守るので、むしろ、ビューポイントにこそ、木道なり、固定台の設置が望ましい。見学者が多い地点では動線を考慮した設計とする。

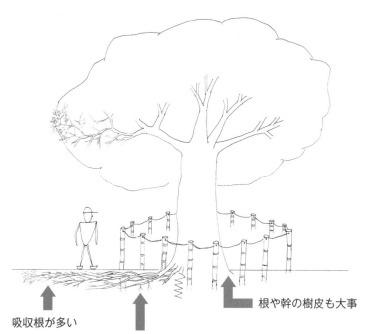

図4.21　主な役割が支持根と吸収根の位置と柵
木を守るための柵も位置によっては負の影響もあり得る

（3）支　柱

　倒れることが心配される樹木は、支柱で恒久的に支えることが多い。一方、若い木の植樹や成木の移植の際に添えられる支柱は、活着が確認されたら除去する。大木の移植では周辺建物なども含め、可能な場所でアンカーをとり、ワイヤロープで固定したり（図4.23, p034）、根鉢に対して地下だけで固定するケースもある。

　風や振動を受けると樹木の成長は抑えられる。ところが、支柱で固定された樹木は、その補強に見合った成長をするので、限度を超えて伸びてしまう。例を挙げると、京都の善峯寺のゴヨウマツは、枝を40m以上も横方向に伸ばした。また、東京都江戸川区の"影向のマツ"（図4.24, p034）も樹高5m程度であるが、樹冠は支柱によって拡げられ、700 m^2 を超えている。このような特殊な樹形管理以外の木では、原則的に支柱をしないことが望ましい。

　しかし、幹や枝の半分近い空洞や腐朽があり、その部分を欠くことができない場合は、強度補強として複数の支柱をせざる得ないケースもある。その場合も、将来を見据えた対策を検討しておく。

（4）雷対策

　大木は誘雷することが多い。樹種特性があり、とくにユリノキ・ハリエンジュ・針葉樹には多く落雷するが、周辺環境の影響も大きい。大木の避雷針設置では突針、導線、接地極のいずれも複数

図4.22　函南禁伐林（静岡県）のブナの木道
　　　　　　　　　　　　　　　　　（口絵 p 034）

図4.24　影向のマツ（東京都・善養寺）
　　　　　　　　　　　　　　　　　（口絵 p 034）

図4.26　日常的な管理の重要性
多様性の高い土壌生態系は物理的, 化学性も良く, 突出した病気も起きにくい. 過度の清掃は土壌流亡が起きる. 適度な雑草は侵入防止の効果もある. しかし, 高木性の木やツル植物は将来の驚異にもなる

として、幹直径や樹冠サイズに応じて増やし（図4.25，p035）、一本の導線を複数の接地局に分け、ドリップラインの外側に設置することが望ましい。

（5）意識されない日常的管理の重要性

人里の老大木の周囲は清掃や除草されることが多い。落ち葉を除去することは、土壌保護の観点からはマイナスの要素があるが、競合する木やツル植物の排除という点では、長寿命の駆動力として働く。大きくなった競合種を伐倒することには対立する意見が出たり、突然の除去で直射光が当たり、対象樹木の幹で皮焼けを起こすこともあるので、ツルや高木を生じさせない管理を心がける。近い場所での安易な植樹を避け、それまでの管理と同等の清掃などに努める必要がある。例えば、コウモリガの幼虫は樹幹に食入する前に、柔らかな草本→硬い草本→木本と移って成長するので、周辺の雑草除去は大事な予防策である。地際と幹が見通せることは、鳥類による捕食も期待できる。一方、斑点性の病気など、落葉上で越冬する病原菌では、清掃した落ち葉を根元に集めて堆積すると、それが伝染源となって、発病を助長することがある。良かれと思ってされている行為も含めて、管理計画策定に当たっては、洗い出しをして検討する必要があるだろう。もちろん、管理方法は一律に同じではなく、樹種や環境条件、さらには地域文化によって異なる。図4.26参照。

6 外科手術についての考え方

（1）古典的な手術法

昔の樹木における外科手術では、腐朽した箇所や傷口を切除して、菌に侵されていない健全な材まで削り出す。次にその切削面に殺菌剤を塗布し、さらに防水防湿用のペンキなどを塗布する。患部が大きい場合は、そこに歯科治療のように詰め物をする。この材料は様々で、土や漆喰からコンクリート、モルタルと改良され、最近はウレタン樹脂や木炭、軽量骨材、珪藻土なども使用されてきた。このような治療方法の基礎にあるのは、対象が樹木そのものではなく、単純に材木腐朽・罹病部をなくせばよい、という考え方があるのではないだろうか。

なお、一部では根部の外科的治療（罹病根の切除および薬剤の塗布・散布・灌注）が古くから行われ、ある程度の効果を挙げているが、ここでは、枝幹の病害（障害）に絞って、話を進めることにしよう。

（2）現在の国際的な規格

小さな傷口の外科治療を除けば、上記したような方法で治療に成功した実際例がきわめて少ないため、多数の外科的な事例を整理し、また、傷や塗布剤の実験をきちんとやり直す動きが1960年代のアメリカで起こった。それまで樹木への塗布剤は「良いもの」が出ては、それが否定され、新

表4.3 米国規格 ANSI A300 - 1995, 2008

5.2.6.1 傷口塗布材／剤・樹木用ペンキは剪定傷を被覆してはならない．例外は特定の病気，穿孔虫，ヤドリギ，萌芽抑制か修景上の理由が挙げられる．このようなコスメティックな（cosmetic）理由などで傷口塗布材／剤を使用する時は形成層に無害である物質を用い，傷表面に薄く塗るべきである．
5.2.6.2 樹皮の傷を処理するときは生きている組織への障害を最小限にして，傷ついた樹皮か剥がれている樹皮を取り除く．
5.2.6.3 空洞は，（傷や腐朽に対する）境界反応帯を攪乱する場合は充填したり，（外科的な）処理をすべきでない．

しいものが出るということの繰り返しだったからでもある。

その結果分かったことは、樹木側に害を与えないで材部を殺菌できる物質がないことと、樹木には自己防御機構があるということである。A.L.Shigoが膨大な数の生立木の切開と長期にわたる実験を行って、生立木の殺菌や傷口の巻き込み促進に効果のある薬剤、物質は存在しないことを明らかにし、その上で防御モデルを提案し、健全な無垢材まで切削するといった、防御機構を破壊するような材の切除は、悪影響があるので止めた方がいいとした。Shigoの防御モデルは、すべての樹木で説明できるものではなく、欠陥を修正し続けてきたので、途中のモデルに対し批判されることもあったが、他の人の研究からも、防御の現象があること自体は認められており、このモデルの樹木医分野への適用は合意されている（表4.3）。現在、国際的な学会・協会では、外科処理と傷口での塗布剤の効果は認められておらず、スタンダードと呼ばれる産業規格の中で、原則「使用不適」としている。なお、日本では樹木医関係の分野の規格は設定されていない。

（3）例外はあるか

しかし、現在でも樹木用の塗布剤は販売されており、胴枯れ性の病害対策として、果樹類では不可欠な資材（農薬）かもしれない。ただし、上記（2）の規格や原則との違いの要因は二つある。

一つは対象にする病原菌の種類である。果樹類の重要な枝幹病害は、剪定などの傷口に直ぐに侵入するもので、病原菌の宿主侵入が可能な期間も短く、傷付いた部位が治癒すれば、侵入できなくなるケースが多い。このような傷痍性病害の病原菌には、薬剤の殺菌力と併せて、膜での遮断が有効とされる。また、有効対象菌の多くは子嚢菌類に属し、木材内での長期戦略が貧弱で、殺菌剤がよく効く。英国の産業規格の樹木編 BS 3998 でも、この目的では塗布剤の効果を認めている。

一方、老樹大木の腐朽をもたらすサルノコシカケの仲間などは、剪定などの人為的な付傷とは異なり、樹勢の衰弱や不特定部位の付傷が引き金となって、病原菌が侵入することも多いので、上記の塗布剤は十分な効果を発揮できない。さらに、担子菌類（とくに木材腐朽菌）は、木材中のリグニンも資化して材質中で徐々に繁殖、蔓延するが、それに対して、通常使用される塗布剤の野外における有効期間は半年にも満たず、被膜の材料である樹脂の劣化も速い。また、浸透性が優れる有機溶剤であっても、初期の腐朽材へは浸透は少なく、分解の進んだ腐朽材では大量に通過するため、対象部位に満遍なく浸透させることは困難であり、木材腐朽菌の殺菌だけでなく、腐朽材の固化も期待できない。

もう一つの要因は樹木の扱い方の違いである。果樹類を栽培する立場からは果実が採取できればよく、樹体は長持ちが望ましいものの、最終的に更新すればいいし、新品種導入を図るには、更新のサイクルも短くてよいと考えるであろう。また、低い樹形で管理することが多い。つまり、材部は良い果実生産のための養分貯蔵さえ担ってくれればよいのであり、強度はあまり重要でない。つまり枝や幹の表面側が重要で、塗布剤もそこで評価される。

しかし、老大木は代替の効かない存在で、幹や枝は存在すること自体に価値があり、長く樹体を維持する機能を発揮し続けなければならない。つまり、枝や幹内部の支持力を低下させる腐朽は大問題である。サルノコシカケの仲間など多種類の病原菌が引き起こす材質腐朽は、若い組織が多い果樹ではほとんど影響を与えないので軽視できるが、老大木では内部の材質腐朽が重要な評価対象となる。そして、材質腐朽に対しては塗布剤は効かないというデータが集積されてきた。また、腐朽現象の顕在化には長い時日を要するため、作業を行った者が、結果を待たずに予想したり、表面の巻き込みだけで誤った診断をしてしまうことも多いのでないだろうか。

このように、樹木の様態（生産か観賞か）や病気の種類、用途などによっても、塗布剤の効果に対する評価が変わってくるものである。

（4）剪定とその傷痕の処理

枝の切断の仕方は、幹の表面に沿って切り落とすのが正しいとされていた。これは、切断跡を巻き込んだ表面の姿がきれいな点が好まれたことに起因している。また、切断面は大きくなるが、傷口の巻き込みは上部の栄養をすべて使える幹の二次組織が担うので、巻き込む材の生長が速いように見える点でも、現場作業者からの支持があった。

この切断方法に関しても、伝統的な方法で切断すると、幹側の材に腐朽菌が進展しやすいため、防御層のある幹と枝の分岐部を残すようにと、国際的な規格が変わったのである。ここでも樹木組織の自己防御機構を壊さないという考えが根底に流れている。ただし、この防御層は完全なものではなく、樹木の条件次第で弱まることもある。また、内部腐朽の進展は阻止できても、傷口の巻き込みは遅めになるので、外観的な印象は芳しくないこともある。国内で、この方法が遅々として浸透しないもう一つの理由は、林業技術にある。林業の枝打ちでは、枝の形が残らないよう幹に平行に切り落とす。この伝統的な方法で多数の無節材、通直材が生産され、長い歴史を持っているので、正しさは証明済みと言えるだろう。当然のことながら、林業関係者にはこの切断法が定着している。

しかし、ここに矛盾は起きない。スギ・ヒノキ林業は非常に集約的で、枝打ちは数年ごとに行い、細い枝が対象で、適期を過ぎた太い枝を切断するのは、枝打ちに該当しないのである。無理に太い枝を専用斧で落とすと、ボタン材という欠陥材ができてしまう。このことは林業サイドでも理解されている。また、巻き込みが優れているケヤキでも、一升ビンの太さくらいの枝切断からは、枯れ込みやすくなると、植木職人の古老も認識している。つまり、太い枝では、伝統的な切断法は不成功の確率が高いが、細い枝では通用するのである。厳密に言えば、太さが問題なのではなく、枝と幹の分岐組織の形成程度の違いで、切断位置を決めることになる。細い枝や若い枝では、分岐組織の形成がほとんどないため、基部を切断しても弊害はない。

また、果樹の場合も同様で、元々管理されている枝なので、太いものを切断することはまれで、細い枝の剪定が中心である。したがって、この世界でも、伝統的な切断法に問題は起きにくい。ここで整理すると、樹木や枝の大きさや管理状態によっては、特に若い枝では伝統的な方法でも、新しい方法でも大きな違いはない。どちらのやり方の主張も通用する。ただし、太い枝の伝統的な切断法では、樹木に与えるダメージの方が大きいことが分かってきた。この国際的な基準での方法には根拠となるデータが積み重ねられてきたが、材の中身を点検することがなかった伝統派の主張は、根拠が弱いのである。

さて、老樹大木のような場合は、国際的な基準を枝の切断に適用すればよい、というのが妥当な結論となる。老木の切断痕については、幹の損傷部と同等な扱いとなり、一般的には薬剤塗布などの必要はない。他方、果樹類などで特定の病気が心配される場合は、登録農薬を用いるのがよいだろう。

7　近年の外科的治療および根域改善の課題

（1）不定根の誘導

幹や根の傷害部では、それを修復しようとするカルス組織が形成される。カルスは条件次第で根や枝葉にもなるので、不定組織と呼ばれる。古典的な外科手術では、このカルスから木部、形成層、師部で構成される二次組織形成で傷を埋めることを、人工的に行うことが狙いであった。

最近では、幹の表面の傷組織から根となった不定根を、地下まで誘導する不定根誘導や、大きな傷口を、多数の不定根とその癒合連結で埋める方法がある。

これらの方法では注意すべき点が三つある。①根が旺盛に生長したり、新組織の癒合が進み、樹皮化しても幹内部の材の腐朽は関係なく進むこと、②根を発生、維持させるために周辺の湿度が高まり、腐朽菌にとっては好適な条件となること、③不定組織が著しく成長することは、樹木の生産

物質が他の部位へ分配されにくくなり、既存組織の衰退が進みやすいことである（図4.27）。①②については、根の形成後には湿度を高め、発根や成長を促進させた土壌などを速やか除去し、空洞内の材の乾燥に留意した施工を行うことで、わずかではあるが、低減できる。

樹木の自己防御機構を説明したCODITモデルや欠陥部があると速やかに補強成長して全体にかかる荷重を平準化するというマテックの「応力均一化の法則」で理解されるように、樹木の傷修復は、損傷部位や病原菌を封じ込めて、新しい組織で覆うことである。これらの外科的技術は、その意味においては間違っていない。例えば、幹の部分に穴が空いているという欠陥があれば、そこを速やかに修復して、幹のどこでも均一な応力を受けられるようにする。この場合、傷周囲での二次組織形成は肥大量が多くなり、形成期間も長いようである。つまり、上記③の問題点が生じる可能性が高い。当該樹木の物質生産量が同じであれば、傷への投資が増え、樹木全体では、他の部位での成長鈍化や枯損が懸念される。そこで、治療部位だけでなく、樹木全体へのバランスのとれた物質配分を評価することと、支持根を中心とした既存の根の動向をモニタリングすることが必要になるだろう。

したがって、不定根誘導などを行う場合には、「見かけ上の傷修復」だけにとらわれず、木全体にどのような影響を及ぼしているかを、慎重に見極めなければならない。幹の転倒を防ぐ役割をもち、支持根と呼ばれる、太く年数の経った根は、放射状に分布してこそ、機能するものであり、一方向、二方向の支持根が衰退すると、風倒抵抗力は著しく低下する。幹近くで旺盛に成長している不定根であっても、そのような支持機能を発揮できないので、既存の地下根系分布を活かすことが、老大木管理では重要である。なお、マテックはこの支持根分布を仮想根鉢として扱い、その半径と幹半径との関係ごとの風倒事例を集積して支持根分布の重要性を明らかにした。

古典的な外科手術と同様に、樹皮形成を狙う場合には、力学的な強度補強をそれほど考えなくてもよいが、幹を補完的に支える不定根や、カルス由来を含む後生組織の枝の成長では、接合部が弱い点にも注意する必要がある。すなわち、いくら成長しても、新組織と幹側の組織の積み重ね層が少なく、アンカー機能が働かないので、折れやすいのである（図4.28, p035）。

（2）樹脂の塗布・注入

幹や太い枝の腐朽部とその近辺には、初期の腐朽や水分通道の役目を終えた木部もある。これらは、ある程度の強度で上部からの荷重を支えてお

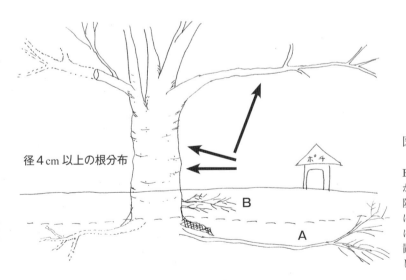

図4.27 二段根、不定根など後生根の誘導のリスク
Bの二段根が旺盛に成長すると樹勢が良くなるかもしれないが、転倒を阻止できる支持根として機能するには長時間を要し、その間、Aの衰退による転倒が心配される。矢印の位置から不定根を誘導する場合にも同じことがいえる

り、さらに強度を増そうと樹脂を塗布・注入することがある。しかし、有機溶剤と樹脂の組み合わせや、ポリエチレングリコールなどに殺菌剤を混ぜた液体などが試用されてきたが、立木で有効に機能したケースは皆無である。

圧力を調整したり専用容器を用いて樹脂を浸透させる木質埋蔵文化財や、塗り直しが前提の野外木造器具などに対しては優れた製品であっても、立木での使用は不適切である。その大きな理由は浸透性の欠如で、木材に液体を浸透させることはきわめて難しく、塗布では水溶性の液体で数mmレベル、浸透性の優れた有機溶剤でも1～2cmの深さまでしか浸透させられない。障害を受けた立木には進展した腐朽部位もあり、有機溶剤も含めて、大半の液体は進展した腐朽部位を素通りしてしまい、強度を高めたい目的の初期腐朽部位に届けることはできないのである。なお、有機溶剤は植物や施工者にも有害な物質であり、取り扱いには注意しなければならない。

大木の切り株を現場で保存する場合には、一度掘り上げ、長期間容器内などで樹脂を浸透させて、現場に戻すか（図4.29，p035）、コンクリート敷きにして屋根を設ける（図4.30，p035）などの実施例がある。

(3) 構造物の地下埋設による土壌・根域改善

土壌改良の目的や方法などについては、Ⅲ・2で詳述されているが、特別に交通量が多い（土壌の圧密化）など、厳しい立地条件の場所では、地下にU字溝を埋設したり（図4.31，p035）、現場打設で構造を設け、その中に膨潤な改良土壌（土壌改良材を混和した土壌）を投入する方法や、道路を支えるプラスチック製資材が開発されている。土壌内に大きな粒径の礫を混入させ、その隙間に根が伸長することを期待して、コーネル大で開発されたSSM（Structural Soil Mix）工法などよりは、効果が高いとされている。しかし、SSM

1991年の様子

2003年の様子

図4.28　練馬白山神社の大ケヤキの不定根誘導　　　　　　　　　　　　　　　　　　　　（口絵 p 035）
1991年に見つかった不定根を地上まで生長させて、空洞を塞ぐ樹皮の代替と新しい根の機能を目的にして、期待通り12年で太い根が地中に入った．これによって樹冠の成長がどれだけ高まるか、他の根の衰退が起きないか、難しい判断である．支持根の役割は30年以上経っても厳しく、発生部での連結は弱いので強度補強は期待できない

同様に長期実績は不十分で、文化財での適用可否についてはさらに検討の余地がある。また、大きな敷石を置くことで、単位面積当たりの荷重を下げて、踏圧を防ぐことも可能なので、現場の環境を著しく改変しない方法も検討すべきであろう。

老齢木の場合は、長年月にわたる植栽環境・履歴によって、根系分布が著しく変わるので、樹勢回復を図るには、この土壌と根の状況を調査して、改善することになる。長期的には、樹冠下で施工可能な範囲のすべてが対象となるが、短期的には即効性が求められるので、見当外れの場所で土壌改良や構造物埋設を行っても意味がない。そのため、根系分布の丁寧な調査結果に基づき、根系発達が期待される場所を優先して、集中的に施工すべきであろう。人里に存在する天然記念物の老大木では、たび重なる立地環境の変化により、昔の地盤とは著しく異なることがしばしばあるので、過去の管理履歴についての資料や聞き取りで情報を集め、的確な土壌調査を行う必要がある。どうしても支持根の分布状況が把握できない場合は、支柱設置と説明板設置による見学者の接近制限を行って安全確保を図りたい。

8 モニタリングと総合対策

保存管理計画に基づいて総合対策を進めるには個々の対策が有効に働いたかとき全体にどう影響したかをモニタリングして次なる診断と対策に結び付ける必要がある。そのためには、通常時からモニタリングされていることが重要で、当該樹木の生育異常や樹勢衰退が起きる前の状態についての情報の価値は高い。その場合、特殊な装置や高額の機器を用いたモニタリングは、経費だけでなく、担当者の負担が大きく、継続性が危ぶまれるため、観察を中心として、一般市民にも実施可能な項目、例えば、開花・開葉・紅葉・落葉などの時期（フェノロジー）や同一の枝先で成長量などについてモニタリングする。毎年行われる行事に組み込むなどの工夫も必要である。

土壌や根については、直接見ることができないので識別可能な軽量骨材などで土壌中にマーキングしておくと伸長量や変化を把握しやすい。発根処理の翌年に多量の細根発生が見られても数年後にはほとんど存在しないこともあり、継続的なモニタリングが必要である。

〔渡辺 直明〕

図 4.29　群馬県生品神社の倒壊したクヌギの保存
（口絵 p 035）

図 4.31-①　土壌内構造物で根を保護する
（口絵 p 035）

ノート 4.2　「樹木医による現地診断および対策提案」の事例研究から

　樹木医は文字どおり、"樹木のお医者さん"であり、クライアントからも、そのような尊敬の念と期待感をもたれているに違いない。では、樹木医は樹木の診断や対処法の提案にあたり、どのようなことに留意したらよいのだろうか。以下の4つの事例は、クライアントから要請された、異なる現地問題を設定した上で、それぞれの樹木医が対応した経緯の顛末を模擬的に紹介したものである。これらの中で、もっとも妥当な治療や対策を提案している樹木医を選んでみよう。キーワードは「科学的な調査」「科学的な根拠」である。

〔調査と対策提案の事例〕
1）事例1：樹木医A氏の見解
　家屋の建設予定地の脇に、胸高直径60 cmほどのサクラの樹があり、その周辺には、近くの工事現場から搬送された残土が盛られている。その残土の移動の際に、サクラ樹の直下で、ブルドーザー等の重機が頻繁に使われた。現状では、サクラの幹には腐朽菌の子実体や、大きな切断痕は認められないが、幹には重機による多少の凹凸・傷が目に付く。サクラは腐りやすいと伝え聞きした土地所有者は、新築家屋に対する将来の安全性を心配し、このサクラをこのまま残すべきか、あるいは伐採すべきかを、樹木医事務所の応接室で所長のA氏に相談した。A氏は初めて聞く話ではあったが、その席で即座に、音波系CT「ピカス」を使って幹の断層撮影画像を撮り、幹の内部腐朽を精査して、結論を出すことにしようと答えた。

2）事例2：樹木医B氏の見解
　住宅街に位置する、M公園の出入り口近くにあるエノキの大木は、古くから近隣の住民に親しまれてきたが、枯れた太枝が数本、落下間近の様子で着生しており、幹には大きな空洞がある。最近、近くにコンビニエンスストアができ、本樹の空洞内に飲食物の容器等のゴミの投棄が目立つようになった。空洞によるこの樹の強度不足と、昨今の樹の健康を心配した地元自治会役員会は、12月になって、樹木の外科手術で有名な樹木医B氏に、エノキ樹の診断と治療を依頼した。その際、樹の全体および各方向から撮影された枝葉の写真が添えられた。B氏は現地での外観診断を実施した上で、自治会役員会に調査概要を説明するとともに、その対処法を提案し、全自治会員への説明会の開催を要望した。その席での提案は、①エノキ樹の枯れ枝を除去すること、②樹の姿や水収支等のバランスを保持するため、生きている一部の枝を除去すること、③空洞を塞ぐために、セメントモルタル擬木処理の外科手術を実施することであった。加えて、B氏は外科手術によって樹体を支える強度を保証することはできないことや、現存する空洞の外科手術によって治癒させることは困難であり、空洞の拡大は防げないことを強調し、この外科手術は、古木としてのエノキ樹の風格を維持するために実施するものであると説明した。さらに、樹の健康については、時期を改めて、その分野に詳しい樹木医を紹介するので、改めて調査・依頼するよう、提案した。

3）事例3：樹木医C氏の見解

N県の森林公園は荒れ果てた里山を整備したものであり、都市住民の憩いの場所として、人気が高い。公園内には数か所の自然地形を活用した広場があり、小高い丘の上のP広場には、広大な芝生広場を挟んでキャンプ場があり、その境にはシンボルツリーでもあるケヤキの大木が聳え立っている。しかし、時々、キャンプファイアの薪を松明（たきぎ・たいまつ）替わりに、ケヤキの空洞内に持ち込む入園者がいて問題になり、公園管理者は外科手術でケヤキの空洞の入り口を塞ぐことができないか、樹木医C氏に相談した。C氏は、最近の樹木治療では、樹木の外科手術は行われないし、森林ではとくに外科手術をすべきでなく、自然の生態や移り変わりに委ねることが原則なので、手術は薦められなく、立て札でその行為の禁止を徹底すべきであると主張した。

4）事例4：樹木医D氏の見解

Q氏の広大な邸宅には、丁寧に管理された多数の庭木がある。最近、イヌマキの老樹の元気がないとQ氏が樹木医D氏に相談した。D氏は該当のイヌマキの周辺庭木の健康状況も調べ、イヌマキ樹が単独で健康上の問題があることを確認した。そして、当該樹の枝葉を丁寧に観察して、病虫害の有無を点検し、吸汁性と食葉性の何種かの昆虫を認めたが、とくに被害を及ぼす生息密度ではなかった。そこで、最近変わったことはないかとQ氏に尋ねたところ、2年前からイヌマキ樹で日陰となるように犬小屋を設置して、犬を飼っていたが、その犬は人なつこく、近隣でも評判になったため、庭園を解放し、犬小屋まで近隣住民が出入りできるようにした。この結果、犬小屋への通路が来訪者により踏み固められており、この影響をイヌマキが受けたのではないだろうかといい、このこととイヌマキ樹の健康被害の関連性を示唆した。D氏はQ氏の話を聞き、直ちに次のような土壌改良・害虫対策を提案した。すなわち、「やや乾燥気味なので、真珠岩系のパーライトと完熟堆肥をすき混み、アブラムシ対策としては、樹木にやさしい生物系の資材を土壌にマルチングする」という処方箋である。

〔提案の検証〕

（1）観察調査：問診と簡易診断

対処法（処方箋；提案書）を作成するには、多面的・総合的な観察と調査が必須である。その最初に実施すべき行動が、現地の状況把握と問診であろう。クライアントからの情報には、クイライアントの事情や又聞きが含まれていることなどが多いため、その中から真実を見極めなければならない。疑問の点はきちんと問い返し、また、状況把握に必要な事実を聞き出すことが大切である。

簡易診断の手順としては、まず現場における障害発生の実態調査を行う。該当の樹の状態はもちろんであるが、その立地条件、周辺の樹木や草地の状況、風の吹く道筋、人の流れ、土壌の状態（土性、硬度、水分の過多など）、樹に空洞があれば、その外観的状態、枯枝の多少、樹勢（葉の形状・数・色、枝葉の繁茂状況など）、樹形のバランス（水分バランスも含む）など、本格的な診断調査項目や、想定される結論を視野に入れながら、障害の概略を把握したい。

〈次ページに続く〉

ノート 4.2（続）

（2）対処法の評価

上記の4氏樹木医の事例は、クライアントに診断を依頼された際、どのように観点から判断するかを模擬的に示したものである。各樹木医の対処法と提案理由の妥当性を検証してみよう。なお、これらの事例情報には不足の項目等もあろう。自分ならば、このようなことを問診してみたい、あるいは、現場でこのようなことを簡易診断してみたいなど、積極的な姿勢で検証を加えてほしい。

1）樹木医 A 氏の事例

クライアントがサクラ樹を必要としているのか、根拠に乏しい。樹自体には大きな問題はなさそうだが、クライアントは腐朽した際の倒伏事故等を心配しているようである。また、幹の近くに山積する残土をどう処理するのであろうか。A 氏は、クライアントが相談に訪れた事務所で初めて話を聞き、現地は見ていないようである。当然、簡易的な事前調査も行っていない。クライアントからの話だけで、高価な診断装置による、サクラ内部の空洞状態を調査する方法を採用しようとしていることは、やや短絡的とも思われる。それ以前に行うべき、観察調査や診断項目が多数あるのではないだろうか。

対処法に再検討を要する点としては、問診を十分に実施すること、とくに依頼の背景を把握した上で、現地の事前調査を行い、サクラ樹の伐採の是非を検証することが挙げられ、健康な樹であるならば、それを住宅建設の中にどのように活かすかも考えてみたい。Ⅳ-1で学んだ被害度診断のように、樹勢を科学的に整理した上で、診断装置使用の要否を考慮することが大切である。

2）樹木医 B 氏の事例

地元自治会の依頼は、空洞による強度不足に起因する倒木の回避等、古くから近隣の住民に親しまれてきたエノキの大木の保護であり、空洞内部へのゴミ捨ての防止にあるようである。B 氏は外観診断を基に、処方箋を考えた上で、住民説明会の開催を要望し、その席で所見を述べている。事前調査の実施や、その結果を説明会で報告した点は評価できよう。クライアント（自治会役員）との事前の打ち合わせ・折衝を行い、説明会をスムーズに運営するようにも心掛けている。

説明会において提案された3点も妥当な事項であり、とくに外科手術は、ふつうは強度も含めて改善されると誤解される向きもあるので、外科手術の意味合いを明確にさせたことも評価される。「樹の健康については、時期を改めて、その分野に詳しい樹木医を紹介するので、改めて依頼する」との提案は、唐突であり、責任回避と見られがちであろう。しかし、この事例では依頼が12月で、落葉樹であるエノキには葉が着生していないために、外観診断が不可能であったことから、時期を改めることは納得できよう。ただ、それを他の樹木医に委ねようとしている点はどのように考えればいいだろうか。B 氏は、外科手術は得意分野ではあるが、健康診断は専門ではないことを自ら認めている。樹木医は、樹木とその保全に関する網羅的な勉強を行い、その知識も活用している。その一方で、一人の樹木医の知識・技術だけよりも、得意分野の異なる樹木医と共同で解決にあたる方が、より的確な判断が可能となるケースも多いのではないだろうか。とくに掛け替えのない、大切な樹木を保護するためには、樹木医たちの英知を結集することが求められよう。したがって、B 氏の対応は妥当といえる。

ただし、その妥当性を説明会でいかに分かりやすく伝えるかも、樹木医が具備しておくべき、重要な素養である。

3) 樹木医C氏の事例

　この事例では、クライアントである公園管理者は、松明の炎がケヤキの空洞内に飛び火し、それが拡がって山火事となり、さらには人命に関わる事態となることを憂慮し、外科手術でケヤキの空洞の入り口を塞ぐことができないか、を相談している。C氏の、外科手術や森林生態系に関する見解は間違いではない。しかし、この発言は、クライアントの意向を受け止めているとはいえない。立て札で禁止を徹底することは一法ではあるが、それだけでは、薪をケヤキの空洞に持ち込むのは防げないであろう。木道や柵の設置対策では99％の人を想定すれば良いが、今回の事例のように1％の人が起こす可能性であっても、重篤な被害が懸念される場合には回避策に万全を期す必要がある。管理者にとって最悪の事態を回避できるように協力することも、樹木医のクライアントへの接し方として大切な態度であろう。

4) 樹木医D氏の事例

　クライアントは、イヌマキ樹の健康と、側に設置した犬小屋および来訪者の踏圧とを結びつけて、懸念しているようである。D氏は、イヌマキとその周辺の庭木の健康度合や病害虫の調査を行って、イヌマキのみが健康被害を受けているとの認識をもった。事前調査では、犬小屋との関連は検証しておらず、クライアントへの問診で、犬小屋設置後に健康被害が起こっていることと、多数の来訪者の存在を知ったようである。D氏はその話を聞き、土壌の踏圧による被害の可能性を疑い、直ちに土壌改良の処方を提案した。しかし、土壌の物理性・化学性等の分析は実施していないために、処方箋は根拠に乏しいものである。また、アブラムシ対策を同時に指示しているが、事前調査ではアブラムシによる特段の被害も認められていない。このように、処方箋や提案に科学的根拠をもたない内容が盛り込まれていれば、信憑性や説得力を欠いた軽薄な回答になってしまうだろう。

まとめ：上記の4事例は、これらの樹木医の提案の妥当性を問う、期末試験の問題である。初めて樹木の診断に向き合う二年次の学生にとってはかなりの難問であろう。相対比較的にもっとも妥当なのは誰であろうか。私たちは樹木医になるための様々なことを学び、多くの知識を得てきた。次には現場での体験が必須となるが、その実例はどれを挙げても同一のものはなく、すべてが新しい事案であり、その都度が「未知との遭遇」といえるかもしれない。しかし、共通的な正解はある。すなわち、樹木診断の基本は、技術的視点で観察し、科学的なデータを得て、対処するということにつきる。さらに、心構えとして、クライアントとの信頼関係を醸成し、依頼を真正面から受け止め、その解決に当たる姿勢も大切であろう。

〔渡辺 直明・堀江 博道〕

〈天然記念物訪問 -3　善養寺影向のマツ〉

　　東京都江戸川区東小岩　善養寺；国指定天然記念物
　　クロマツ：根元回り 4.5 m，樹高 8 m，
　　　　　　 地上 2 m の位置で枝が四方に伸び，東西方向 28 m，南北方向 31 m；
　　　　　　 樹齢 推定 600 年
　　　　　　　（図 4.11，口絵 p034 参照；樹齢は現地の表示による）

左：西側からの様子，右：枝幹の形

第Ⅴ編

樹木医の活動

〜事例を通して樹木医の活躍に学ぶ〜

V-1　地域社会に貢献する樹木医

　樹木医によって組織されている「日本樹木医会」は、樹木医制度が発足した1991年の翌年、'92年6月に任意団体として設立された。その後、2009年7月には一般社団法人として法人化され、現在に至っている。そして、日本樹木医会の結束の固さを証明するかのように、樹木医諸氏の同会への加入率はきわめて高く、全体の約9割、2,500名（2016年3月現在）を超える樹木医が会員登録されている。会員の各氏は、樹芸、造園、林業、植物病理、害虫、農薬、土壌・肥料、植物分類、生態学、都市計画、建築・土木など、それぞれの分野において豊富な専門知識をもち、職業も造園会社や設計・調査コンサルティング会社の社員、地方自治体（造園・農業・林業・環境・建設・土木等の職種）および緑化関連団体の職員、国・県の研究所ないし試験場の研究員、大学・高等学校等の教職員など、さらには樹木医事務所等を開設して専業とする方もあり、多岐にわたっている。本講では、樹木医に求められる社会的役割や資質などを整理するとともに、樹木医会としての地域社会に対する具体的活動内容や、社会貢献に寄与すべきミッションの一端を紹介しよう。なお、樹木医の個々の活動事例については、V-2～V-4にコラムを掲載したのでご覧いただきたい。また、ノート5.1、5.2には、天然記念物に指定された桜樹の保全に関わる、樹木医からの活動報告を載せた。

　◆樹木医に求められるもの　日本樹木医会の運営と情報発信　支部での地域活動
　　樹木医NPOの活動

1　樹木医に求められるもの
～とくに社会貢献としての役割～

　従来、植栽された樹木の役割は、公園や建造物に付帯するオープンスペースの造園修景や緑量確保、街並みの景観や緑陰の形成、庭園の役木*や意匠としてなど、視覚的な機能として捉えられることが多かった。ところが、近年は社会情勢や地域環境の変化もあり、単に緑の景観形成・保護だけではなく、地球温暖化の防止、生物多様性の保全、自然災害の防止、青少年の環境教育、心身の健康づくりなど、樹木に対する社会的ニーズがより多様化・高度化してきた。人の生活と直接関わる公園や街路、庭園などの身近な樹木は、樹木の健康の維持・保全はもとより、その安全性の確保も不可欠であり、樹木医の役割もそこにあったわけである。それに加えて、上述の樹木に対する社会的ニーズの多様化に応じて、樹木医の役割にも様々なジャンルにおける専門的知識・経験が求められるようになってきている。

　このような社会情勢の変化に、樹木医が迅速かつ的確に応えられるよう、柔軟に順応するためには、樹木医がその本来業務としての経験を積むことはもちろん必要であるが、知識や技術、見識の向上・深化に日頃から努めるとともに、組織を成して地域社会と連携しながら、社会活動に参加することも重要だと考える。とくに地域の文化財樹木・天然記念物や、愛着をもたれ地域のシンボルとなった街路樹や公園樹、学校の想い出の樹木・記念樹、さらには、鎮守の森・里山などの叢林や雑木林などの保全は、地域住民の保全意識が高く、その保全活動にかかわる樹木医は、樹木保全の専門性や状況の判断と説明力、さらには地域住民・行政担当部局などの全体を取りまとめる調整力が求められる。

　このような技術面以外の課題を複合的に有するケースでは、一人の樹木医だけでは到底対応が困難であり、複数人の樹木医で編成されたチームとしての対応が必要となるに違いない。その場合、樹木医が組織的な集団となれば、各自の専門性や業種は多岐にわたっており、複合的に提起される様々な社会的ニーズにも対応が可能となる。樹木

医集団の社会活動への参加は、樹木医の社会的信頼や信用をいっそう高めるとともに、樹木のもつ役割や存在意義・価値を、新たに社会へ引き出し、それらに焦点を当てることで、社会の様々なシステムの中に活かして定着させることができよう。このように、樹木と社会を有機的に繋ぐ活動を通して社会に貢献することは、新たな樹木医ならびに樹木医集団のあるべき姿といえるのではないだろうか。

＊役木＝庭の景観の趣を出すために植えられる庭木。

2　日本樹木医会の運営と情報発信

日本樹木医会は2009（平成21）年に一般社団法人化し、会社員総会（年1回）と理事会、業務執行理事会および幹事会により運営し、具体的な活動は企画部会、技術部会、広報部会および事業部会の4部会と、常設の編集委員会によって行っている。会の運営費は、基本的には会員の会費で賄われているので、潤沢とはいえず、事務局の常勤者（現在は2人）以外は、同会の活動はすべて会員のボランティア活動となっている。筆者は執行理事で、広報部会と編集委員会を任されているが、隔週の土曜日にメンバーの召集があり、ホームページの製作と運用、年4回のニュース誌面作り、会誌『TREE DOCTOR』の編集など作業を行う。部会・委員会の作業の途中でも喧々諤々の議論が起こるが、これが思いのほか組織や個人にとって有益であり、新たな知識の入手や情報交換の場ともなる。異業種や異なる専門分野のメンバーが集まる場ならではの議論である。

メンバー全員が樹木医活動の情報を社会に発信しようと真剣に取り組んでいる。日本樹木医会のホームページは、流行のものとは異なり、決して見栄えがいいとはいえないが、コンテンツには、樹木医ならではの工夫を凝らしている。「自慢の木・気になる木」「健康優良樹」「樹木医の図鑑」「名木紹介」というコーナーがあり、他組織・機関のホームページでは紹介が少ない、樹木や樹種、樹病、害虫などの情報が見られる。

3　支部での地域活動

日本樹木医会の各地における実質的な樹木医活動は、全国の都道府県に組織されている「支部」が行っている。ここでは、筆者が所属する東京都支部の樹木医活動について紹介しよう。

東京都支部では、いくつかの緑化関連のイベントに参加し、テントなどのブースを用意してもらい、「樹木相談」のコーナーを受け持っている。ここでは、ベテラン樹木医の活躍が目立つ。ベテラン樹木医は、樹木に関しての知識や経験が豊富なので、あらゆる樹木に関する、様々な分野の相談に対応することができる。ときには一人の相談員が答えられない相談ごとでも、別の相談員がそれを引き取り、相談ごとの解決に向けて相談者に話をさせてもらっている。相談内容も多岐・多様である。「庭のフジの花が咲かないのはどうしてか？」「日当たりが悪い場所に生垣を作りたいが、樹種は何が適しているか？」などはまだ一般的だが、「ニラにアブラムシが着かないようにするにはどうしたらよいか？」と、樹木とは関係のない質問もある。それでも相談者には笑顔でお答えする。イベントでの樹木相談は、市民向けサービスの活動であり、樹木医のファンや将来の樹木医資格取得者を増やすことに繋がるからである。

公園の樹木をガイドするプログラムも行っている。毎年秋に日比谷公園で開催される「日比谷公園ガーデニングショー」では、樹木医が公園樹木を案内する「樹木探検ツアー」が好評である。このイベントでは、日本初の西洋式庭園・日比谷公園を設計した本多静六博士の逸話が残る「首賭けイチョウ＊」のようなエポックツリーの説明や、幹に腐朽のある樹木の前では、なぜ樹木は腐朽するのか、腐朽の仕組みなどについて説明する。樹勢が良好な樹木と衰退している樹木の違いなど、樹木医にとっては一般的な事柄でも、市民にとっては未知で興味深い事柄が多く、樹木医による樹木ガイドは全国どこのイベントでも評判が良い。

＊日比谷公園のイチョウ並木と首掛けイチョウ＝1903年（明治36年）開園当時のデザインのS字形の園

路のイチョウ並木は今も見事な黄葉を見せている。また、本多静六博士が、1901年（明治34年）、現在の日比谷交差点にあったイチョウの大木を、自分の首を賭けても移植を成功させてみせるとし、見事日比谷公園内に活着させた。首賭けイチョウはその後、日比谷焼き討ち事件などで火を浴び、その都度保存策を講じてきた（東京都公園協会ホームページより；図1.6，p004）。

4　樹木医NPOの活動

　樹木医が中心となって設立したNPO法人が全国に数団体ある。NPO法人東京樹木医プロジェクトは「身近な樹木との共生で、潤いある東京をつくる」を標榜し、東京都内の森林や、緑地の樹木・文化財樹木の保全、その調査、技術開発、教育、普及啓発、自治体との連携などで、樹木医活動を行っている（図5.1①）。メンバーは60名を越し、樹木医NPOの中では最大規模である。

　このNPOの主な事業に「地域の桜を守る」をテーマにした活動がある（同②）。東京には皇居を中心とした一帯に、皇居東御苑、千鳥ヶ淵緑道、靖国神社、真田濠堤塘地など桜の名所が連続する。これらの桜の状況調査は、2007年より千代田区からの委託を受け、現在も継続している。この業務がきっかけとなり、同NPOでは桜守のための研修会、地域の桜を守るための市民活動講座、上野公園桜守の会との共同調査、『地域のさくらを守るための手引書』の発刊など、次々と市民向けの事業を展開してきた。さらには、2015年2月には公開シンポジウム「東京のさくら、過去、現在、未来」も開催した。

　これらの一連の事業は、地域の桜を保全することが主たる目的であるが、その先には住民と樹木との良好な関係づくり、地域の樹木を大切にする人の育成、地域で樹木を保全する活動を育むことをねらいとしている。そして、そのために樹木医が技術的なノウハウと知識・知恵を提供することが、同NPOがテーマとしている「身近な樹木との共生で、潤いある東京をつくる」ことにも繋がるのではないかと期待している。

〔和田　博幸〕

図5.1　樹木医NPOの活動例
①「日比谷公園ガーデニングショー」での樹木の相談に対応．毎回，多くの樹木相談があり，丁寧な対応が好評
②上野公園の染井吉野の根元を掘り，「上野公園桜守りの会」と共同で根系調査をする．桜の根の張り具合を初めて観察する人にとって，根系の土壌条件の厳しさは驚きである

ノート5.1　"山高神代ザクラ"の樹勢回復

　山梨県北杜市武川町の実相寺の境内に生育する"山高神代ザクラ"（以下、「神代ザクラ」）は、樹齢1800年とも2000年ともいわれるエドヒガンの古木で、わが国最古のサクラである。1922（大正11）年に国の天然記念物に指定された。

　昭和の初期頃から明らかに樹勢が衰退し始め、度々樹勢回復の応急的措置が施されてきたが、目覚ましい成果がないままに衰弱を進行させつつ、かろうじて生きながらえている状況にあった。そこで、2001（平成13）年より樹勢回復のための本格的な調査と樹勢回復工事が実施されてきた。筆者はこの事業に携わってきたので、その概要を紹介することとする。

〔樹勢衰退の経緯〕

　神代ザクラが天然記念物に指定された当時の大きさは、樹高13.6 m、幹周り10.6 m、東西の枝張りが27 m、南北が30.6 mと記録されており、名実ともに日本一のサクラであった（図5.2）。

　天然記念物に指定後、根元付近に設けられていた木製の柵は、石積みで根元を囲んだ石柵に代わり、南側の小道が拡幅され、同時にその脇を流れていた水路の位置が移動するなど、神代ザクラの生育環境が大きく変化した。やがて主要な枝が枯れ始め、樹勢も徐々に衰退していった。その後も根を保護して新たに発根を促そうと、根元の石積みの石柵を拡張してその中に盛土を行ったり（1971年）、主幹の腐朽を食い止めるためにその上に屋根を設置する（1984年）などの対応策が実行されたが、樹勢の改善傾向は認められなかった。

〔樹勢衰退要因の究明〕

　天然記念物に指定されてから、わずか80年しか経過していないのに、神代ザクラは著しく衰退してしまったのである（図5.3）。そこで、武川村教育委員会（当時）は2001（平成13）年から樹

図5.2　1907（明治40）年の神代ザクラ
樹勢も旺盛で、人と比較すると、その大きさに驚かされる　　　　　　　　　　　〔溝口正弘〕

図5.3　2003（平成15）年4月の神代ザクラ
1年目の樹勢回復工事完了直後の開花状況。石積みの囲い柵と屋根つき櫓が残る。図5.2と比較すると神代ザクラの大きさは半分以下になっている

〈次ページに続く〉

ノート5.1（続）

勢回復を目指した具体的な調査に着手した。

まず、生育状況を把握するために、地上部においては幹や枝葉の状況、不定根の発達等を調査し、地下部においては3か所で試掘して、根系の範囲や土壌病害虫等について詳細なデータを入手した。

試掘調査の結果、太根は根元直下に、主根と思われる1本のみが存在しており、他は中径根と細根だけであった。しかも、細根のほとんどは線虫に侵されていた（図5.4①）。中径根と細根は主に深さ50cm程度までの黒土の層に展開しており、根の量が極端に少ない印象を受けた。さらに、中径根にはナラタケ類の根状菌糸束が付着していた（図5.4②）。のちに、これはワタゲナラタケであることが同定された。本種は生立木に対する病原性が強いとされているナラタケ類であったため、この情報は関係者にとって大きな衝撃であった。

樹勢回復検討委員会においてこれらのデータを検討した結果、樹勢衰退の原因には根系環境の急激な悪化が影響しているとし、とくに南側に接する道路の拡幅とアスファルト化、水路の移設などが負の要因として作用したようである。そして、石積みの囲い石柵の設置と根元への盛土、屋根付き櫓の設置などは、一時的には神代ザクラの保全に成果があったらしいが、持続性に乏しく、全体としては根の健全な生育が慢性的に阻害され、とりわけ線虫病・ならたけ病の蔓延、不定根の発生抑制などを引き起こしているものと考えられた。

〔樹勢回復工事の概要〕

神代ザクラの樹勢回復では、根系の環境改善を図り、健全な根を再生させることが大きなポイントとなった。そこで、樹勢回復の課題を次のように整理した。

① 地表近くに集中している小中径根（支根および細根）の発達を促す土壌環境をつくる。
② 地中深くに生存している古い根がある場合は、できるだけその根を生かすような対策を検討する。
③ 根元から直接新たに発根を促すような根元周りの土壌環境を整える。
④ 踏圧等でできた固結層と線虫病・ならたけ病に侵された根を除去し、根の健全な発育を促す。

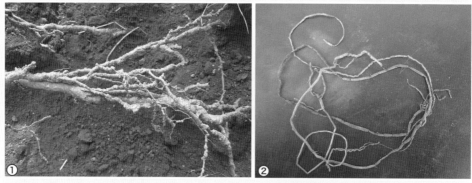

図5.4　線虫病による被害根とナラタケ類の根状菌糸束の付着
①線虫病に侵された細根は伸びもなく、千切れやすい　②根状菌糸束は中径根に付着していた

⑤ 石積みの囲い石柵を撤去し、将来に向けて根が伸びられる範囲を拡大する。
⑥ 枯れて腐朽した主幹や根元は、これ以上の崩壊をできるだけ食い止める。

これらの課題をひとつずつ解消するために、2003（平成15）年2月に樹勢回復工事に着手した。

この工事は4年間かけて行った。根元周りの面積 200 m^2 について、250 m^3 もの膨大な土壌改良を実施した。主な工事内容は、赤土に完熟堆肥やボカシ肥、ピートモス、粉炭などを混合した肥沃で有用な土壌微生物に富んだ培養土を作り、これを40cmの厚さで現況土と入れ替え、それより下層の土壌には、透水性が良くなる土壌改良材（黒曜石パーライト）を混ぜて埋め戻し、仕上がりの地表面の高さは、可能な限り天然記念物指定時と同じレベルとなるようにした。

以上のように2年を費やして調査を行い、その結果を踏まえて実施された、樹勢回復のための工事は足掛け5年後の2006年3月に終了した。

〔樹勢回復工事から10年後の根と樹勢の状況〕

樹勢回復工事で土壌を入れ替えると、そこには新たな発根が見られた（図5.5①）。このことから、衰退したサクラ類の老木でも、根系の環境を改善すれば発根が可能であり、樹勢回復に機能するであろうと期待された。

樹勢回復工事に着手して約10年が経過したこともあり、神代ザクラの根が、土壌改良した場所で、どのように変化しているかを確認する機会が与えられ、2011年12月と2013年1月の2回、根系状況調査を実施した。根元近くの3か所で、エアースコップを用いて深さ50cm程度まで試掘し、根を露出させて状況観察した。2006年3月にほぼ同じ位置で根を掘り出して確認したことがあり（図5.5②）、工事開始年の翌年および3年後・10年後における根の状況を比較した（図5.5①・③）。

その結果を要約すると、3か所の試掘で中径根は太さを増していたが、細根の量は明らかに少なくなっていた。工事後に伸びた細根は、もとが側根から伸びた吸収根のため肥大成長はせずに、養分吸収の機能を終えて消失したと推察される。また、中径根は側根で、これが肥大しているということ

図5.5 過去の調査時の不定根発生状況との比較および改善の処方
①前年に土壌の入れ替えを実施した場所に伸びた根は発根量が多く、線虫にも侵されていない（2005年）
②樹勢回復工事の施工後3年経過した時の根の状況（2006年）。細根がよく発達していて根の量が施工前に比べて増えていた
③施工後10年が経過した根の状況（2013年）。細根の量が減り、さらに線虫によると思われる粒塊まで生じていた

〈次ページに続く〉

ノート 5.1（続）

は、その先端で吸収根を増やしているものと思われた。試掘の1か所では、細根に線虫に起因すると思われる粒塊が付着しており、線虫の蔓延が危惧された。このままでは、いずれは被害が拡大すると考えられ、対策を講じる必要が認められた。

　一方、樹勢についてはここ数年上向いてきている。2013年から観光協会が中心となって神代桜保存会が結成され、この団体が、夏季の高温乾燥期に根元周囲に灌水するようになってからは樹勢が安定し、樹冠中位の太枝からの胴吹き枝が増え、その伸長も良好になってきたのである。一部では胴吹き枝が混み合うところもあり、剪定の必要すら出てきた。そして、胴吹き枝の位置は、毎年徐々に上位方向に移動してきている。

　ただし、樹冠中位までの状況は以前よりも安定してきたが、上部の古い枝は、今でも少しずつ枯れ下がりが続いている。古木のサクラにとって、根から吸い上げた水や養分を、梢の先端まで供給するのは並大抵のことではないようだ。これだけ大規模な樹勢回復工事を実施してきたにもかかわらず、ある程度の樹勢回復効果は認められたものの、残念ながら抜本的かつ持続的な成果は現れていない状況にある。

　神代ザクラの開花時には毎年多くの観桜客が訪れる（図1.2 ⑤，口絵 p003；図5.6）。この樹勢回復に携わった者として、とても嬉しく思っている。本樹はすでに本来の天寿を全うしているのかもしれない。あとどれくらいの寿命が残されているかを知る由もないが、樹木医の使命として、現状においてできる限りの対策を講じてきた。これからも地域の方々や観桜客の期待に応えられるように、山高神代ザクラの保全に努めていくことができたら、それこそ樹木医冥利に尽きるというものであろう。

〔和田 博幸〕

図 5.6　2014 年の開花状況
見事な花を咲かせ，多くの観桜客を感動させた

ノート5.2　"神着の大ザクラ"の活力調査と樹勢改善について

　東京都指定の天然記念物"神着の大ザクラ"（三宅村）について、診断、樹勢改善を実施した調査を基に、診断方法や、施用技術、調査書の事例（まとめ方）等について、紹介することとする。なお、"神着の大ザクラの生い立ち"についてのコラムはp376参照。

〔目的および対象樹木〕
　"神着の大ザクラ"について、現況を調査し、活力評価を行うとともに、今後の対策を提言する。
対象樹木：神着の大ザクラ（樹種：オオシマザクラ）
保護調査の根拠：東京都指定天然記念物（1936年3月4日に"霊社のサクラ"の名称で指定；
　　1957年2月21日に現在の名称に変更）
所在地：東京都三宅島神着（三宅村）　東京都勤労福祉会館内
樹姿の特徴："神着の大ザクラ"は、伊豆諸島のサクラの中では、国指定の特別天然記念物になっ
　　ている"大島のサクラ株"（大島町泉津）に次ぐ大樹である。目通り幹周4.5m、高さ約8m。主
　　幹は根元から約3mまでだが、その上はひこばえ様の無数の萌芽枝によって広がっている。
　　＊以上は「三宅島の文化財」三宅村教育委員会編より一部改変して引用。

調査時期：2010年9月1日（水）天候：晴れ
調査・報告者：神庭正則（樹木医；（株）エコル）
調査補助者：法政大学植物医科学専修2年次学生（授業科目「インターンシップ」の一環として参加）

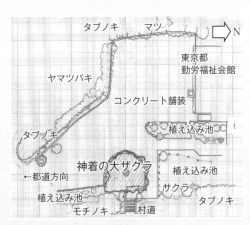

図5.7　周辺環境平面図

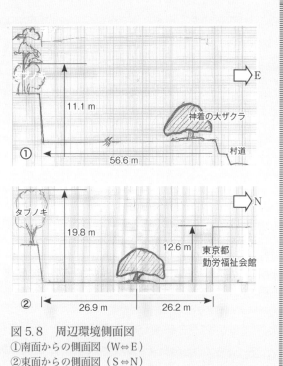

図5.8　周辺環境側面図
①南面からの側面図（W⇔E）
②東面からの側面図（S⇔N）

〈次ページに続く〉

ノート5.2（続）

〔周辺環境〕

　本樹は三宅島北部の神着地域にあり、島周回道路（都道）から北に少し入った、勤労福祉会館構内（現在は移設され、跡地）の東端植え込み地内に生育している（図5.7, 5.8）。敷地は西側と南側（山側）が高い擁壁と、その上に生育するタブノキやヤブツバキなどの常緑樹、北側（海側）は勤労福祉会館の建物に囲まれた地形となっている。また、東側は村道に下降する急斜面が迫り、モチノキやサクラ、タブノキ等の植栽された列状の樹木によって防風されている。

〔土壌環境〕

　根元より北側2mの位置で深さ50〜60cm掘削し、土壌の理化学性を調査した。その結果、土壌は腐植を多く含み、団粒構造を有し、堅密度は"軟"の黒色土であった。また、深さ10cmおよび40cmのpH（H_2O）はそれぞれ5.2、5.7であり、EC値は0.56 mS/cm、0.38 mS/cmであった。以上から、土壌は本樹の生育に適したものと考えられるが、細根が多く発生する表層部土壌は乾燥気味であった。

〔形状寸法〕

樹高（H）：7.9m（指定時：約8m）；周長（1.2m高）：5.2m（指定時：4.5m）；根元周：4.2m
枝張（W）：東：5.9m；西：6.6m；南：3.7m；北：6.8m

〔活力評価〕

　樹冠を構成する枝葉の状況は次のとおりである（図5.9, 5.10）。
① 枝の伸長量：樹冠上部でやや不良、樹冠下方で正常
② 葉の色：樹冠上部でやや不良（黄緑色）、樹冠下方で正常
③ 葉の大きさ：樹冠上部で不良（小さい）、樹冠下方で正常

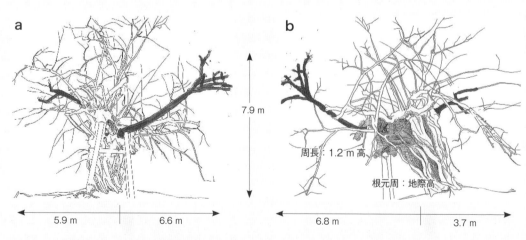

図5.9　"神着の大サクラ"側面図
a. 北側面　b. 西側面

④ 枝葉密度：樹冠全体的におおむね良好
⑤ 枯れ枝：大枝、中径枝の枯損が目立つ

　以上より、全体的に活力は不良の状況で、衰退傾向にある。北側での大枝の枯損は、大枝の付け根部での折損が原因と考えられる。また、樹冠の東および南に存在する中径枝の枯損は、その枝の活力の衰退に伴い、枝付け根付近におけるコスカシバ等の加害が原因と推測された。

〔本樹樹形の特徴〕

　本樹の特徴は、かつて存在した幹の内部に、叢状に多くの不定根が発達し（現在は元の幹は存在しない）、それにより樹体が支持されているところにある。

　不定根の発生と、おおむね同時に発達したと考えられる萌芽枝が樹冠を構成する、という独特の樹形を成しているが、萌芽枝は一般的に基部から折れやすい、という構造上の弱点を抱えている。萌芽枝の発生場所には、土壌が堆積し平坦となって、マツやモチノキの実生が生育しており、堆積土壌は各種植物の細根で埋め尽くされていた。また、その土壌はきわめて乾燥した状態にあった。桜の枝はほとんどが周辺から立ちあがっているが、中には中央付近から垂直方向に伸びる枝も確認された。

　本樹の高さが天然記念物指定当時からほとんど変わらない（指定当時は約8m、現在は7.9m）ことは、その構造的弱点を抱えていることの結果と考えられる。しかし、樹体が崩壊することなく、樹形を維持し続けてきたことは、本樹が周辺の環境（とくに防風樹帯）に守られながら生育していることの証拠といえよう。

〔樹冠上部の衰弱枝発生の原因〕

　一般的に、樹冠上方の枝葉の生育が不良となる原因は、幹や枝の通導組織に被害を与える病虫害などが見られない場合には、根系の発達不良が主原因となっているケースが多い。

　本樹に関しては、コスカシバ等の穿孔性害虫によって通導組織が破壊されたことが原因で枯れ枝や衰退枝が発生した部分もあるが、大枝などが健全であるにもかかわらず、衰退傾向がみられる（この

図5.10　"神着の大サクラ"枝枯れの状況
①樹冠投影図（枯れ枝の分布図；黒塗りは枝の枯死部）　②北側の枝枯れ（矢印）　③同・基部の折損
④南面の枝枯れ（矢印）

〈次ページに続く〉

ノート5.2 (続)

ことは1994年の調査時にもみられた)。したがって、上部の枝が衰退する理由としては、樹体が萌芽枝と不定根のみで構成されるという構造的要因の他、周辺のコンクリート舗装化などによる土壌の乾燥化が、少なくとも本樹の生育には、負の要因として働いていると推察される。

〔総合診断と対策〕

本樹の現在における生育状態は以下のとおりである。なお、樹形等に関わる具体的数値については、過去の資料(「東京都指定天然記念物調査結果」1994年10月作成、「都指定文化財 "神着大ザクラ" 保存工事」1999年2月作成)を参考とした。

図5.11 不定根および萌芽枝の発生状況
①②不定根の発生(①西面 ②南面) ③④萌芽枝の発生

図5.12 過去の調査時の不定根発生状況との比較および改善の処方
①② 1994年10月の不定根・萌芽枝の発生状況(2010年調査時と大きな変化は見られない)
③サクラの保護作業(1999年):コンクリート舗装撤去・柵の拡大・支柱増設・土壌改良および施肥
④⑤ 1999年2月土壌改良内容:④壺掘り、⑤放射状筋掘りによる土壌改良・施肥=深さ50cm程度、完熟堆肥・緩効性化成肥料混入)

a. 活力は16年前の1994年と比較しても大きな変化は見られず、"やや不良"の状態が継続している（図5.11，図5.12 ①②）。また、指定当時から74年を経過した現在、樹高に大きな変化は見られない（約8m）ものの、周長（幹周）では70cm程の増加がみられる。この増加が不定根の肥大成長か、または新たな不定根の発生か、あるいはその他の要因によるものかは不明であるが、樹体を支持する力は増したといえる。枝張に関しては、1994年調査時と比較して、東で+1.4m、西で+1.0m、南で−0.7m、北で−0.9mの結果となった。北側および南側での枝張りの減少は、枝枯れが原因であると考えられる。本樹の活力と樹形は萌芽枝によって維持され、そして更新されていることから、枝、とくに大枝の欠損は、本樹に対して大きな影響（その大枝に関係する不定根の枯損等）を与えたものと考えられる。

　対策：適切な枯れ枝の剪定処置と萌芽枝の育成対策が重要となってくる。このため、以下の処置を実施する。

① 枯れ枝剪定部位の殺菌処理
② 萌芽枝発生のための施肥管理（冬季における堆肥類の施用）
③ 支柱の増設（すべての大枝に支柱を設置）

b. 根元付近の表層土内には細根が多く発生している。夏季に降雨が少ない年には、それら細根が乾燥害に遭い枯死する可能性があるため、乾燥害に強い土壌環境を作る必要がある。

　対策：1999年2月には、樹冠周辺のコンクリート舗装を壊し、土壌の裸出範囲を拡大するとともに、壺掘りと放射状の筋掘り（深さ約50cm）し、そこに堆肥類を混入して土壌改良を行っているが（図5.12 ③・⑤）、年次および掘り穴の位置を変えて、同様な作業を再度実施したり、完熟の堆肥類をマルチングすることも有効な手立てである。

c. 地上3mほどの位置で萌芽枝が伸長している範囲には、1999年2月調査時、タマシダやコケ、セッコク、ラン等の他、イヌマキ、モチノキ、タブノキ、マツ等の実生が生育し、三宅島の自然をほうふつとさせる植相であったが、本年の調査ではその状況が一変し、マツとモチノキと広葉の草種が僅かに見られるだけであった。このことは、当該場所における土壌の乾燥化が進んでいる証拠でもあると推察される。

　対策：乾燥化の大きな要因と考えられる、広範囲のコンクリート舗装部を緑地などに変更することで、樹冠下土壌をできるだけ適湿状態に維持する。

〔神庭 正則〕

V-2 樹木医の多様な活動と期待

　樹木医は多様な場面で活躍している。本講では、樹木医のトップランナーの方々から、自身の仕事の役割、組織との関係、そして、その中での樹木医としてどのような進め方をしているのか、豊富で多方面にわたる活動事例を寄せていただいた。また、後段では、植物に対する想い、若い人たちへの期待等についてコラムの寄稿をお願いした。これらの珠玉原稿は、限られた紙数での要約とさせていただいたが、その多彩な内容は業務活動・情報や技術的展開にとどまらず、樹木に対する思索や、クライアントに対する想いにまで及んで、いずれも精読に値するものばかりである。ここに紹介した現地活動に関する貴重な経験談や、文章から滲み出る誠実な取り組みの姿勢は、後進の人たちに計り知れない勇気と希望を与えてくれるに違いない。

****

《樹木医の活動 - 1》

樹木診断と処置方法の選択

秋谷　貴洋（樹木医 15 期）

　通常の樹木の診断では、樹木1本1本の樹勢・樹形などの活力の状態、各部位の腐朽や病気など、問題点の有無を目視や診断道具によって調べることになります。樹種、土壌、方角、地形など環境のほかに、実際に現場で目に見えることだけでなく、開発などによる周囲の環境の変化や、対象樹木が現在の状態に至るまでの情報についても調べる必要があります。

　また、同時に街路樹・公園樹・施設のシンボル・樹林帯などの植栽されている状況・目的なども考慮し判断しなければなりません。それぞれの特徴と診断ポイントを見ていきましょう。

〔街路樹の診断〕

　道路や歩道に植栽される街路樹は、夏季の日照の緩和、排気ガスや騒音などを和らげる等の役割があることから、都市空間に潤いを与え、街の一部となり環境を守っています。しかし、植込み空間は当該樹木の適正とされる植栽間隔に対して狭いことが多く、また、地中に関しても生活インフラ設備など、根域を制約する要因が少なくありません。

　樹冠に対しては、広がりを阻害する道路幅員や植栽間隔の問題、道路および歩道上における植栽スペー

図 5.13　街路樹の診断と土壌の改善　　　　　　　　　　　　　　　　　（口絵 p 036）

ス確保の難しさ、隣接している建物や外灯などの施設による物理的な制約、信号機や標識、交差点の視界の確保等が当面する課題であり、樹木に対して大変厳しい環境にあるといえます。実際にこれらの条件を満たすための強剪定により、樹形が崩れた樹木や大きな傷のある樹木、太根が切断されている樹木も多く見られます。これらの傷口からの腐朽拡大による強度不足などが発生した場合は、支柱による支持力の補強等が必要になりますが、空間上の制約などから十分な対策が取れない状態も多く認められます。

街路樹の診断および処置（図5.13，口絵 p036）は、歩行者、通行車両、隣接する建物に対しての安全性確保を最優先しなければならないので、厳格な視点で判断を行う必要があります。

〔公園・公開空地での診断〕

公園や公開空地などについては、不特定多数の市民が利用することを念頭に置いて安全性を確保しなければならない、と同時に地域の環境の形成、憩いや地域のコミュニケーションの空間としての役割なども果たしているため、機能性や美観についても意識しなければなりません。

街路樹のケースと比較すると、安全を確保することは同じですが、物理的な空間の条件の許容範囲は広く、多様といえます。また、地域の住民などの思い入れなどには、地域差や個人差も大きいと考えられるため、処置については、管理者と共に自治会や利用者の意向などについて、確認を行う必要があります。

街路樹や公園などは公共の財産という側面が強く、公平な判断が必要とされるため、未体験の事例、あるいは診断内容に不安のある場合は、自分一人だけの知識や想像・思惑だけで判断をせずに、同僚・先輩の樹木医たちの見解も参考にして、判断することが重要だと考えられます。

〔そのほかの樹木について〕

個人の所有木やマンションの樹木などは、診断については街路樹や公園と同じと考えられますが、その後の処置については所有者の意向が大きく影響します。

記念樹やクライアントの思い入れのある樹木については、生かすことが重要であるケースが多いのですが、修景・造園的な要素が強く求められる場合は、樹形などが崩れてしまい、樹形の回復の見込みがない場合や、回復にかなりの時間がかかってしまう場合には「撤去」となることがあります。また、隣地との関係、経済的な理由などによっても処置の方法が異なってきます。

樹木医には、適切で正確な診断と、樹木の置かれている様々な状況に対して、柔軟に対応できる説明と処置の方法が必要とされます。

〔処置の違いについて〕

ベッコウタケなどの根株腐朽菌は支持根を腐朽させるため、倒木の大きな原因となります。街路樹の場合は植栽地のスペースなどから、支持力の補強が十分にできないケースが多く、腐朽の進行具合の経過観察や、樹冠の受風量の軽減の強剪定処置など、受け身的な対応に終わることがほとんどです。

公園や緑地内の植栽木については、経過観察は必要ですが、支持力の補強・土壌改良などによる樹勢回復や活性化を行い、樹木を生かすことができます。

樹勢回復については、悪くなった原因の特定・排除・改善を行なうことが基本ですが、植栽されている環境を変えることができないケースや、作業に制約があったり、原因が複合的な場合も多く、効果的・効率的処置を行うためには、適切な選択と柔軟な対応が求められます。

処置の方法や改良材についても、様々な技術の組み合わせ、あるいは改良素材があり、現場の実情に即した樹勢回復方法の選択が欠かせないでしょう。もちろん、現在でも新たな手法・改良剤等の開発は進め

られていることから、常に情報の収集や研究・実験などが必要となります。

〔"インフォームド・コンセント"の重要性〕

これまでの説明のように、実際の現場では、診断については正確さと植栽地での植えられている環境などを判断し、処方箋を作成しなければなりません。

実際の処置を行う場合は、いずれのケースにおいても、十分な"インフォームド・コンセント"が必要となります。"インフォームド・コンセント"とは、日本語では「説明と合意」と訳されており、医療行為時の用語ですが、樹木医の業務においても重要なキーワードだと思います。対象樹木の所有者・クライアントに対して、治療の目的や内容を十分説明し、同意を得て処置を行う必要があります。

実際の診断では、樹木医としての診断の対象が1本の樹木だとしても、その物だけを観て判断するのではなく、樹木を取り囲む環境を理解して判断をしなければ、実際の処置を行うことはできません。樹木を維持していくうえで"インフォームド・コンセント"は、人と樹木をつなぐ、重要なコミュニケーションであるといえます。

〈かたばみ興業株式会社〉

****

《樹木医の活動 - 2》

板橋サンシティ・住宅地の森 "町山" の保全活動

有賀　一郎（樹木医6期）

〔サンシティの概要と"町山"の意義〕

サンシティは、東京都板橋区、荒川低地に面した武蔵野台地端に連なる段丘斜面に位置し、比高差15mの起伏に富む地形である。面積12.4ha、人口約6,000人の集合住宅地で、一面の樹海の中に中高層住棟がそびえ立つ。約40年前の1977年当時、禿山(はげやま)状態だった中央の大きな緑地は、住民の手で植樹され（図5.14①③，口絵 p036）、今では住宅地には不似合いなほど自然度の高い雑木林となり（②）、「サンシティ・グリーンボランティア」約100名のコミュニティ活動の場となった。ボランティアは、毎週20〜30名ほどが入れ替わりながら、剪定、間伐、補植、枝打ち、花壇の手入れなど緑のケアを行う（④・⑥）。発生材は、一切ゴミとして持ち出さず、シイタケ栽培（⑦）、炭焼き（⑧）、土留め柵、堆肥など、敷地内で活用し、リサイクルしている。この森は、人為的に創られたものであり、ガーデニングのように自由に人が関わることで持続する「都市の森」として、里山ではなく"町山"と呼ぶ。

図5.14・①②　サンシティの"町山"保全活動　　（口絵 p036）
左：竣工時（1977年）の景観　右：現在の"町山"の景観

〔3回もの「緑の都市賞」受賞〕

　団地の設計者でもある私は、建設当初から約40年間ここの樹々と人々に付き合ってきた。

　このかかわりの中で「（公財）都市緑化機構」の主催する「緑の都市賞」に3回応募し、1983年には開発・設計に対して、1999年には高齢者を活用したボランティア活動に対して、いずれも建設大臣賞を受賞した。2013年には、超高齢化した人と樹林の「若返り」として、若い人材や、機械力、小中学校生の環境教育の導入と、樹木診断や、林業技術を応用した樹林の萌芽更新などを住民が行い、成功していることを報告し、内閣総理大臣賞を受賞した。

　ここに設計・開発から現在に至るサンシティの緑地管理の実践内容の概要を報告する。

〔建設時の提案はボランティアへ継続〕

　1973年、オイルショックで敷地計画が見直され、建物中心から緑中心への計画変更のコンペが行われた。私は、周囲に建物を配し中央に緑地を確保する提案を行い、採用された。その後、1981年に完成し、住民も4年間をかけて入居、禿山だった中央の緑地は植樹祭として住民による緑化が進められた。

　また、ここが住民の「ふるさと」となるよう「コミュニティの創出」「緑の保全回復」を掲げた。

　「コミュニティの創出」では、当初からの住民と新たな住民の融合のため、公共公益施設を周辺部に配置し開放した。車道は建物の外周に回し、中央に建物に囲まれた安全で快適な歩行者専用空間の樹林を創出した。樹林の中には、広場・プレイロット・カルチャーセンター・集会室などコミュニティ施設を点在させ、コミュニティと緑を一体化させた。

　「緑の保全回復」では、段丘斜面緑地の連続性保持のため、サンシティの「開発が自然分断」するのではなく、「開発が自然再生」となるように、武蔵野林の保全・再生を狙った。また既存緑地の一画をサンクチュアリ（聖域）として保存し、開発時の生物の避難地：種の保存地とした。

　現在、この樹々はこの町や人と共にゆっくりと加齢し、樹海となり、それを世話するボランティア活動家や住民らに、建設時の考え方が継続され発展していく。

　一方で、敷地面積の36％（緑被率60％以上）もの緑地を確保したために、緑の省管理化が必要となり、住宅地の緑地として、自然性のみでなく機能性・安全性・防犯性・娯楽性・情緒性・文化性などにも配慮が求められた。一般の団地とは異なり、一面の樹林としたため、緑に関するトラブルが続出した時期もあったが、その解決こそがコミュニティづくりに貢献した。これらのことが、現在まで継続するボランティアの自主管理活動へ繋がった。

　1996年、私は、維持管理のコンサルティングの中で「住民参加の維持管理ボランティアの仕組み」を提案した。活動初期には参加しやすく持続するようにと、楽しみやイベントを企画し、軌道に乗った数年目以降は、住民全体の中での理解や認知、合意形成、会員の拡大、管理技術の向上などに力点を置いた。ボランティアの意識や技術力が上がるにつれ、助成金確保や、シンポジウム開催・環境教育など活動の幅も広がった。その後、学会・新聞・雑誌・テレビへの発表や取材協力など情報発信活動の結果、外部から高い評価を受けた。それらは会員内の意識の向上、住民の認知・合意形成などに顕著な効果があった。

　現在では当初の禿山は森になり、生物は聖域から出で、サンシティ全体が生物生息の核となり、周辺地域に広がっていくほどになった。斜面緑地の保全は、エコロジカルネットワーク構築（動物の移動経路確保）に貢献している。樹林を残し新たに雑木林を再生させ、人と自然の共生をねらった試みは成功した。

　値上がり買替えで住民が定住せず、仮住まい化したマンションのスラム化が社会問題になっていた、約40年前、サンシティでは定住型住宅地を目指し、「ふるさとづくり」を掲げた。40年後の今日、サンシティでは独立した子の家族や田舎の親を団地内に呼び寄せるなど「ふるさと化」が進んでいる。その上、

多くのサークルやボランティアグループがあり、活発なコミュニティ活動が行われている。「すばらしい自然」「豊かな住環境」「暖かな人間関係」があり、高い定住率や、築約40年を経ても入居希望者が多く、売値が下がらないといった経済効果をもたらしている。

　サンシティの自然再生は、それまでの都市計画や、既存の造園学・生態学などにとらわれない、自由な"町山"の創出によってなされたものである。

〔保全活動の成功の秘訣〕

　サンシティでは、緑に関する様々な問題が起こるごとに、各種プロの専門家の意見や技術を取り入れて、本格的な活動をしてきた。日常的な維持管理には、管理業者も一緒に活動し、ボランティアらの技術力向上に貢献している。私が住民に指導した樹木診断も定着し、外観診断を済ませ、精密診断の必要な樹木を抽出し、私たちには機器診断だけを依頼してくるほどである。会員の中の様々な専門家や、活動の中で生まれた専門性の高い「達人」たちも重要な役割を担う。これらは組織的には管理組合の実行組織であり、サークル活動とは異なる。管理組合より弁当・道具代などの活動資金の提供を受け、生産物売上・補助金などは管理組合の収入としている。これらの条件に加えて、楽しみや生きがいとして参加する大勢のボランティアらの存在が、このボランティア維持管理活動の成功の要因である。

〔今後の展望と課題〕

　住民により植えられた園芸種のスイセンや、購入した野生種のカタクリなどと、保全活動の中で自然再生したキンラン・キツネノカミソリなどの貴重な野生種が共存し、炭焼き・シイタケ・タケノコを栽培する、サンシティ独自の新しい「都市的共生型雑木林」は、保全すべき里山ではなく、人為的に創られ、庭いじりのように自由に人が関わることで持続する"町山"という、新しい緑のあり方を示した。

　今後の活動の持続には、「住宅地にふさわしい森林の在り方」や「その管理・運営計画の立案」などが重要である。今回、現代日本の縮図ともいえる課題「人と樹林の若返り」をテーマに挑戦し、住民による「樹木医技術」「林業技術」「造園技術」などの専門技術が評価され、「緑の都市賞」で総理大臣賞を賜った。今後、より具体的に「人と樹林の若返り」の技術を確立していきたい。

〈サンコーコンサルタント株式会社〉

****

《樹木医の活動-3》

造園企業に所属する樹木医の役割と活動

稲山　豊（樹木医13期）

〔生物学の基礎は必須〕

　従来、造園企業が技術職新卒者の募集を行うと、造園や緑地専門の学部や学科を持つ教育機関も限られていたため、応募して来る学生の出身校もほぼ限定されていた。しかし、近年は多くの環境系学部学科が新設され、多様な学生が応募して来るようになった。人材の分母が大きくなることは、優秀な人材に巡り会える機会も増え、良いことのようだが、気にかかる点が一つある。「高等学校から大学までで、生物学を履修しなくとも卒業できるケースがある」と聞いて驚いている。生き物を扱う造園企業の技術系社員としては、少し困った問題である。

　さらに、終身雇用制度も終わり、雇用の流動化が一層進み、異業種からの転職者も増加する時代になっ

た。この場合でも、生物学を履修していない、同じようなケースが見受けられる。ここでは、社内における教育訓練が、上手にできるかどうかで、彼らの将来が大きく左右される。

〔樹木医の視点を活かす〕
　我々中小企業における教育訓練の実施は、社内教育（OJT）の占めるウエイトが高く、そこで社内講師として「樹木医」の登場となる。この部分では、業務に即した知識の習得ができることから、かなり有効である。受講生側も講師役として「樹木医」が当たることは、「講師の資格として適任である」との受講生に対する説得力もある。
　私自身は、社内で総務部を分掌している点から、会社全体を俯瞰し改善の機会を探すことも重要な業務の一つとなる。この視点は、樹木の診断を依頼され、樹木の異常やその原因を探す行為と近い。会社でも研究開発職のように、周囲から余計な雑音が入って来ない方がよい部門もある。その一方、どこかで誰かが会社全体を俯瞰していないと、組織が大きくなるほど、問題が発生した場合に、致命傷となりかねない。できるだけ大きな枠で物事を診る習慣が大切で、樹木医の視点は大いに参考になろう。また、街路樹診断（防災診断）は、一見無駄に見える診断結果も多いが、リスクに対して先回りし、予防や危険回避対策を構築できるなど、その重要度が増している。その意味からも、総務といった組織管理の視点と樹木医の視点で、共通点が多い気がする。

〔インターンシップ生との触れ合い〕
　最後になるが、人事や採用も分掌する総務部の責任者としては、インターンシップの学生と触れ合う機会が増えたことは、学生の生の最新情報に接することができ、大変有効である（図5.15，口絵 p036）。就職問題の立案や面談の進め方、試験の合否判定にも少なからず役立っている。社内や業界以外の人達と接する機会が増えることは、情報ソースの幅が拡がる。さらに、その後の展開によって、あらゆる分野で、可能性が飛躍的に向上する。人との繋がりは、受注産業の中で生き抜く我々にとって、最も重要な経営資源ということがいえる。

〈株式会社 富士植木〉

図5.15 · ①②　大学生インターンシップの様子　　　　　　　　（口絵 p036）

****

《樹木医の活動-4》
樹木保全におけるファシリテーターとしての活動

飯塚　康雄（樹木医8期）

〔国土技術政策総合研究所とは〕

　私の所属する国土技術政策総合研究所は、住宅・社会資本分野で唯一の国の研究機関として、2001年4月に設立され、国土交通省の行政部門と一体となった技術政策研究を実施しています。私どもの緑化生態研究室は、都市緑化、生物多様性の保全、良好な景観形成等に関する研究・技術開発を行っていますが、このなかで、私は主に公園や道路といった公共空間における都市緑化での様々な課題に対応するための調査研究を担当しています。

　調査研究の実施にあたっては、樹木医として保有している知識や経験を活用しつつ、他の樹木医からの情報提供等の協力により、現場からの最先端の技術を取り入れられるように努めています。

　得られた研究成果については、専門知識を有しない樹木管理者（所有者）でもわかりやすい内容となる手引き等にとりまとめて、樹木医技術の活用を促進するとともに、樹木医学にも有益となる技術や情報を発信できるよう取り組んでいます。

〔樹木医学に関連した研究課題の紹介〕

（1）都市緑化樹木の倒伏対策

　都市緑化樹木は、高度成長期以降の積極的な整備により急速に増加してきましたが、今後はそれらが成長して大径木化・衰弱化した樹木を適切に維持管理していく段階にあります。とくに、近年では台風等の強風時において発生する倒伏や落枝が、人的・物的な障害となることが増加しているため、倒伏対策としての樹木の診断や処置が重要となっています。

　そのような社会的背景もあって、街路樹の倒伏対策として、樹体の構造的な弱点等を把握する診断方法と、危険性を改善する処置方法についてとりまとめました（図5.16，口絵 p037）。

　さらに、台風の襲来が多い沖縄県を対象として、都市緑化樹木の台風被害の実態調査結果から、被害要因を明らかにするとともに、亜熱帯樹木の根系特性を調査した上で、台風被害に強い樹木を育成する緑化手法をとりまとめています（図5.17，口絵 p037）。

（2）樹木腐朽診断機の開発

　都市緑化樹木は、周辺工事等による根系の切断傷、剪定や自動車接触による幹・枝の傷等を受けやすいことから、木材腐朽菌に感染することが多くあります。感染樹木は、植栽地土壌の劣化や高樹齢化等により樹勢が衰退することで腐朽が進行し、木材細胞が分解されて樹幹や根株内部がスポンジ状や空洞になりますが、このような状態となった樹木は樹体を支える強度を失うことにより台風の強風等で倒伏に至る危険性が高くなり、同時に、道路や公園等の利用者や、周辺建物等への障害を与える危険性も高まります。

　そのため、前述した都市緑化樹木の倒伏対策においても、樹体内の木材腐朽状態を的確に把握して、必要となる事前の倒伏対策を実施しなければなりません。

　木材腐朽状態を把握するためには、測定時に腐朽菌の拡散や新たな感染を防ぐため、可能な限り樹体に傷をつけないこと、腐朽材の検出判定においては、健全材との明確な基準値を示すことが診断機として必要となります。

以上の背景を踏まえ、医療分野でも活用されている放射線（極微弱なγ線源）を利用した非破壊方法により、健全材と腐朽材の境界値（生比重での設定）を示し、面的に測定することが可能な診断機を開発しました（図5.18，口絵 p037）。

（3）巨樹・老樹（景観重要樹木）の保全対策
　地域の良好な景観を形成するランドマーク的な樹木や歴史・文化的な価値をもった樹木は、地域のシンボルであるとともに、重要な景観構成要素であるため、安易な喪失を防ぎ、将来にわたり持続的に保全することが重要となっています。
　2004年に制定された景観法においては、このような樹木を「景観重要樹木」として指定することが可能となり、これまでに文化財保護法により指定されている天然記念物等に該当しない樹木においても、保全の実効と景観維持のための法的強制力をもたせることが可能となりました。
　景観重要樹木として指定される樹木は、その地域を代表するシンボルとして巨樹・老樹であることが多いと考えられるものの、必ずしも景観にも配慮した樹木活力の維持・向上技術手法は確立されているとはいえず、景観重要樹木の管理指針の策定が必要となっていました。
　そのため、管理指針の基礎資料として活用できる、景観に配慮した巨樹・老樹を主対象とした樹木保全対策手法を、保全対策事例集とともにとりまとめました（図5.19）。

〔研究成果（情報）の発信〕
　本コラムで紹介した研究成果は、国土技術政策総合研究所資料 （p374）に掲載としてとりまとめるとともに、研究所のホームページで公開し、樹木腐朽診断機は製品として市販されています。また、自治体等の樹木管理者に対しては、講習会等による研究紹介や現場での技術指導等を実施しています。

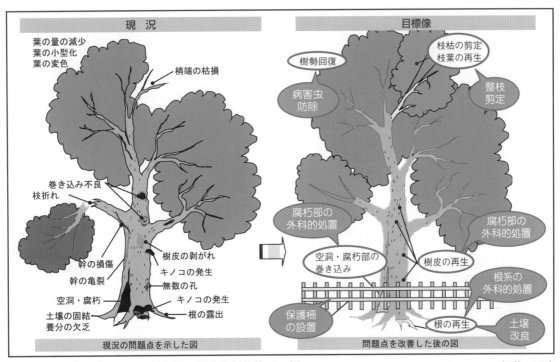

図5.19　保全対策における目標像の設定と対策施工の例　　　　　　　　　　　　　　　　〔口絵 p037〕

・街路樹の倒伏対策の手引き
・街路樹再生の手引き
・沖縄における都市緑化樹木の台風被害対策の手引き
・景観重要樹木の保全対策の手引き
・巨樹・老樹の保全対策事例集

〈国土技術政策総合研究所 緑化生態研究室〉

****

《樹木医の活動 -5》

樹木医の仕事って何だろう？

宇田川 健太郎（樹木医9期）

　樹木医にとって樹木は患者だけれど、「もの言わぬ樹木」は自分で診療を頼むことはできない。多くの場合、その樹木の所有者や管理者がクライアントとなって、樹木医に相談を持ち掛けることから、「樹木診断」「樹木治療」の仕事が成立することになる。

〔樹木診断と樹木治療〕

　「樹木診断」は、「樹木治療」に先立って、現状の樹木の具合を診察確認することが目的であり、樹木の活力・病害虫・腐朽の有無、根系の衰退など、樹木の健康状態を明らかにした上で、治療の際の方針を定める基盤とする。

　「樹木治療」は、弱った樹木の樹勢を回復させ、樹木を長生きさせることが目的で、腐朽の進行が樹木に深刻なダメージを与える場合に行う腐朽部の除去や、開口部の閉塞を主とする「外科的治療」と、樹木の生育基盤および生育阻害要因を改善して、根系の発達や樹勢の回復を促す「内科的治療」がある。

〔桜の治療例〕

　樹木医の仕事の一例として、筆者が行った1本の桜の木の治療の話しをしたい。この桜の木は、とある企業が所有していた土地に古くからあった木で、地際近くで分岐した大枝の一つが根元の材質腐朽と枝の重みで裂けて倒伏し、根株周辺には根元心材部の材質を腐朽させるキノコ（ベッコウタケ）の発生が多数見られた（図5.20，口絵 p038；図5.21）。

　もし、この樹木が公共の場に立つ街路樹等であったならば、倒伏する危険性の高い「危険木」と診断され、伐採処置となったであろうが、現在、この樹木のある土地を所有しているクライアントから、「この木を伐らずに長生きさせたい」という強い要望があり、樹木治療を行うこととなった。

　樹木診断の結果から、地際付近にある大きな開口空洞から雨水が内部に侵入し、腐朽の範囲は幹の根元から地中根系まで、広範囲に及んでいることが判明した。

　治療方針として、根元の空洞内部で腐朽によりスポンジ状になった心材部を取り除き、残った辺材部には浸透性プレポリマーを注入して、腐朽の進行抑制と木材質を硬化させることによって、根元の材質強度を高め、幹折れを抑制する対策に加え、空洞内部に湿気が籠らないように、内部に木炭を充填して開口部をモルタルで閉塞する「外科的治療」と、腐朽により消失した根系の周囲から新たな根系の発達を促進させる地盤改良を主とする「内科的治療」を併用する治療計画を立て、実行した。

　治療後の定期的な経過観察から、ベッコウタケはその後も毎年根元から発生しているものの、桜の木は治療開始から10年経過した今日も倒伏することなく、春には毎年見事な花を着けてくれている。

〔クライアントの思いに向き合って〕

「公共」の仕事は、不健全な樹木を早期に発見し、適切な処置を施すことによって倒木による事故を抑制し、道路や公園の利用者の安全を確保することが最優先事項となる。

一方、「民間」の仕事は、クライアント自身が「その樹木をどうしたいのか」という思いが、その後の方針の「鍵」となり、樹木の処置の行方を左右することになる。

だからこそ、クライアントを含む、その樹木に関わるすべての人に対する樹木医の説明責任は重要であり、ここが樹木医の能力を問われる大きな部分である。現在その樹木がどういう状態にあるか、回復するためにどういう処置が必要か、それにはどれくらいの費用が掛かるのかを、クライアントにわかりやすく説明して、治療計画について納得してもらうことが、人よりも遥かに長寿の樹木が回復していくのを長く見守っていく上で重要となる。

クライアントの「その樹木を生かしたい」という思いが強ければ、倒伏する可能性がある場合であっても、安全に十分配慮した上で治療回復を優先することもある。また、樹木治療と並行して、治療木から種子や挿し穂を採取して、後継樹の育成・繁殖を行うケースもある。

樹木医の仕事は「その樹木を生かしたい」という人々の思いの丈に真剣に向き合い、弱った樹木の回復に向けて弛まず取り組んでいくことだと思う。

最後に私が日々忘れないように書き留めていることを記し、この文章のまとめとさせていただく。

図 5.20　サクラの開口部の施工状況　（口絵 p 038）
幹空洞部の被覆処理範囲　縦 1,200 × 横 700 mm（ラス金網を張り、表面モルタル左官仕上げ）
空洞内部の容量＝約 400 ℓ（内部に木炭充填）
内部の状況：腐朽部を除去し、表面に癒合剤（トップジンMペースト）を塗付、木材質強化剤（キガタメール）を注入済み
空洞内と底部の状況：地中の根株心材は腐朽によりほぼ消失しており、底部は地盤の土が露出

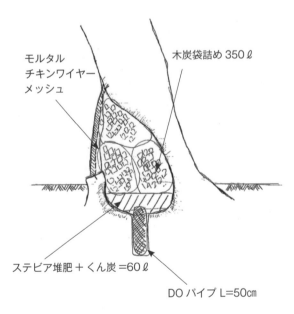

図 5.21　施工断面模式図
使用資材
・DO パイプ　L 50cm　1 個
・ステビア堆肥 30 ℓ ＋ くん炭 30 ℓ 混合して敷き込み
・木炭 400 ℓ　ナイロンネットに袋詰めして空洞内部に充填
・チキンワイヤーメッシュ（ラス網）約 1 m²
　目合い 10 mm　端部 U 釘止め
・防水モルタル（左官仕上げ用）1 m² 厚 20 mm 内外

〔樹木医として日々の生活で心掛けること〕
・日頃から観察する眼を養う（全体から受ける印象＝樹の相、枝ぶり、葉の大きさ・量・色つや）
・日頃から自分で植物を育てて、身近に接する（盆栽・野菜・草花など何でもよい）
・専門職ではあるが、狭い視野に立たずに、世の中のすべてのことがらに関心をもつ
・すべてにおいて寛容になることを目指す（独り善がりにならず、幅広い意見に耳を傾ける）
・先入観にとらわれ過ぎないこと（ときには経験や知識が判断を曇らすこともある）
・植物も人も同じ。どんな時も愛情をもって、我が子のように接すること

〈箱根植木株式会社〉

****

《樹木医の活動 - 6》
"神着の大ザクラ"に魅せられて

神庭　正則（樹木医1期）

　春のこの時期ともなると、桜の花を無性に見たくてたまらなくなる。
　2015年3月31日、午前6時前、朝日が顔を出してようやく辺りが薄灯りとなったころ、私は三宅島の東京都指定天然物"神着(かみつき)の大ザクラ"の前にいた。昨晩からの船の中で満開の姿を想像していた私には、少し残念な桜の姿との対面であった。その姿は後に譲ることとし、私とこのサクラとの馴れ初めから紹介することにする。
　＊「"神着の大ザクラ"の調査報告書」はノート5.2（p361）参照。

〔"神着の大ザクラ"の履歴を想像する〕
　20年以上前から"神着の大ザクラ"に関わり、過去数回の夏場の診断調査と冬場の治療に訪れている。1996年、東京都の天然記念物調査団の一員として、初めてこの大ザクラに出会った。これまで観てきた樹木の中で一番印象的な樹木であった。それは、樹木、とくに桜の生命力を改めて痛感する姿であった。何としても生き延びるという、成長の過程が樹体全体から滲じみ出る姿である。生命を繋げる母を感じる桜である。とても好きな桜となった。
　三宅島へは東京・竹芝埠頭を出港する船便で訪れた。三宅島は竹芝から180kmほど南方海上にあり、周囲約35km、長径約8kmの島は全域が富士箱根伊豆国立公園に指定されている。島の中心に聳える雄山(お やま)は噴火を繰り返し、近年では2000年の、全住民退去となる大噴火で破壊された植生や昆虫相などの自然は、現在もダイナミックに日々刻々と遷移していると聞く。
　三宅島には、東京都指定の天然記念物である"ビャクシン""堂山のシイ"そして"神着の大ザクラ"の3樹が脈々と生き続け、いずれも特徴のある成長を示している。ここに紹介する"神着の大ザクラ"はオオシマザクラの古木である。空のどこからか飛んできて、この神着の地に突き刺さって、今も生き続けているといったイメージを沸き立たせてくれる奇形の樹である。
　どうしてこのような樹形になったのか、以下に、私の想像したこのサクラの履歴を紹介しよう。
　"神着の大ザクラ"の特徴は、「幹」の部分にある。本来の幹がなくなり、根が幹に変化しているのである。想像するに、この桜は数百年の昔、三宅島の北端の地・神着において、北に傾斜する斜面の林の中で芽吹いた。時は過ぎ、巨木となって、林の中で際立って美しい花を咲かせていたことだろう（図5.22a,口絵p038）。しかし、何回にも及ぶ枝折れなどが原因となり、幹内部には腐朽が進んでいった。とくに

高さ4m程の位置の被害が最も大きかったと考えられる。そのような状況の中で、台風などの強風によって高さ4mほどの位置で幹が折れてしまったのだろう（b）。折れた部分から天に向かって萌芽枝が次々と数多く出て、その枝は歳を重ねるに従って大きく太くなり背の低い巨木となって、樹勢を維持し続けることができたと思われる（c）。それと同時に、残存した4mほどの高さの幹は、中心部から腐朽がさらに進み、腐朽部が土壌化して、折損部から不定根が多数発生しながら成長を続けた（d）。島という立地で雨が多く、湿度が高いといったことが成長を手助けしたのだろう、腐朽が早く進み土壌化が地面に達し、その中で伸び続けた不定根が地面に到着した。そして、さらに根は土壌中に広がった。その頃には、本来の幹の厚さは薄くなり、枝葉に養水分を運ぶ機能は、地面に到着した多くの不定根に移っていく。そうなると、本来の幹は機能する役目をなくし、腐朽が急激に進んで崩れ去り、残ったのは、太く長く成長した萌芽枝と、太くなった沢山の不定根で、現状の奇形の桜となった（e；図5.23 ①，口絵 p038）。

　このような桜を見ていると、桜にはほかの樹木に比べて、強烈で、あからさまなまでの、生き延びようとする意思があるように思えてならない。私たち日本人が、ことに桜を愛でる心持ちの中には、何かそれらに対する畏怖の念が、自ずと含まれているのかもしれない。

〔生育環境を改善する〕

　1936年3月に、この桜は東京都の指定天然記念物に指定され、"神着の大ザクラ"と名前が付いた。いつの時点かわからないが、この桜をこの地に残し、斜面は削られて平坦地として小学校の校庭になった。その後、3階建て鉄筋コンクリート仕立ての勤労福祉会館となり、校庭だった場所はアスファルトの広い駐車場へと変貌した。さらに、現在では勤労福祉会館の姿はなく、テニスコートとなっている。

　1996年の調査後、天然記念物である、この桜の生育環境の改善のため、根元近くまで迫っていた駐車場のアスファルトの一部を取り除き、施肥や土壌改良の延命対策をとった。その時期から、私にとってこの桜が気になってたまらない存在となった。

　2010年には台風被害により北側の大枝が折れ、古い枝に枯れが目立つようになった。そのため被害状況や活力状況の調査を行い、翌年には、枯れ枝の剪定、支柱の設置、そして樹勢維持のための発根促進を目的とした、土壌改良および施肥を行っている。

〔"神着の大ザクラ"と再会して〕

　話を戻そう・・・2015年3月30日、竹芝桟橋から夜10時半発の船で三宅島に向かった。三宅島到着予定は翌朝の4時50分である。この時期の月曜日の客は少なく、8人用の二等客室には、私一人であった。神着の大ザクラの花を観るのは今回が初めてである。明日の満開を期待し、寝酒して早めに睡眠に入った。

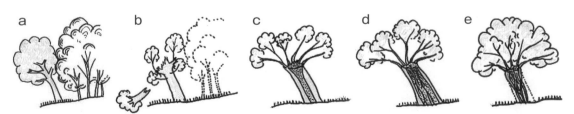

図5.22　"神着の大ザクラ"の履歴の想定図 　　　　　　　　　　　　　　　　　　　（口絵 p038）
a. 島の北端部に生きていたサクラの樹　b. 孤立化し幹折れを起こす　c. 内部は腐朽するが周縁部から枝が伸びる
d. 幹折れした部位から不定根が内部の腐朽部を貫き，伸長する
e. 不定根が樹を支えられるころには周辺の材は腐朽し，不定根が表面に現れた

島に到着後、レンタカーで5時半ごろ神着に向けて出発。朝日をバックにいい写真が撮れるようにとワクワクして車を走らせた。30分ほどして神着へ。咲いていますように！　と願って、旧勤労福祉会館へ。

　老木"神着の大ザクラ"は何度も萌芽更新をしている。樹冠内は若い枝と古い枝が混在し、とくに下の方で古い枝が占めている。

　"神着の大ザクラ"は前述のようにオオシマザクラである。島を一回りすると、山や海岸沿いの平地に、ヤマザクラやオオシマザクラが点々と花を咲かせている。これらも4～5分咲きで、これから満開となる状況だ。やはり、山の中で咲く一本桜は美しい。オオシマザクラも、この地ではそろそろ満開に近い時期である。

　しかし、この"神着の大ザクラ"は、花の数が少なく1分咲といったところだった。樹冠の下方部に伸びる多くの若い枝には、大きな蕾がこれから花咲く時期を待っている。ところが、樹冠上方の弱っている枝からは、若い枝がわずかに萌芽している程度で、それも蕾が小さく、まばらに付いている状態であった。どれほど衰弱しているのだろう。居ても立ってもいられない気分となった。

　樹冠下段の若い枝でわずかに咲いている花はとても美しい！

　午前10時ごろとなり、気が付くと若い枝にはさらに数輪咲いたようだ。しかし、古い枝の蕾は花なのか、葉芽なのか分からない。活力はどの程度あるのだろうか。

　私は、"神着の大ザクラ"の花の咲き具合（とくに樹冠上部）を確かめるために、4月11日の夜、再び竹芝桟橋を出た。12日、朝早くレンタカーで神着へ向かう。前回来た時から12日間の時間が流れているので満開の時期は過ぎて、葉桜になりつつあるだろうと思いつつ、ハンドルを切った。旧勤労福祉館内に入る。"神着の大ザクラ"に着いた。

　やはり、満開は過ぎ、葉桜となっている。花は樹冠全体で2～3割ほど残っている（図5.23②）。若く薄い緑の小さな葉がみずみずしい。その葉の元からは、花が散った後に残る花柄がすべての枝で確認できた。そう、すべての枝で花が咲いた証拠である。心配していた樹冠上方の枝も葉の密度は小さく弱々しいものの、葉桜状態ですべての枝先で花柄が確認できた。

　緑色の小さな葉々に、白い花が溶け込み、実に美しい。満開も美しいだろうが、この光景はより美しいと感じた。そして、私と"神着の大ザクラ"のつきあいは、これからも長く続くと予感したのである。

　＊追記：2016年4月9日、私は"神着の大ザクラ"と何度目かの対面をした。居合わせた古老の話によると「今朝が満開だよ」とのことであったが、そのとおり実に美しい花を咲かせていた（図5.23③）。

〈株式会社　エコル〉

＊＊＊＊＊＊＊＊＊＊＊＊＊＊＊＊＊＊＊＊＊＊＊＊＊＊＊＊＊＊＊＊＊＊＊＊＊＊＊

《樹木医の活動-7》

自治体に属する樹木医として

小林　明（樹木医9期）

〔健全な樹木育成に向けて〕

　自治体に属する樹木医は、全体の奉仕者として公共の利益のために職務を全うすることが基本である。そして、職務の遂行にあたり、良好な生活環境の形成とともに、安全や生命・財産の保全などの行政目的の達成に向けて取り組むことが求められる。樹木医の資格を有する職員が樹木管理にあたる場合、その専門技術もこの目的に沿って活用することになる。

　自治体が所管する樹木は、公園や庭園、街路樹、庁舎外構など、様々な施設にある。これらは、それぞ

れの施設整備の際に植えられたものや、整備以前からその場に生育しているものなど、個々に異なった経緯がある。樹木診断の対象木は、古木や植えられてから数十年を経た木、移植を余儀なくされた木などが多く、風雪などで傷んだり、病害虫に侵されたりしたものなど多岐に及ぶ。また、植えられた時とは周囲の状況や施設などの様子が変わっていることも少なくない。

このため、自治体の樹木医は、残されるべき個体の、あるいは植栽された目的を確認し、それぞれの樹木に応じて診断・調査等を行い、伐採を余儀なくされた樹木以外は、できるだけ健全に育成することを目指して、必要な対策を施すことになる。以下では、私の東京都庁での職務経験を含めて述べる。

〔樹木診断と対応の視点〕

樹木診断とそれに基づく対応に向けた視点として以下の4点を挙げたい。

一つは、病害虫や障害などに起因する倒伏や枯枝の落枝を防ぎ、利用者や周辺施設に対する安全の確保を図ることである。人々の心に潤いや安らぎを提供し、良好な生活環境を形成するなど、樹木が持つ役割の影に潜む危険性を取り除くよう努めることが大切である。

かつて、東京都中野区にある桜並木は、植栽後40年ほどを経て、地際の腐朽や枯枝のある木が目立ち始め、事故の発生が危惧された。この対策にあたり、並木を美しいまま安全に存続させるため、サクラに関心を寄せる市民と、観察会やモニタリングを行って検討を重ね、少しずつ植替えていくということで意見が一致した。今も春を迎えると、この桜並木は、花盛りの樹冠は以前と変わりない華やかさを見せている（図5.24①，口絵 p039）。

二つ目は、樹木による景観の保全を図ることである。街路樹の連続した樹冠や大木、花木などは、通りや街の美しい景観を形成し、地域のシンボルになっていることも少なくない。樹木による景観は、長年を経て形成されるものもあり、後世に伝える管理が求められる。

この一例として、都庁周辺のケヤキ並木の景観保全を紹介する。植栽後30年ほど経た2000年頃から、葉を食害するニレハムシが多数発生し、このため、ケヤキの葉は夏でも枯葉のようになり、景観が著しく阻害されることとなった（②）。防除にあたり、人通りの多さや生態系の保全などを考慮すると薬剤散布ができないため、体長1cmほどの幼虫が成虫になるとき、地上に降りる性質を利用して、ケヤキの幹に粘着面を表にしたガムテープを巻いて捕殺する方法を採用した（③）。これにより食害が著しく減少し、ケヤキの緑を保つことができたのである。

三つ目は、樹木が有する歴史性や人々の関りへの配慮である。古くから生き続ける地域ゆかりの樹木や、人の誕生や施設の完成、組織間の友好を象徴する記念樹、また、周辺に住まう人々が関心を寄せている樹木など、いわば人々の心に生きている樹木がある。その想いに応えることも大切ではないだろうか。

東京都の場合、江戸期以降は日本の首都としての機能を果たしているが、樹木にもその歴史を刻むものがある。江戸時代の代表的な大名庭園である浜離宮恩賜庭園には、「三百年の松」と呼ばれるクロマツが、のびやかな樹冠で生き続けており、幾度かの大火や震災・戦災を経ながら泰然とした

図5.24・①　地元が大切にする桜並木の状態を説明
（口絵 p039）

姿を見せている。そして、現在は定期的な樹木診断とそれに基づく管理により、健全な樹勢が維持されているのである（図5.24④）。

　四つ目は、地域の自然構成要素として、樹木が持つ生物多様性の保全や、都市気候の緩和機能などの活用を図ることである。

　生物多様性の保全にあたっては、一次生産者としての役割を確保するとともに、遺伝資源や種の保存にも配慮する必要がある。とくに樹齢数百年を数えるような古木は、その地に生き続ける種の遺伝子を現在に伝える、母樹の役割を果たすものでもあり、ふるさとの樹林の再生には大切な存在となるに違いない。また、それとともに生息する動物類を養うことから、生態系の保全にも資することになる。

　また、樹木は、地球温暖化の要因である二酸化炭素の排出削減という命題に対し、その吸収や蓄積を通じて貢献することが期待されている。

〔地域や樹木ごとに対応〕

　樹木の生育環境は地域ごとに異なり、また、1本ずつ、種類や形状、ストレスへの耐性などにも違いがある。例えば、ケヤキの並木では、害虫が発生しやすい地域もあれば、発生しない地域もある。さらには、同じ種類の並木でも、立地環境の影響をうけやすい、土壌の乾燥や日照などにより生育状況が違う、といったことがある。

　人々との関わりでも、樹種や樹齢、植栽場所などよって関心のあり方は同じでない。サクラ類は花が好まれる一方で、葉を食害する毛虫が嫌われ、ケヤキは雄大な樹形が緑陰形成に役立ちながらも、枯れ枝や落葉が批判される。

　樹木診断と処置の検討にあたっては、対象樹木の生育状況や生育環境の診断とともに、先の4視点を踏まえたうえで、地域や樹木ごとに役立つ面を活かしながら、課題の対応策を探ることを基本としたい。

〔自治体・市民などの連携した取り組みの推進〕

　樹木医として業務を的確に果たしていくには、樹木の生育に影響する環境変化として、地球温暖化傾向や地域の自然条件の特徴、外来種の動向、病害虫の発生状況などを把握することが必要である。そのためには、自治体間はもとより、大学や試験・研究機関、市民などとの連携が期待される。もちろん、その推進には、自らが問題意識を持って樹木を観察し、その結果を積極的に発信することもきわめて重要な要件ではないかと考えられる。

〈公益財団法人 東京都公園協会〉

****

《樹木医の活動 -8》

農業現場における樹木医資格取得の意義とその活動

小林　俊明（樹木医8期）

　私は、農業技術職として東京都に入り、農業改良普及所（現：普及センター）に配属され、農業改良普及員（現：普及指導員）として、野菜を中心に果樹や花卉栽培に関する指導・相談業務に携わりました。

　当時は、大半の府県が特産地育成を普及活動の中心課題として取り組み、普及員の育成も、より専門性を特化させる方向で進められていました。

　一方、都市化が進んだ東京では、野菜を中心に果樹や花卉の直売が増加したことから、普及員に求めら

れる技術は、品目の多様化に対応して、幅広く浅くなりがちでした。このため、農家からの相談が多く、品目を超えた共通技術である病害虫の診断・防除は、普及員の必須スキルといった感がありました。

そのような中、当時の東京都の農業技術職には、のちに樹木医会における病害虫防除技術の中核を担われた、阿部善三郎先生（樹木医3期）らがおられ、私は先生方から直接教えをいただく幸運にも恵まれました。お陰様で、病害虫への興味は人一倍強くなったように思います。

〔樹木医と普及指導員〕

その後、農業試験場での野菜研究を経て、自身の思いとは裏腹に、行政の職場に異動を命じられました。しかし、現場で使える技術を深めるとともに、将来、普及現場で果樹指導に活かせるのでは、との思いから、1998年に樹木医の資格を取得しました。資格取得は、現場志向のアピールでもありましたが、その動機の根底には、発足当時の樹木医会に阿部先生を始め、尊敬する農業技術職のOBが少なからずおられたこともあります。なお、樹木医の資格は取れたものの現場復帰のあては外れ、念願の普及職場への異動が叶ったのは、更に十数年を経た後となりました。

さて、少々前置きが長くなりましたが、東京の農業現場で働く樹木医の現状について触れたいと思います。我々普及指導員が農家から相談される病害虫については、野菜を中心に草本性の作物が多いこともあり、病害では大半が子嚢菌類（不完全菌類を含む）や細菌、またウイルスによるものであり、樹木医の関心事である木材腐朽菌（担子菌類が中心）はほとんどありません。また、害虫についても、チョウ目やアザミウマ目、カメムシ目等が大半を占め、樹木で問題となるカミキリムシ類やキクイムシ類等のコウチュウ目の害虫は、あまり大きな話題にはなりません。

また、農業現場における防除対策は、経済性が最優先となりますが、樹木医が治療にあたる樹木（とくに貴重樹木等）は、必ずしも経済性を優先するものではありません。

一方で、東京にもナシやブドウ、キウイフルーツ、ブルーベリーなどの果樹が各地で産地化され、東京農業に彩りを添えています。また、多摩の西部地域ではお茶が栽培され「東京狭山茶」としてブランド化されています。このような果樹類やチャなど木本植物には、当然ながら白紋羽病や胴枯病等が発病し、その防除は困難を極めています。また、東京は江戸時代から続く庭木・緑化樹木の産地であり、緑化樹木やカバープランツについては、今なお全国有数の産地力を誇っています。これらの生産農家の圃場管理・営農指導や病害虫防除指導は、普及センターが担っており（図5.25，口絵 p039）、樹木医としての知識や技術、あるいは樹木医会からの新情報等が役立つことになります。

図5.25・① 普及センターによるナシの剪定講習
（口絵 p039）

〔技術交流が一層求められる時代に〕

樹木医や技術士は、その仕事に責任を持つためにも、自身の専門分野を中心とした活動が求められています。しかし、今日の樹木医は専門分野が病害（さらに茎葉の病害、腐朽病害、菌類病、細菌病、ウイルス病等で区分）・虫害・土壌・肥料・樹木生理・総合診断・移植・腐朽診断の現場技術等に細分化されています。このため、樹木医制度の黎明期のように、ひとりの樹木医がすべての事象を網羅的に解決する時代

ではなくなっています。クライアントの要望に的確に対応するため、異なる専門分野を持つ複数の樹木医が合議・協働する時代になっています。

〔農薬安全使用の情報発信を担える〕

このような状況は、これまで専門性を十分に活かしきれなかった、農業現場で働く樹木医に、その活躍の場をつくり始めています。中でも、農薬使用に関する近年の状況変化への対応はとくに重要です。

ご案内のとおり、わが国の農薬使用は、食品衛生法や農薬取締法等により規定されてきました。ところが、植木等の観賞植物については、食品衛生法上の縛りがないため、農薬使用も比較的ルーズな扱いがなされてきました。近年、「ポジティブリスト制度」（2006年）への移行や「短期暴露評価」（2014年）等が導入され、農薬の、より厳格な取り扱いが求められています。

残留基準は、これまでどおり食用作物に限られますが、植木類に使用した農薬がドリフト等により、食用作物に付着・残留するケースも考えられます。樹木医が相談を受けることも多い、街路樹や公園樹の防除対策を立てる際も、この点への注意は一層重要となってきました。

また、近年人気のカンキツ類やカキ、オリーブ等の果樹の鉢植えや庭木については、その果実が観賞だけでなく、食用として自家用や贈答、あるいは直売等に供される場合もあります。このような実態や状況を考えると、植木類を始めとする観賞植物についても、これまで以上に農薬の取扱いに慎重な対応が求められます。

さいわい、農業現場で活動する普及指導員等については、わが国の農業生産が「食の安全・安心」に大きなウェイトを置いていることもあり、農薬の選択や使用に関する知識・情報は、一般の樹木医よりは相当豊富であると思います。普及指導員を始めとする、農業現場で働く樹木医には、今後、この面での情報発信等が一層期待されるところとなっています。

一方、樹木医の技術や情報の農業現場での活用ですが、例えば、近年「ナシ萎縮病」が担子菌類に属する、木材腐朽菌（チャアナタケモドキ；*Fomitiporia* sp.）によって引き起こされることが確認されました。今後は、農業分野でも樹木を対象とするものについては、これまで樹木医によって蓄積された樹病およびコウチュウ目害虫等の診断・防除技術に関するノウハウや、樹木医会のネットワークを活用しない手はないと思います。

〔結びに〕

東京都の農業技術職（普及センター・研究組織を含む）出身者・在職者では、今までに8名（物故者を含む）が樹木医資格を取得しています。前述のとおり、農業現場の技術を活かした樹木医活動や、その逆に樹木医の技術を活かした農業指導等も、これからは一層重要になってくるでしょう。

私も農業現場にいる樹木医として、今一度自らの役割を見直し、後輩に自信を持って樹木医資格の取得を勧められるような状況をつくっていければと思うしだいです。

〈東京都中央農業改良普及センター〉

****

《樹木医の活動 -9》
東日本大震災と樹木医の活動　～取り組みの意義と調査の進め方～

永石　憲道（樹木医12期）

〔樹木医の技術を活用した取り組み〕

　2011年3月11日14時46分に発生した、三陸沖を震源とする国内観測史上最大マグニチュード9.0の大地震は、青森県から茨城県にかけての太平洋沿岸地域の広い地域に、甚大な災害をもたらしました。そして、少なくない樹木医の方も被災され、2015年現在でもその爪痕は癒されてはいません。

　当時、樹木医で構成される組織である、一般社団法人日本樹木医会（以下、「樹木医会」「会」と略す）においても、当然ながら、東日本大震災による津波被災地の復興に役立てられることはないかとの機運が持ち上がりました。しかし、周囲を見渡すと、各所でボランティア活動、募金活動がすでに行われており、その裾野も非常に広く、深く行き渡りつつあるところでした。これらの事情を鑑み、樹木医が特化している技術的な側面でのサポート、状況記録を行うことが計画され、現在、経過4か年にわたって、定点での経過を確認報告されるに至っています。

　被災後に行われた、多所・各種の被害調査報告は、多くの知見を導く術として有益な情報となり、とくに発生直後の記録、物理的損壊の調査は、当時交通、宿泊もままならない中、大変な労苦の上でなされたものであり、日本国民の防災意識を大きく変える力ともなっています。一方、樹木医としての視点では、植物（樹木）への影響は、徐々に、累々として続くことが予測され、直後の取り組みだけではなく、中期的な影響として、植生の変遷などを記録・照査する取り組みも一部では待望されていました。

　また、この技術的な支援とは別に、関係者の多くには、取り組みとして複数回、複年での現地調査を行うことで、少なくとも樹木医が現地への関心を風化させることを防ぎ、微力ながら地場の経済を軌道に乗せる一助となればとの思いもありました。なお、私は樹木医会の技術部会員として、調査の準備・実施・報告などに携わりました。

〔活動内容〕

　この取り組みの活動内容および広報などについて時系列で紹介します。これらの詳細は引用した会報やニュース、報告書等をご覧ください。

（1）2011年の活動内容

　6月の樹木医会理事会で「津波被害地の土壌など調査について」の臨時予算が承認され、宮城県仙台市から気仙沼市にかけて、樹木診断や、土壌等の調査分析を行うことを、会報（日本樹木医会ニュース88号；2011年7月発行）で告知し、広く会員に調査への協力を募りました。8月4～7日に、同会宮城県支部7名他有志の協力のもと、会技術部会有志7名が合流し、宮城県内4拠点での調査を実施しました（図5.26）。調査・分析の内容は、今後の樹木関連調査・業務などの基礎的な資料とするため、樹木医技術の視点として、聞き取りはもとより、樹種別の被害状況の把握や、植栽基盤が受けた影響度の把握に重点を置いて行われました（図5.27①，口絵

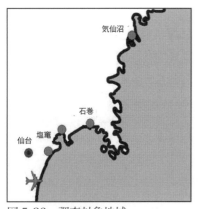

図5.26　調査対象地域

p039)。実際に現地に入ってみなければ判らなかった事象なども多くありました。当初予期された植栽基盤の塩類濃度障害については、すでに降雨洗脱により、その濃度は比較的低いレベルとなりつつある箇所もありましたが、地点ごとの土質の違いが、どのように植生に影響していくかを見極めるためには、単年度の調査では不十分と考えられました。加えて現地では、目立った樹体の損傷具合に加え、葉面や幹への浸水時の付着物なども見られ（図5.27②）、これらの影響評価は今後の調査に委ねられることになりました。結果については、現地調査取りまとめ終了後に、会報89号（2011年10月発行）に速報として掲載されています。

(2) 2012年の活動

会報90号（2012年1月発行）に、会ホームページへの報告書「津波被害地の土壌等調査」全文の掲載と、公開閲覧である旨が掲載されました。会報92号（2012年7月発行）では、理事会において第二次調査予算の承認が報告されました。そして、現地調査が10月5日より7日にかけて行われました。対象箇所周辺の復興がようやく始まり、取り残されていた瓦礫の多くが取り除かれている状況でした。土中の塩類濃度の低下傾向に違いが見て取れ、前年、劣化傾向を示した樹種が回復していたり、劣化の気配を示していなかった樹種が枯損していたりと、原因推定には至らない調査結果でした。同時期、対象地内にある宮城野区照徳寺境内において、市指定保護木イチョウ（北緯38.243872；東経140.989218）の公開治療が、会宮城県支部のみなさんと、同席した技術部会有志により行われ、会報93号（2012年10月発行）に、民間基金援助による樹勢回復治療がなされたことが報告されました（図5.27③）。この成果は11月23日の樹木医学会で「2011年夏季の樹木の被災状況について」としてポスター発表されました。また、12月には、先の指定保護木についての処置報告書「東日本大震災における津波被災木の樹勢回復事業・報告書」が、会宮城県支部より民間基金元へ報告されました。

(3) 2013年の活動

7月、樹木医学会誌面上において、速報「宮城県における津波5か月後の樹木の被災状況について（2011年夏季）」が掲載され、この掲載が対外的な（学術文献としても）初報となりました。また、この年には、第三次の現地調査が、10月12日から13日にかけて行われました。この時点での復興はかなり進み、枯損していた樹木はほぼ取り除かれ、平地として整備されている箇所が多く見受けられました。樹種によってはほとんど震災の影響を受けずに成長を続けているものが認められ、細やかな救いとなりました。11月23日の樹木医学会で「宮城県における津波一年半後の被災樹木の状況について」がポスター発表され、各研究機関の方々との交流を行うことができました。

(4) 2014年の活動

7月、樹木医学会誌上に、速報「宮城県における津波1年半後の被災樹木の状況について（2012年秋季）」が掲載されました。また、第四次の現地調査が10月11日から13日にかけて行われました。対象地によっては、嵩上げ盛

図5.27・① 東日本大震災後の取り組み（口絵 p039）
岩手県石巻市内での調査

土などの土木工事が行われたことで、現地調査が断念された箇所もありましたが、復興の段階はさらに進んでいました。11月1日の樹木医学会において、特別講演「東日本大震災津波がもたらした樹木の被害 2011年夏季の被災状況について」が報告され、会場では樹木医学の研究者と意見交流を進められ、非常に有意義でした。この発表では、過去の報告書が掲載される、インターネットURLの二次元コードを講演前後に掲示し、情報発信・共有の試みとして好評を得ることができました。

(5) 2015年の活動
　6月、日本造園学会誌技術報告集増刊号に「津波の被害を受けた都市樹木の2013年までの状況について」が掲載されました。なお、第五次の現地調査についても計画が進行中です。

　今後の活動：このように調査規模が広域で、対象多点となる災害事象の場合、結果や方向性について、画一的な見解を結ぶのは、現在の技術では非常に難しいところです。しかし、現在は読み解けなくとも、将来、累積された情報が複数の視点で解釈されることで、より多くの知見を生み出すことが期待されます。
　この取り組みにご許可を頂いた照徳寺（宮城県仙台市）、宮城県・石巻市・気仙沼市の各関係部局、協業いただいた日本樹木医会宮城県支部、発意を行った同・技術部会の皆様に感謝申し上げます。
　また、実務者としての樹木医が、一致団結して総合力を発揮する場面が、今後も増えてくることを期待しております。"One for all, All for one"

〈ジェイアール東日本コンサルタンツ 株式会社〉

＊＊

《樹木医の活動 - 10》

東京港の埋立地に森を育てる

鈴木　健一（樹木医14期）

　職場の女性が、『"かわいそうな木"があるのよ！　ここは暗くて"悪魔の森"！　プロとしてなんとかならない？』この奇妙な発言が心に沁みた。
　図5.28 ①・④（口絵 p040）の写真の地域は、江戸時代の海がゴミ処分埋立地等として利用され、1964年の東京五輪開催前後に、湾岸高速道路グリーンベルトとして緑化された。高度経済成長期の環境対策の一つとして公園整備が推進され、現在の都立海上公園が誕生した。この写真の湾岸高速道路沿いの地域は、2020年東京五輪の開催に向け整備が進み、日々景観が変化し続けている。このコラムが人目に留まる頃には、どうなっているのだろうか。

〔"かわいそうな木" "悪魔の森" の誕生〕
　高度経済成長期（1970年代～1980年代）の都市開発により失われた自然の回復を目指し、この地区に成長の速い樹木、煤塵や潮風に強い常緑樹が高密度に植栽された。植栽地の客土には都市近郊の山土、山砂が使用された。その結果、数年後にはこの公園を中心とする緑豊かなエリアが生まれた。すなわち、都市近郊の樹木や土を持ち寄り、早期緑化させてきた。しかし、造成後20年が経過する頃から、樹木の倒伏や日照不足などによる樹木の生育不良が見られ、昼でも園内の暗い森になっていた。
　"かわいそうな木"（①）の治療は不定根誘導を主体として行い、②のような見た目となった。昼でも鬱蒼としていた"悪魔の森"（③）は剪定や間伐処理などを行い、見通しの効く、明るい道へと生まれ変

わったのである（図5.28④）。

〔埋立地に森を育てる〕
　21世紀に入り、企業の社会的責任による環境保全活動が、社会全体に認知された。同じ頃、ごみの最終処分場跡地（中央防波堤内側埋立地）では、苗木を植樹して、ゴミの山を美しい森にするという「海の森」プロジェクトが始まった。ゴミの山を、都市活動で生じる建設発生土や、剪定枝葉発生材などの植栽基盤で造成し、都民・企業の協働による森づくりは今も続いている（⑤⑥）。

〔シンボルツリーを守る〕
　オオシマザクラの巨木（⑦⑧）は台場公園にある。高さ10m、枝張18m、目の高さの直径80cm、根本から三つに分岐し、扇を広げたような堂々とした姿である。いつ、だれが植えたのか、または、自生したものではと、諸説様々である。私は、根の張り方、幹の伸び方から、実生にて自生したもので、樹齢80年くらいと推測する。また、エノキの巨木（⑨⑩）は、お台場海浜公園から台場公園へ繋がる園路の中央に、通行する人が迂回しなければならないように通路の中央に根をおろし、存在感のある自然樹形だ。

　東京港の埋め立て地において、この2本の樹木以外にも巨木はあるが、実生で力強く、長きにわたり生き続けている、これらに匹敵する自然樹形を見たことがない。一見をお勧めしたい。「無用の用」で残った樹木かもしれないが、東京港の歴史や文化として関わりを持っていたからこそ、この地で長年生き続けた貴重な樹木として大切に保全したい。

〈東京港埠頭株式会社〉

図5.28・⑥　東京港の埋立地に森を育てる
都民との協働による植樹　　　　（口絵 p 040）

****

《樹木医の活動 - 11》
国際交流について　〜台湾の事例〜

山下　得男（樹木医13期）

〔垣根を越えて……〕
　私は、2003年に樹木医資格を取得しました。その後は造園施工会社の組織人として、もっぱらではありませんが、樹木医としての業務も担っています。社内には数名の樹木医がいますが、それぞれは部署も担当する業務も異なります。よって、企業内樹木医のほとんどは、本来業務を遂行する中で、顧客から望まれる樹木医的素養を、個人スキルとして活かしているのではないでしょうか？
　樹木医は個人スキルであり、企業にとっては差別化の一アイテムにしか過ぎないかもしれません。しかし、樹木医資格を有する企業が業界の垣根を越え集合すると、面白い化学反応が起こります。樹木医資格は、現在日本国内でのみ通用するものですが、東アジアに限れば、十分に認められる資格であると、私は

思っています。

　本コラムでは、当社が所属する「一般社団法人 街路樹診断協会」の活動を通して、東アジアに位置する台湾での経験を紹介したいと思います。

〔私のみた台湾〕

　台湾の正式名称は「中華民国」で、国が成立した1912年を民国元年とする国です。日清戦争後から第二次世界大戦終結までの約50年間は日本が統治していたこともあり、日本との歴史的関係が深い国です。また、東京から約2,300km、飛行機で約2時間半と地理的にも近く、経済的な関係も緊密です。台湾新幹線は長野新幹線そのものだし、大規模な社会インフラ整備現場では、日本企業と台湾企業のJV表示が多く見受けられます。時差は1時間、為替レートは新台湾ドル（NT＄）1圓が日本円3.5円ほどです。地元産食料品やバス、タクシーは安いですが、台北市内のマンション価格は目が飛び出るくらい高額です。

　2014年に公開された台湾映画「KANO」は、日本統治時代の高校野球をテーマにした映画でした。俳優のセリフの多くが日本語であるにも関わらず、台湾では3か月のロングランを記録した大ヒット映画となりました。この例からも判るように、台湾は親日の方が多い国といわれています。

　文化的基盤は漢民族文化でありますが、お付き合いすると気付くことがあります。日本と同じ島嶼国ですが、日本のように閉鎖的思考ではなく、「どこのものでも良いものは取り入れる」的なアメリカの影響でしょうか、とても思考に柔軟性があります。技術力のある日本の企業や自営業者が、多く台湾に進出しているのは、歴史的・地理的要件だけではなく、彼らの柔軟な思考によるものではないでしょうか。それに加えて、彼らには華僑ネットワークがあります。これから東南アジアや中華人民共和国への進出を目論む日本人にとっては、台湾はその足掛かりとしてとても重要な国です。

〔台湾での樹木医の可能性〕

　台湾の気候は亜熱帯から熱帯気候です。街中でスーツを着ているのは日本人が多く、台湾人のほとんどは半袖シャツが日常の身なりです。特徴的なことは、サンダル履きが多いことです。台湾は雨が多い国です。それもスコールのような強い雨が急に降るので、足元が濡れてもいいようにサンダル履きなのでしょう。加えて、日本と似ているのが台風襲来の多さです。台風通過後の街では、枝折れや幹折れ、根返り倒伏した樹木が多く見られます（図5.29①②，口絵p040）。

　「事故や事件ないの？」地元の方に尋ねると、台湾では大きな台風襲来前に、政府から外出禁止令が出るそうです。発令地域の学校、官公庁、公共施設や会社は、「強制休業」になるので、外出禁止令発令中には、枝折れした枝に当たっても自己責任ということでしょうか？

　台北市の都市樹木管理者に聞いたところ、「樹木は育てるもので剪定はしない」と話していました。確かに小さい樹木であれば剪定は要りませんが、街中には大きく成長した樹木が多く見られます。また、経済的に豊かになったことで、市民の社会インフラとしての都市樹木への関心が高まっています。明らかに台湾でも日本と同様に、都市樹木のリスクマネジメントと、その大径木化への対応が求められています。

　（一社）街路樹診断協会が台湾で活動を開始したのは、2009年12月に台北市で開催されたセミナーが最初でした。講演内容は台湾人が好きな桜並木の話から入り、樹木診断・植栽基盤改良・移植方法と、日本の樹木医が持つ専門知識の一端を紹介しました。聴講者数は座席数250席に対して300名強、聴衆からの熱い眼差しに圧倒されたのを覚えています。

　台湾には日本の都市樹木に関わる情報がいっぱいに入っています。ならば、この聴講者の熱気は何なのでしょうか？

台湾の官公庁や大学には、樹木の生理・生態や病虫害の専門家もいますし、樹木の保護・育成の研究をされている方もいます。しかし、これは私見ではありますが、それを表現する役を担う方が少ない。つまり、「知」はあっても「実」がないようなのです。ここに日本の樹木医の役処と、ビジネスチャンスがあるのではないでしょうか。

〔"奉茶樹"の治療を通して〕

　図5.29③は、2014年9月に台東県池上郷において、地元で大事にされていた樹木（アカギ）の治療に関わった際の集合写真です。このアカギは、地元で「奉茶樹」と呼ばれ、池上郷の観光資源にもなっています。台湾人も日本人と同様に、生活に密着した樹木を大切にする気持ちは変わらないようです。
　日本の樹木医は、ガラパゴス化してはいけません。かといって、日本での様々な知見を外に押し付けてもいけません。日本人の良いところは何か？「謙虚でまじめであること」ではないでしょうか。
　台湾人は自己主張が強く、食事の席でも箸より口がよく動いています。日本では躾のひとつに「食事中はお喋りしない」があります。どちらがよいとか悪いではありません。その国がもつ個性を理解し、それを互いに尊重することが、仕事を進める上でも肝心であると思います。
　樹木医には寛容さと柔軟性、そして忍耐が求められます。そして、その先にある成果がこの写真にあります。皆が笑顔になれる仕事って良いですね。それがために、樹木医の仕事は魅力的でもあります。

図5.29・③　台湾での"奉茶樹"治療を終えて
（口絵 p040）

〈株式会社 富士植木〉

****

《樹木医の活動 - 12》
　　　庭師の樹木治療、ツリークライミング技術、そして精密機器による診断
　　　　　～海外の技術の導入・インターンシップ協力～

原　孝昭（樹木医8期）

　長野県の南の端に位置する飯田市で、祖父が1935年（大正10年）ごろから造園業を営んでいた。当時の屋号「文吾林（ぶんごばやし）」を社名にしている。祖父の代からのお客様の庭園の管理や、高速道路や都市公園の造園から管理まで、多種多様な植物の移植手術や保護保全、病害虫の治療、ビオトープ的な分野まで、職域は広まっていった。その中から、以下にミズナラや黒松の巨木などの保護事例を紹介しよう。

〔国天然記念物「ミズナラ」などの保護〕

　仕事が多方面に拡がる中、現在では国指定の天然記念物となった"小黒川（おぐろがわ）のミズナラ"（清内路村（せいないじ）；現阿智村清内路）の保護にも携わった（図5.30①②，口絵 p041）。1997年4月に、当時は長野県指定の天然記念物であったミズナラを、クレーン（20ｔラフター）を使用し、ゴンドラに乗って、樹高20m、枝

張り20m、幹周6.4mの巨木に寄生するヤドリギを切り取った。その量は4tトラック1台分であった。巨木であるため、人力による高所作業も多く、当時の技術では苦労が多かった。大雪による大枝の倒壊被害にあったミズナラに、2013年2月、支柱およびケーブリングによる倒壊保護対策を実施した。

　1995年から3年間の歳月をかけて根回しを行ってきた黒松（樹高19m、重さ60t）の移植手術を、1998年に行った（図5.30③④）。現在まで毎年、剪定やマツクイムシ防除等の管理作業を継続している。

　2015年には、国の天然記念物である長野県根羽村の"月瀬の大スギ"を、信州大学の城田先生と調査を行った（⑤⑥）。新型レジストグラフと、超音波による樹木内部診断機器「ドクターウッズ」で、クレーン車（50t、25t）、高所作業車（22m、12m）を使用し、樹高40.6mの超高木に挑んだ。2004年からツリークライミングの技術を取り入れ始め、今回もその技術も駆使し、人力でなければできない部分の調査（高所の作業など）を行った。

　最近は、ISA（International Society of Arboriculture）の日本提携団体である日本アーボリスト協会（Japan Arborist Association）と連携しながら、ISAのアーボリストの樹木医学的知識および技術を活用している。

〔樹木医の育成・インターンシップ生の指導〕

　私は1998年に樹木医として認定を受けた。それから10年ほどしてから、樹木医を目指す社員の入社も多くなり、現在では会社に在籍する樹木医は4名、OB樹木医は3名、樹木医補の資格のある社員は5名を数えている。法政大学、信州大学等の大学生のインターンシップにも、毎年協力をさせていただいている（図5.31）。また、地域の中学生の「職場体験」にも積極的に対応し、簡単な作業や、パソコンソフトで自宅の庭の設計等を体験してもらい、将来の庭師、樹木医を期待している。

　まとめとして、若い人へ：樹木医は幅の広い知識と技術が必要である。新しいものも古いものも、そして何より経験が大切である。机上の理論に基づく実践を多く重ね、庭師からアーボリストまで、日本、海外も含め、各分野に精通した樹木医が育ち、次の時代の樹木医学に役立ち、地球の樹木のために活躍をされることを、心から願っている。

〈文吾林造園株式会社〉

図5.30-③　黒松の移植手術；"根回し"の様子（口絵 p041）

図5.31　インターシップの新聞記事
南信州新聞
（2012年8月24日付）

****

《樹木医の活動-13》

樹々に見られる老いの姿

横山　奉三郎（樹木医11期）

〔人の老いから老樹を診る〕

　我々人間や高等動物に「誕生と死」があることは、万人が認める事実であろう。その現実はまた、生病老死が誰も免れないこととして受容される。そして、我々における老いは老化といわれ、好意的に受け取られることは少なかった。老いは身体の機能が低下し、最後にはわずかに残っている機能まで失われ、ついに死を迎える道筋と思われてきた。しかし、これらの老いのイメージは一新されようとしている。人は身体的に衰えても、精神活動は結構高まると考えられてきている。例えば、立川昭二著「年をとって初めてわかること」（2008；新潮社）には多数の高齢者の活動例が紹介・解釈されており、人の老いも決してただ減退するだけではないことが理解できる。

　世阿弥は「花鏡（はなかがみ）」において能役者の芸道における三つの初心を挙げ、その一つである「老いにおける初心」について述べている。確かに、誰もが自己の人生のすべての過程が初心であり、前もって経験できない。幼少期における初心についてはしばしば語られるが、老いにおける初心は、さらに充実した晩年を確実にするためには大事な視点であろう。齢を重ねると体力的な要素は「削がれる」が、一方で、感性や物事の見方は「研ぎ澄まされる」部分が出てくるように思える。

　私が長年付き合ってきた老樹がある。この老樹も人間に負けずに、老いてますます闊達な成長を続けている。どこか、人の老いと重なるところが興味深く想え、このコラムでは、この老樹が生き続けるための成長原理について、樹木医の日常業務の副産物として考えてみた。

〔樹木医としての私流の見方〕

　樹木医の多くの人が参考にするテキスト「最新・樹木医の手引き」（日本緑化センター）では、腐朽菌が大きく扱われている。当然、木材の生産上、腐朽菌は大きな損害要因であり、優良な林木を育成する上には、腐朽菌のコントロールは必須の課題になる。

　一方、我々のような観賞するための樹木の管理にあたるものにとっては、材を失った老樹も大切な管理対象である。とくに寺社のシンボル的樹木は、数百年生き続けているものがほとんどであり、これらの樹木の樹勢を維持する手当と処置法は、樹木医のもっとも腐心する点である。私は身近に存在する老樹の生き様について観察している。当然、植物の種類や環境要因によって、個々の老樹の反応は異なると考えられるので、一事例としての観察である。

1　老樹の様子

　対象老樹は埼玉県川口市石神、古利の真乗院境内に鎮座するスダジイである。推定樹齢は300年で、土壌は関東ローム層である。対象樹木は地際から地上3～4ｍの間の材が完全に失われている。また、幹の周囲30％以上の樹皮も欠落している。樹冠は多くの大枝により形成され、きわめて旺盛であり、図5.32①（口絵p041）から推定すると樹高11ｍ、樹冠長径12ｍに及ぶ。数十年間親しく観察してきたが、この間、大きな台風の襲来は数回あったものの、大枝の落下等もなかった。痛ましい外観とは大きく異なる強靭性を示している。同図②にはエイジの異なる二つの姿を示す。黄色矢印は新生した新しい独立した若い個体、白矢印は剥き出しの材の腐朽部である。この図から、樹木は一個の個体中にも、退化する老

組織が存在する反面、新生組織も形成されていることが窺える。③④では、空洞になった内部や、外部に若い幹または根が旺盛に生育することが示されている。図5.32 ⑤は、樹冠下部の構造を示す。限りなく腐朽が進行する一方で、多数の若い大枝が樹冠を形成しているのが観察されよう。これらの大枝の幹は地下にまで成長し、腐朽して機能を失った幹部（靭皮と材）の替わりに上部構造を支持している（⑥）。幹の裏側（開口部の反対側）も同様に、多数の新生した幹と根が発達して、樹冠重を支持している。⑦⑧は、⑤の腐朽した樹冠下部の反対側の構造を示す。新生した大枝と幹により占められており、元の靭皮部を見出すことは不可能なほどである。

2　「生命存続の原理」に関する一考察

　高等動物と異なり、植物は種々の仕方で生命の存続に有利な原理を保有する。例えば、挿し木や接ぎ木などは、容易にクローンを増殖する手段として、種苗生産者には通常の手段として活用されるが、これも「生命存続の繁殖力」といえよう。

　また、植物は一部の種類を除き、個体中におびただしい数の成長点由来の芽を眠らせている（「休眠芽」という）。ひとたび伐採や強剪定された際には、これらの芽が萌芽を開始し、生命を存続させようとする。里山や、いわゆる雑木林を形成する薪炭林の伐採更新がこの原理である。上記したスダジイの老樹の若返りに関する観察においても同様な結果を得た。すなわち、腐朽が進行した材や靭皮の替わりに、休眠していた芽が萌芽を開始し、元の幹や根に取って替わって個体を形成する。この際、頂芽優勢が破れ、多数の休眠芽が萌芽を開始し、腐朽した材中や靭皮内に根が侵入し、伸長成長を続け、ついには土壌にまで達して個体が完成するというスキームが考えられよう。その結果、見た目には元のスダジイであるが、細部はまったく新たに創られた若いスダジイの集合体に変身するのであり、かくて再び元気を取り戻し、生命を存続したことになる。

　当然、いまだ、細部の機構は不明な点が無数に存在するが、今後徐々に解明されることを期待したい。また、樹勢の回復や増強策としては土壌環境を改善し、通気性・保水性の向上策、施肥により土壌の肥沃度を高めることや、昨今の盛夏における土壌の水分不足対策（灌水法の改善や灌水の増量）などに留意することなども大切と考えられる。これらの技術的な知見は、筑波での樹木医養成研修において学習する内容で十分対応可能であろう。

〈横山植物クリニック〉

図5.32・①⑥　スダジイ老樹の景観と幹側面の様子　　　　（口絵 p041）

****

《想いと期待 - 1》

樹木医を目指す皆さんへ！

新井　孝次朗（樹木医7期）

〔好きなことから学ぶ〕

　高校までは受験用に好きでもない科目も詰め込み、大学や社会に巣立っていきます。大学や社会では方針をある程度決めて、能動的に勉強をしなければ身につく知識になりません。

　樹木医になるための専門知識を会得するには、多くの分野の中から興味あるものを徹底的に勉強すると、足らない分野が見えてきます。興味のない分野も学ばなければ、先に進めない壁も、必要に迫られ、学ぶことになるのです。苦にならずに学ぶことが知識を身に付ける近道です。

　好きなことから勉強することは、嫌々覚えるより効果的で、知識をどんどん吸収することができる近道です。また、まったく分野の違う勉強も、同じ要領で知識を拡げると、思いもよらない部分で役に立つことがあります。例えば、シューベルトの菩提樹に"泉に沿いて、茂る菩提樹"と歌詞がありますが、自然界では、まさに菩提樹は泉の傍らに自生しているのです。森鷗外の"褐色の根府川石に白き花はたと落ちたり、ありとしも青葉隠れに見えざりしさらの木の花"なども、花の色や咲く情景や時期を適確に表しているなど、まったく関係ないようなものでも、なるほどと思うことに感動します。多くの知識を学ぶことは、決して無駄にはなりません。

〔学問と経験と〕

　樹木医になって現場に行って思うことは、現場ごとにすべて違う状況があり、調査して診断することになります。主に被害木の現状や、過去からの人為的な加害状況、周辺の環境変化、近年の気象状況等ですが、それぞれの状況の中にも、多くの調査項目を見付けることで、原因が見えてくるのです。原因が判らずに対策を立てることはできないのです。

　これらの知識を学ぶには、学問と経験の双方が不可欠なのです。学問は机上で多くを学べますが、経験は現地研修会や、経験豊富な樹木医から教えてもらうことが大切です。経験ある樹木医も悩むことばかりですが、経験を積み、さらに改善点を反省し、一歩一歩先に前進し続けています。多くの経験をもつ樹木医と交流を結び、その貴重な経験を引き出すことは皆さんの熱意にかかっていますし、樹木医も、判らない質問に対してはごまかさず、共に真意を求めて勉強する心を持っていますので、皆さんも気軽に声をかけてください。研修会や講演会など、多くの研鑽を積み重ねる機会がありますので、積極的に参加し、貪欲に知識を吸収することがスキルアップの一番早道です。多くを学ぶことにより自身の考えも纏まり、どの現場に行っても自信ある診断をすることができるようになるのです。

〔観察し、診る〕

　私は学生時代に、日本各地をテント生活で樹木を採集し、研究室に帰ると先生に教授していただいたことが、今の私を支えている原点になっています。現在も仕事で各地に出かけると、その前後には必ず自生地を見に行くために、1～2泊多く滞在するよう常に心がけています。この観察は一生かかっても終わらないと思いますが、それは実に楽しいものです。それぞれの自生地を知ることは、過酷な環境に植栽された植物にとって足らないものがわかるのです。

多くのものを観察し、診て、結論を導き出すには、大いに遊び、大いに学び、大いに悩むことが必要でしょう。このことが将来の宝物になると信じています。そして、好奇心を持って前向きにチャレンジすることが、樹木医への近道であることも確かです。

〈緑のナイト〉

****

《想いと期待 - 2》

花とみどりの仕事に想いをよせて

小野　文夫

　現在、私は国営武蔵丘陵森林公園 都市緑化植物園長としての3年が過ぎようとしています。これから樹木医を目指す方々に、植物に係る最前線の現場状況をお伝えします。その中から何らかの情報が得られ、参考の一助としていただければ幸いです。

〔都市緑化植物園の概要〕

　国営武蔵丘陵森林公園は、明治100年記念事業の一環で、わが国第1号の国営公園（面積約 304 ha）として1974年に誕生しました。

　都市緑化植物園は、「緑の相談所」を併設して、1977年に設立されました。その目的は、都市緑化の推進ならびに植栽技術の普及・啓発です。植物園の概要としては針葉樹園、かえで園、公園庭園樹園（図5.33①, 口絵 p042）など9か所の見本園とハーブガーデン（②）、国内最大級のボーダー花壇、展示棟、管理棟を含む45 haの大規模なものです。「緑の相談所」は一般の方々からの植物に関するお問い合わせに応じることが主な業務となっています。係員は、相談内容が樹木、園芸植物、蘭、山野草、高山植物、キノコ等菌類、野鳥、昆虫、爬虫類などの特性、ならびにその生態、生理、病理、病害虫対策、土壌学、農薬の取り扱いなど、広範、多岐にわたり、多様な要素にお答えできる知識が求められます。

〔樹林管理の基本〕

　当公園は、埼玉県の北部に位置し、熊谷市に隣接した比企郡滑川町の一部にあります。この一帯は比企丘陵といわれ、凝灰岩台地で地下水脈の乏しい地域でした。そのため、この地で生活する人々の知恵と工夫によって、人工沼を建設した由来があります。園内には大小40か所もの沼が点在している、国内でも珍しい公園といえます。また、丘陵はアカマツとコナラの群生林からなり、園内には数十万本のアカマツが生育している稀少な公園です。

　樹林管理の基本としては、潜在植生への遷移に任せる樹林、自然観察や散策など林層の形態・景観を楽しむ樹林、二次林として維持する樹林とに大別し、それぞれのゾーンで間伐や下草刈りによる管理を行っています。その中で最も重要な項目は、公園としての公共性の観点から、常に入園者に安全で快適な空間でけれ ばならないことです。具体的には、園路およびサイクリング道路上の枯枝、折れ枝などの処理です。その総延長距離は約64kmにも及び、毎日の点検が欠かせません。また、アカマツについてはご存知のとおり、国内でのマツノザイセンチュウによる枯損被害が発生しています。当園でも被害数は少ないものの、毎年発生のように松枯れが認められます。その対策としては、年度単位でエリア分けの上、樹幹注入剤を施し、樹勢を維持する程度に留まっているのが実情です。

〔公園の里山管理〕

　今から約半世紀前まで、日本の農村では一千年以上、人々の自然循環型生活の場としての里山の機能に根付いた景観を見ることができました。しかし、日本経済の発展に伴い、生活様式の変化とともに里山管理は衰退し、荒地化してしまったことは、この地域に限ったことではありません。とくに当公園は自然との共生をテーマに、安全で快適な空間づくりを目指していることから、地域の原風景でもある里山の景観と、森林景観の調和が求められています。

　里山の自然は、二次林と草地で構成され、季節ごとの生活に必要な自然資源を得て、循環型社会を築くためのベースでもありました。その自然には貴重な動植物が生存していましたが、自然生態系が崩壊しつつあり、今多くの種は絶滅危惧種となっています。当園でも里山保全への関心が高まり、動植物の生態を踏まえた生物多様性の観点からの維持に努めています。鳥類や昆虫類の繁殖期を外した、適切な時期での刈り高を考慮した草刈による草地管理がポイントとなっています。必要な地区に応じて、埋土種子の発芽促進のための「落ち葉かき」も行います（図5.33③）。

　関東の里山では、樹林内の空間管理が最も重要で、樹冠疎密度を40〜70％程度に保つことが理想といえます。林床の照度を適正にすることでアマナ、ノアザミ、キンラン、アマドコロ、オカトラノオ、ウツボグサ、チゴユリ、ヌマトラノオ、ヤマユリ、ナンバンギセル、ギンリョウソウ、ワレモコウ、ツルボ、ゲンノショウコ、アキノタムラソウ、ヤマホトトギス、シロヨメナ、リンドウ、オケラ、センブリなど、季節の移ろいとともに何気なく咲く花景色を楽しむことができます。視野から焦点を引いてみれば、ヤマザクラ、ウワミズザクラ、エゴノキ、ホオノキ、リョウブなどの花木が、秋にはカエデ（④）、アオハダ、ヤマウルシなどの紅葉木が背景に色を添え、春には落葉樹林の独特の萌黄色の芽吹きから、新緑への変化のあるドラマを見せてくれます。

〔企画展示と展示植物（園芸植物）管理〕

　花・みどりに関する普及啓発の観点から、広く来園者に企画展示物の観賞、植物の紹介、ガーデンとしての設えによる景観演出は、植物園として重要な業務です。

　企画展示は、季節ごとの特徴的題材からその特性や、利用方法および効果などについての正確な情報を掲示します。室内の展示室では、ツバキ、日本サクラソウ、ムラサキ、ハーブ類、地球に優しい植物、カエデ、里山のめぐみ、カエデの魅力展などを行います。あわせて、植物園ガイドツアーを年間50回ほど開催し、公園および植物園のすばらしい魅力を紹介しています（⑤）。

　展示植物は、ハーブガーデンで約300品種、ボーダー花壇で約250品種を観賞することができます。これらは、すべて露地栽培展示となっていますが、この地は熊谷市と隣接していて、夏は40℃前後の猛暑となり、冬季には零下7℃をも記録するような過酷な環境にあります。このために、栽培展示植物種の維持管理には気苦労が耐えません。また、病虫害防除に関しては幼児、ペット、自生植物や生息している昆虫・動物への影響を考慮して、散布剤としての化学合成農薬を使用していません。そのため、

図5.33-⑤　都市緑化植物園の活動；ガイドツアー
(口絵 p 042)

自然農薬の虫除け剤散布や、害虫発生となれば人海戦術での捕殺で対応しています。また、主に害虫の被害を予防する目的で、マリーゴールド、ナスタチウム、ニラ、トウガラシなどを混植して忌避効果を高める工夫をしています。

〔インターンシップ生の受け入れ〕
　当公園では、博物館実習ならびにインターンシップ受け入れを実施しています。学生読者の先輩方も、多数参加されています。毎年夏季に 10 日間にわたり、学校では学ぶことの少ない植物園現場の実践カリキュラムを履修していただいています。研修生とボランティア・現場スタッフとの協働作業で汗をかくこと、広い層の先輩方とのコミュニケーションを図ること、また個人の企画立案発表など、植物園ならではのカリキュラムを用意しています（⑥）。毎年のことですが、研修生には初日と最終日では見違えるほどの成長がみられます。この時期はスタッフ一同、受け入れの成果に頬を緩めています。

〔結びとして、花と緑に接した 40 数年間の経験から読者に伝えたいこと〕
　私の社会人としての職務経歴は、造園樹木の生産・出荷・在庫管理、園芸ショップの事業化および運営管理、分譲造成地の緑地開発、分譲住宅庭園の設計・施工、公共・民間工事の施工管理、霊園の造成工事管理、国際花と緑の博覧会事業運営、造園技術開発、都市再開発緑地のメンテナンス、国営公園の運営管理と多様なものとなっています。現業部門でこれほどの職務を経験できたことで幅広い知識や技術、人との繋がりを得ることができました。その時々の環境下において技術の習得、資格の取得、情報の収集、感性を養う、調和と寛容、未来の予測、リスクマネージメントなどへの意識を高めることが、個人資質を向上することにつながると思います。
　「樹木医」という資格取得は、緑との対話の序章といえます。人と植物、人と自然、人と環境、そして人とのふれあいの中で資質が醸成されていくものと思います。
　少々大げさですが、森羅万象、自然の営みを肌で感じることです。何事にも興味を抱き、疑問を感じたら調べ、理解力をつけるとともに判断力を養いましょう。その繰り返しが個人の引き出しを増やし、成長を促すことになります。そして、「花とみどり」の世界でいかに総合力の向上を図り、社会貢献できるかにつきると思います。皆さんがこの分野で活躍されること期待しています。

〈国営武蔵丘陵森林公園 都市緑化植物園〉

****
《想いと期待 -3》

日本の庭園文化を世界に拡げる

小杉　左岐

　私ども小杉造園は、造園土木、植栽工事のコンサルティング・設計・施工などを業務としていますが、2009 年にアゼルバイジャン共和国で初めての仕事をしたのを皮切りに、海外でも日本庭園の作庭を進めています。これまでの実績はアゼルバイジャンが多いのですが、2014 年に中東のバーレーンで仕事をする機会がありました。中東ではオマーンの首都マスカットなどに日本庭園がありますが、小杉造園にとって中東での作庭は初めてです。日本国内では経験のない環境での工事をとおして「伝統的な日本の庭園文化の素晴らしさを世界の人々に」という、私たちの活動の一端をご紹介します。

〔中東バーレーンでの作庭〕

　バーレーンはアラビア半島の東側、ペルシャ湾に浮かぶ大小 40 あまりの島からなる王国で、面積は奄美大島ほどです。湾岸地域諸国の中では、バーレーンは原油や天然ガスの埋蔵量が少なく、早くから石油依存からの脱却を目指して、金融センターの整備などを急いできました。近年はアラブ首長国連邦のドバイや、隣国カタールなどの急成長もあるものの、日本企業の拠点も多く、湾岸地域では重要な存在です。

　今回のプロジェクトは、バーレーンの政府系企業からの依頼でした。工事の規模は約 4,000 m^2 と、小杉にとっては過去最大規模です。池の護岸や滝組に使う石、飛石、太鼓橋、鳥居、庭門、洗い出し園路などの材料は日本のものを、との要望により、大量の資材を船便でインド洋、アラビア海を経由して運ぶことになりました。

　しかし、もっともチャレンジングな要素は、現地の気候・風土でした。事前の打ち合わせに何度か現地を訪れましたが、「これは大変な仕事になる」と覚悟いたしました。バーレーンの気候は、6〜9 月は平均最高気温が 40 ℃前後、年間降水量は 100 mm（東京は 1,500 mm 超）に届かず、植物にとっては過酷な条件です。現場は野生動物保護地域の中で、周囲は砂漠でこそないものの、地盤は石灰岩などのやせた地味です。計画敷地には、土壌改良のために大量の砂が客土されていましたが、それだけでは保水能力は期待できません。水そのものが貴重な資源で、国土の一部でオアシスのように水が湧くところはありますが、海水を淡水化して使うことも一般的です。

　私どもは海外で造園工事をする際、それぞれの「地域の事情を尊重する」という基本方針があります。これはとくに植栽について重要な考え方です。日本庭園を造る以上、お客様は日本のイメージを思い描いておられ、私どもとしても、可能であればマツやサクラ、モミジなどの材料を使いたいという気持ちもあります。ただ、それはあくまで「可能であれば」という前提つきです。バーレーンの気候を考えれば、マツやサクラ、モミジは使いたくても使えない、あきらめざるを得ないことでした。出張時に当地の街路樹などを見ても、圧倒的に多いのはヤシ類、そのほかにはキョウチクトウ、プルメリア、ブーゲンビリアなどです。「強い日差しに耐えられ、乾燥に強い」植物が必要、ということです。

　この日本庭園の構成をご説明します。南北方向が約 120 m、東西方向が約 40 m のほぼ長方形の敷地の南端にある滝石組から 3 段の滝を流れ落ちた水が、一つ目の池を形成します。池には、鶴と亀を形取った島が浮かび、朱塗りの太鼓橋で繋がっています（図 5.34 ①、口絵 p042）。池の水は緩やかに蛇行する流れを経て、二つ目の池に流れ込みます。大海を象徴する池には、バーレーンと日本の形をした飛び石が浮かんでいます。二つの池の周りをぐるりと園路が囲み、どこからも身近に水を感じることができます。

　手の届く距離に水がある庭園だから緑も豊かに配したい、となれば、あとは樹種の選定です。基礎工事は現地のパートナー会社が担い、植物の選定はこの会社の協力を得て、イメージに合うものを選んでいきました。本数で最も多用したのはソテツです。ソテツは「南の島の樹木」というイメージが強いかもしれませんが、日本国内でも、学校や企業の玄関先などに使われているのはよく見かけます。高木では、日本のサルスベリによく似たオオバナサルスベリ、ラッパのような形の黄色い花を咲かせるキンレイジュ、ピンクの花のボリューム感が目立つモモイロノウゼン、真紅の鮮やかな花がインパクトのあるホウオウボクなどを使いまし

図 5.34 - ①　海外への日本庭園の紹介　（口絵 p042）

た。低木では、キバナキョウチクトウやハイビスカスなどを、また、池の中には水生植物のスイレンとヒメガマの区画を設けました。

庭園の添景物としては、水量が迫力満点の滝をはじめ、春日灯籠や雪見灯籠、多層塔、光悦寺垣に四ツ目垣、数寄屋門、大小の異なるデザインの手水鉢をあしらった蹲踞（図5.34②）など、日本情緒を演出するアイテムが点在しており、これらひとつひとつの周囲にも、さりげなく植物を沿わせています。充実した灌水設備のおかげで秋の植え付けから半年でしっかり定着し、水や空の青さと調和する美しい緑の空間が生まれました。園路には、日本のシンボルとしても欠かせません（③）

今回の仕事は、経験したことのない環境での植栽工事ではありましたが、信頼のおけるパートナーたちに大いに助けられてよい結果を残せたと思います（④）。一方で、石組、園路の洗い出し加工、洲浜づくり、延段のデザインなどでは、一緒に作業をしたパートナー会社の社員にとって、得るところの多い経験だったのではないかと自負しています。現地の若い人材を育てるのも日本庭園を広める大事な足がかりとなります。

〔若い職人に夢を〕

小杉は古くから東京・世田谷で植木を生産し、その後、造園業を営むようになりました。かつては個人の住宅にも、小さいながらも日本庭園がありましたが、近年は相続等により庭が削られるようになってしまいました。一方で、素晴らしい日本庭園文化を国内で再認識してもらうと同時に、海外にもPRしていきたいと、様々な活動を続けています。そのためには、まず、基礎固めとして、若い植木職人・造園従事者たち、そして緑に興味を持ち、造園に携わりたい、樹木医を目指したいと考えている若人たちに、夢と希望を持ってもらいたいと思っています。

世界の若い技術者たちが様々な分野で技能を競う「技能五輪」という国際大会があります。第35回カナダ・モントリオール大会（1999年）に小杉は日本代表として造園競技に参加（4位入賞）し、その後研鑽を積んで、第39回日本大会（2007年、静岡県で開催）で金メダルを獲得しました（⑤）。金メダルの常連である自動車のトップメーカーのような大企業でなくても、若い社員が努力し、研鑽を積み、その技術を世界が認めてくれたのです。これは次代を担う若者にとって大きな自信となっています。

小杉は熱海に研修施設を保有していて、作庭の技術を学ぶセミナーなどを定期的に開催しています。今までにアメリカ・ドイツ・スイスなど12か国から100名以上の方々が参加し、日本の若者とも交流し、日本庭園の技術を学びました（⑥）。参加者が地元に戻って、日本庭園の素晴らしさを広めてくれて、自らも作庭に携わって欲しいと期待しています。一方で、私たちが外国の生活文化を知ることも大切です。そのためには、社員が実際に海外に行って国際感覚を身に付ける必要があります。私どもは毎年約50名の社員が積極的に外国での社員研修を受けています。

〔結びにかえて〕

樹木医を目指すみなさんに直接お役に立てる情報ではなかったかもしれませんが、海外で日本庭園に関心を持つ方々がたくさんいることを理解いただければと思います。実際に現場に携わる機会があり、材料として日本の樹木を使うことがあれば、樹木医になるために学習したことは、必ず役に立つことでしょう。そして、樹木医の基礎も造園にあり、さらに、植物や庭園を通しての人とのおつきあいの中に、展望のある、ライフワークのような仕事が見つかるのだと思います。

〈小杉造園株式会社〉

V-3　若手樹木医奮闘記

　念願の樹木医資格を取得して、ほっとするも、これからがいよいよ本番である。何事も「興味をもって継続する」ことこそが成就の要諦であるから、失敗や挫折をおそれることなく、チャレンジ精神でこれからの業務対応に臨んでほしいものである。とくに若い人たちはかけがえのない、将来の希望の星でもあろう。その若い樹木医たちは現在、職場で、仕事で、樹木医資格を活かしながら、活躍の場を拡げている。その一端を紹介しよう。

****

《若手樹木医奮闘記-1》
　　守る、拡げる・深める、繋げる　～都立公園の管理を通してスキルアップ

阿部　好淳（樹木医21期）

　大学時代、大学周囲の「樹種名当てクイズ」という講義がありました。正解した順に出席カードが配布される中で、私が受け取れたのは終了間際でした。当時は樹木の名前をほとんど知らなかったのです。それから数年、そんな私が樹木医になりました。（公財）東京都公園協会（以下「協会」という）へ就職し、様々な樹木を学びながら、樹木に向き合う諸先輩方に接してきて、「樹と会話する」「樹を通して世界を見る」先輩方のそのような想いや言葉から、徐々に樹木医になろうという志をもつようになりました。
　私は現在も、主に公園管理の立場で、樹木医の仕事に関わっています。仕事内容を、「①守る、②拡げる・深める、③繋げる」という視点で紹介します。

〔樹木点検・樹木診断：樹に向き合って"守る"〕
　まずは、「守る」という視点です。当協会は樹木管理にあたり、社内研修で知識や技量を認定された「樹木点検員」による樹木点検と、樹木医による樹木診断を合わせて行っています。図5.35①②（口絵p043）は社内の実技研修会の様子です。樹木の倒伏や落枝による事故を、ニュースでご覧になることもあるかと思いますが、生活の中で、樹木の恩恵と危険は表裏一体の面があります。公園等では、まず各現場の職員が樹木の生育状況とともに安全面から点検し、異変が認められた樹木について樹木医が診断し、措置を行うことで、樹木の健全な育成とお客様（利用者）の安全を守っています。樹木診断は樹木医が二人一組でチームを組んで回り、カルテを作成します。記入したカルテは樹木医の責任が伴うことから、先輩樹木医が確認し、優しく厳しく指導してくれます。1本1本異なる樹木と向き合い、いきいきとした緑の中で安全快適に利用してもらうため、日々、頭を抱えつつ、樹木とのにらめっこを続けています。

〔樹木管理："拡げて"みる、"深めて"みる〕
　続いて、「拡げる・深める」です。樹木は周辺環境と影響し合って生育しているため、樹木とともに環境条件をみる必要があります。公園等ではしばしば樹木が密植状態になっていることがあり、周囲の樹木との関係もしっかり考慮する必要があります。また、樹木の来し方を調べることも大切で、名木指定や歴史的経緯があるもの、ときには、長年、毎日見に来るほどの愛着を持たれているものもあります。診断対象の樹木について、広く深く、様々な見方をすることで、樹木からその周囲の環境へ、また樹木が生育し

てきた年月へ、樹木を通して見える世界が拡がっていくことも、樹木医の楽しみの一つだと思います。

〔樹木講座や樹木医活動："繋げる"から"繋がる"へ〕
　最後に「繋がる」という視点です。業務の中で、市民の方向けに樹木講座を行うことがあります。図5.35③④は緑と水の市民カレッジ講座の講義と実習の様子です。これらの講座は、私たちにとって、参加者（利用者）の考えを知り、樹木に興味をもってもらうことができる絶好の機会です。講座は、興味のある方だけでなく、より多くの方に樹木を知ってもらう大切さや楽しさを実感できます。また日常の、樹木医間の繋がりもとても貴重なものです。

　様々な形で樹木と関わる同期樹木医との情報交換からも世界が拡がりますし、先輩樹木医から様々な経験や各専門分野において、多くのことを教えていただくことができます。樹と人の繋がりを考える中で、樹を通して人と人が繋がり、私の世界も広がっていくように感じます。

　おわりに：樹木医の資格は、樹木医として勉強できる土台と考えています。樹木との関わりが増え、同じ志をもつ仲間ができることは、かけがえのない財産です。ぜひ、そんな仲間の一人として一緒に楽しみ、一緒に切磋琢磨していきましょう。

図5.35-④　講座参加者への樹木の説明
（口絵p043）

〈公益財団法人　東京都公園協会〉

****

《若手樹木医奮闘記 -2》

若手樹木医としての活動と今後の課題

城石　可奈子（樹木医22期）

　造園施工会社に就職を決めたのは、大学で学んだ知識・技術を活かしていきたいと思ったからでした。就職した会社は、ビルや集合住宅、商業施設、公園、道路、護岸などの造園緑地空間の設計・施工・管理を業務としています。樹木医の立場からは建築計画前の既存樹木の調査診断、土壌・照度調査、施工・メンテナンス時の衰退樹木の診断、そしてそれに加えて造園技術者の立場として、壁面緑化や護岸緑化等の提案・管理に携わっています。私は、樹木医補制度を利用し、実務経験1年で樹木医の資格を取得しましたが、まだ経験が浅く、診断調査の現場では壁にぶつかることばかりです。外観診断一つをとっても、その状態の原因は何か、土壌か日照か排水なのかと、多くの部分でその判断を迷います。

〔環境圧から原因を探ることを基本に〕
　先輩樹木医からは、問題がわからない時は「環境圧」をベースに考えるようにとアドバイスを受けています。「環境圧」とは、植物の生育にマイナスの要因を与える環境条件のことです（図5.36）。
　環境条件には次の5つの要素があります。①気象的要素、②土壌的要素、③生物的要素、④人為的要素、⑤地形的要素です。これらの何がその現場における植物に対するストレスになっているのか、あるいはそれらの複合的要因なのか、調査解析抽出します。そしてその要因を一つ一つ潰すことにより、問題解

決の糸口としています。この解析手法は、樹木診断と対応策はもちろんのこと、屋上・壁面・護岸・臨海地などの緑化のきびしい場所において、環境との折り合いを探る上でのヒントとなっています。

〔学生時代に身に付けたことから拡げて行く〕

　学生時代には、機械診断、とくにマイクロハンマーやピカスといった弾性波（音波）を利用した機器を扱ってきました。実際の業務でもそれらを使用しており、マイクロハンマーのような簡易的に測定ができる機器では、外観診断の段階で樹幹内部の腐朽等の有無を確認するようにして、危険度の診断に役立てています（図5.37①②，口絵p043）。ただし、診断機器は、局所的な部分でしか判断できないものです。総合的に木を診断し、対策を提案するためには、環境圧も含めて、外観から樹形の力学的な特徴を読み取る必要があります。まずは自分のできることを足がかりにして、一歩一歩前に進めるよう、樹木に関わるすべての事象、生理・生態・構造、病理、力学、造園・園芸・林業・建築等について、広く理解することを目標としています。

〔今後の目標〕

　現在入社6年目、樹木医4年目、技術者としてはまだまだ未熟で、勉強の毎日です。思うようにいかないことも多く、失敗も沢山しています。樹木を健全で安全に、そして永続的に育てながら、人と調和した空間をつくるためには、基本をしっかりと身につけ、自分のフィールドを広げて、一つ一つできる分野を増やしていきたいと思っています。日々終わりのない努力の積み重ねですが、やりがいに満ちた道を進むことができると信じています。

〈イビデングリーンテック株式会社〉

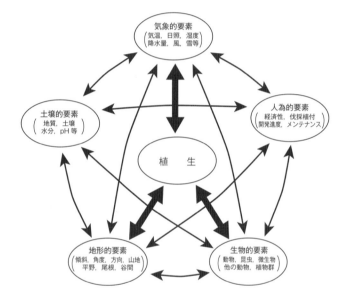

図5.36　環境圧と相互の関係　〔東京都港湾局資料を一部改変〕

＊＊＊＊＊＊＊＊＊＊＊＊＊＊＊＊＊＊＊＊＊＊＊＊＊＊＊＊＊＊＊＊＊＊＊＊＊＊

《若手樹木医奮闘記‐3》

樹木医二人三脚

深沢　麻未（樹木医21期）

〔樹木医の夫と〕

　大学卒業から実務経験7年間のほとんどは、のちに夫になる人に付いて、街路樹診断を中心に樹木医のノウハウを学んでいた。甘えもあったかもしれないが、疑問も不満も遠慮なくぶつけられたのは良かったと思う。今でも街中で気になる様子の木を見つけたら、何故こうなったかを議論してみたり、お互いに知らない木や虫の名前を教えあったりできる。良き先輩であり、相談者でもある。

　樹木医と一括りにしても、様々だと、のちに気付くようになった。同じように診断していても、虫が得意な人、土壌が得意な人、それぞれに注目するところが異なる。いろいろな樹木医から学び、良いところ

を吸収しながら、自分の得意分野を生かしていくとよいと思う。私も、夫の師匠、そのまた師匠の、樹木医の大先輩にも、とても多くのことを学ばせていただいた。

〔シダレザクラの樹勢回復〕

　毎年、春秋の2回、家族で長野を訪れている。夫の同期の樹木医さんからの依頼で、樹齢400年のシダレザクラの樹勢回復に携わることになったからだ。

　山裾のお寺にあるその木は、幹周約5mの太い幹から大枝が3本に分岐するが、いずれも大きな空洞や腐朽が入っている。加えて、そこは豪雪地帯。雪とは縁がない我々の想像をはるかに超えた雪は、小枝にも容赦なく積もり、健全な枝をも折る。

　そこで土壌改良と共に支柱を建てることになった。圧縮した空気を吹き付ける道具を用いて、根を探り掘りしながら、少しずつ改良土壌で埋め戻しをする（図5.38①，口絵 p043）。直径8cmやそれ以上、中礫〜大礫の多い土壌で掘削も困難だったが、根も礫の間を縫って伸長していた。6年かけて幹の周りをほぼ一周土壌改良した。

　支柱は大枝を支える3本と、枝先を支える3本を建てた（②）。枝先のほうは取り外し式の一脚支柱にして、雪の時期以外は外している。大掛かりな支柱になったため、花の時期には沢山の人が写真を撮りに来られるのに、苦情を言われないかと心配しているが、今のところそのような話は届いていない。私たちのことを信頼し、任せて下さった住職には本当に感謝している。

　2014年はウソにつぼみを食べられる被害も少なく、「今年は見事だ、だいぶ元気になった」と言われた。2015年は例年の3倍の大雪が積もり、せっかく伸びていた勢いの良い頂部の枝を、何本か失ってしまった。それでも6年前に比べると葉の量が増え、枝先がずいぶん伸びた。一進一退ではあるが、毎年の雪の重みに耐えながら老桜は頑張っている（③）。

〔子育てに似る樹木の成長〕

　この長野のサクラに携わる6年のうちに、私は結婚・出産を経験した。

　樹木の治療は、当然ながらすぐには結果が出ない。しっかり観察、診断し、過去から現在に至るまでのその木の状況も調査して、原因を推測し、最適な方法で複合的な処置をする。単純な正解はなく、多くの要素から最大公約数を目指す。うまくいくこともあれば、予期しないことが起こったり、実は見当違いなことをしていて失敗することもある。きっと良くなると祈るような気持ちで施工する。とくに経験が少ないうちは自信ももてないが、施主さんにとっては、樹木医は皆プロフェッショナルであり、依頼されるのは大切なかけがえのない木であるので、とても責任は重い。

　これは子育てと似ている部分がある。まだ話のできないうちは、よく見て要求を汲み取ってやらなければならない。つい急がせがちだけれど、その子なりのペース、個性がある。小さいうちは体の成長はあっという間だけれど、日頃届けているメッセージが将来にどう影響するのか、それは大きくなってみないとわからない。

　自分の生活の一部を差し出して育み、次世代へ繋いでいく。樹木も子もその成長を信頼して見守っていけたらと思う。

〈株式会社 葉守〉

V-4 受験体験記

　樹木医資格を取得するには、樹木医研修に選抜されるための試験を受け、合格しなければならない。試験内容は「第Ⅵ編」で触れることにするが、最近は、4～5倍の難関である。生半可の気持ちでは合格はおぼつかない。ここでは、ここ数年で合格したての樹木医の皆さんに、どのような動機で受験を目指したのか、仕事や学業とを並行させての勉強方法について紹介してもらい、さらに、将来の夢、あるいは目指すものを語ってもらおう。

****

《受験体験記-1》
樹木医を目指して　～私の受験体験記と今後の抱負～

榎本　恭子（樹木医 21 期）

　なぜ樹木医の試験を受けることにしたか、というところからお話ししたいと思います。まず、樹木医を目指したきっかけです。
　私が樹木医という存在を知ったのは学生の頃のことです。20年ほど前なので、樹木医はまだあまり知られていない資格でしたが、友人の一人が将来希望する仕事として樹木医を挙げており、「おもしろそうだな」と興味をもちました。しかし、当時の私には受験資格がなく、就職活動中の私には、「樹木医＝憧れの仕事」というものでした。

〔仕事を通して気持ちを固める〕
　造園会社への就職を経てから、縁あって緑化樹木の卸・生産を家族で営んでいる家に嫁ぎました。そこで様々な産地からやってくる樹木と接することになり、経験を重ねるうちに改めて樹木医になりたいという想いが強くなりました。
　図5.39①・③（口絵 p044）はブンゲンストウヒの出荷の様子です。まず、①枝を少しずつ上に持ち上げて根元の作業がしやすいようにします（この作業を「しおる」といいます）。次いで、②「掘り取り」

図5.39-①②　ブンゲンストウヒの 掘り取り　　　　　（口絵 p044）
　左：「しおる」作業，右：掘り取り作業

の作業です。根側はサンダーなどで刃を付けた剣先スコップで掘り取ります。③の写真は「根巻き」をしている様子です。この時は、麻布ロール幅60cm、4本撚りの麻縄を使用しました。この程度の規模の根巻きならば、一人で作業することもできます。

　地面に根を張っている状態の植木とは違い、商品として掘り取られている植木の健康状態は、かならずしも良好とはいえません。病害虫の害も多くなりがちです。適切な対処を施せば商品として出荷できる苗木も、ときには枯死させてしまうこともあり、何とかならないか悩み、樹木医なら何かしらの根本的な対応ができるようになるのではないかと考えたのです。勉強するなら何年かけても樹木医の資格を取ってみようと意欲が出てきました。かつてお世話になった造園会社に経歴を証明する書類作成をお願いしました。その時、他人の手を煩わせて作ってもらうのだから、何とか合格したいなと、試験に向き合う気持ちが固まりました。

〔勉強方法を工夫して〕

　試験に向けては、どのような知識や経験が必要なのかよくわかっていなかったので、次のような方法で勉強を始めました。一つ目は、樹木医試験の過去問題を解いて、理解が足りないところを「樹木医の手引き」や、高校生物の参考書を読んでいくといった、学校の定期試験で用いた方法です。

　二つ目は、その日に扱った植木で、わからない樹木の生育特性や、病害虫の防除方法を調べたり、樹木の異常のある部位を写真で撮るか、サンプルを持ち帰って図鑑やネットで調べたりしました。植木の掘り取りをするときには、根の張り方やその様子、病害虫の有無などを観察するように心掛けました。

　日中は仕事があるので、勉強時間を確保するために早起きして、過去問題を1年分解いた上で、日中の仕事の合間に、学ぶ内容の理解を深めるようにしていました。

〔街の医者を目指す〕

　樹木医になった今でも、付け焼刃の知識を何とか自分の血肉にしたくて、日々、上に述べた努力目標の習慣は続けています。

　このように、できる限りのことはしたけれど、自信なく合格したため、しばらくは「樹木医です」と言えずに過ごした時期もありました。また、知識はある程度身についたので、商品の植木を販売するときに、「こんなに洞になっている樹木を出していいのか？」とか、本株（地際で幹を切って新しく育った枝を育てて株立ちにする仕立て方）に仕立てる際に、切り口の残った状態で出荷していいのかなど、今まであまり考えずに通り過ぎていたことに悩む時期が続きました。

　今も自信のなさは相変わらずですが　それでも先輩方や同期の人たちと関わり、学び合っていくうちに、街の診療所の医者のような存在になりたい、と思うようになりました。商品の植木にしても、植木を購入してくださる設計士や施工業者の方々から、標準的な樹形や枝ぶりをしていなくとも、「その独特の雰囲気がいい」と、言っていただくことが何度かあり、管理の上で問題がなければ健全木と呼ばれるような樹木でなくとも、その木の個性が生かせる場所があるのだと捉えられるように、考え方が変わってきました。

　今は本業の植木生産が手一杯で、樹木医の仕事をする機会があまりないことが残念ですが、いざという時には、自分が納得のいく樹木医業務ができるように、そして、なにより本業の植木生産の管理をしながら、地域の緑を育てる人たちの相談窓口になれる樹木医となることが、私の今後の抱負です。図5.39④の樹木医養成研修宿舎は私の原点でもあります。

〈榎本園〉

****

《受験体験記 - 2》

受験の動機と対策、研修、そして今後

小沢 彩（樹木医23期）

〔受験の動機〕

　「樹木医」という資格があることを知ったのは、大学に入学する際でした。私の通っていた大学では講義や実習は植物医科学に関するものが多く、しかも、学科が樹木医補認定機関に指定されていて、所定の単位を修得すれば、卒業時に樹木医補資格取得の申請ができました。この樹木医補という制度に巡り会ったことと、周囲に樹木医の方々がいたことが受験のきっかけとなりました。樹木医養成研修選抜試験を受けるためには、本来ならば7年以上の実務経験が必要ですが、樹木医補を取得した場合は、取得後1年以上の実務経験で受験できます。そのため、大学院生の時分に受験が可能となったのですが、経験も知識も未熟な状態で受験できることが後ろめたく、受験しても合格できるとは限らないこと、また、将来樹木医という資格を活かして働くことができるのか、不明であったことから、受験を迷いました。ですが、樹木医に興味があったことや、資格を得ること、あるいは資格を取得する過程で、学習や体験の機会が増えて視野も拡がり、客観的に樹木医という資格を捉えることができると考えました。それに加え、資格を取得することにより、植物と関わり続けられる可能性も広がると考え、受験を決めました。

〔受験対策と研修〕

　樹木医試験は第一次試験と第二次試験があります。第一次試験は、選択問題と論述問題があります。選択問題に関しては過去問題集があるため、それを解き、わからなかったものに関しては内容を詳しく調べあげていく勉強方法を実行しました。調べる際には、樹木医研修でも使用するテキスト（「最新・樹木医の手引き」）を使用し、周辺情報と共に確認と理解を深めました。一方、論述問題に関しては、受験経験者から過去の内容を確認しましたが、出題は実際的なものが多く、また、問題の傾向もなかなか予測がつきませんでした。合格したら儲けものぐらいの、少し開き直った心持ちで受験したため、試験会場では比較的落ち着いて問題に取り組めたと思います。

　選抜試験には無事合格し、第二次試験は連続2週間の研修形式で行われます。幅広い内容の座学と実技があり、瞬く間に2週間が過ぎたような気がします。図5.40①-⑤（口絵 p044）は実技研修の様子です。年齢も職業も異なる60名の研修生たちでしたが、2週間一緒であったことから、次第に打ち解けることができ、良い雰囲気の中で勉強に励むことができました。私は通学しておりましたが、泊りがけの方々は、夜集まって試験対策を行っていたことを後で聞き、羨ましく思った覚えがあります。同期生とはその

図5.40 - ④⑤　樹木医養成研修での「土壌断面観察実習」の様子
（口絵 p044）

後も近況報告や困ったこと等に関し、メールやSNSを通して交流をもっています。

〔仕事の拡がりを期待〕
　私は現在、漢方薬を製造販売する会社で、薬用植物の栽培に関する研究を行っています。薬用植物は医薬品のシーズ探索資源として使用されることもあり、有効成分を単離、あるいはそれを元にして作られた医薬品も市販されています。また、薬用植物を乾燥等加工したものが生薬（しょうやく）となります。これらは、私たちが風邪やアレルギー性疾患などで処方される、漢方薬の原料としても有名です。生薬には動物由来のものや鉱物等も含まれますが、大部分は植物由来のもので、草本類以外に、木本類の果実や樹皮等から作られる生薬もあります。身近な例では、生薬名で山椒（サンショウの果皮）や桃仁（とうにん）（モモの種子）、厚朴（こうぼく）（ホオノキの樹皮）、辛夷（しんい）（コブシのつぼみ）等が挙げられます。

　私が勤めるツムラでは、医療用漢方製剤129処方を製造しており、その処方には118種類もの生薬を使用しています。このため、原料となる生薬の安定した量の確保、ならびに日本薬局方（国が定める医薬品の品質規格書）の基準を満たす品質が必要となります。この対策のひとつとして栽培研究が挙げられますが、栽培体系のわかっている生薬は多くありません。そのため、生産を安定化できる栽培方法を明らかにし、さらに、より良い栽培方法や加工調製方法、病害虫の防除体系を検討する必要があります。栽培に何年もかかるものもあり、研究には時間がかかりますが、一歩一歩、着実に知見を収集していき、その中で、樹木医ならではの視点を活かせるように努力し、薬木類の課題解決に取り組んでいけるよう活動していきたいと思います。今後とも、折に触れ、同期の仲間たちや先輩樹木医さんたちとの連携や、情報交換、ご指導を仰ぐ機会をもちたいと願っています。

〈株式会社　ツムラ　生薬研究所〉

****

《受験体験記 - 3》

受験、努力、そして資格に見合う実力を

竹内　克巳（樹木医22期）

〔発憤してステップアップ〕
　植木屋の二男に生まれ、小さい時から緑に親しんでいたためでしょうか？　緑に対していつの間にか興味を持ち、気付いた時には造園屋で働いていました。とはいえ、私は造園の知識もたいしてないまま、この世界に入ったので、自分の知識不足、経験不足に毎日打ちのめされていました。

　そんななか、二級造園施工管理技士資格取得を目指し、無事に合格して喜んでいた時に、ある役所の方に二級なんて資格じゃない、そんなものは誰でも取れる、一級とらなきゃ意味がないみたいなことを言われ、非常に悔しい思いをしました。しかし、この一言があってこそ、発憤できたことも確かです。

　その時から私の資格取得の挑戦が始まりました。まず、造園・土木施工管理技士1級、次いで造園技能士1級と、資格を次々に取得していった時、以前から憧れていた樹木医の資格を取りたいと、思い始めていました。しかし、その頃の私は、樹木医を受験する様なレベルではなかったため、その資格取得には敷居が高いと思い、ずっと先延ばしにしていました。

　そのような気持ちでいた頃に、仕事をする上で、樹木医さんと同じことを言っても、樹木医さんが話すのと私とでは、言葉の重みが違います。なかなか信用してもらえず、仕事に結びつかないことが多くなり、自らが樹木医になろうと決意して受験しました。しかし、その結果は散々なものでした。

〔努力が報われるまで努力する〕

　努力が報われるまでいっそうの努力をするんだ、と自分に言い聞かせ、必死に頑張って何回かチャレンジして、無事合格することができました。

　私は記憶力もたいしてないくせに、「最新・樹木医の手引き」を丸暗記するんだという気持ちで取り組んでいましたが、毎日の仕事の後の勉強は集中力がなかなか維持できず、厳しいものでした。

　そのような状況のなか、いつでもちょっとした時間に勉強できる様に、解らないワードを単語カードに書き写し、勉強するようにしました。これは私に合っていたのか、なかなか効率よく、いろいろなことを覚えることができました。

　過去の選択式試験問題集は反復練習しすぎて、正解を理解するのではなく、答えの番号を記憶してしまうという最悪の状況になってしまい、あまり意味のないものになってしまいました。しかし、丁寧な解説はとても勉強になりました。

　受験勉強の中で、一番の関門は論文問題でした。

　もともと文章を書くのが苦手ということもあり、90分で3問（1問400字）を回答する論述式問題は、非常に私を苦しめました。

　この対策はひたすら擬似問題を作り、箇条書きにして文章にまとめるという訓練をしました。

〔取得後の周囲の反応〕

　正直にいうと、樹木医になって良かったところ、悪かったところがあると思います。

　良かったところは、たった2週間の筑波研修でしたが、苦難を乗り越えて樹木医になった同期の仲間たちは、私の生涯の宝物になったからです。私の勝手な思い込みかもしれませんが、それぞれの立場を外して、公務員も業者も研究者も、年上も年下も関係なく、同じ土俵で話せることは、とても新鮮なことでしたし、樹木医になる前は、解らないことがあっても、周りに気軽に聞く人もいなく、自分一人の中で、結論付けていましたが、今は、これどう思うなど、相談できる仲間ができたので、自分に仕事の面でも精神的にも幅がでたと思います。

　また、樹木医資格を取得したことにより、周囲の扱いが変わったような気もします。前は、ただの造園屋さんでしたが、困った時の相談役として、今まで以上に相談や依頼される機会が増えました。

　さらに、樹木医会等が主催する、レベルの高い研修会に参加できるようになったことは、とても良かったところです。しかしながら、周りの方のレベルが高過ぎて、ついていけないのが、少しつらいところではありますが。

　樹木医になって良くないところは、樹木医さんは何でも解りますよね、と言われ、知らないとは言えない状況ができてしまったこと、知識的にはこうしないといけないと解っていながら、現場作業ではなかなか理想通りの

図5.41・④⑥　クスノキの樹勢回復　　　　（口絵 p044）
左：枯枝・落葉が目立つ，右：整枝後の様子

作業ができないこと、今までと違い、発言に重みが増し、軽はずみな発言ができないことなどです。しかし、これらは努力次第で、勉強と経験を積んでいけば解決できることだと思っています。

〔今後の抱負〕
　樹木医資格を取得してはや3年経ちますが、毎日の仕事に追われてしまい、自分のレベルが余りにも進歩していないことに落胆することもあります。現在の目標は、知識的にスキルアップすることと、現場作業が得意な私ですので、今以上に知識と現場作業のバランスが取れるように考えて作業し、少しでも多くの樹木たちが、間違った知識で作業をされ、そのために苦しまないように、樹木のことを一番に考えられる樹木医になりたいと考えています。
　また、私は東京都江戸川区で仕事をしていますので、江戸川区の樹木がより良くなることを当面の目標として頑張りたいと思います。しかし、仕事をスムースに運ぶには、「行政の壁」は非常に高く、なかなかやりたいことができないので、この壁を越えられるように、行政の方々になぜそうしなければいけないのか、きちんと納得してもらえるまで、説明できるような経験と知識を持てるように、さらなる努力をしていきたいと思います。
　それから、同期の横の繋がりは強いのですが、先輩方や後輩のみなさんとの縦の繋がりが少し弱い気がしますので、縦横に隙がないような樹木医ネットワークを築き、樹木医の皆さんってすごいですねと、世の中の人たちに思っていただけるように頑張って行きたいと思います。
　図5.41（口絵 p044）には、私が手がけたヒマラヤスギの根巻き・移植作業、サクラの腐朽被害の抜根、そしてクスノキの樹勢診断（衰退の原因究明）を載せました。このように、様々な仕事を積み重ね、次のステップに着実に進んでいきたいと願っています。

〈株式会社 植三造園〉

****

《受験体験記-4》

樹木医の原点と受験のきっかけ

若松 美津子（樹木医23期）

〔樹木医を目指す原点〕
　私が生まれ育った町には、町が一望できる城跡があり、公園として整備されています。その公園は私の家から近かったので、子どもの頃は格好の遊び場でした。石段を上がると、山頂に樹齢600年といわれるクスノキがあります。高さ5mほどの枝分かれまでは、子供の私でもするする登っていけるので、分岐場所に腰掛けて、風が吹いて葉と葉が擦れる音を聞きながら、穏やかな時間を過ごしていたことを覚えています。その記憶が樹木医を目指す原点だったのかもしれません。

〔クライアントの要望〕
　月日が経ち、私は工学部の建築学科に進みました。卒業後は意匠設計事務所に入社し、はじめは忙しいプロジェクトに投入される駒（まち針と両面テープと色粉を使って、木の模型を5,000本以上作ったこともあります）として働いていました。様々な経験をしていく中で、クライアントは、設計者に建物のデザインだけでなく、都市、地域、環境等を取り込んだ、主張、意図までも私たちに委ねているということを学びました。ランドスケープと深く関わるプロジェクトも多数あったことから、建築だけでなく、多くの

情報を統括し、全体を捉えることができる設計者になりたいと思いはじめたのも必然だったと思います。

いくつかの会社を経て、建築設計や外構計画等を行う設計事務所として独立しました。しかし、所詮建築出身なので、建築の設計は簡潔で明解な答えを持っているのに、外構設計は上辺的な設計をしてしまっていると思えてなりませんでした。とにかく、わからないことがあると、本やパソコンで調べたり、大学へ赴いたり、職人さんに尋ねたり、当時できることは何でもしました。

〔目指すきっかけ〕

樹木医を目指すきっかけは、5年前に某工場の新築工事の入札に、外構設計者として参加させてもらったことです。その工事の基本計画、基本設計、実施設計、施工監理とすべてに携わった4年間の経験はかけがえのないものです。既存緑地の樹勢回復計画作成のための毎木調査や土壌調査では、植栽基盤の重要性を感じ、既存樹の移植工事では、環境に適応させる難しさも体験しました。また、建物緑化選定のために一年間行った生育実験では、植栽環境や管理体制の重要性を考えさせられました。

一方、同時進行で、植栽基盤診断士（日本造園建設業協会）の資格を取得し、翌年、一級造園施工管理技士の資格を取得しました。しかし、施主側の樹木医でもある植栽担当者を説得できなかったときなど、自分の知識力の乏しさを痛感し、どうしたらもっと樹木医さんに近い立場になれるのだろうと考えました。答えは、「より高度な知識や経験を持つ樹木医さんの教えを乞うためには、自分が樹木医を目指すしかない」でした。私は勉強を始め、無事に翌年、樹木医研修選抜試験に合格することができました。ちなみに、受験勉強は、「樹木と緑化の総合技術講座」（日本緑化センター主催）を受講すること、過去問をやること、高校生物の図集で樹木や生物・環境等の基本的な仕組みを理解すること、周りの樹木医さんの薦める本はすべて読むことでした。

〔今後のこと〕

樹木医になった今、まだまだ未熟ですが、樹木医の先輩や仲間に囲まれて切磋琢磨できる環境は、予想をはるかに超え、すばらしい経験をさせてもらっています。樹齢数百年といった巨樹から十数年の木々に至るまで、樹木には、私の思い出のように、それぞれを取り巻く人々の思いが詰まっています。それらを受け止めながら、正しく判断できる人になりたいと思っています。

そして、今後は、その経験を重ねつつ、施主や請負う建築と造園が相互に立場を理解しあえるような、プロジェクトを成功させるお手伝いができればと考えています。図5.42（口絵 p044）は外構設計と管理作業の例です。

〈株式会社 ウリプカス〉

図5.42-① 工場エントランスの外構設計
（口絵 p044）

第Ⅵ編

「樹木医補」「樹木医」の資格取得を目指して

Ⅵ-1 「樹木医補」の制度と資格取得

　「樹木医補」は樹木医補養成認定機関である、一般財団法人 日本緑化センターから認定された大学等において、所定の単位を取得した者が、卒業後に同センターに自ら申請し、所定の審査を経て、認定証の交付を受けて資格取得者となる。したがって、樹木医補資格の取得希望者は認定機関（大学等）に所属しならなければならないというハードルはあるものの、取得者がさらに「樹木医」の資格取得を希望する場合には、その受験資格などの基準がかなり緩和される。本講では、樹木医補資格の概要を説明する。

◆樹木医補制度の概要　資格申請に必要な科目の種類と履修単位　樹木医補資格の申請方法

1　樹木医補制度の概要

　樹木医補制度は、樹木医制度（Ⅵ-2, p416参照）の一層の充実、ならびに裾野の拡大を図るために、2004年に創設された制度である。樹木医制度は、高度な専門知識を修得し、かつ長期間の実務経験を経なければ、選抜試験の受験や、次のステップである樹木医養成研修に対応できない。それに対して、樹木医補制度は、樹木学や植物病学・害虫学・土壌学などの基礎的な知識・技術を所定の大学等で修得した学生を対象とし、短期間の実務経験で樹木医の選抜試験に臨むことが可能であり、より若い人にも樹木医の資格が取得できるよう、門戸を開くための資格制度といえる。なお、「大学等」とは、大学・短期大学・高等専門学校・専修学校・農林系大学校を想定している。

　樹木医補の資格をもっていなくても、樹木医の資格を取得することはできるが、樹木医補の資格を取得しておけば、以下のメリットがある。

　第一に、大学等の卒業と同時に樹木医補の資格を申請・登録することにより、造園系・緑化管理系等の企業・団体に就職し、樹木管理・危険度診断等の実務経験が1年間以上で、樹木医研修受講者選抜試験を受けることができるようになる（大学院に進学し、樹木医学的な研究に携わることも、実務経験と見なされる）。樹木医補の資格をもたない場合は7年間の実務経験が必要であり、それに比較すると大きな利点であろう。実際に、樹木医養成研修受講者に樹木医補の資格を取得した20代の若い人が増加しており、受講者の1～2割が樹木医補資格者であることも多くなった。第二に、樹木医補資格者は、樹木医研修受講者選抜試験の審査料の一部が免除され、受験料が優遇されるというメリットもある。

　ところで、樹木医補の認定希望者が資格を取得するためには、その学生が在学する大学等が、"樹木医補資格養成機関"として登録されていることが必須である。後述する科目が揃えられる大学等は、学生からの樹木医補資格取得への熱意に応えるためにも、養成機関としての体裁を整え、登録申請を勧めたい。また、養成機関に登録されている大学等に進学した学生は、積極的に樹木医補プログラムを受講し、資格取得を目指してほしい。2015年8月現在、樹木医補資格養成機関として認定されている大学等は、北海道から沖縄県まで全国の39大学（短期大学を含む）・14専門学校（専門学校・専修学校等、農林大学校等を含む）に及ぶ。

　認定機関である大学等の規模（主に学生数）、就職先、先輩の樹木医の活躍などにより、各大学ごとの樹木補資格取得者数は、ほぼ一定に推移する傾向がある。法政大学植物医科学専修（植物応用科学科）では、2012年3月に第一期生が卒業を迎え、2012年次には、卒業生約60名のうち、20名ほどが樹木医補申請・取得した。その後も、年次による変動はあるものの、毎年10数名から20名ほどの有資格者が誕生している。中には一旦他分野に就職後、造園企業に転職したのを契機

に、資格を取得した者もいる。このような事情もあるので、就職先の職域にかかわらず、大学等で該当の科目を履修し、所定の単位を取得できていれば、卒業直後に取得申請の手続きをすることを勧めたい。法政大学の例では、大学院に進学した学生が、最短の修士２年生で樹木医資格を取得した者、学部卒で地方公務員造園系、あるいは造園・緑化管理会社に就職後に業務経験を経て取得した者、いずれも第一期生・第二期生、あわせて３名が樹木医資格を取得している（2015年12月現在）。身近の先輩たちが樹木医資格を取得することで、同輩・後輩・現役学生たちも目標を得た思いのようである。

2　資格申請に必要な科目の種類と履修単位

（1）資格養成機関の登録に必要な分野と科目

　大学等が、樹木医資格養成機関として登録するには、樹木医補資格認定要領に定める９分野について、講義科目６分野以上かつ14単位以上、実験・実習科目４分野４科目以上の科目が設定されることが条件となる。その分野および内容を、表6.1に示す。

　これらの分野と内容に沿って、樹木医補の認定を受ける者が基礎能力として修得すべき、実際の講義科目および実験・実習科目をあてはめていくことになる。法政大学では、これらの科目の基幹として、「樹木医演習」を設置した。この科目は卒業認定の科目としては選択科目であり、いわゆる必修科目ではないが、内規として、樹木医補資格の認定申請を行う学生には、受講必須の科目として位置付けており、「樹木医演習」の単位を取得していなければ、樹林医補資格認定の申請を許可していない。

（2）科目認定のガイドライン

　大学等で作成するカリキュラムは、必ずしも樹木医補資格の取得を目的として設定されたわけではなく、表6.1を参照して、既定の科目を樹木医補養成機関にふさわしいものとして選抜する必要がある。その科目認定のガイドラインは以下のように示されている（＊日本緑化センターのホームページの表の記載を一部改変して引用）。

a. 登録科目の内容：登録科目は、樹木医学に関する内容を含む科目に限られる。また、分野別の科目対応表（表6.1）に示した「樹木の分類」から「造園学」までの８分野については、科目のシラバスから判断して、授業内容のおおむね半分以上が、登録する分野に関する内容となっている必要がある。

b. 登録科目の単位数・時間数・コマ数：講義科目は、原則２単位（90分×15コマ）以上、実験・実習科目は、原則１単位（180分×15コマ）以上の時間が、それぞれ確保されていることが必要である。

c. 登録科目数・単位数：樹木医補資格認定要領に定める９分野について、講義科目６分野以上14単位以上、実験・実習科目４分野４科目以上の科目が必要となる。ただし、実験・実習科目については、単位数の条件はない。

d. 各分野の登録科目の上限：講義科目および実験実習科目は、同一分野に３科目まで登録することができる。ただし、「卒業研究・卒業論文（以下、卒業研究）」を実験・実習科目として登録する場合には、卒業研究は科目数に含めない。そのため、同分野で、卒業研究以外に３科目の登録が可能となる。

e. 同一科目の複数分野への登録：講義科目および実験・実習科目は、それぞれ同一科目を複数の分野に登録することができる。ただし、分野数としては、いずれか一つの分野として数える（すなわち、ダブルカウントはできない）。

f. 「樹木医補総合」分野：本分野に科目を登録する場合には、科目のシラバスから判断して、分野別の科目対応表の「樹木の分類」から「造園学」までの８分野のうちの複数科目（３分野以上）を総合的に学べる講義内容となっている必要がある。なお、本分野は、樹木医補制度の創設当初は設定しておらず、近年、複数の専門領

表6.1 樹木医補資格養成機関として必要な講義科目および実験・実習科目の主な内容（参考）

分類（分野）	科目の内容（例）
樹木の分類	・樹木と草本の生育・形態の違い ・樹木の類型分類と植物分類表における位置と特徴 ・樹木の成長様式 ……………… 等
樹木の生態・生理	・樹木のライフサイクル（種子発芽から成長，開花，結実，老化，枯死） ・樹木の生存戦略と生理特性 ・森林生態系，樹木と森林の構造，森林タイプの区分 ・森林の構造の発達様式，森林の発達段階と機能 ・森林生態系と生物多様性 ……………… 等
立地・土壌	・地球温暖化と日本の気候 ・樹木の気象害の種類と被害形態，被害の軽減対策 ・大気汚染物質とその発生源 ・大気汚染被害の種類と歴史，大気汚染被害の診断 ・都市環境と樹木の生育 ・土壌の生成と分類 ・土壌生成因子，土壌の分布，土壌の分類 ・土壌断面調査の方法 ・土壌の物理環境，三相組成，pF水分曲線，透水性 ・土壌の化学環境，土壌pH，CEC，交換性陽イオン ……………… 等
植物病理	・樹木伝染性病害の成り立ち ・樹木病原体群の生物学的特徴 ・病原体別主要樹木病害と診断方法 ・伝染生態と防除方法 ・腐朽病害のメカニズムと種類，発生生態，見分け方 ・マツ材線虫病の発病機構，ナラ類集団枯死の原因とメカニズム ……………… 等
昆虫・動物	・樹木の被害に関与する各種ストレス ・害虫の特徴，位置づけ，害虫，益虫 ・害虫の主要な目（もく）・加害様式・寄生条件 ・樹木の虫害診断とその対策 ・鳥獣害の診断と防除 ……………… 等
樹木医学	・樹木の歴史 ・樹木病害の歴史 ・樹木医学，樹木医の倫理 ・根の外科手術と発根促進方法，不定根の誘導法，外科手術の手法 ・樹木の保全対策 ……………… 等
農薬科学	・農薬の安全性評価，適正使用 ・樹木の主な病虫害と農薬による防除の方法 ・農薬登録情報提供システムの利用方法 ・総合的病害虫・雑草管理の実践方法 ……………… 等
造園学	・樹木の剪定法，移植法，樹木の維持管理 ・造園計画，都市緑地計画，風景地計画，日本庭園論，景観論 ……… 等
樹木医補総合	・科目内容が，上記の8分野のうちの複数分野を総合的に修得できる内容で構成されている科目

注）日本緑化センターのホームページから引用（一部改変）

域にわたる科目が誕生したり、単一の分野では収まりきらない科目が増えてきたことに拠る措置である。

g.「卒業研究」の登録：「卒業研究」は、すべての分野において実験・実習科目として登録することができる。しかし、上述のように、「卒業研究」は科目数に含めず、同分野で、卒業研究以外に3科目の登録が可能である。なお、「卒業研究」の内容は当該分野の樹木医学に関する研究に限る。また、申請時には、「卒業研究」が該当分野の樹木医学研究に関する内容であることを記した、指導教員の証明書（様式は自由；法政大学の証明事例を表6.2に示す）の添付が必要となる。図6.1は、樹病関連の卒業研究のフィールドワークの事例である。

h.「インターンシップ」の登録：実験・実習科目「インターンシップ」を登録する場合は、「樹木医学」「造園学」「樹木医補総合」の各分野のいずれかに限定して登録（複数分野に登録可）することができる。なお、登録にあたっては、以下の要件を満たしている必要がある。樹木医補の認定申請者は、申請時に、インターンシップが該当する分野に関する内容であることを記した、指導教員の証明書（様式は自由）、およびインターンシップ受け入れ側の実習内容の証明書（様式は自由；記載例は日本緑化センターのホームページを参照）の添付が必須である。

① 大学等が、当該分野に対応した学習方針、具体的な学習内容、学習到達目標等を定めた学習計画を策定すること。
② 大学等があらかじめ定めた学習計画に沿ったインターンシップが、受入れ先企業等で着実に行われたことを履修報告書や履修証明書等により、確認できること。
③ 大学等と受入れ先企業等との間において、上記①②を内容とする協定書等を作成すること。
④ 当該大学の卒業生が「インターンシップ」を実験・実習科目の1科目として、樹木医補の認定申請を行おうとする場合には、成績証明書に添えて、上記③の協定書等の写しを発行できること（協定書は大学と受け入れ側で結ぶ書類であり、申請時に提出の必要はない）。なお、法政大学では受け入れ先と事前に協議し、確認書（契約書）を交換し、作業日程等を相互で確認後、インターンシップの派遣学生には、事前にガイダンス（インターンシップの意義、注意事項、社会人としての心構え、礼儀作法等の説明・周知など）を実施するとともに、インターンシップ期間における日誌の記述義務を課している。その日ごとの学生に対する、指導担当者のコメントの記載・全体評価を行い、終了後はインターンシップ生全員を対象に報告会（図6.2）を実施し、それらを教員が総合的に評価・判定し、単位認定を行っている。

3　樹木医補資格の申請方法

樹木医補資格の認定は、樹木医補資格養成機関として認定を受けた大学等において、指定分野の科目を履修・取得し、これを卒業した者（一部例外あり）の申請に基づき、審査を経て、認定機関である一般財団法人 日本緑化センターが樹木医

図6.1　卒業研究「緑化樹木の病害相」のフィールドワーク

表 6.2 「卒業研究」の証明書（例）

○年3月25日

「卒業研究」の証明書

氏　　　名：　○○　○○
学部・学科名：　法政大学 生命科学部 応用植物科学科（植物医科学専修）
入学・卒業年：　○年4月入学・○年3月卒業

卒業論文タイトル：東京有明地区で発生したクリ樹の萎凋・胴枯れ症状の解明
〈卒業論文要旨〉
1　はじめに
　　2010年夏季に東京ベイエリアの有明地区（東京都江東区）において，公園緑地に植栽されたクリ樹（約30年生）7本中2本が萎凋・枯死したので，その原因を検討した．
2　結果および考察
a. 発病経過：該当のクリ樹は2010年春先には平年並に萌芽し，順調に展葉，樹冠も豊富であった．しかし，夏季に突然，太枝を単位として萎凋が始まり，やがて樹全体の葉に萎凋症状が拡がった．葉は生気を失い，垂れ下がるように褐変枯死した．10月に一部の枝を剪定し，樹の枯死を確認した．枯葉は翌年初夏まで枯死樹に着生していた．
b. 特徴的な症状：枯死原因の究明のために被害樹の異常症状を検討した．枯死した枝幹の樹皮には，黄色～淡黄橙色の直径約1mmの堅牢な粘質物が巻き髭様に樹皮の割れに沿って多数溢出しており，胴枯れ性病害の特徴を示していた．
c. 分離菌の病原性と培養適温：被害樹の樹皮表面に現れた粘質物を検鏡したところ多数の分生子が集合した分生子角であることが判明した．また，その基部の組織を切り出し，徒手切片を作製・検鏡した結果，分生子殻とその内部に多量の分生子が認められた．単胞子分離法により得た菌株をクリの細枝に焼傷接種したところ，接種部位の周辺組織は灰褐色，水浸状に進展し，罹病した樹皮部には枯死樹に生じたと同様の分生子殻および分生子が形成され，本分離菌の病原性が認められた．本菌については完全世代の確認はできなかったが，不完全世代について，既報の胴枯病菌（*Cryphonectria parasitica*）との形態，培養特性，遺伝子解析の比較から同種と認めた．分離菌は培地上での生育適温が30℃と高温を好む．
d. 発病の誘因：2010年夏季（6～8月）の東京の平均気温は，気象統計を開始した1898年以降，最も高い気温（平年差＋1.64℃）であり，とくに7，8両月は平年比＋2.2℃と厳しい猛暑が続き，8月降水量は平年比16％（降水日3日，合計27mm）と極端に少なかった．胴枯れ性病害の発生は環境条件を含む樹の健康との関係が強いとされており，夏季の高温・乾燥等の気象要因が発症の誘因として大きく作用したと判断した．

〈指導教員の評価〉
　該当学生はクリ樹の萎凋枯死症状について診断評価手順等を修得するとともに，胴枯病の発生要因について過去の研究を精査し，病原菌の存在のみならず高温小雨という気象要因が誘因となることを，基礎知識として得た．これにより，本症状の原因を病原菌（病原性、培養温度）と環境（高温小雨）・クリ樹のストレスの相互関連であることを考察している．以上により，本卒業論文は樹木医補申請科目となるに十分であり，「樹木医学」分野の実験科目に該当するものと判断する．

　　　　　卒業論文指導教員　法政大学生命科学部応用植物科学科（植物医科学専修）　教授　○○　○○　印

　　以上の卒業論文内容および指導教員の評価内容を確認いたしました．
　　　　　　　　　　　　　法政大学生命科学部応用植物科学科　主任　○○　○○　印

注）日本緑化センターのガイドラインでは，指導教員の「卒業研究」証明のみでよいが，法政大学植物医科学専修・応用植物科学科では，専修・学科として責任を共有する意味で，専修長・学科主任（学科長）の名で確認をしている

補を認定する。

(1) 申請者

　樹木医補資格の認定を申請できる対象者は以下のとおりである

① 樹木医補資格養成機関に認定・登録された大学等を○年3月に卒業した者(卒業証明書を申請時に添付するため、卒業後になる)およびそれ以前に卒業した者(ただし、平成16年度以降で当該大学等が資格養成機関として登録を受けた年度以降)のうちで、申請に必要な科目を履修した者。

② 樹木医補資格養成機関に在学したものの、履修科目の一部が足りず、同資格養成機関あるいは他の資格養成機関において、不足する分野の単位等を履修し、要件を満たした者。

(2) 樹木医補資格の認定申請手続き

a. 申請書受付

　申請書受付は4月期と10月期の年2回である。

① 4月期受付：3月1日～4月15日；認定日：4月1日(遡っての認定となる)；認定証送付：5月頃。

② 10月期受付：9月1日～10月15日；認定日：10月1日(遡っての認定となる)；認定証送付：11月頃。

b. 申請書類

　申請時には以下の4種類の書類が必要である(詳細は事前に確認すること)。

① 樹木医補資格認定申請書(様式第1号)：日本緑化センターのホームページからダウンロードできる。申請時に、樹木医補資格養成機関(認定大学等)で認定を受けた「分野別の科目対応表」において、講義分類6分野以上14単位以上の履修(単位取得済み)があり、かつ実験・実習分類4分野4科目以上の履修があることを必ず確認すること。

② 樹木医補資格養成機関(認定大学等)が発行する履修科目名・取得単位数が明記された成績証明書(成績台帳等は不可。必ず押印証明のある成績証明書とし、成績証明書には入学年月日(卒業年月日)が記載されていることを確認すること。

③ 樹木医補資格養成機関(認定大学等)が発行する卒業証明書：卒業証書の写し等でも可。

④ 認定手数料の振込票またはその写し。

注意：樹木医補制度・樹木医制度に関する要領は変更になることがあるので、資格認定機関である一般財団法人日本緑化センターの最新のホームページで確認してほしい。

〔堀江 博道〕

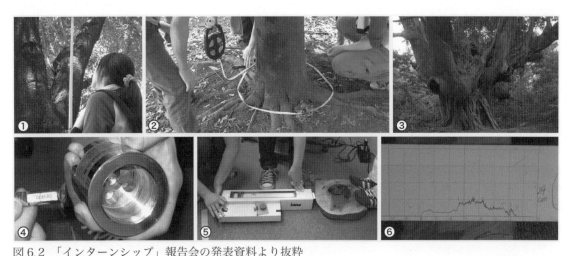

図6.2　「インターンシップ」報告会の発表資料より抜粋
①②樹木測定の基礎を学ぶ(①樹高の測定　②根元周の測定)　③東京都三宅島「マイゴジイ(迷子椎)」の調査に同行)
④・⑥腐朽診断機器の扱いの研修を受ける

〔協力 (株)エコル〕

Ⅵ-2 「樹木医」の制度と資格取得

　本講座の集大成として、樹木医資格の取得を目指そう。樹木医は、文字どおり「樹木のお医者さん」である。世間的には、樹木のスペシャリストであり、樹木についての幅広い知識を有し、生育の悪い樹木もたちどころに元気にしてしまう、そのようなイメージが浸透していよう。しかし、第Ⅴ編の若手樹木医や受験体験記、さらにはベテラン樹木医のコラムにあるように、樹木医資格の取得後も、毎日が勉強であり、新しいことへの挑戦でもある。そして、自らのスキルアップを通して、クライアントに信頼されていく、といっても過言ではないだろう。

　優れた運転技術があっても、免許証がなければ、法令に違反することになり、厳しい罰則がある。学位（博士）は専門の学界に参加する入場券であり、取得後に精進して成果を出せるかが大切だといわれる。最初から樹木医資格取得のハードルを自分で上げるのではなく、資格を得ることは専門家となる第一歩と考えたい。本来の業務に従事しながら資格取得への工程表（年次・年間計画）を立て、自分の仕事に直接役立つこと、基礎の蓄積がある分野、あるいは興味を抱ける分野から勉強を始めるのがよいかもしれない。本講では、樹木医制度と選抜試験や養成研修の概略を知り、受験や資格取得後のためにどのような勉強をしたらよいのか、自分に合う方法を考えてみよう。

　◆樹木医制度の創設と経緯　樹木医への行程　選択式試験問題の傾向　論述式試験問題の傾向　樹木医資格取得後のスキルアップ

1　樹木医制度の創設と経緯

　"樹木医制度"は、1991年、林野庁の補助事業「ふるさとの樹保全対策事業」に始まる。すなわち、同事業が、"緑の文化財"として親しまれてきた、全国各地にある巨樹・名木・古木林等の樹勢回復・保全に関する人材の育成と技術の開発・普及を図り、ふるさとや自然を愛する気運を高め、緑化の推進に資することを目的として発足したのを契機に、樹木医制度が創設された。

　立花氏（2010）の解説記事と年表によると、1991年、第1回樹木医研修受講生の募集が行われ、その応募要件は、樹木の保護、樹勢回復・治療に関する業務経験が7年以上とされた。一般応募の他に、都道府県から1名程度の推薦枠が設けられ、研修申込書、業務経歴証明書、および小論文の提出が要件であった。そして、樹木医認定委員会による研修受講者資格審査で、80名の受講者（都道府県等推薦46名、一般応募34名）が決定した（受講者選抜のための筆記試験は実施されていない）。10月につくば市等で2週間の研修と、最終日に筆記試験および面接試験が実施され、11月には76名の樹木医1期生が誕生した。また、1992年6月には、樹木医で組織する任意団体「日本樹木医会」が設立されている。

　第1回の研修のカリキュラムは10科目（①樹木の生理・生態、②農薬の基礎知識、③病害の診断と防除、④虫害の診断と防除、⑤獣害の診断と防除、⑥気象害の診断と対策、⑦大気汚染害の診断と対策、⑧土壌障害の診断と対策、⑨樹幹と根系の処理技術、⑩後継樹の保護・育成・遺伝子保存）であった。カリキュラムは逐次改訂が加えられ、2015年現在、特別講義を含め、20科目となっている。

　1991～'94年の間は毎年、第1回とほぼ同様の流れで、応募・研修が行われた。なお、推薦枠による受講者資格審査は第1回のみ実施された。

　1995年には、研修受講者の選抜方法が変更され、筆記試験（選択式および論述式）が導入された。また、同年に農林水産大臣認定事業として告示され、樹木医の審査・証明事業は「農林水産大臣認定」の表示が可能となった。これを受け、翌

1996年2月に、日本緑化センターは、樹木医審査・証明事業を実施する認定法人となり、付与する称号の名称も従来通り、"樹木医"とされ、新たな樹木医制度がスタートした。

2000年には、いわゆる構造改革における規制緩和（政府による規制の縮小・撤廃）に伴い、農林水産大臣認定事業が廃止された。なお、林野庁長官名での通知により、樹木医認定事業は引き続き、日本緑化センターによって実施されることとなった。

2002年には、研修受講者枠が120名（60名×2期）に拡大された。

2003年には、"樹木医補制度"創設の通知が日本緑化センターから大学等になされ、樹木医補資格養成機関の登録審査が開始された。そして、2005年4月、18大学の卒業生153名に、第1回の樹木医補認定証が交付された。

それ以降、毎年、樹木医および樹木医補が新たに誕生するとともに、日本樹木医会、日本緑化センター、樹木医学会等の主催・共催により、樹木医講演会、樹木医実践講座、ワークショップ等が実施され、樹木医自身のスキルアップや、樹木医による各種の社会活動等への支援が積極的に行われ、現在に至っている。

2　樹木医への行程

樹木医となるには、樹木医の認定機関である一

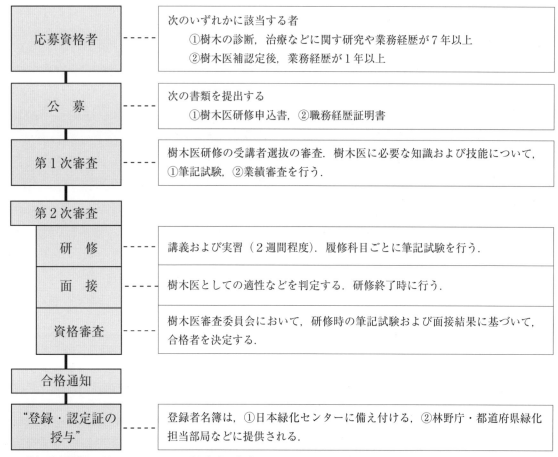

図6.3　樹木医認定審査の流れ

般財団法人 日本緑化センターが実施する樹木医資格審査に合格し、樹木医として登録されることが必要である。その行程の概略を図6.3に示し、以下の行程表にある、それぞれの項目について説明する。

(1) 樹木医とは

「樹木医とは」については、本書の各所で触れているが、改めて確認しておこう。

端的に言えば、樹木医とは、「樹木の診断と治療、樹木保護に関する知識の普及および指導に関わる専門家」と定義される。そのためには、自ら樹木に関する調査・研究を行い、樹木の診断・治療、樹木の保護・育成・管理や、落枝・倒木等による人的・物損被害の抑制、後継樹の育成、緑地環境の改善などを、科学的な手法を用いて検討し、誰もが納得できる方法で解決できる人材であることが期待される。

当初想定していた、樹木医制度の目的と役割は、公的・民間・地域の緑の文化財として、各地で親しまれてきた貴重な巨樹・名木・古木の樹勢を回復させ、保全するため、高度な専門技術をもつ人材(樹木医)を養成しようというものであった。一方で、樹木医の活動に関するノートやコラム(第Ⅴ編)で紹介されているように、現在では樹木医の仕事のニーズがきわめて多岐にわたっている。しかも、従来の伝承技術に科学的な手法を取り入れて解決を図ることが求められ、緑の保全のみではなく、危険度の高い樹木を住民の同意を得て伐採するような、地域との関わりも大事にしなければならない事案について、住民や行政等とのリスクマネージャー的な調整役になることも多くなっている。さらに、森林・樹木など自然に関するインタープリター(自然と人との仲介役となる解説者)、里山保全や環境学習の助言者・指導者など、ニーズも多様・多岐に拡大している。そして、今後も従来の経験則では想定し得ないような、新たなチャレンジが常に必要になるものと予想され、それに伴って樹木医の社会的役割もますます重要視されている。

(2) 受験要件

樹木医資格を取得するためには、まず、樹木医研修受講者選抜試験を受験し、合格する必要がある。応募資格者は、①樹木の調査・研究、診断・治療、保護・育成・管理、公園緑地の計画および設計・設計監理等に関する業務経歴が7年以上、あるいは、②樹木医補資格をすでに取得している場合は、認定後の業務経歴が1年以上必要である。この経歴には、樹木医学的研究を実施している大学院歴も認められる。応募にあたり、樹木医研修受講者選抜試験申込書と業務経歴証明書、その他、関連書類を提出する。

業務経験を有する者とは、①大学・農林高等学校・専門学校および研究機関の林学・農学・造園学系などの部門の教職員・研究員・大学院生、②国・地方公共団体・公益法人・企業などの農林・緑化関係技術系役職員、③造園業・植木生産業・農業(果樹栽培など)・林業(伐採作業は除く)などの従事者、あるいは過去にそれらの業務経験がある者などで、いずれも樹木医にふさわしい実績を有することが必要である。

応募資格の門戸は拡げており、映像関係者やマスメディアの従事者、政治家なども、樹木関連の一定の実績を考慮されているようである。応募受付は、例年5〜6月の約40日間である。なお、受験希望者は、日本緑化センターのホームページで受験要領・日程等の必要事項を必ず確認しておくことは、もちろんのことである。

(3) 第1次審査

第1次審査は、第2次審査における研修受講生の選抜を行うことを目的とし、筆記試験を行う。当初は受講候補生80名が選抜されたが、その後、100〜120名程度となっている。そのため、その年次の問題の難易度および受験者の成績により、合格点のラインは上下するだろう。競争倍率は年次により差があるが、4〜5倍で推移している。第1次審査(筆記試験)の目的は、「応募者が樹木医に必要な基礎的知識および技術をどの程度有しているかを審査し、これにより樹木医研修

の受講者を選抜するもの」とされている。

筆記試験は、選択式（午前90分間）および論述式（午後90分間）の出題により実施される。選択式の問題は「樹木医が備えるべき一般教養および樹木医研修科目に関係する専門分野のほか、高等学校卒業程度の生物の知識などから幅広く出題」されるが、次項（第2次審査）の研修科目の範囲から出題されることが多いようである。このため、研修テキストである「最新・樹木医の手引き」（日本緑化センター；図6.4）を熟読しておくと大変参考になる。また、「樹木医研修受講者選抜試験問題集」（日本樹木医会）として、過去5年間の選択式試験問題全問と、各問題についての詳細な解答と解説を添えた冊子が毎年発行されているので、内容を把握しておきたい。なお、後述したが、同問題集には、論述式試験問題として、過去の出題と類似の設問が、数問挙げてあり、2016年発行の問題集には過去2か年の論述式問題が掲載された。これらは過去問題の傾向把握の参考になる。

試験日は8月の最終日曜日が充てられている。試験会場は、仙台・東京・名古屋・大阪・福岡の5会場であり、申込み時に選択可能である。

（4）第2次審査

第2次審査は、集合研修（図6.5）により、以下の16の研修科目を受講する。この他に「農薬の使い方」などの特別講義が数講座用意されている。すべての科目の受講を義務づけられており、特別講義を除き、翌日に筆記試験を受けて、基準点以上を得点する必要がある。

研修科目：①樹木の分類、②樹木の生理、③樹木・樹林の生態、④樹木の構造と機能、⑤樹木保護に関する制度、⑥土壌の診断*、⑦病害の診断と防除*、⑧虫害の診断と防除*、⑨腐朽病害の診断と対策*、⑩大気汚染害の診断と対策、⑪気象害の診断と対策、⑫後継樹木の育成と遺伝子保存、⑬幹の外科技術と機器による診断*、⑭樹木の移植法、⑮土壌改良と発根促進、⑯総合診断；診断に必要な知識と実践*（*実習を含む）。

研修科目の合否は、各科目とも講義翌日に行われる小試験の結果に基づいて判定される。この試

図6.4 「最新・樹木医の手引き」
樹木医養成研修の教科書．受験対策の参考書としても役に立つ

図6.5 樹木医養成研修（第2次審査）
①講義の様子 ②土壌断面調査の実習の様子
③樹木の「総合診断」実習の様子．研修のまとめの科目である

〔日本緑化センター〕

験は「研修受講者が樹木医として必要な高度の専門的知識および技術を習得したか否かを判定」するものとされ、この試験結果と、最終日の面接試験の結果をもとに、総合的な合否が判定される。

なお、面接試験は「樹木医としての適性等を判定」するものとされている。

3 選択式試験問題の傾向

実際に出題された試験問題集である「樹木医研修受講者選抜試験問題集」（日本緑化センター監修、日本樹木医会発行；以下「問題集」と略記）を参考にして、以下に選択式試験問題を年代別に分け、各分野のキーワードを挙げ、（1）には各項目に出題のポイントを記した。これらにより基礎的な問題やトピックス的問題の出題傾向とその推移が明らかになり、論述記述式問題の傾向も自ずと捉えることができよう。

（1）出題傾向

選択式試験では、毎回、基礎的な問題と応用的・トピックス的な問題が出されている。過去十数年を概観しての出題のポイントは以下のようである。ほぼ出題比率は安定しているが、年によっては、樹木関係や森林に関する出題が多いこと、一方で、農薬や法令の出題がない年次もある。

a. 樹　木

主要樹種の分類（裸子植物、シダ植物；ヒノキ科・ブナ科・ニレ科・サクラ；陰樹・陽樹など）、樹木の組織と構造、生理機能、光合成、植物ホルモン、樹木の移植・繁殖法、障害に対する樹木の応答などは出題率が高い。防災の観点から樹木の耐火性・防火性も問われる。

b. 病害虫・鳥獣などによる被害と防除

主な樹種の病害とその病因、主要害虫の種類とその分類位置、腐朽の分類（腐朽型）などは出題頻度が高い。マツ材線虫病は論述式での出題も多いので、発生の歴史的経緯や発病環、防除対策を整理しておくとよい。農薬の安全使用も基礎知識が問われるとともに、実用場面での課題（住宅地での散布やドリフト問題、ポジティブリスト制度など）も出題される。

c. 土壌・気象・環境

土壌の基礎知識（土性・土層・団粒構造など）、物質循環（光合成を絡める）、気象・気候関連（地球温暖化・ヒートアイランド現象など）の問題は出題頻度が高い。植物の生育に関して、必須元素（種類および多量・微量要素の区別）、土壌成分に起因する生理障害も整理しておく。

d. 法令など

法令関連は細部にわたる設問もあるが、問題中に法令の解説が挿入してあるもの、文脈から正答を導けるものも多い。樹木医制度創設の目的でもある文化財としての巨木保全や、最近の環境行政と都市開発、環境保全の関連する法令は整理しておくとよい。なお、直近の2年間（平成26年度、27年度）は出題されていない。

（2）年次ごとの出題のキーワード

1）平成26～27年度選択式試験問題

a. 樹木：日本の森林帯の区分と植相の特徴、海岸林・保安林の特徴、APG分類体系の特徴、針葉樹と広葉樹（形態・英名等）、ソメイヨシノの特徴・開花特性、樹皮の写真と樹種、絶滅危惧植物、木部細胞の器官と特徴、針葉樹木部の構成細胞、樹幹の横断面の写真（維管束形成層）、針葉樹の種子（形態・発芽生理など）、森林による二酸化炭素の吸収と炭素蓄積の特徴、樹木の水分生理・水ポテンシャル、植物の生育と生理、植物ホルモン、花芽の分化・位置・時期、樹木種子の休眠と発芽、樹木の紅葉・黄葉の生理・色素、剪定の時期と樹木の生理・生態、環境因子と耐性樹種群、樹木の防火性と耐火性、温度と植物の生理等、植物の運動（光周性・就眠運動・膨圧運動等）、太枝の鋸剪の順、アーバスキュラー菌根・外生菌根・エリコイド菌根の特徴、外生菌根と外生菌根菌の特徴、樹木の

移植、取り木の種類と特徴、挿し木の難易度と樹種の組み合わせ、植物の遺伝、樹木の遺伝子組み換え技術、花粉症対策の林木育種、樹種による花粉飛散時期の早晩、"日本五大桜"と所在地、"四天王樹"の樹種名など。

b. 病害虫・鳥獣などによる被害と防除：菌類の図（担子菌類；担子器・担子胞子）、樹木の腐朽病害（原因菌・腐朽の分類・樹種）、木材の腐朽型の区分と特徴、樹木病害の原因菌の所属と生態（キリてんぐ巣病・根頭がんしゅ病・すす病・うどんこ病・紫紋羽病）、マツノザイセンチュウの生理生態、カシノナガキクイムシの形態・生態、害虫の世代数と温度の関係、ガ類の群棲、吸汁性昆虫類の種類と特徴、イスノキの虫こぶの原因、ツキノワグマの特徴、森林性ネズミの種類と特性、林床の写真と該当動物など、野ネズミのトラップ捕獲と総個体数の推定；作業上の注意（スズメバチ・チャドクガ・マダニ類・熱中症・雷）など。

c. 土壌・気象・環境：母岩・母材の簡易判別法（変成岩・石灰岩・頁岩・噴出岩・火山ガラス）、土壌の生成過程、土壌水分張力と体積含水率の関係、土壌中の陰イオン・陽イオンの価数、森林土壌の内部環境（土壌pH・土壌孔隙内の相対湿度・有効水・C/N比等）、乾性系森林土壌の特徴、樹木の根系分布と有効土層（支持根・液相と気相・物理性・排水性等）、土壌の改良法、「黒土・山砂・マサ土」の特徴、堆肥・厩肥の発根促進効果、風の種類と被害、大気汚染による被害の要因・特徴、雨の特徴など。

d. 法令など：出題なし。

2）平成20〜25年度選択式試験問題
a. 樹木：裸子植物の種類、シダ植物の形状、マツ科の属の和名、ヒノキ科樹木の分類（属と種）、ニレ科樹木の検索表（属の特徴）、モクセイ科の樹木、ソメイヨシノ、木曽五木、「大和本草」記載文の該当樹種、マツ類の針葉数と維管束数、アカマツ材の断面（横断面・放射断面・接線断面）の構造と器官の機能、植生帯の分類と該当樹種、標高と樹種、明治神宮の森の造営方式、スギ（分布など）、「森の巨人たち百選」、広葉樹材の断面構造、葉の断面構造、広葉樹の陰葉と陽葉、森林樹木の植生遷移（陽樹、陰樹）、針葉樹材の構造、花木の花芽の形成位置と開花時期、葉序の名称（対生・十字対生・互生・二列互生）、樹脂道の形成の有無と形成部位による分類、ブナ科樹種の種子の成熟年数、樹木種子の芽生えの様子、果実・種子と昆虫・鳥・動物の関係、ブナ科樹種と横断面顕微鏡写真、心土・痩せ地の適樹種、近縁樹木の環境への適応と分類群の区別、雌雄同株・異株の樹種、品種名称、遺伝（遺伝子・スギゲノムサイズ・オウゴンスギ・メンデルの法則・父性遺伝・母性遺伝）、メンデルの三法則と表現型、雑種の遺伝形質、林木育種の方法、植物細胞の器官と機能、呼吸と光合成、木部細胞の細胞壁構成要素と腐朽・変色、樹木の根、二葉松の剪定、樹高、針葉樹の木部の構造、必須元素と機能、植物ホルモン（種類と機能、化学式など）、樹木の防火性・耐火性と該当樹種、気温と飽和水蒸気（蒸散速度）、光－光合成曲線、空中窒素の固定、花芽分化と開花時期、つる植物の登攀方法、光合成の式、光合成の特性、剪定時期、植物と微生物との共生、樹木（ソメイヨシノ）の休眠打破、樹木の開花・結実、障害に対する樹木組織の応答、増殖法、樹木種子の散布様式、林木育種（近交係数）、後継樹の育成、挿し木・接ぎ木、植物の繁殖と動物の関わり、在来樹種と外来樹種、スギ球果からの苗木生産の割合、スギ品種の特性（花粉症対策）、広葉樹の種子発芽条件、幹内部探査法に関する物理用語（レジストグラフ、音波、木材の電気伝導率、アコースティック・エミッション）、環状剥皮、林木の種子の選別と発芽、ガクアジサイとムラサキシキブの剪定時期および翌年の開花、植え付け方法、水質系バイオマス（木酢液ほか）など。

b. 病害虫・鳥獣などによる被害と防除：樹木病害の病原菌、病原微生物の種類、さび病・マツノザイセンチュウ・もち病・サクラ幼果菌核病・サクラてんぐ巣病、土壌微生物、菌類の種類・構造・栄養・生殖、菌類の学名記載、病原微生物の構造、病原微生物の感染と栄養摂取、ブナ科樹木の萎凋枯死被害、マツ材線虫病、樹木病害と発病の誘因、昆虫媒介の微生物、病害防除（サクラ幼果菌核病・つちくらげ病・マツ材線虫病・サクラてんぐ巣病・ならたけ病）、樹木の歴史的流行病、木材の腐朽分類、機器による樹木の腐朽診断、昆虫・マイカンギア・媒介微生物、昆虫の休眠、ツバキ・サザンカの害虫、スギ・ヒノキ・サワラ・イブキの害虫、マイマイガ、カエデ類の害虫、害虫の目・群・加害様式、昆虫の形態・生理、マツノザイセンチュウの生活史、被害診断と防除、アブラムシの生態と用語、ツツジ・サツキ類の害虫と被害、シロアリ類（形態・変態・社会性）、樹木の共生微生物、昆虫の樹木への寄生力（一次性害虫）、昆虫の形態（名称など）、昆虫加害に対する誘導抵抗性、害虫の防除法、害虫のマーク付けと推定生息数、獣害（球果の食害）、ダニ類の生態、動物の神経系（器官・伝達・酵素など）、森林被害と動物、非生物的要因による障害、台風、樹木の塩害、光化学オキシダント、環境汚染物質と樹木の障害、農薬施用と薬害、農薬（定義、半数致死量・濃度）、殺菌剤の作用機構、住宅地における農薬使用、フェニトロチオンの構造式、専門用語・術語に関する読みなど。

c. 土壌・気象・環境：土壌の構造、土壌の調査器具、土壌表層部の現象、地質・地形（活断層、中央構造線、山地・丘陵地、自然堤防）、植生変異と土壌の発達、土壌母材の堆積様式、土壌の構造、地形（渓谷、丘陵、台地、谷、活断層）、斜面地形（凹型斜面、凸型斜面、平衡斜面、地滑り地、山頂傾斜面）、土壌の母材（水成岩、石灰岩、火山灰、火成岩、雲母・長石）、土壌の分類、岩石の成因（水成岩・堆積岩・変成岩・流紋岩・頁岩・大理石）、土壌の三相組成（固相・気相・液相）、母材と三相分布の関係、森林土壌、永久凍土、土壌全般（堅果状構造、土壌孔隙、重力水、土壌水分と萎れpF値、土壌消毒）、土壌断面調査（根の分布、土性、指での緊密度判定、アーバスキュラー菌根菌、外生菌根、苗畑の養分欠乏症、土壌の化学性、土壌の電気伝導度、必須元素（多量必須元素、微量必須元素）、土壌要素と障害、立地の化学的・養分的対応、土壌改良資材の土壌環境圧緩和の効果、揮発性有機化合物、土壌生物群の働き、土壌水分、土壌有機物、土壌簡易測定器、火山灰土壌、土性の判定、土壌条件と造林樹種の成長、植栽基盤としての良好な土壌、地球の気候・温暖化と動物の関係、寒さの指数、暖かさの指数、水質、気象要素・アメダス・花曇り・花冷え・温室効果・ヒートアイランド現象・日照・日射、気温と地温の温度分布の図解、気候（平均降水量、地中海性気候、ケッペンの気候区分、熱帯低気圧・温帯低気圧、気象害、寒害の区分、低温害、大気汚染害など。

d. 法令など：文化財保護法と天然記念物、生物多様性国家戦略、生物多様性（条約、基本法など）、天然記念物の指定、世界遺産の分類と内容、景観法（景観重要樹木の指定）、都市緑地法などの関連項目。

3）平成15～19年度選択式試験問題

a. 樹木：樹木の分類など：イチョウ、マツ科樹木、スギ科樹木、科名・属名と種名の組み合わせ、風媒樹種、虫媒樹種、常緑樹・落葉樹の特徴、浅根性・深根性樹木の種類、防火性・耐火性と樹種、絶滅が危惧される樹種、キメラ、森林面積、C3植物・C4植物の特徴と種類、樹木の組織・構造、材の性質、樹脂道、仮導管、葉の形態的特性、コルク形成層、植物体の構成元素と役割、有縁壁孔、根先端部の組織（根毛、根冠）、萌芽、潜伏芽、種子の発芽、花

粉・種子の飛散、樹木の花芽分化期、減数分裂時期、花芽の位置、開花期、頂芽優勢、植物ホルモン、ファイトアレキシン、根系の成長と生理、樹木の蒸散、光合成、気温と飽和水蒸気量、不和合性、樹木の共生現象、樹木の傷害反応、菌根菌、樹木・大木の移植法（根回し）、移植時期、無性繁殖（挿し木・接ぎ木・取り木・根分け）、枝打ちなど。

b.病害虫・鳥獣などによる被害と防除：階層分類体系（門・綱・目など）、マツ材線虫病（マツノザイセンチュウの生態・樹内の動向など）、ならたけ病、こぶ病、根頭がんしゅ病、もち病、うどんこ病、さび病（マツこぶ病、中間宿主、長世代種・短世代種）、炭疽病、サクラてんぐ巣病、スギ赤枯病、キリてんぐ巣病、木材腐朽菌（種類と分解酵素）、三大樹木流行病（ニレ立枯病・クリ胴枯病・ストローブマツ発疹さび病）、カラマツ先枯病、サクラの害虫、マツ類の害虫、チャドクガ、カシノナガキクイムシ、キクイムシ類、加害部位と食痕、成虫・幼虫の形態（キクイムシ類・ガ類・ハバチ類・ハムシ類・コガネムシ類・カミキリムシ類）、幼虫の食性、昆虫の変態、鳥獣の生態と被害（ウソ・ハタネズミ・ノウサギ・ニホンイノシシ・ニホンジカ・ニホンカモシカ・ツキノワグマ・タヌキ・キツネ）、樹洞を利用する動物（コウモリ・リス・ムササビ・ヤマネ・フクロウ）、土壌動物（ヤスデ・ダンゴムシ・フナムシ・オサムシ）、天敵昆虫・病原微生物（対象害虫：アブラムシ類・マツノマダラカミキリ・マツカレハ・クリタマバチなど）、農薬の作用機作（有機リン系・カーバメート系・ピレスロイド系・ネオニコチノイド系・昆虫成長制御剤・BT剤）、毒性評価、使用基準などラベル記載内容、樹幹注入剤、希釈方法と散布量の計算など。

c.土壌・気象・環境：土壌構造、土性と区分、地質年代（土壌成分、植物の優先度合い）、土壌生成作用、土壌の酸性化、窒素の形態変化（関与する微生物）、土性と区分、土壌の母材、土壌の化学性・物理性・気相率・通気性・酸化還元、圃場容水量、立地の養分環境、堆肥の種類と特徴、造成地や埋立地土壌の特徴、植栽基盤の強酸性化防止、土壌改良（pH矯正）、土壌汚染と重金属、植物による環境浄化（ファイトレメディエーション）、物質循環と地力の関係、森林と水の循環、生態系における物質循環、林内の光環境、天気概況、気圧配置、世界の森林植生帯と気温・降水量の関係、冷夏の仕組み、地球温暖化と二酸化炭素濃度、温室効果ガス、リン酸・鉄欠乏症（ツツジ）、霜害と気象、雪害と気象、潮風害と保護対策、光化学オキシダントなど。

d.法令など：文化財保護法（国指定天然記念物など）、森林法、林業種苗法、生物多様性条約（生物多様性に関する条約）、外来生物法（特定外来生物による生態系等に係る被害の防止に関する法律）、種の保存法（絶滅のおそれのある野生動植物の種の保存に関する法律）、京都議定書（気候変動に関する国際連合枠組条約の京都議定書）、自然公園法、都市公園法、自然環境保全法、自然再生推進法、景観法、都市計画法、都市緑地保全法、樹木保存法（都市の美観風致を維持するための樹木の保存に関する法律）、樹木（単木、地域）の保護に関する法律（景観法、都市公園法、都市緑地法他）など。

4　論述式試験問題の傾向と対策

　論述式試験問題は公表されていなかったが、「問題集（平成23～27年度）」（2016年発行）には、平成26・27年度の論述式問題が掲載された。また、毎年刊行の「問題集」には、「論述式問題対応のための一般的留意事項」とともに、過去に出題された問題の類似問題を例題として挙げてあるので、参考にするとよい。本項では、論述式答案を作成する上での注意事項を整理した上で、受験者への聞き取りから、出題例の傾向を見

ることにしよう。

(1) 論述式試験の答案作成の留意事項

　以下は、上記「問題集」に記載されている論述式試験の答案作成の留意事項をベースに、コメントを加えたものである。

① 試験時間は90分で、3問出題され、全問に解答しなければならないので、時間配分に注意する必要がある。2問がしっかりと記述できていても、他の1問が白紙であったり、字数が極端に少ない場合には、大幅な減点となるので、幅広い知識や見識が求められると同時に、まんべんなく丁寧な記述が必要である。

② 1問あたり400字以内である。一般的には、最近の論述試験の例では、2/3程度のマス目を埋めてあり、内容が整っていれば、字数の少なさによる減点対象にはならないとされるようであるが、400字程度で記述する答案のケースでは、解答用紙のマス目いっぱいを使用して論述する能力も問われよう。また、400字（指定字数）以上の記述は、通常の論述式試験では減点対象になるので、字数超過は絶対に避けるべきである。

③ 解答の構成が論理的であること、出題者の求める項目や内容と合致することが大切である。そのためには最初に問題を数度熟読し、出題意図を的確に把握する。解答の構成を頭で描き、2、3の小項目（小見出し）を設けると論理的・客観的な記述がしやすく、ダブリの記述もなくなる。さらには採点者が読みやすくなることもあり、構成点のアップが期待できよう。構成がまとまったら、答案用紙の枠外に小項目をメモ書き（提出前に必ず消す）して、途中で忘れても対処できるようにしておく。一般的な構成内容は、前置き（前書き）、事実関係の記述、まとめ（意見を求められていれば、評価や問題点・今後の課題など）となろう。

④ 記述にあたって、文章の主語・述語の関係、接続詞の使用方法など、文法上の修辞について十分な注意が必要である。また、誤字・脱字は減点対象になる。なお、箇条書きのみの答案は内容が正しくても大幅な減点となる。箇条書きが必要な場合はその前段で、「（前書き）・・・以下に、・・・について列記する。」などの文書を加えるとよい。

⑤ 最近は日常的に論述式の文章を書く機会が少ないので、手持ちの業務日誌などを積極的に活用し、文章力を日頃から向上させる努力を積み重ねておくとよい。また、日常業務などで、社内検討会や、クライアントへの説明などの機会を捉え、発表や話をする内容を、あらかじめ手書き原稿として記述する習慣を付けると、業務にも役に立ち、論述式試験のみならず、口述試験の受験対策にも有益である。

⑥ 論述式試験では、知識の詰め込みではなく、それらを樹木医としての業務にいかに反映させるか、クライアントの信頼を得られるかなど、幅広い観点から採点される。そのため、日頃から、自分の専門分野のみならず、樹木医の資格取得に関連する分野への関心をもつとともに、周囲の人々（所属の内外や顧客・クライアントなど）との接し方、社会の構造や連携など、協力・協働の進め方なども考慮しておくことが肝要であろう。

⑦ 過去の出題例を調べるとともに、自分で課題を抽出したり、身近の樹木医に依頼して課題例を出題してもらい、それを400字にまとめる訓練を行うとよい。答案は、推敲を重ねた上で、出題者や同僚・先輩たちからコメントを受けるようにすると、文章力は短期間に格段に上達する。

(2) 論述式試験問題

　最近の論述式試験問題をみると、樹木医として具備すべき技術的な知識を問う問題と、樹木医活動を行う上での応用的な問題の出題頻度が高いようである。以下、実際に出題された問題の概略（文章は加工した；順不同）、あるいは類似問題を例示した。

1）「平成25～27年度」の出題・類似問題例

上述したように、記述式問題は公表されていなかったが、「問題集（平成23～27年度）」には、過去2か年の全問が平成26・27年度分が初めて掲載された。以下は類似問題例を示す。

① 植林に際し、3氏が意見を述べているが、良い点と悪い点を述べよ。
　A氏：植林に際し、過密に苗木を植え、それぞれ自然の成長に任せて自然淘汰する方法が適している。
　B氏：苗木を過密に植えると費用が嵩み、互いに成長を妨げるおそれがあるので、粗に植えて自然に大きく育てる方法がよい。
　C氏：当初は苗木を過密に植え、成長に合わせ間伐など適正な管理を行う方法がよい。
② 樹木が赤褐色に枯損していたので調査したところ、特徴的な昆虫が観察された。この昆虫についての特徴と、なぜこの樹木が枯れたのかを述べよ。（カラー写真2枚を提示；①ナラ類の葉枯れ、②養菌性キクイムシ類の菌嚢の拡大）
③ 都市部において街路樹を植栽するに際し、配慮すべき点について論述せよ。
④ 里山保全と二次林との関わりを例に、アカシデ、コナラなどの樹種を挙げ、種子増殖のための適切な方法（採取、保存、播種、発芽、実生苗育種など）を述べよ。
⑤ シカによる森林被害の拡大の原因と、生態系に及ぼす影響を述べよ。
⑥ 都市部の街路樹や工場の緑化に期待される機能を述べよ。
⑦ 国内におけるブナの地域間の遺伝的な差異を踏まえ、種子の採取、苗木の生産、植林、森林管理等の際に留意すべき点を挙げて述べよ。
⑧ マツ材線虫病（マツノザイセンチュウ）の伝染環と、感受性・非感受性のマツを確認する方法について知ることを述べよ。
⑨ 歴史的および地理的な条件から、足尾銅山の緑化が困難である原因を考察し、その対策について述べよ。

2）「平成24年度以前」の出題・類似問題例
（順不同）

a. 病害虫に関する出題例
① マツ材線虫病の伝染環・歴史的背景・対策などについて述べよ。
② ブナ科樹木萎凋病（ナラ枯れ）とカシノナガキクイムシの関連、発生の歴史的経緯と対策などについて、具体的に述べよ。

b. 技術的な対処法を論述する出題例
① 環境緑化を行う場合、臨海地区やビル群中の公園・外構等、緑化植栽に適さない土地に植栽しなければならないことがあり、樹種・品種を間違えば枯損させてしまうこともある。このような不適地に植栽する場合、どのようなことに気を付けるべきか述べよ。
② 切り土の植栽地で、通常の植穴客土をした箇所にヤブツバキを植えたが、植栽1年後から樹勢が衰退し始めた。その原因をヤブツバキの植物的特性から述べよ。

c. 診断事例・周辺住民等との関係・樹木医としての意見をもとめる出題例
① 都市公園にある大木が最近弱っている。調査の結果、木の周囲に柵を設けて大木の周辺を立ち入り禁止にすることにした。ところが地元住民から木陰で休みたいし、子供たちが木の周りで走り回っている姿が見られなくなるのはさびしいとの苦情が寄せられた。なぜ、木の周囲に柵が必要なのか、住民にわかりやすく説明せよ。
② 関東地域の二次林で造成地開発が進められている。その際、里山を保存するために、樹木の根株移植を行った。移植当初は、萌芽枝が出てきたが、3年目までに衰退してしまい、すべて枯れてしまった。なぜ枯れたのか、また、根株で移植するにあたり、どのように対処すればよいか、解決策も述べよ。
③ 庭のアカマツが衰弱しており、葉が小さく、褐変していた。その土地は以前水田であり、盛り

土の上に植栽されたという。このアカマツの衰弱に影響したと考えられる理由を二つ挙げ、それぞれについて対処方法を述べよ。

④ 小学校の校庭のソメイヨシノの株Aに「てんぐ巣病」が発生し、株Bには踏圧によると思われる枯損が散見される。生徒に説明するため、それぞれの被害の特徴、原因、観察のポイントと解決の方法を述べよ。

⑤ 東京都内の1月と8月の気温変化が1900年からのデータで示されている（気象データが提示）。その傾向を解析し、それに対する樹木専門家としての意見を述べよ。

⑥ 海岸沿いのクロマツの林で、集団的な株枯れが発生している。クロマツが枯れている原因について二つ挙げて、その調査方法および対処法について述べよ。

⑦ 工場の外構に植栽されて25年ほど経過するケヤキが、ここ数年、夏の終わりに何本か枯死している。ここはもともと水田と湿原であったところに、高さ1.5mほどの良質な土壌を客土して植栽したものである。植栽時の樹齢は約15年であった。現在でも工場の周辺には水田があり、耕作をしている。枯れたケヤキの根を診断したところ、太く長い根は認められず、シェロのようなひげ根が狭い範囲に観察された。このケヤキが枯死した原因として考えられることを述べよ。

d. トピックス関連の出題

① 福島第一原子力発電所の事故により、周辺に放射性セシウムが降下した。森林のスギとコナラの部位別セシウム濃度および蓄積量のグラフから読み取れる、スギとコナラの汚染状況の違いについて、樹種の特性や季節性などを考慮して述べよ。

② 小笠原諸島は、隔離された環境が、独自の生態系を生み出したと評価され、世界自然遺産に登録された。しかし、アカギやトクサバモクマオウなどの外来樹種が同諸島で問題になっている。外来樹種が小笠原の生態系にどのような影響を与えるのか、次の語句をすべて用いて説明せよ。語句：在来種・外来種・森林生態系の構造・他の生物。

5　樹木医資格取得後のスキルアップ

　樹木医資格は、更新制度を規定されておらず、一度取得すれば生涯の資格として優遇されている。一方で、それに甘えることなく、自己研鑽が強く求められる分野でもある。診断業務一つとっても、診断の考え方は、科学技術の進歩や社会情勢とともに必然的に大きく変動していく。また、基礎となる植物分類は、分子系統の解析が進むにつれて、従来の分類学の想像を超えた再編が進んでいる。さらには、物流のグローバル化に伴い、外国で問題となっていた病害虫のいくつかは、わが国においても発生が認められるようになり、短期間のうちに、広範囲の被害を生じている。これら様々な事象に関しての、常に最新の知識や実技を修得しておくことは、樹木医の業務を行う上では必須のことであろう。

　樹木医を支える各種団体では、樹木医のスキルアップを目指して、研修会等を企画・実践している。また、関連の基礎的資格を取得することは、樹木医の業務に幅と奥行きをもたらし、クライアントの信頼もより深まろう。以下に、樹木医のスキルアップに必要な研修会や、さらに取得を目指したい資格の概略を示す。

（1）研修会

　本項では樹木医に関連の深い3団体が主催する研修会を例示する。

a. 樹木医実践技術講座（主催：日本樹木医会）：樹木医が会員となって組織している日本樹木医会では、「樹木医実践技術講座」を年2回開催している。大学教員や樹木医等を講師に、2日間に5講座を設け、樹木医の業務に関連する講義を行う。なお、2016年に法政大学植物医科学センター共催で実施された内容を以下

に示す。①ウメ輪紋ウイルス（PPV）の研究動向～サクラの感受性などの生物学的特性について、②樹木の微小害虫～とくに植物ダニについて、③土壌肥料の基礎と樹木に好適な土壌環境～街路樹・緑地樹木等の土壌改良・肥培管理、④樹々とそよぎ～樹木、庭園、里山、ひとと風・音とのかかわり、⑤主要な腐朽菌類の生態と分類の動向。図6.6参照。

b. 樹木医学会ワークショップ：樹木医および樹木医学会員を対象とした、半日または1日の実践的な技術研修会である。年に2回ほど開催される。2015年度には、法政大学植物医科学センターと共催で2回実施され、①木材腐朽菌（コフキタケ、ベッコウタケなど）、②さび病菌およびうどんこ病菌の光学顕微鏡・走査型電子顕微鏡観察を行った（図6.7）。

c. 樹木と緑化の総合技術講座（主催：日本緑化センター）：年2回各4日間の講座で、「緑化樹木についての確かな基礎知識の修得および緑化に関する最新の技術・知識に裏打ちされた総合的な企画力をもつ技術者の養成」を目的として実施されている。

d. その他：樹木医学会では11月頃に開催される年次大会で、シンポジウムや一般講演・パネル発表が行われ、樹木医も大勢参加している。同大会3日目には現地検討会が開催され、大会開催地の名勝・庭園の視察、天然記念物等の名木・巨木の樹勢回復の事例観察・検討などが企画されている。また、日本樹木医会では、年次総会の際に、講演および現地検討会を開催している。また同会の都道府県支部では、会員樹木医を対象にして、独自の研修会を実施し、会員全体のレベルアップや相互の信頼関係の醸成を目指している。さらに、日本緑化センターでは「樹木医自ら行う継続的な自己研鑽の支援、評価を通じて、樹木医全体の資質の向上および樹木医資格の社会的信頼の確保を図ること」を

目的に、樹木医CPD制度を設けている（CPDとは「専門知識の継続的な自己研鑽」の略称）。例えば、CPD認定プログラムに認定された樹木医学会のワークショップ等に参加したり、樹木医学会で発表した場合などは、参加・発表者に対してCPDポイントが与えられ、本人の申請により、累計ポイント数を記載したCPD実施証明書が交付される。

(2) 関連の資格

樹木医が病害虫防除等の業務に関連して必要な資格を次に示す。以下のa～bともに受講申請に際しては、業務実績等が必要である。このうち技術士資格は技術者の目標でもあり、研鑽を積んで、取得を目指してほしい国家資格である。

a. 農薬管理指導士および農薬適正使用アドバイザー：両者は都道府県知事が認定する資格であり、同義の資格と考えてよい。いずれも農業従事者、農薬販売業者、防除業者、ゴルフ場管理者（グリーンキーパー）などにおける病害虫・雑草防除の指導的な立場にある人が、農薬の適正な使用を助言・指導を行うことを目的とした資格である。都道府県が主催する養成研修を受け、その後の認定試験に合格した人が有資格者となる。資格の有効期間は多くの都道府県で3年間であり、更新研修を受講して資格認定が更新される。研修受講・受験資格は都道府県によ

図6.6　樹木医を対象とした研修会
日本樹木医会実践講座（法政大学植物医科学センターとの共催で実施；2016年3月）

り異なるが、おおむね満20歳以上、資格を認定する都道府県に在住または在勤者、農薬を使用する事業所（農家、農業協同組合、農薬販売業、造園業、ゴルフ場など）に勤務し、2年以上の実務経験を有するものとされる。なお、家庭菜園・市民農園も実務経験とみなされる場合がある（自治体により判断が異なる；農薬管理指導士の制度をもたない自治体もある）。養成研修・資格試験の内容は、農薬取締法、毒物及劇物取締法、農薬一般、植物防疫、総合的病害虫管理など。本資格は、官公庁からの業務委託の入札要件になるケースもあり、樹木医を含む防除事業団体（造園・緑地の施工・管理企業等）の技術職員は、通常の業務を行うにあたり、場面によってはこの資格を有する必要がある。また、この資格を取得しておくと、農薬施用等の事前説明や作業時に、住民の理解を得やすいようである。

b. 緑の安全管理士：1990年前後に、ゴルフ場での農薬不適正使用（無登録農薬使用、湖沼・河川への農薬流入など）や、それに伴う事故が多発して社会問題を生じた。それを契機に従来の、食用とする農作物という観点から、農業場面が中心であった農薬行政が、非農耕地であるゴルフ場の芝草や、公園等の林木にも展開することとなったのである。この資格誕生には、そのような社会的背景をもつことにも留意しよう。緑の安全管理士は、病害虫・雑草の防除に関する高度な知識と技術を有し、農薬の安全・適正使用の普及・啓発、ならびに指導・監督を行い得る人材として、公益社団法人緑の安全推進協会が認定する資格である。同協会が実施する研修会（3日間）を受講し、筆記試験の合格者には、認定委員会における審査を経て資格が認定される。受講資格要件として業務経験年数などが必要である。資格取得者には造園業、防除業、ゴルフ場メンテナンス、街路樹等緑化管理等の従事者が多い。研修会のカリキュラムは、わが国における植物防疫、農薬関係法令、農薬の安全性確保・環境中の挙動・安全使用と危害防止、芝生の管理・病害虫対策、樹木の病害虫対策、防除技術等である。

c. 技術士（農業部門・植物保護、森林部門、環境部門、建設部門など）：技術士は「技術士法」（1983年全部改正）に基づく国家資格である。第一次試験合格後、一定の経験と実績を積み、第二次試験において筆記試験および口述試験に合格したのち、登録申請し、受理されたものに「技術士」の資格が与えられる。技術士は、科学技術に関する高等の専門的応用能力を必要とする事項についての計画・研究・設計・分析・試験・評価、またはこれらに関する指導の業務を行うものと定義されている。技術士は、科学技術の全領域にわたる分野をカバーしている。現在、21の技術部門が設けられているが、上記の部門が樹木医に関連が深い。「植物保護」の分野は、2004年に農業部門の中に7番目の分野として誕生した。

  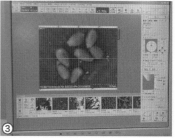

図6.7 樹木医学会ワークショップの例
腐朽菌類の顕微鏡観察（①正立顕微鏡観察 ②走査型電子顕微鏡観察 ③同：コフキタケの担子胞子）

その内容は、病害虫防除・雑草の防除・発生予察・農薬、その他の植物保護に関する事項と規定されている。すなわち、植物保護分野の技術士の業務は、植物医科学の分野を網羅するといえる。

(3) 造園系資格

樹木医は造園や庭園管理に携わることも多く、造園系の知識・技術も基礎として必要とされる。とくに造園・緑化系の企業に所属している樹木医や技術者は、仕事（業務内容や業務経験）を通じて、造園系の資格を取得する機会に恵まれている。日頃の業務の積み重ねとして、積極的に資格取得を目指してほしい。

a. 造園技能士：職業能力開発促進法による国家資格「技能検定制度」（厚生労働省所管）の一種で、都道府県知事が実施する、造園に関する学科および実技試験に合格したものをいう。公共施設や一般住宅の造園や緑化、植栽や庭木の手入れなどの際、クライアントへの信頼の資格としても重要である。業務経歴などにより、1級から3級までが設定されている。それぞれ学科試験と実技試験があり、実技試験には、実際に生け垣作製や作庭の作業試験と、樹木の枝を見て樹木名を判定する要素試験などがある。2級の作業試験では四つ目垣、飛石、縁石の敷設、1級では建仁寺垣、蹲踞、延べ段、八つ掛け支柱の取り付け、などが課題となる。図6.8参照。

b. 造園施工管理技士：建設業法に基づく国家資格（国土交通省所管）である。1級と2級に分かれている。1級合格者は、特定建設業の許可を受ける営業所の専任技術者や、現場の監理技術者となり、公園・緑地などの造園工事の施工計画の作成、現場の工程管理、資材等の品質管理、作業の安全管理等の業務を担う。2級は一般建設業の営業所における専任技術者や、工事現場での主任技術者となることができる。1級資格と同様に、造園工事の施工計画の作成、現場の工程管理、資材等の品質管理、作業の安全管理等の業務を行う。出題内容は、日本庭園・西洋庭園、土壌改良、腐食、土壌一般、造園樹木の特性、公共用緑化樹木の規格、草花、役木、岩石の性質や石材、移植、根回し、支柱、掘り取り、遊具、運動施設の計画、日本庭園の施設や設置法、剪定、植物の病虫害、土量計算、機械の作業能力、建設機械、コンクリート施工、アスファルト舗装など、多岐にわたる。とくに、施工の工程管理法、品質管理や種々の法令・規則、建設廃材などは必ず出題される。

〔堀江 博道：5(3) 横山 奉三郎〕

図6.8　造園技能士技能検定実技検定作庭課題
①2級課題：四ツ目垣制作と縁石・飛石・敷石の敷設，築山，整地および植栽作業
②1級課題：竹垣制作と蹲踞，飛石，延べ段敷設と自由配置内への景石配置と植栽・小透かし選定作業
東京都農林総合研究センター内に展示

ノート 6.1　　樹木医を目指そう

　樹木医受験・合格体験記として、「Ⅴ-4」に最近の合格者によるコラムを掲載した。本ノートでは複数の樹木医からの聞き取り、および筆者の経験を含めて、受験の動機と目的、試験対策、資格取得後のスキルアップなどを総合的にまとめたものである。「Ⅵ-2」と重複する部分もあるが、樹木医を目指す学生諸君や、「緑」の関連企業・団体に勤務され、これから樹木医を目指す方々に参考としてほしい。なお、日本樹木医会のホームページにも「樹木医合格体験記」が登載されているのでご覧いただきたい。

〔受験の動機と職場への対応〕
　受験の動機は様々である。例えば、樹木に関する仕事をしているので、周囲の樹木医の活躍を見ていて、いずれは挑戦したいと思っていた；受験は自分の仕事内容と知識を整理し、スキルアップを図るためにも良い；受験には実務経験が不可欠であり、自分の仕事を見直すまたとない機会でもあった、など。
　選抜試験合格発表後は、あまり期間を置かずに2週間連続の研修があるため、あらかじめ、受験することおよび選抜後に研修のあることを、職場の上司や同僚に理解と了承を得ておくこと、ならびにその間の本来業務の手配を十分に相談しておくことも、樹木医資格取得後に周囲の理解を得ながら資格を活かす上でも大切である。ただし、このことは言うに易く、実際には選抜試験合格の確約は当然不透明であるので、職場の雰囲気や現在の業務内容等にも配慮した上で、まずは、信頼できる上司・同僚と相談しながら、職場の了解を得るように進めるべきだろう。

〔必要な試験対策とは〕
●選択試験：試験問題は広範囲に及び、自分の業務・専門以外の出題も多い。そこで、まず「問題集」を入手し、過去の出題内容とその傾向を知ることは大変役立つ。「問題集」の解説は丁寧かつ詳細であり、専門外のことも、正答や誤りの理由がよく理解できるように記述されている。それでも不明の点は、参考書に当たり、また、公設機関等の信頼できそうなインターネットの情報により確認するとよい。なお、年次により、問題の種類に偏りが見られること（樹木や森林分野が多いなど）や、いわゆる「難問」（細部にわたる設問や正答の基準が厳しいものなど）が散見されることなど、受験の準備に少々戸惑うこともあろう。一方で、資格を取得することが最終目的ではないという自覚に立てば、自分の現在および将来の仕事に必要であるという視点から、知識を修得するべく、勉強することを薦めたい。偏った問題は他の受験者にとっても同様に難問であるはずである。
●論述式試験：出題問題の予想は難しいが、普段の仕事に必要な知識が基礎となることは言うまでもない。造園や緑の保全上で問題となっている事項や、樹木医制度の生い立ちが林野庁の所管事業であることから、林業・森林保全に関する現状の課題を予想問題化し、A4判1枚（400字程度）に整理しておく習慣をつける。適宜メモを追加し、最新の情報に更新できるように工夫するとよい。こうすることにより、新たな情報収集の意識が高まる。作成した「模擬答案」は、先輩の樹木医や上司に校閲してもらうことにより、他の人（試験採点者）に読んでもらえる、分かりやすい文章を書く能力が急速に身に付く。試験課題については字面だけではなく、出題の意図を的確に把握することと、樹木医資格を取得する試験なの

で、樹木医になっているつもりで、どのように解決するのかを記述するように心掛ける。また、樹木医が一人で解決できる範囲も少ないことから、専門の異なる樹木医との協働や、行政、地域住民との連携も重要であることを記述したい。

●役立った参考書：体系的な基礎知識や応用技術を修得するには、樹木医研修に必携の「最新・樹木医の手引き」が最適である。樹木医研修受講者選抜試験の募集要領にも、選択式試験は樹木医研修科目から出題されると明記されているので、受験勉強には必須の参考書である。その他、「樹木医学」（鈴木和夫，朝倉書店）などが参考となる。他に、グリーンエージ（月刊誌；日本緑化センター）、ツリードクター（年1回刊行；日本樹木医会）、緑化樹木腐朽病害ハンドブック～木材腐朽菌の見分け方とその対策（日本緑化センター）などが参考となる。

●メモ：筆者の代（5期）から筆記による選抜試験が開始された。当時は無論、過去問題集もなく、受験は手探り状態であった。まったくうろ覚えだが、論述式問題は「町の小さな公園に、樹勢が衰えた桜の老木がある。春には開花し、観賞する人たちがいるが、その後は病害虫の発生やら、管理上問題があるため、公園を利用する住民は少ない。そこで、一部住民が桜樹の伐採を求めている。樹木医であるあなたはどのように対処するか」という主旨のものがあったように記憶している。試験会場からの帰りのバス中で、現場を熟知している仲間同士の受験感想の会話を漏れ聞くと、自分の知識や経験の乏しさに消え入りたい気がした。桜の問題も、「住民の憩いの場所を再生するという前提で、専門分野が異なる樹木医にも声を掛け、住民との会合を開いたり、そこに自治体の担当者も出席してもらうといいね」と、技術的な対応に偏りがちであった筆者の目を開いてくれるような会話を聞いたのを、今でも鮮明に覚えている。おそらく、この方は筑波での研修にも同期として参加していたに違いないが、余談ながら、こうした多分野の、いろいろな視点をもった人々と接することは、何物にも替えがたい、貴重な人生勉強であろう。

〔樹木医養成研修を受講して〕

　筆者が受講したときは80名一期のみであり、早朝の席取りから始まる真剣な研修であった（現在は60名二期、合計120名で、座席は指定のようである）。各科目とも樹木関係の超一流の講師の話が聞ける喜びと期待があった。テープレコーダー、カメラなどの機器を持ち込む研修生も多かった。受講生の質問も、実務に裏付けられた専門的な内容であり、他の受講生にも勉強になるものであった。また、中には科目ごと毎回のように質問し、講師の先生方を大いに悩ませた猛者連中もいた。各科目の受講後あるいは翌日には小テストが行われ、これが科目ごとの合否の判定となる。小テストとはいえ、合格の点数が取れずに、次年度に該当の科目だけ受け直して、資格を取得する研修生もいるという（現在も同様のシステムのようである）。毎回の講義の内容をすぐに理解し、次の日に試験に臨むことは大変であったが、それだけ緊張感を維持できたともいえる。研修中は夜の自由時間にも、小テストの勉強や翌日の科目の予習を行う人が多かったが、受講生同士の交流も後々の大きな財産となり、全国に拡がる同期の仲間と、各地で毎年集う同期会を楽しみにしているメンバーも多い。そして、研修の最終日には面接試験が行われ、樹木医としての抱負等が質問される。その後、総合評価され、後日に合格通知書が郵送されてくる。それは当事者にしかわからないだろうが、長年の努力が癒される瞬間でもあった。

〈次ページに続く〉

ノート6.1（続）

〔資格取得後はこうありたい〕

　先述したように、資格はあくまで資格である。自動車運転免許証がないと、公道をドライブできないように、資格は必要である。しかし、免許証がイコール熟練運転手の証明書ではない。樹木医資格に対する評価は、世間的には高いといえる。一方で、熟練の樹木医のみならず、樹木医資格をもたない「庭師」の方々の中にも、驚くほど幅広く奥深い知識や技術、卓越した考え方をもった人はたくさんいるのである。そのことを忘れないでほしい。つまり、樹木医の資格を取得するまでの過程は、もちろん意義深いものであるが、資格取得自体が目的なのではなく、その後の精進が継続されてこそ、はじめてその真価を発揮するものなのである。そして、樹木医の資格を取得したとしても、先達にすぐ並ぶことは到底できないだろうが、幸いなことに、自己研鑽できる多くの研修会や成果の発表の場が設けられている。常に、真摯な努力をいとわず、仲間とともに、一歩一歩進んでいただきたいと願う。

〔堀江 博道〕

編集後記

　法政大学植物医科学専修が「樹木医補養成機関」に認定されたのは2007年であり、その科目メニューの基幹科目として「樹木医演習」が開講された。私が科目設定の際の講師陣の人選・依頼業務や、開講当初の5年間は、科目の責任を担ったこともあり、可能な限り学生とともに講義を受けた。樹木文化・天然記念物、造園、腐朽病害、害虫対策、マツ材線虫病・ナラ枯れ、被害度診断・総合対策、樹木医の活動など、どれも先生方の熱意とあいまった、魅力ある講義であった。樹木医の基礎と応用・活動が、いかに幅広く、そして深く人間と関わっているのかを実感として体得できたように思う。自身の感動した、これらの講義録を1冊にして、受講の学生はもとより、樹木医を目指している・すでに資格を取得している、さらには樹木が好きだという多くの方々に、この科目の臨場感あふれる講義に参加してもらいたい、という念願があった。講師の先生方に担当の分野を、そして多数の樹木医さんや関係の方々にコラムを執筆いただき、樹木医の多様な活動とそのベースが目の当たりに見える本となったと思う。校了に際し、400ページを越える校正紙を前にして、お忙しい中、快く執筆いただいた皆様ならびに刊行に尽力された関係各位に、編集担当として改めて厚く御礼申しあげる。

　お世話になった事務職の方が、定年後、職業訓練校の造園コースに入学され、6か月間頑張られた。体力との勝負でした、と無事修了の連絡をいただいた。今は造園会社で仕事をされているようだ。いつか、樹木医を目指してもらえるかと夢が膨らむ。研究室の卒業生も多くが樹木医補資格を取得し、そのうち3名が樹木医となっている。若い人も、歳を重ねても、植物・樹木は人の心を惹き付けるものがあるようだ。

　この書物が、多くの皆さんに、人生の中の一助として活用していただくことを期待し、編集後記としたい。

（2016年7月　堀江博道 記）

ロゴ・キャラクター：うどんこ病菌の閉子嚢殻から子嚢が顔を出している．病原菌も観察を重ねていくと愛しくなるようである．一期生のイラスト画である．学科のパンフレットにも取り上げられた．

参考図書/引用文献（本書に引用した図書を含む）

◆全編に関わる書籍
阿部善三郎他（2010）樹木医必携（基礎編，応用編）．日本樹木医会．
小林享夫他（1986）樹病学概論．養賢堂．
鈴木和夫（1999）樹木医学．朝倉書店．
鈴木和夫他（2014）最新・樹木医の手引き 改訂4版．日本緑化センター．

◆Ⅰ-1 樹木に関わる文化、天然記念物（省略）

◆Ⅰ-2 造園の世界 ～造園の概要と課題～
福成敬三（2001）造園工事の建設システムの課題と実施設計図書の改善に関する考察．日本造園学会造園技術報告集 No.1, p18-21．
福成敬三（2001）造園工事の建設システムにおける成長する樹木の扱いに関する考察．日本造園学会造園技術報告集 No.1, p22-25．
国土交通省 都市局 公園緑地・景観課 緑地環境室〔監修〕（2009）改訂2版植栽基盤整備技術マニュアル．日本緑化センター．
国土交通省 都市局 公園緑地・景観課 緑地環境室〔監修〕（2009）公共用緑化樹木等品質寸法規格基準（案）の解説（第5次改訂対応版）．日本緑化センター．
ランドスケープの仕事刊行委員会（2003）ランドスケープの仕事．彰国社．
日本公園緑地協会造園施工管理委員会〔編〕（2015）改訂27版 造園施工管理技術編 法規編．日本公園緑地協会．
ランドスケープアーキテクト連盟（2015）ランドスケープアーキテクトになる本．マルモ出版．
「造園がわかる」研究会〔編〕（2006）造園がわかる本．彰国社．

◆Ⅰ-3 樹木医から見た造園と庭園（省略）

◆Ⅱ-1 樹木の形態と分類の基礎
堀 大才（2012）絵でわかる樹木の知識．講談社．
大場秀章〔編著〕（2009）植物分類表．アボック社．

●ノート2.1（"あて材"の形成とその役割）
堀 大才（2007）樹形の不思議(2) あて材，樹からの報告：29．樹木生態研究会．
堀 大才（2012）絵でわかる樹木の知識．講談社
Mattheck, C., Kubler, H.〔堀 大才・松岡利香訳〕（1999）材－樹木のかたちの謎．青空計画研究所．
Mattheck, C.〔堀 大才・三戸久美子訳〕（2004）樹木の力学．青空計画研究所．

●ノート2.2（樹木の力学的適応）
堀 大才（2012）絵でわかる樹木の知識．講談社．

◆Ⅱ-2 樹木の生理・生態の特性
原田浩他（1985）木材の構造．文永堂出版．
堀 大才（2012）絵でわかる樹木の知識．講談社．
堀 大才〔編著〕（2014）樹木診断調査法．講談社．
堀 大才（2015）絵でわかる樹木の育て方．講談社．

参考図書 / 引用文献

岩瀬 徹・大野啓一（2004）写真で見る植物用語．全国農村教育協会．
実教出版編集部〔編〕（2013）サイエンスビュー 化学総合資料．実教出版．
菊沢喜八郎（2005）葉の寿命の生態学．共立出版．
幸田泰則他〔編著〕（2003）植物生理学．三共出版．
増田芳雄〔監修〕（2007）絵とき植物生理学入門．オーム社．
Mattheck, C.〔堀 大才・三戸久美子訳〕（2004）樹木のボディランゲージ入門．街路樹診断協会．
Mattheck, C.〔堀 大才・三戸久美子訳〕（2004）樹木の力学．青空計画研究所．
Mattheck, C.〔堀 大才・三戸久美子訳〕（2015）最新樹木の危険度診断入門〔日本語改訂版〕．街路樹診断協会．
松井光瑤他（1992）大都会に造られた森．第一プランニングセンター．
長野敬他〔監修〕（2009）サイエンスビュー 生物総合資料 増補四訂版．実教出版．
大森正之・渡辺雄一郎〔編著〕（2001）新しい植物生命科学．講談社サイエンティフィク．
酒井隆太郎（1975）植物の病気．講談社ブルーバックス．
Shigo, L. A.〔堀 大才・三戸久美子訳〕（2000）樹木に関する100の誤解 改訂版．日本緑化センター．
塩井祐三・近藤矩朗・井上 弘（2009）ベーシックマスター植物生理学．オーム社．
清水建美（2001）図説植物用語事典．八坂書房．
瀧沢美奈子（2008）植物は感じて生きている．化学同人．
Taiz, L. Zeiger, E. *ed.*〔編〕（2004）テイツ ザイガー 植物生理学第3版．培風館．
竹中明夫（2003）特集：木の形作りと生き方 木の形作りと資源獲得．生物科学 54：131 - 139．
堤 利夫他（1981）新版 造林学．朝倉書店．
山田義昭（1978）はじめて学ぶ材料力学．技術評論社．

◆Ⅲ - 1　森林・緑地における菌類の生態

Baumgartner, K., Coetzee, M.P.A., Hoffmeister, D. (2011) Secrets of the subterranean pathosystem of *Armillaria*. Molecular Plant Pathology 12：515 - 534.
Gonthier, P. Nicolotti, G. *ed.* (2013) Infectious forest disease. CABI.
井出雄二・大河内勇・井上 真〔編〕（2014）教養としての森林学．文永堂出版．
柿嶌 眞・徳増征二（2014）菌類の生物学－分類・系統・生態・環境・利用．共立出版．
吉良竜夫（1949）日本の森林帯．林業解説シリーズ17．日本林業技術協会．
Smith, S.E., Read, D.J., (2008) Mycorrhizal symbiosis 3rd ed. Academic Press.
鈴木和夫・福田健二〔編著〕（2012）図説 日本の樹木．朝倉書店．
van der Heijden, M.G.A. *et al.* (2015) Mycorrhizal ecology and evolution：the past, the present, and the future. New Phytologist 205：1406 - 1423.

●ノート3.1　（森林の保水力）

堀 大才（2012）樹木の水分吸収機能と保水力．樹の生命 No.10．樹の生命を守る会．
森林水源問題検討委員会〔編〕（1991）森林と水資源．日本治山治水協会．
森林水文学編集委員会〔編〕（2007）森林水文学 －森林の水のゆくえを科学する－．森北出版．
塚本良則（1992）森林水文学．文永堂出版．

参考図書／引用文献

◆Ⅲ-2　樹木に好適な土壌環境

藤原俊六郎・安西徹郎・加藤哲郎（1996）土壌診断の方法と活用．農山漁村文化協会．

藤原俊六郎・安西徹郎・小川吉男・加藤哲郎（2010）新版 土壌肥料用語事典 第2版．農山漁村文化協会．

ガーデンライフ〔編〕（1977）土と肥料 作り方・使い方．誠文堂新光社．

久間一剛他（1993）土壌の事典．朝倉書店．

塩崎尚郎〔編〕（2006）肥料便覧 第6版．農山漁村文化協会．

高井康雄・早瀬達郎・熊沢喜久雄（1987）植物栄養土壌肥料大辞典．養賢堂．

東京都労働経済局農林水産部農芸緑生課〔編〕（1989）グリーンハンドブック　緑化の手引き．東京都農芸緑生課．

◆Ⅲ-3　樹木の腐朽病：木材腐朽菌による被害と対策

阿部恭久他（2007）緑化樹木腐朽病害ハンドブック．日本緑化センター．

●ノート3.2　（木材腐朽菌類の分類動向）

Ainsworth, G.C. *et al. eds.* (1973) The fungi : An advanced treatise. vol. VI B. Academic Press.

Hibbett, D.S. *et al.* (2007) A higherlevel phylogenetic classification of the fungi. Mycol Res 111 : 509 - 547.

Hibbett, D.S. *et al.* (2014) Agaricomycetes. p373 - 429. Mycota VII part A (Ed. by Esser, K.) Springer.

Kirk, P. *et al.* (2008) Dictionary of the fungi. 10 th ed. CABI.

◆Ⅲ-4　庭木・緑化樹木の病害と診断・防除技術

Braum, U., Cook, R.T.A. (2012) Taxonomic manual of the Erysiphales (powdery mildews). CBS Biodiversity Series No.11. CBC Utrecht.

堀江博道他〔編著〕（2001）花と緑の病害図鑑．全国農村教育協会．

堀江博道（2014）植物病原菌類の見分け方．大誠社．

岸 國平〔編〕（1998）日本植物病害大事典．全国農村教育協会．

小林享夫〔編著〕（1988）カラー解説庭木・花木・林木の病害．養賢堂．

日本植物病理学会・農業生物資源研究所（編）（2012）日本植物病名目録（第2版）（CD-ROM版）．日本植物病理学会．

高松 進（2012）2012年に発行された新モノグラフにおけるうどんこ病菌分類体系改訂の概要．三重大学大学院生物資源研究科紀要 38：1 - 73.

●ノート3.3　（マツ類に発生する主な病害虫およびその対策）

堀江博道他〔編著〕（2001）花と緑の病害図鑑．全国農村教育協会．

●ノート3.4　（グラウンドカバープランツの病害）

堀江博道他〔編著〕（2001）花と緑の病害図鑑．全国農村教育協会．

●ノート3.5　（ブナ科樹木萎凋病）

日本森林技術協会〔編〕（2015）ナラ枯れ被害対策マニュアル改訂版．日本森林技術協会．

森林総合研究所関西支所〔編〕（2010）ナラ枯れの被害をどう減らすか　−里山林を守るために−　森林総合研究所関西支所．

参考図書 / 引用文献

◆ Ⅲ-5　庭木・緑化樹木の害虫の種類と診断・防除技術

江原昭三・後藤哲雄（2009）原色植物ダニ検索図鑑．全国農村教育協会．

江原昭三・真梶徳純〔編〕（1996）植物ダニ学．全国農村教育協会．

江村 薫・久保田 栄・平井一男〔編〕（2012）田園環境の害虫・益虫生態図鑑．北隆館．

廣渡俊哉他〔編〕（2013）日本産蛾類標準図鑑Ⅲ．学習研究社．

石川 忠・高井幹夫・安永智秀〔編〕（2012）日本原色カメムシ図鑑第3巻．全国農村教育協会．

河合省三（1982）日本原色カイガラムシ図鑑．全国農村教育協会．

岸田泰則〔編〕（2011）日本産蛾類標準図鑑Ⅰ・Ⅱ．学習研究社．

是永龍二他〔編〕（2001）ひと目でわかる果樹の病害虫 第一巻．日本植物防疫協会．

松本嘉幸（2008）アブラムシ入門図鑑．全国農村教育協会．

森津孫四郎（1983）日本原色アブラムシ図鑑．全国農村教育協会．

那須義次・広渡俊哉・岸田泰則〔編〕（2013）日本産蛾類標準図鑑Ⅳ．学習研究社．

日本応用動物昆虫学会〔編〕（2000）応用動物学・応用昆虫学学術用語集（第3版）．日本応用動物昆虫学会．

農山漁村文化協会〔編〕（加除式）原色花卉病害虫診断防除編．農山漁村文化協会．

坂上泰輔・工藤 晟〔編〕（2003）ひと目でわかる果樹の病害虫 第二巻（改訂版）．日本植物防疫協会．

坂上泰輔・工藤 晟〔編〕（2009）ひと目でわかる果樹の病害虫 第三巻（改訂版）．日本植物防疫協会．

友国雅章〔監修〕（1993）日本原色カメムシ図鑑．全国農村教育協会．

梅谷献二・岡田利承〔編〕（2003）日本農業害虫大事典．全国農村教育協会．

梅谷献二・工藤 巖・宮崎昌久〔編〕（1988）農作物のアザミウマ．全国農村教育協会．

安永智秀・高井幹夫・川澤哲夫〔編〕（2001）日本原色カメムシ図鑑第2巻．全国農村教育協会．

湯川淳一・桝田 長〔編著〕（1996）日本原色虫えい図鑑．全国農村教育協会．

◆ Ⅲ-6　松枯れとマツ材線虫病

橋本平一（1981）マツの材線虫病に罹病したクロマツ苗の生理反応の変化－とくに根系の機能について－．日林九支研論集 34：187-188．

苅住 昇（2011）最新 樹木根系図説．誠文堂新光社．

近藤秀明（1983）数種の針葉樹に対するマツノザイセンチュウの病原性．森林防疫32：14-17．

Kramer, P.J., Boyer, J.S. (1995) Water relations of plants and soils. 140-142. Academic Press.

Mamiya, Y. (2008) Movement of the pinewood nematode, Bursaphelenchus xylophilus through tracheads in diseased pine trees. Japanese Journal Nematology 38：41-44．

作田耕太郎・玉泉幸一郎・矢幡 久（1993）マツ材線虫病の進展に伴うクロマツ苗の根系伸長．日林九支研論集46：139-140．

作田耕太郎・玉泉幸一郎・矢幡 久・斉藤 明（1994）マツノザイセンチュウ接種クロマツ苗の根の異常．九大演報71：27-34．

田畑勝洋（2014）マツ材線虫病発生メカニズムと診断・調査法（堀 大才〔編著〕樹木診断調査法：207-245）．講談社

田中一二三・玉泉 幸一郎（2004）クロマツ個体間における根接ぎを経路としたマツ材線虫病の伝染．九州森林研究57：241-242．

矢野宗幹（1913）長崎県下松樹枯死原因調査．山林公報（4）．

◆Ⅲ-7　農薬の基礎知識と安全・適正使用

独立行政法人 農林水産消費安全技術センター〔監修〕（毎年改定）農薬適用一覧表．日本植物防疫協会．

JA全農肥料農薬部〔編〕（隔年改定）クミアイ農薬総覧．全国農村教育協会．

マニュアル編集委員会〔編〕（2005）地上防除ドリフト対策マニュアル．日本植物防疫協会．

緑の安全推進協会〔編〕（毎年改定・追補等）グリーン農薬総覧．緑の安全推進協会．

日本植物防疫協会〔編〕（2007）編農薬取締法令・関連通達集．日本植物防疫協会．

日本植物防疫協会〔編〕（2008）農薬用語辞典．日本植物防疫協会．

農林水産省消費・安全局；農林水産消費安全技術センター〔監修〕（毎年改訂）農薬概説．日本植物防疫協会．

「農薬散布技術」編集委員会〔編〕（1998）農薬散布技術．日本植物防疫協会．

植物防疫講座第3版編集委員会〔編〕（1997）植物防疫講座－雑草・農薬・行政編－　第3版．日本植物防疫協会．

東京都産業労働局農林水産部〔編〕（2015）2015年版 東京都病害虫防除指針．東京都農林水産部．

●ノート3.10　（農薬登録制度の概要）

植物防疫講座第3版編集委員会〔編〕（1997）植物防疫講座－雑草・農薬・行政編－　第3版．日本植物防疫協会．

●ノート3.11　（農薬ラベルの表示事項と内容）

農林水産省消費・安全局；農林水産消費安全技術センター〔監修〕（毎年改訂）農薬概説．日本植物防疫協会．

●ノート3.13　（樹木医にとっての農薬適正使用）

平山利隆（2009）樹木医関係の登録農薬の現状と方向性および施用上の諸問題．樹木医学研究13（2）：47-48．

楠木 学・堀江博道（2009）広い範囲の樹木病害に使えるようになった防除農薬．林業と薬剤189：1-9．

中山秀一（2009）農薬散布（樹木薬剤散布）の現状と課題．樹木医学研究13：54-57．

陶山大志（2009）樹木病害に対する農薬適用拡大に向けた共同研究．樹木医学研究13：49-50．

竹内 純・堀江博道・楠木 学（2008）東京都で実施した各種樹木病害に対する薬効薬害試験．樹木医学研究13：148-149．

雪田金助（2009）土壌伝染性病害，リンゴ紋羽病対策の現状．樹木医学研究13：51-52．

◆Ⅵ-1　樹木の被害度診断

Costello, L.R. *et al*. (2003) Abiotic disorders of landscape plants. Univ. of California Agriculture & Natural Resource.

飯塚康夫・松江正彦（2012）街路樹倒伏対策の手引き．国総研資料669号．（HP上で公開）

飯塚康夫・松江正彦（2010）景観重要樹木の保全対策の手引き．国総研資料565号．（HP上で公開）

Mattheck, C., Breloer, H.（藤井英二郎・宮越リカ〔訳〕）（1998）樹木からのメッセージ－樹木の危険度診断．誠文堂新光社．

Schwarze, F.W.M.R. (2008) Diagnosis and prognosis of the development of wood decay in urban

参考図書 / 引用文献

trees．ENSPEC．

Shigo, A.L.（1991）Modern arboriculture：A system approach to the case of trees and their associates. Shigo and trees, Associates．

Thomas, P.（熊崎 実・浅川澄彦・須藤彰司〔訳〕）（2001）樹木学．築地書館．

東京都建設局公園緑地部（2014）平成26年度 街路樹診断マニュアル．（HP上で公開）

山田利博・渡辺直明（2014）樹木の精密診断（最新・樹木医の手引き 改訂4版，p582-596）．日本緑化センター．

山田利博（2015）非破壊で生立木の腐朽をはかる．森林科学 74：34-35．

◆Ⅵ-2　樹木の総合対策

Harris, R.W. *et al.*（2003）Arboriculture：Integrated management of landscape trees, shrubs, and vines (4th Edition). Prentice Hall．

飯塚康夫・松江正彦（2010）巨樹・老樹の保全対策事例集．国総研資料566号．（HP上で公開）

James, N.D.G.（1990）The Arboriculturalist's companion：A guide to the care of trees．Basil Blackwell Inc．

神庭正則（2006）まちの樹クリニック．全国林業改良普及協会．

Read, H.（1999）Veteran Trees：A guide to good management．English Nature．

山田利博・渡辺直明（2014）樹木の外科手術（最新・樹木医の手引き 改訂4版，p614-650）．日本緑化センター．

◆Ⅴ-1　地域社会に貢献する樹木医

日本樹木医会ホームページ．

◆Ⅴ-2　樹木医の多様な活動と期待（省略）

◆Ⅵ-1　「樹木補」の制度と資格取得

日本緑化センターホームページ：樹木医・樹木医補制度関連．

立花 登（2010）樹木医制度20年の歩み．グリーンエイジ 2010／10月号（通巻444号）22-30．

◆Ⅵ-2　「樹木医」の制度と資格取得

日本緑化センター〔監修〕（2008）樹木医研修受講者選抜試験問題集 平成15～19年度選択式．日本樹木医会．

日本緑化センター〔監修〕（2013）樹木医研修受講者選抜試験問題集 平成20～24年度選択式．日本樹木医会．

日本緑化センター〔監修〕（2016）樹木医研修受講者選抜試験問題集 平成23～27年度選択式．日本樹木医会．

日本緑化センターホームページ：樹木医・樹木医補制度関連．

立花 登（2010）樹木医制度20年の歩み．グリーンエイジ 2010／10月号（通巻444号）22-30．

◆ワンポイントメモ

神庭正則・堀江博道・山口康予〔編〕（2010～2015）緑の総合病院ハンドブック①～⑪．株式会社 エコル．

● 索 引 ●

(一般項目：あ～け)

＊索引項目は、「一般」「病害虫・菌名」に区分して示した。必要に応じて項目の内容を括弧内に記した。用語により、類似項目をまとめ、次項からは共通の用語を省略した。

〔一般項目〕

〈あ〉
アーバスキュラー菌根 ── 010, 163, 140, 140, 420
秋肥 ── 163, 169
アコースティック・エミッション（AE）── 330
アセビ ── 007, 104
暖かさの指数 ── 132, 422
圧縮あて材 ── 107-109, 118
あて材 ── 107-109, 118, 119
阿弥陀スギ ── 035
アミロイド反応 ── 179
アルハンブラ宮殿 ── 071
安政の大地震 ── 090
イエローストーン ── 072
維管束植物（大分類）── 101, 139
イギリス式庭園 ── 072
生品神社のクヌギ株 ── 035
異形細胞 ── 178
伊佐沢の久保ザクラ ── 002
石組 ── 078, 080, 083, 092, 093
石立僧 ── 074
石戸蒲ザクラ ── 003, 095
異種寄生性（さび病菌）── 198, 243
イスラム庭園 ── 071
イタリア式庭園 ── 071
一次鉱物 ── 144
イチヤクソウ型菌根 ── 139
イチョウ ── 004, 007, 074, 086, 102
　－並木（仙台市）── 005, 088
一核菌糸体 ── 174, 175
磐座 ── 091
インターンシップ ── 036, 042, 361, 371, 385, 388, 389, 395, 413, 415
インテリアランドスケープ ── 078
インナーガーデン ── 005, 077, 079
インフォームドコンセント ── 368
ヴィスタ ── 071, 072
ヴィラ ── 071
ウイルス 伝染方法 ── 187
植穴客土方式 ── 088
ヴェルサイユ宮殿（庭園）── 004, 072
ヴォー・ル・ヴィコント城の庭園 ── 072
宇治上神社 ── 006, 093
海の森 ── 385
エアゾル ── 292, 293, 297
営造物公園 ── 073
液剤 ── 292, 293, 297
エステ荘 ── 072
枝（役割）── 118
エノキ ── 040
縁起 ── 091
応力 ── 008, 125, 126
大枝（形・働き）── 111
オオシマザクラ ── 040, 070, 361, 376

大島のサクラ株 ── 002, 062, 069, 070
屋上緑化 ── 044, 078
屋内緑化 ── 078, 079
小黒川のミズナラ ── 041, 388
おさまり ── 079-083
尾瀬国立公園 ── 074
尾瀬ヶ原 ── 004
落ち葉堆肥 ── 170
音のゆらぎ ── 097
オニノヤガラ ── 009
御宿り ── 091
お礼肥 ── 168

〈か〉
ガードリングルート ── 339
外構設計 ── 044
開口部の施工（例）── 038
外生菌根 ── 010, 139, 140
階段滝 ── 071
害虫（定義）── 244
　－形態 ── 249
　－生態 ── 249
　－対策 ── 249
　－防除技術 ── 268
　－誘引剤 ── 287, 296
偕楽園 ── 073
街路樹（管理）── 086
　－主要樹種 ── 086, 087
　－診断 ── 036, 366
　－土壌の特徴 ── 160
　－100年問題 ── 088
街路樹剪定士 ── 076
加害様式 ── 244, 422
化学的防除 ── 270
角館のシダレザクラ ── 002
学名 ── 182
かすがい連結 ── 175, 178, 179
カスケード ── 071
風の息 ── 111
かたちの可塑性 ── 119
褐色腐朽 ── 011, 173, 174
桂離宮 ── 006, 073, 093, 094, 194
活力調査 ── 361
活力度の評価基準 ── 324
かべ状構造 ── 152
雷対策 ── 341
顆粒水和剤 ── 292, 293
枯山水 ── 073, 074, 094
環境圧 ── 121, 399, 400
環境再生医 ── 076
環境ストレス ── 121, 122
環境緑化 ── 075
環孔材 ── 106, 118
緩効性肥料 ── 165, 166, 168, 169
寒肥 ── 168
感染経路 ── 174, 175

漢那ダム ── 081, 082
函南禁伐林のブナ ── 034, 341
貫入抵抗 ── 329
岩盤と保水 ── 143
灌木 ── 106
偽アミロイド ── 179
器官（病原菌）── 188
機器診断 ── 176
危険度診断（機器等）── 326, 327, 330
　－判定 ── 327
枳殻邸渉成園 ── 093
技術士（資格）── 076, 428
寄生 ── 132
　－病 ── 171
北野天満宮 ── 006, 091, 093, 094
技能五輪 ── 042, 397
忌避剤 ── 292
キューガーデン ── 072
吸汁性害虫 ── 244, 246, 254
共生 ── 132, 140
喬木 ── 105
緊急防除（ウメ輪紋病）── 231, 233
菌根 ── 139
　－菌 ── 133, 139-141
菌糸型 ── 178
菌糸束（白紋羽病菌）── 014, 190
菌鞘 ── 010, 140
菌蕈類 ── 172
菌嚢 ── 228, 425
菌譜 ── 134
菌類 ── 186
　－役割 ── 133
グアイアシルリグニン ── 172
区画化現象 ── 278
草岡の大明神ザクラ ── 002
グネツム ── 102, 103, 106
グラウンドカバープランツの病害 ── 021, 226
クランプ ── 135, 178
グリーンアドバイザー ── 076
グリーンセイバー ── 076
くん煙剤 ── 292, 293
くん蒸剤 ── 293, 294
景観 ── 071, 081
　－重要樹木 ── 373
傾斜木の枝振り ── 111
茎葉散布（農薬）── 297
ケーブリング作業 ── 041, 389
外科手術 ── 035, 177, 342-345
　－米国規格 ── 342
結合菌糸 ── 178
ケヤキ ── 007, 104, 346
原因（生育障害）── 185
原菌糸 ── 178
源氏物語 ── 091, 093
　－絵巻 ── 092

(1)

● 索 引 ●　(一般項目：け〜し)

建設業法	075
懸濁剤	291, 293
兼六園	004, 073, 074
公園	071, 072
－施設	077, 078
－制度	073
公園管理運営士	076
公害対策基本法	075
公共造園	074
光屈性	110, 128
硬質菌類	177, 178
耕種的防除	269
孔状白色腐朽	011, 174
工場立地法	075
工場緑化	075, 076
後食	027, 029, 274, 276
耕土層	146
耕盤	146
鉱物	167
高分子系土壌改良資材	159, 160, 167
厚壁胞子	174, 175, 180
鋼棒貫入調査	036
高木	104
剛毛体	178, 179, 181
後楽園	073, 074
肥当たり	161
肥焼け	161
国営昭和記念公園	004, 075, 086
国営武蔵丘陵森林公園	393
国際花と緑の博覧会	075
国立公園	074
－法	074
苔寺（西芳寺）	095
五穀豊穣	091
骨格菌糸	178
コルディリネ	100, 103
根系（調査）	033
－発達	107
根状菌糸束	009, 134, 137, 175
コンセンサス系統樹	183, 184
昆虫成長制御剤	296
コンポスト類	165, 166

〈さ〉

細菌	186, 188
剤型（農薬）	291, 292
細砂	144, 147
西芳寺（苔寺）	095
座屈	114
－破壊	114
作庭記	092
作土層	145, 146
柵の設置	339
桜川（謡曲）	094
笹川流れ	006, 092
砂壌土	147, 151
坐生	177, 178
幸神神社のシダレアカシデ	130
殺菌剤	292, 295

－耐性	295
殺そ剤	292
殺虫剤	292, 296
－抵抗性	296
殺虫殺菌剤	292
砂土	151
里山	060, 096・098, 418, 425
－管理	042, 394
－文化	060
さび胞子	013, 188, 197, 203, 243
－堆	013, 188, 203, 240
サボテン	100, 105
散孔材	106, 118
山水	094
酸性化（土壌）	153
酸性土壌（障害・見分け方）	153, 154
酸度（土壌）	152, 153
三波川（サクラ）	003
三要素施肥	167
シグナル物質	122
試坑断面調査	156, 157
子座	013, 189
子実層托	177, 178
子実体	176, 178, 193, 323
寺社の森	095
シスチジア	178
自然観察指導員	076
自然公園	077
－法	074
自然再生士	076
自然循環系	091
自然と信仰	090
自然風形式庭園	072
支柱	341
視聴感覚	096
実施設計図書	080
室内庭園	094
指定建設業	075
児童福祉法	075
児童遊園	075
シナレンギョウ	007
じねん（自然）	092
子嚢	188
－殻	188
－菌類	172, 188
－胞子	175, 188
自縛根	339
シビルコンサルティングマネージャー（RCCM）	076
釈迦三尊図	094
シャクジョウソウ型菌根	139
若年炭類	166
社叢	060, 064
借景庭園	094
ジャポニスム	073
重力屈性	110
樹液流速	033
修学院離宮	006, 073, 093
主幹による区分	105

樹冠	110, 117, 118, 124, 125, 128, 130, 142, 149
樹幹（形・はたらき）	111
－注入剤	028, 267, 270
樹枝状体	139
樹脂注入（保存法）	345
－塗布	345
種小名	182
樹勢改善	361
－回復	034, 035, 037, 044, 065, 158, 357, 401, 406, 416
－診断	044, 050
－衰退	087, 149, 157
樹皮堆肥	165, 166
樹木（定義）	100
－移植	041
－可塑性	116
－かたち	115, 126
－かたちづくり	117
－管理	398
－形態	100
－診断	037, 039, 366, 374, 379, 398
－生態	115, 116
－生理	115, 116
－治療	040, 041, 341, 374, 388
－点検	398
－病害（種類・病因別割合）	186
－腐朽診断機	372
－文化	060
－分類	101
樹木医（業務・資格）	076, 089
－行程	417
－国際交流	386
－試験対策	423
－資質	089
－自治体	378
－実践技術講座	426
－社会貢献	354
－受験要件	418
－制度	416
－選択式試験問題	420
－造園技術	094
－造園の仕事	088
－第1次審査	418
－第2次審査	419
－庭園	094
－認定審査の流れ	417
－農業現場	380
－養成研修	044, 424
－論述試験問題	423, 424
－CPD認定プログラム	427
－NPO	356
樹木医学会（ワークショップ）	427
樹木医補（制度）	410
－科目認定ガイドライン	411
－資格申請科目	411
－資格申請方法	413
－資格申請「卒業研究証明書例」	414

(一般項目：し〜つ)

－資格認定申請手続き ── 415	－通導阻害 ── 280	－品質の相違 ── 082
－資格養成機関 ── 410	水溶剤 ── 292, 293	－緑化 ── 124, 125
－必要分野・科目 ── 412	水和剤 ── 292, 293	造園家 ── 074
樹木と緑化の総合技術講座 ── 427	杉沢の大スギ ── 034	造園学 ── 071, 089
樹林管理 ── 393	すき床層 ── 146	造園技能士 ── 075, 076, 429
壌土 ── 151	ストウ庭園 ── 072	造園空間（維持管理） ── 084
常栄寺 ── 093	生育障害（原因） ── 153, 185	－運営管理 ── 084, 085
荘園 ── 098	生活環（担子菌類・木材腐朽菌） ── 174	－植物管理 ── 084
傷害応答 ── 122	整形式庭園 ── 072	造園工事基幹技能者 ── 076
貞観地震 ── 090	製作販売業 ── 077	造園施工管理技士 ── 075, 076, 429
条件的寄生菌 ── 171	生体力学 ── 126	総合対策 ── 034, 338, 339, 347
傷痕処理 ── 344	成長錐 ── 327	総合的病害虫雑草管理 ── 268, 271
症状 ── 187	静的防御機構 ── 122	双子葉類 ── 103
畳生（重生） ── 177, 178	生物学的診断 ── 323	造卵器（カナメモチ疫病菌） ── 013
焼成岩石 ── 165, 167	生物的防除 ── 269	粗砂 ── 147
象徴庭園 ── 094	生物的要因 ── 185	ソテツ ── 007, 062, 101・103
正伝寺方丈庭園 ── 006, 094	生物農薬 ── 270, 292, 296	
照徳寺の大イチョウ ── 039	青変現象 ── 172	〈た〉
浄土式庭園 ── 072	青変被害 ── 011	大高木 ── 104
松籟 ── 098	セイヨウシャクナゲ ── 007	対策提案 ── 348
常緑広葉樹 ── 097, 104, 124	生理障害 ── 186	堆積様式 ── 145, 147
常緑樹 ── 104, 124	生理病 ── 186	対峙培養菌叢 ── 009
常緑針葉樹 ── 104	ゼオライト ── 165, 167	大低木 ── 103, 104
女王のナラ ── 320, 321	世界三大樹木流行病 ── 236	大名庭園 ── 073
植栽基盤 ── 094	世界農業遺産 ── 098	タケ・ササ ── 101, 103, 105
－整備 ── 088	世界四大樹木流行病 ── 240	タコノキ ── 103
－整備技術マニュアル ── 088	赤外線画像装置 ── 325, 330	田染荘 ── 098
－密度管理 ── 086	石灰質肥料 ── 166	立曳き ── 005, 087, 088
植栽基盤診断士 ── 076	施肥（環状施肥） ── 167	タマゴタケ ── 010
埴壌土 ── 147, 151, 156	－撒播施肥 ── 167	多量元素 ── 120
埴土 ── 147, 151, 156	－種類 ── 168	担子器 ── 135, 174, 177, 188
植物維持管理 ── 085	－（成木） ── 167	－（ビャクシンさび病菌） ── 013
－管理の段階 ── 085	－つぼ状施肥 ── 168	担子菌類 ── 172, 183, 186, 188
－誘導管理 ── 085	－（苗木畑） ── 167	－生活環 ── 174
植物成長調整剤 ── 292, 296	－ねらい ── 163, 165	担子柄 ── 013, 188
食葉性害虫 ── 244, 246, 249	－標準量（緑化樹木） ── 164	－（ビャクシンさび病菌） ── 013
除草剤 ── 291, 292, 295	－放射状施肥 ── 168	担子胞子 ── 174, 175, 178・181, 188
－耐性 ── 296	－輪状施肥 ── 167	－（ビャクシンさび病菌） ── 013
処置方法 ── 366	セルロース ── 172, 173	単純隔壁 ── 178
城之越遺跡 ── 072	穿孔性害虫 ── 244, 247, 262	単子葉類 ── 103
シラカシ ── 007	山水河原者 ── 074	断面構造（枝） ── 101
シリンギルリグニン ── 172	線虫類 ── 248	単粒構造 ── 152
シルト ── 146, 147	剪定 ── 344	団粒構造 ── 152
心材腐朽 ── 174	セントラルパーク（ニューヨーク） ── 072	地域性公園 ── 074
真乗院のスダジイ ── 041	全面全層施肥 ── 167	チオファネートメチル剤 ── 176
神泉苑 ── 072	善養寺影向のマツ ── 034, 341, 352	地下水位 ── 149
診断機器による測定 ── 033	前裸子植物 ── 102	治水 ── 094
診断ポイント ── 187	造園 ── 071	池泉回遊式庭園 ── 073
－緑化植物病害 ── 208・215	－教育 ── 077	虫害診断 ── 265
寝殿造り庭園 ── 072	－（建設業） ── 077, 079	柱状構造 ── 152
心土層 ── 146	－資格 ── 076	中量元素 ── 120
陣馬山 ── 006, 093	－資材 ── 079	徴候 ── 008, 126, 127
針葉樹 ── 103, 107, 176	－小史 ── 071	鳥獣戯画 ── 092
森林インストラクター ── 076	－設計意図 ── 083	鳥獣種 ── 246
森林帯 ── 132	－対象領域 ── 005, 077	直接的防除 ── 269
森林の菌類 ── 132	－特徴 ── 079	鎮守の森 ── 095
森林の保水力 ── 142, 143	－日常管理 ── 082	追肥 ── 167, 168
衰退度 ── 324, 325	－品質管理 ── 082	通気性（土壌） ── 146・148, 151
水分屈性 ── 110	－品質と評価 ── 082	月瀬の大スギ ── 041, 389

(3)

● 索 引 ● (一般項目：つ～は)

ツチアケビ	009
ツツジ型菌根	139
ツリークライミング	041, 388
蔓（形態分類）	104
庭園	071, 072
－文化	395
泥炭類	166
低木（分類）	104
適正 pH	154
適地適木	124
てこ（てこの原理）	109, 128
デザイン	081
電気抵抗 CT（EIT）	330
電気伝導度（EC）	155
展示植物管理	394
伝染病	185
展着剤	292
天然岩石	165, 167
天然記念物	060・065
－保存管理	066
－保護計画	066
堂形のシイノキ	002
導管配列による区分	106
東京オリンピック	075
東京市区改正条例	073
透水性（土壌）	146
動的防御機構	122
倒伏	177, 317
－対策	217, 372
灯籠	093
登録ランドスケープアーキテクト（RLA）	076
トクサ	007, 101, 102
ドクターウッズ	041, 389
特別史跡名勝天然記念物の制度	063
特別天然記念物	061, 062, 069
都市公園	078
都市公園等整備緊急措置法	075
都市公園法	073, 078
都市土壌	153, 161
土壌（定義）	144
－悪化	157
－改善	036
－改良	158・161
－改良剤	166
－改良資材	036, 165, 166, 167
－化学性	152
－硬さ	150
－環境	144, 149
－管理（苗畑）	165
－機能	146
－群	148
－膠質	155
－構造	151, 152
－硬度計	149
－コロイド	155
－種類	147
－植物への働き	147
－水分	150
－生成	144
－施用（農薬）	297
－堆積様式	145
－断面	145, 146
－断面調査	155
－統群	148
－透水性	150
－能力	146
－評価基準	156
－表層調査	155
－物理性	149
－分化	145
－分類	147
－pH	152
土壌内構造物	035
土色	152
都市緑地法	075
土性	147, 151
土層の種類	146
トップジンMペースト	176
飛石	093
塗布剤	292, 294
ともいき（共生）	092
ドライフロアブル	293
ドラセナ	007, 103
トラップ（チャドクガ）	271
ドリップライン	339
ドリフト（農薬）	301・303
土粒の大きさ	147
ドリル	327
トレードオフ	127, 128

〈な〉

ナイロイド型	111
夏秋草図屏風	092
夏井の爺スギ・婆スギ	034
奈良公園	092
軟腐朽	173
二核菌糸体	175
二次鉱物	144
二条城二の丸庭園	073
日常的管理	342
日光東照宮のスギ	035
日本アーボリスト協会	389
日本樹木医会	355
日本植物病名目録	186
日本庭園	042, 072, 091, 092, 093, 396
乳剤	292, 293
庭師	041, 074
根（荷重容量）	118
－（役割）	118
根尾谷淡墨ザクラ	003, 063
根返り	177
根株腐朽	011, 176
根古屋神社の大ケヤキ	003
根回し	041, 176
練馬白山神社の大ケヤキ	034, 035
粘着板	028
粘土	147

－鉱物	145
年輪成長	107
農業害虫	244
囊状体	139
農薬（安全使用）	298, 383
－安全性評価	291
－一般名	292
－化学名	291, 292
－環境に対する安全	300
－関係省庁	290
－区分と内訳	291
－効果的使用法	306
－効果発現	294
－作用機構	295, 296
－散布圧力	032
－散布法とドリフト	032
－散布方法	297
－試験名（コードネーム）	292
－種類	291
－種類名	291, 292
－使用する人の安全	298
－使用前の注意	298
－商品名	291, 292
－処理方式	297
－製剤形態	297
－耐性	295
－注意喚起マーク	310
－抵抗性	295
－適用拡大	315
－動態	031
－登録制度	308
－登録内容の表示	291
－ドリフト（漂流飛散）	031, 301
－ドリフト低減ノズル	032
－農作物等の意味	290
－農薬等の意味	290
－農薬の意味	290
－病害虫の意味	290
－噴霧パタン	032
－分類（剤型）	292
－分類（用途）	292
－法令	290
－ポジティブリスト制度	314
－銘柄名	292
－名称	291
－薬害回避	300
－有用植物に対する安全	299
－ラベル表示事項	298, 309
農薬管理指導士	427
農薬適正使用アドバイザー	427
農薬肥料	292

〈は〉

葉（寿命）	123
－耐陰性	123
バーク堆肥	166
バーミキュライト	167
パーライト	167
梅園菌譜	134

(一般項目：は～む)

梅護寺の数珠掛ザクラ	003
背着生	178
ハイドパーク（ロンドン）	072
白色腐朽	173
半部	093
バショウ	007, 105
発病株率	334
－指数	334
－樹率	334
－枝率	334
－度	333, 334
－葉率	333, 334
－率	333
花鏡	390
パパイア	007
バビロンの空中庭園	071
浜離宮恩賜公園のクロマツ	039
春肥	168
ハルティッヒネット	010, 140
半常緑樹	105
半背着生	178
非アミロイド	179
ビオトープ管理士	076
被害度診断	033, 320
被害度評価	332
東日本大震災被災地	006, 090, 383
ピカス	043
微砂	147
被子植物	103
ビジュアル・ツリー・アセスメント法	115
非生物的要因	185
肥大成長（茎）	101
飛騨国分寺の大イチョウ	002
ヒダナシタケ目	178
引張りあて材	107・109
非伝染病	185
肥培体系	163, 165
日比谷公園	004, 073, 074
ヒマラヤスギ	007
病因	185
病害対策	216・218
病原	185
病原体	186
標準和名	182
平等院	072
表土の厚さ	150
病名目録	186
表面汚染	172
漂流飛散（農薬）	301
避雷針	035
肥料（樹木）	164
微量元素	120, 121
微量要素欠乏症	189
品質管理	079
ファインノズル工法	036
ファシリテーター	372
風雨草花図	092
フェネラリーフェ離宮	071
フェロモン製剤	028, 296
フェロモントラップ	028
不完全菌類	188
不完全世代	188
腐朽（枝腐朽）	176
－海綿状白色腐朽	174
－褐色腐朽	173, 179
－褐色腐朽菌	179
－孔状褐色腐朽	174
－心材腐朽	174
－軟腐朽	173
－根株心材腐朽	174
－根株腐朽	173
－根株辺材腐朽	174
－白色腐朽	179
－白色腐朽菌	179
－腐朽機構	172
－腐朽診断	044
－腐朽病	176
－腐朽病害	171
－腐朽部位	174
－辺材腐朽	174
－幹心材腐朽	174
－幹腐朽	173, 175, 176
－幹辺材腐朽	174
－立方状褐色腐朽	174
－輪状白色腐朽	174
腐朽型	174
普及指導員	382
フジ	007
富士山	006
腐生	132
物理的防御	122, 269
不定根誘導	035, 344
ブナ科樹木	228
冬胞子（ビャクシンさび病菌）	013
冬胞子堆（ビャクシンさび病菌）	013
フラス	022
フランス幾何式庭園	072
フランス式庭園	072
ブランチカラー	176
ブレーシング	128
フロアブル剤	292, 293
文化の継続・継承	095
文化財保護法	061・063, 065
文化財保護委員会	063
粉剤	292
分散体（ハナミズキ輪紋葉枯病菌）	014
分生子	189
－（アセビ褐斑病菌）	013
－（ごま色斑点病菌）	013
分生子果	188
分生子殻	189
－（アセビ褐斑病菌）	013
分生子層	189
－（ごま色斑点病菌）	013
－（カナメモチごま色斑点病菌）	013
分生子柄（イチョウすす斑病菌）	013
粉粒剤	293
分類群（木材腐朽菌）	177
閉子嚢殻	188
－（うどんこ病菌）	013
平面幾何学式庭園	072
ペースト剤	292, 294
壁面緑化	078
ペスト（やっかいもの）	121
蛇下がり	112
ヘミセルロース	172, 173
辺材腐朽	174
偏心成長	107, 108
ベントナイト	167
防御システム	122
防御層	122
胞子	188
胞子堆	188
放射孔材	106
防除価	333, 334
防除対象生物	294
奉茶樹	040, 387
ポートランド日本庭園	073
母材（土壌）	147
保持材	108, 109
ポジティブリスト制度（農薬）	314
圃場容水量	150
補助剤	293
保水性（土壌）	150
保水力（土壌）	146, 150
保全対策	037
保存管理計画策定	068
保肥力（土壌）	146, 155
匍匐（形態分類）	104

〈ま〉

マイカンギア	228
マイクロカプセル剤	292, 293
マイクロハンマー	043
町山	036, 368
マツタケ	010, 141
松枯れ	029, 030
－枯損のタイプ	276
－しくみ	277
－当年枯れ	276
－歴史	273
松之山の大ケヤキ	034
窓枠材	114
万葉集	091
幹（構造）	171
－役割	118
三島神社のキンモクセイ	003
緑の安全管理士	428
緑の基本計画	075
緑の都市賞	369
三春滝ザクラ	003, 063
無機塩類	120
無機養分	121
無孔材	106
虫癭	189
無導管材	106

● 索 引 ●

(一般項目：む〜γ　病害虫・菌名：あ〜か)

無葉緑素ラン	009
明治神宮（林冠）	008
芽だし肥	168
メタセコイア	007, 103
メルツァー試薬	179
毛越寺浄土式庭園	004, 072, 073
木材（腐朽機構）	172
－変色	172
木性シダ類	102
木道	034, 340
モザイク症状	187
元肥	168
基肥	168
モニタリング	065, 066, 347
もめ	113
盛岡石割ザクラ	002
紋様孔材	106

〈や〉

屋久島スギ原始林	002
ヤシ類	103, 105
薬効（自己判定）	307
やに壺	113
山高神代ザクラ	003, 063, 066, 357
－チェックリスト	067, 068
遣水	072
誘引剤	292
有害動物	244
有効土層	146, 149
遊走子嚢（カナメモチ疫病菌）	013
癒合促進	176
油剤	292, 293
ユッカ	103
陽イオン交換容量（CEC）	155
蛹室（マツノマダラカミキリ）	029
洋風近代公園	073
養分吸収	162, 163
吉見のサキシマスオウノキ群落	002
寄せ植え	091
代々木競技場	075
代々木公園	075

〈ら〉

礼拝石	093
落葉広葉樹	104
落葉樹	104
落葉針葉樹	104
裸子植物	102
ラムズホーン	114
ラン型菌根	139
卵菌類	188
ランテ荘	072
ランドスケープ	071
－コンサルタント業	077
力学的診断	325
力学的適応	111
－成長	110
リグニン	172, 173
－分解酵素	179
立方状褐色腐朽	011
栗林公園	004, 073, 074
リトマス試験紙	154
粒剤	293
龍安寺方丈庭園・石庭	006, 073, 074, 094
緑地土壌	144
林冠ギャップ	133
リン酸吸収	155
－吸収係数（土壌）	155
－固定（土壌）	155
－肥料	166
鱗木	102
ルーペ	242
礼肥	168
礫	147
礫土の層	146
レジストグラフ	033, 043, 177
蓮着寺のヤマモモ	003, 318
ロイヤルパーク	072
蘆木	102

〈わ〉

ワシントンハイツ	075
和名	182

〈A〜γ〉

ARBOTOM	330
CEC（陽イオン交換容量）	155
CODIT 理論	122
EC（電気伝導度）	155
EW 剤	292, 293
Fractometer	327
IGR 剤	296
IPM	028, 268, 271
pF（土壌）	150, 151
pH（土壌）	153
－試験紙	154
－メーター	154
PICUS（ピカス）	033
Queen's oak	321
Shigometer	330
Ti プラスミド	192
TreeAZ	327
VA 菌根	139
VTA 法	008, 115, 126, 327
X 線断層撮影装置（CT）	329
γ線木材腐朽診断機（CT）	033, 037, 329

〔病害虫・菌名〕

〈あ〉

アオドウガネ	025, 253
アオバハゴロモ	027, 261
アカスジチュウレンジ	024, 252
赤星病	203
アザミウマ目	247
アジサイ炭疽病	018, 206, 215
－葉化病	012, 187, 215
アセビ褐斑病	013, 190, 210
アブラムシ（種類）	254
－伝搬	187
アメリカシロヒトリ	024, 249
アンズうどんこ病	196
－胴枯病	193
イセリヤカイガラムシ	026, 259
イチョウすす斑病	013, 191, 208
－菌	013
ウイルス病	187
ウスイロサルハムシ	020, 225
ウツギさび病	016, 197
うどんこ病	191, 195
－菌	013, 188
ウメうどんこ病	015, 196, 211
－褐色こうやく病	016
－環紋葉枯病	014, 194, 211
－黒星病	190, 211
－輪紋病	187, 230
ウメコブアブラムシ	023
ウメ輪紋ウイルス（PPV）	023, 230
疫病	227
－菌	013
枝枯病	190, 193, 215
エノキうどんこ病	015, 196, 210
－裏うどんこ病	015, 196, 211
エンジュさび病	016, 197, 213
オウトウ胴枯病	193
オオヒラタケ	175
オニナラタケ	135
オビカレハ	024, 251

〈か〉

カイガラムシ	256
カイドウ赤星病	197, 211
カイメンタケ	176
カエデうどんこ病	015, 196, 200
－首垂細菌病（トウカエデ）	012, 016, 188, 200, 208
－黒紋病	200, 208
－小黒紋病	016, 200, 208
カキノキ炭疽病	190, 209
ガザニア葉腐病	021
カシうどんこ病	014, 017, 196, 213
－枝枯細菌病	188, 213
－毛さび病	197, 213
－ビロード病	189
－紫かび病	014, 196, 213
カシノナガキクイムシ	022, 228, 263

(病害虫・菌名：か～ひ)

カシワクチブトゾウムシ ── 025, 253	細菌病 ── 188	―花腐菌核病 ── 016, 190, 201, 210
カナメモチ疫病 ── 013	材質腐朽病 ── 194	―もち病 ── 016, 191, 201, 210
―ごま色斑点病 ── 017, 211	材線虫病 ── 189	ツツジグンバイ ── 026, 261
カミキリムシ ── 247	ザイフリボクごま色斑点病 ── 017, 212	ツツジコナジラミ ── 027, 261
カメノコカイガラムシ ── 258	サクラうどんこ病 ── 196, 212	ツバキ輪紋葉枯病 ── 014, 210
カメムシ目 ── 246, 254	―せん孔褐斑病 ── 016, 202, 212	ツバナラタケ ── 135
カリン赤星病 ── 197, 211	―てんぐ巣病 ── 016, 202, 212	テマリシモツケ褐斑病 ── 017, 204, 211
―白かび斑点病 ── 013, 211	ササさび病 ── 015, 107	胴枯病 ── 014, 190, 193, 215
―白かび斑点病菌 ── 013	サザンカもち病 ── 191, 210	トチノキヒメヨコバイ ── 026, 260
カワラタケ ── 011, 181	サツマキジラミ ── 026, 260	トドマツノハダニ ── 020, 222, 223
かわらたけ病 ── 181	サビダニ ── 189	トベラキジラミ ── 026, 259
カンキツ エクソコーティス病 ── 012	さび病 ── 191, 197	
―小黒点病 ── 193	―菌 ── 013, 186, 188, 243	〈な〉
―ステムピッティング病 ── 012, 187	サルココッカ白絹病 ── 021	ナシ赤星病 ── 017, 197, 243
―そうか病 ── 190	サルスベリうどんこ病 ── 014, 196, 214	―胴枯病 ── 193
―モザイク病 ── 012	サンゴジュハムシ ── 025, 253	―腐らん病 ── 193
がんしゅ病 ── 191	シイサルノコシカケ ── 011, 181	ナシマルカイガラムシ ── 026, 258
カンゾウタケ ── 177	シイノコキクイムシ ── 027, 262	ナシミドリオアブラムシ ── 025, 256
環紋葉枯病 ── 014, 194, 215	シスト線虫病 ── 189	ナツボダイジュ環紋葉枯病 ── 014
キクイムシ類 ── 248	シマサルノコシカケ ── 011, 176, 180	ナメクジ ── 246
キツネタケ ── 010	シャクナゲ葉斑病 ── 207, 210	ナラすす病 ── 016
キツブナラタケ ── 135, 137	ジャノヒゲ炭疽病 ── 021	―毛さび病 ── 019, 197, 213
キハダさび病 ── 019	シャリンバイごま色斑点病 ── 017, 212	ナラタケ ── 009, 135, 136, 176, 182
ギボウシ白絹病 ── 021	白絹病 ── 190, 215, 226	―根状菌糸束 ── 009
―炭疽病 ── 021	白紋羽病 ── 014, 190, 192	ナラタケ属菌（ナラタケ類） ── 137
キュウリ モザイクウイルス ── 187	ジンチョウゲ黒点病 ── 018, 206, 209	―生態 ── 136
キョウチクトウアブラムシ ── 025, 256	―白紋羽病 ── 014	―分類 ── 134
キンイロアナタケ ── 176	―モザイク病 ── 012, 187	ならたけ病 ── 190, 215
菌類病 ── 188	スギハムシ ── 020, 225	―診断 ── 138
クチナシ根こぶ線虫病 ── 012	すす病 ── 191, 199, 215	―防除 ── 138
クヌギうどんこ病菌 ── 013	スダジイ萎凋病 ── 022	ナラタケモドキ ── 009, 135, 136
くもの巣病 ── 215, 226	ストローブマツ発疹さび病 ── 239, 241	軟体動物門腹足綱 ── 245
クリ胴枯病 ── 193, 237, 241	スモモうどんこ病 ── 196	ナンテンモザイク病 ── 187, 214
クロゲナラタケ ── 135, 136	セイヨウキヅタ疫病 ── 021, 208, 227	ニレ立枯病 ── 236, 237, 241
クロテンオオメンコガ ── 024, 252	―炭疽病 ── 021, 208, 227	ニレノオオキクイムシ ── 237
クロトンアザミウマ ── 026, 260	―斑点細菌病 ── 021, 188, 208, 227	根腐線虫病 ── 189, 215
クワ裏うどんこ病 ── 015, 196	セイヨウキンシバイさび病 ── 197, 208	根こぶ線虫病 ── 189, 190, 215
ケヤキニレハムシ ── 039	セイヨウグリ胴枯病 ── 014	
コウチュウ目 ── 245, 247, 253	セイヨウサンザシごま色斑点病 ── 017, 212	〈は〉
硬質菌類 ── 178	セイヨウシャクナゲ葉斑病 ── 018	灰色かび病 ── 190, 226
コウノアケハダニ ── 027, 262	セスジキクイムシ ── 236	ハイビスカス紫紋羽病 ── 014
コウモリガ（種類） ── 027, 264	線虫病 ── 189	ハギさび病 ── 016, 214
こうやく病 ── 199, 215		ハチ目 ── 245, 248, 252
紅粒がんしゅ病 ── 193	〈た〉	ハナビラタケ ── 177
コトネアスター褐斑病 ── 017, 205	タケ・ササ赤衣病 ── 016, 197, 208	ハナミズキうどんこ病 ── 014, 196, 214
―くもの巣かび病 ── 021	ダニ目 ── 247	―白紋羽病 ── 014, 214
こぶ病 ── 191	タバコウロコタケ科菌類 ── 178	―輪紋葉枯病 ── 014, 214
コフキタケ ── 011, 177, 181	タマウラベニタケ ── 137	ハマナスさび病 ── 015, 197
こふきたけ病 ── 181	タマカタカイガラムシ ── 026, 259	バラうどんこ病 ── 017, 202, 212
コブシ斑点病 ── 190, 214	ナンテン モザイク病 ── 012	―黒星病 ── 017, 203, 212
ごま色斑点病 ── 204	チャカイガラタケ ── 011, 181	―根頭がんしゅ病 ── 014, 212
ゴマダラカミキリ ── 027, 262	チャドクガ ── 024, 028, 249, 250, 271	ハラタケ綱（ハラタケ目） ── 178, 182
ゴマフボクトウ ── 027, 264	チャノコカクモンハマキ ── 024, 251	斑点病 ── 190
ゴヨウマツ黒粒がんしゅ病 ── 193	チャンチンさび病 ── 015, 197, 210	ヒダナシタケ目 ── 178
―発疹さび病 ── 239, 241	チョウ目 ── 245, 248, 249	ヒペリカムさび病 ── 015, 021, 208, 227
根頭がんしゅ病 ── 014, 190, 191, 215	ツタ褐色円斑病 ── 018, 190, 206, 213	ヒメボクトウ ── 264
	ツツジ褐斑病（オオムラサキ） ── 016, 202, 210	ヒメリンゴ赤星病 ── 015, 107, 211
〈さ〉		ビャクシンさび病 ── 013, 017, 197, 212
サーコスポラ病 ── 198		―白紋羽病 ── 021

(7)

●索引● (病害虫・菌名：ひ～P)

ビョウヤナギさび病	197
ピラカンサ疫病	190
－褐斑病	018, 205, 212
ファイトプラズマ病	187
腐朽菌類	182
腐朽病	171, 180
－診断	176
－対策	176
－タイプ	173
フジこぶ病	012, 188, 205, 214
フシダニ	189
－（ケヤキ芽の叢生）	012
フッキソウ紅粒茎枯病	021, 210, 227
ブドウさび病	015, 197, 213
－毛せん病	012, 189
ブナ科樹木萎凋病	022, 228
プラタナスグンバイ	028, 261, 266
腐らん病	193
ベッコウタケ	011, 175, 177, 180
べっこうたけ病	180
ヘデラ斑点細菌病	188
ヘリグロテントウノミハムシ	025, 254
ボクトウガ（類）	263
ボケ赤星病	013, 197, 212, 243
－根頭がんしゅ病	014
ホテイナラタケ	135, 136
ホルトノキ萎黄病	012, 187, 213

〈ま〉

マイマイガ	024, 250
マスタケ	177
マツ褐斑葉枯病	019, 213, 219
－こぶ病	019, 186, 197, 213, 220
－すす枯病	019, 213, 220
－赤斑葉枯病	019, 213, 220
－つちくらげ病	030
－葉枯病	019, 213, 221
－葉さび病	019, 213, 221
－葉ふるい病	019, 213, 222
－ペスタロチア葉枯病	019, 213, 222
マツアワフキ	020, 224
マツオオアブラムシ	020, 223
マツ害虫	020, 222
マツカキカイガラムシ	020, 223
マツカサアブラムシ	020, 223
マツカレハ	020, 224
松くい虫	273
マツ材線虫病	029, 030, 213, 241
－空中散布	030, 283
－くん蒸処理	030
－樹種転換	286
－樹幹注入	284
－症状	274
－診断キット	030, 277
－診断法	030, 276, 277
－スパウター散布	030
－スプリンクラー散布	030
－生態的防除	286
－生物的防除	287
－相互関係	288
－地上散布	030, 284
－注入剤の上昇パターン	285
－鳥類の利用	287
－抵抗性マツ	287
－鉄砲ノズル散布	030
－伝染環	275
－天敵昆虫	287
－土壌灌注	285
－伐倒駆除法	285
－伐倒くん蒸	285
－伐倒焼却	286
－伐倒破砕	286
－伐倒薬剤散布	285
－病害	019
－防除	283
－病害虫	219
－防除帯	286
－防除対策	289
－ボーベリア菌の利用	287
－無人ヘリコプターの空中散布	284
－薬剤防除	030
－誘引剤	287
マツツマアカシンムシ	020, 225
マツノザイセンチュウ	029, 241, 274, 275
－根系感染	280, 281
－生活史	279
－病原性	277
マツノネクチタケ	175
マツノマダラカミキリ	020, 029, 225, 273, 279
マリーゴールド灰色かび病	021
マルメロ赤星病	197
マンサク葉枯病	018, 207, 214
ミカンコナカイガラムシ	025, 257
ミカンワタカイガラムシ	026, 258
幹心材腐朽病	181
幹辺材腐朽病	181
ミズナラ萎凋病	022
南根腐病	176, 180
ムクノキ裏うどんこ病	196
紫紋羽病	014, 190, 193, 215
メランポジウム白絹病	021
木材腐朽菌（生活環）	174
－分類群	178
－分類体系	179
－分類動向	182
木材腐朽病	011, 172, 177, 182, 191, 194, 215
モクマオウ南根腐病	011
モッコクヒメハマキ	024, 252
モミ黒粒がんしゅ病	193
モミジワタカイガラムシ	025, 257
モモうどんこ病	196
－縮葉病	191
－せん孔細菌病	012
－胴枯病	014, 193
モモアカアブラムシ	025, 255
モンクロシャチホコ	024, 251

〈や〉

ヤチナラタケ	135, 136
ヤチヒロヒダタケ	135, 136
ヤツデそうか病	018, 207, 208
ヤブラン炭疽病	021
ヤマブキ環紋葉枯病	014
ヤマボウシうどんこ病	196
ヤマモモこぶ病	018, 186, 188, 205, 215
ヤワナラタケ	009, 135-137
ユキヤナギアブラムシ	025, 255
ユキヤナギすすかび病	017, 204, 211
ユリノキアブラムシ	025
ユリノキヒゲナガアブラムシ	256
ヨコバイ類	247

〈ら・わ〉

ラファエレア菌	228
リンゴ赤星病	197, 211
－腐らん病	193
輪紋葉枯病	014, 195, 215
ルビーロウムシ	026, 258
ルリチュウレンジ	025, 253
ワタアブラムシ	025, 255
ワタゲナラタケ	135

〈C・P〉

CMV	187
PPV	023, 230

植物医科学叢書　既刊

No.1　植物病原菌類の見分け方
　－身近な菌類病を観察する－
　　　　　　　　　　（2014年2月発行）

No.2　植物医科学実験マニュアル
　－植物障害の基礎知識と臨床実践を学ぶ－
　　　　　　　　　　（2016年1月発行）

樹木医ことはじめ
－樹木の文化・健康と保護、そして樹木医の多様な活動－

2016年9月30日 初版発行

編　集　堀江博道（法政大学 植物医科学センター）
発行者　島田和夫
発行元　一般財団法人 農林産業研究所
発売元　株式会社大誠社
　　　　〒162-0813
　　　　東京都新宿区東五軒町5-6
　　　　電話 03-5225-9627
印刷所　株式会社誠晃印刷

定価はカバーに表示してあります。乱丁・落丁がございましたらお取り替えいたします。
本書の内容の一部あるいは全部を無断で複製複写（コピー）することは法律で認められた場合を除き、著作権および出版権の侵害になります。
その場合は、あらかじめ発行元に許諾を求めてください。

ISBN 978-4-86518-069-5
©2016 Hiromichi Horie, Printed in Japan